U0153567

圖解系列

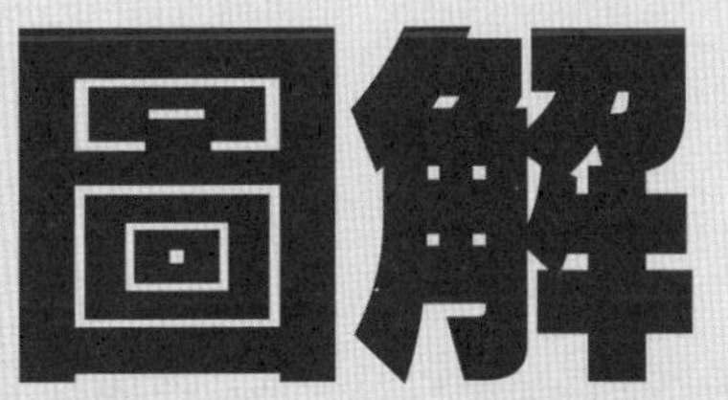

五南圖書出版公司 印行

微積分

黃義雄／著

閱讀文字

理解內容

觀看圖表

圖解讓
微積分
更簡單

四版序

與前三版相較下，本版除增加一些例題與練習題外，在篇幅上亦增加了一些章節：

1. 強化ε-δ方法（2.3節與10.2節）
2. 第四章微分學之應用增加4.6節相對變化率與4.7節微分數
3. 第六章積分應用強化極坐標系之面積（6.1節）與弧長（6.2節）
4. 第十章偏微分增加向量之基本概念（10.5節），梯度、方向導數與切面方程式（10.6節）再談隱函數（10.8節），全微分及其在二變數函數值估計之應用
5. 第十一章重積分增加線積分（11.3節）
6. 第十三章微分方程式簡介（此章爲本版新增）

本書之難題均有★標記，本書之內容讀者可依需要自行斟酌。

最後，作者希望讀友們能由本書把握微積分之良好學力，以爲未來修習一些需以微積分爲先備知識之課程奠定良好基礎。讀者對本書之任何指正與建議，作者均滿懷期望並心存感激。

黃義雄　啓上

序

這是統合理論、問題以比較分析、一題多解及難點提示以圖解方式所呈現的一本微積分用書，讀者研讀之餘若能與五南出版之其他微積分叢書搭配下會有不同之學習效果：

(1)與《**簡易微積分**》搭讀 → 讓您能在短期內抓住微積分內容，最適合高三生、大一新鮮人。

(2)與《**微積分**》搭讀 → 讓您能不知不覺中將微積分實力提升到中上水準。

(3)與《**微積分演習指引**》或《**微積分解題手冊**》搭讀 → 讓您實力倍增，而奠定厚實底子。

本書之理論、定理、例題、練習題取自上述四種教材之處甚多，所有例題後緊接有練習題，書後附解答可供讀者自我檢視吸收程度。

本書章節大致與標準英文微積分教材之一致，所有定理均有序號，如定理A，定理B，至於非屬本章之定理，如定理5.2B表示第5章第2節之定理B，以此類推。有★之例（習）題難度較高，讀者若一時無法解出，可參考解答，再三思考、體會，對微積分實力養成當有相當顯著的效果。

作者對五南能首開風氣，推出圖解系列，至表欽佩，微積分用圖解方式在國內外均不多見，故無範本可循，作者不忖識淺妄自完成本書，疏漏謬誤之處在所難免，讀者及海內外方家有任何指正與建議，作者均滿懷期望並心存感激。

黃義雄　謹誌

本書符號

Z^+：正整數

R：實數

⊂：包含於

⇒：導致（imply）

CONTENTS 目錄

第5章　積　分

第6章　積分應用

第7章　超越函數

第8章　進一步之積分方法

第9章　不定式與瑕積分

第10章 偏微分

第11章 重積分

第12章 無窮級數

第13章 微分方程式

解　答

第1章 預備知識

1.1 實數系

微積分討論的僅限於**實數系**（Real number; R）而函數則是研討的標的，因此本章之重點則放在實數系和函數。

實數系裡最簡單的成員是**正整數**（Z^+），1、2、3、……，再上去是整數（Integer; Z），……−3、−2、−1、0、1、2、3……，其中0、1、2、3……是**非負整數**（Non-negative integer）或自然數，而 −1，−2，−3……爲**負整數**（Negative integer）。

再上就是**有理數**（Rational numbers; Q），凡是可用 q/p 表示（p, q 爲整數，但 $p \neq 0$，否則 q/p 沒有意義。）之數稱爲有理數，像 2/3、−31/256 等都是有理數，當然所有的整數也都是有理數，包括循環小數。像 $\sqrt{3}$ 、$\sqrt{3}-\sqrt{2}$、π 等這類數因無法用 q/p 表示，稱爲**無理數**（Irrational numbers），包括超越數（Transecendental number），最著名的超越數 e 與 π。所有的有理數、無理數都是實數。

練習 1.1A

判斷 $1+\sqrt{3}$、0.375、$\sqrt{4}$、−4/2 可歸類於下列哪個數系？（複選）

	非負整數	負整數	有理數	無理數	實數
$1+\sqrt{3}$					
0.375					
log 4					
−4/2					

無理數之判斷

無理數之判斷在初等分析裡是一個有趣的課題，一般人很容易看出 a 是否爲有理數或無理數，但要證明 a 是有理數或無理數有時並非容易，通常可用反證法或定理 A 來得到我們要的解答。

【定理 A】 整係數多項方程式 $c_nx^n + c_{n-1}x^{n-1} + \cdots + c_1x + c_0 = 0, c_n \neq 0$，若存在有理根 $\frac{a}{b}$、a、b 互質，則 $a|c_0$, $b|c_n$

應用定理 A 判斷 α 爲無理數時，可令 $x=\alpha$ 來建構一個係數爲整數之方程式 $c_nx^n + c_{n-1}x^{n-1} + \cdots + c_1x + c_0 = 0$，若 $c_n = 1$ 時，只需判斷 c_0 之因數是否

均不滿足方程式即可，若 $c_n \neq 1$ 則 c_n 之所有因數 b_0、$b_1 \cdots b_m$ 與 c_0 所有因數 d_0、$d_1 \cdots d_p$ 之所有組合 $\frac{d_j}{b_i}$ 均不滿足方程式即可證明 a 爲無理數。

例 1. 試證 $\sqrt{2}$ 爲無理數

解

	推證	說明
解法1（反證法）	設$\sqrt{2}$為有理數則存在二個互質整數 $p.q$ 使得$\frac{q}{p}=\sqrt{2}$ $\therefore q^2=2p^2 \Rightarrow q$ 為偶數，令 $q=2k$，$k \in Z^+$，則 $2p^2=q^2=(2k)^2$，即 $p^2=2k^2$ $\therefore p$ 亦為偶數，從而 p, q 均有公因數 2，與 p、q 互質矛盾，得$\sqrt{2}$為無理數	反證法在應用時並不方便
解法2（用定理A）	令$\sqrt{2}=x$ $\therefore x^2-2=0$，2 有 4 個可能因數 ±1、±2，但均不滿足 $x^2-2=0$，$\therefore x=\sqrt{2}$為無理數	應用定理 A 前必須先建立一個以 a 為根且係數為整數之方程式

例 2. 證明 $1+\sqrt{2}$ 不爲有理數。

解 $x=1+\sqrt{2}$，$x-1=\sqrt{2}$ 二邊平方

$x^2-2x-1=0$，$\because c_o$ 之因子 ±1，均不滿足 $x^2-2x-1=0$

$\therefore 1+\sqrt{2}$ 爲無理數

練習 1.1B

1. 試證：$2+\sqrt{3}$爲無理數。

★2. 試證：若 x 爲無理數則 $1+x$ 必爲無理數。

3. x, y 爲無理數時 $x+y$ 是否仍爲無理數？

實數系之性質

若 x, y, z 爲三實數則：

1. 交換律　$x+y=y+x$　$x \cdot y=y \cdot x$
2. 結合律　$x+(y+z)=(x+y)+z$　$x(yz)=(xy)z$
3. 分配律　$x(y+z)=xy+xz$
4. 單位元素　存在二個相異元素 0 與 1 滿足 $x+0=x$ 與 $x \cdot 1=x$
5. 反元素　每一個 x 均有加法反元素 $-x$，滿足 $x+(-x)=0$，除 0 外之任一元素 x，均有乘法反元素 x^{-1}，滿足 $x \cdot x^{-1}=1$

不等式

含有一個或一個以上不等式符號（<、≤、>、≥）之數學命題即為不等式。我們常用**區間**（Interval）來表示不等式之範圍：

區間	不等式	圖示
$a<x<b$	(a, b)	a b
$a<x\le b$	$(a, b]$	a b
$a\le x<b$	$[a, b)$	a b
$a\le x\le b$	$[a, b]$	a b
$a<x$	(a, ∞)	a
$a\le x$	$[a, \infty)$	a
$x<b$	$(-\infty, b)$	b
$x\le b$	$(-\infty, b]$	b

無窮大 ∞ 與無負無窮大 $-\infty$ 之意義將在 4.4 節討論，現階段讀者只須記住，∞ 是你想要多大，∞ 就是比你想的更大，它不是一個數，所以 $\infty + 1 > \infty$，$0 \cdot \infty = 0$ 均不成立。細心的讀者就可發現在 ∞，$-\infty$ 旁的括弧分別是）或（。

不等式的基本性質

若 a, b, c 為任意實數，則

1. 三一律：$a>b, a=b, a<b$ 恰有一成立
2. $a>b$，$b>c$ 則 $a>c$
3. $a>b$，則 $a+c>b+c$
4. $a>b$，$c>0$ 則 $ac>bc$ 及 $\frac{a}{c}>\frac{b}{c}$
5. $a>b$ 則 $-a<-b$

不等式之解例

假設我們要解 $(x-a)(x-b)(x-c) \gtreqless 0$，若 $c>b>a$。將 a, b, c 繪在數線上，那麼便有 3 個區間。在 $[c, \infty)$ 任取一個方便值 x，若能滿足不等式，那 $[c, \infty)$ 是一個解的部分，否則 $[b, c]$ 便是一個解的部分，它解的樣態是呈跳躍狀態。

例 3. 解 1. $x^2(x^2-x-2)<0$　　2. $\dfrac{x(x^2-x-2)}{x-3}\le 0$　　3. $\dfrac{1}{x}<3$

解

1. $x^2(x^2-x-2)=x^2(x-2)(x+1)<0$

   $\therefore$解爲 $0<x<2$ 或 $-1<x<0$，即

   $(0,2)\cup(-1,0)$，

   $\cup$為聯集，它的意義是「或」（or）。

2. $\dfrac{x(x^2-x-2)}{x-3}\le 0$ 相當於 $x(x^2-x-2)(x-3)\le 0$

   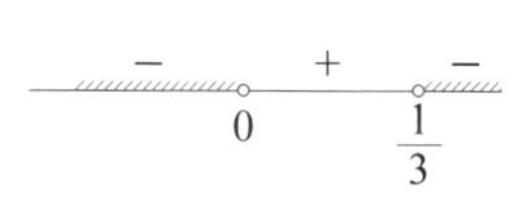

   即$x(x-2)(x+1)(x-3)\le 0$，$x\ne 3$

   解爲 $3>x\ge 2$ 或 $0\ge x\ge -1$

   $\therefore\ \dfrac{x(x^2-x-2)}{x-3}\le 0$ 之解爲

   $3>x\ge 2$ 或 $0\ge x\ge -1$，即$[2,3)\cup[-1,0]$

3. $\dfrac{1}{x}-3<0$　　$\therefore\dfrac{1-3x}{x}<0$，即$\dfrac{3x-1}{x}>0$，

   相當於 $x(3x-1)>0$

   $\therefore$解爲 $x<0$ 或 $x>\dfrac{1}{3}$，即 $(-\infty,0)\cup(\dfrac{1}{3},\infty)$

注意	x 也可能是負，$\therefore\frac{1}{x}<3\Rightarrow 1<3x$ 是不正確的。

練習 1.1C

1. 解 (1) $x(x-1)^2(x-2)\ge 0$　　(2) $(x^2+x+1)(x-1)(x-2)^2(x-3)^3<0$

2. 解 (1) $\dfrac{x-2}{x(x+1)}<0$　　(2) $\dfrac{3}{x}\ge -4$　　(3) $x>\dfrac{1}{x}$

3. $\dfrac{1}{R}=\dfrac{1}{R_1}+\dfrac{1}{R_2}+\dfrac{1}{R_3}$，$1<R_1\le 2$，$2\le R_2\le 3$，$3\le R_3\le 4$，求 R 之範圍

絕對值

【定義】　若 x 為實數，則 x 之**絕對值**（Absolute value）記做 $|x|$，定義為

$$|x|=\begin{cases} x & x\ge 0 \\ -x & x<0 \end{cases}$$

例如：$|\sqrt{2}|=\sqrt{2}$，$|-\sqrt{2}|=-(-\sqrt{2})=\sqrt{2}$，$|1-\sqrt{3}|=-(1-\sqrt{3})=\sqrt{3}-1$
顯然 $|x|$ 恒爲非負，且 $|-x|=|x|$。

絕對值性質

a, b 爲任意實數則：

1. $|ab|=|a||b|$
2. $\left|\frac{a}{b}\right|=\frac{|a|}{|b|}$, $b\neq 0$
3. $|a+b|\leq|a|+|b|$
4. $|a-b|\geq|a|-|b|$
5. $-|a|\leq a\leq|a|$
6. $|a^n|=|a|^n$
7. $\sqrt{a^2}=|a|$
8. 若 $a>0$ 則
$\begin{cases}|x|<a\Leftrightarrow -a<x<a\\|x|>a\Leftrightarrow x>a \text{ 或 } x<-a\end{cases}$ 及
$\begin{cases}|x|\leq a\Leftrightarrow -a\leq x\leq a\\|x|\geq a\Leftrightarrow x\geq a \text{ 或 } x\leq -a\end{cases}$

絕對值不等式解法

例 4. 解 (1)$|2x-3|>2$ (2)$|x-1|+|x-2|\geq 5$

解 (1)$|2x-3|>2\Rightarrow 2x-3>2,\ 2x-3<-2$ $\therefore x>\frac{5}{2}$ 或 $x<\frac{1}{2}$
即 $\left(\frac{5}{2},\infty\right)\cup\left(-\infty,\frac{1}{2}\right)$

(2)由右表易知

	$-\infty$ 至 1	1 至 2	2 至 ∞
$\lvert x-1\rvert$	$1-x$	$x-1$	$x-1$
$\lvert x-2\rvert$	$2-x$	$2-x$	$x-2$

① $\infty>x\geq 2$：
$|x-1|+|x-2|\geq 5$
$\Rightarrow x-1+x-2\geq 5$ $\therefore x\geq 4$

② $2>x\geq 1$：
$|x-1|+|x-2|\geq 5$
$\Rightarrow x-1+(2-x)\geq 5$，$\therefore$無解

③ $1>x>-\infty$：
$|x-1|+|x-2|=1-x+2-x\geq 5$，$\therefore x\leq -1$
綜合①，②，③得解爲 $[4,\infty)\cup(-\infty,-1]$

練習 1.1D

1. 求 (1) $|x-1|\leq 2$ (2)$\left|\frac{x}{3}-2\right|\leq 2$ (3) $|x-1|\leq -2$ (4) $|2x+1|\geq 5$
2. 求 (1) $|x+1|+|x-2|\leq 5$
(2) $|x+1|+2|x-2|\leq 5$
(3) $1\leq|x|\leq 2$

絕對值不等式證明

注意

將不等範圍縮小、放大是證明不等式之重要技巧：

$\Rightarrow\begin{cases}\text{要證}|x-a|<b\\ \text{若}|x-a|<c，b>c\\ \text{則}|x-a|<b\text{成立。}\\ \text{要證}|x-a|>b：\\ \text{若}|x-a|>c，c>b\\ \text{則}|x-a|>b\text{成立。}\end{cases}$

例 5. 導出 $|a+b+c|\le|a|+|b|+|c|$ 並以此結果證明 $|a|\le 1$ 時，$|a^4+\frac{1}{2}a^3+\frac{1}{4}a^2+\frac{1}{8}a+\frac{1}{16}|<2$

解 1. $|a+b+c|=|(a+b)+c|\le|a+b|+|c|$

$\le|a|+|b|+|c|$

2. $|a^4+\frac{1}{2}a^3+\frac{1}{4}a^2+\frac{1}{8}a+\frac{1}{16}|\le$

$|a^4|+\frac{1}{2}|a^3|+\frac{1}{4}|a^2|+\frac{1}{8}|a|+\frac{1}{16}$

$=|a|^4+\frac{1}{2}|a|^3+\frac{1}{4}|a|^2+\frac{1}{8}|a|+\frac{1}{16}\le 1+\frac{1}{2}+\frac{1}{4}+\frac{1}{8}+\frac{1}{16}=\frac{31}{16}<2$

例 6. 試證 $\left|\frac{2x+3}{x^2+9}\right|\le\frac{2}{9}|x|+\frac{1}{3}$

解 $\left|\frac{2x+3}{x^2+9}\right|=\left|\frac{2x+3}{x^2+9}\right|\le\frac{|2x+3|}{9}\le\frac{|2x|+|3|}{9}=\frac{2|x|+3}{9}=\frac{2}{9}|x|+\frac{1}{3}$

練習 1.1E

★1. a, b 為任意實數，若 $a>b>0$，比較 $\frac{a}{1+a}$ 與 $\frac{b}{1+b}$ 之大小，從而證明 $\frac{|a+b|}{1+|a+b|}\le\frac{|a|}{1+|a|}+\frac{|b|}{1+|b|}$

2. $|a-b|\ge|a|-|b|$，試證之。

3. 若 $|x|\le 1$，試證 $\left|\frac{2x^2+4x+1}{x^2+1}\right|<8$

★4. 若 $|x+3|<\frac{1}{2}$ 試證 $|4x+13|<3$

1.2 函數

函數定義

函數（Function）是一種**對應**規則。定義如下：

> **【定義】** 若 A, B 為二個非空集合，若對 A 中之每一個元素 x，我們都能在 B 中恰好找到一個元素 y 來和 x 對應，那麼我們稱這種對應為函數，以 $y = f(x)$ 或 $f: x \to y$ 表示。所有 x 所成之集合為**定義域**（Domain），所有 y 所成之集合為**值域**（Range）。

若一函數之定義域沒有被特別指定，則意指能使函數有意義之實數所形成之集合，這種定義域稱爲**自然定義域**（Natural domain），若函數採自然定義域時，定義域可不必寫出。

函數 $y = f(x)$ 之 x 稱爲**自變數**（Independent variable），y 爲**因變數**（Dependent variable）。

1.
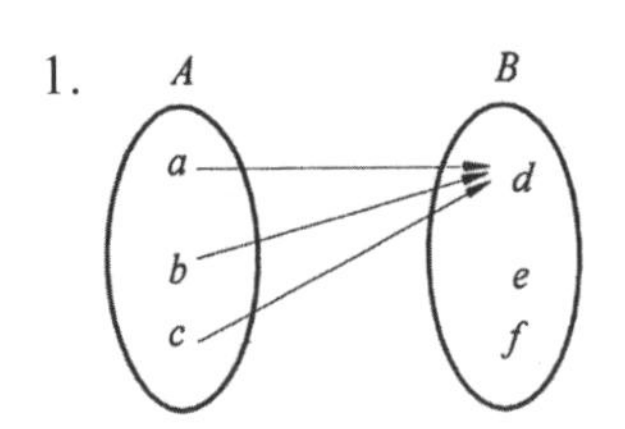

函數；定義域爲 $\{a, b, c\}$，值域爲 $\{a\}$

2.
不是函數
c 在 B 中無對應元素

3.
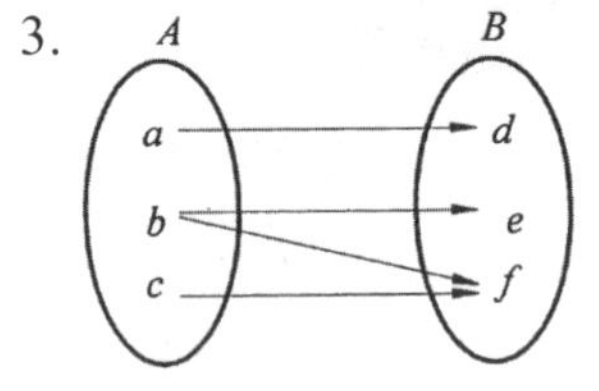

不是函數
b 同時對應 e, f

函數相等之條件

二函數若：

1. 對應法則（即函數式）相同（即使變量使用之符號不同）。
2. 定義域相同。

則稱此二函數相等。

例如三個函數 $f_1(x) = x^2$，$2 \le x \le 7$，$f_2(y) = y^2$，$2 \le y \le 7$，$f_3(z) = z^2$，$1 \le z \le 4$ 則 $f_1 = f_2$ 但 $f_1 \ne f_3$，$f_2 \ne f_3$

練習 1.2A

1. 判斷下列何者爲相同？

(1) $f(x) = \sqrt{x}\sqrt{1+x}$，$g(x) = \sqrt{x(1+x)}$

(2) $f(x)=1$，$1\geq x\geq 0$，$g(x)=\sin^2 x+\cos^2 x$，$\frac{\pi}{2}\geq x\geq 0$

★2. $f(x)$ 對所有實數 x，y 均有 $f(x+y)=f(x)f(y)$，若 $f(0)\neq 0$，(1) 試求 $f(0)$；(2) 對任一正整數 n 均有 $f(n)=[f(1)]^n$

函數定義域

例 1. 求 $f(x)=\dfrac{\log(x-2)}{x-3}+\sqrt{16-x^2}$ 之定義域

解 要使 $f(x)$ 有意義，必須：

1. $\dfrac{\log(x-2)}{x-3}$：$x>2$ 但 $x\neq 3$

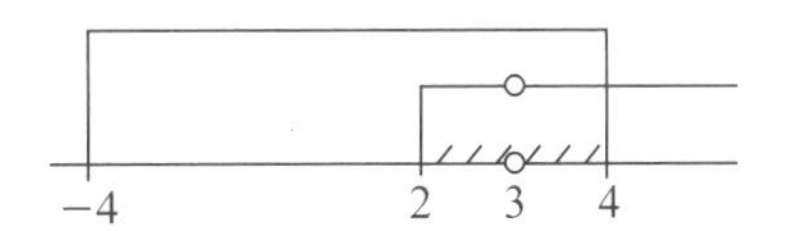

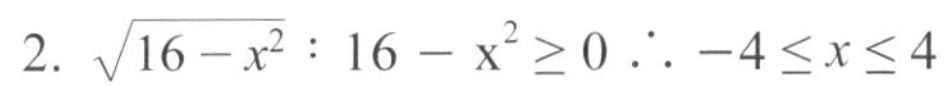

2. $\sqrt{16-x^2}$：$16-x^2\geq 0$ ∴ $-4\leq x\leq 4$

∴ $f(x)$ 之定義域為 $(2,3)\cup(3,4]$

練習 1.2B

求下列函數之定義域

1. $f(x)=\dfrac{1}{1-x^2}+\sqrt{x+2}$　　2. $f(x)=\sqrt[4]{x^2-x+2}+\sin^{-1}\dfrac{2x-1}{5}$

函數之值域

函數值域之基本求法有湊方法與判別式法二種，其他還有視察法，反函數定義域法等。

例 2. 求 $y=\sqrt{x(3-2x)}$ 之值域

	解　答
解法一 （湊方法）	$y=\sqrt{3x-2x^2}=\sqrt{2}\sqrt{\frac{3}{2}x-x^2}=\sqrt{2}\sqrt{\frac{9}{16}-(\frac{3}{4}-x)^2}$ 又 $0\leq\sqrt{2}\sqrt{\frac{9}{16}-(\frac{3}{4}-x)^2}\leq\sqrt{2}(\frac{3}{4})=\frac{3\sqrt{2}}{4}$ 即 $[0，\frac{3\sqrt{2}}{4}]$
解法二 （判別式法）	$y=\sqrt{3x-2x^2}$　∴ $y^2=3x-2x^2$，即 $2x^2-3x+y^2=0$ 上式有解之判別式必須滿足： $D=9-4\cdot 2y^2\geq 0$ 得 $-\frac{3\sqrt{2}}{4}\leq y\leq\frac{3\sqrt{2}}{4}$，但 $y\geq 0$ ∴ $0\leq y\leq\frac{3\sqrt{2}}{4}$，即 $[0，\frac{3\sqrt{2}}{4}]$

練習 1.2C

1. 求下列函數之值域 (1) $y=\frac{1-x^2}{1+x^2}$ (2) $y=2+\sqrt{9-3^x}$
2. 函數 $y=f(x)=-x^2+4x-1$，$-3\leq x\leq 1$ 求 $y=f(x)$ 之值域

函數建模

建模（Modelling）在一些微積分應用問題上極為重要。例 3 是一個簡單的例子。

例 3. 在底為 b，高為 h 之任意三角形中內接一矩形，試將矩形之面積 A 表為寬 x 之函數。

提 示	解 答	圖 示
1. 先依題意畫出簡圖 2. 利用相似三角形之性質 3. 勿忘了 $A(x)$ 之定義域	AS 為高則 $AS=h$ $\because\triangle AMN\cong\triangle ABC$ $\therefore\frac{h-x}{h}=\frac{MN}{b}$，即 $\frac{b(h-x)}{h}=MN$ 但矩形 $MNPQ$ 之面積 $=x\cdot MN$ $\therefore A(x)=x\cdot MN=\frac{xb(h-x)}{h}=\frac{bx(h-x)}{h}$， $0<x<h$	A, M, N, B, P, S, Q, C, x

練習 1.2D

★ 如下圖，一個倒立之等腰三角形，腰長為 r（r 為定值），若頂邊上連接一個半圓，則整個圖形之面積 A 為角度 t 之函數，試求此函數。

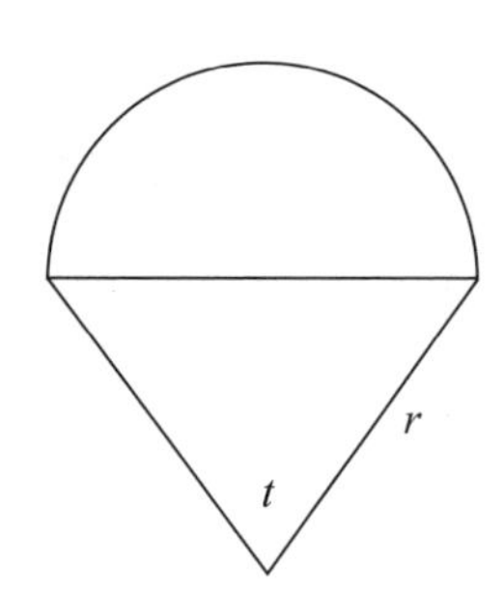

合成函數

合成函數（Composite functions）是將一個變數之函數值作爲另一個函數之定義域元素，下圖是一個合成函數的圖示：

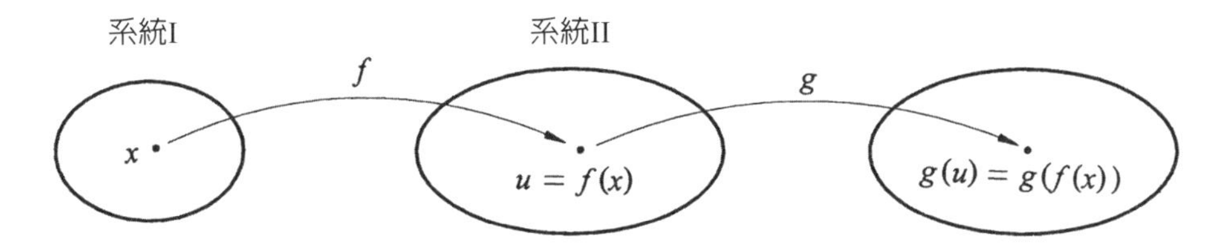

我們可用系統的觀點來看合成函數，把 x 投入系統 I ，經過轉換 $f(x)$ 而得到產出 $u = f(x)$，再將 $u = f(x)$ 投入系統 II，透過系統 II 之轉換而得到產出 $g(u) = g(f(x))$。

【定義】　設 f, g 為二個函數；其中 $f : x \to f(x)$，$x \in A$；
$g : x \to g(x)$，$x \in B$，則定義：
$f(g(x))$ 之定義域為 $\{x \mid g(x) \in A$ 且 $x \in B\}$
$g(f(x))$ 之定義域為 $\{x \mid f(x) \in B$ 且 $x \in A\}$

合成函數之定義域是直覺的，以 $f(g(x))$ 爲例，在計算 $f(g(x))$ 時首先 $f(x)$ 必須有意義，那麼 $g(x)$ 必須在 f 之定義域 A 內，其次 $g(x)$ 要有意義，則 x 必須在 g 之定義域 B 內，因此 $f(g(x))$ 之定義域爲 $\{x \mid g(x) \in A$，且 $x \in B\}$，其餘之情況同理可推。

練習 1.2E

1. 若 $f(x) = 2x + 1$，$g(x) = x^2$，求：(1) $f(f(x))$，(2) $f(g(x))$，(3) $g(f(x))$，(4) $g(g(x))$？
★2. $f(x) = \dfrac{x}{x-2}$ 求 $f(f(x))$ 之定義域
3. 若 $f\left(x + \dfrac{1}{x}\right) = x^2 + \dfrac{1}{x^2}$ 求 $f(2x)$ 之定義域
4. $f(x) = \begin{cases} 1, & 0 \le x \le 1 \\ -1, & 1 < x \le 2 \end{cases}$，求 $f(2x+3)$ 之定義域

例 4.　若 $f(x) = \begin{cases} x^2 - 3x + 2, & x \ge 1 \\ x^2 + 3x + 2, & x < 1 \end{cases}$ 求 $f(-x)$

解　將函數式（包括定義域）的 x 換成 $-x$：

$$f(-x)=\begin{cases}(-x)^2-3(-x)+2, & -x\geq 1\\ (-x)^2+3(-x)+2, & -x<1\end{cases}$$

$$\therefore\ f(-x)=\begin{cases}x^2+3x+2, & x\leq -1\\ x^2-3x+2, & x>-1\end{cases}$$

分段函數之合成函數

若$f(x)$與$g(x)$至少有一個是分段函數，在求$f(g(x))$或$g(f(x))$時要分段討論。

★**例 5.** $f(x)=\begin{cases}1, & |x|\leq 1\\ 0, & |x|>1\end{cases}$，$g(x)=\begin{cases}2-x^2, & |x|\leq 1\\ 2, & |x|>1\end{cases}$，求$f(g(x))$

解 step 1：將$f(x)$, $g(x)$併到一個輔助表：

	$x<-1$	$-1\leq x\leq 1$	$x>1$
$f(x)$	0	1	0
$g(x)$	2	$2-x^2$	2

step 2：(1) $x<-1$ 時：$f(g(x))=f(2)=0$

(2) $-1<x<1$ 時：$f(g(x))=f(2-x^2)=0$

（$\because -1<x<1$ 時，$|x|<1$　$\therefore x^2<1\Rightarrow 2-x^2>1$）

(3) $x>1$ 時：$f(g(x))=f(2)=0$

(4) $x=1$ 時：$f(g(x))=f(2-x^2)=f(1)=1$

(5) $x=-1$ 時：$f(g(x))=f(2-x^2)=f(1)=1$

綜上：

$$f(g(x))=\begin{cases}1, & x=\pm 1\\ 0, & x\neq 1 \text{ 或 } x\neq -1\end{cases}$$

練習 1.2F

1. 求例 5 之 $g(f(x))$

2. $f(x)=\begin{cases}x^2, & x\geq 0\\ 3x, & x<0\end{cases}$，$g(x)=\begin{cases}x, & x\geq 0\\ -3x, & x<0\end{cases}$，求$f(g(x))$

3. $f(x)=\begin{cases}1, & |x|\leq 1\\ 0, & |x|>1\end{cases}$，求$f(f(x))$

有關合成函數之其他問題

1. 已知 $t(x)$，求二函數 f、g 使得 $f(g(x)) = t(x)$

例 6. 若 $t(x)=\sqrt[3]{(x^2+1)^2}+\frac{1}{x^2+1}$，求函數 f，g 使得 $f(g(x)) = t(x)$

解 $t(x)=\sqrt[3]{\square^2}+\frac{1}{\square}$，$\square = x^2+1$

$\therefore$ 可取 $f(x)=\sqrt[2]{x^2}+\frac{1}{x}$，$g(x) = x^2 + 1$

練習 1.2G

若 $t(x)=\sqrt{\sin((x+1)^2)+1}$，試求函數 f、g 使得 $f(g(x)) = t(x)$

2. 已知 $f(g(x)) = t(x)$ 求 $f(x)$ = ?

例如 $f(x+1) = x^2 + x + 1$，$g(x) = x + 1$，那麼 $f(x)$ 是什麼？大致有二種解法，一是代換法，一是湊型法。

例 7. $f(x+1) = x^2 + x + 1$，求 $f(x)$

解

	解　答
解法一（代換法）	取 $y = x + 1$，則 $x = y - 1$，代入 $f(x+1) = x^2 + x + 1$ 得 $f(y) = (y-1)^2 + (y-1) + 1 = y^2 - y + 1$ $\therefore f(x) = x^2 - x + 1$
解法二（湊型法）	$f(x+1) = x^2 + x + 1 = (x+1)^2 - x$ $= (x+1)^2 - (x+1) + 1$ $\therefore f(x) = x^2 - x + 1$

例 8. $f(x+\frac{1}{x})=x^2+\frac{1}{x^2}$，求 $f(x)$

解

	解答
湊型法	$f(x+\frac{1}{x})=x^2+\frac{1}{x^2}=(x+\frac{1}{x})^2-2$ $\therefore f(x) = x^2 - 2$

例 9. 若 $f\left(\frac{1}{x}\right)=x+\sqrt{1+x^2}$，$x>0$，求 $f(x)$

解 令 $\frac{1}{x}=y$，則 $f(y)=\frac{1}{y}+\sqrt{1+\frac{1}{y^2}}=\frac{1}{y}+\frac{1}{y}\sqrt{1+y^2}=\frac{1}{y}(1+\sqrt{1+y^2})$

（$\because x>0 \therefore y>0$ 從而 $\frac{1}{|y|}=\frac{1}{y}$）即 $f(x)=\frac{1}{x}(1+\sqrt{1+x^2})$

例10. $f(\sin\frac{x}{2})=\cos x$，求 $f(x)$

解 試用湊型法：

$f(\sin\frac{x}{2})=\cos x=1-2\sin^2\frac{x}{2}$

$\therefore f(x)=1-2x^2$

$f(\cos x)=1-2\sin^2 x=\cos 2x$

> **想一想**
>
> 1. $\sin\frac{x}{2}$ 與 $\cos x$ 有何關係？
>
> 回想三角倍角公式：
>
> $\cos 2x=\cos^2 x-\sin^2 x=1-2\sin^2 x$
>
> $=2\cos^2 x-1$
>
> 2. $f(\square)=\frac{1}{\square}\Rightarrow f(x)=\frac{1}{x}$

例11. $f\left(1+\frac{1}{x}\right)=\frac{x}{x+1}$，求 $f(2x)$

解 $f\left(1+\frac{1}{x}\right)=\frac{x}{x+1}=\frac{1}{1+\frac{1}{x}}$

$\therefore f(x)=\frac{1}{x}$

練習 1.2H

1. $f(\frac{1+x}{1-x})=\frac{2+x}{2-x}$，求 $f(x)$ 及 $f(\frac{1}{2})$
2. $f(\frac{x}{x-2})=\frac{x}{4-x}$，求 $f(x+1)$
3. ★ $f(2^x-1)=x^2+1$，求 $f(x)$ 之定義域
4. $f(\sin\frac{x}{2})=1+\cos x$，求 $f(x)$
5. $f\left(\cos\frac{x}{2}\right)=1+\cos x$，$\forall x\in R$ 求 $f(x+1)$
6. 若 $f(x)$ 滿足 $2f(x)+f(1-x)=x^2$，$\forall x\in R$，求 $f(2)$

（提示：$2f(x)+f(1-x)=x^2$，取 $y=1-x$ 入原方程式後解此聯立函數方程式可得 $f(x)=$ ？）

例12. 若 $f(2x+1)=4x(x+1)$，求 $f(x+1)$

解

	解答
解法一（湊型法）	$f(2+1)=4x(x+1)=4x^2+4x=(2x+1)^2-1$ $\therefore f(x)=x^2-1$ 從而 $f(x+1)=(x+1)^2-1=x^2+2x$
解法二（解方程式法）	令 $y=2x+1$ 得 $x=\frac{y-1}{2}$，代之入 $f(2x+1)=4x(x+1)$： $f(y)=4(\frac{y-1}{2})(\frac{y-1}{2}+1)=4(\frac{y-1}{2})(\frac{y+1}{2})$ $=y^2-1$ 即 $f(x)=x^2-1$ $\therefore f(x+1)=(x+1)^2-1=x^2+2x$

第2章
極限與連續

2.1 直觀極限與直觀連續

極限（Limit）在微積分裡占有很重要的地位，因為之後討論的微分、定積分等之理論均建立在極限的基礎上。我們先從直觀之角度來看極限 $\lim_{x \to a} f(x) = l$ 之意思，嚴格的極限定義是構築在所謂的「ε-δ」關係上，這將留在 2.2 節討論。

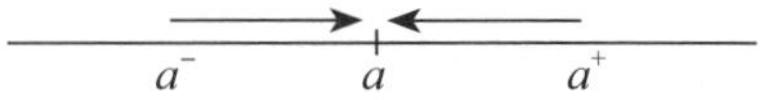

我們可想像有一個動點 x，它可從比 a 大的方向（即 a^+）與比 a 小的方向（a^-）不斷向 a 逼近，如果逼近的結果趨向某一個特定值 l，那麼我們說，$f(x)$ 在 $x = a$ 處之極限為 l，反之，若二邊無法趨向某一特定值，那麼 $f(x)$ 在 $x = a$ 處之極限不存在。

a^- a a^+

注意	應注意的是，$x \to a$ 表示 x 不斷地趨近定值 a，但是 $x \neq a$。當 $x - a$ 之因子被除去後，才能代 $x = a$。

例 1. 我們以 $\lim_{x \to 1}(3x - 1)$ 為例估算過程與幾何圖示說明之：

例題	估算過程	幾何圖示
$\lim_{x \to 1}(3x-1)$	我們在 1 之左右鄰近取值： x: 0.997, 0.998, 0.999, 1, 1.001, 1.002, 1.003 $f(x)$: 1.991, 1.994, 1.997, ?, 2.003, 2.006, 2.009 因此，當 x 趨近 1 時，$f(x) = 3x - 1$ 趨近 2，即 $\lim_{x \to 1}(3x-1) = 2$	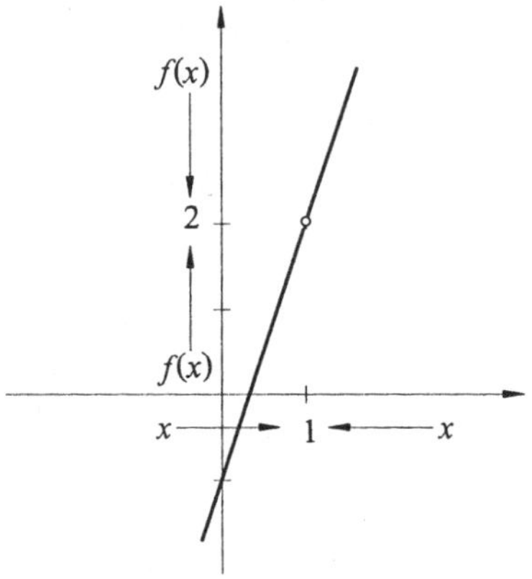 $f(x)$ 2 $f(x)$ x 1 x

x	0.997	0.998	0.999
$f(x)$	1.991	1.994	1.997
1	1.001	1.002	1.003
?	2.003	2.006	2.009

例 1，求 $\lim_{x \to 1}(3x - 1)$ 時，彷彿是將 $x = 1$ 代入 $f(x) = (3x - 1)$。以後我們會證明所有多項式函數之在 $x = a$ 極限和它的函數值 $f(a)$ 相同。

練習 2.1A

1. 用本節方法求 $\lim_{x\to 2}\sqrt{x-1}$
2. 用本節方法求 $\lim_{x\to 1}\frac{1}{x+1}$

直觀連續

例 2. 我們以 $\lim_{x\to 1}\frac{1}{x-1}$ 爲例「猜」它的結果

解

估算	幾何圖示
我們在 $x=1$ 左右鄰取值：	

x	0.998	0.9991	1.001	1.002	1.003
$f(x)$	−500	−1000?	1000	500	333

當 $x\to 1$ 時，$\lim_{x\to 1}\frac{1}{x-1}$ 無法接近某一定值

它在 $x=1$ 處 $f(x)=\frac{1}{x-1}$ 無意義

例 3. 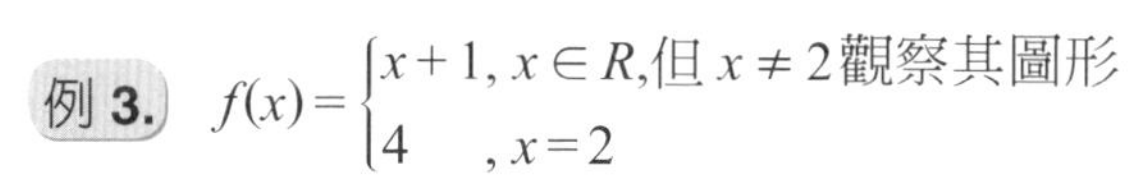

$f(x)=\begin{cases}x+1, & x\in R, 但\ x\neq 2 \\ 4 & , x=2\end{cases}$ 觀察其圖形

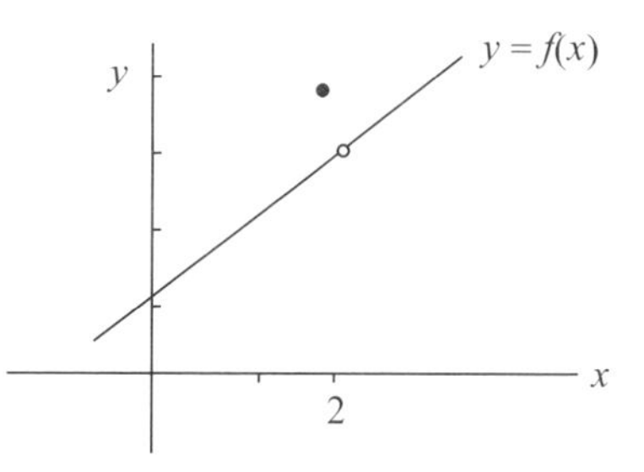

解 顯然 $y=f(x)$ 之圖形在 $x=2$ 處中斷，且 $\lim_{x\to 2}f(x)=3$，但極限不等於 $f(2)=3$。

例 4. $f(x)=\begin{cases}\frac{x^2-1}{x-1}, & x\neq 1 \\ 2, & x=1\end{cases}$

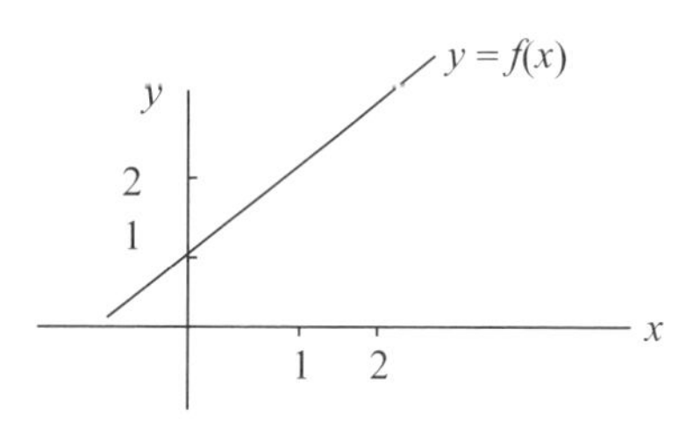

之 $\lim_{x\to 1}f(x)=2$（讀者可仿例 1）
且 $\lim_{x\to 1}f(x)=f(1)$，這彷彿我們用 $f(1)=2$ 補了缺口。

因此，我們可以直觀理解連續之意思，一條連續曲線其圖形沒有「洞」（但這不是數學的說法），連續的定義將在 2.4 節討論。一個沒有「洞」之

連續曲線在 a 之極限值就等於它在 a 的函數值，因此**一個多項式函數 $f(x)$**，在定義域內任一點 **a** 之極限值便爲 **$f(a)$**。**有「洞」之不連續曲線，或求函數定義域邊點的極限在求算時便要考慮到單邊極限**（one-side limits）。

單邊極限

引子

由 $\lim\limits_{x\to a} f(x)=l$ 之直觀意義，我們可想像：x 爲一動點（a 爲固定值），x 由 a 之左邊不斷地向 a 逼近，可得到一個左極限 l_1，即 $\lim\limits_{x\to a^-} f(x)=l_1$，同樣地，由 a 之右邊不斷地向 a 逼近，又可得到右極限 l_2，即 $\lim\limits_{x\to a^+} f(x)=l_2$，如果 $l_1=l_2=l$，便稱 $f(x)$ 在 x 接近 a 時有極限存在，這個極限就是 l。反之，若 $l_1 \neq l_2$ 則稱 $f(x)$ 在 x 接近 a 時之極限不存在。

不見得每個函數在求極限都要討論單邊極限，本節將介紹一些需討論左右極限的例子。細心的讀者可發現在求 $\lim\limits_{x\to a} f(x)$ 時若 $x=a$ 恰落在圖形斷點、轉折處或端點處，往往要討論左、右極限。

我們舉一些必須考慮單邊極限的類型，希讀者體會之。首先介紹微積分常見之一個特殊函數——最大整數函數。

最大整數函數

【定義】 當 $x \in [n, n+1)$ 時，$y=[x]=n$，n 為整數。

由定義，x 爲一實數，若 $n+1>x\geq n$ ，n 爲整數，則 $[x]=n$，例如 $[3.5]=3$，$[2]=2$，$[-1.6]=-2$ 等。

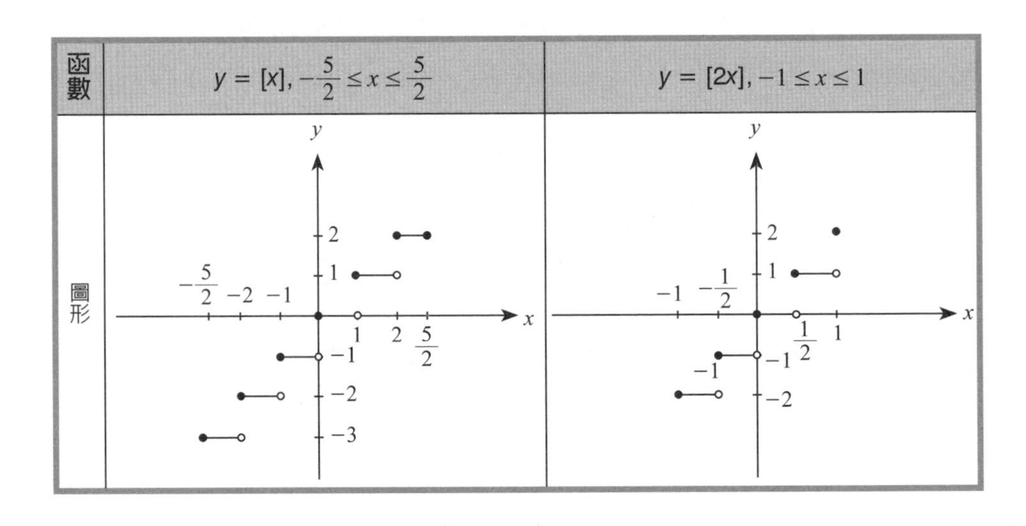

一些需考慮左右極限的情況

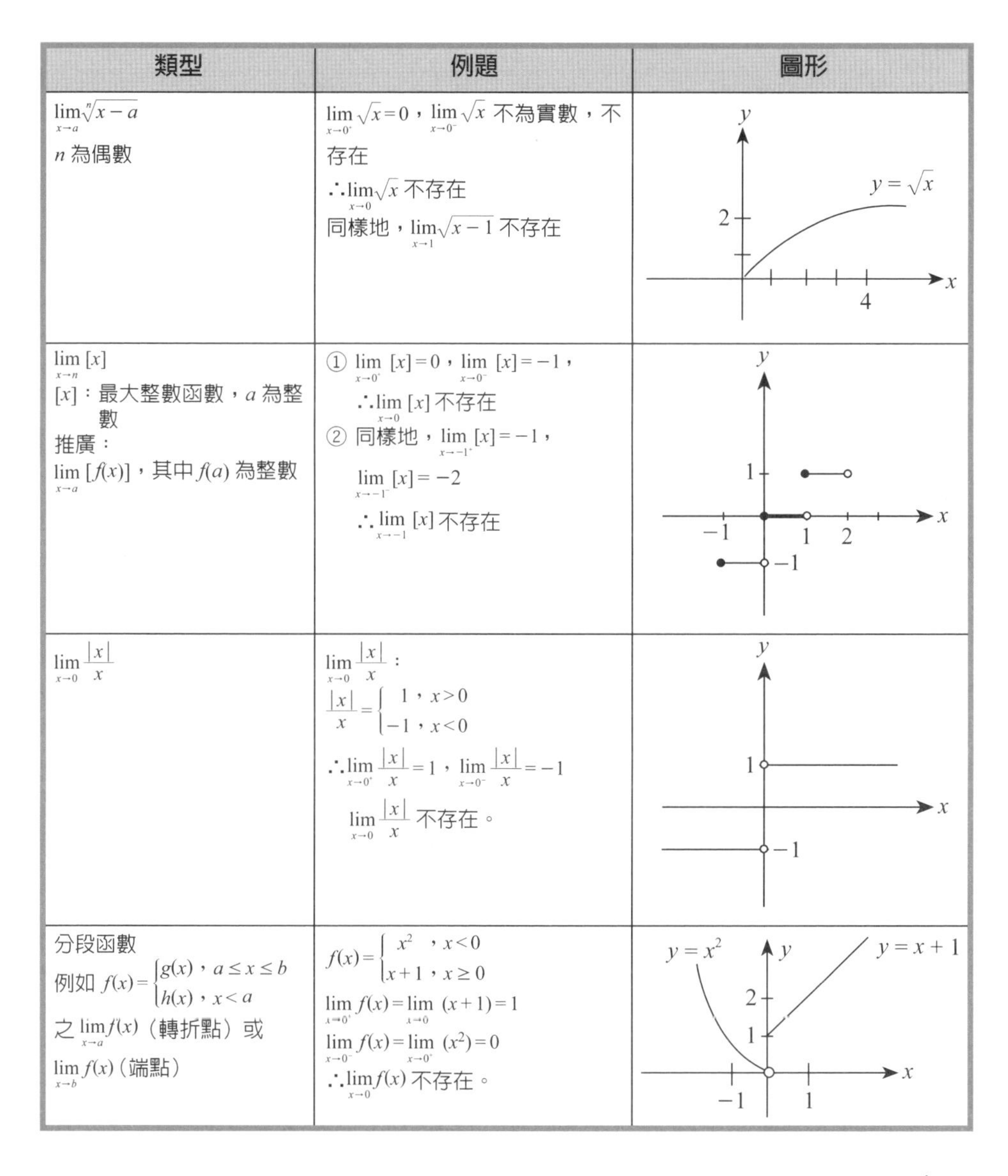

類型	例題	圖形
$\lim\limits_{x\to a}\sqrt[n]{x-a}$ n 為偶數	$\lim\limits_{x\to 0^+}\sqrt{x}=0$，$\lim\limits_{x\to 0^-}\sqrt{x}$ 不為實數，不存在 $\therefore \lim\limits_{x\to 0}\sqrt{x}$ 不存在 同樣地，$\lim\limits_{x\to 1}\sqrt{x-1}$ 不存在	$y=\sqrt{x}$
$\lim\limits_{x\to n}[x]$ $[x]$：最大整數函數，a 為整數 推廣： $\lim\limits_{x\to a}[f(x)]$，其中 $f(a)$ 為整數	① $\lim\limits_{x\to 0^+}[x]=0$，$\lim\limits_{x\to 0^-}[x]=-1$， $\therefore \lim\limits_{x\to 0}[x]$ 不存在 ② 同樣地，$\lim\limits_{x\to -1^+}[x]=-1$， $\lim\limits_{x\to -1^-}[x]=-2$ $\therefore \lim\limits_{x\to -1}[x]$ 不存在	
$\lim\limits_{x\to 0}\dfrac{\lvert x\rvert}{x}$	$\lim\limits_{x\to 0}\dfrac{\lvert x\rvert}{x}$： $\dfrac{\lvert x\rvert}{x}=\begin{cases}1，x>0\\-1，x<0\end{cases}$ $\therefore \lim\limits_{x\to 0^+}\dfrac{\lvert x\rvert}{x}=1$，$\lim\limits_{x\to 0^-}\dfrac{\lvert x\rvert}{x}=-1$ $\lim\limits_{x\to 0}\dfrac{\lvert x\rvert}{x}$ 不存在。	
分段函數 例如 $f(x)=\begin{cases}g(x)，a\le x\le b\\h(x)，x<a\end{cases}$ 之 $\lim\limits_{x\to a}f(x)$（轉折點）或 $\lim\limits_{x\to b}f(x)$（端點）	$f(x)=\begin{cases}x^2，x<0\\x+1，x\ge 0\end{cases}$ $\lim\limits_{x\to 0^+}f(x)=\lim\limits_{x\to 0}(x+1)=1$ $\lim\limits_{x\to 0^-}f(x)=\lim\limits_{x\to 0^+}(x^2)=0$ $\therefore \lim\limits_{x\to 0}f(x)$ 不存在。	$y=x^2$　$y=x+1$

除了上述四個基本題型外，**還有一些函數需考慮左、右極限，如 $\lim\limits_{x\to 0}2^{\frac{1}{x}}$ 等**我們將在爾後章節提到。

本節我們將進一步討論單邊極限，重心將放在變數變換，微積分許多難題都要靠變數變換來解決。

例 5. 求 $\lim_{x\to 4}\sqrt{x-4}$

解

方法	解答
方法一 （代值法）	1. $x\to 4^+$ 時，我們取 $x=4+\varepsilon$，$\varepsilon\to 0^+$ $\sqrt{x-4}=\sqrt{(4+\varepsilon)-4}=\sqrt{\varepsilon}\to 0$ $\therefore\lim_{x\to 4^+}\sqrt{x-4}=0$ 2. $x\to 4^-$ 時，我們取 $x=4+\varepsilon$，$\varepsilon\to 0^-$ $\sqrt{x-4}=\sqrt{(4-\varepsilon)-4}=\sqrt{-\varepsilon}$　不為實數 $\therefore\lim_{x\to 4^-}\sqrt{x-4}$ 不存在。
方法二 （變數變換法）	令 $y=x-4$，則 $x\to 4$ 時，$y=x-4\to 0$ $\lim_{x\to 4}\sqrt{x-4}\overset{y=x-4}{=\!=\!=}\lim_{y\to 0}\sqrt{y}$ $\lim_{y\to 0^-}\sqrt{y}$ 不存在　$\therefore\lim_{x\to 4}\sqrt{x-4}$ 不存在。

例 6. 求 $\lim_{x\to 3}\dfrac{x^2-9}{\lvert x-3\rvert}$

解

提示	解答
令 $y=x-3$ 則 $x\to 3$ 時 $y=x-3\to 0$	$\lim_{x\to 3}\dfrac{x^2-9}{\lvert x-3\rvert}=\lim_{x\to 3}\dfrac{(x-3)(x+3)}{\lvert x-3\rvert}$ $=\lim_{x\to 3}\dfrac{x-3}{\lvert x-3\rvert}\cdot\underbrace{\lim_{x\to 3}(x+3)}_{6}$ $=6\lim_{x\to 3}\dfrac{x-3}{\lvert x-3\rvert}$ $\overset{y=x-3}{=\!=\!=\!=}6\lim_{y\to 0}\dfrac{y}{\lvert y\rvert}$ 不存在 $\therefore\lim_{x\to 3}\dfrac{x^2-9}{\lvert x-3\rvert}$ 不存在

例 7. 求 1. $\lim_{x\to 1}[2x]$　2. $\lim_{x\to 1}\left[2x+\dfrac{1}{3}\right]$

解

解答	說明
$\lim_{x\to 1^+}[2x]=2$，$\lim_{x\to 1^-}[2x]=1$ $\therefore\lim_{x\to 1}[2x]$ 不存在	$f(x)=[2x]$，代入 $x=1$ 入 $h(x)=2x$ 時之值為整數 ∴考慮單邊極限

提示	解答
$f(x)=\left[2x+\dfrac{1}{3}\right]$，代$x=1$入 $h(x)=2x+\dfrac{1}{3}$ 不為整數∴直接代值。	$\lim\limits_{x\to1}\left[2x+\dfrac{1}{3}\right]=2$

在求如 $\lim\limits_{x\to1^+}[2x^2+1]$ 與 $\lim\limits_{x\to1^-}[2x^2+1]$，我們可取 $x=1.1$ 和 $x=0.9$ 分別代之，這在求關於最大整數函數之極限時可輔助求解，但存有風險。

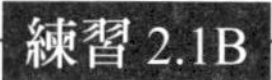
練習 2.1B

1. 求 (1) $\lim\limits_{x\to1}[2x+1]$　(2) $\lim\limits_{x\to\pi^+}[x^2]$　(3) $\lim\limits_{x\to-1}[2x-3]$
2. 求 (1) $\lim\limits_{x\to1}\sqrt[4]{1-x}$　(2) $\lim\limits_{x\to1}\sqrt{x-1}$　(3) $\lim\limits_{x\to-1}\sqrt{x+1}$　(4) $\lim\limits_{x\to-1}\sqrt[3]{x+1}$
3. 求 (1) $\lim\limits_{x\to0}\dfrac{x(x-1)}{|x|(x^2-1)}$　(2) $\lim\limits_{x\to1^-}\left(\dfrac{1}{x-1}-\dfrac{1}{|x-1|}\right)$　(3) $\lim\limits_{x\to1^-}\dfrac{x^2-|x-1|-1}{|x-1|}$
4. 問 $\lim\limits_{x\to a}f(x)$ 之極限，$a=1, 2, 3, 4, 5$

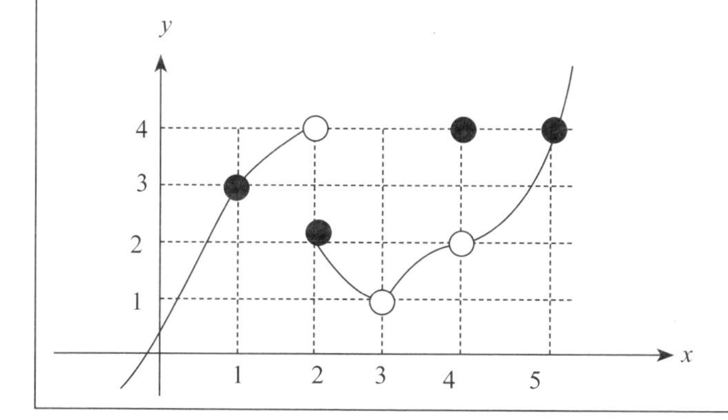

2.2 極限正式定義與基本定理

【定義】 若存在一個常數 A，使得對任意正數 ε 均存在正數 δ，在 $0 < |x - a| < \delta$ 時都滿足 $|f(x) - A| < \varepsilon$，則稱 x 趨近 a 時 $f(x)$ 之極限為 A，以 $\lim_{x \to a} f(x) = A$ 表之。

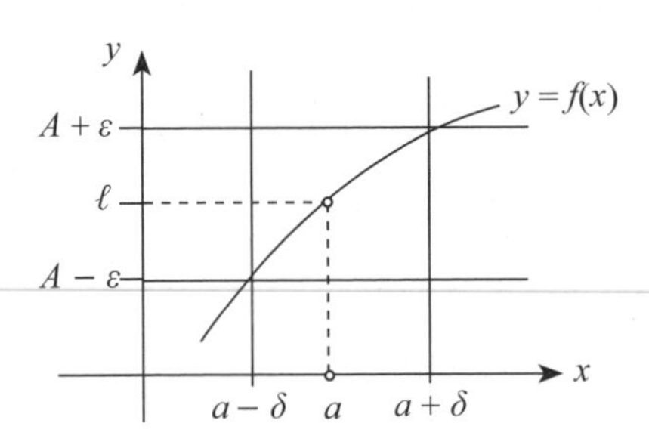

由定義之 $0 < |x - a| < \delta$ 可知 x 可無限地接近 a，但 $x \neq a$

例 1. 考慮 $f(x) = \begin{cases} 2x - 1, & x \neq 3 \\ 1, & x = 3 \end{cases}$

(1) 試繪出 $y = f(x)$ 之圖形

(2) 求滿足 $|f(x) - 5| < 0.1$ 時有 $0 < |x - 3| < \delta$ 之 δ

(3) 說明 (2) 之意義。

解

步驟	解答
本例是用 ε-δ 法證明 $\lim_{x \to a} f(x) = A$ 之暖身例	(1) y 3 2 1 −1 x (2) $\lvert f(x) - 5\rvert = \lvert(2x - 1) - 5\rvert = 2\lvert x - 3\rvert < 0.1$ $\therefore \lvert x - 3\rvert < 0.05$，取 $\delta = 0.05$ (3) 只要 x 與 3 之距離 $\lvert x - 3\rvert$ 在 0.05 以內便能保證 $f(x)$ 與 5 之距離 $\lvert f(x) - 5\rvert < 0.1$

練習 2.2A

★ 想想看，如何應用 ε-δ 之方式去定義函數之左極限與右極限。

$\lim\limits_{x\to a} f(x) = A$ 之證明

我們在證明大致可分下列二步驟：

step 1.	**初步分析**（Prelimary analysis） 由 $\lvert f(x) - A\rvert < \varepsilon$ 找出 δ 與 ε 之函數關係。
step 2.	**正式證明**（Formal proof） 由 step 1 之 δ 與 ε 之關係，證出 $0 < \lvert x - a\rvert < \delta \Rightarrow \lvert f(x) - A\rvert < \varepsilon$

例 2. 試證 $\lim\limits_{x\to 1}(3x+2) = 5$

解

步驟	解答
初步分析 （求 δ 與 ε 關係） $\lvert f(x) - A\rvert < \varepsilon \Rightarrow$ $\delta = ?\varepsilon$	初步分析 $\lvert f(x) - A\rvert = \lvert(3x+2) - 5\rvert = 3\lvert x-1\rvert < \varepsilon \Rightarrow \lvert x-1\rvert < \frac{\varepsilon}{3}$ $\therefore$取 $\delta = \frac{1}{3}\varepsilon$
正式證明 $0 < \lvert x - a\rvert < \delta \Rightarrow$ $\lvert f(x) - A\rvert < \varepsilon$	正式證明 令 $\varepsilon > 0$，取 $\delta = \frac{1}{3}\varepsilon$ 則 $0 < \lvert x-2\rvert < \delta$ 時有 $\lvert(3x+2) - 5\rvert = 3\lvert x-1\rvert < 3 \cdot \frac{\varepsilon}{3} = \varepsilon$，即 $\lim\limits_{x\to 1}(3x+2) = 5$

例 3. 試猜 $\lim\limits_{x\to 1}\sqrt{x+3} = ?$，並用 ε-δ 法證明之：

解

步驟	解答
	(1) $\lim\limits_{x\to 1}\sqrt{x+3} = \sqrt{4} = 2$
(2) 初步分析 $\lvert f(x) - A\rvert < \varepsilon \Rightarrow \delta = ?\varepsilon$	(2) 初步分析 $\lvert f(x) - A\rvert = \lvert\sqrt{x+3} - 2\rvert = \left\lvert\frac{(\sqrt{x+3}-2)(\sqrt{x+3}+2)}{\sqrt{x+3}+2}\right\rvert$ $= \left\lvert\frac{x-1}{\sqrt{x+3}+2}\right\rvert = \frac{\lvert x-1\rvert}{\lvert\sqrt{x+3}+2\rvert} < \frac{\lvert x-1\rvert}{2} = \varepsilon$ $\therefore \delta = 2\varepsilon$
正式證明 $0 < \lvert x - a\rvert < \delta \Rightarrow$ $\lvert f(x) - A\rvert < \varepsilon$	正式證明 令 $\varepsilon > 0$ 且 $\delta = 2\varepsilon$ 則 $0 < \lvert x - 1\rvert < \delta$ 時有 $\lvert\sqrt{x+3} - 2\rvert < \varepsilon$，其證明如下：$\lvert\sqrt{x+3} - 2\rvert = \left\lvert\frac{x-1}{\sqrt{x+3}+2}\right\rvert < \frac{\lvert x-1\rvert}{2} = \varepsilon$（計算過程如初步分析）

例 4. 求證 $\lim_{x\to a}\sqrt{x}=\sqrt{a}$，$a>0$

解

步驟	解答
初步分析 $\lvert f(x)-A\rvert<\varepsilon\Rightarrow\delta=?\varepsilon$	初步分析 $\lvert\sqrt{x}-\sqrt{a}\rvert=\left\lvert\dfrac{(\sqrt{x}-\sqrt{a})(\sqrt{x}+\sqrt{a})}{\sqrt{x}+\sqrt{a}}\right\rvert=\left\lvert\dfrac{x-a}{\sqrt{x}+\sqrt{a}}\right\rvert$ $=\dfrac{\lvert x-a\rvert}{\sqrt{x}+\sqrt{a}}\le\dfrac{\lvert x-a\rvert}{\sqrt{a}}<\varepsilon$ ∴取 $\delta=\sqrt{a}\,\varepsilon$ 即 $\lvert x-a\rvert<\sqrt{a}\,\varepsilon$
正式證明 $0<\lvert x-a\rvert<\delta\Rightarrow\lvert f(x)-A\rvert<\varepsilon$	正式證明 令 $\varepsilon>0$ 取 $\delta=\sqrt{a}\,\varepsilon$ 則 $0<\lvert x-a\rvert<\delta$ 時有 $\lvert\sqrt{x}-\sqrt{a}\rvert=\dfrac{\lvert x-a\rvert}{\sqrt{x}+\sqrt{a}}\le\dfrac{\lvert x-a\rvert}{\sqrt{a}}<\dfrac{\sqrt{a}\varepsilon}{\sqrt{a}}=\varepsilon$ ∴ $\lim_{x\to a}\sqrt{x}=\sqrt{a}$

例 5. 應用 $x\ge\sin x$，求證 $\lim_{x\to\frac{\pi}{3}}\sin x=\dfrac{\sqrt{3}}{2}$

解

步驟	解答
初步分析 $\lvert f(x)-A\rvert<\varepsilon\Rightarrow\delta=?\varepsilon$	初步分析 $\lvert f(x)-A\rvert=\left\lvert\sin x-\dfrac{\sqrt{3}}{2}\right\rvert=\left\lvert\sin x-\sin\dfrac{\pi}{3}\right\rvert$ $=2\left\lvert\sin\dfrac{x-\frac{\pi}{3}}{2}\cos\dfrac{x+\frac{\pi}{3}}{2}\right\rvert$ $=2\left\lvert\sin\dfrac{x-\frac{\pi}{3}}{2}\right\rvert\left\lvert\cos\dfrac{x+\frac{\pi}{3}}{2}\right\rvert$ $\le2\left\lvert\sin\dfrac{x-\frac{\pi}{3}}{2}\right\rvert\le2\left\lvert\dfrac{x-\frac{\pi}{3}}{2}\right\rvert=\left\lvert x-\dfrac{\pi}{3}\right\rvert<\varepsilon$
應用重要不等式 $\sin x\le x$ 正式證明 $0<\left\lvert x-\dfrac{\pi}{3}\right\rvert<\delta\Rightarrow\left\lvert f(x)-\dfrac{\sqrt{3}}{2}\right\rvert<\varepsilon$	∴取 $\delta=\varepsilon$ 正式證明 令 $\varepsilon>0$ 取 $\delta=\varepsilon$ 則 $0<\left\lvert x-\dfrac{\pi}{3}\right\rvert<\delta$ 時有 $\left\lvert\sin x-\dfrac{\sqrt{3}}{2}\right\rvert=\left\lvert\sin x-\sin\dfrac{\pi}{3}\right\rvert$ $=2\left\lvert\sin\dfrac{x-\frac{\pi}{3}}{2}\cos\dfrac{x+\frac{\pi}{3}}{2}\right\rvert\le2\left\lvert\sin\dfrac{x-\frac{\pi}{3}}{2}\right\rvert\le\left\lvert x-\dfrac{\pi}{3}\right\rvert<\varepsilon$ ∴ $\lim_{x\to\frac{\pi}{3}}\sin x=\dfrac{\sqrt{3}}{2}$

以上各例是用 ε-δ 法證明一個函數極限之基本方法，有許多複雜問題，是無法一口氣地求出 ε 與 δ 之關係，此時我們會取一個方便值，**通常是 1（但不恆是 1）**，再以 $\delta=1$ 求出 δ, ε 之關係，注意此時之 $\boldsymbol{\delta=\min\{1, g(\varepsilon)\}}$ 之型式。

★**例 6.** 試證 $\lim\limits_{x\to a}x^2=a^2$

解

步驟	解答
初步分析 $\lvert f(x)-A\rvert<\varepsilon\Rightarrow\delta=?\varepsilon$	初步分析 $\lvert f(x)-a^2\rvert=\lvert x^2-a^2\rvert=\lvert x+a\rvert\lvert x-a\rvert$ (1) 我們取 $\delta\le 1$ 則 $\lvert x+a\rvert\le\delta\Rightarrow\lvert(x-a)+2a\rvert\le\lvert x-a\rvert+2\lvert a\rvert$ $<1+2\lvert a\rvert$ (2) 代 (2) 入 (1)$\lvert x^2-a^2\rvert=\lvert x+a\rvert\lvert x-a\rvert=\lvert(x-a)+2a\rvert\lvert x-a\rvert$ $<(1+2\lvert a\rvert)\lvert x-a\rvert<\varepsilon\Rightarrow\lvert x-a\rvert<\dfrac{\varepsilon}{1+2\lvert a\rvert}$ 取 $\delta=\min\left(1,\dfrac{\varepsilon}{1+2\lvert a\rvert}\right)$
正式證明 $0<\lvert x-a\rvert<\delta$ $\Rightarrow\lvert f(x)-A\rvert<\varepsilon$	正式證明 令 $\varepsilon>0$，取 $\delta=\min\left(1,\dfrac{\varepsilon}{1+2\lvert a\rvert}\right)$則 $0<\lvert x-a\rvert<\delta$ 時有 $\lvert x^2-a^2\rvert=\lvert x+a\rvert\lvert x-a\rvert=\lvert(x-a)+2a\rvert\lvert x-a\rvert<(\lvert x-a\rvert+2\lvert a\rvert)\lvert x-a\rvert$ $<(1+2\lvert a\rvert)\lvert x-a\rvert<(1+2\lvert a\rvert)\cdot\dfrac{\varepsilon}{1+2\lvert a\rvert}=\varepsilon$ $\therefore\lim\limits_{x\to a}x^2=a^2$

練習 2.2B

1. 試證 $\lim\limits_{x\to a}(mx+b)=ma+b$, $m\neq 0$
2. 試證 $\lim\limits_{x\to 1}\dfrac{x^2+2x-3}{x-1}=4$
3. 試證 $\lim\limits_{x\to a}x=a$
4. ★試證 $\lim\limits_{x\to 2}2^x=4$
5. ★試證 $\lim\limits_{x\to 0}x\sin\dfrac{1}{x}=0$

例 7. 求證 $\lim\limits_{x\to 1}\dfrac{x^3-1}{x-1}=3$

解

步驟	解答
初步分析 $\lvert f(x)-A\rvert<\varepsilon\to\delta=?\varepsilon$	初步分析 $\lvert f(x)-A\rvert=\left\lvert\dfrac{x^3-1}{x-1}-3\right\rvert=\lvert x^2+x-2\rvert$ $=\lvert(x-1)(x+2)\rvert=\lvert x-1\rvert\lvert x+2\rvert$

步驟	解答
正式證明 $0<\|x-a\|<\delta \Rightarrow$ $\|f(x)-A\|<\varepsilon$	$<\delta\|x+2\|$　　* 取 $\delta \le 1$ 則 $* = \delta\|x+2\| < \delta(\|x\|+2) < \delta(1+2) = 3\delta = \varepsilon$ $\therefore$取 $\delta = \min\left(1, \frac{1}{3}\varepsilon\right)$ 正式證明 $\left\|\frac{x^3-1}{x-1}-3\right\| = \|x^2+x-2\| = \|x+2\|\|x-1\|$ $< (\|x\|+2)\|x-1\| < (1+2)\|x-1\| < 3\|x-1\|$ $< 3 \cdot \frac{1}{3}\varepsilon = \varepsilon$

以下介紹，如果已知 $\lim\limits_{x\to a} f(x) = A$ 時，如何用 ε-δ 方法證明我們想要的結果

例 8. 若 $\lim\limits_{x\to a} f(x) = A$，$\lim\limits_{x\to a} f(x) = B$，求證 $A = B$（此即證明：若存在，則它必爲惟一）

解

提示	解答
本例和前幾例不同處，在於極限已是給定，故不需要再求 δ 與 ε 之關係。	依題給條件對任一 $\varepsilon>0$，均可找到的 $\delta>0$，使得 $0<\|x-a\|<\varepsilon$ 時，有 $\|f(x)-A\|<\frac{\varepsilon}{2}$ $0<\|x-a\|<\varepsilon$ 時，有 $\|f(x)-B\|<\frac{\varepsilon}{2}$ 又 $\|A-B\| = \|(f(x)-A)-(f(x)-B)\|$ $\le \|f(x)-A\| + \|f(x)-B\|$ $<\frac{\varepsilon}{2}+\frac{\varepsilon}{2}=\varepsilon$，$\varepsilon$ 為任意小之正數 $\therefore \|A-B\| = 0 \Rightarrow A = B$

例 9 說明如何用 ε-δ 法證明函數之單邊極限。在證明過程中，我們由定義對任意正數，存在 $\delta > 0$ 使得 $0 < x < a + \delta$ 時恆有 $|f(x) - A| < \varepsilon$ 時 $\lim\limits_{x\to a^+} f(x) = A$ 同法可定義 $\lim\limits_{x\to a^-} f(x) = A$，只不過將 $0 < x < a + \delta$ 改爲 $0 < x < a - \delta$

例 9. 試證 $\lim\limits_{x\to 0^+} \sqrt{x} = 0$

解

提示	解答
初步分析（$a=0$） $0<x<0+\delta \Rightarrow \|f(x)-0\|<\varepsilon$	初步分析 $0<x<0+\delta$ 即 $0<x<\delta$ 時

提示	解答
正式說明 $0<x<\delta \Rightarrow \lvert\sqrt{x}-0\rvert<\varepsilon$	$\lvert f(x)-0\rvert=\lvert\sqrt{x}-0\rvert=\lvert\sqrt{x}\rvert<\delta$ $\Rightarrow \lvert x\rvert<\varepsilon^2$ 即 $\lvert x-0\rvert<\varepsilon^2$ 取 $\delta=\varepsilon^2$ 正式證明 $0<x<\delta$ 時 $\lvert f(x)-A\rvert=\lvert\sqrt{x}-0\rvert<\varepsilon$ $\therefore \lim_{x\to 0^+}\sqrt{x}=0$

練習 2.2C

★1. $f(x)\geq g(x)\geq 0$，在區間 I 中的 x 均成立，0 為區間 I 中之一點，若 $\lim_{x\to 0}f(x)=0$，試證 $\lim_{x\to 0} g(x)=0$

2. 若 $\lim_{x\to a}f(x)=A$，$\lim_{x\to a}g(x)=B$，試證 $\lim_{x\to a}(f(x)+g(x))=A+B$

★3. 試證 $\lim_{x\to 1}(x^2+x)=2$

★4. 試證 $\lim_{x\to a}x^3=a^3$

5. 試證 $\lim_{x\to 4}\dfrac{1}{x-2}=\dfrac{1}{2}$

極限定理

【定理 A】 若 $\lim_{x\to a}f(x)$ 與 $\lim_{x\to a}g(x)$ 均存在，則：

（加則）$\lim_{x\to a}[f(x)+g(x)]=\lim_{x\to a}f(x)+\lim_{x\to a}g(x)$

（減則）$\lim_{x\to a}[f(x)-g(x)]=\lim_{x\to a}f(x)-\lim_{x\to a}g(x)$

（乘則）$\lim_{x\to a}[f(x)\cdot g(x)]=\lim_{x\to a}f(x)\cdot\lim_{x\to a}g(x)$

$\lim_{x\to a}cf(x)=c\lim_{x\to a}g(x)$

（除則）$\lim_{x\to a}\dfrac{g(x)}{f(x)}=\dfrac{\lim_{x\to a}g(x)}{\lim_{x\to a}f(x)}$，$\lim_{x\to a}f(x)\neq 0$

（冪則）若 $[\lim_{x\to a}f(x)]^p$ 存在則 $\lim_{x\to a}[f(x)]^p=[\lim_{x\to a}f(x)]^p$

（根則）當 n 為偶數時 $\lim_{x\to a}f(x)>0$，則 $\lim_{x\to a}\sqrt[n]{f(x)}=\sqrt[n]{\lim_{x\to a}f(x)}$。

（合成函數）若 $g(x)$ 為連續函數則 $\lim_{x\to a}f(g(x))=f(\lim_{x\to a}g(x))$

【證明】（加則）見練習 2.2C 第二題。現證（乘則）

提示	證明
請特別注意本題之 $\delta_1, \delta_2, \delta_3$ 取法	$\lvert f(x)g(x)-AB\rvert=\lvert f(x)(g(x)-B)+B(f(x)-A)\rvert$ $<\lvert f(x)(g(x)-B)\rvert+\lvert B(f(x)-A)\rvert$ $=\lvert f(x)\rvert\lvert g(x)-B\rvert+\lvert B\rvert\lvert f(x)-A\rvert$ $<\lvert f(x)\rvert\lvert g(x)-B\rvert+(\lvert B\rvert+1)\lvert f(x)-A\rvert$ 又 1) $\lim\limits_{x\to a}f(x)=A$ $\therefore \varepsilon>0$ 時存在一個 $\delta_1>0$ 使得 $0<\lvert x-a\rvert<\delta_1$ 時有 $\lvert f(x)-A\rvert<1$， $\Rightarrow A-1<f(x)<A+1$ $\therefore f(x)$ 為有界，取 $\lvert f(x)\rvert<P$，$P>0$ 2) $\lim\limits_{x\to a}g(x)=B$ $\therefore \varepsilon>0$ 時存在一個 δ_2 使得 $0<\lvert x-a\rvert<\delta_2$ 時有 $\lvert g(x)-B\rvert<\frac{\varepsilon}{2P}$ （$\because \varepsilon$ 可為任何任意小之數，故可取 $\frac{\varepsilon}{2P}$） 3) $\lim\limits_{x\to a}f(x)=A$ $\therefore \varepsilon>0$ 時存在一個 δ_3 使得 $0<\lvert x-a\rvert<\delta_3$ 時有 $\lvert g(x)-A\rvert<\frac{\varepsilon}{2(\lvert B\rvert+1)}$ 取 $\delta=\min(\delta_1,\delta_2,\delta_3)$ 則當 $0<\lvert x-a\rvert<\delta$ 時，我們有 $\lvert f(x)g(x)-AB\rvert<\mathrm{P}\cdot\frac{\varepsilon}{2P}+$
	$(\lvert \mathrm{B}\rvert+1)\frac{\varepsilon}{2(\lvert B\rvert+1)}=\varepsilon$ $\therefore \lim\limits_{x\to a}f(x)g(x)=AB$ ■

在「除則」裡，若 $\lim\limits_{x\to a}f(x)\neq 0$，則「除則」毫無問題自然成立，但若 $\lim\limits_{x\to a}f(x)=0$ 時：

1. $\lim\limits_{x\to a}g(x)=0$ 時，則 $\lim\limits_{x\to a}\frac{g(x)}{f(x)}$ 爲不定式。
2. $\lim\limits_{x\to a}g(x)\neq 0$ 時，則 $\lim\limits_{x\to a}\frac{g(x)}{f(x)}$ 不存在。

【定理 B】 若 $f(x)=c_0+c_1x+c_2x^2+\cdots+c_nx^n$，則 $\lim\limits_{x\to a}f(x)=c_0+c_1a+c_2a^2+\cdots+c_na^n=f(a)$

例10. 若 $\lim\limits_{x\to 1}f(x)=2$，$\lim\limits_{x\to 1}g(x)=-1$，求 $\lim\limits_{x\to 1}\frac{f(x)+xg(x)}{x^2(f(x)+g(x))}$

解

$$\lim_{x\to 1}\frac{f(x)+xg(x)}{x^2(f(x)+g(x))}=\frac{\lim\limits_{x\to 1}(f(x)+xg(x))}{\lim\limits_{x\to 1}x^2(f(x)+g(x))}=\frac{\lim\limits_{x\to 1}f(x)+\lim\limits_{x\to 1}xg(x))}{\lim\limits_{x\to 1}x^2\lim\limits_{x\to 1}(f(x)+g(x))}$$

$$=\frac{\lim\limits_{x\to 1}f(x)+\lim\limits_{x\to 1}x\lim\limits_{x\to 1}g(x))}{\left(\lim\limits_{x\to 1}x\right)^2\left(\lim\limits_{x\to 1}f(x)+\lim\limits_{x\to 1}g(x)\right)}=\frac{2+1\times(-1)}{(1)^2(2+(-1))}=1$$

練習 2.2D

1. 若 $\lim\limits_{x\to 3} f(x)=2$，$\lim\limits_{x\to 3} g(x)=-1$，

   求 (1) $\lim\limits_{x\to 3}\dfrac{f(x)-x}{x(g(x)-1)}$　(2) $\lim\limits_{x\to 3}\dfrac{x^2+xf(x)g(x)}{g(x)+1}$

★2. $f(x)g(x)=1$ 對所有實數 x 均成立，若 $\lim\limits_{x\to a} f(x)=0$ 求證 $\lim\limits_{x\to a} g(x)$ 不存在。

三角函數之極限

【定理 C】 $\lim\limits_{x\to x_0}\sin x=\sin x_0$，$\lim\limits_{x\to x_0}\cos x=\cos x_0$

【證明】 讀者可仿例 4 證法。

【定理 D】 $\lim\limits_{x\to 0}\dfrac{\sin x}{x}=1$

定理 D 之證明見練習 2.3D 第二題。

例11. 應用 $\lim\limits_{x\to 0}\dfrac{\sin x}{x}=1$，求 $\lim\limits_{x\to 0}\dfrac{1-\cos x}{x^2}$

解

	解答	提示
方法一	$\lim\limits_{x\to 0}\dfrac{1-\cos x}{x^2}=\lim\limits_{x\to 0}\dfrac{(1-\cos x)(1+\cos x)}{x^2(1+\cos x)}=\lim\limits_{x\to 0}\dfrac{\sin^2 x}{x^2(1+\cos x)}$ $=\lim\limits_{x\to 0}\dfrac{\sin^2 x}{x^2}\lim\limits_{x\to 0}\dfrac{1}{1+\cos x}=\left(\lim\limits_{x\to 0}\dfrac{\sin x}{x}\right)^2\lim\limits_{x\to 0}\dfrac{1}{1+\cos x}$ $=1^2\cdot\dfrac{1}{2}=\dfrac{1}{2}$	儘量擠出 $\dfrac{\sin x}{x}$ 之因子。
方法二	$\lim\limits_{x\to 0}\dfrac{1-\cos x}{x^2}=\lim\limits_{x\to 0}\dfrac{2\sin^2\frac{x}{2}}{x^2}\overset{y=\frac{x}{2}}{=\!=}\lim\limits_{y\to 0}\dfrac{2\sin^2 y}{(2y)^2}$ $=\dfrac{1}{2}\left(\lim\limits_{y\to 0}\dfrac{\sin y}{y}\right)^2=\dfrac{1}{2}\cdot 1=\dfrac{1}{2}$	利用半角公式：$\cos x=1-2\sin^2\dfrac{x}{2}$ $=2\cos^2\dfrac{x}{2}-1$ $=\cos^2\dfrac{x}{2}-\sin^2\dfrac{x}{2}$

【定理 E】 $h(x)$ 為連續函數，$\lim\limits_{x\to a} h(x)=0$，則

$$\lim_{x\to a}\frac{\sin(h(x))}{h(x)}=1$$

例12. 求 1. $\lim\limits_{x\to 1}\dfrac{\sin(x^3-1)}{x-1}$　2. $\lim\limits_{x\to 0}\dfrac{\sin mx}{\sin nx}$

解 1. $\lim\limits_{x\to1}\frac{\sin(x^3-1)}{x-1}=\lim\limits_{x\to1}\frac{\sin(x^3-1)}{(x-1)(x^2+x+1)}\cdot(x^2+x+1)$

$$=\underbrace{\lim_{x\to1}\frac{\sin(x^3-1)}{x^3-1}}_{1}\lim_{x\to1}(x^2+x+1)=3$$

2. $\lim\limits_{x\to0}\frac{\sin mx}{\sin nx}=\lim\limits_{x\to0}\frac{\frac{\sin mx}{mx}\cdot mx}{\frac{\sin nx}{nx}\cdot nx}=\frac{m}{n}$

三角和差化積公式

1. $\sin x+\sin y=2\sin\frac{x+y}{2}\cos\frac{x-y}{2}$
2. $\sin x-\sin y=2\cos\frac{x+y}{2}\sin\frac{x-y}{2}$
3. $\cos x+\cos y=2\cos\frac{x+y}{2}\cos\frac{x-y}{2}$
4. $\cos x-\cos y=2\sin\frac{x+y}{2}\sin\frac{x-y}{2}$

例13. 求 $\lim\limits_{h\to0}\frac{\sin(x+h)^2-\sin x^2}{h}$

解 $\lim\limits_{h\to0}\frac{\sin(x+h)^2-\sin x^2}{h}$

$$=\lim_{h\to0}\frac{2\cos\frac{(x+h)^2+x^2}{2}\sin\frac{(x+h)^2-x^2}{2}}{h}$$

$$=2\lim_{h\to0}\cos\frac{(x+h)^2+x^2}{2}\lim_{h\to0}\frac{1}{h}\sin\left(hx+\frac{h^2}{2}\right)$$

$$=2cosx^2\cdot\underbrace{\lim_{h\to0}\frac{\sin\left(hx+\frac{h^2}{2}\right)}{hx+\frac{h^2}{2}}}_{1}\cdot\lim_{h\to0}\left(x+\frac{h}{2}\right)=2x\cos x^2$$

例14. 求 $\lim\limits_{x\to0}\frac{\cos x-1}{\sin(x\sin x)}$

解 $\lim\limits_{x\to0}\frac{\cos x-1}{\sin(x\sin x)}=\lim\limits_{x\to0}\frac{1}{\frac{\sin(x\sin x)}{x\sin x}}\cdot\frac{\cos x-1}{x\sin x}$

$$=\lim_{x\to0}\frac{1}{\frac{\sin(x\sin x)}{x\sin x}}\lim_{x\to0}\frac{\cos x-1}{x\sin x}\cdot\frac{\cos x+1}{\cos x+1}$$

$$=\underbrace{\lim_{x\to0}\frac{1}{\frac{\sin(x\sin x)}{x\sin x}}}_{1}\cdot\lim_{x\to0}\frac{-\sin^2 x}{x\sin x}\lim_{x\to0}\frac{1}{\cos x+1}$$

$$=\underbrace{\lim_{x\to0}\frac{-\sin x}{x}}_{1}\underbrace{\lim_{x\to0}\frac{1}{\cos x+1}}_{\frac{1}{2}}=-\frac{1}{2}$$

練習 2.2E

應用 $\lim_{x\to 0}\frac{\sin x}{x}=1$ 求

1. $\lim_{x\to 0}\frac{\tan x-\sin x}{x^3}$　2. $\lim_{x\to 0}\frac{1-\cos x}{x\sin x}$ 及 3. $\lim_{\theta\to 0}\frac{1-\cos\theta}{\theta}$

4. $\lim_{x\to 0}\frac{\sin(|x|)}{x}$　5. $\lim_{x\to 0}\frac{\cos(\sin x)-1}{\tan^2 x}$　★6. $\lim_{x\to 0}\frac{x^2}{\sqrt{1+x\sin x}-\sqrt{\cos x}}$

一些特殊之例子

例15. 若 $\lim_{x\to -1}\frac{x^2+bx-2}{x^2-2x-3}=c$，$c$ 爲待定值，求 b, c。

解

提示	解法
$\lim_{x\to a}\frac{g(x)}{f(x)}=b$（定值） 若 $\lim_{x\to a}f(x)=0\Rightarrow\lim_{x\to a}g(x)=0$（若 $\lim_{x\to a}g(x)\neq 0$ 則 b 不存在（∞ 或 $-\infty$））	$\because\ \lim_{x\to -1}(x^2-2x-3)=0$；又 c 為待定值 $\therefore\ \lim_{x\to -1}(x^2+bx-2)=1-b-2=0$ 得 $b=-1$ $c=\lim_{x\to -1}\frac{x^2-x-2}{x^2-2x-3}$ $=\lim_{x\to -1}\frac{(x+1)(x-2)}{(x+1)(x-3)}==\lim_{x\to -1}\frac{x-2}{x-3}=\frac{3}{4}$

練習 2.2F

1. 若 $\lim_{x\to 0}\frac{\sqrt{1+x\sin x}-1}{a-\cos x}=b$，$a, b$ 爲定值，求 a, b

2. 若 $\lim_{x\to 0}\frac{x\sin x}{\sqrt{a+x^2}-a}=b$，$a, b$ 爲定值，求 a, b

★3. $f(x)=\begin{cases}1, & x\text{ 爲有理數}\\ 0, & x\text{ 爲無理數}\end{cases}$，求 $\lim_{x\to 0}f(x)$

★4. $f(x)=\begin{cases}x, & x\text{ 爲有理數}\\ 0, & x\text{ 爲無理數}\end{cases}$，求 $\lim_{x\to 0}f(x)$

2.3 極限之基本解法

因式分解

$f(x)$ 爲一 n 次多項式則 $\lim_{x\to a} f(x)=f(a)$，因此 $\lim_{x\to a}\frac{g(x)}{f(x)}=\frac{\lim_{x\to a} g(x)}{\lim_{x\to a} f(x)}$ 爲 $\frac{0}{0}$ 型時，我們知 $g(x)$ 與 $f(x)$ 必定有公因式 $x-a$，因此可用綜合除法將 $(x-a)$ 提出消掉。

能用因式分解法的問題，通常可用 9.1 節之 L'Hospital 法則輕易解出。

例 1. 求 $\lim_{x\to 1}\frac{x^5-x^3-x^2+1}{x^5-3x^2+x+1}$

解

綜合除法	解答
$x^5-x^3-x^2+1$： $\begin{array}{cccccc|c} 1 & 0 & -1 & -1 & 0 & 1 & 1 \\ & 1 & 1 & 0 & -1 & -1 & \\ \hline ① \ 1 & 1 & 0 & -1 & -1 & 0 & \\ ② \ & 1 & 2 & 2 & 1 & & 1 \\ \hline ③ \ 1 & 2 & 2 & 1 & 0 & & \end{array}$ 請特別注意第 3 列是第一、二列之和 $\therefore x^5-x^3-x^2+1=(x-1)^2(x^3+2x^2+2x+1)$ x^5-3x^2+x-1： $\begin{array}{cccccc|c} 1 & 0 & 0 & -3 & 1 & 1 & 1 \\ & 1 & 1 & 1 & -2 & -1 & \\ \hline 1 & 1 & 1 & -2 & -1 & 0 & \\ & 1 & 2 & 3 & 1 & & 1 \\ \hline 1 & 2 & 3 & 1 & 0 & & \end{array}$ $\therefore x^5-3x^2+x+1=(x-1)^2(x^3+2x^2+3x+1)$	$\lim_{x\to 1}\frac{x^5-x^3-x^2+1}{x^5-3x^2+x+1} \quad \left(\frac{0}{0}\right)$ $=\lim_{x\to 1}\frac{(x-1)^2(x^3+2x^2+2x+1)}{(x-1)^2(x^3+2x^2+3x+1)}$ $=\lim_{x\to 1}\frac{x^3+2x^2+2x+1}{x^3+2x^2+3x+1}$ $=\frac{6}{7}$

例 2. 求 $\lim_{x\to 1}\frac{x^n+x^{n-1}+\cdots+x-n}{x-1}$

解

提示	解答
1. 應用下列重要公式： ① $x^n-1=(x-1)(x^{n-1}+x^{n-2}+\cdots+x+1)$ ② $1+2+\cdots+n=\frac{n}{2}(n+1)$ 2. 分組後，求任意第 k 項之極限	$\lim_{x\to 1}\frac{x^n+x^{n-1}+\cdots+x-n}{x-1}$ $=\lim_{x\to 1}\frac{(x^n-1)+(x^{n-1}-1)+\cdots+(x-1)}{x-1}$ $=\lim_{x\to 1}\frac{x^n-1}{x-1}+\lim_{x\to 1}\frac{x^{n-1}-1}{x-1}+\cdots+\lim_{x\to 1}\frac{x-1}{x-1}$ 但 $\lim_{x\to 1}\frac{x^k-1}{x-1}=\lim_{x\to 1}\frac{(x-1)(x^{k-1}+x^{k-2}+\cdots+x+1)}{x-1}$ $=\lim_{x\to 1}(x^{k-1}+x^{k-2}+\cdots+x+1)=k$ $\therefore \lim_{x\to 1}\frac{x^n-1}{x-1}+\lim_{x\to 1}\frac{x^{n-1}-1}{x-1}+\cdots+\lim_{x\to 1}\frac{x-1}{x-1}$ $=n+(n-1)+\cdots 1=\frac{n(n+1)}{2}$

練習 2.3A

1. 求 (1) $\lim_{x\to 1}\frac{x^5+x-2}{x^5+3x^2-4}$ (2) $\lim_{x\to -2}\frac{x^4-16}{x^5-4x^3+x+2}$

2. 求$\lim_{x\to 1}\frac{x^{n+1}-(n+1)x+n}{(x-1)^2}$

常用因式分解公式

1. $x^2+(a+b)x+ab=(x+a)(x+b)$
2. $x^3\pm y^3=(x\pm y)(x^2\mp xy+y^2)$
3. $x^4+x^2+1=(x^2+x+1)(x^2-x+1)$
4. $x^n-a^n=(x-a)(x^{n-1}+ax^{n-2}+a^2x^{n-3}+\cdots+a^{n-1})$

變數變換法

變數變換之技巧在微積分中是很重要的，它不僅可降低計算上之難度外，有時還能將看似很難解決的問題得以輕易地解決。

例 3. 求 (1) $\lim_{x\to 1}\frac{\sqrt[4]{x}-1}{\sqrt{x}-1}$ (2) $\lim_{x\to 1}\frac{\sqrt[3]{x}+\sqrt{x}-2}{2\sqrt{x}-\sqrt[3]{x}-1}$

解

解析	解答
極限式 $\frac{\sqrt[4]{x}-1}{\sqrt{x}-1}=\frac{x^{\frac{1}{4}}-1}{x^{\frac{1}{2}}-1}$，因為式中之冪次為 $\frac{1}{4}$，$\frac{1}{2}$，分母之最小公倍數為4，令 $y=x^{\frac{1}{4}}$，則 $x\to 1$ 時 $y=x^{\frac{1}{4}}\to 1$，如此便可用因式分解。在帶有根式之極限問題採變數變換之主要目的是去掉根號。	$\lim_{x\to 1}\frac{\sqrt[4]{x}-1}{\sqrt{x}-1}\overset{y=x^{\frac{1}{4}}}{=\!=}\lim_{y\to 1}\frac{y-1}{y^2-1}=\lim_{y\to 1}\frac{y-1}{(y-1)(y+1)}$ $=\lim_{y\to 1}\frac{1}{y+1}=\frac{1}{2}$
∵冪次 $\frac{1}{3}$，$\frac{1}{2}$ 之分母 2, 3 之最小公倍數為 6，取 $y=x^{\frac{1}{6}}$，$x\to 1\Rightarrow y\to 1$，則原式變為 $\lim_{y\to 1}\frac{y^2+y^3-2}{2y^3-y^2-1}$	$\lim_{x\to 1}\frac{\sqrt[3]{x}+\sqrt{x}-2}{2\sqrt{x}-\sqrt[3]{x}-1}$ $=\lim_{y\to 1}\frac{y^2+y^3-2}{2y^3-y^2-1}$ $=\lim_{y\to 1}\frac{(y^3-1)+(y^2-1)}{(y^3-y^2)+(y^3-1)}$ $=\lim_{y\to 1}\frac{(y-1)(y^2+y+1)+(y-1)(y+1)}{y^2(y-1)+(y-1)(y^2+y+1)}$ $=\lim_{y\to 1}\frac{y^2+2y+2}{2y^2+y+1}=\frac{5}{4}$

例 4. 求 $\lim_{x\to 0}\frac{x}{1-\sqrt[4]{1-x}}$

解 $\lim_{x\to 0}\frac{x}{1-\sqrt[4]{1-x}}\overset{y=\sqrt[4]{1-x}}{=\!=}\lim_{y\to 1}\frac{1-y^4}{1-y}=\lim_{y\to 1}\frac{(1-y)(1+y)(1+y^2)}{1-y}=4$

例 5. 求 $\lim\limits_{x\to 1}\dfrac{(1-\sqrt{x})(1-\sqrt[3]{x})\cdots(1-\sqrt[n]{x})}{(1-x)^{n-1}}$

解

解析	解答
1. 我們碰到這類問題，直覺上是先找一般項之極限，即先求 $\lim\limits_{x\to 1}\dfrac{1-\sqrt[k]{x}}{1-x}$，如此可找出解之規則性。 2. $n!$ 讀做 n 階乘（Factorial），定義：$n!=1\cdot 2\cdot 3\cdots n$，$n$ 為正整數 $0!=1\ (=1!)$	原式 $=\lim\limits_{x\to 1}\dfrac{1-\sqrt{x}}{1-x}\lim\limits_{x\to 1}\dfrac{1-\sqrt[3]{x}}{1-x}\cdots\lim\limits_{x\to 1}\dfrac{1-\sqrt[k]{x}}{1-x}$ ① 茲考慮 $\lim\limits_{x\to 1}\dfrac{1-\sqrt[k]{x}}{1-x}$： $\lim\limits_{x\to 1}\dfrac{1-\sqrt[k]{x}}{1-x}\overset{y=\sqrt[k]{x}}{=\!=}\lim\limits_{y\to 1}\dfrac{1-y}{1-y^k}$ $=\lim\limits_{y\to 1}\dfrac{1-y}{(1-y)(1+y+y^2+\cdots+y^{k-1})}=\dfrac{1}{k}$ $\therefore$ ① $=\dfrac{1}{2}\cdot\dfrac{1}{3}\cdots\dfrac{1}{n}=\dfrac{1}{n!}$

練習 2.3B

求 1. $\lim\limits_{x\to 4}\dfrac{x^{\frac{3}{2}}-8}{\sqrt{x}-2}$　2. $\lim\limits_{x\to 64}\dfrac{\sqrt[6]{x}-2}{\sqrt[3]{x}+\sqrt{x}-12}$　3. $\lim\limits_{x\to 16}\dfrac{\sqrt{x}-4}{\sqrt{x}-\sqrt[4]{x}-2}$

類有理化法

類有理化法和我們熟知之有理化法稍有不同，爲了稱呼方便作者特稱之爲類有理化法。

例 6. 求 $\lim\limits_{x\to 1}\dfrac{1-\sqrt{x}}{1-\sqrt[3]{x}}$

	解答
方法一（類有理化）	$\lim\limits_{x\to 1}\dfrac{1-\sqrt{x}}{1-\sqrt[3]{x}}$ $=\lim\limits_{x\to 1}\dfrac{1-\sqrt{x}}{1-\sqrt[3]{x}}\cdot\dfrac{1+\sqrt[3]{x}+\sqrt[3]{x^2}}{1+\sqrt[3]{x}+\sqrt[3]{x^2}}\cdot\dfrac{1+\sqrt{x}}{1+\sqrt{x}}$ $=\lim\limits_{x\to 1}\dfrac{(1-\sqrt{x})(1+\sqrt{x})}{(1-\sqrt[3]{x})(1+\sqrt[3]{x}+\sqrt[3]{x^2})}\lim\limits_{x\to 1}\dfrac{1+\sqrt[3]{x}+\sqrt[3]{x^2}}{1+\sqrt{x}}$ $=\lim\limits_{x\to 1}\dfrac{1-x}{1-x}\lim\limits_{x\to 1}\dfrac{1+\sqrt[3]{x}+\sqrt[3]{x^2}}{1+\sqrt{x}}$ $=\lim\limits_{x\to 1}\dfrac{1+\sqrt[3]{x}+\sqrt[3]{x^2}}{1+\sqrt{x}}=\dfrac{3}{2}$
方法二（變數變換）	$\lim\limits_{x\to 1}\dfrac{1-\sqrt{x}}{1-\sqrt[3]{x}}$ $\overset{y=x^{\frac{1}{6}}}{=\!=}\lim\limits_{y\to 1}\dfrac{1-y^3}{1-y^2}=\lim\limits_{y\to 1}\dfrac{(1-y)(1+y+y^2)}{(1-y)(1+y)}$ $=\lim\limits_{y\to 1}\dfrac{1+y+y^2}{1+y}\equiv\dfrac{3}{2}$

	解答
方法三（微分定義）（見第三章）	$\lim\limits_{x\to1}\frac{1-\sqrt{x}}{1-\sqrt[3]{x}}=\frac{\lim\limits_{x\to1}\frac{\sqrt{x}-1}{x-1}}{\lim\limits_{x\to1}\frac{\sqrt[3]{x}-1}{x-1}}=\frac{\frac{1}{2\sqrt{1}}}{\frac{1}{3\sqrt[3]{1}}}=\frac{3}{2}$

例 7. 求 1. $\lim\limits_{x\to1}\frac{x-1}{x^2-\sqrt{2-x}}$　　2. $\lim\limits_{x\to2}\frac{\sqrt{1+\sqrt{2+x}}-\sqrt{3}}{x-2}$

3. $\lim\limits_{x\to0}\frac{\sqrt{1-2x-x^2}-(1+x)}{x}$

解

1.

提示	解答
$\begin{array}{rrrrr\|r} 1 & 0 & 0 & 1 & -2 & 1 \\ & 1 & 1 & 1 & 2 & \\ \hline 1 & 1 & 1 & 2 & 0 & \end{array}$ $\therefore x^4+x-2=(x-1)(x^3+x^2+x+2)$	$\lim\limits_{x\to1}\frac{x-1}{x^2-\sqrt{2-x}}=\lim\limits_{x\to1}\frac{x-1}{x^2-\sqrt{2-x}}\cdot\frac{x^2+\sqrt{2-x}}{x^2+\sqrt{2-x}}$ $=\lim\limits_{x\to1}\frac{x-1}{x^4-(2-x)}\cdot\underbrace{\lim\limits_{x\to1}(x^2+\sqrt{2-x})}_{2}$ $=2\lim\limits_{x\to1}\frac{x-1}{(x-1)(x^3+x^2+x+2)}=\frac{2}{5}$

2. $$\lim_{x\to2}\frac{\sqrt{1+\sqrt{2+x}}-\sqrt{3}}{x-2}=\lim_{x\to2}\frac{\sqrt{1+\sqrt{2+x}}-\sqrt{3}}{x-2}\cdot\frac{\sqrt{1+\sqrt{2+x}}+\sqrt{3}}{\sqrt{1+\sqrt{2+x}}+\sqrt{3}}$$

$$=\lim_{x\to2}\frac{\sqrt{2+x}-2}{x-2}\cdot\underbrace{\lim_{x\to2}\frac{1}{\sqrt{1+\sqrt{2+x}}+\sqrt{3}}}_{\frac{1}{2\sqrt{3}}}$$

$$=\frac{1}{2\sqrt{3}}\lim_{x\to2}\frac{\sqrt{2+x}-2}{x-2}\cdot\frac{\sqrt{2+x}+2}{\sqrt{2+x}+2}$$

$$=\frac{1}{2\sqrt{3}}\underbrace{\lim_{x\to2}\frac{x-2}{x-2}}_{1}\cdot\underbrace{\lim_{x\to2}\frac{1}{\sqrt{2+x}+2}}_{\frac{1}{4}}=\frac{1}{8\sqrt{3}}$$

3. $$\lim_{x\to0}\frac{\sqrt{1-2x-x^2}-(1+x)}{x}$$

$$=\lim_{x\to0}\frac{\sqrt{1-2x-x^2}-(1+x)}{x}\cdot\frac{\sqrt{1-2x-x^2}+(1+x)}{\sqrt{1-2x-x^2}+(1+x)}$$

$$=\lim_{x\to0}\frac{-4x-2x^2}{x}\cdot\underbrace{\lim_{x\to0}\frac{1}{\sqrt{1-2x-x^2}+(1+x)}}_{1/2}=\lim_{x\to0}(-4-2x)\cdot\frac{1}{2}=-2$$

練習 2.3C

求 1. $\lim\limits_{x\to a}\dfrac{\sqrt{x}-\sqrt{a}-\sqrt{x-a}}{\sqrt{x^2-a^2}}$，$a>0$　　2. $\lim\limits_{x\to 27}\dfrac{\sqrt{1+\sqrt[3]{x}}-2}{x-27}$　　3. $\lim\limits_{x\to -8}\dfrac{\sqrt{1-x}-3}{2+\sqrt[3]{x}}$

擠壓定理

【定理 A】（擠壓定理） 在某個區間 I 中，若 $f(x)\geq g(x)\geq h(x)$，且 $\lim\limits_{x\to a}f(x)=\lim\limits_{x\to a}h(x)=l$ 則 $\lim\limits_{x\to a}g(x)=l$，其中 $a\in$ I。

定理 A 即有名的**擠壓定理**（Squeeze theorem），又稱爲**三明治定理**（Sandwich theorem）。

注意

1. 在應用擠壓定理求 $\lim\limits_{x\to a}g(x)$ 時，首先要找到二個函數 $f(x)$、$h(x)$，滿足 $f(x)\geq g(x)\geq h(x)$ 在包括 a 之區間中均成立，而且 $\lim\limits_{x\to a}f(x)=\lim\limits_{x\to a}h(x)$。
2. 在應用擠壓定理時，下列二個不等式常被應用：
   (1) $\mathbf{-1\leq \sin x}$，$\mathbf{\cos x\leq 1}$
   (2) $\mathbf{x-1<[x]\leq x}$
3. 擠壓定理在 a 可為∞或 $-\infty$時亦適用。

例 8. 在 $[-1, 1]$ 中，$f(x)$ 滿足 $1+x^2\geq f(x)\geq 1-x^2$，求 $\lim\limits_{x\to 0}f(x)$

解 $\because \lim\limits_{x\to 0}(1+x^2)=\lim\limits_{x\to 0}(1-x^2)=1$

$\therefore \lim\limits_{x\to 0}f(x)=1$

例 9. 求 $\lim\limits_{x\to 0}x\sin\dfrac{1}{x}$

解 $\left|x\sin\dfrac{1}{x}\right|=|x|\left|\sin\dfrac{1}{x}\right|\leq|x|$

$\therefore -|x|\leq x\sin\dfrac{1}{x}\leq|x|$

$\lim\limits_{x\to 0}-|x|=\lim\limits_{x\to 0}|x|=0$

得 $\lim\limits_{x\to 0}x\sin\dfrac{1}{x}=0$

★ **例10.** 若 $f(x)=\begin{cases}1+x^2，x \text{ 為有理數} \\ 1+x^4，x \text{ 為無理數}\end{cases}$，求 $\lim\limits_{x\to 0} f(x)$

解 $\because\ 1 \le f(x) \le 1+x^2+x^4$

$\lim\limits_{x\to 0} 1 = \lim\limits_{x\to 0}(1+x^2+x^4)=1$

$\therefore\ \lim\limits_{x\to 0} f(x) = 1$

練習 2.3D

1. 求 (1) $\lim\limits_{x\to 0} x^2 f(x)$，$a \ge f(x) \ge 0$

   ★(2) 求 $\lim\limits_{x\to 0}\left[\dfrac{1}{x}\right]x^2$

   (3) $\lim\limits_{x\to 0}\sqrt[3]{x}\sin\left(\cos\dfrac{1}{|x|}\right)$

2. 請循下列步驟證明 $\lim\limits_{\theta\to 0}\dfrac{\sin\theta}{\theta}=1$：繪一以 O 為圓心，$OC=1$ 為半徑之單位圓，$\widehat{BC}$ 是圓上之一個弧

   (1) 用 θ 表達 $\triangle OBC$，扇形 OBC 與 $\triangle OCD$ 之面積，

   (2) 證明：$\cos\theta \ge \dfrac{\sin\theta}{\theta} \ge \dfrac{1}{\cos\theta}$

   (3) 用擠壓定理證明 $\lim\limits_{\theta\to 0}\dfrac{\sin\theta}{\theta}=1$

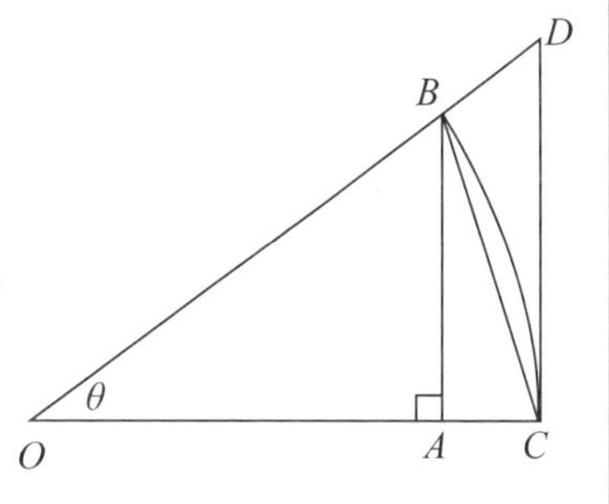

2.4 連續

連續之定義

【定義】 若 $f(x)$ 同時滿足下述條件則稱 $f(x)$ 在 $x=x_0$ 處連續：

1. $f(x_0)$ 存在；
2. $\lim\limits_{x\to x_0} f(x)$ 存在（$\lim\limits_{x\to x_0^+} f(x)=\lim\limits_{x\to x_0^-} f(x)$）；
3. $\lim\limits_{x\to x_0} f(x)=f(x_0)$。

根據定義，若 $f(x)$ 在 $x=x_0$ 處無法滿足定義中三個條件之任一項，則 $f(x)$ 在 $x=x_0$ 處不連續。判斷 $f(x)$ 在 $x=x_0$ 處是否連續，可先從 $\lim\limits_{x\to x_0} f(x)$ 著手，因爲 $\lim\limits_{x\to x_0} f(x)$ 不存在，則 $f(x)$ 在 $x=x_0$ 處一定不連續。

不連續函數之例子

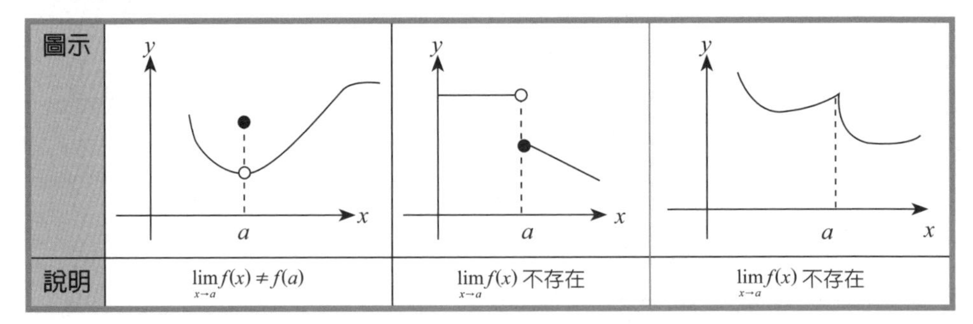

圖示
y
x
a
說明
$\lim\limits_{x\to a} f(x)\neq f(a)$
$\lim\limits_{x\to a} f(x)$ 不存在
$\lim\limits_{x\to a} f(x)$ 不存在

【定理 A】

多項式函數 $f(x)=a_nx^n+a_{n-1}x^{n-1}+\cdots+a_1x+a_0$，若 c 為 $f(x)$ 定義域中之任意實數，則 $f(x)$ 在 $x=c$ 處必為連續。

【定理 B】

考慮有一理函數 $\dfrac{q(x)}{p(x)}$，若存在一點 c 使得 $p(c)=0$，則 $\dfrac{q(x)}{p(x)}$ 在 $x=c$ 便不連續。

【定理 C】

若 f 與 g 在 $x=x_0$ 處連續，則：

1. $f\pm g$ 在 $x=x_0$ 處連續。
2. $f\cdot g$ 在 $x=x_0$ 處連續。

3. $\dfrac{f}{g}$ 在 $x=x_0$ 處連續，但 $g(x_0)\neq 0$。
4. f^n 在 $x=x_0$ 處連續。
5. $\sqrt[n]{f}$ 在 $x=x_0$ 處連續（但 n 為偶數時需 $f(x_0)\geq 0$）。
6. $f(g(x))$ 及 $g(f(x))$ 在 $x=x_0$ 處連續。

【證明】

我們證 (3)

$\because f(x), g(x)$ 在 $x=x_0$ 處為連續

$\therefore \lim\limits_{x\to x_0} f(x)g(x)=\lim\limits_{x\to x_0} f(x)\lim\limits_{x\to x_0} g(x)=f(x_0)g(x_0)$

即 $f(x)g(x)$ 在 $x=x_0$ 處為連續。

例 1. 討論下列有理函數之連續性爲何？

1. $f_1(x)=\dfrac{x+3}{x^2+1}$　　2. $f_2(x)=\dfrac{x+3}{x^2(x^2+1)(x-4x+3)}$

解 1. 因任一實數 x 而言都不會使 $f_1(x)$ 之分母 x^2+1 爲 0，故 $f_1(x)$ 無不連續點，即處處連續。

2. $f_2(x)$ 之分母在 $x=0, 1, 3$ 時均爲 0，故 $f_4(x)$ 在 $x=0, 1, 3$ 處爲不連續，其餘各點均爲連續。

練習 2.4A

1. $f_1(x)=\begin{cases}4x+1，x<1\\2x+3，x\geq 1\end{cases}$ 在 $x=1$ 處之連續性？
2. $f_2(x)=(x-1)[x]$，$2\geq x\geq 0$ 問 $f_2(x)$ 在 $x=1$ 處之連續性。
3. $f_3(x)=\begin{cases}\sin\dfrac{\pi x}{2}，|x|\leq 1\\1-x，|x|>1\end{cases}$ 問 $f_3(x)$ 在 $x=1$ 處之連續性。

例 2. 求下列 k 值，以使得 $f(x)$ 爲連續？

1. $f(x)=\begin{cases}\dfrac{x^2-1}{x-1}，x\neq 1\\k，x=1\end{cases}$　2. $f(x)=\begin{cases}\dfrac{2^{\frac{1}{x}}-1}{2^{\frac{1}{x}}+1}，x\neq 0\\k，x=0\end{cases}$　3. $f(x)=\begin{cases}\dfrac{\sin x}{|x|}，x\neq 0\\k，x=0\end{cases}$

解 這類問題先求極限，若極限不存在，則 $f(x)$ 不連續。

1. $\lim\limits_{x\to 1}\dfrac{x^2-1}{x-1}=\lim\limits_{x\to 1}\dfrac{(x-1)(x+2)}{x-1}=2$　$\therefore$取 $k=2$

2. $\because \lim\limits_{x\to 0^+}\dfrac{2^{\frac{1}{x}}-1}{2^{\frac{1}{x}}+1}=\lim\limits_{x\to 0^+}\dfrac{1-2^{-\frac{1}{x}}}{1+2^{-\frac{1}{x}}}=1$ 與 $\lim\limits_{x\to 0^-}\dfrac{2^{\frac{1}{x}}-1}{2^{\frac{1}{x}}+1}=-1$

$\lim_{x\to 0} f(x)$ 不存在∴不存在 k 值使 $f(x)$ 在 $x=0$ 處連續。

3. $\lim_{x\to 0^+}\frac{\sin x}{|x|}=\lim_{x\to 0^+}\frac{\sin x}{x}=1$，$\lim_{x\to 0^-}\frac{\sin x}{|x|}=\lim_{x\to 0^-}\frac{\sin x}{-x}=-1$

$\lim_{x\to 0} f(x)$ 不存在∴不存在一個 k 使 $f(x)$ 在 $x=0$ 處爲連續。

練習 2.4B

1. 求下列各題之 a、b 值，使 $f(x)$ 爲連續。

(1) $f(x)=\begin{cases}\cos x, & x<0\\ a+x^2, & 0\le x<1\\ bx, & x\ge 1\end{cases}$　　(2) $f(x)=\begin{cases}-2\sin x, & x\le -\frac{\pi}{2}\\ a\sin x+b, & -\frac{\pi}{2}<x<\frac{\pi}{2}\\ \cos x, & x\ge \frac{\pi}{2}\end{cases}$

★2. 若 $g(x)=\begin{cases}x & : x \text{ 為有理數}\\ 2-x & : x \text{ 為無理數}\end{cases}$；$f(x)=\begin{cases}x, & 1>x>0\\ 2-x, & 2>x>1\end{cases}$

試證 $f(g(x))$ 在 $(0, 1)$ 爲連續。

連續函數之性質

連續函數（Continuous functions）有許多性質深具理論與應用之旨趣，本書僅就其中 3 個基本性質：極大（小）存在定理、零點定理與介值定理提出討論。值得注意的是這 3 個定理之前提之一都是 **$f(x)$ 在閉區間 $[a, b]$ 爲連續**。

1. 極大（小）存在定理

【定理 D】 函數 f 在 $[a, b]$ 為連續，則 f 在 $[a, b]$ 中存在極大值 M 與極小值 m。

例 3. $f(x)=x^8-x^3+2x-1$，$x\in[-1, 1]$，試求一個 M 使得 $|f(x)|\le M$

解 $|f(x)|=|x^8-x^3+2x-1|\le|x^8|+|-x^3|+|2x|+|-1|$
$=|x^8|+|x^3|+2|x|+1\le 1+1+2+1=5$

例 4. $f(x)=x-[x]$，$x\in[0, 1)$，試求 $f(x)$ 之極大值 M 與極小值 m。

解 $f(x)$ 在 $[0, 1]$ 之圖形如右，顯然 $m=0$，但 M 不存在。

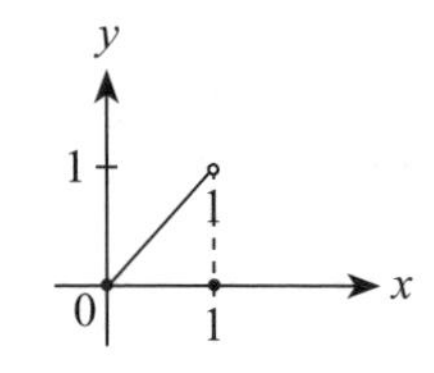

練習 2.4C

試求 $f(x)=\dfrac{\sin x}{1+x^2}$ 在 [0, 1] 中找出 m, M 使得 $f(x)\ge m, f(x)\le M$

2. 零點定理

【定理 E】 函數 f 在 $[a, b]$ 為連續，若 $f(a)f(b)<0$ 則 (a, b) 間至少存在一個 c 使得 $f(c)=0$。

零點定理注意處：

$f(x_1)\cdot f(x_2)>0$ 表示 $f(x)$ 在 (x_1, x_2) 有偶數個根（可能 0 個根）。

$f(x_1)\cdot f(x_2)<0$ 表示在 (x_1, x_2) 中有奇數個根或至少有 1 個根。

例如 $f(x)=(x-1)(x-2)(x-3)(x-4)=0$，$f(5)f(2.5)>0$，則 $f(x)=0$ 在 (2.5, 5) 中有 2 個實根 3 與 4，又 $f(1.5)f(5)<0$ 則 $f(x)=0$ 在 (1.5, 5) 中有 3 個實根 2, 3, 4。

在此談的是勘根是「至少一個」亦即「存在」性。至於更進一步的勘根問題則將留在第 4 章。

例 5. 試證 $\dfrac{x^2+3}{x-1}+\dfrac{x^4+1}{x-3}=0$ 在 (1, 3) 至少有一實根。

解 令 $\phi(x)=(x-3)(x^2+3)+(x-1)(x^4+1)$

$\phi(3)>0$，$\phi(1)<0$ $\therefore \phi(x)$ 在 (1, 3) 間有一根

即 $\dfrac{x^2+3}{x-1}+\dfrac{x^4+1}{x-3}=0$ 在 (1, 3) 間至少有一實根

例 6. 試證 $x=\log x+2$ 至少有一實根。

解 取輔助函數 $g(x)=x-\log x-2$，$g(x)$ 為一連續函數

$\because g(1)=1-\log 1-2=-1<0$

又 $g(4)=4-\log 4-2=2-\log 4>0$（註：$\log 4=0.602$）

$\therefore g(1)g(4)<0$，由定理 E，$g(x)=0$ 在 (1, 4) 間至少有一實根

即 $x=\log x+2$ 在 (1, 4) 間至少有一實根。

練習 2.4D

1. 說明 $2x^3-x^2-4x-2=0$ 有 3 個實根。
2. 求證 $\frac{x^4+2x^2+5}{x-1}+\frac{x^6+2x^4+6}{x-7}=0$ 在 $(1, 7)$ 間至少有 1 個實根。
3. 求證若 $\alpha>\beta>\gamma$ 則 $\frac{1}{x-\alpha}+\frac{1}{x-\beta}+\frac{1}{x-\gamma}=0$ 至少有 2 個實根。
4. 試證 $x=a\sin x+b$，$a>0, b>0$ 且 $|\sin(a+b)|<1$ 時，方程式至少有一小於 $a+b$ 之正根。

3. 介值定理

【定理 F】介值定理（Intermediate theorem）函數 f 在 $[a, b]$ 為連續，若 $f(a)\neq f(b)$ 且若 N 為介於 $f(a)$、$f(b)$ 間之任一數，則存在一個 c，$c\in[a, b]$ 使得 $f(c)=N$。

【證明】 見練習第 2 題。

在應用定理 F 時，如何設定輔助函數是關鍵。因此，在此讀者應體會輔助函數之選取。

例 7. 若 $f(x)$ 在 $[0, 1]$ 爲連續，且 $0<f(x)<1$，試證在 $(0, 1)$ 中存在一個 c 使得 $f(c)=c$。

解 取輔助函數 $g(x)=x-f(x)$，顯然 $g(x)$ 爲一連續函數，則 $g(0)=-f(0)<0$，$g(1)=1-f(1)>0$

$\therefore g(0)\neq g(1)<0$ 由定理 F：在 $(0, 1)$ 中存在一個 c 使得 $g(c)=c-f(c)=0$

即在 $(0, 1)$ 存在一個 c 使得 $f(c)=c$

練習 2.4E

1. $f(x)$ 在 $[0, a]$ 上爲連續，若 $f(0)=f(2a)$ 且 $f(0)\neq f(a)$，試證在 $(0, a)$ 上存在一個 c，使得 $f(c)=f(c+a)$。
2. 試由定理 E 證明定理 F。

連續函數性質之綜合整理

定理	定理敘述	圖示
定理 A 極大（小）存在定理	函數 f 在 $[a, b]$ 為連續，則 f 在 $[a, b]$ 中存在極大值 M 與極小值 m。	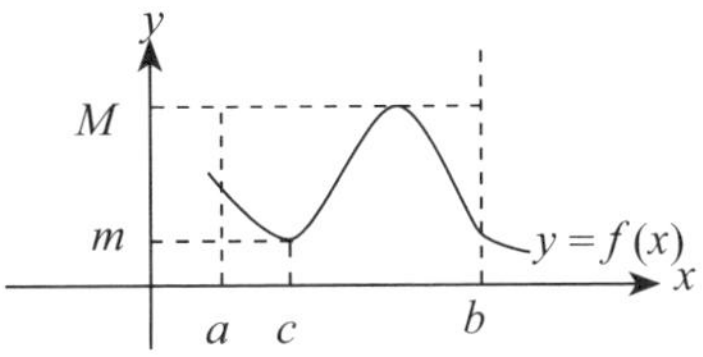 y, M, m, a, c, b, x, $y = f(x)$
定理 B 零點定理，又稱勘根定理	函數 f 在 $[a, b]$ 為連續，若 $f(a)f(b) < 0$ 則 (a, b) 間存在一個 c 使得 $f(c) = 0$。	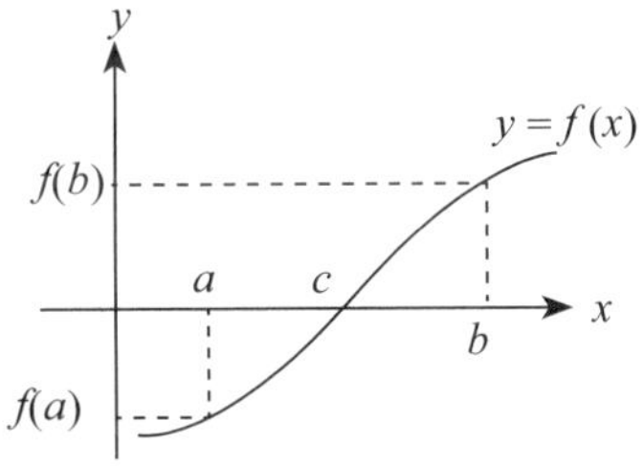 y, $y = f(x)$, $f(b)$, a, c, x, b, $f(a)$
定理 C 介值定理	函數 f 在 $[a, b]$ 為連續，若 $f(a) \neq f(b)$ 且若 N 為介於 $f(a)$、$f(b)$ 間之任一數，則存在一個 c，$c \in [a, b]$ 使得 $f(c) = N$。	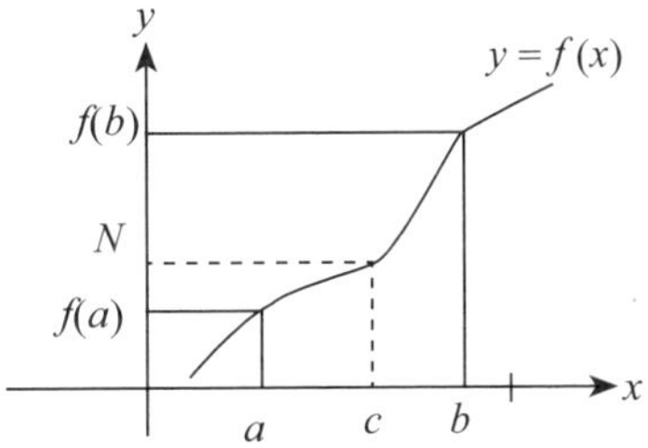 y, $y = f(x)$, $f(b)$, N, $f(a)$, x, a, c, b

第3章 微分學

3.1 切線與法線

直線之斜率

在談**切線**（Tangent line）與**法線**（Normal line）前，我們不妨復習一下直線之斜率（Slope）與如何決定直線方程式。

直線 L 過 $A(x_1, y_1)$ 與 $B(x_2, y_2)$ 二點，我們定義 L 之斜率爲

$$m = \frac{\Delta y}{\Delta x} = \frac{y_2 - y_1}{x_2 - x_1}$$

1. 若 L 爲一水平直線（即 $y = c$），則 $m = 0$
2. 若 L 爲鉛直線（即 $x = c$），則 $m = \infty$
3. L 之斜率爲唯一。
4. 直線 L_1 之斜率爲 m_1，直線 L_2 之斜率爲 m_2
   ① $L_1 // L_2 \Leftrightarrow m_1 = m_2$ 或 m_1 與 m_2 均爲 ∞
   ② $L_1 \perp L_2 \Leftrightarrow m_1 m_2 = -1$，或 m_1，m_2 中一爲 0，一爲 ∞。

直線之決定

	條件	方程式	圖示
點斜式	給定一個點 (a, b) 與斜率 m	$y - b = m(x - a)$	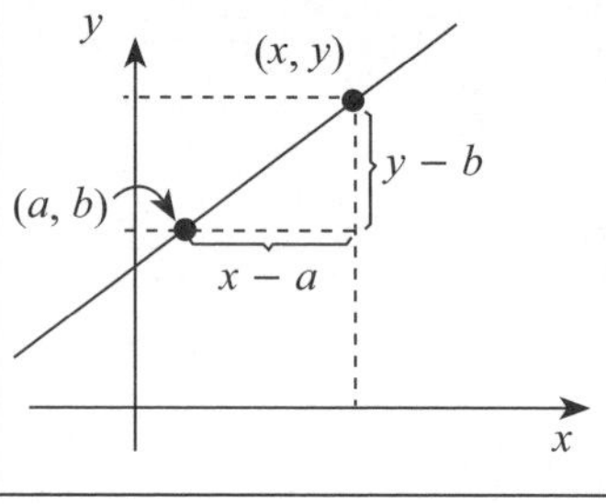 y　(x, y)　$y - b$　(a, b)　$x - a$　x
二點式	給定二個相異點 (a, b) 與 (c, d) 則 $m = \frac{b-d}{a-c}$，$a \neq c$	$y - b = m(x - a)$ 或 $y - d = m(x - c)$（二點式為斜截式之特例）	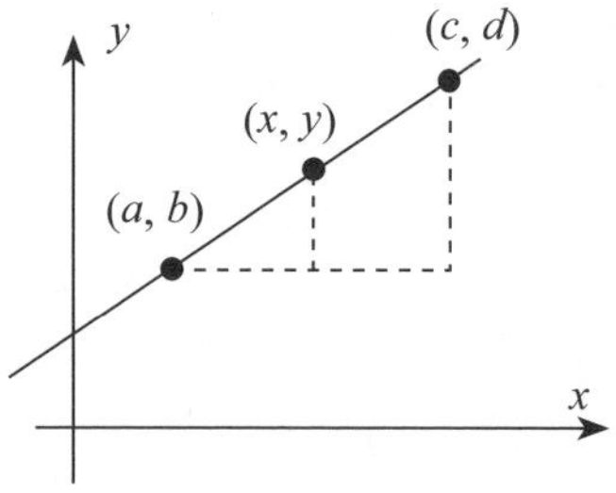 y　(c, d)　(x, y)　(a, b)　x
斜截式	給定 y 軸之截距 b 與斜率 m	$y = mx + b$	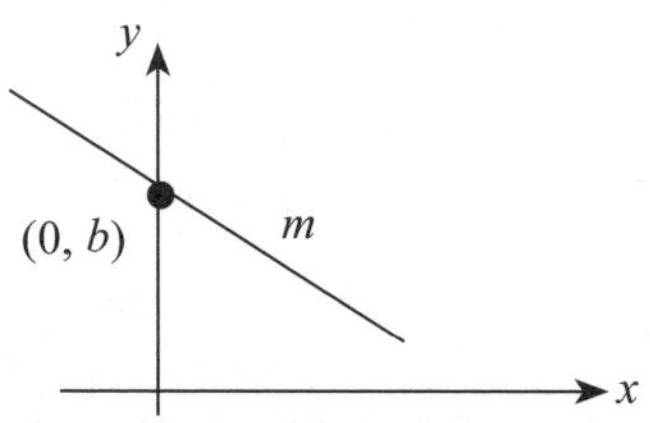 y　$(0, b)$　m　x

例 1. (1)過 (1, 2), (3, 4) 之直線方程式：$\dfrac{y-2}{x-1}=\dfrac{4-2}{3-1}=1$，$\therefore y=x+1$

(2)若過 (1, 2), (3, 4) 之直線與過 (5, 6), (a, 8) 之直線平行求 a：

$m_1=\dfrac{4-2}{3-1}=1$，$m_2=\dfrac{8-6}{a-5}=\dfrac{2}{a-5}$，$\because$ 二線平行

$\therefore m_1=m_2 \Rightarrow 1=\dfrac{2}{a-5}$ 解之 $a=7$

(3)若過 (1, 2), (3, 4) 之直線與過 (5, 6), (a, 8) 之直線垂直求 a：

$m_1=1$，$m_2=\dfrac{2}{a-5}$（由 (2) 之結果），$\because$ 二線垂直

$\therefore m_1m_2=-1 \Rightarrow 1\cdot\dfrac{2}{a-5}=-1$，$\therefore a=3$

(4)求過 (3, 2) 與 $y=2$ 垂直之直線方程式：

由右圖易知 $x=3$

練習 3.1A

1. 試證過 (0, a), (b, 0) 之直線方程式爲 $\dfrac{x}{b}+\dfrac{y}{a}=1$, $a\neq 0$, $b\neq 0$
2. 求直線方程式 $ax+by=c$ 之斜率，$a\neq 0$, $b\neq 0$

★3. 由下圖，求證 L_1 與 L_2 垂直之條件爲 $m_1\cdot m_2=-1$, m_1，m_2 爲 L_1，L_2 之斜率，$m_i\neq 0$ 或 ∞，$i=1, 2$

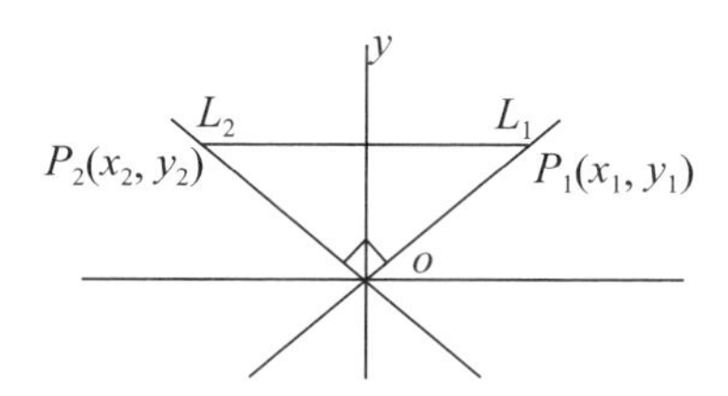

切（法）線方程式

如下圖，若我們在 $y=f(x)$ 之曲線上任取二點，$(x, f(x))$ 及 $(x+h, f(x+h))$ 所連結割線之斜率爲：

$$m=\frac{f(x+h)-f(x)}{(x+h)-x}=\frac{f(x+h)-f(x)}{h}$$

若 $h\to 0$ 時，割線與 $y=f(x)$ 之圖形將只交於一點 P，P 點即爲切點，這點之斜率即爲切線 T 在點 P 之斜率，因此在給定 $y=f(x)$ 上之一點 $(c, f(c))$，其切線斜率爲

$m=\lim_{x\to c}\frac{f(x)-f(c)}{x-c}$。

法線是與切線相垂直之直線，因此，$y=f(x)$ 在 $(c, f(c))$ 之切線率爲 $f'(c)$ 時（$f'(c)\neq 0$），其法線斜率爲 $\frac{-1}{f'(c)}$。

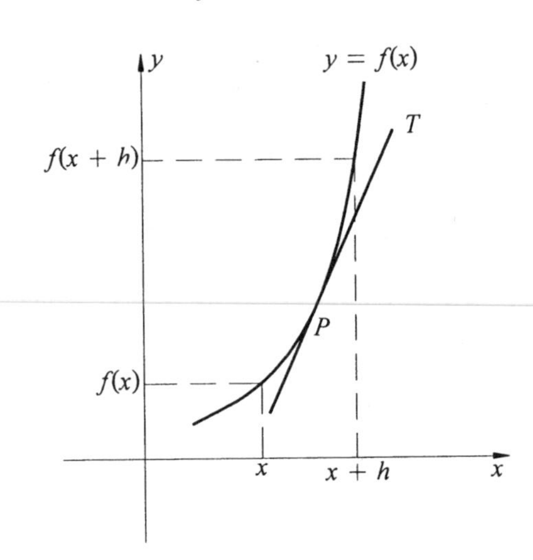

例 2. 求 $f(x)=x^2$，在 (1, 1) 之切線與法線方程式。

解 切線斜率 $=\lim_{x\to 1}\frac{f(x)-f(c)}{x-c}=\lim_{x\to 1}\frac{x^2-1}{x-1}=2$，$\therefore$法線斜率 $=-\frac{1}{2}$

從而切線方程式爲 $\frac{y-1}{x-1}=2$，即 $y=2x-1$，法線方程式爲 $\frac{y-1}{x-1}=-\frac{1}{2}$，即 $y=-\frac{x}{2}+\frac{3}{2}$

例 3. 若過 $y=x^2$ 上某點之法線方程式爲 $y=2x+a$，求 a

解 $y=x^2$ 在 (b, b^2) 之切線斜率爲 $2b$，$\therefore$過 (b, b^2) 之法線斜率爲 $-\frac{1}{2b}$

由 $\frac{-1}{2b}=2$ 得 $b=-\frac{1}{4}$，即切點爲 $\left(-\frac{1}{4}, \frac{1}{16}\right)$

代 $x=-\frac{1}{4}$，$y=\frac{1}{16}$ 入 $y=2x+a$，$\frac{1}{16}=-\frac{2}{4}+a$，$\therefore a=\frac{9}{16}$

例 4. 過拋物線 $y=ax^2+bx+c$ 上一點 (x_0, y_0) 之切線 T，若 T 過原點，求 x_0, y_0, a, b 間之關係

解 $y=ax^2+bx+c$ 過 (x_0, y_0) 之切線斜率 $m=2ax_0+b$（見練習 3.1B 第 1 題）

又 T 過 $(0, 0)$ $\therefore \dfrac{y-0}{x-0}=2ax_0+b$，即 $y=(2ax_0+b)x$

$\therefore y_0=(2ax_0+b)x_0$

練習 3.1B

1. 用導函數定義求 $y=ax^2+bx+c$ 之斜率函數。
2. 若 $y=x^3+ax$ 與 $y=bx^2+c$ 二曲線在 $(-1, 0)$ 有公切線，求 a, b, c（若已知 $y=x^3+ax$ 之斜率函數 $m_1=3x^2+a$，$y=bx^2+c$ 之斜率函數 $m_2=2bx$）

切線與法線之求算是微積分重要課題，我們將爾後之適當節中有補充之例（練習）題。

3.2 導函數之定義

【定義】 函數 f 之導函數（Derivative）記做 f'，定義為

$$f'(x)=\lim_{h\to 0}\frac{f(x+h)-f(x)}{h};$$

若上述極限存在，則稱 $f(x)$ 為**可微分**（Differentiable）。

除了 $f'(x)$ 外，導函數符號還有 $\frac{d}{dx}y$ 及 D_xy 等。導函數之定義另一個表示方式爲 $\frac{d}{dx}y=\lim_{\Delta x\to 0}\frac{\Delta y}{\Delta x}$，$f'(x)$ 在 $x=a$ 之值 $f'(a)$ 稱爲 $f(x)$ 在 $x=a$ 之導數（Derivative），求 $f(x)$ 之導函數 $f'(x)$ 之運算稱爲**微分**（Differentiate）。若 $f(x)$ 之 $f'(x)$ 或 $f'(a)$ 存在，則稱 $f(x)$ 爲**可微分**（Differentiable）或 $f(x)$ 在 $x=a$ 處可微分。**因爲導函數與導數的英文相同都是 derivative，也有作者將二者統稱導數**。

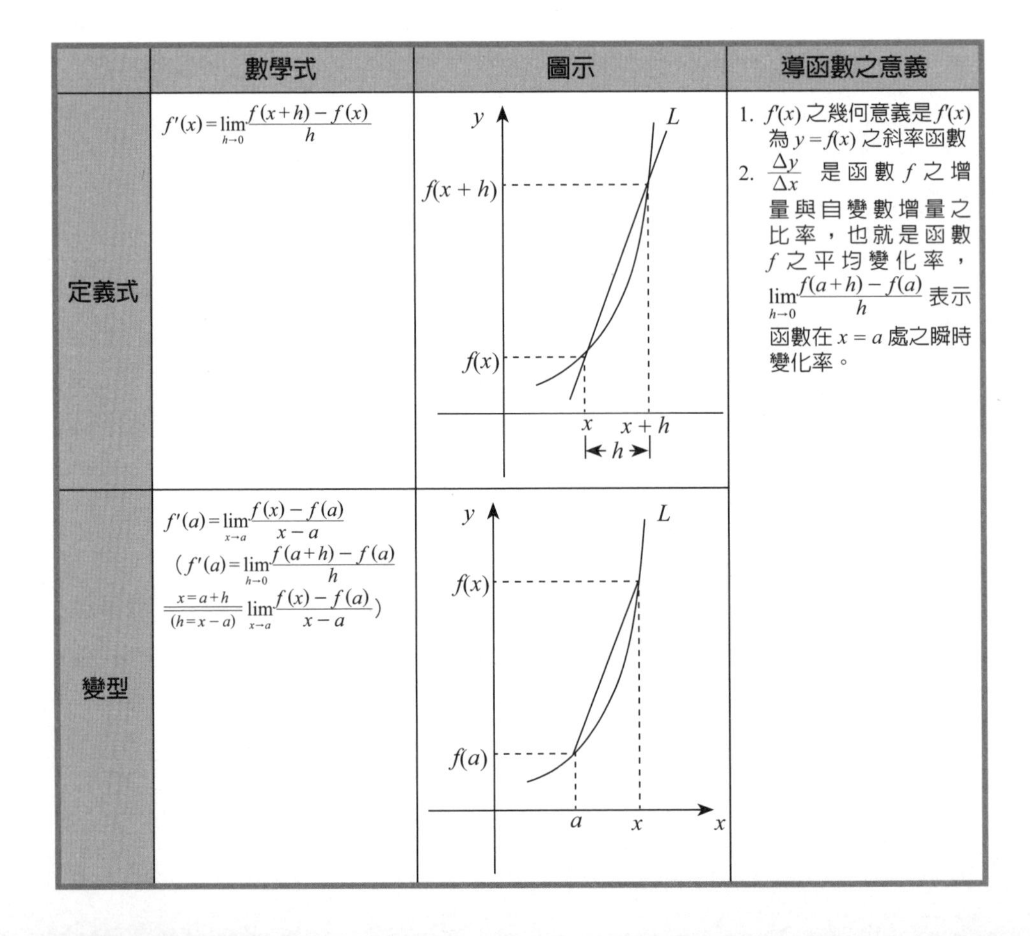

	數學式	圖示	導函數之意義
定義式	$f'(x)=\lim_{h\to 0}\frac{f(x+h)-f(x)}{h}$	y, L, f(x + h), f(x), x, x + h, h	1. $f'(x)$ 之幾何意義是 $f'(x)$ 為 $y=f(x)$ 之斜率函數 2. $\frac{\Delta y}{\Delta x}$ 是函數 f 之增量與自變數增量之比率，也就是函數 f 之平均變化率，$\lim_{h\to 0}\frac{f(a+h)-f(a)}{h}$ 表示函數在 $x=a$ 處之瞬時變化率。
變型	$f'(a)=\lim_{x\to a}\frac{f(x)-f(a)}{x-a}$ $\left(f'(a)=\lim_{h\to 0}\frac{f(a+h)-f(a)}{h}\ \underset{(h=x-a)}{\overset{x=a+h}{=\!=}}\ \lim_{x\to a}\frac{f(x)-f(a)}{x-a}\right)$	y, L, f(x), f(a), a, x, x	

例 1. 若$f(x)=x^2$，求$f(x)$在$x=2$之導數$f'(2)$

解 我們可用兩種定義來解：

方法一	$f'(2)=\lim\limits_{h\to 0}\frac{f(2+h)-f(2)}{h}=\lim\limits_{h\to 0}\frac{(2+h)^2-2^2}{h}$ $=\lim\limits_{h\to 0}\frac{(4+4h+h^2)-4}{h}$ $=\lim\limits_{h\to 0}(4+h)=4$
方法二	$f'(2)=\lim\limits_{x\to 2}\frac{f(x)-f(2)}{x-2}=\lim\limits_{x\to 2}\frac{x^2-4}{x-2}=\lim\limits_{x\to 2}\frac{(x-2)(x+2)}{x-2}$ $=\lim\limits_{x\to 2}(x+2)=4$

例 2. 若對所有x，y，$f(x+y)=f(x)f(y)$均成立求$f'(a)$，但$f(a)\neq 0$

解 先求$f(0)$: $f(0+0)=f(0)f(0)$

$\therefore f(0)(f(0)-1)=0$ 得 $f(0)=0$ 或 1，但 $f(0)\neq 0\ \therefore f(0)=1$

$$f'(x)=\lim_{h\to 0}\frac{f(a+h)-f(a)}{h}=\lim_{h\to 0}\frac{f(a)f(h)-f(a)}{h}=\lim_{h\to 0}\frac{f(a)(f(h)-1)}{h}$$

$$=f(a)\lim_{h\to 0}\frac{f(h)-1}{h}=f(a)\lim_{h\to 0}\frac{f(h)-f(0)}{h-0}=f(a)f'(0)$$

練習 3.2A

1. 若$\lim\limits_{h\to 0}\frac{f(x+h)-f(x)}{h}=A$，試用$A$表示 (1) $\lim\limits_{h\to 0}\frac{f(x+h)-f(x-h)}{h}$ (2) $\lim\limits_{h\to 0}\frac{f(x_0+2h)-f(x_0+h)}{h}$
2. 用定義求$f'(x)$

   (1) $f'(x)=\frac{1}{x}$　　(2) $f'(x)=\sqrt[3]{x}$
3. 試證：

   (1) $\frac{d}{dx}\sin x=\cos x$　　(2) $\frac{d}{dx}\cos x=-\sin x$
4. 若函數f滿足$f(x+y)=f(x)+f(y)+xy(x+y)$，對所有x, y均成立，且$\lim\limits_{h\to 0}\frac{f(x)}{x}=1$，求 (1) $f(0)$　(2) $f'(0)$　(3) $f'(x)$。
5. 試用$f(a)$與$f'(a)$表示 (1) $\lim\limits_{x\to a}\frac{xf(a)-af(x)}{x-a}$　(2) $\lim\limits_{x\to a}\frac{xf(x)-af(a)}{x-a}$

★6. 若$2f(x)+f(1-x)=x^2$，求$f'(x)$

左導數與右導數

我們在第二章知道在求某些函數像分段函數，絕對值函數、最大整數函數等，往往需考慮到左右極限，既然 $f(x)$ 導數是由極限定義，因此第二章所述之單邊極限之一些規則，在求某些函數之導數時應予考慮。

函數 $y=f(x)$ 在 x_0 處之左導數 $f'_+(x_0)$ 與右導數 $f'_-(x_0)$ 之定義爲：

$$f'_+(x_0)=\lim_{h\to 0^+}\frac{f(x_0+h)-f(x_0)}{h}$$

$$f'_-(x_0)=\lim_{h\to 0^-}\frac{f(x_0+h)-f(x_0)}{h}$$

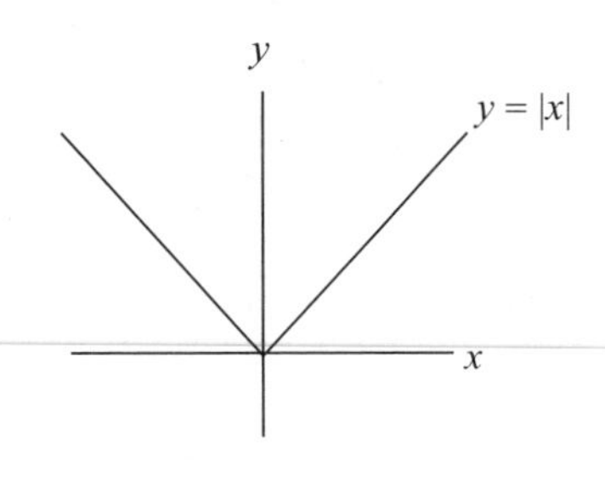

而 $y=f(x)$ 在 x_0 處可微分之必要條件爲

$f'_+(x_0)=f'_-(x_0)$。

以 $f(x)=|x|$ 爲例，$f(x)$ 在 $x_0=0$ 處之導數

$$f'_+(x_0)=\lim_{x\to 0^+}\frac{|x|-0}{x-0}=\lim_{x\to 0^+}\frac{x}{x}=1$$

$$f'_-(x_0)=\frac{|x|-0}{x-0}=\lim_{x\to 0^-}\frac{-x}{x}=-1$$

$\therefore f'(0)$ 不存在，從而 $f(x)$ 在 $x=0$ 之導數不存在。但 $f(x)=|x|$ 在 0 處爲連續。

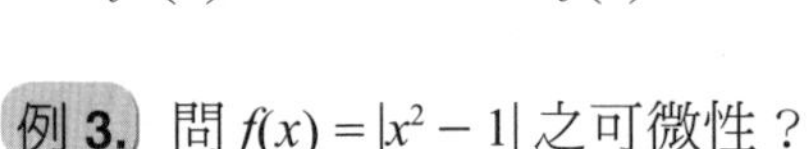

例 3. 問 $f(x)=|x^2-1|$ 之可微性？

解 $f(x)=|x^2-1|=\begin{cases}x^2-1，x\geq 1 \text{ 或 } x\leq -1\\ 1-x^2，1>x>-1\end{cases}$

$\therefore\ f'(x)=\begin{cases}2x，x>1 \text{ 或 } x<-1\\ -2x，1>x>-1\end{cases}$

次考慮 $x=1$，-1 可微性：

(1) $x=1$ 時

$$f'_+(1)=\lim_{x\to 1^+}\frac{f(x)-f(1)}{x-1}=\lim_{x\to 1^+}\frac{(x^2-1)-0}{x-1}=2$$

$$f'_-(1)=\lim_{x\to 1^-}\frac{f(x)-f(1)}{x-1}=\lim_{x\to 1^-}\frac{(1-x^2)-0}{x-1}=-2$$

$\because f'_+(1)\neq f'_-(1)$ $\quad\therefore f'_-(1)$ 不存在，從而 $f(x)$ 在 $x=1$ 處不可微分

(2)$x=-1$ 時

$$f'_+(-1)=\lim_{x\to -1^+}\frac{f(x)-f(-1)}{x-(-1)}=\lim_{x\to -1^+}\frac{(1-x^2)-0}{x+1}=2$$

$$f'_-(-1)=\lim_{x\to -1^-}\frac{f(x)-f(-1)}{x-(-1)}=\lim_{x\to -1^-}\frac{(x^2-1)-0}{x+1}=-2$$

$\because f'_+(-1)\neq f'_-(-1)$　$\therefore f'(-1)$ 不存在，從而 $f(x)$ 在 $x=-1$ 處不可微分。

即 $f'(x)=\begin{cases}2x，x>1 \text{ 或 } x<-1\\ -2x，1>x>-1\end{cases}$

例 4. 求問 $f(x)=x\sin|x|$ 在 $x=0$ 處之可微分性？

解 $f(x)=x\sin|x|=\begin{cases}x\sin x &, x\geq 0\\ -x\sin x, & x<0\end{cases}$

$$f'_+(0)=\lim_{x\to 0^+}\frac{f(x)-f(0)}{x-0}=\lim_{x\to 0^+}\frac{x\sin x}{x}=0$$

$$f'_-(0)=\lim_{x\to 0^-}\frac{f(x)-f(0)}{x-0}=\lim_{x\to 0^-}\frac{x(-\sin x)}{x}=0$$

$f'_+(0)=f'_-(0)\therefore f'(0)=0$

即 $f(x)$ 在 $x=0$ 處可微分。

由下節之三角微分公式，讀者可得：

$$f'(x)=\begin{cases}\sin x+x\cos x &, x>0\\ 0 &, x=0\\ -\sin x-x\cos x, & x<0\end{cases} \text{ 或 } f'(x)=\begin{cases}\sin x+x\cos x &, x\geq 0\\ -\sin x-x\cos x &, x<0\end{cases}$$

練習 3.2B

1. 問 $f(x)=x|x(x-3)|$ 在 $x=0, x=3$ 處之可微分性？
2. $f(x)=|\sin x|$, $(\pi>x>-\pi)$，問 $f(x)$ 在 $x-0$ 處之可微分性？
3. $f(x)=\begin{cases}\frac{2}{3}x^3, x\leq 1\\ x^2, x>1\end{cases}$ 在 $x=1$ 處是否可微分？
4. $f(x)$ 之定義域與 $f'(x)$ 之定義域是否相同？

函數之可微分與連續之關係

【定理 A】 若 $f(x)$ 在 $x=x_0$ 處可微分則 $f(x)$ 在 $x=x_0$ 處必連續。

【證明】 $f(x)=f(c)+\frac{f(x)-f(c)}{x-c}\cdot(x-c)$，$x\neq c$，則

$$\lim_{x\to c}f(x)=\lim_{x\to c}\left[f(c)+\frac{f(x)-f(c)}{x-c}\cdot(x-c)\right]$$
$$=\lim_{x\to c}f(c)+\lim_{x\to c}\frac{f(x)-f(c)}{x-c}\lim_{x\to c}(x-c)$$
$$=f(c)+f'(c)\cdot 0=f(c)$$

因為「若 A 則 B」與「若非 B 則非 A」同義，故「若函數 $f(x)$ 在 $x=x_0$ 處不連續，則它在 $x=x_0$ 處必不可微分」。

練習 3.2C

1. 是否存在一個函數在 $x=x_0$ 處可微分但在 $x=x_0$ 處不連續？
2. 是否存在一個函數在 $x=x_0$ 處連續但在 $x=x_0$ 處不可微分？

例 5. 若 $f(x)=|x^3|$ 問 $f(x)$ 在 $x=0$ 是否可微分？連續？

解 1. 微分性

$$f(x)=|x^3|=\begin{cases}x^3, & x\geq 0\\ -x^3, & x<0\end{cases}$$

$$f'_+(0)=\lim_{x\to 0^+}\frac{f(x)-f(0)}{x-0}=\lim_{x\to 0^+}\frac{x^3-0}{x}=0$$

$$f'_-(0)=\lim_{x\to 0^-}\frac{f(x)-f(0)}{x-0}=\lim_{x\to 0^-}\frac{-x^3-0}{x}=0$$

$\because f'_+(0)=f'_-(0)=0$ $\therefore f'(0)=0$，即 $f(x)$ 在 $x=0$ 處可微分。

2. 連續性

因為 $f(x)$ 在 $x=0$ 處可微分，由定理 A，$f(x)$ 在 $x=0$ 處為連續。

例 6. 若 $f(x)=\begin{cases}-x, & x<0\\ x^2, & x\geq 0\end{cases}$ 問 $f(x)$ 在 $x=0$ 處是否可微分？連續？

解 1. 微分性

$$f'_+(0)=\lim_{x\to 0^+}\frac{f(x)-f(0)}{x-0}=\lim_{x\to 0^+}\frac{x^2-0}{x}=0$$

$$f'_-(0)=\lim_{x\to 0^-}\frac{f(x)-f(0)}{x-0}=\lim_{x\to 0^-}\frac{-x-0}{x}=-1$$

$\because f'_+(0)\neq f'_-(0)$，$\therefore f(x)$ 在 $x=0$ 處不可微分。

2. 連續性

$$\left.\begin{array}{l}\lim\limits_{x\to 0^+}f(x)=\lim\limits_{x\to 0^+}x^2=0\\ \lim\limits_{x\to 0^-}f(x)=\lim\limits_{x\to 0^-}(-x)=0\end{array}\right\}\Rightarrow\lim_{x\to 0}f(x)=0$$

$\because f(0)=0$，$\lim\limits_{x\to 0}f(x)=f(0)$，$\therefore f(x)$ 在 $x=0$ 處連續。

例 7. $f(x)=\begin{cases}ax+b, & x>1\\ x^2, & x\leq 1\end{cases}$ 在 $x=1$ 處可微分，求 a, b。

解 1. $\because f(x)$ 在 $x=1$ 處爲可微分，$\therefore f(x)$ 在 $x=1$ 處爲連續，

$\lim\limits_{x\to 1^+}f(x)=a+b$，$\lim\limits_{x\to 1^-}f(x)=1$，$\therefore a+b=1$ ①

2. $f'(x)=\begin{cases}a, & x>1\\ 2x, & x\leq 1\end{cases}$

$\therefore f'_+(1)=a$，$f'_-(1)=2$，又 $f(x)$ 在 $x=1$ 處爲可微分，

$f'_+(1)=f'_-(1)$，得 $a=2$, ②

由①，②得 $b=-1$。

練習 3.2D

1. $f(x)=\begin{cases}\dfrac{a}{1+x} & x\geq 0\\ 2x+b & x<0\end{cases}$ 在 $x=0$ 處可微分，求 a, b

★2. $f(x)=\begin{cases}\dfrac{x}{1+10^{\frac{a}{x}}}, & x\neq 0\\ 0, & x=0\end{cases}$ 在 $x=0$ 處可微分，求 a

3. $f(x)$ 在 $x=a$ 處連續且 $f(a)\neq 0$，問 $g(x)=|x-a|f(x)$、$h(x)=(x-a)|f(x)|$，何者在 $x=a$ 處可微分？

$f(a)=0$時求$f'(a)$

例 8. $f(x)=\dfrac{(x^3-1)2^x}{x+1}$，求 $f'(1)$

解

$$f'(1)=\lim_{x\to 1}\frac{f(x)-f(1)}{x-1}=\lim_{x\to 1}\frac{(x^3-1)2^x}{x+1}\Big/(x-1)$$
$$=\lim_{x\to 1}\frac{(x-1)(x^2+x+1)2^x}{(x-1)(x+1)}=\lim_{x\to 1}\frac{(x^2+x+1)2^x}{x+1}$$
$$=3$$

例 9. $f(x)=\dfrac{(x-1)(x-2)(x-3)}{(x+2)(x+3)}$，求 $f'(1)$

解

$$f'(1)=\lim_{x\to 1}\frac{f(x)-f(1)}{x-1}=\lim_{x\to 1}\frac{\dfrac{(x-1)(x-2)(x-3)}{(x+2)(x+3)}-0}{x-1}$$
$$=\lim_{x\to 1}\frac{(x-2)(x-3)}{(x+2)(x+3)}=\frac{1}{6}$$

例10. $f(x)=x(x+1)(x+2)\cdots(x+n)$，求 $f'(0)$

解

$f(0)=0$

$$f'(0)=\lim_{x\to 0}\frac{f(x)-f(0)}{x-0}=\lim_{x\to 0}\frac{x(x+1)(x+2)\cdots(x+n)}{x}$$
$$=\lim_{x\to 0}(x+1)(x+2)\cdots(x+n)=n!$$

練習 3.2E

1. $f(x)=\dfrac{(x-1)(x-2)\cdots(x-n)}{(x+1)(x+2)\cdots(x+n)}$，求 $f'(1)$
2. $f(x)=\dfrac{(x-1)(x^2+3x+1)}{x^2+1}$，求 $f'(1)=?$
3. $f(x)=\dfrac{x^2-4}{x(x+1)}$，求 $f'(2)$

3.3 微分公式

【定理 A】（微分之四則公式）

1. $\frac{d}{dx}(f(x)\pm g(x))=\frac{d}{dx}f(x)\pm\frac{d}{dx}g(x)$ 或
   $(f(x)\pm g(x))'=f'(x)\pm g'(x)$
2. $\frac{d}{dx}(cf(x)+b)=c\frac{d}{dx}f(x)$ 或 $(cf(x)+b)'=cf'(x)$，特例：$\frac{d}{dx}c=0$
3. $\frac{d}{dx}(f(x)\cdot g(x))=\left[\frac{d}{dx}f(x)\right]g(x)+f(x)\frac{d}{dx}g(x)$ 或
   $(f(x)\cdot g(x))'=f'(x)g(x)+f(x)g'(x)$
4. $\frac{d}{dx}(\frac{f(x)}{g(x)})=\frac{g(x)\frac{d}{dx}f(x)-f(x)\frac{d}{dx}g(x)}{g^2(x)}$, $g(x)\neq 0$ 或
   $(\frac{f(x)}{g(x)})'=\frac{g(x)f'(x)-f(x)g'(x)}{g^2(x)}$

我們證明 3.：

$$\frac{d}{dx}(f(x)g(x))=\lim_{h\to 0}\frac{f(x+h)g(x+h)-f(x)g(x)}{h}$$
$$=\lim_{h\to 0}\frac{f(x+h)g(x+h)+f(x+h)g(x)-f(x+h)g(x)-f(x)g(x)}{h}$$
$$=\lim_{h\to 0}\frac{f(x+h)(g(x+h)-g(x))+g(x)(f(x+h)-f(x))}{h}$$
$$=\lim_{h\to 0}f(x+h)\lim_{h\to 0}\frac{g(x+h)-g(x)}{h}+g(x)\lim_{h\to 0}\frac{f(x+h)-f(x)}{h}$$
$$=f(x)g'(x)+g(x)f'(x)=f'(x)g(x)+f(x)g'(x)$$

【推論 A1】

1. $\frac{d}{dx}(f_1(x)+f_2(x)+\cdots+f_n(x))=f'_1(x)+f'_2(x)+\cdots+f'_n(x)$
2. $\frac{d}{dx}f_1(x)f_2(x)\cdots f_n(x)$
   $=f'_1(x)f_2(x)\cdots f_n(x)+f_1(x)f'_2(x)\cdots f_n(x)+\cdots\cdots\cdots+f_1(x)f_2(x)\cdots f'_n(x)$

【證明】 在此我們只證 2. 當 $n=3$ 之情況：

$$\frac{d}{dx}\{f_1(x)f_2(x)f_3(x)\}=\frac{d}{dx}\{〔f_1(x)f_2(x)〕f_3(x)\}$$
$$=\{\frac{d}{dx}〔f_1(x)f_2(x)〕\}f_3(x)+f_1(x)f_2(x)\frac{d}{dx}f_3(x)$$
$$=\{\frac{d}{dx}f_1(x)\cdot f_2(x)+f_1(x)\frac{d}{dx}f_2(x)\}f_3(x)+f_1(x)f_2(x)\frac{d}{dx}f_3(x)$$
$$=f'_1(x)f_2(x)f_3(x)+f_1(x)f'_2(x)f_3(x)+f_1(x)f_2(x)f'_3(x)$$

【定理 B】 $\frac{dx^n}{x}=nx^{n-1}$，n 為實數

【證明】 在此我們只證明 n 為正整數之情況：

$$f'(x)=\lim_{h\to 0}\frac{f(x+h)-f(x)}{h}$$
$$=\lim_{h\to 0}\frac{(x+h)^n-x^n}{h}$$
$$=\lim_{h\to 0}\frac{(x^n+nx^{n-1}h+\frac{n(n-1)}{2}x^{n-2}h^2+\cdots+h^n)-x^n}{h}$$
$$=\lim_{h\to 0}\frac{nx^{n-1}h+\frac{n(n-1)}{2}x^{n-2}h^2+\cdots+h^n}{h}$$
$$=\lim_{h\to 0}\left[nx^{n-1}+\frac{n(n-1)}{2}x^{n-2}h+\cdots+h^{n-1}\right]$$
$$=\lim_{h\to 0}nx^{n-1}+\lim_{h\to 0}\frac{n(n-1)}{2}x^{n-2}h+\cdots+\lim_{h\to 0}h^{n-1}$$
$$=nx^{n-1}$$

由上述定理可得常數函數之導函數爲 0，即 $\frac{d}{dx}(c)=0$，同時我們也可輕易推得：

$$\frac{d}{dx}(a_nx^n+a_{n-1}x^{n-1}+a_{n-2}x^{n-2}+\cdots+a_1x+a_0)$$
$$=na_nx^{n-1}+(n-1)a_{n-1}x^{n-2}+(n-2)a_{n-2}x^{n-3}+\cdots+a_1$$

例 1. 求 y'：

1. $y=\frac{x+1}{\sqrt{x}}$　　2. $y=\sqrt{\sqrt[3]{x}}\,(1+x)$　　3. $y=\frac{1}{(x^2+1)^2}$

解 1. 方法一：$y=\frac{x+1}{\sqrt{x}}=(x+1)x^{-\frac{1}{2}}=x^{\frac{1}{2}}+x^{-\frac{1}{2}}$

$$\therefore \frac{d}{dx}y=\frac{d}{dx}\left(x^{\frac{1}{2}}+x^{-\frac{1}{2}}\right)$$
$$=\frac{1}{2}x^{-\frac{1}{2}}-\frac{1}{2}x^{-\frac{3}{2}}=\frac{1}{2\sqrt{x}}-\frac{1}{2\sqrt{x^3}}$$

方法二：（用除法公式）

$$\frac{d}{dx}\left(\frac{x+1}{\sqrt{x}}\right)$$
$$=\frac{\sqrt{x}\frac{d}{dx}(x+1)-(x+1)\frac{d}{dx}(\sqrt{x})}{(\sqrt{x})^2}$$

$$=\frac{\sqrt{x}\cdot 1-(x+1)\cdot\frac{1}{2\sqrt{x}}}{x}=\frac{2x-(x+1)}{2x\sqrt{x}}=\frac{1}{2\sqrt{x}}-\frac{1}{2\sqrt{x^3}}$$

2. $y=\sqrt{\sqrt[3]{x}}(1+x)=(x^{\frac{1}{3}})^{\frac{1}{2}}(1+x)=x^{\frac{1}{6}}+x^{\frac{7}{6}}$

$$\therefore y'=\frac{1}{6}x^{-\frac{5}{6}}+\frac{7}{6}x^{\frac{1}{6}}=\frac{1}{6\sqrt[6]{x^5}}+\frac{7}{6}\sqrt[6]{x}$$

3. $y'=\dfrac{(x^2+1)^2\frac{d}{dx}1-1\frac{d}{dx}(x^2+1)^2}{(x^2+1)^4}$

$$=\frac{-\frac{d}{dx}(x^4+2x^2+1)}{(x^2+1)^4}=\frac{-4x^3-4x}{(x^2+1)^4}=\frac{-4x}{(x^2+1)^3}$$

練習 3.3A

1. 求下列各函數之導函數 y'

(1) $y=\sqrt{x}+\dfrac{1}{x^2}$ (2) $y=\dfrac{\sqrt{x}}{x^2+1}$ (3) $y=(x^2+x+1)(x^2-3)$

2. 試導出 $f(x)=\dfrac{xh(x)}{g(x)}$ 之微分公式

3. 試求 $\dfrac{d}{dx}\left(\dfrac{g(x)+h(x)}{f(x)}\right)$

4. 若函數 f, g 對所有實數均有定義且 $f(x+y)=f(x)g(y)+g(x)f(y)$ 又若 f, g 在 $x=0$ 處可微分，$f(0)=0, f'(0)=1, g(0)=1, g'(0)=0$，試證 $f'(x)=g(x)$

6. 若 a_1, a_2, a_3, a_4 均為 x 之可微分函數。試證

$$\frac{d}{dx}\begin{vmatrix}a_1(x) & a_2(x)\\ a_3(x) & a_4(x)\end{vmatrix}=\begin{vmatrix}a_1'(x) & a_2'(x)\\ a_3(x) & a_4(x)\end{vmatrix}+\begin{vmatrix}a_1(x) & a_2(x)\\ a_3'(x) & a_4'(x)\end{vmatrix}$$

三角函數微分法

利用 1. $\lim\limits_{x\to 0}\dfrac{\sin x}{x}=1$；2. $\lim\limits_{x\to 0}\dfrac{1-\cos x}{x}=0$ 與 3. $\lim\limits_{x\to 0}\sin x=1$ 即可導出下列定理。

【定理 B】

1. $\dfrac{d}{dx}\sin x=\cos x$ 2. $\dfrac{d}{dx}\cos x=-\sin x$ 3. $\dfrac{d}{dx}\tan x=\sec^2 x$

4. $\dfrac{d}{dx}\cot x=-\csc^2 x$ 5. $\dfrac{d}{dx}\sec x=\sec x\tan x$ 6. $\dfrac{d}{dx}\csc x=-\csc x\cot x$

【證明】 $\frac{d}{dx}\sin x=\cos x$ 與 $\frac{d}{dx}\cos x=-\sin x$

證明見練習 3.2A 第 3 題。

練習 3.3B

試導出 $\frac{d}{dx}\tan x=\sec^2 x$

例 2. 試求下列各題

1. $\frac{d}{dx}x\sin x$　　2. $\frac{d}{dx}\frac{1+\tan x}{1-\tan x}$

解

1. $\frac{d}{dx}(x\sin x)=\left(\frac{dx}{dx}\right)\sin x+x\left(\frac{d}{dx}\sin x\right)$

$=1\cdot\sin x+x(\cos x)$

$=\sin x+.x(\cos x)$

2. $\frac{d}{dx}\frac{1+\tan x}{1-\tan x}$

$=\frac{(1-\tan x)\frac{d}{dx}(1+\tan x)-(1+\tan x)\frac{d}{dx}(1-\tan x)}{(1-\tan x)^2}$

$=\frac{(1-\tan x)sec^2x-(1+\tan x)(-\sec^2 x)}{(1-\tan x)^2}$

$=\frac{2\sec^2 x}{(1-\tan x)^2}$

練習 3.3C

試求

1. $\frac{d}{dx}\frac{\sin x-x\cos x}{\cos x+x\sin x}$　　2. $\frac{d}{dx}\frac{\sin x+\cot x}{\tan x+\csc x}$

3. $\frac{d}{dx}\frac{\cos x-\sin x}{\cos x+\sin x}$　　4. $\frac{d}{dx}\left(\frac{\sin x+1}{\sec x+\tan x}\right)$

3.4 鏈鎖律

如果$y=(x^2+3x+1)^2$之導函數，或許可展開後，利用 3.3 節之微分公式求解，但若是求 $y=(x^2+3x+1)^{50}$ 之導函數，就必須尋找一些簡便方法，**鏈鎖律**（Chain rule）即爲我們提供了好方法。

【定理 A】 f, g 爲可微分函數，$\frac{d}{dx}f(g(x))=f'(g(x))g'(x)$。

【推論 A1】 若 f, g, h 為三個可微分函數則：
$\frac{d}{dx}f(g(h(x))=f'(g(h(x)))g'(h(x))h'(x)$。

例 1. 求 1. $\frac{d}{dx}f(x^2+\sin x)$　2. $\frac{d}{dx}f(g(x^2+\sin x))$　3. $\frac{d}{dx}\sin(f(x^2+\sin x))$

解

1. $\frac{d}{dx}f(x^2+\sin x)=f'(x^2+\sin x)\cdot\frac{d}{dx}(x^2+\sin x)$
$=(2x+\cos x)f'(x^2+\sin x)$

2. $\frac{d}{dx}f(g(x^2+\sin x))=f'(g(x^2+\sin x))\,g'(x^2+\sin x)\frac{d}{dx}(x^2+\sin x)$
$=f'(g(x^2+\sin x))\,g'(x^2+\sin x)\cdot(2x+\cos x)$

3. $\frac{d}{dx}\sin(f(x^2+\sin x))=\cos(f(x^2+\sin x))f'(x^2+\sin x)\cdot\frac{d}{dx}(x^2+\sin x)$
$=\cos(f(x^2+\sin x))f'(x^2+\sin x)(2x+\cos x)$

例 2. 試導出 $\frac{d}{dx}f^2(x)$ 之公式並以此結果求 $\frac{d}{dx}f^3(x)$

解

$\frac{d}{dx}f^2(x)=\frac{d}{dx}[f(x)\cdot f(x)]=f'(x)\cdot f(x)+f(x)\cdot f'(x)$
$=2f(x)f'(x)$

$\frac{d}{dx}f^3(x)=\frac{d}{dx}[f^2(x)\cdot f(x)]=\left[\frac{d}{dx}f^2(x)\right]\cdot f(x)+f^2(x)\frac{d}{dx}f(x)$
$=[2f(x)f'(x)]f(x)+f^2(x)f'(x)$
$=3f^2(x)f'(x)$

練習 3.4A

求 1. $f(x)=\sqrt[3]{1+g(x)}$　2. $f(g(x^2))$　3. $f(xg(x))$

【推論 A2】 冪次之鏈鎖律（The Chain Rule for Powers）

$f(x)$ 為一可微分函數，p 為任一實數，則

$$\frac{d}{dx}(f(x))^p = p(f(x))^{p-1}\frac{d}{dx}f(x)$$

例 3. 求 1. $\frac{d}{dx}(x^2+x+1)^{32}$ 2. $\frac{d}{dx}\frac{1}{x^2+x+1}$

解

1. $\frac{d}{dx}(x^2+x+1)^{32} = 32(x^2+x+1)^{31}\frac{d}{dx}(x^2+x+1) = 32(x^2+x+1)^{31}(2x+1)$

2. $\frac{d}{dx}\frac{1}{x^2+x+1} = \frac{d}{dx}(x^2+x+1)^{-1} = -(x^2+x+1)^{-2}\frac{d}{dx}(x^2+x+1)$
$= -\frac{2x+1}{(x^2+x+1)^2}$

例 4. 試微分 $f(x)=\sqrt[3]{1+\sqrt[3]{(1+\sqrt[3]{x})}}$

解

提示	解答
1. 在求像例 4 這類型函數之導函數前，可儘量化成含括弧與指數之形式	$f(x)=\left\{1+\left[1+\left(x^{\frac{1}{3}}\right)\right]^{\frac{1}{3}}\right\}^{\frac{1}{3}}$ $\therefore f'(x)=\frac{1}{3}\left\{1+\left[1+\left(x^{\frac{1}{3}}\right)\right]^{\frac{1}{3}}\right\}^{-\frac{2}{3}}\left\{\frac{1}{3}\left(1+x^{\frac{1}{3}}\right)\right\}^{-\frac{2}{3}}\cdot\frac{1}{3}x^{-\frac{2}{3}}$ $=\frac{1}{27}\frac{1}{\sqrt[3]{x^2(1+\sqrt[3]{x})^2}}\cdot\frac{1}{\sqrt[3]{(1+\sqrt[3]{1+\sqrt[3]{x}})^2}}$

練習 3.4B

1. 求下列各題之導函數

(1) $y=\sqrt[5]{(3x^2+2x+1)^2}$ (2) $y=\frac{1}{(3x^2+2x+1)^2}$

(3) $y=\sin(3x^2+2x+1)^2$ (4) $y=\cos(\sin(3x^2+2x+1)^2)$

2. f 爲可微分函數，若存在二個數 x_1，x_2，滿足 $f(x_1)=x_2$，$f(x_2)=x_1$，令 $g(x)=f(f(f(f(x))))$，試證 $g'(x_1)=g'(x_2)$

3. 計算

(1) $y=\sqrt{x\sqrt[3]{x\sqrt{2x+1}}}$ (2) $y=\sqrt{x+\sqrt{x+\sqrt{x}}}$ (3) $y=\sqrt{1+\sqrt{x+\sqrt{1+x^2}}}$

例 5. $f(x)=\begin{cases} x^2\sin\frac{1}{x}, & x\neq 0 \\ 0, & x=0 \end{cases}$；1. $f(x)$ 在 $x=0$ 之可微性，2. $f'(x)$ 在 $x=0$ 之連續性

解

1. $f'(0)=\lim\limits_{x\to 0}\frac{f(x)-f(0)}{x-0}=\lim\limits_{x\to 0}\frac{x^2\sin\frac{1}{x}-0}{x}=\lim\limits_{x\to 0}x\sin\frac{1}{x}\overset{y=\frac{1}{x}}{=\!=}\lim\limits_{y\to\infty}\frac{\sin y}{y}=0$

$\therefore f(x)$ 在 $x=0$ 可微

2. 當 $x\neq 0$ 時，$f'(x)=2x\sin\frac{1}{x}+x^2\left(-\frac{1}{x^2}\right)\cos\frac{1}{x}=2x\sin\frac{1}{x}-\cos\frac{1}{x}$

$\because \lim_{x\to 0}f'(x)=\lim_{x\to 0}\left(2x\sin\frac{1}{x}-\cos\frac{1}{x}\right)$ 不存在

$\therefore f'(x)$ 在 $x=0$ 處不連續

在例 5 我們應用了二個重要結果：1. $\lim_{x\to 0}x\sin\frac{1}{x}=0$ 或 $\lim_{x\to\infty}\frac{\sin x}{x}=0$；2. $\lim_{x\to 0}\cos\frac{1}{x}$ 與 $\lim_{x\to 0}\sin\frac{1}{x}$ 不存在。

例 6. 若 $\lim_{x\to a}\frac{f(x)-f(a)}{x-a}=B$，求 $\lim_{x\to a}\frac{\sin f(x)-\sin f(a)}{x-a}=?$

解 $\lim_{x\to a}\frac{\sin f(x)-\sin f(a)}{x-a}=\frac{d}{dx}(\sin f(x))\Big|_{x=a}=\cos f(a)\cdot\underbrace{f'(a)}_{B}$

$=B\cos f(a)$

練習 3.4C

1. $f(x)=\begin{cases}x^{\alpha}\sin\frac{1}{x}, & x\neq 0\\ 0, & x=0\end{cases}$；分別就 $f(x)$ 在 $x=0$ 處之 (1) 連續，(2) 可微性，(3) 一階導數為連續之條件下求 α 範圍。

2. $f(x)=\begin{cases}|x|^{\alpha}\sin\frac{1}{x}, & x\neq 0\\ 0, & x=0\end{cases}$；在 $x=0$ 處之 (1) 連續性，(2) 可微性之條件下，分別求 α 之範圍。

鏈鎖律之其他問題

例 7. $f(1+\frac{1}{x})=\frac{x}{2x+1}$，求 $f'(x)$

解

	提示	解法
解法一	$f(1+\frac{1}{x})=\frac{x}{2x+1}$ 那麼 $f(x)=?$ 從而求出 $f'(x)$	$\because f(1+\frac{1}{x})=\frac{x}{2x+1}$ $=\frac{1}{2+\frac{1}{x}}=\frac{1}{1+(1+\frac{1}{x})}$

	提示	解法
		$\therefore f(x)=\frac{1}{1+x}$ 從而 $f'(x)=\frac{-1}{(1+x)^2}$
解法二	對 $f(1+\frac{1}{x})=\frac{x}{2x+1}$ 二邊同時微分，再依解法一，求出 $f'(x)=?$	$f(1+\frac{1}{x})=\frac{x}{2x+1}$ 兩邊同時對 x 微分 $-\frac{1}{x^2}f'(1+\frac{1}{x})=\left(\frac{x}{2x+1}\right)'=\frac{1}{(2x+1)^2}$ $=\frac{1}{x^2(2+\frac{1}{x})^2}$ $\therefore f'(1+\frac{1}{x})=\frac{-1}{(2+\frac{1}{x})^2}=\frac{-1}{(1+(1+\frac{1}{x}))^2}$ 即 $f'(x)=\frac{-1}{(1+x)^2}$

例 8. 若 f 定義於所有正實數，若 $f(1)=1$，$f'(x^2)=x^3$，求 $f(4)$

解

提示	解法
本例和例 5 之差別是：例 5 是 $f(x)\to f'(x)$ 本例 $f'(x)\to f(x)$ 其次 $f'(x)=x^n$，則 $f(x)=\frac{1}{n+1}x^{n+1}+c$ 這用到不定積分之概念	$f'(x^2)=x^3=(x^2)^{\frac{3}{2}}$ $\therefore f'(x)=x^{3/2}$ $\Rightarrow f(x)=\frac{2}{5}x^{\frac{5}{2}}+c$ 又 $f(1)=1$，得 $\frac{2}{5}+c=1$ $\therefore c=\frac{3}{5}$ 即 $f(x)=\frac{2}{5}x^{\frac{5}{2}}+\frac{3}{5}$ $\therefore f(4)=\frac{2}{5}(4)^{\frac{5}{2}}+\frac{3}{5}=\frac{67}{5}$

練習 3.4D

1. 若 $f'(x^3)=\frac{1}{x^4}$，求 $f(x)$　　2. 若 $f'(2x)=x^2$，$f(0)=1$，求 $f(x)$
3. 利用 $\sqrt{x^2}=|x|$，試證 $\frac{d}{dx}|x|=\frac{x}{|x|}$，$x\neq 0$
★4. 若 $y=\frac{a-u}{a+u}$，$u=\frac{b-x}{b+x}$，求 $\frac{dy}{dx}$
5. 若 $f\left(\frac{1+x}{1-x}\right)=x$，求 $f'(x)$

用導數定義求極限

$f'(a)=\lim\limits_{x\to a}\dfrac{f(x)-f(a)}{x-a}$ 在解特殊型式之極限問題時有其用處。

例 9. 求 $\lim\limits_{x\to 0}\dfrac{\sqrt{x+1}+\sqrt[3]{x-1}}{\sqrt{x+1}-\sqrt[3]{x+1}}$

解

$$\lim_{x\to 0}\frac{\sqrt{x+1}+\sqrt[3]{x-1}}{\sqrt{x+1}+\sqrt[3]{x+1}}=\lim_{x\to 0}\frac{[(\sqrt{x+1}-1)+(\sqrt[3]{x-1}-1)]/(x-1)}{[(\sqrt{x+1}-1)+(\sqrt[3]{x+1}-1)]/(x-1)}$$

$$g(x)=\sqrt{x+1},\ g'(0)=\frac{1}{2\sqrt{x+1}}\bigg|_{x=0}=\frac{1}{2},$$

$$h(x)=\sqrt[3]{x-1}\text{，}h'(0)=\frac{1}{3\sqrt[3]{(x-1)^2}}\bigg]_{x=0}=\frac{1}{3}$$

$$k(x)=\sqrt[3]{x+1}\text{，}k'(0)=\frac{1}{3\sqrt[3]{(x+1)^2}}\bigg]_{x=0}=\frac{1}{3}$$

$$\therefore\lim_{x\to 0}\frac{\sqrt{x+1}+\sqrt[3]{x-1}}{\sqrt{x+1}-\sqrt[3]{x+1}}=\frac{\frac{1}{2}+\frac{1}{3}}{\frac{1}{2}-\frac{1}{3}}=5$$

例10. $\lim\limits_{x\to 1^+}\dfrac{\sqrt[m]{x}-\sqrt[n]{x}}{\sqrt[p]{x}-\sqrt[q]{x}}$

解

$$\lim_{x\to 1^+}\frac{\sqrt[m]{x}-\sqrt[n]{x}}{\sqrt[p]{x}-\sqrt[q]{x}}=\lim_{x\to 1^+}\frac{\frac{\sqrt[m]{x}-1}{x-1}-\frac{\sqrt[n]{x}-1}{x-1}}{\frac{\sqrt[p]{x}-1}{x-1}-\frac{\sqrt[q]{x}-1}{x-1}}=\frac{\frac{1}{m}x^{\frac{1}{m}-1}-\frac{1}{n}x^{\frac{1}{n}-1}}{\frac{1}{p}x^{\frac{1}{p}-1}-\frac{1}{q}x^{\frac{1}{q}-1}}\Bigg]_{x=1}$$

$$=\frac{\frac{1}{m}-\frac{1}{n}}{\frac{1}{p}-\frac{1}{q}}=\frac{pq}{mn}\left(\frac{n-m}{q-p}\right)$$

練習 3.4E

★1. 求 $\lim\limits_{x\to 0}\dfrac{\sqrt{x+1}-2\sqrt[3]{x+1}+\sqrt[6]{x+1}}{\sqrt{x+1}-3\sqrt[3]{x+1}+2\sqrt[6]{x+1}}$

★2. 求 $\lim\limits_{x\to 0}\dfrac{\sqrt{x+1}-\sqrt[4]{1-x}}{\sqrt{x+1}-\sqrt[3]{1-x}}$

3.5 高階導函數

基本高階導數求法

f 爲一可微分函數，則我們可求出其導函數 f'，若 f' 亦爲一可微分函數，我們可再求出其導函數，我們用 f'' 表所求之結果，並稱爲 f 之二階導函數，而稱 f' 爲一階導函數，如此便可求出 f 之三階導函數 f'''，以此類推。

我們將一些常用之高階導函數之符號表示法，表列如下：

階次	常用表示法			
一階	y'	f'	$\frac{dy}{dx}$	$D_x y$
二階	y''	f''	$\frac{d^2y}{dx^2}$	$D^2_x y$
三階	y'''	f'''	$\frac{d^3y}{dx^3}$	$D^3_x y$
四階	$y^{(4)}$	$f^{4)}$	$\frac{d^4y}{dx^4}$	$D^4_x y$
五階	$y^{(5)}$	$f^{5)}$	$\frac{d^5y}{dx^5}$	$D^5_x y$
…	…	…	…	…
n 階	$y^{(n)}$	$f^{n)}$	$\frac{d^ny}{dx^n}$	$D^n_x y$

在求高階導函數時，找出正負號、冪次與階乘變化的規則性是關鍵。

例 1. 若 $y=\frac{1}{1+x}$，求 $y^{(32)}$

解 求有理函數導函數時，如果能化成指數形式將會比較好做，本題要求 $y^{(32)}$，當然不可能一直微 32 次，我們只要做出幾項便可看出端倪：

$$y=\frac{1}{1+x}=(1+x)^{-1}$$

$$y'=-(1+x)^{-2} \qquad =(-1)1!(1+x)^{-2}$$

$$y''=(-1)(-2)(1+x)^{-3} \qquad =(-1)^2 2!(1+x)^{-3}$$

$$y'''=(-1)(-2)(-3)(1+x)^{-4} \qquad =(-1)^3 3!(1+x)^{-4}$$

$$\therefore y^{(32)}=(-1)^{32}32!(1+x)^{-33}=32!(1+x)^{-33}$$

在求高階導函數時，下列 3 個簡單小公式往往可「小兵立大功」。

公式 1：$y=e^{ax}$，$y^{(n)}=a^n e^{ax}$

公式 2：$y=\sin(bx)\Rightarrow y^{(n)}=b^n\sin\left(bx+\frac{n\pi}{2}\right)$

$y=\cos(bx)\Rightarrow y^{(n)}=b^n\cos\left(bx+\frac{n\pi}{2}\right)$

公式 3：$y=\frac{1}{a+bx}\Rightarrow y^{(n)}=(-1)^n n!b^n/(a+bx)^{n+1}$

讀者可仿例 1 之作法證明之。

例 2. $y=\sin 2x,\ y^{(43)}=?$

解 $y^{(43)}=2^{43}\sin\left(\frac{43\pi}{2}+2x\right)=2^{43}\sin\left(\frac{3\pi}{2}+2x\right)=-2^{43}\cos(2x)$

例 3. 若 $f(x)=\frac{1-x}{1+x}$，求 $f^{(30)}(1)=?$

解 先將 $f(x)=\frac{1-x}{1+x}$ 化成帶分式：

$$f(x)=\frac{1-x}{1+x}=-1+\frac{2}{1+x}=(-1)+2(1+x)^{-1}$$

$$\therefore y^{(30)}=2\cdot 30!(1+x)^{-31}$$

因而 $y^{(30)}(1)=2\cdot\frac{30!}{2^{31}}=\frac{30!}{2^{30}}$

★**例 4.** $y=\sin x\sin 2x\sin 3x$，求 $f^{(n)}(x)$

解

提示	解法
$\sin A\sin B=\frac{1}{2}(\cos(A-B)-\cos(A+B))$ $\cos(-A)=\cos A,\ \sin(-A)=-\sin A$ $\cos A\sin B=\frac{1}{2}[\sin(A+B)-\sin(A-B)]$	$y=\sin x\sin 2x\sin 3x=(\sin x\sin 2x)\sin 3x$ $=\frac{1}{2}(\cos(-x)-\cos(3x))\sin 3x$ $=\frac{1}{2}(\cos x\sin 3x-\frac{1}{2}\cos 3x\sin 3x)$ $=\frac{1}{2}\left[\left(\frac{1}{2}\sin 4x-\frac{1}{2}\sin(-2x)\right)-\frac{1}{2}(\sin 6x-\sin 0)\right]$ $=\frac{1}{4}\sin 4x+\frac{1}{4}\sin 2x-\frac{1}{4}\sin 6x$ $\therefore y^{(n)}=\frac{1}{4}\cdot 4^n\sin\left(4x+\frac{n\pi}{2}\right)+\frac{1}{4}\cdot 2^n\sin\left(2x+\frac{n\pi}{2}\right)-\frac{1}{4}\cdot 6^n\sin\left(6x+\frac{n\pi}{2}\right)$

例 5. $y=f(x\phi(x))$，求 $y''(0)$，f 與 ϕ 均爲 x 之可微分函數。

解 $y'=f'(x\phi(x))(\phi(x)+x\phi'(x))$

$y''=f''(x\phi(x))(\phi(x)+x\phi'(x))^2(\phi'(x)+\phi'(x))+x\phi''(x))$

$\therefore y''(0)=f''(0)\phi^2(0)+2\phi'(0)f'(0)$

例 6. 若 $f'(x)=[f(x)]^2$，求 $f'''(x)$

解 $f''(x)=2f(x)f'(x)=2f(x)\cdot f^2(x)=2f^3(x)$

$\therefore y'''(x)=6f^2(x)f'(x)=6f^2(x)f^2(x)=6f^4(x)$

練習 3.5A

1. $f(x)=\dfrac{1}{(1+2x)^2}$，求 $y^{(32)}(x)$
2. $f(x)=\cos^4x-\sin^4x$，求 $y^{(n)}(x)$
3. $y=\sqrt{1+3x}$，求 $y^{(20)}(0)$
4. 若 $f'(x)=f^3(x)$，求 $y^{(n)}=$？設 $f(x)$ 之任意 n 階導函數存在。
5. $y=\sin^3x$，求 $y^{(n)}$
6. ★ $y=\sin^5x$，求 $y^{(n)}$
7. $y=\dfrac{ac+b}{cx+d}$，求證 $\dfrac{y'''}{y'}=\dfrac{3}{2}\left(\dfrac{y''}{y'}\right)^2$
8. $y=f(u)$，$u=g(x)$，f, g 爲二次可微分函數，試證 $\dfrac{d^2y}{dx^2}=\dfrac{d^2y}{du^2}\left(\dfrac{du}{dx}\right)'^2+\dfrac{dy}{du}\cdot\dfrac{d^2u}{dx^2}$

例 7. 若 $f(x)=x\sin|x|$，求 $f(x)$ 在 $x=0$ 處之二階導函數

解 $f(x)=x\sin|x|=\begin{cases}x\sin x, & x\ge 0\\ -x\sin x, & x<0\end{cases}$

1. 先求 $f'(x)$

$f'_-(0)=\lim\limits_{x\to0^-}\dfrac{f(x)-f(0)}{x-0}=\lim\limits_{x\to0^-}\dfrac{-x\sin x-0}{x}=0$

$f'_+(0)=\lim\limits_{x\to0^+}\dfrac{f(x)-f(0)}{x-0}=\lim\limits_{x\to0^+}\dfrac{x\sin x-0}{x}=0$

$\therefore f'(0)=0$，得

$f'(x)=\begin{cases}\sin x+x\cos x, & x>0\\ 0, & x=0\\ -\sin x-x\cos x, & x<0\end{cases}$

2. 次求 $f''(0)$

$$f''_{-}(0)=\lim_{x\to 0^-}\frac{f'(x)-f'(0)}{x-0}=\lim_{x\to 0^-}\frac{-\sin x-x\cos x}{x}=-2$$

$$f''_{+}(0)=\lim_{x\to 0^+}\frac{f'(x)-f'(0)}{x-0}=\lim_{x\to 0}\frac{\sin x+x\cos x}{x}=2$$

$\because f''_{-}(0)\neq f''_{+}(0)$，$\therefore f(x)$ 在 $x=0$ 處二階導數不存在。

練習 3.5B

$f(x)=x^2+2x|x|$ 求 $f(x)$ 在 $x=0$ 之二階導數。

來伯尼茲（Leibniz）法則

【定理 A】（來伯尼茲法則）

設 u, v 為 x 之 n 階可微分函數，則

$(uv)^n=\sum_{k=0}^{n}\binom{n}{k}u^{(k)}v^{(n-k)}$，規定 $u^{(0)}=u, v^{(0)}=v$。

提示	證明
應用一些組合公式：$\binom{n}{0}=\binom{n}{n}=1$， Pascal三角形：$\binom{n}{k}+\binom{n}{k+1}=\binom{n+1}{k+1}$， n，k 均為非負整數，$n\geq k$，Pascal 三角形可用代數運算得出。 又$\binom{n}{0}=\binom{n}{n}=1$	利用數學歸納法： $n=1$ 時，左式：$(uv)'=u'v+uv'=u'v^{(0)}+u^{(0)}v'$ 右式：$\sum_{i=0}^{1}\binom{1}{i}u^{(1-k)}v^{(k)}=\binom{1}{0}u^{(1-0)}v^{(0)}+\binom{1}{1}u^{(0)}v'=u'v^{(0)}+u^{(0)}v'$ $\therefore$當 $n=1$ 時成立 $n=k$ 時，設 $(uv)^{(k)}=\sum_{i=0}^{k}\binom{k}{i}u^{(k-i)}v^{(i)}=\binom{k}{0}u^{(k)}v^{(0)}+\binom{k}{1}u^{(k-1)}v'$ $+\binom{k}{2}u^{(k-2)}v''+\cdots+\binom{k}{k}u^{(0)}v^{(k)}$ $n=k+1$ 時，$(uv)^{(k+1)}=\frac{d}{dx}(uv)^{(k)}=\left[\binom{k}{0}u^{(k+1)}v^{(0)}+\binom{k}{0}u^{(k)}v'\right]+$ $\left[\binom{k}{1}u^{(k)}v'+\binom{k}{1}u^{(k-1)}v''\right]+\left[\binom{k}{2}u^{(k-1)}v''+\binom{k}{2}u^{(k-1)}v'''\right]+\cdots+$ $\left[\binom{k}{k}u'v^{(k)}+\binom{k}{k}u^{(0)}v^{(k+1)}\right]$ $=\binom{k}{0}u^{(k+1)}v^{(0)}+\left[\binom{k}{0}u^{(k)}v'+\binom{k}{1}u^{(k)}v'\right]+\left[\binom{k}{1}u^{(k-1)}v''+\binom{k}{2}u^{(k-1)}v''\right]$ $+\cdots+\binom{k}{k}uv^{(k+1)}$ $=\binom{k+1}{0}u^{(k+1)}v^{(0)}+\binom{k+1}{1}u^{(k)}v'+\binom{k+1}{2}u^{(k-1)}v''+\cdots+$ $\binom{k+1}{k+1}u^{(0)}v^{(k+1)}$ $\therefore$由數學歸納法$(uv)^{(n)}=\sum_{k=0}^{n}\binom{n}{k}u^{(n-k)}v^{(k)}$成立。■

例 8. 若 $y=f(x)=x^2\sin 2x$，求 $y^{(n)}$

解

$$y^{(n)}=\sum_{k=0}^{n}\binom{n}{k}(x^2)^{(k)}(\sin 2x)^{(n-k)}$$

$$=\binom{n}{0}x^2\cdot 2^n\sin\left(\frac{n\pi}{2}+2x\right)+\binom{n}{1}2x\cdot 2^{n-1}\sin\left(\frac{(n-1)\pi}{2}+2x\right)$$

$$+\binom{n}{2}2\cdot 2^{n-2}\sin\left(\frac{(n-2)\pi}{2}+2x\right)$$

$$=2^nx^2\sin\left(\frac{n\pi}{2}+2x\right)+n2^nx\sin\left(\frac{(n-1)\pi}{2}+2x\right)$$

$$+n(n-1)2^{n-2}\sin\left(\frac{(n-2)\pi}{2}+2x\right)$$

在例 8，我們看出要求 $y=x^2\sin 2x$ 之 $y^{(n)}$ 時，首先要決定，u, v 要放 x^2 還是 $\sin 2x$，一般而言，在求 $y=x^ne^{ax}$，式 $y=x^n(\cos ax, \sin bx)$ 等之 $y^{(n)}$ 時，通常會令 $u(x)=x^n$。

例 9. $y=x^3\cos x$，求 $y^{(10)}$

解

$$y^{(10)}=\binom{10}{0}(x^3)^{(0)}(\cos x)^{(10)}+\binom{10}{1}(x^3)'(\cos x)^{(9)}+\binom{10}{2}(x^3)''(\cos x)^{(8)}$$

$$+\binom{10}{3}(x^3)'''(\cos x)^{(7)}$$

$$=x^3\cos\left(x+\frac{10}{2}\pi\right)+10\cdot 3x^2\cos\left(x+\frac{9}{2}\pi\right)+\frac{10\cdot 9}{2!}(6x)\cos\left(x+\frac{8}{2}\pi\right)$$

$$+\frac{10\cdot 9\cdot 8}{3!}\cdot 6\cos\left(x+\frac{7\pi}{2}\right)$$

$$=(-x^3)\cos x+10\cdot 3x^2(-\sin x)+\frac{10\cdot 9}{2}(6x)(\cos x)+\frac{10\cdot 9\cdot 8}{6}(6)(\sin x)$$

$$=(-x^3+270x)\cos x+(-30x^2+720)\sin x$$

練習 3.5C

1. 求 (1) $(uv)''$　(2) $(uv)'''$ 之公式，設 u, v 爲 x 之可微分函數。
2. $y=x^2\cos 3x$，求 $y^{(5)}$

3.6 隱函數與參數方程式之微分法

前幾節我們討論之函數均為 $y = f(x)$ 之形式，如 $y = x^2+1$，我們稱這種函數為**顯函數**（Explicit functions），另一種函數是 $f(x, y) = 0$ 如 $y + e^x + x - 1 = 0$ 稱為**隱函數**（Implicit functions），隱函數中有的可化成顯函數，如 $2x + 3y = 4$，有的無法或不易化成顯函數，如 $x^2 + xy^3 + y^4 - 9 = 0$。

一階隱函數之微分法

本節討論隱函數 $f(x, y) = 0$ 之 $\frac{dy}{dx}$ 的求法。**在隱函數微分法中，我們假設 y 是 x 之可微分函數，然後解出 $\frac{dy}{dx}$**。

例 1. $x^2 + y^2 = 25$，求 $y' =$ ？求過 (3, 4) 之切線方程式及法線方程式。

解
1. $x^2 + y^2 = 25$，二邊對 x 微分得：$2x + 2y \cdot y' = 0$，$\therefore y' = -\frac{x}{y}$
2. $x^2 + y^2 = 25$ 在 (3, 4) 之切線斜率為 $m = -\frac{3}{4}$，$\therefore$過 (3, 4) 之切線方程式為
   $\frac{y-4}{x-3} = -\frac{3}{4}$，$\therefore 4y - 16 = -3x + 9$，即 $4y + 3x = 25$
3. 法線方程式：$\frac{y-4}{x-3} = \frac{4}{3}$，$\therefore y = \frac{4}{3}x$ 或 $3y - 4x = 0$

例 2. 若 $y \sin x + \cos(x + y) = 0$，求$\frac{dy}{dx}$

解 $y'\sin x + y\cos x - \sin(x + y)(1 + y') = 0$

$\therefore y' = \frac{\sin(x+y) - y\sin x}{\sin x - \sin(x+y)}$

例 3. 試證雙曲線 $xy = b^2$ 上任一點作切線與兩軸所夾之三角形區域面積為常數。

解 $y = \frac{b^2}{x}$，取曲線上任一點$\left(t, \frac{b^2}{t}\right)$，則過該點之切線斜率$y'\Big|_{x=t} = \frac{-b^2}{x^2}\Big|_{x=t}$

$= -\frac{b^2}{t^2}$　$\therefore$過該點之切點方程式為：

$$\frac{y - \frac{b^2}{t}}{x - t} = -\frac{b^2}{t^2} \quad \therefore y = \frac{2b^2}{t} - \frac{b^2}{t^2}x$$

化成截距式

$$\frac{x}{2t}+\frac{y}{\frac{2b^2}{t}}=1$$

∴ 切線與兩軸所夾三角形面積爲

$$\frac{1}{2}\cdot 2t\cdot\frac{2b^2}{t}=2b^2 \text{ 爲一常數}$$

練習 3.6A

1. 若 $y=\cos xy$，求 y'
2. 若 $x^3+3axy+y^3=0$，求 y'
3. 試證過 $x^3+y^3=3xy$ 上一點 $\left(\frac{3}{2},\frac{3}{2}\right)$ 之法線必通過原點。
4. 曲線 $x^{\frac{2}{3}}+y^{\frac{2}{3}}=a^{\frac{2}{3}}$ 之切線與 x, y 軸之交戰分別爲 P, Q，試證切線在 P, Q 二點之距離爲一定。

隱函數之二階導函數求法

隱函數之二階導函數之解法，先求出 y'，再由 y' 導出 y''……，在求 y'' 之過程中的 y'，用剛求出之 y' 代入即可。

例 4. $x^2+y^2=r^2$，求 $\frac{dy}{dx}$ 及 $\frac{d^2y}{dx^2}=?$

解 $x^2+y^2=r^2 \Rightarrow 2x+2yy'=0$

$$\therefore y'=-\frac{x}{y}$$

$$y''=\frac{d}{dx}\left(\frac{d}{dx}y\right)=\frac{d}{dx}\left(-\frac{x}{y}\right)=\frac{y\frac{d}{dx}x-x\frac{d}{dx}y}{y^2}=-\frac{y-x\left(-\frac{x}{y}\right)}{y^2}\quad\left(\because \frac{d}{dx}y=-\frac{x}{y}\right)$$

$$=-\frac{y+\frac{x^2}{y}}{y^2}=-\frac{y^2+x^2}{y^3}=-\frac{r^2}{y^3},\ y\neq 0$$

練習 3.6B

1. $xy^3=8$ 求 y''　2. $\sqrt{x}+\sqrt{y}=1$，求 y''　3. $y^2=2px$，p 爲常數求 y''
4. $x^4+y^4=16$，求 y''

參數方程式之導函數

【定理 A】

$\begin{cases}x=f(t)\\y=g(t)\end{cases}$ 則 $\dfrac{dy}{dx}=\dfrac{dy/dt}{dx/dt}$ 與 $\dfrac{d^2y^2}{dx^2}=\dfrac{d}{dx}\left(\dfrac{dy}{dx}\right)=\dfrac{d}{dt}\left(\dfrac{dy}{dx}\right)\Big/\dfrac{dx}{dt}$

【證明】

1. 設 $y=F(x), x=f(x), y=g(t)$，f, g 爲 t 之可微分函數，$g(t)=F(f(t))$，
   $\therefore g'(t)=F'(f(t))f'(t)=F'(x)f'(t)$
   $\Rightarrow F'(x)=\dfrac{g'(t)}{f'(t)}$
   即 $\dfrac{dy}{dx}=\dfrac{dy/dt}{dx/dt}$，$\dfrac{dx}{dt}\neq 0$
2. 由 1. $\dfrac{dy}{dx}=\dfrac{y'(t)}{x'(t)}$
   $\therefore \dfrac{d}{dt}\left(\dfrac{dy}{dx}\right)=\dfrac{d}{dx}\left(\dfrac{dy}{dx}\right)\cdot\dfrac{dx}{dt}=\dfrac{d^2y}{dx^2}\cdot\dfrac{dx}{dt}$
   二邊同除 $\dfrac{dx}{dt}$ 即得
   $\dfrac{d^2y}{dx^2}=\dfrac{d}{dt}\left(\dfrac{dy}{dx}\right)\Big/\dfrac{dx}{dt}$ ■

例 5. $\begin{cases}x=a\cos t\\y=b\sin t\end{cases}$，求 (1) 在 $t=\dfrac{\pi}{4}$ 之切線方程式與 (2) $\dfrac{d^2y^2}{dx^2}$

解 (1) $\dfrac{dy}{dx}=\dfrac{dy/dt}{dx/dt}=\dfrac{b\cos t}{-a\sin t}\Rightarrow \dfrac{dy}{dx}\Big|_{t=\frac{\pi}{4}}=-\dfrac{b\cos\frac{\pi}{4}}{a\sin\frac{\pi}{4}}=-\dfrac{b}{a}$

$\therefore$過 $\left(\dfrac{\pi}{4},\dfrac{\pi}{4}\right)$ 之切線方程式爲 $\dfrac{y-b\left(\frac{\sqrt{2}}{2}\right)}{x-a\left(\frac{\sqrt{2}}{2}\right)}=-\dfrac{b}{a}$，即 $bx+ay=\sqrt{2}ab$

(2) $\dfrac{d^2y}{dx^2}=\dfrac{d}{dt}\left(-\dfrac{b\cos t}{a\sin t}\right)\Big/(-a\sin t)=-\dfrac{b}{a}\dfrac{d}{dt}\cot t\Big/-a\sin t=-\dfrac{b}{a^2\sin^3 t}$

例 6. 求 $\begin{cases}x=\cos^3 t\\y=\sin^3 t\end{cases}$ 在 $t=\dfrac{\pi}{4}$ 處之切線與法線方程式。

解 先求切線斜率 $\dfrac{dy}{dx}$

$$\frac{dy}{dx}=\frac{dy/dt}{dx/dt}=\frac{3\sin^2 t\cos t}{-3\cos^2 t\sin t}=-\tan t$$

得 $t=\frac{\pi}{4}$ 處之切線斜率 $m=-\tan\frac{\pi}{4}=-1$

$t=\frac{\pi}{4}$ 時，$x=\cos^3 t=\left(\frac{\sqrt{2}}{2}\right)^3=\frac{\sqrt{2}}{4}$，同法 $y=\frac{\sqrt{2}}{4}$

$\therefore$ $t=\frac{\pi}{4}$ 時之切線方程式爲

$$\frac{y-\frac{\sqrt{2}}{4}}{x-\frac{\sqrt{2}}{4}}=-1 \quad 即 \quad y=-x+\frac{\sqrt{2}}{2}$$

$t=\frac{\pi}{4}$ 時之法線方程式爲

$$\frac{y-\frac{\sqrt{2}}{4}}{x-\frac{\sqrt{2}}{4}}=1 \quad 即 \quad y=x$$

★**例 7.** 求 $\frac{d}{dx^3}(x^6+3x^4+x^3)$

解 此相當於求參數方程式 $\begin{cases} y=x^6+3x^4+x^3 \\ u=x^3 \end{cases}$ 之 $\frac{dy}{du}\Big/\frac{du}{du}$

$$\frac{dy}{du}=\frac{dy/dx}{du/dx}=\frac{6x^5+12x^3+3x^2}{3x^2}=2x^3+4x+1$$

練習 3.6C

1. $\begin{cases} x(t)=1+t \\ y(t)=\frac{t^3}{3} \end{cases}$，求 $\frac{dy}{dx}$ 與 $\frac{d^2y}{dx^2}$

2. $\frac{d}{dx^3}\sin(x^6+x^3+1)$

3. $\begin{cases} x=f'(x) \\ y=tf'(t)-f(t) \end{cases}$，求 $\frac{dy}{dx}$，但 $f''(t)\neq 0$

4. 擺線之參數方程式爲 $\begin{cases} x=a(t-\sin t) \\ y=a(1-\cos t) \end{cases}$ 求 (1) $\frac{dy}{dx}$ (2) $\frac{d^2y}{dx^2}$ 及 (3) 擺線在 $t=\frac{\pi}{2}$ 之切線方程式

5. 證明 $\begin{cases} x=a(\cos t+t\sin t) \\ y=a(\sin t-t\cos t) \end{cases}$，$t\neq 0$ 之法線方程式是 $x^2+y^2=a^2$　$a>0$ 之切線方程式

6. 二曲線 C_1, C_2 交於點 (x_0, y_0) 處，且 C_1, C_2 在 (x_0, y_0) 處之斜率分別爲 m_1, m_2，則定義 C_1, C_2 在 (x_0, y_0) 處之交角 θ 爲 $\tan\theta=\frac{m_2-m_1}{1+m_1m_2}$。試求 $xy=1$ 與 $x^2-y^2=1$ 在交點處 θ 之交角。

第4章
微分學之應用

4.1 均值定理

均值定理（Mean value theorem; MVT）是微分應用之理論基礎，本單元將介紹最基本的 1. **洛爾定理**（Rolle's theorem）、2. **拉格蘭日均值定理**（Lagrange's mean value theorem）與歌西均值定理（Cauchy's mean value theorem）。它們都有很好的幾何意義以及數學應用。

在談均值定理前，讀者應牢記：

1. 不論洛爾定理或均值定理之 $f(x)$ 都必須滿足下列條件：
   (1) $f(x)$ 在 **$[a, b]$ 中爲連續**。
   (2) $f(x)$ 在 **(a, b) 中可微分**。
2. 在應用本節定理進行勘根或不等式證明，輔助函數之設立都是關鍵。

【定理 A】（洛爾定理）$f(x)$ 在 $[a, b]$ 上為連續，且在 (a, b) 內各點皆可微分，若 $f(a)=f(b)$，則在 (a, b) 之間必存在一數 x_0，$a<x_0<b$，使得 $f'(x_0)=0$。

不滿足洛爾定理之樣態

下列三種 Type 都不滿足洛爾定理之假設，故都不保證洛爾定理之結果。

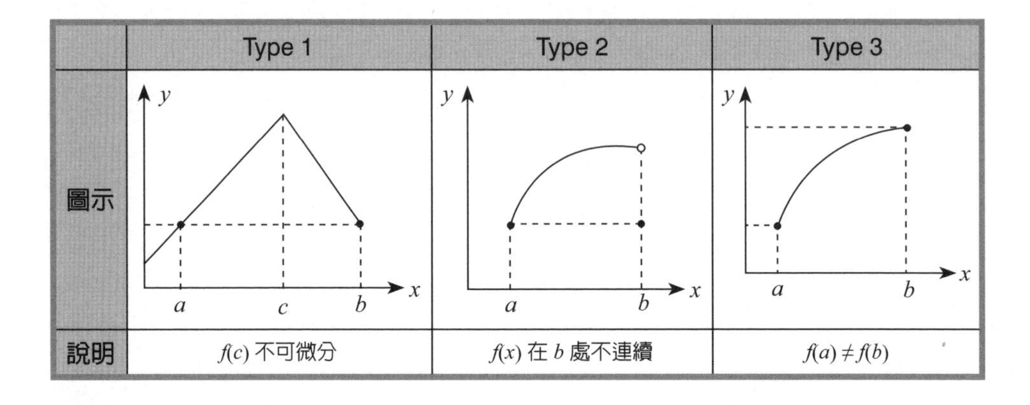

	Type 1	Type 2	Type 3
圖示			
說明	$f(c)$ 不可微分	$f(x)$ 在 b 處不連續	$f(a) \neq f(b)$

例 1. 若 $f(x)=x^2+x+1$，$x \in [-1, 0]$，試求滿足洛爾定理之 x_0 值。

解 $f(x)$ 在 $[-1, 0]$ 爲連續，在 $(-1, 0)$ 爲可微分

又 $f(-1)=f(0)=1$，$f'(x_0)=2x_0+1=0$，$x_0=-\frac{1}{2}$，$x_0 \in (-1, 0)$ 故滿足洛爾定理。

洛爾定理在判根上之應用

問題分類	證明方式
求 $f'(x)=0$ 根之分布	(1) $y=f(x)$ 在區間 I 中可微分 (2) $f(\text{a})=f(b) \Rightarrow f'(x)=0$ 在 (a, b) 存在一個根
判定任意二實數間存在一個數滿足 $f(x)=c$	(1) $y=f(x)$ 在區間 I 可微分 (2) 設一輔助函數 $h(x)$，滿足 $h(\text{a})=h(b) \Rightarrow$存在一個 ε 使得 $h'(\varepsilon)=0 \Rightarrow f(x)=c$ 在 $[a, b]$ 間有一根
$f(x)=0$	有時需與增減函數、極值併用

例 2. 若$f(x)=x(x-1)(x+2)(x-3)$，問$f'(x)=0$根之分布。

解 $y=f(x)$ 顯然在 R 中為連續且可微分
$f(0)=f(1)$　∴在 $(0, 1)$ 中存在一個根滿足$f'(x)=0$，同理在$(-2, 0)$，$(1, 3)$ 中 $f'(x)=0$ 亦各有 1 根。

例 3. $f(x)$ 在 $[0, 1]$ 為連續，在 $(0, 1)$ 為可微分，且若 $f(0)=f(1)=0$，試證在 $(0, 1)$ 內存在一個 ε 滿足 $f'(\varepsilon)=-\dfrac{f(\varepsilon)}{\varepsilon}$

解 設 $h(x)=xf(x)$ 則 $h(x)$ 在 $[0, 1]$ 為連續在 $(0, 1)$ 為可微分，又 $h(0)=h(1)=0$
由洛爾定理，在 $(0, 1)$ 內存在一個 ε 使得 $h'(\varepsilon)=f(\varepsilon)+\varepsilon f'(\varepsilon)=0$，即 $f'(\varepsilon)=-\dfrac{f(\varepsilon)}{\varepsilon}$

例 4. 說明何以當 $\dfrac{a_0}{5}+\dfrac{a_1}{4}+\dfrac{a_2}{3}+\dfrac{a_3}{2}+a_4=0$ 時方程式 $a_0x^4+a_1x^3+a_2x^2+a_3x+a_4=0$ 在 $(0, 1)$ 間有一根

解

提示	解法
考慮：方程式係數 $a_0, a_1, \cdots a_4$ 與題給條件 $\frac{a_0}{5}+\frac{a_1}{4}+\frac{a_2}{3}+\frac{a_3}{2}+a_4=0$ 之關係（從反導數之角度判斷之）	構建輔助函數 $f(x)=\frac{1}{5}a_0x^5+\frac{1}{4}a_1x^4+\frac{1}{3}a_2x^3+\frac{1}{2}a_3x^2+a_4x$ 則 $f(x)$ 在 $(0, 1)$ 間可微分且在 $[0, 1]$ 處可微分且 $f(0)=f(1)=0$ 由 Rolle 定理，$f'(x)=0$ 在 $(0, 1)$ 間至少有一根 即 $\frac{a_0}{5}+\frac{a_1}{4}+\frac{a_2}{3}+\frac{a_3}{2}+a_4=0$ 時 $a_0x^4+a_1x^3+a_2x^2+a_1x+a_0=0$ 在 $(0, 1)$ 間有一根。

練習 4.1A

1. 設 $a_0+\frac{a_1}{2}+\frac{a_2}{3}+\cdots+\frac{a_n}{1+n}=0$，試證 $a_0+a_1x+\cdots+a_nx^n=0$ 在 $(0, 1)$ 內至少一個根。
2. f 在 $[0, a]$ 爲連續，且在 $(0, a)$ 爲可微分。若 $f(a)=0$，試證在 $(0, a)$ 中存一個 ε 滿足 $2f(\varepsilon)+\varepsilon f'(\varepsilon)=0$。
3. $f(x)=\frac{1}{(x-1)^4}$，$x\in[0, 2]$，$f(0)=f(2)=1$，問是否可應用 Rolle 定理在 $(0, 2)$ 間找到一個 c，滿足 $f'(c)=0$？

★4. 若 $f(x)$ 在 (a, b) 中二階導數存在，$f(x_1)=f(x_2)=f(x_3)$，$a<x_1<x_2<x_3<b$，試證 (x_1, x_3) 中至少有一點 ε 使得 $f''(\varepsilon)=0$。

★5. 試證：若 $a_0x^n+a_1x^{n-1}+\cdots+a_{n-1}x=0$ 有一正根 $x=x_0$，則 $a_0nx^{n-1}+a_1(n-1)x^{n-2}+\cdots+a_{n-1}=0$ 必有一小於是 x_0 的正根。

★**例 5.** 試證 $x^5+x-1=0$ 恰有一正根

解 取 $f(x)=x^5+x-1$，則 $f(0)=-1$，$f(1)=1$，$f(0)f(1)<0$

$\therefore f(x)=0$ 在 $(0, 1)$ 間至少有一正根，假設是 a，若

b 爲 $f(x)=0$ 之另一個根，即 $f(a)=f(b)=0$，

由洛爾定理在 a, b 間存在有一個 ε，使得 $f'(\varepsilon)=5\varepsilon^4+1=0$，$\varepsilon$ 介於 a、b 間，但不可能存在一個實數 ε 滿足 $5\varepsilon^4+1=0$

$\therefore x^5+x-1=0$ 恰有一正根。

例 5 之解答過程是零點定理→洛爾定理→反證。

練習 4.1B

試證 $x^7+x-1=0$ 恰有一正根

拉格蘭日均值定理（Lagrange Mean value theorem）

微分學之均值定理除了拉格蘭日均值定理外還有歌西（Cauchy）均值定理。

【定理 B】 拉格蘭日均值定理

若 $f(x)$ 在 $[a, b]$ 上為連續，且在 (a, b) 內各點均可微分，則在 (a, b) 存在一數 x_0，使得 $f'(x_0)=\frac{f(b)-f(a)}{b-a}$。

【證明】 設 A，B 二點之座標分別為 $(a, f(a))$，$(b, f(b))$ 則 $\overleftrightarrow{AB}$ 之斜率

$m=\dfrac{f(b)-f(a)}{b-a}$

取 $g(x)=f(x)-[f(a)+m(x-a)]$

$\because g(a)=0$

且 $g(b)=f(b)-[f(a)+\dfrac{f(b)-f(a)}{b-a}(b-a)]=0$

$\therefore g(a)=g(b)=0$

又 $g(x)$ 在 (a, b) 中可微分及 $g(x)$ 在 $[a, b]$ 中為連續，故由洛爾定理知有一個 $\varepsilon\in(a, b)$ 使得 $g'(\varepsilon)=0$，即

$g'(\varepsilon)=f'(\varepsilon)-m=0 \quad \therefore m=f'(\varepsilon)=\dfrac{f(b)-f(a)}{b-a}$

例 6. 若 $f(x)=\sin x$，$x\in\left[0, \dfrac{\pi}{2}\right]$，求滿足定理 B 之 x_0。

解 $f'(x)=\cos x \quad \therefore f'(x_0)=\cos x_0$

$$\frac{f(x_2)-f(x_1)}{x_2-x_1}=\frac{f\left(\frac{\pi}{2}\right)-f(0)}{\frac{\pi}{2}-0}=\frac{\sin\frac{\pi}{2}-\sin 0}{\frac{\pi}{2}-0}=\frac{1-0}{\frac{\pi}{2}}=\frac{2}{\pi}=f'(x_0)=\cos x_0$$

$\therefore x_0=\cos^{-1}\left(\dfrac{2}{\pi}\right)$

練習 4.1C

$f(x)=\sqrt{x+1}$，$x\in(-1, 2)$，求滿足均值定理之 x_o

均值定理與不等式

例 7. 試證 $5+\dfrac{1}{36}<\sqrt[3]{126}<5+\dfrac{1}{25}$

解 取 $f(x)=\sqrt[3]{x}$，$b=126$，$a=125$ 則由定理 B

$\dfrac{f(b)-f(a)}{b-a}=f'(\varepsilon)$，$126>\varepsilon>125=5^3$

$\therefore \sqrt[3]{126}-5=\dfrac{1}{\sqrt[3]{\varepsilon^2}} \qquad$ 又 $\dfrac{1}{\sqrt[3]{5^6}}>\dfrac{1}{\sqrt[3]{\varepsilon^2}}>\dfrac{1}{\sqrt[3]{126^2}}$

$\therefore \dfrac{1}{25}>\dfrac{1}{\sqrt[3]{\varepsilon^2}}>\dfrac{1}{\sqrt[3]{126^2}}>\dfrac{1}{\sqrt[3]{6^6}}=\dfrac{1}{36}$

從而 $\dfrac{1}{25}>\sqrt[3]{126}-5>\dfrac{1}{36}$ 即 $\dfrac{1}{25}+5>\sqrt[3]{126}>5+\dfrac{1}{36}$

例 8. 試證 $|\sin b - \sin a| \le |b - a|$

解 取 $f(x) = \sin x$，由定理 B，$\frac{\sin b - \sin a}{b - a} = \cos\varepsilon$，$\varepsilon$ 介於 a, b 之間

$\therefore \left|\frac{\sin b - \sin a}{b - a}\right| = |\cos\varepsilon| \le 1$

得 $|\sin b - \sin a| \le |b - a|$

例 9. 若 $x > 1$，$p > 1$ 試證 $p(x-1) < x^p - 1 < px^{p-1}(x-1)$

解 取 $f(x) = x^p$ 則由定理 B，$\frac{x^p - 1^p}{x - 1} = p\xi^{p-1}$，$x > \xi > 1$

又 $x^{p-1} > \xi^{p-1} > 1 \Rightarrow px^{p-1} > p\xi^p > p$

$\therefore px^{p-1} > \frac{x^p - 1}{x - 1} > p$

即 $px^{p-1}(x-1) > x^{p-1} > p(x-1)$

例10. 若 $x > 0$，試證 $1 + \frac{x}{2} > \sqrt{1+x} > 1 + \frac{x}{2\sqrt{1+x}}$

解 取 $f(x) = \sqrt{1+x}$，$x \ge 0$

則由定理 B，$\frac{f(x) - f(0)}{x - 0} = f'(\varepsilon)$，$x > \varepsilon > 0$

$\frac{\sqrt{1+x} - 1}{x} = \frac{1}{2\sqrt{1+\varepsilon}}$　　$x > \varepsilon > 0$，$\because \frac{1}{2} > \frac{1}{2\sqrt{1+\varepsilon}} > \frac{1}{2\sqrt{1+x}}$

$\therefore \frac{1}{2} > \frac{\sqrt{1+x} - 1}{x} > \frac{1}{2\sqrt{1+x}}$，即 $1 + \frac{x}{2} > \sqrt{1+x} > 1 + \frac{x}{2\sqrt{1+x}}$，$x > 0$

★**例11.** 設 $f(x)$ 在 $[0, 1]$ 爲連續在 $(0, 1)$ 爲可微分，若 $f(0) = 0$，$f(1) = 1$ 試證 $(0, 1)$ 中存在二個相異點 x_1, x_2 使得 $\frac{a}{f'(x_1)} + \frac{b}{f'(x_2)} = a + b$，其中 $a > 0, b > 0$

解 $\because f(x)$ 在 $[0, 1]$ 爲連續，$f(0) = 0$，$f(1) = 1$　$\therefore$ 由定理 2.4F（介值定理）知在 $f(0) = 0$ 與 $f(1) = 1$ 間存在一個 c，使得 $f(c) = \frac{a}{a+b}$，由定理 B

$\frac{f(c) - f(0)}{c - 0} = \frac{f(c)}{c} = f'(x_1)$，$c > x > 0$

$\frac{f(1) - f(c)}{1 - c} = \frac{1 - f(c)}{1 - c} = f'(x_2)$，$1 > x > c$

$\therefore f'(x_1) = \frac{f'(x_1)}{c}$，$f'(x_2) = \frac{1 - f(c)}{1 - c}$ 代入

$$\frac{a}{f'(x_1)} + \frac{b}{f'(x_2)} = \frac{a}{\frac{f(c)}{c}} + \frac{b}{\frac{1 - f(c)}{1 - c}}$$

$$= \frac{ac}{f(c)} + \frac{b(1-c)}{1-f(c)} = \frac{ac}{\frac{a}{a+b}} + \frac{b(1-c)}{1-\frac{a}{a+b}}$$

$$= (a+b)[c+(1-c)] = (a+b)$$

練習 4.1D

1. 試證$\sqrt{x+1} < 3 + \frac{x-8}{6}$，$x > 8$
2. 試證$8 + \frac{1}{8} > \sqrt{65} > 8 + \frac{1}{9}$
3. 試證$x > 0$時試證$1 - \frac{x}{2} < \frac{1}{\sqrt{1+x}} < 1 - \frac{x}{2(\sqrt{1+x})^3}$，問此結果在$0 > x > -1$時是否亦成立。
4. 若$f(1) = 6$，$f'(x) \geq 3$，$1 \leq x \leq 4$，求$f(4)$之最小可能值。
5. f在R中爲可微分，且$1 \leq f'(x) \leq 3$，對所有實數x均成立，且$f(0) = 0$，試證：$x \leq f(x) \leq 3x$，$x \geq 0$

★6. 若$f(x), g(x)$在$[a, b]$中連續，在(a, b)中爲可微分，試證(a, b)中有一點ε使得

$$\begin{vmatrix} f(a) & f(b) \\ g(a) & g(b) \end{vmatrix} = (b-a)\begin{vmatrix} f(a) & f'(\varepsilon) \\ g(a) & g'(\varepsilon) \end{vmatrix}$$

歌西均值定理

定理C（Cauchy均值定理）：若$f(x)$與$g(x)$均滿足(1)在$[a, b]$上為連續，(2)在(a, b)中為可微分(3) $g'(x) \neq 0$則在(a, b)內存在一個x_0使得

$$\frac{f(b)-f(a)}{g(b)-g(a)} = \frac{f'(x_0)}{g'(x_0)}, \ b > x_0 > a$$

證明

令$h(x) = f(x) - \frac{f(b)-f(a)}{g(b)-g(a)} g(x)$

則$h(a) = f(a) - \frac{f(b)-f(a)}{g(b)-g(a)} g(a)$

$$= \frac{f(a)g(b)-f(b)g(a)}{g(b)-g(a)}$$

同理$h(b) = \frac{-f(b)g(a)+f(a)g(b)}{g(b)-g(a)}$

$\because h(a) = h(b)$，由Rolle定理，在(a, b)中存在一個ε，

$h'(\varepsilon) = 0 \Rightarrow h'(\varepsilon) = f'(\varepsilon) - \frac{f(b)-f(a)}{g(b)-g(a)} g'(\varepsilon) = 0$

得：$\dfrac{f(b)-f(a)}{g(b)-g(a)}=\dfrac{f'(\varepsilon)}{g'(\varepsilon)}$，$b>\varepsilon>a$

顯然，取 $g(x)=x$ 則定理 C 爲定理 B。

例12. 試證存在一個 $\varepsilon\in(a, b)$ 滿足 $\dfrac{\sin b-\sin a}{\cos b-\cos a}=-\cot\varepsilon$，$\varepsilon\in(a, b)$

解 由定理 C

$$\frac{\sin b-\sin a}{\cos b-\cos a}=-\frac{\cos\varepsilon}{\sin\varepsilon}=-\cot\varepsilon,\ \varepsilon\in(a, b)$$

例13. 若 $f(x)$ 在 $[a, b]$ 中爲連續在 (a, b) 中爲可微分，試證

(1) 存在一個 $x_0\in(a, b)$ 滿足 $\dfrac{f(b)-f(a)}{b-a}=(a+b)\cdot\dfrac{f'(x_0)}{2x_0}$

(2) 在 (a, b) 存在 x_0，x_1 使得 $f'(x_1)=\dfrac{(a+b)}{2x_0}f'(x_0)$

解 (1) 取 $g(x)=x^2$，則由定理 C

$$\frac{f(b)-f(a)}{g(b)-g(a)}=\frac{f(b)-f(a)}{b^2-a^2}=\frac{f'(x_0)}{2x_0}\Rightarrow\frac{f(b)-f(a)}{b-a}=\frac{(a+b)f'(x_0)}{2x_0},$$

$x_0\in(a, b)$

(2) 由定理 B：

$$\frac{f(b)-f(a)}{b-a}=f'(x_1),\ x_1\in(a, b)$$

$\therefore$ 在 (a, b) 中存在 x_0，x_1 滿足 $f'(x_1)=\dfrac{(a+b)f'(x_0)}{2x_0}$

★ **例14.** $f(x)$ 在 $[a, b]$，$b>a>0$ 爲可微，試證 $f(x)$ 在 (a, b) 中存在一個 ξ 滿足

$$\frac{1}{a-b}\begin{vmatrix} a & b \\ f(a) & f(b)\end{vmatrix}=f(\xi)-\xi f'(\xi)$$

解

提示	解法
由算式左端，展開得 $\dfrac{af(b)-bf(a)}{a-b}$，各除 ab $=\dfrac{\frac{f(b)}{b}-\frac{f(a)}{a}}{\frac{1}{b}-\frac{1}{a}}\xrightarrow{\text{聯想}}$ 取補助函數 $f(x)=\dfrac{f(x)}{x}$，$g(x)=\dfrac{1}{x}$	取 $f(x)=\dfrac{f(x)}{x}$，$g(x)=\dfrac{1}{x}$，由 Cauchy 中值定理： $\dfrac{f(b)-f(a)}{g(b)-g(a)}=\dfrac{f'(\xi)}{g'(\xi)}$，$b>\xi>a$ $\Rightarrow\dfrac{\frac{f(b)}{b}-\frac{f(a)}{a}}{\frac{1}{b}-\frac{1}{a}}=\dfrac{\frac{\xi f(\xi)-f(\xi)}{\xi^2}}{-\frac{1}{\xi^2}}$ $\Rightarrow\dfrac{\begin{vmatrix} a & b \\ f(a) & f(b)\end{vmatrix}}{a-b}=f(\xi)-\xi f'(\xi)$

練習 4.1E

若 $f(x)$ 在 $[a, b]$ 中連續，(a, b) 中可微分，試證在 (a, b) 中存在一個 ε 滿足

$\frac{\sin b-\sin a}{b-a}=\frac{b^2+ab+a^2}{3}\frac{\cos\varepsilon}{\varepsilon^2}$（提示：取 $f(x)=\sin x$，$g(x)=x^3$）

最後以洛爾定理與均值定理（拉格蘭日與歌西）之綜合比較如下表。

	定理敘述	幾何意義	應用例
洛爾定理（定理A）	$f(x)$ 在 $[a, b]$ 中為連續 (a, b) 中為可微分及 $f(b)=f(a)$ 則在 (a, b) 中存在一個數 x_0，使得 $f'(x_0)=0$ 注意： 洛爾定理中之 2 個條件僅為充分而非必要條件，有時缺了某個條件洛爾定理仍成立	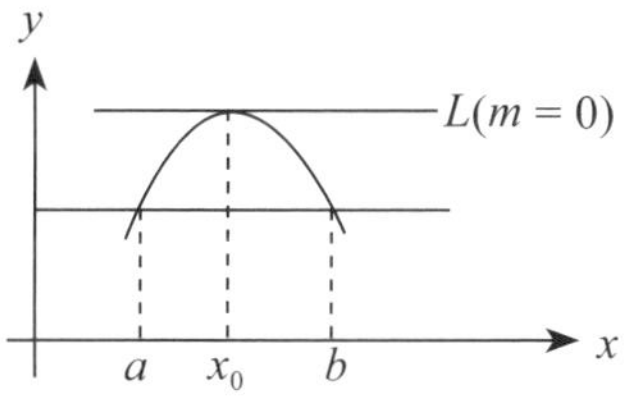 洛爾定理之幾何意義為 f 在 $[a, b]$ 連續且在 (a, b) 內可微分之條件下，若 $f(a)=f(b)$，則在 (a, b) 之間必可找到一點其切線斜率為零之一水平切線	1. 求 $f'(x)=0$ 根之分布 2. 證明 $f(x)=0$ 之實根問題
拉格蘭日均值定理（定理B）	$f(x)$ 在內 $[a, b]$ 中為連續 (a, b) 中為可微分，則在 (a, b) 中存在一個數 x_0，使得 $f'(x_0)=\frac{f(b)-f(a)}{b-a}$ 注意： 洛爾定理是均值定理之特例	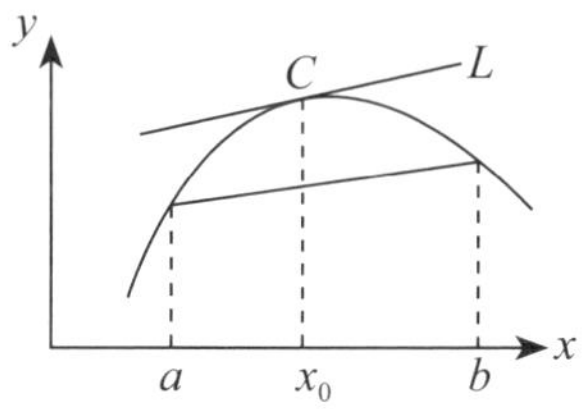 定理 B 之幾何意義為 f 在 $[a, b]$ 為連續，(a, b) 為可微分，則在 (a, b) 內可找到一個 x_0 使其切線與 $(a, f(a))$ 及 $(b, f(b))$ 連線平行	不等式
歌西均值定理（定理C）	$f(x)$ 與 $g(x)$ 中為連續，且在 (a, b) 為可微分，則在 (a, b) 中存在一個 x_0，使得 $\frac{f(b)-f(a)}{g(b)-g(a)}=\frac{f'(x_0)}{g'(x_0)}$	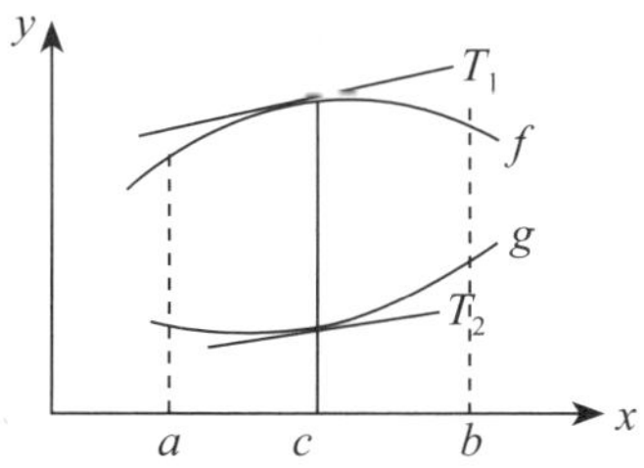 Cauchy 均值定理之幾何意義： 若 f, g 在 $[u, b]$ 連續在 (a, b) 可微分，則在 (a, b) 可找到一點 c，使得 f, g 在 $(c, f(c)), (c, g(c))$ 之切線平行且切線斜率之比恰等於二條割線斜率之比	不等式

4.2 單調性與凹性

單調性（Monotonicity）是討論函數 f 在區間 I 之增減性，單調性，在日後微分應用，如繪圖、極值、不等式論證乃至勘根都有一定之功能。

直覺地，依字義，遞增性是 x {增加／減少} 時 $f(x)$ 亦 {增加／減少}；遞減性是 x {增加／減少} 時 $f(x)$ 卻 {減少／增加}。

定義	圖示
設區間 I 包含在函數 f 的定義域中 1. 若對所有的 x_1，$x_2 \in$ I 且 $x_1 \leqq x_2$，都有 $f(x_1) \leqq f(x_2)$ 則稱函數 f 在區間 I 內為**遞增**（Increasing）。 2. 若對所有的 x_1，$x_2 \in$ I 且 $x_1 < x_2$，都有 $f(x_1) < f(x_2)$，則稱函數 f 在區間 I 內為**嚴格遞增**（Strictly increasing）。 3. 將上定義 (1) 中的「$f(x_1) \leqq f(x_2)$」改成「$f(x_1) \geqq f(x_2)$」即得**遞減**（Decreasing）。 4. 將上定義 (2) 中的「$f(x_1) < f(x_2)$」改成「$f(x_1) > f(x_2)$」即得**嚴格遞減**（Strictly decreasing）。	$f(x)$ 在 $[a, c]$為增函數 $f(x)$ 在 $[c, b]$為減函數

代數不等式	增函數	減函數
$a > b$ $a < b$	$f(a) > f(b)$ $f(a) < f(b)$	$f(a) < f(b)$ $f(a) > f(b)$

例 1. 若已知 $f(x)$，$g(x)$ 在區間 I 爲減函數，問 $g(f(x))$ 是否爲減函數？

解 設 $a, b \in$ I 且 $b > a$，f 爲減函數則 $f(b) < f(a)$，又 g 爲減函數
$\therefore g(f(b)) > g(f(a))$ 即 $g(f(x))$ 爲增函數。

練習 4.2A

1. $y = f(x)$ 定義於 $(0, \infty)$，若 $a > 0$，$b > 0$ 且設 $\dfrac{f(x)}{x}$ 爲遞增。
   試證 (1) $f(a + b) > f(a)$ (2) $f(a + b) > f(a) + f(b)$。
2. 承例 1，若 $f(x)$ 爲增函數，$g(x)$ 爲減函數，$f(g(x))$ 爲增函數抑爲減函數？又 $g(f(x))$ 結果又如何？

【定理 A】 $f(x)$ 在 $[a, b]$ 為連續，且在 (a, b) 為可微分

1. 若 $f'(x)>0$，$\forall x\in(a, b)$，則 $f(x)$ 在 (a, b) 為增函數。
2. 若 $f'(x)<0$，$\forall x\in(a, b)$，則 $f(x)$ 在 (a, b) 為減函數。
3. 若 $f'(x)=0$，$\forall x\in(a, b)$，則 $f(x)$ 在 (a, b) 為常數函數。

定理	證明	圖示
$f'>0\Rightarrow f$ 為增函數	由定理 B $\frac{f(x)-f(a)}{x-a}=f'(\xi)>0$，$\forall\xi\in(a, b)$ $\because x>a$ $\therefore f(x)>f(a)$，因此 $f(x)$ 為增函數。	$f'(x)>0$，$f(x)$為增函數
$f'<0\Rightarrow f$ 為減函數	由定理 B $\frac{f(x)-f(a)}{x-a}=f'(\xi)<0$，$\forall\xi\in(a, b)$ $\because x>a$ $\therefore f(x)<f(a)$，因此 $f(x)$ 為減函數。	$f'(x)<0$，$f(x)$為減函數
$f'=0\Rightarrow f$ 為常數函數 ※ 這是微積分證明常數函數之少數重要方法	任取 x_0，$a<x_0<b$，依定理 B $f(x_0)-f(a)=(x_0-a)f'(x_1)$ $=(x_0-a)\cdot 0=0$ $a<x_1<x_0$ 故對任一x_0，$a<x_0<b$，$f(x_0)=f(a)$ 因此 $f(x)=c$，c 是常數，$x\in(a, b)$。	$f'(x)=0$，f 為常數函數

例 2. 求 $y=(x-2)\sqrt[3]{x^2}$之增減區間。

解 $y=x^{\frac{2}{3}}(x-2)=x^{\frac{5}{3}}-2x^{\frac{2}{3}}$

令$y'=\frac{5}{3}x^{\frac{2}{3}}-\frac{4}{3}x^{-\frac{1}{3}}=\frac{5x-4}{3\sqrt[3]{x}}<0$，$\therefore y=(x-2)\sqrt[3]{x^2}$ 在 $(0,\frac{4}{5})$ 嚴格遞減

$y'>0\Rightarrow x\in(\frac{4}{5},\infty)$或 $(-\infty,0)$，$\therefore y=(x-2)\sqrt[3]{x^2}$

在 $(\frac{4}{5},\infty)$ 或 $(-\infty,0)$ 爲嚴格遞增。

練習 4.2B

試求下列增減區間

1. $y=x-\sin x$，$2\pi\geq x\geq 0$
2. $y=2x^3-9x^2+12x+3$
3. $y=\frac{x}{1+x^2}$
4. $y=\frac{x^2-2x+2}{x-1}$

單調性與不等式

用增減函數證明二個函數 $f(x)$，$g(x)$ 在 $[a,b]$ 間有 $f(x)\geq g(x)$ 之關係，可循下列步驟：

1. 構建一輔助函數 $h(x)$：如 $f(x)\geq g(x)$，取則 $h(x)=f(x)-g(x)$；又如 $\frac{f_2(x)}{f_1(x)}\geq\frac{g_2(x)}{g_1(x)}$ 則可設 $h(x)=f_2(x)g_1(x)-f_1(x)g_2(x)$，如 $f_1(x)^{f2(x)}>f_3(x)^{f4(x)}$ 時 $h(x)$ 可能與指數函數或對數函數有關。
2. 證明 $h'(x)\geq 0$，$\forall x\in[a,b]$ 及 $h(a)\geq 0\Rightarrow$ 在 $[a,b]$ 滿足 $h(x)\geq 0$。

必要時，可能要證明 $h''(x)\geq 0$，$\forall x\in[a,b]$，$h'(a)=0$，$x>a\Rightarrow h'(x)\geq 0$，$x>a$ 再依步驟 2。

例 3. $\frac{\pi}{2}>x>0$，試證 $\sin x<x$

解

方法一 增減函數	令 $f(x)=x-\sin x$ $f'(x)=1-\cos x>0$ 即 $f(x)$ 在 $(0,\frac{\pi}{2})$ 為增函數 又 $f(0)=0$ $\therefore f(x)>0$，即 $x>\sin x$
方法二 均值定理	先證 $x>\sin x$，取 $f(x)=\sin x$ $\frac{\sin x-\sin 0}{x-0}=\cos\varepsilon$，$0<\varepsilon<x<\frac{\pi}{2}$ 又 $\cos\varepsilon\leq 1$ $\therefore \sin x<x$ (1)

例 4. 試證$\frac{2}{\pi}x<\sin x$，$x\in\left(0,\frac{\pi}{2}\right)$

解 取 $g(x)=\frac{\sin x}{x}$則，$g'(x)=\frac{x\cos x-\sin x}{x^2}$

現要證 $x\cos x<\sin x$

令 $h(x)=x-\tan x$ 則

$h'(x)=1-\sec^2 x<0$ 與 $h(0)=0$　$\therefore h(x)<0$，即 $x<\tan x$ 或 $x\cos x<\sin x$

$\therefore g'(x)=\frac{x\cos x-\sin x}{x^2}<0$，從而 $g'(x)=\frac{\sin x}{x}$ 在 $(0,\frac{\pi}{2})$ 為單調遞減

$\Rightarrow\frac{\sin x}{x}>g(\frac{\pi}{2})=\frac{\sin x}{x}\Big|_{x=\frac{\pi}{2}}=\frac{2}{\pi}$

得 $\sin x>\frac{2}{\pi}x$

例 5. 試證 $\tan x\geq x+\frac{1}{3}x^3$，$\frac{\pi}{2}>x>0$

解 令 $f(x)=\tan x-x-\frac{1}{3}x^3$

$f'(x)=\sec^2 x-1-x^2=\tan^2 x-x^2$

現要證 $\tan^2 x-x^2\geq 0$，即 $\tan x\geq x$，$\frac{\pi}{2}>x>0$：

令 $g(x)=\tan x-x$　$g'(x)=\sec^2 x-1=\tan^2 x\geq 0$

又 $g(0)=0$　$\therefore g(x)=\tan x-x\geq 0$，即 $\tan x\geq x$，從而 $\tan^2 x\geq x^2$

$\therefore f'(x)=\tan^2 x-x^2\geq 0$，又 $f(0)=0$

得 $f(x)=\tan x-x-\frac{1}{3}x^3\geq 0$ 或 $\tan x\geq x+\frac{1}{3}x^3$

例 6. $x\geq 1$ 時，試證 $2\sqrt{x}\geq 3-\frac{1}{x}$

解 令 $f(x)=2\sqrt{x}+\frac{1}{x}-3$　$f'(x)=\frac{1}{\sqrt{x}}-\frac{1}{x^2}$

又 $h(x)=x^p$，$h'(x)=px^{p-1}$

$\therefore x>0$ 時，當 $p>0$ 為增函數，$\therefore\frac{1}{\sqrt{x}}>\frac{1}{x^2}$

得 $f'(x)>0$，又 $f(1)=0$，$\therefore f(x)\geq 0$，$x\geq 1$

即 $2\sqrt{x}\geq 3-\frac{1}{x}$，$x\geq 1$

練習 4.2C

1. $y > x > 0$，試證$\sqrt{y} > \sqrt{x}$ 與 $\dfrac{1}{x} > \dfrac{1}{y}$
2. 試證 $\sin x > x - \dfrac{x^3}{6}$
3. 該函數$f(x)$在$[0, 1]$滿足 $f'''(x) > 0$，$f''(0) = 0$，試比較 $f'(1)$，$f(1) - f(0)$ 與 $f'(0)$ 之大小。
4. f, g 在區間 I 中爲增函數，下列敘述何者爲眞？
   (a) $f + g$ 在 I 中爲增函數
   (b) $(f \cdot g)$ 在 I 中爲增函數
   (c) $f(g(x))$ 在 I 中爲增函數
   (d) f^2 在 I 中爲增函數

函數之凹性

【定義】 函數 f 在 $[a, b]$ 中為連續且在 (a, b) 中為可微分，若
1. 在(a, b)中，f之切線位於f圖形之下，則稱f在$[a, b]$為**上凹**（Concave up）。
2. 在(a, b)中，f之切線位於f圖形之上，則稱f在$[a, b]$為**下凹**（Concave down）。

用白話來說，**上凹是一個開口向上之圖形，下凹則是開口向下**。如下圖：**上凹是切線在 f 圖形之下，下凹則是切線在 f 圖形之上**。

【定理 B】 f 在 $[a, b]$ 中為連續，且在 (a, b) 中為可微分，則
1. 在 (a, b) 中滿足 $f'' > 0$，則 f 在 $[a, b]$ 中為上凹。
2. 在 (a, b) 中滿足 $f'' < 0$，則 f 在 $[a, b]$ 中為下凹。

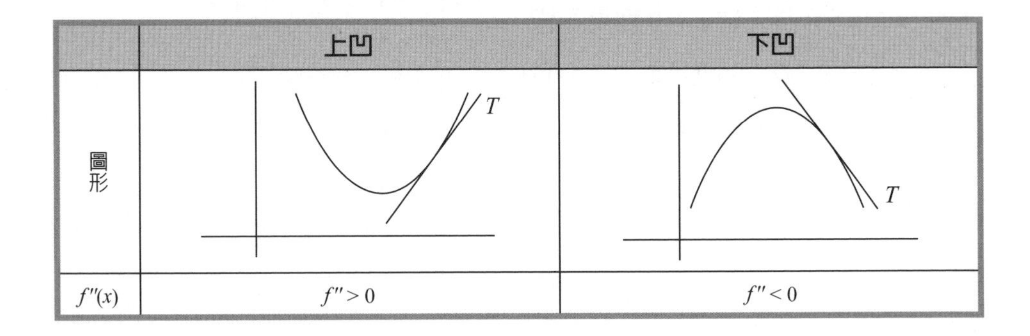

	上凹	下凹
圖形	（圖，切線 T）	（圖，切線 T）
$f''(x)$	$f'' > 0$	$f'' < 0$

例 7. 求 $y=x+\frac{1}{x}$ 之下凹與上凹區間

解 $y=x+\frac{1}{x}$，$y'=1-\frac{1}{x^2}$，$y''=\frac{2}{x^3}$

$\therefore y=x+\frac{1}{x}$在 $(-\infty, 0)$

爲下凹，在 $(0, \infty)$ 爲上凹

x	$-\infty$		0		∞
y''		$-$	×	$+$	
凹性		⌒		⌣	

練習 4.2D

求下列函數之上凹與下凹區間

1. $y=\frac{1}{1+x+x^2}$　　2. $y=x^4$

反曲點

若函數 f 上之一點 $(c, f(c))$ 改變了圖形之凹性，則該點稱爲**反曲點**（Inflection Point）。在求函數 f 之反曲點時先解 $f''(x)=0$ 或 $f''(x)$ 不存在點。然後檢查 $(c, f(c))$ 左右兩區間之正、負號，**若為異號則 $(c, f(c))$ 為 $f(x)$ 之一個反曲點，若為同號則非 $f(x)$ 之反曲點**。**特別要注意的是若 $f''(c)$ 不存在時同時必須確定 c 是否在 $f(x)$ 之定義域內**，例如 $(0, 0)$ 不是 $y=x+\frac{1}{x}$ 之反曲點，這是因爲 $y''(0)$ 雖然不存在，但 $x=0$ 不在 $f(x)$ 之定義域內。

例 8. 求 $y=x^4$ 之反曲點。

解 $y=x^4$，$y'=4x^3$，$y''=12x^2>0$，$\therefore y=x^4$ 爲全域上凹，故無反曲點。

x	$-\infty$		0		∞
f''		$+$		$+$	
凹性		⌣		⌣	

例 9. 求 $f(x)=(2x-5)\sqrt[3]{x^2}$ 之反曲點

解 $f'(x)=\frac{10}{3}\frac{x-1}{\sqrt[3]{x}}$，$f''(x)=\frac{10}{9}\frac{2x+1}{x\sqrt[3]{x}}$

$\therefore$當 $x=-\frac{1}{2}$ 時 $f''(x)=0$，當 $x=0$ 時 $f''(x)$ 不存在。由右表易知，

	$-\infty$		$-\frac{1}{2}$		0		∞
y''		$-$		$+$		$+$	
凹性		⌒		⌣		⌣	

只有$(\ \frac{1}{2},\ 3\sqrt[3]{2})$是反曲點。

練習 4.2E

1. 求下列各題之反曲點

   (1) $y=x^{\frac{5}{3}}$　　(2) $y=x|x|$

2. 若 $y=ax^3+bx^2$ 在 $(1, 6)$ 處有反曲點，求 a, b

3. 試證 $y=\dfrac{x-1}{x^2+1}$ 之三個反曲點共線。

凹函數之另一個等價定義

【定義】 函數 $f(x)$ 在區間 I 中有定義，若對任意之 x_1，$x_2\in$ I，及任一個實數 $\lambda\in(0, 1)$ 恆有

$$\begin{cases} f(\lambda x_1+(1-\lambda)x_2)<\lambda f(x_1)+(1-\lambda)f(x_2)\text{，則 } f(x)\text{為上凹函數。} \\ f(\lambda x_1+(1-\lambda)x_2)>\lambda f(x_1)+(1-\lambda)f(x_2)\text{，則 } f(x)\text{為下凹函數。} \end{cases}$$

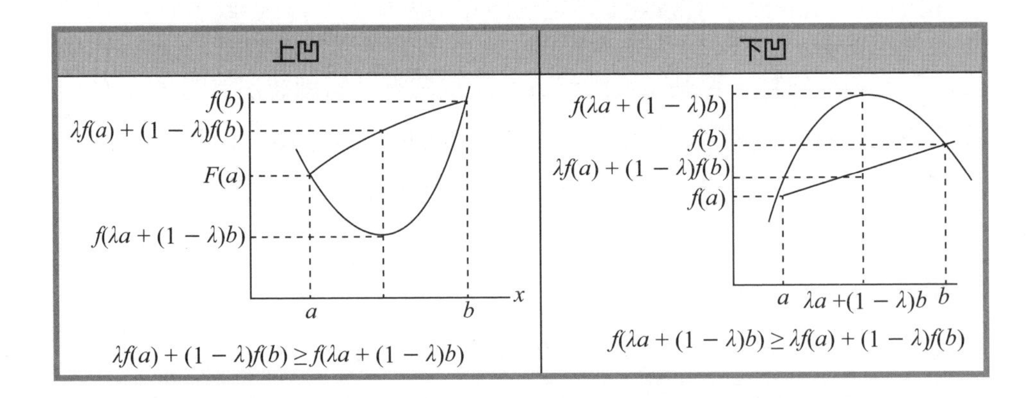

【定理 C】 若 $\sum_{i=1}^{n}\lambda_i=1$，$1\geq\lambda_i\geq 0$

1. $f''(x)>0$：$f(\lambda_1x_1+\lambda_2x_2+\cdots+\lambda_nx_n)\leq\lambda_1f(x_1)+\lambda_2f(x_2)+\cdots\lambda_nf(x_n)$
2. $f''(x)<0$：$f(\lambda_1x_1+\lambda_2x_2+\cdots+\lambda_nx_n)\geq\lambda_1f(x_1)+\lambda_2f(x_2)+\cdots\lambda_nf(x_n)$

應用定理 C 證明不等式時，我們首先要確定：

1. 題給條件或證明之對象有 $\sum_{i=1}^{n}\lambda_i=1$ 之「線索」，λ_i 不一定是數字，它也許是變數，微積分證明不等式時，一旦發現有此線索時就優先考慮用定理 C。
2. 證明時往往要選擇適當之輔助函數，這是關鍵。

例10. 試證 $\frac{1}{3}(x^n+y^n+z^n)>\left(\frac{x+y+z}{3}\right)^n$，$n>1$，$x, y, z>0$

解 取 $g(x)=x^n$，若 $x>0$ 則我們有 $g''(x)=n(n-1)x^{n-2}>0$

$\therefore$ $g(x)$ 爲上凹函數，在 $n>1$，$x, y, z>0$ 時，由定理 C

$$\frac{1}{3}x^n+\frac{1}{3}y^n+\frac{1}{3}z^n\geq\left(\frac{x+y+z}{3}\right)^n$$

例11. 比較 $5^{n-1}(x^n+4y^n)$ 與 $(x+4y)^n$ 之大小，$n\geq 2$

解 比較 $5^{n-1}(x^n+4y^n)$ 與 $(x+4y)^n$ 之大小，相當是

比較 $\frac{x^n+4y^n}{5}$ 與 $\left(\frac{x+4y}{5}\right)^n$ 之大小

$\because$ $f(x)=x^n$，$f''=n(n-1)x^{n-2}>0$ 爲上凹

$$\therefore \frac{1}{5}(x^n+4y^n)\geq\left(\frac{x+4y}{5}\right)^n$$

即 $5^{n-1}(x^n+4y^n)\geq(x+4y)^n$

練習 4.2F

1. 試證 $\left(\frac{x_1+y+z}{3}\right)^2\leq\frac{1}{3}(x^2+y^2+z^2)$
2. $\angle A$，$\angle B$，$\angle C$ 爲銳角三角形之三個內角，試證 $\sin A+\sin B+\sin C\leq\frac{3\sqrt{3}}{2}$

4.3 極值

極值（Extremes）

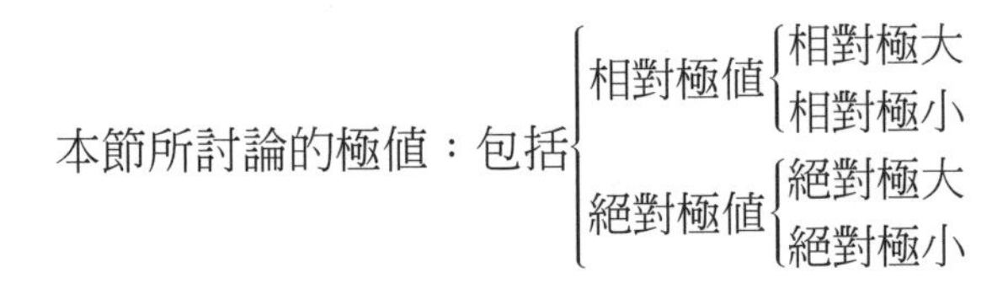

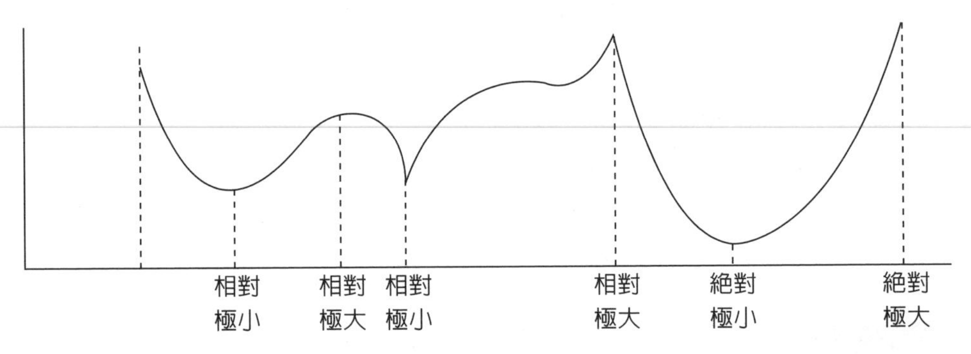

絕對極值

【定義】 函數 f 之定義域為 D，$C \in I$

1. 若 $f(c) \geqq f(x)$，$\forall x \in D$，則稱 f 在 D 有極大值 $f(c)$；
2. 若 $f(c) \leqq f(x)$，$\forall x \in D$，則稱 f 在 D 有極小值 $f(c)$。

不論 $f(c)$ 在 D 爲極大值或極小值，我們稱 $f(c)$ 爲 f 在 D 之**極值**。

根據定理 2.4D，定義於閉區間且爲連續之函數 f，在閉區間內必有極值。那 $f(x)$ 在哪些地方有絕對極值？

答案是**臨界點**（Critical points）與**端點**（Endpoints）：

- 臨界點
  - **穩定點**（Stationary points）：c 滿足 $f'(c)=0$ 稱 c 爲穩定點
  - **奇異點**（Singular points）：若 c 爲 D 內部一點，$f'(c)$不存在，則 c 爲奇異點
- 端點

要注意的是：**臨界點必須在函數 f 之定義域內**。

例 1. 求$y=x+\frac{1}{x}$之臨界點

$y'=1-\frac{1}{x^2}=0$　$\therefore x=\pm1$ 是爲二個臨界點。注意 $x=0$ 不在 $y=f(x)$ 之定義域內。

絶對極值發生點之樣態

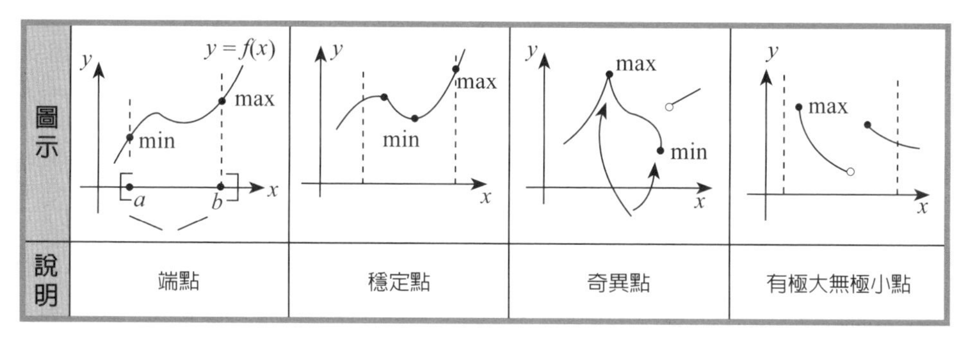

因此，要求 $f(x)$ 在 $[a, b]$ 之絕對極值時，先求 $f(x)$ 之臨界點 c_1，$c_2\cdots c_n$，然後比較 $f(c_1)\cdots f(c_n)$ 及 $f(a)$，$f(b)$，其中最大者爲絕對極大，最小者爲絕對極小。

例 2. 求 $f(x)=x^3-3x^2-9x+11$ 之絕對極值

1. $4\geq x\geq -2$　2. $2\geq x\geq -2$

解　先求臨界點

$f'(x)=3x^2-6x-9=3(x^2-2x-3)=3(x-3)(x+1)=0$

$\therefore$臨界點 $x=-1, 3$

1. $4\geq x\geq -2$

$\therefore$絕對極大值爲$f(-1)=16$，
絕對極小值爲$f(3)=-16$。

x	-2	-1	3	4
$f(x)$	9	16	-16	-9

2. $2\geq x\geq -2$

$\therefore$絕對極大值爲$f(-1)=16$，
絕對極小值爲$f(2)=-11$

x	-2	-1	2
$f(x)$	9	16	-11

要注意的是 $x=3$ 不在 $[-2, 2]$ 內，因此 $x=3$ 不爲臨界點 $f(3)$ 自然不列入比較。

★**例 3.** 求 $f(x)=|2x^3-9x^2+12x|$ 在 $[-1, 3]$ 之絕對極值。

解 $f(x)=|2x^3-9x^2+12x|=|x||2x^2-9x+12|$

$=|x|(2x^2-9x^2+12)$（$\because 2x^2-9x+12>0$）

$$=\begin{cases}2x^3-9x^2+12x，3\geq x\geq 0\\-2x^3+9x^2-12x，0>x\geq -1\end{cases}$$

$$\therefore f'(x)=\begin{cases}6x^2-18x+12，3>x>0\\-6x^2+18x-12，0>x\geq -1\end{cases}$$

$$=\begin{cases}6(x-1)(x-2)，3\geq x>0\\-6(x-1)(x-2)，0>x\geq -1\end{cases}$$ 。$f'(x)=0$ 得 $x=1, 2$

$ax^2+bx+c>0$ 之條件：
(1) $a>0$
(2) $D=b^2-4ac<0$

$\because f'_+(0)\neq f'_-(0)$ $\therefore x=0$ 時不可微，得臨界點 $x=0，1，2$

比較 $f(3)=9，f(0)=0，f(1)=5，f(2)=4，f(-1)=23$

$\therefore f(x)$ 在 $x=-1$ 處有絕對極大值 23，$x=0$ 處有絕對極小值 0。

練習 4.3A

1. 求例 2 之絕對極值，(1) $4\geq x\geq 2$ (2) $2\geq x\geq 0$

★2. 求 $f(x)=|x-1|e^x$ 在 $[0, 3]$ 之絕對極值。

相對極值

【定義】 f 之定義域為 D，c 為 D 中之一點。

1. 若存在一個區間 (a, b)，c 為 (a, b) 之一點使得 $f(c)$ 為 $(a, b)\cap D$ 之最大值，則稱 $f(c)$ 為 f 之相對極大值。
2. 若存在一個區間 (a, b)，c 為 (a, b) 之一點使得 $f(c)$ 為 $(a, b)\cap D$ 之最小值，則稱 $f(c)$ 為 f 之相對極小值。
3. 若 $f(c)$ 為相對極大值或相對極小值，則 $f(c)$ 為 f 之相對極值。

相對極值之判別法

判斷可微分函數之相對極值之方法有二，一是一階導函數判別法（即常稱之增減表法），一是二階導數判別法。

一階導函數判別法

【定理 A】 f 在 (a, b) 中為連續，且 c 為 (a, b) 中之一點，

1. 若 $f'>0$，$\forall x\in(a, c)$ 且 $f'<0$，$\forall x\in(c, b)$，則 $f(c)$ 為 f 之一相對極大值。
2. 若 $f'<0$，$\forall x\in(a, c)$ 且 $f'>0$，$\forall x\in(c, b)$，則 $f(c)$ 為 f 之一相對極小值。

二階導函數判別法

【定理 B】 若 c 為 $f(x)$ 之一臨界點且 f'，f'' 在包含 c 之開區間 (a, b) 均存在，則

1. $f''(c)<0$ 時，$f(c)$ 為 f 之一相對極大值；
2. $f''(c)>0$ 時，$f(c)$ 為 f 之一相對極小值。

一階導函數判別法可圖解如下：

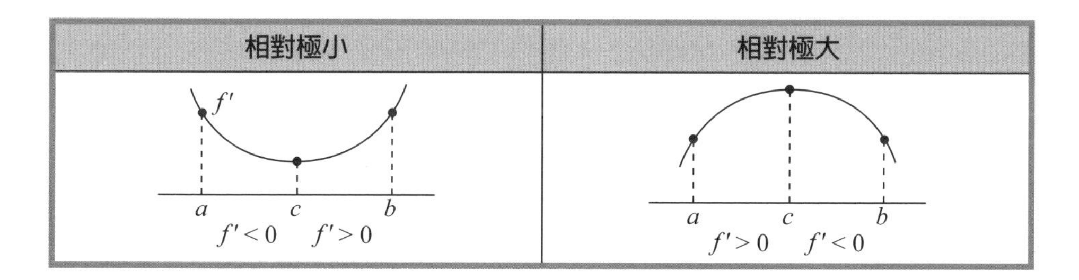

【定理 C】 若 $f(x)$ 在 $x=a$ 之 n 階導函數存在，且 $f'(a)=f''(a)=\cdots f^{(n-1)}(a)=0$，但 $f^{(n)}(a)\neq 0$，

1. n 為偶數時，$x=a$ 為一臨界點，且
$$\begin{cases} f^{(n)}(a)>0\text{，則 } f(x)\text{有一相對極小值 } f(a) \\ f^{(n)}(a)<0\text{，則 } f(x)\text{有一相對極小值 } f(a) \end{cases}$$
2. n 為奇數時，$x=a$ 不是一臨界點。

例 4. 求下列函數之相對極值

1. $y=x^3$ 2. $y=x^4$

解 1. $y'=3x^2$，$y''=6x$，$y'''=6$，令 $y'=0$ 得 $x=0$

$\because y''(0)=0$，但 $y'''(0)=6\neq 0$ $\therefore x=0$ 不爲 $y=x^3$ 之臨界點，即 $f(x)=x^3$ 無相對極值。

2. $y'=4x^3$，$y''=12x^2$，$y'''=24x$，$y^{(4)}=24$

令 $y'=0$ 得 $x=0$，又 $y''(0)=y'''(0)=0$，但 $y^{(4)}(0)=24>0$

$\therefore f(x)=x^4$ 在 $x=0$ 處有相對極小値 $f(0)=0$。

例 5. 求 $y=f(x)=x^3-3x^2-9x+11$ 之相對極值

解

方法一 一階導函數 判別法	$f'(x)=3x^2-6x-9=3(x^2-2x-3)=3(x-3)(x+1)=0$ $\therefore x=-1$，3 為臨界點 x：-1，3 $f'(x)$：$+$，$-$，$+$ $f(x)$：↗，↘，↗ $\therefore f(x)$ 在 $x=-1$ 時有相對極大値 $f(-1)=16$ $f(x)$ 在 $x=3$ 時有相對極小値 $f(3)=-16$
方法二 二階導函數 判別法	$f'(x)=3x^2-6x-9=3(x^2-2x-3)=3(x-3)(x+1)=0$ $\therefore x=-1, 3$ 為臨界點 $f''(x)=6x-6$，$f''(-1)=-12<0$ $\therefore f(x)$在 $x=-1$ 時有相對極大值 $f(-1)=16$ $f''(3)=12>0$ $\therefore f(x)$在 $x=3$ 時有相對極小值 $f(3)=-16$

例 6. a，b，c 均爲實數，若 $y=x^3+ax^2+bx+c$ 有相對極值，試證 $a^2>3b$。

解 若 $y=x^3+ax^2+bx+c$ 有相對極值時，$y'=3x^2+2ax+b=0$ 必須有實數解。由判別式

$D=(2a)^2-4\cdot 3\cdot b\geq 0$ 得 $a^2\geq 3b$，

設 $a^2=3b$ 時則 $y'=0$ 有等根，設爲 k，

則 $y'=3x^2+2ax+b=3(x-k)^2=0$，$y''=6(x-k)=0$，但 $y'''=6$

由定理 C，$x=k$ 不爲臨界點

故 $f(x)$ 無相對極值

所以 $f(x)$ 有相對極值，必須 $a^2>3b$。

練習 4.3B

1. 求 $y = 2x^3 - 9x^2 + 12x + 3$ 之極值
★2. 分別求 $f(x)=x^2-2x+3$，$h(x)=\dfrac{1}{\sqrt{x^2-2x+3}}$ 之臨界點有相同之 x？你能否說明其間之關係？
3. 若 $f(x) = x^3 + ax^2 + b$ 過 $(1, 2)$ 且在 $x = 1$ 處有相對極值，試求 $f(x)$ 之相對極值。
4. 求 $f(x) = x^3 - px + q$ 之相對極值，$p > 0$。

極值應用

解極值應用問題時大致可遵循以下之規則：

1. 確定問題是求極大或是極小，並用字母或符號來代表。
2. 對問題中之其他變量亦用字母或其他符號來表示，並盡可能繪圖以使問題具體化。
3. 探討各變量間之關係。
4. 將要求極大／極小之變量通常是以上述變數中之某一個變數的函數，並求出該變數有意義之範圍。
5. 用本節方法求出 4. 範圍中之絕對極大／極小。

例 7. 將每邊長 a 之正方形鋁片截去四個角做成一個無蓋子的盒子，求盒子的最大容積為何？

解

1. 本題要解的是最大容積為何？
   設 $V=$ 容積。
2. 設截去之角每邊長 x，如右圖，
3. 求 a，x，V 間之關係：
   $V=(a-2x)^2 \cdot x$
4. 取 $f(x)=(a-2x)^2 \cdot x$，$a>2x$
5. $f'(x)=12x^2-8ax+a^2=(6x-a)(2x-a)=0$
   解得 $x=\dfrac{a}{2}$（不合）或 $x=\dfrac{a}{6}$，
   $f''(\dfrac{a}{6})=24(\dfrac{a}{6})-8a<0$
   $\therefore V=(a-\dfrac{a}{3})^2 \cdot \dfrac{a}{6}=\dfrac{2}{27}a^3$，此即盒子之最大容積。

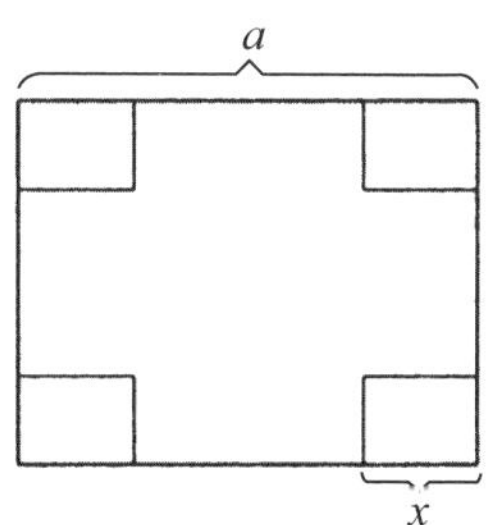

例 8. 設容積一定之圓柱形容器，證明當高度爲半徑 2 倍時最爲省材料（即表面積最小）。

解 耗用材料最小，相當於表面積最小

1. 體積 $V=\pi r^2 h$，r 爲底之半徑，h 爲高 (1)
2. 表面積 $S=2\pi r^2+2\pi rh$ (2)

由 (1)，$h=\dfrac{V}{\pi r^2}$ 代入 (2) 得

$S=2\pi r^2+2\pi r\cdot\dfrac{V}{\pi r^2}=2\pi r^2+\dfrac{2V}{r}$

現在要求一個 r 使得 S 爲最小：

$\dfrac{dS}{dr}=4\pi r-\dfrac{2V}{r^2}=0 \quad \therefore r=\sqrt[3]{\dfrac{V}{2\pi}}$（可驗證 $S''\left(\sqrt[3]{\dfrac{V}{2\pi}}\right)>0$）

即 $r=\sqrt[3]{\dfrac{V}{2\pi}}$ 爲所求，代入 $h=\dfrac{V}{\pi r^2}$ 得 $h=2r$。

例 9. 求 (0, 8) 到 $x^2=8y$ 之最短距離

解

方法一	(0, 8) 到 $x^2=8y$ 最近點 (x, y) 之距離 $D=\sqrt{x^2+(y-8)^2}=\sqrt{8y+(y-8)^2}=\sqrt{y^2-8y+64}$，此為 y 之函數。又 $D(y)=\sqrt{y^2-8y+64}$ 之臨界點 $h(y)=y^2-8y+64$ 之臨界點相同，故我們針對 $h(y)=y^2-8y+64$ 求臨界點： $h'(y)=2y-8=0$，∴ $y=4$ $h''(4)>0$，∴在 $y=4$ 時 (0, 8) 到 $x^2=8y$ 之距離最小，又 $y=4$ 時，$x^2=32$ ∴ $D=\sqrt{x^2+(y-8)^2}=\sqrt{32+(4-8)^2}=4\sqrt{3}$
方法二	設一參數式表示之點 $(t, \frac{1}{8}t^2)$，則 (0, 8) 到 $(t, \frac{1}{8}t^2)$ 之距為 $D=\sqrt{(t-0)^2+(\frac{1}{8}t^2-8)^2}$，現在我們要求臨界點，令 $D'(t)=0$，但此與 $g=(t-0)^2+(\frac{1}{8}t^2-8)^2$ 有相同之臨界點，所以我們只需求 g 之臨界點：$g(t)=t^2+(\frac{1}{8}t^2-8)^2=\frac{t^4}{64}-t^2+64$，令 $g'(t)=\frac{t^3}{16}-2t=0$ $t(t^2-32)=t(t+4\sqrt{2})(t+4\sqrt{2})=0$，得 $t=0$，$\pm4\sqrt{2}$ $g''(t)=\frac{3}{16}t^2-2$，$g''(0)=-2<0$，$g''(\pm4\sqrt{2})=4>0$，即在 $t=\pm4\sqrt{2}$ 時有相對極小值，代 $t=\pm4\sqrt{2}$ 入 $D=\left.\sqrt{t^2+(\frac{1}{8}t^2-8)^2}\right\vert_{t^2=32}=4\sqrt{3}$

★**例10.** 求內接於半徑爲 r 的球之正圓錐體之最大體積。

解

提示	解法
在解題過程中，我們要用到下列二個性質： (a) 由錐頂連結球心將可垂直錐底且垂足為錐底之圓心，(b) 圓錐體之體積 $V=\frac{1}{3}$底面積 × 高 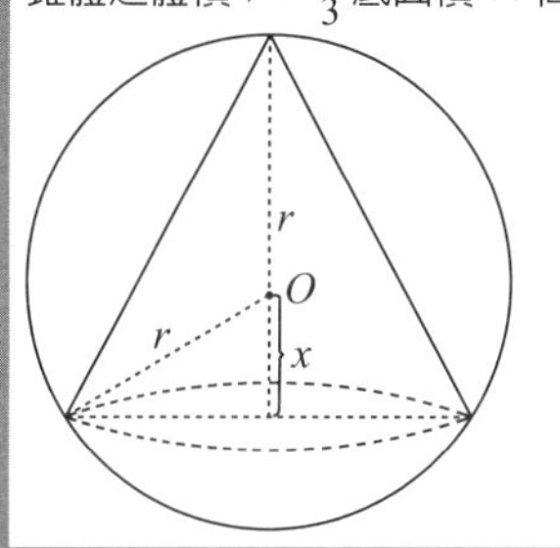	設球心 O 到錐底之距離為 x，則錐底之半徑為$\sqrt{r^2-x^2}$，錐高為 $r+x$，則錐體體積 V 為$\frac{\pi}{3}(\sqrt{r^2-x^2})^2\cdot(r+x)$，$V$ 為 x 之函數 令 $V(x)=\frac{\pi}{3}(\sqrt{r^2-x^2})^2(r+x)$ $=\frac{\pi}{3}(r^2-x^2)(r+x)$，$r\geq x\geq 0$ $\frac{d}{dx}V(x)=\frac{\pi}{3}[(-2x)(r+x)+(r^2-x^2)\cdot 1]=0$ $\therefore -2xr-2x^2+r^2-x^2=0$　即　$3x^2+2rx-r^2=0$ 解之$x=\frac{-2r\pm\sqrt{16r^2}}{6}=\frac{r}{3}$（$x=-r$ 不合） 代$x=\frac{r}{3}$入 (1) 得： $V\left(\frac{r}{3}\right)=\frac{\pi}{3}\left(r^2-\frac{r^2}{9}\right)\left(r+\frac{r}{3}\right)=\frac{32}{81}\pi r^3$

★**例11.** 半徑爲 r 之圓盤，剪裁後將所餘之扇形摺出一個漏斗（如右圖），問應如何剪裁才能使得漏斗容積爲最大？

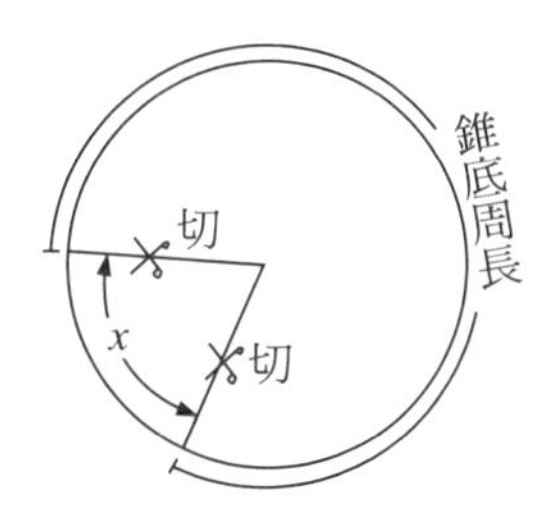

解

提示	解法
讀者最好用一厚紙板依右圖 (a) 捲成一漏斗，如圖 (b)，漏斗即圓錐。 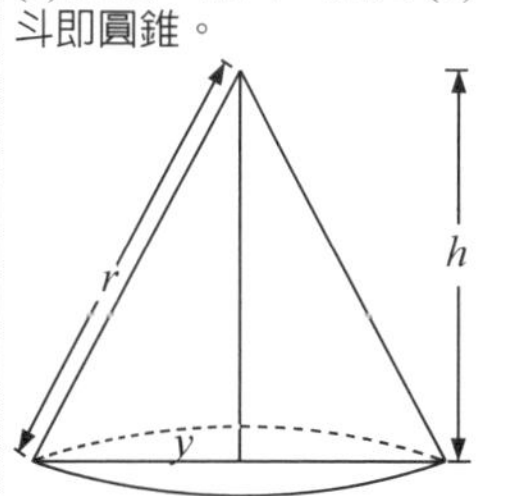 剪出的圓錐它的斜高（Slant Height）就是圓盤的半徑 r，設錐頂至錐底之高為 h，錐底半徑 y，依畢氏定理，$h^2+y^2=r^2$，現在我們要用幾何學知識求 h, y。 切除部分之周長 + 錐底周長 = 圓盤周長 $2\pi r$。	假設切除部分之圓心角為 x，$2\pi>x>0$，則切除部分之周長為 rx，如此可求出錐底周長 $2\pi r-rx=(2\pi-x)r$ 設錐底半徑為 y 則： $2\pi y=(2\pi-x)r$　$\therefore y=\frac{2\pi-x}{2\pi}r$ 又高 h 滿足$h^2+y^2=r^2\Rightarrow h^2=r^2-y^2$， 即$h=\sqrt{r^2-\left(\frac{2\pi-x}{2\pi}r\right)^2}=\frac{r}{2\pi}\sqrt{4\pi x-x^2}$，$2\pi>x>0$ 故漏斗容積為： $V(x)=\frac{1}{3}$底面積 × 高（圓錐體積公式） $=\frac{1}{3}\pi\left(\frac{2\pi-x}{2\pi}r\right)^2\cdot\frac{r}{2\pi}\sqrt{4\pi x-x^2}$ $=\frac{r^3}{24\pi^2}(2\pi-x)^2(4\pi x-x^2)^{\frac{1}{2}}$ $V'(x)=\frac{r^3(2\pi-x)(3x^2-12\pi x+4\pi^2)}{24\pi^2\sqrt{4\pi x-x^2}}=0$ 得 $x=2\pi$（不合），$\frac{6+2\sqrt{6}}{3}\pi$（不合）$\therefore x=\frac{6-2\sqrt{6}}{3}\pi$ 即$x=\frac{6-2\sqrt{6}}{3}\pi$時有最大容積

上例中關鍵在於誰扮演 x 之角色，這需要相當經驗，再看一個例子。

★ **例12.** 有一長方形紙條如下圖，給定 $DE=1$，在 $\overline{DE}$ 上取一點 A，然後把右下角折向對邊之 C 點上而得到折邊 $\overline{AB}$，如何選 A 點使得三角形 ABE 之面積為最小。

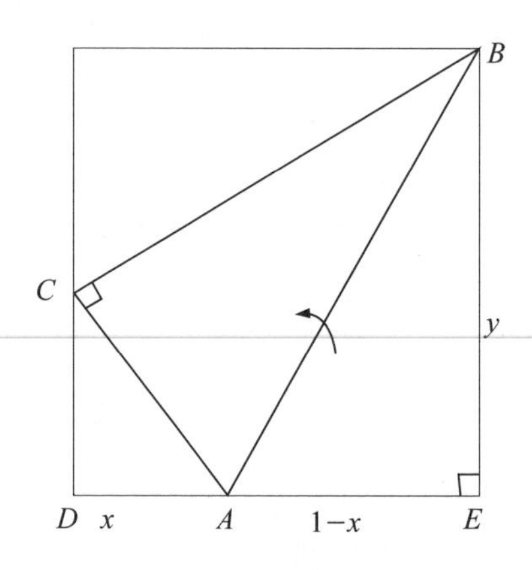

解

提示	解答
這是一題需用到幾何的最適化問題 依題意 $\triangle CBA \cong \triangle EAB$ 又四邊形之 $\square BCDE$ 面積 $=\triangle CDA$ 面積 $+\triangle CBA$ 面積 $+\triangle EAB$ 面積 $=\triangle CDA$ 面積 $+2\triangle CBA$ 面積 $\because \square BCDE$ 面積為一定 $\therefore$ 欲使 $\triangle EAB$ 面積最小相當於求 $\triangle CDA$ 面積最大	設 $AD=x$ 則 $AE=1-x$，又 $AE=AC$ $\therefore AC=1-x$ $CD=\sqrt{(1-x)^2-x^2}=\sqrt{1-2x}$ $\triangle CDA$ 之面積 $=\frac{1}{2}x\sqrt{1-2x}=f(x)$ $f'(x)=\frac{1}{2}\sqrt{1-2x}-\frac{x}{2}\frac{1}{\sqrt{1-2x}}=0$ 解之：$x=\frac{1}{3}$ 即 A 點位在 D 點右側 $\frac{1}{3}$ DE 單位處，可使 $\triangle EAB$ 面積為最小

練習 4.3C

1. 用長度為 2ℓ 之直線所圍成之諸矩形中，長寬應為何方能使面積最大？
2. 某農莊擬在沿河邊作一「ㄇ」字形之牧場圍籬（如右圖），假定 OABC 可視為一長方形。若圍籬長度為 6,000 公尺，試問應如何圍籬方可使所圍之面積為最大？

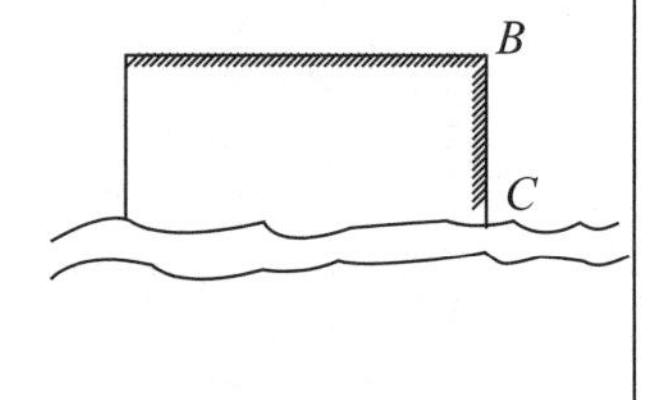

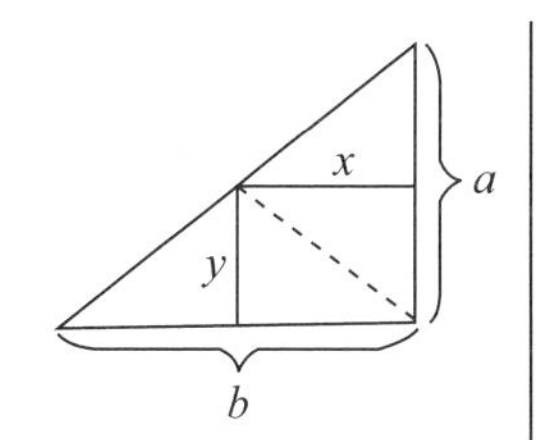

3. 求邊長為 a, b 之直角三角形內接矩形之最大面積。
4. 求 $(1, 4)$ 到拋物線 $y^2 = 2x$ 之最短距離。
5. 求橢圓 $x^2 - xy + y^2 = 12$ 之縱座標最大與最小的點。

提示：用隱函數微分法求$\frac{dy}{dx}$，看出 y 與 x 之關係，代入原方程式即得

★6. 半徑為 r 之半圓內接一矩形，求此矩形面積之最大值。

7. A, B 二地相距 ℓ 公里，汽車由 A 地以均勻速度駛向 B 地，汽車每小時之運輸成本可分變動成本與固定成本二部分：固定成本為 b 元，變動成本與速度（公里／小時）之平方成反比，設比例係數為 k，求汽車應以何速度行駛，方可使單位時間之運輸成本為最小？

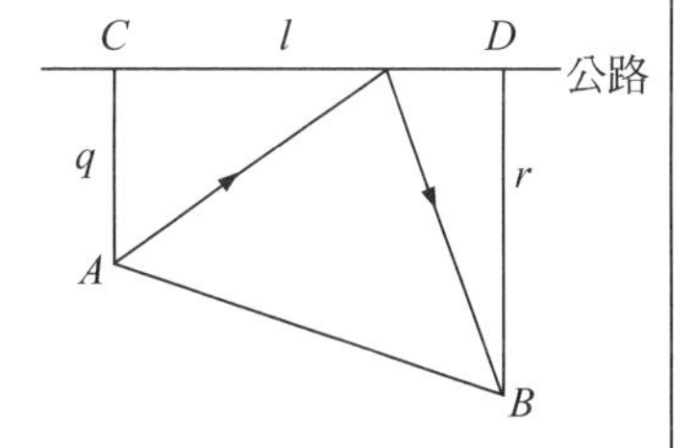

8. 要設計一個有蓋圓柱體容器，其體積為 V，問其高（h）與底半徑（r）應如何配置，方能使圓柱體體積一定（不變）下表面積為最小。
9. A、B 二屋與公路之距離分別為 q, r，$r > q$，設 $\overline{AC}$，$\overline{BD}$ 與公路為垂直，某人由屋 A 經公路上某一點再到屋 B，其距離需最短應如何走法？（如右圖）

4.4 無窮極限與漸近線

直觀無窮極限

考慮函數$f(x)=\frac{1}{x}$，$x\neq 0$，我們可以直觀的方式理解：

Type	解答
$x\to 0^+$	x: 0.1, 0.01, 0.001, ……；$f(x)$: 10, 100, 1000, $\to\infty$ （在不混淆下本書 $+\infty$ 亦寫成 ∞） $\therefore\lim\limits_{x\to 0^+}\frac{1}{x}=\infty$
$x\to 0^-$	x: −0.1, −0.01, ……, −0.001；$f(x)$: −10, −100, ……, −1000, $\to -\infty$ $\therefore\lim\limits_{x\to 0^-}\frac{1}{x}=-\infty$
$x\to +\infty$	x: 10, 100, 1000, ……；$f(x)$: 0.1, 0.01, 0.001, $\to 0$ $\therefore\lim\limits_{x\to +\infty}\frac{1}{x}=0$
$x\to -\infty$	x: −10, −100, ……, −1000；$f(x)$: −0.1, −0.01, ……, −0.001, $\to 0$ $\therefore\lim\limits_{x\to -\infty}\frac{1}{x}=0$

例 1. $\lim\limits_{x\to 0}\frac{\pi^{\frac{1}{x}}-1}{\pi^{\frac{1}{x}}+1}$

解

$$\lim_{x\to 0^+}\frac{\pi^{\frac{1}{x}}-1}{\pi^{\frac{1}{x}}+1}=\lim_{x\to 0^+}\frac{1-\pi^{\frac{-1}{x}}}{1+\pi^{\frac{-1}{x}}}=1$$

$$\lim_{x\to 0^-}\frac{\pi^{\frac{1}{x}}-1}{\pi^{\frac{1}{x}}+1}=-1$$

$\because\lim\limits_{x\to 0^+}\frac{\pi^{\frac{1}{x}}-1}{\pi^{\frac{1}{x}}+1}\neq\lim\limits_{x\to 0^-}\frac{\pi^{\frac{1}{x}}-1}{\pi^{\frac{1}{x}}+1}$，$\therefore\lim\limits_{x\to 0}\frac{\pi^{\frac{1}{x}}-1}{\pi^{\frac{1}{x}}+1}$不存在。

> $a^{\frac{1}{x}}$; $a>1$:
> (1) $\lim\limits_{x\to 0^+}a^{\frac{1}{x}}=\infty$
> (2) $\lim\limits_{x\to 0^-}a^{\frac{1}{x}}=0$

練習 4.4A

求 1. $\lim\limits_{x\to 1^+}\frac{1}{x-1}$　2. $\lim\limits_{x\to 1^-}\frac{1}{x-1}$　3. $\lim\limits_{x\to -1^+}\frac{1}{1+x}$　4. $\lim\limits_{x\to -1^-}\frac{1}{x+1}$　5. $\lim\limits_{x\to 1}\frac{2}{1+2^{\frac{1}{x-1}}}$

★無窮極限之定義

【定義】 （$\lim_{x\to a} f(x)=\infty$）給定任意正數 M（不論 M 有多大），總存在正數 δ，使得 $0<|x-a|<\delta$ 均有 $|f(x)|>M$，則稱 x 趨近 a 時，$f(x)$ 之極限為無窮大，以 $\lim_{x\to a} f(x)=\infty$ 表之。

【定義】 （$\lim_{x\to\infty} f(x)=A$ 之定義）對任一正數 $\varepsilon>0$，存在一個正數 $M>0$，使得在

$$\begin{cases} x>M \\ x<-M \\ |x|>M \end{cases} \text{時恆有 } |f(x)-A|<\varepsilon \text{，則} \begin{cases} \lim\limits_{x\to+\infty} f(x)=A \\ \lim\limits_{x\to-\infty} f(x)=A \\ \lim\limits_{x\to\infty} f(x)=A \end{cases}$$

四大無窮極限定義

極限型	定義
$\lim_{x\to a} f(x)=A$	$\forall\varepsilon>0$，$\exists\delta>0\ st.\ 0<\lvert x-a\rvert<\delta\Rightarrow\lvert f(x)-A\rvert<\varepsilon$
$\lim_{x\to\infty} f(x)=A$	$\forall\varepsilon>0$，$\exists M>0\ st.\ x>M\Rightarrow\lvert f(x)-A\rvert<\varepsilon$
$\lim_{x\to a} f(x)=\infty$	$\forall M>0$，$\exists\delta>0\ st.\ 0<\lvert x-a\rvert<\delta\Rightarrow f(x)>M$
$\lim_{x\to\infty} f(x)=\infty$	$\forall M>0$，$\exists N>0\ st.\ x>N\Rightarrow f(x)>M$
記憶：$\begin{cases}\lim\limits_{x\to a} \\ \lim\limits_{x\to\infty}\end{cases}\Rightarrow\begin{matrix}0<\lvert x-a\rvert<\delta \\ x>M\end{matrix}\quad\begin{cases}L\text{：定值：}0<\lvert f(x)-L\rvert<\varepsilon \\ L\text{：}\infty\text{：}f(x)>M\end{cases}$	

例 2. 試證 $\lim_{x\to\infty}\frac{1}{x}=0$

提示	解答
$\lim_{x\to\infty}\frac{1}{x}=0$ $x\to\infty$ ↓ M；0 ↓ 定值 ε	$\lvert f(x)-A\rvert=\lvert\frac{1}{x}-0\rvert=\frac{1}{\lvert x\rvert}<\varepsilon\quad\therefore\lvert x\rvert>\frac{1}{\varepsilon}$ 因此，對所有 $\varepsilon>0$，我們取 $M=\frac{1}{\varepsilon}$，則當 $\lvert x\rvert>M$ 時恆有 $\lvert\frac{1}{x}-0\rvert<\varepsilon$ $\therefore\lim_{x\to\infty}\frac{1}{x}=0$

例 3. 證明 $\lim_{x\to\infty}\frac{2x+1}{3x+1}=\frac{2}{3}$

提示	解答
解 $\|f(x)-A\|<\varepsilon$ 時，必要時要將 $\|f(x)-A\|<\varepsilon$ 的範圍適當放大。 $\lim_{x\to\infty}\frac{2x+1}{3x+1}=\frac{2}{3}$ $x\to\infty$ ↓ M，$\frac{2}{3}$ ↓ ε	$\|f(x)-A\|=\left\|\frac{2x+1}{3x+1}-\frac{2}{3}\right\|=\left\|\frac{1}{3(3x+1)}\right\|=$ $\frac{1}{3(3x+1)}<\frac{1}{3x+1}<\frac{1}{3x}<\frac{1}{x}<\varepsilon$ $\therefore x>\frac{1}{\varepsilon}$，對所有 $\varepsilon>0$ 時存在一個 $M=\frac{1}{\varepsilon}>0$ 當 $x>M$ 時恒有 $\left\|\frac{2x+1}{3x+1}-\frac{2}{3}\right\|<\varepsilon$，即 $\lim_{x\to\infty}\frac{2x+1}{3x+1}=\frac{2}{3}$

例 4. 證明 $\lim_{x\to1^+}\frac{x}{x-1}=\infty$

提示	解答
$\lim_{x\to1^+}\frac{x}{x-1}=\infty$ $x\to1^+$ ↓ ε，∞ ↓ M ∵證明的問題型 $\lim_{x\to1^+}f(x)$　∴取 $0<x-1<\delta$ 現在要有 $0<x-1<\delta\Rightarrow M=$ ？ $\frac{x}{x-1}=x\cdot\frac{1}{x-1}$ $=x\cdot\frac{1}{\delta}>\frac{1}{\delta}$ 取 $\delta=\frac{1}{M}$	設 $0<x-1<\delta$，則 $\frac{x}{x-1}=x\cdot\frac{1}{x-1}>x\cdot\frac{1}{\delta}>\frac{1}{\delta}$（$\because x-1>0$ $\therefore x>1$）取 $M=\frac{1}{\delta}$ 在 $0<\|x-1\|<\delta$ 時恒有 $f(x)=\frac{x}{x-1}>M$ 即 $\lim_{x\to1^+}\frac{x}{x-1}=\infty$

練習 4.4B

1. 試證 $\lim_{x\to\infty}\frac{2x+1}{x+3}=2$
2. 試證 $\lim_{x\to\infty}\frac{\sin x}{\sqrt[3]{x}}=0$
3. 試證 $\lim_{x\to\infty}\frac{x}{x^2-1}=0$

無窮大極限定理

【定理 A】 若 $\lim_{x\to\infty}f(x)=A$，$\lim_{x\to\infty}g(x)=B$，A，B 為有限值；則

1. $\lim_{x\to\infty}f(x)\pm g(x)=\lim_{x\to\infty}f(x)\pm\lim_{x\to\infty}g(x)=A\pm B$
2. $\lim_{x\to\infty}f(x)\cdot g(x)=\lim_{x\to\infty}f(x)\cdot\lim_{x\to\infty}g(x)=A\cdot B$
3. $\lim_{x\to\infty}\frac{g(x)}{f(x)}=\frac{\lim_{x\to\infty}g(x)}{\lim_{x\to\infty}f(x)}=\frac{B}{A}$，但 $A\neq0$

4. $\lim\limits_{x\to\infty}[f(x)]^p=[\lim\limits_{x\to\infty}f(x)]^p=A^p$，若$A^p$存在

5. $\lim\limits_{x\to\infty}(a_nx^n+a_{n-1}x^{n-1}+\cdots+a_1x+a_0)=\lim\limits_{x\to\infty}a_nx^n$

6. $\lim\limits_{x\to\infty}\dfrac{a_mx^m+a_{m-1}x^{m-1}+\cdots+a_1x+a_0}{b_nx^n+b_{n-1}x^{n-1}+\cdots+b_1x+b_0}$

$$=\begin{cases}\infty\text{，}a_m\text{，}b_n\text{同號，且 }m>n\text{ 時；}\\-\infty\text{，}a_m\text{，}b_n\text{異號，且 }m>n\text{ 時；}\\\dfrac{a_m}{b_n}\text{，}m=n\text{ 且 }b_n\neq 0\text{ 時；}\\0\text{，}m<n\text{。}\end{cases}$$

說明：

1. 求$\lim\limits_{x\to\infty}\dfrac{g(x)}{f(x)}$，$g(x)$, $f(x)$ 爲有理式時，我們利用分子、分母中之最高次數項遍除分子、分母便可視察出無窮極限是多少。
2. ∞ 不是數。

例 5. 若 $\lim\limits_{x\to\infty}\dfrac{(1+a)x^5+bx^4+7}{x^4+3x+5}=\sqrt{3}$，求 a, b。

解 顯然 $a=-1, b=\sqrt{3}$

例 6. 求 1. $\lim\limits_{x\to\infty}(x^2-3x+1)=$？　2. $\lim\limits_{x\to-\infty}(x^2-3x+1)=$？

解 1. $\lim\limits_{x\to\infty}(x^2-3x+1)=\lim\limits_{x\to\infty}x^2=(\lim\limits_{x\to\infty}x)^2=\infty$

2. $\lim\limits_{x\to-\infty}(x^2-3x+1)=\lim\limits_{x\to-\infty}x^2=(\lim\limits_{x\to-\infty}x)^2=\infty$

例 7. 用視察法求下列各題：

1. $\lim\limits_{x\to\infty}\dfrac{2x^3-3x+1}{3x^3+2x^2+3x-7}$　　2. $\lim\limits_{x\to\infty}\dfrac{\sqrt[3]{x^{10}+2x+1}+x^2-1}{x^3+\sqrt{2x^4+1}-x+3}$

3. $\lim\limits_{x\to\infty}\dfrac{2x^3+7x^2+6x+1}{x^3+\sqrt[3]{27x^9+8x^4-3}-x+1}$

解

提示（請注意粗體字部分）	解答
$\lim\limits_{x\to\infty}\dfrac{\mathbf{2x^3}-3x+1}{\mathbf{3x^3}+2x^2+3x-7}=\lim\limits_{x\to\infty}\dfrac{2x^3}{3x^3}$	$\lim\limits_{x\to\infty}\dfrac{2x^3-3x+1}{3x^3+2x^2+3x-7}=\dfrac{2}{3}$
$\lim\limits_{x\to\infty}\dfrac{\sqrt[3]{\mathbf{x^{10}}+2x+1}+x^2-1}{\mathbf{x^3}+\sqrt{\mathbf{2x^4}+1}-x+3}=\lim\limits_{x\to\infty}\dfrac{\sqrt[3]{x^{10}}}{x^3+\sqrt{2x^4}}=\lim\limits_{x\to\infty}\dfrac{x^{\frac{10}{3}}}{x^3}$	$\lim\limits_{x\to\infty}\dfrac{\sqrt[3]{x^{10}+2x+1}+x^2-1}{x^3+\sqrt{2x^4+1}-x+3}=\infty$

提示（請注意粗體字部分）	解答
$\lim\limits_{x\to\infty}\frac{\mathbf{2x^3}+7x^2+6x+1}{\mathbf{x^3}+\sqrt[3]{\mathbf{27x^9}+8x^4-3}-x+1}=\lim\limits_{x\to\infty}\frac{2x^3}{x^3+\sqrt[3]{27x^9}}=\lim\limits_{x\to\infty}\frac{2x^3}{x^3+3x^3}$	$\lim\limits_{x\to\infty}\frac{2x^3+7x^2+6x+1}{x^3+\sqrt[3]{27x^9+8x^4-3}-x+1}$ $=\frac{2}{1+3}=\frac{1}{2}$

練習 4.4C

1. $\lim\limits_{n\to\infty}\frac{1+a+a^2+\cdots+a^n}{1+b+b^2+\cdots+b^n}$，其中 $|a|<1$，$|b|<1$。
2. $\lim\limits_{x\to\infty}\frac{\sqrt{x^3+1}+x}{\sqrt{2x^6+x+1}+1}$
3. $\lim\limits_{n\to\infty}(\sqrt[n]{1}+\sqrt[n]{2}+\cdots+\sqrt[n]{m})$
4. $\lim\limits_{x\to\infty}\frac{(x-1)(2x+1)(3x-1)(x+4)(x+5)}{(3x+1)^5}$

$\lim\limits_{x\to-\infty} f(x)$

這類問題可先令$y=-x$ 行變數變換再行求解。

例 8. 求 1. $\lim\limits_{x\to-\infty}\frac{2x^2+x-3}{3x^2-2x+1}=?$ 2. $\lim\limits_{x\to-\infty}\frac{-2x^3+x-3}{3x^3-2x+1}=?$

解

1. $\lim\limits_{x\to-\infty}\frac{2x^2+x-3}{3x^2-2x+1}\overset{y=-x}{=\!=\!=}\lim\limits_{y\to\infty}\frac{2(-y)^2+(-y)-3}{3(-y)^2-2(-y)+1}$

$=\lim\limits_{y\to\infty}\frac{2y^2-y-3}{3y^2+2y+1}=\frac{2}{3}$

2. $\lim\limits_{x\to-\infty}\frac{-2x^3+x-3}{3x^3-2x+1}\overset{y=-x}{=\!=\!=}\lim\limits_{y\to\infty}\frac{-2(-y)^3+(-y)-3}{3(-y)^3-2(-y)+1}$

$=\lim\limits_{y\to\infty}\frac{2y^3-y-3}{-3y^3+2y+1}=-\frac{2}{3}$

練習 4.4D

1. $\lim\limits_{x\to-\infty}\frac{\sqrt{x^2+1}}{x}$ 2. $\lim\limits_{x\to-\infty}\frac{2^x+2^{-x}}{2^x-2^{-x}}$ 3. $\lim\limits_{x\to-\infty}\frac{\sqrt{4x^2+1}}{x+1}$ 4. $\lim\limits_{x\to-\infty}\frac{x\sqrt{-x}}{\sqrt{1+4x^2}}$
5. $\lim\limits_{x\to\infty}(-x^2+3x+1)$ 6. $\lim\limits_{x\to-\infty}(-x^2-3x+1)$

∞ - ∞

例 9. 1. $\lim\limits_{x\to\infty}(\sqrt{x^2+x-1}-\sqrt{x^2-x+1})$ 2. $\lim\limits_{x\to-\infty}(\sqrt{x^2+ax}-\sqrt{x^2-ax})$

解　1. $\lim\limits_{x\to\infty}(\sqrt{x^2+x-1}-\sqrt{x^2-x+1})$

$$=\lim_{x\to\infty}(\sqrt{x^2+x-1}-\sqrt{x^2-x+1})\frac{\sqrt{x^2+x-1}+\sqrt{x^2-x+1}}{\sqrt{x^2+x-1}+\sqrt{x^2-x+1}}$$

$$=\lim_{x\to\infty}\frac{2x-2}{\sqrt{x^2+x-1}+\sqrt{x^2-x+1}}=\lim_{x\to\infty}\frac{2-\frac{2}{x}}{\sqrt{1+\frac{1}{x}-\frac{1}{x^2}}+\sqrt{1-\frac{1}{x}+\frac{1}{x^2}}}=1$$

2. $\lim\limits_{x\to-\infty}(\sqrt{x^2+ax}-\sqrt{x^2-ax})$

$$\overset{y=-x}{=\!=\!=}\lim_{y\to\infty}(\sqrt{y^2-ay}-\sqrt{y^2+ay})$$

$$=\lim_{y\to\infty}(\sqrt{y^2-ay}-\sqrt{y^2+ay})\frac{\sqrt{y^2-ay}+\sqrt{y^2+ay}}{\sqrt{y^2-ay}+\sqrt{y^2+ay}}$$

$$=\lim_{y\to\infty}\frac{-2ay}{\sqrt{y^2-ay}+\sqrt{y^2+ay}}=\lim_{y\to\infty}\frac{-2a}{\sqrt{1-\frac{a}{y}}+\sqrt{1+\frac{a}{y}}}=-a$$

例10. 求 $\lim\limits_{n\to\infty}(a_1\sqrt{n+1}+a_2\sqrt{n+2}+\cdots+a_m\sqrt{n+m})$，但 $a_1+a_2+\cdots+a_m=0$

解　$a_1+a_2+\cdots+a_m=0\ \therefore\ a_1=-(a_2+a_3+\cdots+a_m)$

從而

$$\lim_{n\to\infty}(a_1\sqrt{n+1}+a_2\sqrt{n+2}+\cdots+a_m\sqrt{n+m})$$

$$=\lim_{n\to\infty}[(-a_2-a_3\cdots a_m)\sqrt{n+1}+a_2\sqrt{n+2}+\cdots+a_m\sqrt{n+m}]$$

$$=\lim_{n\to\infty}[a_2(\sqrt{n+2}-\sqrt{n+1})+a_3(\sqrt{n+3}-\sqrt{n+1})+\cdots+a_m(\sqrt{n+m}-\sqrt{n+1})]$$

考慮 $\lim\limits_{n\to\infty}a_p(\sqrt{n+p}-\sqrt{n+1})=\lim\limits_{n\to\infty}a_p\dfrac{p-1}{\sqrt{n+p}+\sqrt{n+1}}=0$

> 解這類問題時只需先考慮第 p 項 =？然後以此類推其他各項。

$\therefore\ \lim\limits_{n\to\infty}a_2(\sqrt{n+2}-\sqrt{n+1})=\lim\limits_{n\to\infty}a_3(\sqrt{n+3}-\sqrt{n+1})=\cdots=\lim\limits_{n\to\infty}a_m(\sqrt{n+m}-\sqrt{n+1})$

$=0$ 得 $a_1+a_2+\cdots+a_m=0$ 時 $\lim\limits_{n\to\infty}(a_1\sqrt{n+1}+a_2\sqrt{n+2}+\cdots+a_m\sqrt{n+m})=0$

練習 4.4E

1. 求 (1) $\lim\limits_{x\to\infty}(\sqrt{x^2+\sqrt{x^2+1}}-\sqrt{x^2+\sqrt{x^2-1}})$　★(2) $\lim\limits_{x\to\infty}\sqrt{x^3}(\sqrt{x+2}-2\sqrt{x+1}+\sqrt{x})$
2. 若 $\lim\limits_{x\to\infty}(2x-\sqrt{ax^2+bx+1})=3$，求 a, b　★3. $\lim\limits_{n\to\infty}\sin^2(\pi\sqrt{n^2+1})$

擠壓定理

例11. 求 $\lim\limits_{x\to\infty}\frac{[x]^2}{x^2}$

提示	解答
利用 $x \geq [x] > x-1$	$\because \frac{x^2}{x^2} \geq \frac{[x]^2}{x^2} > \frac{(x-1)^2}{x^2}$ $\lim\limits_{x\to\infty}\frac{x^2}{x^2} = \lim\limits_{x\to\infty}\frac{(x-1)^2}{x^2} = 1$ $\therefore \lim\limits_{x\to\infty}\frac{[x]^2}{x^2} = 1$

例12. $a \geq b \geq c \geq 0$，求 $\lim\limits_{n\to\infty}\sqrt[n]{a^n+b^n+c^n}$

解 $a \geq b \geq c \geq 0 \quad \therefore a^n + a^n + a^n \geq a^n + b^n + c^n \geq a^n$

$\therefore \sqrt[n]{3a^n} \geq \sqrt[n]{a^n+b^n+c^n} \geq \sqrt[n]{a^n}$

即 $\sqrt[n]{3}a \geq \sqrt[n]{a^n+b^n+c^n} \geq a$，但 $\lim\limits_{n\to\infty}\sqrt[n]{3}a = \lim\limits_{n\to\infty}a = a$

$\therefore \lim\limits_{n\to\infty}\sqrt[n]{a^n+b^n+c^n} = a$

★**例13.** 求 $\lim\limits_{n\to\infty}[\frac{1}{n^2}+\frac{1}{(n+1)^2}+\cdots+\frac{1}{(n+n)^2}]$

解 $\frac{1}{n^2}+\frac{1}{n^2}+\cdots+\frac{1}{n^2} \geq \frac{1}{n^2}+\frac{1}{(n+1)^2}\cdots+\frac{1}{(n+n)^2} \geq \frac{1}{4n^2}+\frac{1}{4n^2}+\cdots+\frac{1}{4n^2}$

即 $\frac{n}{n^2} = \frac{1}{n} \geq \frac{1}{n^2}+\frac{1}{(n+1)^2}+\cdots+\frac{1}{(n+n)^2} \geq \frac{n}{4n^2} = \frac{1}{4n}$

又 $\lim\limits_{n\to\infty}\frac{1}{n} = \lim\limits_{n\to\infty}\frac{1}{4n} = 0$

$\therefore \lim\limits_{n\to\infty}[\frac{1}{n^2}+\frac{1}{(n+1)^2}+\cdots+\frac{1}{(n+n)^2}] = 0$

例14. 用均值定理求 $\lim\limits_{x\to\infty}(\sqrt{x+3}-\sqrt{x})$

解 取 $f(x)=\sqrt{x}$，則由定理 B：$\frac{\sqrt{x+3}-\sqrt{x}}{3} = \frac{1}{2\sqrt{\varepsilon}}$，$x+3>\varepsilon>x$

$\therefore \sqrt{x+3}-\sqrt{x} = \frac{3}{2\sqrt{\varepsilon}}$

又 $\frac{3}{2\sqrt{x+3}} < \frac{3}{2\sqrt{\varepsilon}} < \frac{3}{2\sqrt{x}}$

$\lim\limits_{x\to\infty}\frac{3}{2\sqrt{x}} = \lim\limits_{x\to\infty}\frac{3}{2\sqrt{x+3}} = 0$ 由擠壓定理　$x\to\infty$ 時 $\frac{3}{2\sqrt{\varepsilon}} \to 0$

即 $\lim\limits_{x\to\infty}(\sqrt{x+3}-\sqrt{x}) = 0$

練習 4.4F

1. 求 (1) $\lim\limits_{x\to\infty}\frac{2[x]+1}{3x+1}$　(2) $\lim\limits_{x\to\infty}x\sin\frac{1}{x}$

2. 求 $\lim\limits_{n\to\infty}\sqrt[n]{2^n+3^n+4^n}$

3. 求 (1) $\lim\limits_{n\to\infty}\frac{1}{\sqrt{n^2+1}}+\frac{1}{\sqrt{n^2+2}}+\cdots+\frac{1}{\sqrt{n^2+n}}$　(2) $\lim\limits_{n\to\infty}n\left[\frac{1}{n^2+1}+\frac{1}{n^2+2}+\cdots+\frac{1}{n^2+n}\right]$

4. 用均值定理證 $\lim\limits_{x\to\infty}(\sqrt[3]{x+4}-\sqrt[3]{x})=0$

漸近線

漸近線（Asymptote）是一條與 $y=f(x)$ 圖形無限接近，但不與 $y=f(x)$ 圖形相交之直線。漸近線之正式定義如下：

【定義】 1. 若 (1) $\lim\limits_{x\to a^+}f(x)=\infty$，(2) $\lim\limits_{x\to a^+}f(x)=-\infty$，(3) $\lim\limits_{x\to a^-}f(x)=\infty$，(4) $\lim\limits_{x\to a^-}f(x)=-\infty$ 中有一項成立時，稱 $x=a$ 為曲線 $y=f(x)$ 之垂直漸近線（Vertical asymptote）。

2. 若 (1) $\lim\limits_{x\to\infty}f(x)=b$，(2) $\lim\limits_{x\to-\infty}f(x)=b$ 有一項成立時，稱 $y=b$ 為曲線 $y=f(x)$ 之水平漸近線（Horizontal asymptote）。

3. 若 $\lim\limits_{x\to\pm\infty}(y-mx-b)=0$，則稱 $y=mx+b$ 為曲線 $y=f(x)$ 之斜漸近線（Skew asymptote）。

漸近線之3個基本樣態

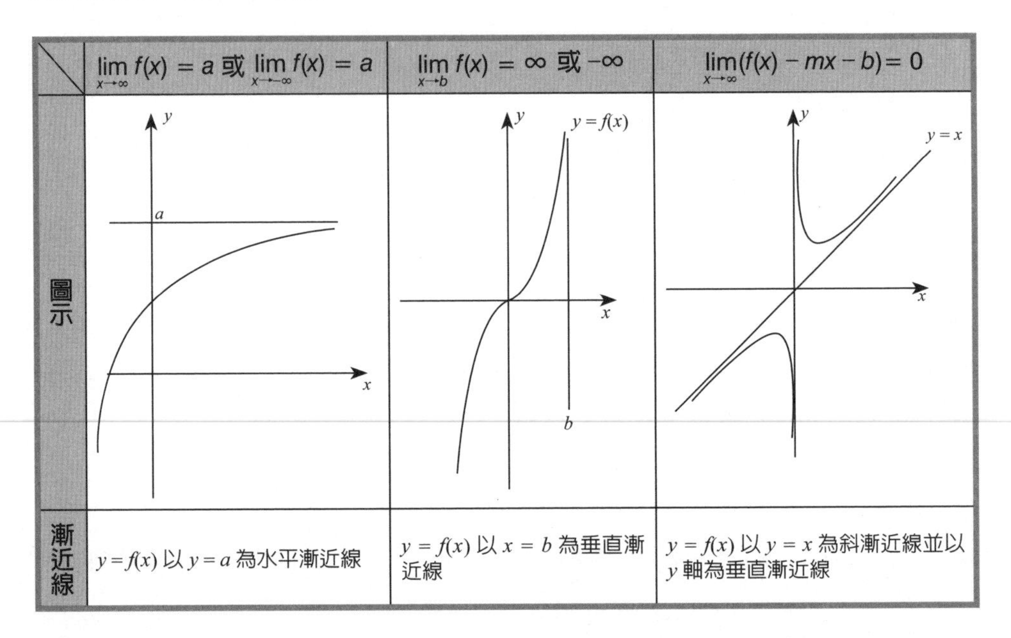

	$\lim\limits_{x\to\infty} f(x) = a$ 或 $\lim\limits_{x\to-\infty} f(x) = a$	$\lim\limits_{x\to b} f(x) = \infty$ 或 $-\infty$	$\lim\limits_{x\to\infty}(f(x) - mx - b) = 0$
圖示			
漸近線	$y = f(x)$ 以 $y = a$ 為水平漸近線	$y = f(x)$ 以 $x = b$ 為垂直漸近線	$y = f(x)$ 以 $y = x$ 為斜漸近線並以 y 軸為垂直漸近線

漸近線求法

方法	備註
1. 有理多項式 $y=\dfrac{q(x)}{p(x)}$ 之垂直漸進線往往可從分母部分著手，$p(a)=0$，$x=a$ 是垂直漸近線，$q(x)$ 次數減 $p(x)$ 次數等於 1 時，若 $y=\dfrac{q(x)}{p(x)}=a_0+a_1x+\dfrac{n(x)}{p(x)}$，便有斜漸近線 $y = a_0 + a_1x$；$a_1 = 0$ 時有水平漸近線 $y = a_0$。	有理分式 $y=\dfrac{g(x)}{p(x)} \Rightarrow$ 視察法
2. 利用定義 $\lim\limits_{x\to\pm\infty} f(x)=a$，則 $y=a$ 為水平漸近線	
3. $\left.\begin{aligned} m&=\lim\limits_{x\to\infty}\dfrac{f(x)}{x} \\ b&=\lim\limits_{x\to\infty}[f(x)-mx] \end{aligned}\right\} \Rightarrow y = mx + b$ 為 $y = f(x)$ 圖形之一條斜漸近線	

例15. 求 $y=\dfrac{x^2}{(x-1)(x-2)}$ 之漸近線？

解

方法一 用定義	1. $\because \lim\limits_{x\to1^+}\dfrac{x^2}{(x-1)(x-2)}=-\infty$　$\therefore x=1$ 為垂直漸近線； 2. $\because \lim\limits_{x\to2^+}\dfrac{x^2}{(x-1)(x-2)}=\infty$　$\therefore x=2$ 為垂直漸近線； 3. $\because \lim\limits_{x\to\infty}\dfrac{x^2}{(x-1)(x-2)}=1$　$\therefore y=1$ 為水平漸近線；
方法二 （視察 法）	$y=\dfrac{x^2}{(x-1)(x-2)}=1+\dfrac{3x-2}{(x-1)(x-2)}$ $\therefore$水平漸近線：$y=1$ 垂直漸近線：$x=1$，$x=2$

例16. 求 $y=\dfrac{2x-4\sin x}{3x+\cos x}$ 之水平漸近線

解 $\lim\limits_{x\to\infty}\dfrac{2x-4\sin x}{3x+\cos x}=\lim\limits_{x\to\infty}\dfrac{2-4\cdot\dfrac{\sin x}{x}}{3+\dfrac{\cos x}{x}}=\dfrac{2}{3}$

$\therefore y=\dfrac{2}{3}$ 爲水平漸近線

★例17. 求 $y=\dfrac{(x+2)^{\frac{3}{2}}}{\sqrt{x}}$ 之斜漸近線

解 設 $y=mx+b$ 爲一斜漸近線，則

$$m=\lim_{x\to\infty}\frac{f(x)}{x}=\lim_{x\to\infty}\frac{(x+2)^{\frac{3}{2}}}{x^{\frac{3}{2}}}=1$$

$$b=\lim_{x\to\infty}(f(x)-mx)=\lim_{x\to\infty}\left(\frac{(x+2)^{\frac{3}{2}}}{\sqrt{x}}-x\right)$$

$$=\lim_{x\to\infty}\left(\frac{x(x+2)^{\frac{3}{2}}}{x\sqrt{x}}-x\right)=\lim_{x\to\infty}x\left(\left(1+\frac{2}{x}\right)^{\frac{3}{2}}-1\right)$$

$$\overset{y=\frac{1}{x}}{=\!=\!=}\lim_{y\to0}\frac{(1+2y)^{\frac{3}{2}}-1}{y}\overset{\text{L'Hospital}}{=\!=\!=\!=}\lim_{y\to0}\frac{\frac{3}{2}\cdot2(1+2y)^{\frac{1}{2}}}{1}=3$$

$\therefore y=x+3$ 是爲所求

練習 4.4G

求下列各題之漸近線

1. $y=\dfrac{x+1}{\sqrt{x^2+1}}$　　2. $y=\dfrac{x^2+3x+4}{(x+1)(x+2)}$

3. $y=\sqrt{(x+2)(x+1)}$　　4. $y=x\sin\dfrac{1}{x}$

用漸近線求法解 $\lim\limits_{x\to\infty}(f(x)-ax-b)=0$ 之a, b

我們可用漸近線之斜近線的方法解 $\lim\limits_{x\to\infty}(f(x)-ax-b)=0$

例18. 若 $\lim\limits_{x\to\infty}\left(\dfrac{x^2+1}{x+1}-ax-b\right)=0$，求 a, b

解

解法一	$\because y=\dfrac{x^2+1}{x+1}=(x-1)+\dfrac{2}{x+1}$ $\therefore y=x-1$ 是 $y=\dfrac{x^2+1}{x+1}$ 之斜漸近線 $\therefore a=1, b=-1$
解法二（傳統之方法）	$\lim\limits_{x\to\infty}\left(\dfrac{x^2+1}{x+1}-ax-b\right)=\lim\limits_{x\to\infty}\dfrac{x^2+1-(ax+b)(x+1)}{x+1}$ $=\lim\limits_{x\to\infty}\dfrac{(1-a)x^2-(a+b)x+(1-b)}{x+1}=0$ $\therefore a=1, a+b=0\Rightarrow b=-1$

練習 4.5H

若 $\lim\limits_{x\to\infty}\left(\dfrac{x^2}{1+x}-ax-b\right)=2$ 求 a, b

4.5 繪圖

至此，我們對繪製函數概圖的基本知識已大致完備，如此便可進行繪圖了。

要描繪 $y=f(x)$ 的圖形，可依下述步驟進行：

1. 決定 $f(x)$ 的定義域即範圍。
2. 求 x 與 y 的截距。
3. 判斷 $y=f(x)$ 是否過原點及對稱性。
4. 漸近線。
5. 由 $f'(x)$ 之正、負決定曲線遞增、遞減的範圍。由 $f''(x)$ 是正、負或 0 決定曲線上凹、下凹的範圍：

(1) 一階導函數 $\begin{cases} f'>0 & f\in\uparrow \quad （遞增） \\ f'<0 & f\in\downarrow \quad （遞減） \end{cases}$

(2) 二階導函數 $\begin{cases} f''>0 & f\in\cup \quad （上凹） \\ f''<0 & f\in\cap \quad （下凹） \end{cases}$

並決定函數之反曲點。

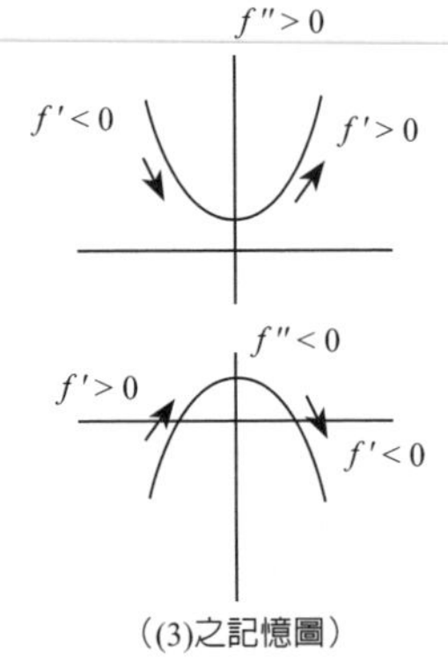

（(3)之記憶圖）

(3) ① $f'>0$，$f''>0$ 其 f 圖形為 ↗

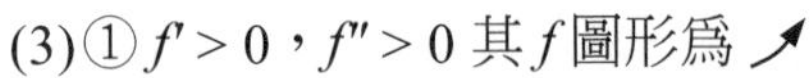

② $f'>0$，$f''<0$ 其 f 圖形為 ↗

③ $f'<0$，$f''>0$ 其 f 圖形為 ↘

④ $f'<0$，$f''<0$ 其 f 圖形為 ↘

如此繪圖就好像是拼積木，只不過它之形狀只有 ↗、↗、↘、↘ 四個圖案，各圖案之始點、終點大致與 $f'(x)=0$，$f''(x)=0$ 之點有關。如此，把握上述要點繪圖也變得簡單多了。

例 1. 試繪 $y=x^3-3x^2-9x+11$ 之概圖

解 我們依本節所述之繪圖步驟：

1. 範圍：$\lim\limits_{x\to\infty} y=\lim\limits_{x\to\infty}(x^3-3x^2-9x+11)=\infty$

   $\lim\limits_{x\to-\infty} y=\lim\limits_{x\to-\infty}(x^3-3x^2-9x+11)=-\infty$

   即 $y=x^3-3x^2-9x+11$ 之範圍為整個實數

   截距：曲線與兩軸交於 $(0, 11)$，與 $(1, 0)$，$(1+2\sqrt{3}, 0)$，$(1-2\sqrt{3}, 0)$。

2. 漸近線：無
3. 不通過原點，也不具對稱性
4. 製作增減表：

   $y'=3x^2-6x-9=3(x^2-2x-3)$

(−1, 16)　y　(0, 11)　(1+2√3, 0)　(1, 0)　(1 − 2√3, 0)　(3, −16)

$= 3(x-3)(x+1) = 0$

$\therefore x > 3$，$x < -1$ 時 $y' > 0$，$3 > x > -1$ 時 $y' < 0$

$y'' = 6x - 6 = 6(x-1)$

又 $x > 1$，$y'' > 0$

$x < 1$，$y'' < 0$　$\therefore (1, 0)$ 爲一反曲點。

x		-1		1		3	
$f'(x)$	$+$		$-$		$-$		$+$
$f''(x)$	$-$		$-$		$+$		$+$
$f(x)$	↗	16	↘	0	↘	-16	↗

如此便可繪出圖形。

例 2. 試繪 $y=\dfrac{x^2-4}{x^2-9}$ 之圖形

解

1. 範圍：x 爲異於 ± 3 之所有實數，與 x 軸交於 $(2, 0)$, $(-2, 0)$ 與 y 軸交於 $\left(0, \dfrac{4}{9}\right)$

2. $y=\dfrac{x^2-4}{x^2-9}=1+\dfrac{5}{x^2-9}=1+\dfrac{5}{(x+3)(x-3)}$

   由視察法易知 $f(x)$ 圖形之漸近線有：$y = 1$，$x = -3$，$x = 3$ 三條

3. 對稱性：$f(-x) = f(x)$　$\therefore f(x)$ 圖形對稱 y 軸

4. $y'=\dfrac{-10x}{(x^2-9)^2}$，$\therefore x > 0$ 時爲減函數，$x < 0$ 時爲增函數

   $y''=\dfrac{30(x^2+3)}{(x^2-9)^3}$，$\therefore x > 3$ 及 $x < -3$ 時 $y'' > 0$ 爲上凹，$3 > x > -3$ 時 $y'' < 0$ 爲下凹

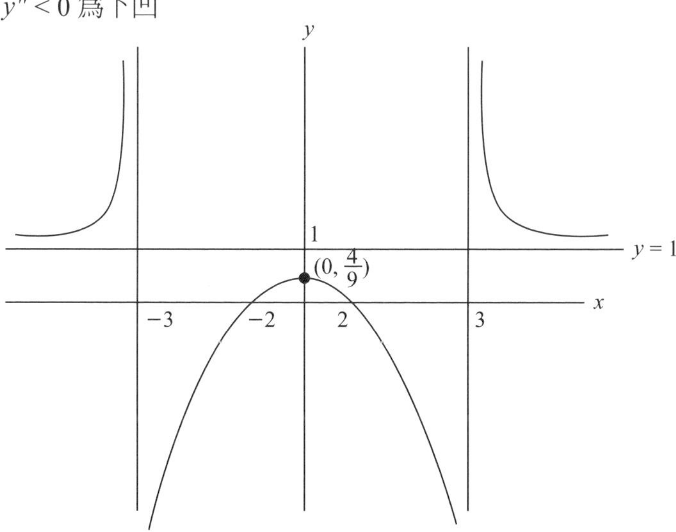

又 $f''(x) > 0$
所以增減表如下：

x		-3		0		3	
$f'(x)$	$+$		$+$		$-$		$-$
$f''(x)$	$+$		$-$		$-$		$+$
$f(x)$	↗	∞	↗	$\frac{4}{9}$	↘	∞	↘

練習 4.5

1. 試繪 $y=2x+\frac{3}{x}$ 之概圖。
2. 試繪 $y=x^{\frac{2}{3}}(x^2-8)$ 之概圖。

4.6 相對變化率

$x = x(t)$，$y = y(t)$ 都是某個參數 t（t 通常表時間）之可微分函數，若 x，y 間存在某種關係，則其變化率$\frac{dx}{dt}$，$\frac{dy}{dt}$亦存在一定關係，那麼我們可由其中一變數之變化率求出另一變數之相對變化率。相對變化率問題便是找出這兩個變化率之關係。一般而言，我們可循下列步驟求出相對變化率：

第一步：將問題之變數以適當符號表之。

第二步：將變數之關係以數學方程式表示。

第三步：用導數表示相對變化率。

第四步：用微分以得到變數間之關係。

第五步：將相關數值代入。

例 1. 設圓半徑 r 為 t 之函數，即 $r(t) = t^2 + 2t + 3$，求時圓面積之增加率。

解 圓面積 A 為 t 之函數，令

$A(t) = \pi r^2(t) = \pi(t^2 + 2t + 3)^2$

在 t_0 時圓面積之增加率

$$A'(t) = \frac{d}{dt}A(t) = \frac{d}{dt}\pi(t^2 + 2t + 3)^2$$
$$= 2\pi(t^2 + 2t + 3)(2t + 2)$$
$$\therefore A'(3) = \frac{d}{dt}A(t)\Big|_{t=3} = 2\pi(t^2 + 2t + 3)(2t + 2)\Big|_{t=3}$$
$$= 2\pi(18)(8) = 288\pi$$

例 2. 一梯子長 13m 斜靠在牆壁與地板間（如圖），若已知梯腳在離牆 12m 處、以 2m/ 秒之速率沿地板向前移動，問此時梯子上端下滑的速率為何？

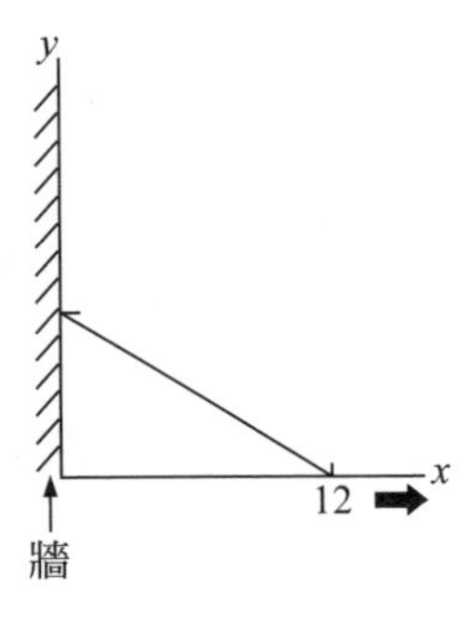

解 設在 t 時，梯子上端在 y 軸之坐標為 $(0, y(t))$，梯子下端在 x 軸之坐標為 $(x(t), 0)$，依題意：$\sqrt{x^2(t) + y^2(t)} = 13$，即 $x^2(t) + y^2(t) = 13^2 = 169$，二邊同對 t 微分得：

$$2x(t)\cdot\frac{dx(t)}{dt} + 2y(t)\cdot\frac{dy(t)}{dt} = 0$$

即　$x(t)\cdot\frac{d}{dt}x(t) + y(t)\cdot\frac{d}{dt}y(t) = 0$　(1)

其次，依題意：

$x(t)=12$，$y(t)=\sqrt{13^2-12^2}=5$，$\dfrac{dx(t)}{dt}=2$

代以上數值到 (1)：

$12\cdot 2+5\cdot\dfrac{d}{dt}y(t)=0$

得$\dfrac{dy(t)}{dt}=-\dfrac{24}{5}$，即此時梯子上端以$\dfrac{24}{5}$ m/ 秒向下滑移

例 3. 設等腰三角形之二腰長爲 10cm，頂角爲 θ，已知夾角以每秒鐘 2° 速率增加，問當頂角爲 60° 時三角形面積之變化率。

解 三角學告訴我們：二邊爲 b, c，夾角爲 θ 之三角形面積爲 $A=\dfrac{1}{2}bc\sin\theta$，

因此 b, c 爲定值下，面積 A 爲 θ 之函數，即$A(\theta)=\dfrac{1}{2}bc\sin\theta$

在本例$A(\theta)=\dfrac{1}{2}(10)(10)\sin\theta=50\sin\theta$，$\dfrac{dA}{d\theta}=50\cos\theta\cdot\dfrac{d\theta}{dt}$

依題意$\dfrac{d}{dt}\theta=\dfrac{\pi}{90}$　$\left(2°=\dfrac{2}{180}\pi=\dfrac{\pi}{90}\right)$

$$\therefore \left.\frac{dA}{dt}\right|_{\theta=\frac{\pi}{3}}=\left.\frac{dA}{d\theta}\cdot\frac{d\theta}{dt}\right|_{\theta=\frac{\pi}{3}}=50\cos\theta\cdot\left.\frac{\pi}{90}\right|_{\theta=\frac{\pi}{3}}$$

$$=25\cdot\frac{\pi}{90}=\frac{5}{18}\pi\ (\text{cm}^2/\text{秒})$$

例 4. 半徑爲 0.5cm 的一圓幣受熱膨脹，已知半徑膨脹速率爲 0.01cm/sec，則當半徑爲 0.6cm 時，圓幣面積的膨脹速率爲何？

解 圓面積函數爲 $A(t)=\pi r^2(t)$

$$\therefore \frac{d}{dt}A(t)=\frac{d}{dt}(\pi r^2(t))=2\pi r(t)\cdot\frac{dr(t)}{dt}=2\pi\cdot 0.6\cdot 0.01$$

$$=0.012(\text{cm}^2/\text{sec})$$

★**例 5.** 設一圓錐水槽深 20 呎，頂部半徑 10 呎，今以每分鐘 3 立方呎速率注入水，問當水深 2 呎時，水面上升速率爲何？

解 設時間爲時之水面高爲 h，半徑爲 r，體積爲 V，則由下列相似三角形

得$\dfrac{20}{h}=\dfrac{10}{r}\Rightarrow r=\dfrac{h}{2}$

又$V=\dfrac{1}{3}\pi r^2h=\dfrac{1}{12}\pi h^3$

$\therefore \frac{dV}{dt}=\frac{dV}{dh}\cdot\frac{dh}{dt}=\frac{3}{12}\pi h^2\frac{dh}{dt}$

已知$\frac{dV}{dt}=3$且 $h=2$

解之$\left.\frac{dh}{dt}\right|_{h=2}=\frac{3}{\pi}$（呎／分），此即水面上升之速率。

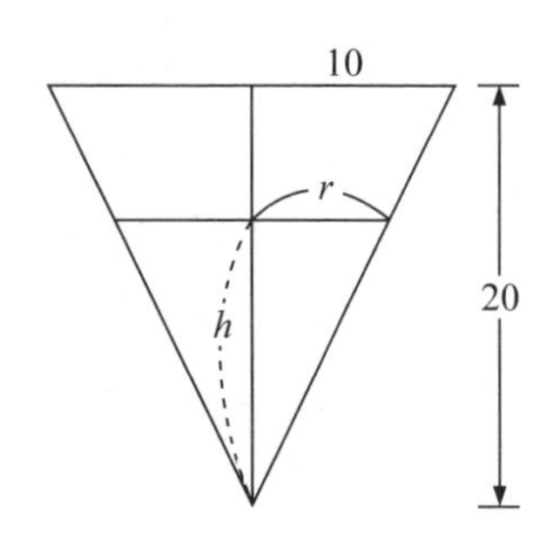

在求相對變化率問題時，往往需用到一些幾何公式，現摘述部分常用公式如下，供讀者參考：

1. 球（Sphere）
   (1) 體積 V：$V=\frac{4}{3}\pi r^3$，r：球半徑
   (2) 表面積：$A=4\pi r^2$
2. 正圓錐（Right Circular Cone）
   (1) 體積 V：$V=\frac{1}{3}\pi r^2 h=\frac{1}{3}$底面積 × 高
   r：錐底半徑，h 錐高
   (2) 表面積 A：$A=\pi r\sqrt{r^2+h^2}$
3. 扇形（Circular Sector）
   (1) 面積：$A=\frac{1}{2}r^2\theta$，r：圓半徑，θ：圓心角
   (2) 弧長：$S=r\theta$

練習 4.6

1. x, y 均爲之可微分函數，$x^2+y^2=25$，若 $x=3, y=4$ 且$\frac{dy}{dt}=2$，求 $\frac{dx}{dt}$。
2. $V=\frac{1}{12}\pi h^3$，h 爲 t 之函數，若 $h=8$ 時$\frac{dh}{dt}=\frac{5}{16}\pi$，求$\frac{dV}{dt}$。
*3. 某球體內充滿氣體，今氣體以 $2\text{ft}^3/\text{min}$ 的速率溢出，求當球體半徑爲 12ft 時，球表面積減小之速率。
4. 有一長爲 26 呎的梯子，斜靠在垂直的牆上，梯腳以 4 呎／秒的速度向外滑，當梯腳滑至離牆 10 呎時，求梯頂滑落的速度爲何？
5. 設某一矩形在瞬間之長寬分別爲 a、b，此時之長寬變化率分別爲 m、n，求證：此時面積變化率爲 $an+bm$。
6. 某等腰三角形兩等邊之長均爲 10 公分，夾角爲 θ，已知每分鐘增加 2°，試求夾角爲 30° 時，該三角形面積的變化率。
7. A、B 爲二同心圓，已知 A 之半徑長爲 B 半徑長之平方，若之半徑之增加率爲 2cm/sec，求當 B 之半徑爲 10cm 時二圓所求面積之變化率爲何？

4.7 微分數

微分數之定義及基本公式

由 $y=f(x)$ 之導數之定義：

$$f'(x)=\lim_{\Delta x\to 0}\frac{f(x+\Delta x)-f(x)}{\Delta x}=\lim_{\Delta x\to 0}\frac{\Delta y}{\Delta x}，\Delta y=f(x+\Delta x)-f(x)$$

我們可將上式解釋成：當 Δx 很小很小時，$f'(x)$ 相當近似於 $\frac{\Delta y}{\Delta x}$，因此 $f'(x)\approx\frac{\Delta y}{\Delta x}$，從而 $\Delta y\approx f'(x)\Delta x$，我們有下列結果：

$$f(x+\Delta x)\approx f(x)+f'(x)\Delta x \qquad (*)$$

在＊中之 $f'(x)\Delta x$ 特稱爲 y 之**微分數**（Differential of y），我們並做下列定義：

> **【定義】** f 為 x 之可微分函數，Δx 為 x 之變化量，則
> (1) y 之微分數記做 dy，定義為 $dy=f'(x)dx$
> (2) x 之微分數記做 dx，定義為 $dx=\Delta x\neq 0$

由定義 $f'(x)$ 可視爲二個微分數之商，微分數之觀念在微分方程式及數值方法上很重要。

例 1. $d(c)=0$

$d(x^n)=nx^{n-1}dx$

$d(x^n)=nx^{n-1}dx$

$d(\ln x)=\frac{1}{x}dx,\ d(e^x)=e^x dx$

$d(\sin x)=\cos x dx$ $\qquad d(\sec x)=\sec x\tan x\,dx$

$d(\cos x)=-\sin x\,dx$ $\qquad d(\csc x)=-\csc x\cot x\,dx$

$d(\tan x)=\sec^2 x\,dx$ $\qquad d(\cot x)=-\csc^2 x\,dx$

若 u, v 爲 x 之可微分數函數：

$d(\alpha u+\beta v)=\alpha du+\beta dv$，$\alpha, \beta$ 爲常數

$d(uv)=udv+vdu$

$d\left(\frac{u}{v}\right)=\frac{vdu-udv}{v^2}$，$v\neq 0$

若 $y=f(u), u=\phi(x)$，則 $y=f(\phi(x))$ 之微分數公式爲

$dy=f'(\phi(x))\phi'(x)dx$

例 1. 求下列各函數之微分數 dy：

(1)$y = x^4$

(2)$y = 2\cos 3x + x^2$

解　(1)$dy = 4x^3dx$（注意：千萬不要寫成 $dy = 4x^3$）

(2)$dy = 2(-3\sin 3x) + 2xdx = -6\sin 3xdx + 2xdx$

例 2. 用微分數之觀念求下列各函數之$\dfrac{dy}{dx}$及$\dfrac{dx}{dy}$：

(1) $xy = 1$　(2) $x^3 + y^3 - xy = 0$

解　(1)$d(xy) = d1$

$ydx + xdy = 0$，$ydx = -xdy$

$\therefore \dfrac{dy}{dx} = -\dfrac{y}{x}$，$x \neq 0$，$\dfrac{dx}{dy} = -\dfrac{x}{y}$，$y \neq 0$

(2)$x^3 + y^3 - xy = 0$ 相當於 $x^3 + y^3 = xy$

$d(x^3 + y^3) = d(xy)$

$3x^2dx + 3y^2dy = ydx + xdy$

$(3x^2 - y)dx = (x - 3y^2)dy$

$\therefore \dfrac{dy}{dx} = \dfrac{3x^2 - y}{x - 3y^2}$，$x - 3y^2 \neq 0$，$\dfrac{dx}{dy} = \dfrac{x - 3y^2}{3x^2 - y}$，$3x^2 - y \neq 0$

微分數之應用

微分有一些有用之應用，包括求 (a) 線性近似（Linear Approximate to f Near x_0）及 (b) 近似值。

• 線性近似

本子節闡述Δy 與 dy 之關係，當 $\Delta x \approx 0$ 時，我們由上面之討論有：$f(x) \approx f(x_0) + f'(x_0)(x - x_0)$。

我們特稱$f(x) = f(x_0) + f'(x_0)(x - x_0)$為 f 在 x_0 附近之線性近似。我們將一些常用函數在 $x = 0$ 附近之線性近似列表如下列定理：

【定理 A】　一些常用函數在 $x = 0$ 附近之線性近似：

(a) $\sin x \approx x$，$\sin ax \approx ax$

(b) $\tan x \approx x$

(c) $(1 + x)^n \approx 1 + nx$

【證明】 (b) $f(x)=\sin x$，$f(0)=0$，$f'(0)=1$

$\therefore f(x)=f(0)+f'(0)x=x$，即$\sin x\approx x$

（同法可證其餘）

例 3. 求$y=\sqrt{1+x}$之線性近似。

解 $\sqrt{1+x}\approx 1+\dfrac{x}{2}$

例 4. 求 $f(x)=\sin x$ 在 $x=\dfrac{\pi}{6}$ 附近之線性近似。

解 $f(x)=\sin x$，$x_0=\dfrac{\pi}{6}$

$$\therefore f(x)=f\left(\frac{\pi}{6}\right)+f'\left(\frac{\pi}{6}\right)\left(x-\frac{\pi}{6}\right)$$

$$=\frac{1}{2}+\frac{\sqrt{3}}{2}\left(x-\frac{\pi}{6}\right)=\frac{6-\pi\sqrt{3}}{12}+\frac{\sqrt{3}}{2}x$$

- 近似值

我們可由微分數之性質求出函數在某特定值之估計數：

$$f(x_0+\Delta x)=f(x_0)+f'(x_0)\Delta x$$

例 5. 求$\sqrt{120}$之近似值。

解 取$f(x)=\sqrt{x}$，$x_0=121$，$\Delta x=-1$

$$f(\sqrt{120})=f(121)+f'(121)(-1)$$

$$=\sqrt{121}+\frac{1}{2\sqrt{121}}(-1)$$

$$=11-\frac{1}{22}\fallingdotseq 10.9545$$

例 6. 若$y=f(x)=\sqrt{x}$，x 由 9 改變到 9.01，求Δy 及 dy。

解 $y=\sqrt{x}$ 則 $dy=\dfrac{1}{2\sqrt{x}}dx$，$x_0=9$，$dx=\Delta x=0.01$

$$\therefore dy=\frac{1}{2\sqrt{x_0}}\cdot 0.01=\frac{1}{2\sqrt{9}}\cdot 0.01=\frac{1}{6}(0.01)=0.00167$$

$\Delta y\approx dy=0.00167$

在應用上，我們常要求得到所求之結果之誤差（Error）有多少？評估誤差有二個方式：

(1) 相對誤差（Relative Error in y），定義爲$\frac{|\Delta y|}{y}$

(2) 百分誤差 Percentage Error in y）定義爲$\frac{|\Delta y|}{y}$（100%）

二者意義實則一樣，只不過後者用百分率形式表示而已。

例 7. 一球體之半徑爲 6cm，若半徑之百分誤差不超過 2%，問球表面積之百分誤差爲何？又要使球體體積相對誤差不超過 2% 時，半徑之相對誤差不能超過多少 %？

解 (1)半徑爲 r 之表面積$S=4\pi r^2$，依題意$\frac{\Delta r}{r}\approx\frac{dr}{r}=2\%$

∴表面積之誤差爲

$$\frac{\Delta S}{S}\approx\frac{dS}{S}=\frac{8\pi r dr}{4\pi r^2}=\frac{2dr}{r}\approx\frac{2\Delta r}{r}=2(2\%)=4\%$$

(2)球體體積$V=\frac{4}{3}\pi r^3$

$$\frac{\Delta V}{V}\approx\frac{dV}{V}=\frac{4\pi r^2 dr}{\frac{4}{3}\pi r^3}=3\frac{dr}{r}\approx 3\frac{\Delta r}{r}=2\%\therefore\frac{dr}{r}\approx\frac{\Delta r}{r}=\frac{2}{3}\%$$

在例 7，我們也可以應用自然對數微分公式（見 7.2 節）：

例如：(1) $S=4\pi r^2\therefore\ln S=\ln 4\pi+2\ln r$ 從而 $\frac{dS}{S}=\frac{2dr}{r}\Rightarrow\frac{\Delta S}{S}=\frac{2\Delta r}{r}$；(2) $V=\frac{4}{3}\pi r^3\therefore\ln V=\ln\frac{4}{3}\pi+3\ln r$，從而$\frac{dV}{V}=\frac{3dr}{r}\Rightarrow\frac{\Delta V}{V}\approx\frac{3\Delta r}{r}=2\%$，$\therefore\frac{dr}{r}=\frac{2}{3}\%$

例 8. 鐘擺定律 $T=2\pi\sqrt{\frac{l}{g}}$，l 爲鐘擺長度（公尺），T 爲週期（秒），g 爲重力加速度（9.8 公尺／秒）。有一個老爺鐘，其擺長會受溫度影響而改變，若老爺鐘之擺長通常爲 1 公尺，問其長度增加 10cm，則一天內該老爺鐘會損失幾分鐘？

解 $T=2\pi\sqrt{\frac{l}{g}}$，$\ln T=\ln 2\pi+\frac{1}{2}\ln l-\frac{1}{2}\ln g\quad\therefore\frac{dT}{T}=\frac{dl}{2l}$

$$\therefore\frac{\Delta T}{T}\approx\frac{\Delta l}{2l}=\frac{1}{2}\left(\frac{10}{100}\right)=5\%$$

一天有 1440 分鐘　∴一天內會損失 1440 分鐘 $\times 5\% = 72$ 分鐘

練習 4.7

1. 求 dy：

(1) $y=\sin x^2$　　(2) $\sqrt{x}+\sqrt{y}=1$

2. 估計下列各值：

(1) $\tan 46^\circ$　　(2) $(1.001)^7-2(1.001)^{\frac{4}{3}}+3$

3. 求下列各題在指定值處之線性近似：

(1) $y=\sqrt[3]{1+x}, a=0$　　(2) $y=\dfrac{1}{(1+3x)^5}, a=0$

第5章
積　分

5.1　反導函數

5.2　定積分之定義

5.3　定積分之基本解法

5.1 反導函數

引子

在微分法中，函數 $f(x)$ 透過微分運算子「$\frac{d}{dx}$」，得到導數 $f'(x)$，**反導函數**（Anti-derivative），又稱爲**不定積分**（Indefinite integral），顧名思義是在已知 $f'(x)$ 下反求 $f(x)$。$f(x)$ 之反導函數之運算符號是 $\int f(x)dx$。以上可用一個簡單的例子說明之：$\frac{d}{dx}(x^2+x+1)=2x+1$，反導函數之目的在於 $\frac{d}{dx}f(x)=2x+1$，那麼 $f(x)=$？」也就是 $\int(2x+1)dx=$？我們看出 x^2+x+1 是個解，$x^2+x+40001$ 也是個解，顯然凡形如 x^2+x+c 之函數均是其解，由此看出反導函數之結果必有一常數 c。不定積分 $\int f(x)dx$ 之 $\int$ 稱爲**積分符號**（Integral sign），而 $f(x)$ 則稱**積分式**（Integrand）。

反導函數之基本定理

【定理 A】

1. 冪法則：$\int x^r dx=\begin{cases}\frac{1}{r+1}x^{r+1}+c, & r\neq-1\\ \ln|x|+c, & r=-1\end{cases}$（見 7.3 定理 B）
2. 不定積分之線性
   $\int kf(x)dx=k\int f(x)dx$
   $\int(f(x)\pm g(x))dx=\int f(x)dx\pm\int g(x)dx$
3. 冪法則之一般化
   $\int(f(x))^r f'(x)dx=\int(f(x))^r df(x)$
   $=\frac{1}{r+1}(f(x))^{r+1}+c$，$r\neq-1$

在幾個不定積分結果加總時，只需在最後結果加上一個常數 c。讀者利用簡單的微分即可證出。

例 1. 求 $\int(3\sqrt{x}+2x-\frac{1}{x^2})dx=$？

解

$$\int(3\sqrt{x}+2x-\frac{1}{x^2})dx$$

$$=\int 3x^{\frac{1}{2}}dx+\int 2xdx-\int\frac{1}{x^2}dx=3\left(\frac{2}{3}x^{\frac{3}{2}}\right)+x^2+\frac{1}{x}+c=2x^{\frac{3}{2}}+x^2+\frac{1}{x}+c$$

例 2. 求$\int \frac{(x+1)^2}{\sqrt{x}}dx=$?

解 $\int \frac{(x+1)^2}{\sqrt{x}}dx=\int x^{-\frac{1}{2}}(x^2+2x+1)\,dx$

$=\int\left(x^{\frac{3}{2}}+2x^{\frac{1}{2}}+x^{-\frac{1}{2}}\right)dx$

$=\frac{2}{5}x^{\frac{5}{2}}+2\cdot\frac{2}{3}x^{\frac{3}{2}}+2x^{\frac{1}{2}}+c$

$=\frac{2}{5}x^{\frac{5}{2}}+\frac{4}{3}x^{\frac{3}{2}}+2x^{\frac{1}{2}}+c$ 或 $\frac{2}{5}\sqrt{x^5}+\frac{4}{3}\sqrt{x^3}+2\sqrt{x}+c$

練習 5.1A

1. 求 (1) $\int \frac{x+1}{\sqrt{x}}dx$ (2) $\int x\sqrt[3]{x}\,dx$ (3) $\int (a+bx)(cx+d)\,dx$ (4) $\int \sqrt{\sqrt[3]{x}}(x+1)\,dx$
2. 若已知 $\frac{d}{dx}x^x=x^x(1+\ln x)$ 求 $\int x^x(1+\ln x)dx$

【定理 B】
若 u 為 x 之可微分函數則

$\int \sin u\,du=-\cos u+c$

$\int \cos u\,du=\sin x+c$

$\int \tan u\,du=-\ln|\cos u|+c$

$\int \cot u\,du=\ln|\sin u|+c$

$\int \sec u\,du=\ln|\sec u+\tan u|+c$

$\int \csc u\,du=\ln|\csc u-\cot u|+c$

$\int \sec^2 x\,du=\tan u+c$

$\int \csc^2 x\,dx=-\cot u+c$

證明（$\int \sec x\,dx=\ln|\sec x+\tan x|+c$）

方法一：微分法	$\because \frac{d}{dx}(\ln|\sec x+\tan x|+c)=\frac{d}{dx}\ln|\sec x+\tan x|+\frac{d}{dx}c$ $=\frac{\frac{d}{dx}(\sec x+\tan x)}{\sec x+\tan x}=\frac{\sec x\tan x+\sec^2 x}{\sec x+\tan x}=\frac{\sec x(\tan x+\sec x)}{\sec x+\tan x}=\sec x$ $\therefore \int \sec x\,dx=\ln|\sec x+\tan x|+c$
方法二：應用三角恒等式	$\int \sec x\,dx=\int \sec x\left(\frac{\sec x+\tan x}{\sec x+\tan x}\right)dx=\int \frac{\sec^2 x+\sec x\tan x}{\sec x+\tan x}dx$ $=\int \frac{d(\tan x+\sec x)}{\sec x+\tan x}=\ln|\sec x+\tan x|+c$

例 3. 求 1. $\int \sin 2x dx$　2. $\int \cos^2 x dx$

解　1. $\int \sin 2x dx = 2\int \sin x \cos x dx = 2\int \sin x d\sin x$

$$= 2\left(\frac{1}{2}\sin^2 x\right) + c = \sin^2 x + c$$

或 $\int \sin 2x dx = \int \sin 2x d\left(\frac{1}{2}\cdot 2x\right) = \frac{-1}{2}\cos 2x + c$

2. $\int \cos^2 x dx = \int \frac{1+\cos 2x}{2} dx = \int \frac{1}{2} dx + \frac{1}{2}\int \cos 2x dx = \frac{x}{2} + \frac{1}{2}\int \cos 2x d\left(\frac{1}{2}\cdot 2x\right)$

$$= \frac{x}{2} + \frac{1}{4}\int \cos 2x d2x = \frac{x}{2} + \frac{1}{4}\sin 2x + c$$

例3之解答，$\int \cos^2 x dx = \frac{x}{2} + \frac{1}{4}\sin 2x + c$，我們可驗算一下：$\frac{d}{dx}\left(\frac{x}{2} + \frac{1}{4}\sin 2x + c\right) = \frac{1}{2} + \frac{1}{2}\cos 2x = \frac{1}{2} + \frac{1}{2}(2\cos^2 x - 1) = \cos^2 x$，此與積分式相同。也可驗算$\int \sin 2x dx$之二者答案皆對。$\int \sin 2x dx$ 有二個答案 $-\frac{1}{2}\cos 2x + c$ 與 $\sin^2 x + c$，其實兩個解只差常數而已。

例 4. 在三角微分法，我們知 $\frac{d}{dx}\tan x = \sec^2 x$ 與 $\frac{d}{dx}\cot x = -\csc^2 x$，應用此結果求 $\int \frac{dx}{\cos^2 x \sin^2 x}$

解

$$\int \frac{dx}{\cos^2 x \sin^2 x} = \int \frac{\cos^2 x + \sin^2 x}{\cos^2 x \sin^2 x} dx = \int \frac{\cos^2 x}{\cos^2 x \sin^2 x} dx + \int \frac{\sin^2 x dx}{\cos^2 x \sin^2 x}$$

$$= \int \frac{dx}{\sin^2 x} + \int \frac{dx}{\cos^2 x} = \int \csc^2 x dx + \int \sec^2 x dx$$

$$= -\cot x + \tan x + c$$

練習 5.1B

求 1. $\int \frac{\cos 2x}{\cos x + \sin x} dx$　2. $\int \cos^3 x dx$　3. $\int \frac{dx}{1+\cos x}$

三角函數之進一步積分法

一、三角恆等式

例 5. 求 $\int \frac{1+\sin 2x}{\sin x + \cos x} dx$

解　$\int \frac{1+\sin 2x}{\sin x+\cos x}dx=\int \frac{\sin^2 x+\cos^2 x+2\sin x\cos x}{\sin x+\cos x}dx$

$=\int \frac{(\sin x+\cos x)^2}{\sin x+\cos x}dx=\int (\sin x+\cos x)\,dx=-\cos x+\sin x+c$

例 6.　求 $\int \frac{\cos x}{\sec x+\tan x}dx$

解　$\int \frac{\cos x}{\sec x+\tan x}dx=\int \frac{\cos x\,dx}{\frac{1}{\cos x}+\frac{\sin x}{\cos x}}=\int \frac{\cos^2 x}{1+\sin x}dx=\int \frac{1-\sin^2 x}{1+\sin x}dx$

$=\int (1-\sin x)\,dx=x+\cos x+c$

例 7.　求 $\int \frac{dx}{1-\sin x}$

解　$\int \frac{dx}{1-\sin x}=\int \frac{(1+\sin x)\,dx}{(1-\sin x)(1+\sin x)}=\int \frac{1+\sin x}{\cos^2 x}dx=\int \csc^2 dx+\int \frac{-d\cos x}{\cos^2 x}$

$=-\cot x+\csc x+c$

$\int \frac{dx}{1-\sin x}$ 亦可透過 $z=\tan\frac{x}{2}$ 解之。（見 8.2 節）

練習 5.1C

求 1. $\int \frac{\sec x\cos 2x}{\sin x+\sec x}dx$　　2. $\int \sqrt{1+3\cos^2 x}\,\sin 2x dx$

3. $\int \frac{dx}{(1-\sin^2 x)\sqrt{1+\tan x}}$　　4. $\int \frac{dx}{1+\cos x}$　　5. $\int \frac{dx}{1+\sin x}$

二、積化合差

$2\sin\alpha\cos\beta=\sin(\alpha+\beta)+\sin(\alpha-\beta)$

$2\cos\alpha\cos\beta=\cos(\alpha+\beta)+\cos(\alpha-\beta)$

$2\sin\alpha\sin\beta=-\cos(\alpha+\beta)+\cos(\alpha-\beta)$

例 8.　求 $\int \sin 3x\cos 5x dx$

解　$\int \sin 3x\cos 5x dx=\frac{1}{2}\int (\sin 8x+\sin(-2x))dx=\frac{1}{2}\int (\sin 8x-\sin 2x)dx$

$=\frac{1}{2}\left(-\frac{1}{8}\cos 8x+\frac{1}{2}\cos(2x)\right)+c=-\frac{1}{16}\cos 8x+\frac{1}{4}\cos 2x+c$

練習 5.1D

求 1. $\int \cos 3x \cos x dx$　　2. $\int \sin 3x \sin x dx$

三、$\int \sin^m x \cos^n x dx$

$\int \sin^m x \cos^n x dx$ 之解法因 m，n 奇偶而有所不同：
1. m，n 中只有一個為奇數時，令偶數方者為 u 後化成 $\int h(u) du$ 之型式
2. m，n 均為偶數（包含 0），可由倍角公式來降低積分之冪次
3. $m+n$ 為負偶數時，可令用 $\sin x = \tan x \cos x$

例 9. 求 1. $\int \sin^3 x \cos x dx$　　2. $\int \sin^3 x \cos^2 x dx$

3. $\int \frac{\sin^2}{\cos^4 x} dx$

解

1. $\int \sin^3 x \cos x dx = \int \sin^3 x d \sin x = \frac{1}{4} \sin^4 x + c$

2. $$\begin{aligned}\int \sin^3 x \cos^2 x dx &= \int \sin^2 x \cos^2 x \sin x dx \\ &= \int (1-\cos^2 x) \cos^2 x d(-\cos x) \\ &= \int (\cos^4 x - \cos^2 x) d \cos x \\ &= \frac{1}{5} \cos^5 x - \frac{1}{3} \cos^3 x + c\end{aligned}$$

3. $$\begin{aligned}\int \frac{\sin^2 x}{\cos^4 x} dx &= \int \frac{\tan^2 x \cos^2 x}{\cos^4 x} dx \\ &= \int \tan^2 x \sec^2 x dx = \int \tan^2 x d \tan x = \frac{1}{3} \tan^3 x + c\end{aligned}$$

練習 5.1E

1. $\int \sin^2 x \cos^3 x dx$　　2. $\int \sin^5 x dx$

3. $\int \sec^6 x dx$　　★4. $\int \frac{dx}{a^2 \sin^2 x + b^2 \cos^2 x}$

分段函數不定積分常數問題

連續函數不定積分之積分常數只有一個，本子節之重心在決定連續分段函數不定積分之積分常數。

【定理 C】 若 $f(x)$ 在 $[a, b]$ 中為連續，則 $f(x)$ 在 $[a, b]$ 中為**可積的**（Integrable）

上述定理可擴充爲 f(x) 在 [a, b] 中除有限個點外均爲連續則 f(x) 在 [a, b] 中爲可積的。

應用定理 C，便可處理一些分段函數之積分常數問題。

例10. $f(x)=\begin{cases}2x，0\le x\le 1\\ 2，1<x\le 2\end{cases}$，求 $\int f(x)\,dx$

解

步驟	解答
step 1 判斷 $f(x)$ 在 $x=1$ 處是否連續？	$f(1)=2$ $\begin{cases}\lim\limits_{x\to 1^+} f(x)=\lim\limits_{x\to 1^+} 2x=2\\ \lim\limits_{x\to 1^-} f(x)=\lim\limits_{x\to 1^-} 2=2\end{cases}$ $\therefore \lim\limits_{x\to 1} f(x)=2=f(1)\Rightarrow f(x)$ 在 $x=1$ 處連續
step 2 逐段積分	$\int f(x)dx=\begin{cases}x^2+c_1，0\le x\le 1\\ 2x+c_2，1<x\le 2\end{cases}$
step 3 決定各段積分結果之常數關係 $\because f(x)$ 在 $x=1$ 處連續 $\therefore \lim\limits_{x\to 1} f(x)$ 存在 $\Rightarrow \lim\limits_{x\to 1^+} f(x)=\lim\limits_{x\to 1^-} f(x)$ 從而決定出 c_1，c_2 之關係	$\lim\limits_{x\to 1^+} f(x)=\lim\limits_{x\to 1^+}(x^2+c_1)=1+c_1$ $\lim\limits_{x\to 1^-} f(x)=\lim\limits_{x\to 1^-}(2x+c_2)=2+c_2$ $\because 1+c_1=2+c_2$ 得 $c_1=1+c_2$，令 $c_2=c$ $\therefore c_1=1+c$ 得 $\int f(x)dx=\begin{cases}x^2+1+c，0\le x\le 1\\ 2x+c \quad，1<x\le 2\end{cases}$

例11. 求 $\int |x-1|\,dx$

解

步驟	解答
step 1 判斷 $f(x)$ 在 $x=1$ 處是否連續？	$f(x)=\|x-1\|=\begin{cases}x-1，x\geq 1\\1-x，x<1\end{cases}$ 顯然 $f(x)$ 在 $x=1$ 處為連續。
step 2 逐段積分	$\int \|x-1\|\,dx=\begin{cases}\frac{x^2}{2}-x+c_1，x\geq 1\\x-\frac{x^2}{2}+c_2，x<1\end{cases}$
step 3 決定各段積分結果之常數關係 $\because f(x)$ 在 $x=1$ 處連續 $\therefore \lim_{x\to 1} f(x)$ 存在 $\Rightarrow \lim_{x\to 1^+} f(x)=\lim_{x\to 1^-} f(x)$ 從而決定出 c_1, c_2 之關係	$\lim_{x\to 1^+} f(x)=\lim_{x\to 1^+}\left(\frac{x^2}{2}-x+c_1\right)=\frac{-1}{2}+c_1$ $\lim_{x\to 1^-} f(x)=\lim_{x\to 1^-}\left(x-\frac{x^2}{2}+c_2\right)=\frac{1}{2}+c_2$ $-\frac{1}{2}+c_1=\frac{1}{2}+c_2$ $\therefore c_1=1+c_2$，令 $c_2=c$ 則 $c_1=1+c$ $\int \|x-1\|\,dx=\begin{cases}\frac{x^2}{2}-x+1+c，x\geq 1\\x-\frac{x^2}{2}+c，x<1\end{cases}$

練習 5.1F

1. 若 $f(x)=\begin{cases}x^2 &，x\leq 0\\ \sin x &，x>0\end{cases}$，求 $\int f(x)\,dx$
2. $\int \max(x^2, x^3)\,dx$
3. $f(x)=\begin{cases}1, & x\leq 1\\ x, & x>1\end{cases}$，求 $\int f(x)\,dx$

不定積分之基本變數變換法

【定理 D】 （不定積分之變數變換），若 g 為一可微分函數，F 為 f 之反導數，取 $u=g(x)$，則 $\int f(g(x))g'(x)\,dx=\int f(u)\,du=F(u)+c=F(g(x))+c$

【證明】 $\frac{d}{dx}[F(g(x))+c]=F'(g(x))g'(x)=f(g(x))$

$\therefore \int f(g(x))g'(x)dx=F(g(x))+c$

不定積分之基本變數變換

$\int \frac{f'(x)}{(f(x))^t}dx$，取 $u=f(x)$	$\int \frac{4x^3+3x^2}{(x^4+x^3+1)^t}dx$，取 $u=x^4+x^3+1$
$\int f'(x)e^{f(x)}dx$，取 $u=f(x)$	$\int (4x^3+3x^2)e^{(x^4+x^3+1)}dx$，取 $u=x^4+x^3+1$
$\int f'(x)\sin, \cos(f(x))dx$，取 $u=f(x)$	$\int (4x^3+3x^2)\sin(x^4+x^3+1)dx$，取 $u=x^4+x^3+1$
$\int f'(x)\sqrt[n]{f(x)}dx$，取 $u=f(x)$	$\int (4x^3+3x^2)\sqrt[3]{x^4+x^3+1}dx$，取 $u=x^4+x^3+1$

例12. 求 (1) $\int (3x+1)\sqrt[3]{6x^2+4x+1}\,dx$ (2) $\int (2x+1)\sin(x^2+x+1)dx$

解 (1) $\int (3x+1)\sqrt[3]{6x^2+4x+1}\,dx \overset{u=6x^2+4x+1}{=\!=\!=} \int u^{\frac{1}{3}}\frac{1}{4}du=\frac{1}{4}\left(\frac{3}{4}u^{\frac{4}{3}}\right)+c$

$=\frac{3}{16}(6x^2+4x+1)^{\frac{4}{3}}+c$

(2) $\int (2x+1)\sin(x^2+x+1)dx \overset{u=x^2+x+1}{=\!=\!=} \int \sin u\,du=-\cos u+c$

$=-\cos(x^2+x+1)+c$

上述方法為一般微積分教材之標準解法，對熟練基本變數變換法之讀者而言，我們可用下述方法列式計算：

(1) $\int (3x+1)\sqrt[3]{6x^2+4x+1}dx=\int \sqrt[3]{6x^2+4x+1}d\frac{1}{4}(6x^2+4x+1)$

$=\frac{3}{16}(6x^2+4x+1)^{\frac{4}{3}}+c$

(2) $\int (2x+1)\sin(x^2+x+1)dx=\int \sin(s^2+x+1)d(x^2+x+1)$

$=-\cos(x^2+x+1)+c$

練習 5.1G

求 1. $\int (2x+3)\sqrt[3]{x^2+3x+6}$　　2. $\int (2x+3)\cos(x^2+3x+6)dx$

3. $\int (3x^2+2)(4x^3+8x+1)^{12}dx$　　4. $\int \frac{1}{x^2}\left(1+\frac{1}{x}\right)^4dx$

5. $\int \frac{1}{x^3}\cos\left(1+\frac{1}{x^2}\right)dx$　　6. $\int x\sqrt{3x+5}\,dx$

5.2 定積分之定義

定積分的概念源自面積，因此談定積分前先簡介如何藉細小分割以得到區域的面積。

平面面積

將區間 $[a, b]$ 用 $a = x_0 < x_1 < x_2 \cdots\cdots < x_n = b$ 諸點劃分成 n 個子區間（Subinterval），每個子區間之長度為 $\Delta x = \frac{1}{n}(b-a)$ 如此形成了 n 個小的矩形。在圖 (a)，第 k 個矩形的面積是 $\Delta x\, f(x_k)$，所以 $y = f(x)$ 在 $[a, b]$ 中與 x 軸所夾區域之 n 個矩形之面積和近似為 $\sum_{k=1}^{n} f(x_k)\Delta x$……①。

同理圖 (b) 中 $y = f(x)$ 在 $[a, b]$ 中與 x 軸所夾區域之面積近似為 $\sum_{k=1}^{n} f(x_{k-1})\Delta x$……②。

當 $n \to \infty$ 時①，②之面積是相等的。

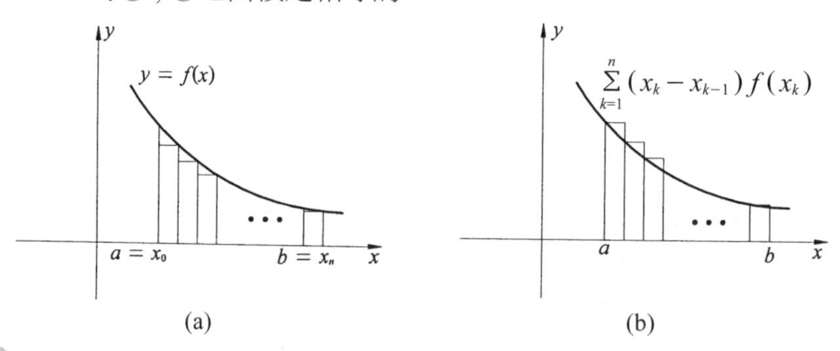

例 1. 我們用剛才所述之方法求 $y = f(x) = x^2$，在 $[0, 2]$ 間與 x 軸所夾之面積

解

依圖(a)		依圖(b)	
解答	圖示	解答	圖示
將 $[0, 2]$ 分成 n 個等長區間， 每個區間長 $\Delta x = \frac{2}{n}$ $A(R_n) = f\left(\frac{2}{n}\right)\Delta x + f\left(\frac{4}{n}\right)\Delta x$ $+ \cdots + f\left(\frac{2n-2}{n}\right)\Delta x$ $= \left(\frac{2}{n}\right)^2 \frac{2}{n} + \left(\frac{4}{n}\right)^2 \frac{2}{n}$ $+ \cdots + \left(\frac{2n-2}{n}\right)^2 \frac{2}{n}$ $= 8\left[0 + \frac{1^2}{n^3} + \frac{2^2}{n^3} + \cdots + \frac{(n-1)^2}{n^3}\right]$ $= \frac{8}{n^3}(1^2 + 2^2 + \cdots + (n-1)^2)$ $= \frac{8}{n^3} \cdot \frac{(n-1)n(2n-1)}{6}$ $\therefore \lim_{n\to\infty} A(R_n) = \lim_{n\to\infty} \frac{8(n-1)n(2n-1)}{6n^3}$ $= \frac{8}{3}$	$y = x^2$ $\frac{2}{n}$ $\frac{4}{n}$ $\frac{6}{n}$ … $\frac{2n-2}{n}$	將 $[0, 2]$ 分成 n 個等長區間， 每個區間長 $\Delta x = \frac{2}{n}$ $A(R_n) = f\left(\frac{2}{n}\right)\Delta x + f\left(\frac{4}{n}\right)\Delta x + \cdots$ $+ f\left(\frac{2n}{n}\right)\Delta x$ $= \left(\frac{2}{n}\right)^2 \frac{2}{n} + \left(\frac{4}{n}\right)^2 \frac{2}{n} + \cdots$ $+ \left(\frac{2n}{n}\right)^2 \frac{2}{n}$ $= \frac{8}{n^3}(1^2 + 2^2 + \cdots + n^2)$ $= \frac{8}{n^3} \cdot \frac{n(n+1)(2n+1)}{6}$ $\therefore \lim_{n\to\infty} A(R_n) = \lim_{n\to\infty} \frac{8n(n+1)(2n+1)}{6n^3}$ $= \frac{8}{3}$	$y = x^2$ $\frac{2}{n}$ $\frac{4}{n}$ $\frac{2n}{n}$

例 1 之方法求面積雖有其歷史意義，但爾後將有簡易方法求得 $y = f(x)$ 在 $[a, b]$ 與 x 軸所夾之面積。

練習 5.2A

用右圖求 $y = x$ 在 $x = 0$，$x = 2$ 與 x 軸所夾之面積。

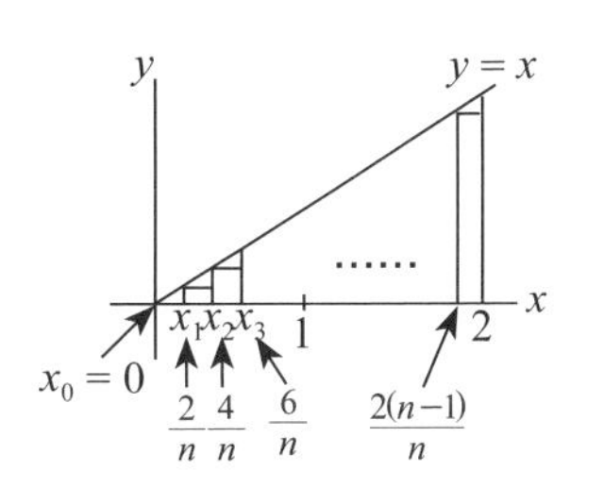

定積分之定義

【定義】 將區間 $[a, b]$ 用 $a = x_0 < x_1 < x_2 \cdots\cdots < x_n = b$ 諸點劃分成 n 個**子區間**，並選出 n 個點 ε_k，$x_{k-1} \leqq \varepsilon_k \leqq x_k$，$k = 1, 2, \cdots\cdots n$。令 $\delta = \max(x_1 - x_0, x_2 - x_1, \cdots\cdots, x_n - x_{n-1})$ 及 $\Delta x_k = x_k - x_{k-1}$。
若 $\lim\limits_{\delta\to 0}\sum\limits_{k=1}^{n} f(\varepsilon_k)(\Delta x_i)$ 存在，則 $\int_a^b f(x)\,dx = \lim\limits_{\delta\to 0}\sum\limits_{k=1}^{n} f(\varepsilon_k)\Delta x_k$。

我們通常將 $[a, b]$ 劃分為 n 個等長子區間，每個子區間長為 $\Delta x = \frac{1}{n}(b - a)$，那麼定積分定義也可寫成：

$$\int_a^b f(x)dx = \lim_{n\to\infty}\sum_{k=1}^{n} f(\varepsilon_k)\Delta x$$

$\int_a^b f(x)\,dx$ 中，$f(x)$ 稱為**積分式**（Integrand），b 為**積分上界**（Integral upper bound），a 為**積分下界**（Integral lower bound）。要注意的是 $\int_a^b f(x)\,dx$ 之 x 是**啞變數**（Dummy variable），x 可用任意字母取代，結果都代表同樣的積分式。

定積分之幾何意義

$f(x)$ 在 $[a, b]$ 中為連續，則 $\int_a^b f(x)\,dx$ 表示曲線 $y = f(x)$ 與 x 軸及 $x = a$，$x = b$ 所夾之面積。由下圖 $\int_a^b f(x)\,dx = A_1 - A_2 + A_3 - A_4$

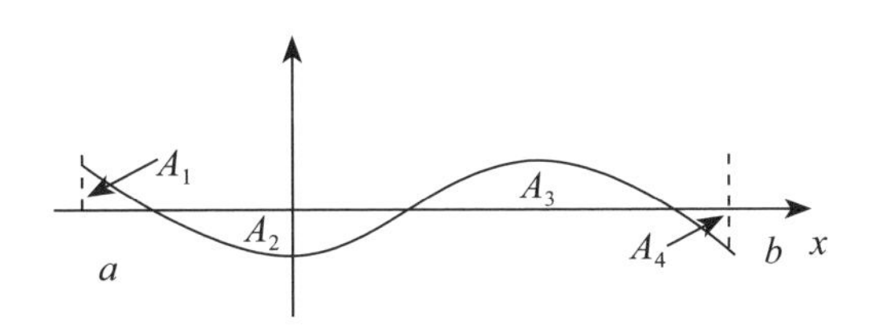

例 2. 用定積分之幾何意義求 $\int_0^2 \sqrt{4-x^2}dx$

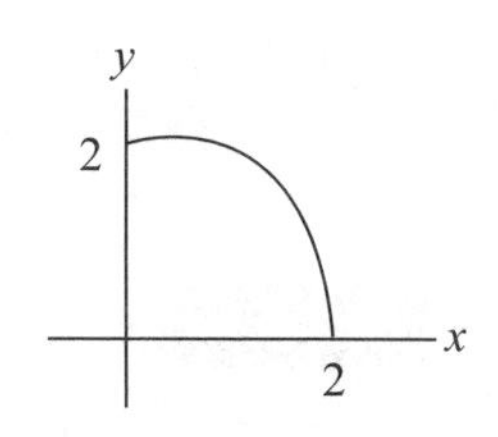

解 $y=\sqrt{4-x^2}$，$x\in[0,2]$，相當於半徑為 2 之圓在第一象限之面積，即 $\frac{1}{4}\pi(2^2)=\pi$

$\therefore \int_0^2 \sqrt{4-x^2}dx=\pi$

練習 5.2B

1. 用定積分之幾何意義求
   (1) $\int_0^1 xdx$ (2) $\int_0^1 \sqrt{1-x^2}\,dx$ ★(3) $\int_0^{2\pi} \sin xdx$（提示：先繪略圖）
2. 求 (1) $\int_{-1}^2 [x]\,dx$ (2) $\int_{-1}^2 [x]\,xdx$

【定理 A】 $\lim\limits_{n\to\infty}\sum\limits_{i=1}^{n} f\left(a+\frac{i(b-a)}{n}\right)\cdot\frac{b-a}{n}=\int_a^b f(x)dx$

定理 A 的公式或許有些讀者不習慣，我就把它圖解一下，或許便可較為清楚了。

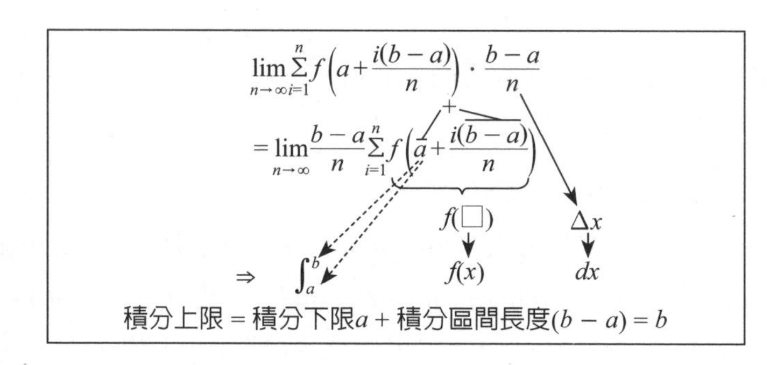

例 3. 用定積分表示 $\lim\limits_{n\to\infty}\sum\limits_{i=1}^{n}\frac{i^6}{n^7}$

解 $\lim\limits_{n\to\infty}\sum\limits_{i=1}^{n}\frac{i^6}{n^7}=\lim\limits_{n\to\infty}\frac{1}{n}\sum\limits_{i=1}^{n}\left(\frac{i}{n}\right)^6=\lim\limits_{n\to\infty}\frac{1}{n}\sum\limits_{i=1}^{n}\left(0+\frac{i}{n}\right)^6$

$=\int_0^1 x^6 dx$

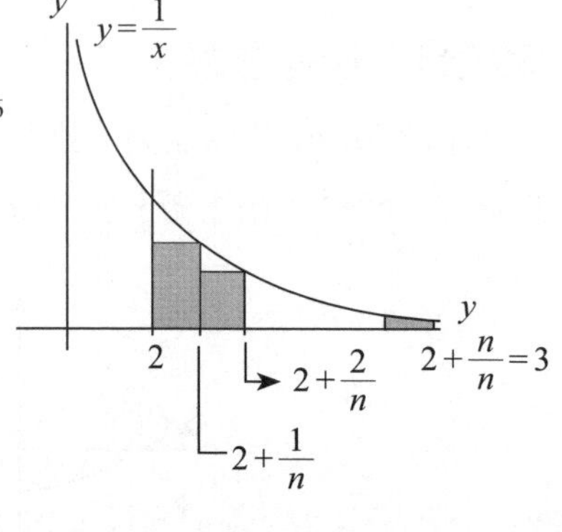

例 4. 用定積分表示 $\lim\limits_{n\to\infty}\sum\limits_{i=1}^{n}\frac{1}{(2n+i)}$

解 $\lim\limits_{n\to\infty}\sum\limits_{i=1}^{n}\frac{1}{(2n+i)}=\lim\limits_{n\to\infty}\frac{1}{n}\sum\limits_{i=1}^{n}\frac{1}{\left(2+\frac{i}{n}\right)}=\int_2^3\frac{1}{x}$

例 5. 用定積分表示 $\lim_{n\to\infty}\sum_{i=1}^{n}\left(\sqrt{\frac{4i}{n}}\right)\frac{4}{n}=\int_0^4\sqrt{x}\,dx$

> 例 3～5 與 4.4 節例 11 之比較在於後者無法化成 $\lim_{n\to\infty}\frac{1}{n}\sum_{k=1}^{n}f(x)\Delta x$

解 $\lim_{n\to\infty}\sum_{i=1}^{n}\left(\sqrt{\frac{4i}{n}}\right)\frac{4}{n}=\lim_{n\to\infty}\frac{4}{n}\sum_{i=1}^{n}\left(\sqrt{0+\frac{4i}{n}}\right)=\int_0^4\sqrt{x}\,dx$

或者 $\lim_{n\to\infty}\sum_{i=1}^{n}\left(\sqrt{\frac{4i}{n}}\right)\frac{4}{n}=8\lim_{n\to\infty}\frac{1}{n}\sum_{i=1}^{n}\sqrt{\frac{i}{n}}=8\int_0^1\sqrt{x}\,dx$

讀者可驗證各例之結果：例 3 為 $\frac{1}{7}$，例 4 為 $\ln\frac{3}{2}$，例 5 為 $\frac{16}{3}$

練習 5.2C

用定積分表示：1. $\lim_{n\to\infty}\frac{1}{n}\sum_{i=1}^{n}\frac{1}{1+\left(\frac{i}{n}\right)^2}$　2. $\lim_{n\to\infty}\left[\sum_{i=1}^{n}\left(1+\frac{2i}{n}\right)^2\right]\frac{2}{n}$　3. $\lim_{n\to\infty}\left[\sum_{i=1}^{n}\sin\left(\frac{2}{n}i\right)\right]\cdot\frac{2}{n}$

定積分基本性質

由定積分之定義，我們得到定理 B。

【定理 B】 f 與 g 在 $[a, b]$ 均為可積分，k 為常數則 kf，$f+g$ 均為可積分且

(1) $\int_a^b kf(x)dx=k\int_a^b f(x)dx$

(2) $\int_a^b[f(x)\pm g(x)]dx=\int_a^b f(x)dx\pm\int_a^b g(x)dx$

(3) 若 c 為 $[a, b]$ 中之一點則

$$\int_a^b f(x)dx=\int_a^c f(x)dx+\int_c^b f(x)dx$$

【定理 C】 $f(x)$ 在 $[a, b]$ 中為連續之非負函數，則 $\int_a^b f(x)\,dx\geq 0$

【證明】 由定積分之定義，$f(x_i)\geq 0$，$\Delta x>0$，$\Delta x=\frac{b-a}{n}$

$\therefore f(x_i)\Delta x\geq 0$，$i=1, 2\cdots n$

則

$\lim_{n\to\infty}\sum_{i=1}^{n}f(x_i)\,\Delta x\geq 0$

$\therefore\int_a^b f(x)\,dx\geq 0$

例 6. $f(x)$ 在 $[a, b]$ 中爲連續之非負函數，若 $\int_a^b f(x)\,dx = 0$，試證 $f(x) = 0$

解 $\because \int_a^b f(x)\,dx = 0 \Rightarrow \sum_{i=1}^{n} f(x_i)\,\Delta x = 0$，$\Delta x = \frac{b-a}{n}$，$\Delta x > 0$ 又 $f(x_i) \geq 0$，

$\therefore f(x_i) = 0$，$i = 1, 2 \cdots n$ 即 $f(x) = 0$

【定理 D】 $f(x)$ 在 $[a, b]$ 中為連續函數則

1. $\int_a^a f(x)\,dx = 0$
2. $\int_a^b f(x)\,dx = -\int_b^a f(x)\,dx$
3. $f(x) \geq g(x)$ 則 $\int_a^b f(x)\,dx \geq \int_a^b g(x)\,dx$
4. $\left|\int_a^b f(x)dx\right| \leq \int_a^b |f(x)|dx \quad b > x > a$

【證明】（證 2, 4 二部分）

2. $\int_a^b f(x)dx + \int_b^a f(x)dx = \int_a^a f(x)dx = 0$

$\therefore \int_a^b f(x)dx = -\int_b^a f(x)dx$

4. $-|f(x)| \leq f(x) \leq |f(x)|$

$\therefore \int_a^b -|f(x)|dx \leq \int_a^b f(x)\,dx \leq \int_a^b |f(x)|dx$

$\Rightarrow \left|\int_a^b f(x)dx\right| \leq \int_a^b |f(x)|dx$

例 7. 試證 $\left|\int_0^1 \sin x dx\right| \leq 1$

解 $\left|\int_0^1 \sin x dx\right| \leq \int_0^1 |\sin x|dx \leq \int_0^1 1\,dx = 1$

練習 5.2D

1. 試證 (1) $2\sqrt{2} \geq \int_{-1}^{1}\sqrt{1+x^2}dx \geq 2$ (2) $\int_1^2 \sqrt{1+x^4}dx \geq \frac{7}{3}$

(3) $\int_0^{\frac{\pi}{2}} x\sin x dx \leq \frac{\pi^2}{8}$

2. 試證定理 D 的 3.。

微積分基本定理

【定理 E】 微積分基本定理（Fundamental theorem of calculus）若 $f(x)$ 在 $[a, b]$ 中為連續，$F(x)$ 為 $f(x)$ 之任何一個反導函數，則 $\int_a^b f(x)dx=F(b)-F(a)$。

習慣上 $\int_a^b f(x)dx$ 常寫成 $\int_a^b f(x)dx=F(x)]_a^b=F(b)-F(a)$

例 8. 求 $\int_0^1 x^2dx=?$

解 $\int_0^1 x^2dx=\frac{1}{3}x^3]_0^1=\frac{1}{3}[(1)^3-(0)^3]=\frac{1}{3}$

【定理 F】 $\frac{d}{dx}\int_a^x f(z)dz=f(x)$

【推論 F1】 $\frac{d}{dx}\int_0^{g(x)} f(t)dt=f(g(x))g'(x)$，$g(x)$ 為 x 之可微分函數。

【推論 F2】 $\frac{d}{dx}\int_{h(x)}^{g(x)} f(t)dt=f(g(x))g'(x)-f(h(x))h'(x)$

例 9. 求 (1) $\lim_{h\to 0}\frac{\int_x^{x+h}\frac{du}{u+\sqrt{u^2+1}}}{h}$ (2) $\frac{d}{dx}\int_{x^2}^{x^3}\sin t^2dt$

解 (1) $\lim_{h\to 0}\frac{\int_x^{x+h}\frac{du}{u+\sqrt{u^2+1}}}{h}=\frac{1}{x+\sqrt{x^2+1}}$

(2) $\frac{d}{dx}\int_{x^2}^{x^3}\sin t^2dt=(\sin x^6)\frac{d}{dx}x^3-(\sin x^4)\frac{d}{dx}x^2=3x^2\sin x^6-2x\sin x^4$

例10. $f(x)$ 爲連續函數，求

(1) $\frac{d}{dx}\int_0^{x^2} f(t^2)dt$ (2) $g(x)=\int_0^x (x-t)^2f(t)dt$，$g'(x)$

★(3) $\frac{d}{dx}\int_0^{\sin x} t^2f(x^3-t^3)dt$

解 (1) $\frac{d}{dx}\int_0^{x^2} f(t^2)dt = 2xf(x^4)$

(2) $g(x) = \int_0^x (x-t)^2 f(t)dt = \int_0^x (x^2 - 2xt + t^2) f(t)dt$

$= x^2\int_0^x f(t)dt - 2x\int_0^x tf(t)dt + \int_0^x t^2 f(t)dt$

$\therefore g'(x) = 2x\int_0^x f(t)dt + x^2 f(x) - 2\int_0^x tf(t)dt - 2x(xf(x)) + x^2 f(x)$

$= 2\int_0^x xf(t)dt - 2\int_0^x tf(t)dt = 2\int_0^x (x-t)f(t)dt$

(3) $g(x) = \int_0^{\sin x} t^2 f(x^3 - t^3)dt = \int_0^{\sin x} f(x^3 - t^3)\, d\left(\frac{t^3}{3}\right) = -\int_0^{\sin x} f(x^3 - t^3) d\left(\frac{x^3 - t^3}{3}\right)$

$\overset{u = x^3 - t^3}{=\!=\!=} \frac{-1}{3}\int_{x^3}^{x^3 - \sin^3 x} f(u)du$

$\therefore g'(x) = \frac{-1}{3}[f(x^3 - \sin^3 x)(3x^2 - 3\sin^2 x\cos x) - f(x^3)\cdot 3x^2]$

$= x^2 f(x^3) - (x^2 - \sin^2 x\cos x) f(x^3 - \sin^3 x)$

例11. $f(x)$ 與 $\frac{1}{f(x)} \in c[a, b]$，$f(x) > 0$，$\forall x \in [a, b]$，令 $g(x) = \int_a^x f(u)du + \int_b^x \frac{du}{f(u)}$，$u \in [a, b]$，試證 (1) $g'(x) \geq 2$ (2) $g(x) = 0$ 在 (a, b) 中恰有 1 個根

解 (1) $g'(x) = f(x) + \frac{1}{f(x)} \geq 2\sqrt{f(x)\cdot\frac{1}{f(x)}} = 2$

> $f(x) \in c[a, b]$ 表示 $f(x)$ 在閉區間 $[a, b]$ 為連續

(2) $g(a) = \int_a^a f(u)ud + \int_b^a \frac{dx}{f(u)} = -\int_a^b \frac{du}{f(u)} < 0$，同法 $g(b) = \int_a^b f(u)\,du > 0$

$\because g(a)g(b) < 0$，由定理 2.4E，$g(x)$ 在 (a, b) 有一根，又 $g'(x) > 0 \Rightarrow$ $g(x)$ 在 (a, b) 中為增函數 $\therefore g(x)$ 在 (a, b) 中恰有一根。

練習 5.2E

1. 求 (1) $\frac{d}{dx}\int_0^{x^2}\sqrt{1+z^3}dz$ (2) $\frac{d}{dx}\int_{\sqrt{x}}^{2\sqrt{x}}\sin^2 t\, dt$ (3) $\frac{d}{dx}\int_0^x |t|\, dt$

2. $f(x) = \frac{1}{2}\int_0^x (x-t)^2 g(t)dt$，$g(t)$ 在 $t \geq 0$ 時為正值之連續函數，試判斷 $y = f(x)$ 之圖形為上凹或下凹？

3. $\begin{cases} x = \int_0^t (1 - \cos u)\, du \\ y = \int_0^t \sin u\, du \end{cases}$，求 $\frac{dy}{dx}$

★4. $f(x) = \int_0^x \left[\int_1^{\cos t}\sqrt{1+u^3}du\right] dt$，求 $f''(x)$

★5. $f(x)$ 為可微分函數，$f(0) = 0$，$g(x) = \int_0^x x^{n-1} f(x^n - t^n)dt$，求 $\lim_{x\to 0}\frac{g(x)}{x^{2n}}$

Cauchy-Schwarz不等式

【定理 E】若 $f(x)$，$g(x) \in c[a, b]$，則 $\int_a^b f^2(x)dx \int_a^b g^2(x)dx \geq \left(\int_a^b f(x)g(x)dx\right)^2$

【證明】$\because (f(x) + \lambda g(x))^2 \geq 0$

$\therefore \int_a^b (f(x)+\lambda g(x))^2 dx = \int_a^b f^2(x)dx + 2\lambda \int_a^b f(x)g(x)dx + \lambda^2 \int_a^b g^2(x)dx \geq 0 \cdots\cdots *$

* 為 λ 之二次式，由二次式 $a + b\lambda + c\lambda^2 \geq 0$ 之判別式

$D = b^2 - 4ac \leq 0 \Rightarrow \left(2\int_a^b f(x)g(x)dx\right)^2 \leq 4\int_a^b f^2(x)dx \int_a^b g^2(x)dx$

即 $\left(\int_a^b f(x)g(x)dx\right)^2 \leq \int_a^b f^2(x)dx \int_a^b g^2(x)dx$

★ **例12.** 若 $f(x) \in c[a, b]$，$f(a) = 0$，試證 $(b-a)\int_a^x (f'(x))^2 dx \geq f^2(x)$

解 由 Cauchy-Schwarz 不等式

$\int_a^x 1^2 dx \int_a^x (f'(x))^2 dx \geq \left(\int_a^x 1 \cdot f'(x)dx\right)^2$

$= \left(\int_a^x f'(x)dx\right)^2$

$= \left(f(x)\Big]_a^x\right)^2 = (f(x) - f(a))^2 = f^2(x)$

> 本題之關鍵在於
> (1) $x - a = \int_a^x 1dx = \int_a^x 1^2 dx$
> (2) $\int_a^x f'(x)dx = f(x) - f(a) = f(x)$
> ($\because f(a) = 0$)

即 $(x-a)\int_a^x (f'(x))^2 dx \geq f^2(x)$，又 $x \in [a, b]$，$\therefore b - a > x - a$

得 $(b-a)\int_a^b (f'(x))^2 dx \geq f^2(x)$

練習 5.2F

1. $f(x) \in c[a, b]$，$f(x) > 0$，試證 $\int_a^b f(x)dx \int_a^b \frac{dx}{f(x)} \geq (b-a)^2$

5.3 定積分之基本解法

本節將介紹定積分之基本解法，包括應用最廣的變數變換法、奇偶性與週期函數之定積分。

定積分之變數變換

【定理 A】 若函數 g' 在 $[a, b]$ 中為連續，且 f 在 g 之值域中為連續，取 $u = g(x)$，則 $\int_a^b f[g(x)]g'(x)\,dx = \int_{g(a)}^{g(b)} f(u)\,du$。

【證明】 $\int_{g(a)}^{g(b)} f(u)du = F(u)\Big]_{g(a)}^{g(b)} = F(g(b)) - F(g(a))$ (1)

又 $\int f(g(x))g'(x)dx = F(g(x)) + c$

由微積分基本定理

$\int_a^b f(g(x))g'(x)dx = F(g(x))\Big]_a^b = F(g(b)) - F(g(a))$ (2)

比較 (1), (2) 即得。

讀者在做定積分變數變換時應把握下列原則：

換元必換限：即變數變換要改變積分界限

配元不換限：即配方法不要改變積分界限

定理 A 可圖析如下，以方便讀者記憶：

例 1. 求 $\int_4^9 \frac{1}{\sqrt{x}}\sin\sqrt{x}\,dx$

解

解法	解答	說明
變數變換法	$\int_4^9 \frac{1}{\sqrt{x}}\sin\sqrt{x}\,dx \overset{u=\sqrt{x}}{=\!=} \int_2^3 2\sin u\,du = -2(\cos u)\Big]_2^3$ $= -2\cos 3 + 2\cos 2$	積分變數由 x 變 u 積分上下限改變
配元法	$\int_4^9 \frac{1}{\sqrt{x}}\sin\sqrt{x}\,dx = 2\int_4^9 \sin\sqrt{x}\,d\sqrt{x} = -2\cos\sqrt{x}\Big]_4^9$ $= 2(-\cos 3 + \cos 2)$	積分變數始終為 x 積分上下限不變

練習 5.3A

求 (1) $\int_0^2 (x+1)\sqrt[3]{x^2+2x+3}\,dx$ (2) $\int_a^b f'(2x)dx$

例 2. 試證 $\int_0^1 x^m(1-x)^n dx = \int_0^1 x^n(1-x)^m dx$

解 $\int_0^1 x^m(1-x)^n dx \overset{y=1-x}{=\!=\!=} -\int_1^0 (1-y)^m y^n dy = \int_0^1 (1-y)^m y^n dy$
$= \int_0^1 x^n(1-x)^m\, dx$

> 勿忘：
> 積分變數為啞變數

例 3. $f(x)$ 在 $0 \le x \le \pi$ 中為連續，試證 $\int_0^\pi xf(\sin x\, dx) = \frac{\pi}{2}\int_0^\pi f(\sin x)\, dx$

解 $\int_0^\pi xf(\sin x)\, dx \overset{y=\pi-x}{=\!=\!=} \int_\pi^0 (\pi-y)\, f(\sin(\pi-y))(-dy)$
$= \int_0^\pi (\pi-y)\, f(\sin y)dy$
$= \int_0^\pi (\pi-x)\, f(\sin x)dx = \int_0^\pi \pi f(\sin x)\, dx - \int_0^\pi xf(\sin x)\, dx$
移項：
$2\int_0^\pi xf(\sin x)\, dx = \pi\int_0^\pi f(\sin x)\, dx$　即 $\int_0^\pi xf(\sin x)\, dx = \frac{\pi}{2}\int_0^\pi f(\sin x)\, dx$

例 4. 求 $\int_0^1 (f(1-x)+f(2-x)+\cdots+f(n-x))dx$

解 在不失一般性，我們考慮任一項，例如第 p 項：$\int_0^1 f(p-x)dx$
$\int_0^1 f(p-x)dx \overset{y=p-x}{=\!=\!=} \int_p^{p-1} f(y)d(-y) = \int_{p-1}^p f(y)dy$
$\therefore \int_0^1 (f(1-x)+f(2-x)+\cdots+f(n-x))dx$
$= \int_0^1 f(x)dx + \int_1^2 f(x)dx + \cdots + \int_{n-1}^n f(x)dx = \int_0^n f(x)dx$

練習 5.3B

求 1. $\int_0^\pi \frac{x\sin x}{1+\cos^2 x}dx$　　2. $\int_0^{\frac{\pi}{2}} \left(\frac{\sin^m x}{\sin^m x+\cos^m x}\right)dx$

奇偶性在求 $\int_{-a}^a f(x)dx$ 之應用

奇函數與偶函數

【定義】 1. 若函數 f 在其定義域之每一數 x 均滿足 $f(-x) = f(x)$，則稱 f 為**偶函數**（Even function）。
2. 若函數 f 在其定義域之每一數 x 均滿足 $f(-x) = -f(x)$，則稱 f 為**奇函數**（Odd function）。

注意的是：

1. 不見得每個函數都是偶函數或奇函數。如 $f(x) = 1 + x + x^2, x \epsilon (-1, 1)$ 既非偶函數亦非奇函數。
2. $f(x) = 0$ 是奇函數也是偶函數。
3. f 爲偶函數或奇函數之先決條件爲函數之**定義域必須爲 $(-a, a)$** 之形式（**即對稱原點**）
4. 令 $h(x)=f(x)+f(-x)=\begin{cases}0\\2f(x)\end{cases}$，則 $\begin{cases}f(x)\text{ 爲奇函數}\\f(x)\text{ 爲偶函數}\end{cases}$，$x \epsilon (-a, a)$
5. 若 $f(x)$ 爲奇函數則 $f(0) = 0$，但 $f(0) = 0$ 未必是奇函數（如 $f(x) = x + x^2$）

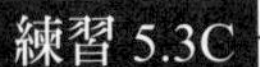

f_1，f_2 爲偶函數，g_1，g_2 爲奇函數，它們的定義域都是 $(-a, a)$，$a > 0$。則

1. $f_1 + f_2$ 爲____函數　　2. $f_1 - 3f_2$ 爲____函數
3. $g_1 - 3g_2$ 爲____函數　　4. f_1g_1 爲____函數
5. $f_1 + g_1$ 爲____函數　　6. g_1g_2 爲____函數　（填奇、偶或 ×）。

	定義	圖示與幾何和代數意義	例
偶函數	$f(-x) = f(x)$ $x \in (-a, a)$	$y = x^2$，$(-a, f(-a))$，$(a, f(a))$，$-a$，a，x，y 幾何意義：對稱 y 軸 代數意義 $\because f(-a) = f(a)$ $\therefore f(a) + f(-a) = 2f(a)$	1. $f(x) = x^2 + 1$，$x \in R$ 為一偶函數 2. $f(x) = x^2 + x + 1$： $f(-x) + f(x) = 2x^2 + 2$ 不為 0 或 $2f(x)$ ∴既非偶函數亦非奇函數 3. $f(x) = x^2$，$2 \geq x \geq -3$ 因定義域不為 $(-a, a)$，$a > 0$ 之形式故 $f_3(x)$ 非偶函數亦非奇函數
奇函數	$f(-x) = -f(x)$ $x \in (-a, a)$	$y = x^3$，$(a, f(a))$，$(-a, -f(a))$，$-a$，0，a，x，y 幾何意義：對稱原點 代數意義 $\because f(-a) = -f(a)$ $\therefore f(a) + f(-a) = 0$	1. $f(x) = x^3$，$x \in R$ 為一奇函數 2. $f(x) = x^3 + 1$ $\because f(-x) + f(x) = 2$ 不為 0 或 $2f(x)$ ∴既非偶函數亦非奇函數

例 5. 試討論 $f(x) = x^n - x^{-n}$，$n \in Z^+$ 之奇偶性

解

1. n 爲偶數：$f(-x) = (-x)^n - (-x)^{-n} = x^n - x^{-n}$
$= f(x)$
2. n 爲奇數：$f(-x) = (-x)^n - (-x)^{-n} = -x^n - (-x)^{-n}$
$= -x^n + x^{-n} = -f(x)$
3. $n = 0$：$f(x) = 0$

綜上：n 爲偶數時 $f(x)$ 爲偶函數，n 爲奇數時 $f(x)$ 爲奇函數，$n = 0$ 時 $f(x)$ 爲偶函數亦爲奇函數。

練習 5.3D

判斷下列函數爲奇函數或偶函數？

★1. $f(x) = \log(x + \sqrt{1 + x^2})$

2. $f(x) = \int_0^x e^{-\frac{1}{2}u^2} du$

3. ① $f(x) = x^4 + x^2 + 1$ ② $f(x) = x^4 + x + 1$

★4. $f(x) = \begin{cases} \cos x - x, & -\pi \le x \le 0 \\ \cos x + x, & 0 \le x \le \pi \end{cases}$

【定理 B】 設 f 為一偶函數（即 f 滿足 $f(-x) = f(x)$），則 $\int_{-a}^{a} f(x)\,dx = 2\int_0^a f(x)\,dx$

【證明】 $\int_{-a}^{a} f(x)\,dx = \int_{-a}^{0} f(x)\,dx + \int_0^a f(x)\,dx$

現在我們要證明的是：$\int_{-a}^{0} f(x)\,dx = \int_0^a f(x)\,dx$，

取 $y = -x$，則 $\int_{-a}^{0} f(x)\,dx = \int_a^0 f(-y)\,d(-y) = -\int_a^0 f(y)\,dy = \int_0^a f(y)\,dy$
$= \int_0^a f(x)\,dx$

$\therefore f(x)$ 為偶函數時，$\int_{-a}^{a} f(x)\,dx = 2\int_0^a f(x)\,dx$

【定理 C】 設 f 為奇函數（即滿足 $f(-x)=-f(x)$），則 $\int_{-a}^{a} f(x)\,dx=0$

證明見練習 5.3E 第 1 題。

讀者遇到 $\int_{-a}^{a} f(x)dx$ 時首先要想到 $f(x)$ 之奇偶性，它可大幅減少計算量與難度。

例 5. 求 $\int_{-\frac{\pi}{2}}^{\frac{\pi}{2}} x^5\sin(x^4)\,dx=$?

解 積分式 $f(x)=x^5\sin(x^4)$ 有 $f(-x)=(-x)^5\sin(-x)^4$

$=-x^5\sin x^4=-f(x)$，$\therefore f(x)=x^5\sin(x^4)$ 為一奇函數。

由定理 C 知 $\int_{-\frac{\pi}{2}}^{\frac{\pi}{2}} x^5\sin(x^4)\,dx=0$。

例 6. 求 (1) $\int_{-3}^{3}|x|dx=$?　(2) $\int_{-3}^{5}x\,|x|dx$

解 (1) 積分式 $f(x)=|x|$ 有 $f(-x)=|-x|=|x|=f(x)$，

$\therefore f(x)=|x|$ 為一偶函數

由定理 B 知 $\int_{-3}^{3}|x|dx=2\int_{0}^{3}xdx=2\cdot\left.\frac{x^2}{2}\right]_0^3=9$

(2) $\int_{-3}^{5}x\,|x|dx=\underbrace{\int_{-3}^{3}x\,|x|dx}_{\text{奇函數}}+\int_{3}^{5}x\,|x|dx=0+\int_{3}^{5}x^2dx=\frac{98}{3}$

練習 5.3E

1. 試證定理 C
2. 求 $\int_{-\pi}^{\pi}\frac{x^4\tan x}{1+x^2(1+x^2)}dx$
★3. 求 $\int_{-a}^{a}x^2[f(x)-f(-x)]\,dx$

週期函數之定積分

週期函數

【定義】 $f(x)$ 在 Ω 上有定義，**若存在常數 $T>0$，使得 $f(x+T)=f(x)$ 則稱 $f(x)$ 為週期函數**（Periodic function），滿足 $f(x+T)=f(x)$ 之最小正數 T_0，則稱 $f(x)$ 為週期是 T_0 之函數。

我們可用定義判斷 $y=f(x)$ 是否爲週期函數，最常見的週期函數莫過於三角函數，$y=\sin x$ 與 $y=\cos x$ 之週期 $T=2\pi$，$\because \sin(x+2\pi)=\sin x$，$\cos(x+2\pi)=\cos x$；$|\sin x|=|\sin(x+\pi)|$，$\therefore y=\sin x$ 之 $T=\pi$，在三角學我們知若三角函數 $y=A\sin(\omega x+\phi)$，$y=A\cos(\omega x+\phi)$ 之週期均爲 $T=\frac{2\pi}{\omega}$，例如 $y=\cos(2x+3)$ 之週期 $T=\frac{2\pi}{2}=\pi$，$y=|\sin x|=|\sin(x+\pi)|$，$\therefore y=|\sin x|$ 之 $T=\pi$，$\sin\left(\frac{x}{2}\right)=\frac{2\pi}{\frac{1}{2}}=4\pi$，$\tan(x+\pi)=\frac{\sin(x+\pi)}{\cos(x+\pi)}=\frac{-\sin x}{-\cos x}=\tan x$，$\therefore y=\tan x$ 之 $T=\pi$，$\tan\frac{x}{3}=\frac{\pi}{\frac{1}{3}}=3\pi$ ……，又 $\sin^3 3x=\sin^3(3x+2\pi)=\sin^3\left(3\left(x+\frac{2}{3}\pi\right)\right)$，$\therefore T=\frac{2}{3}\pi$

例 7. $f(x)=a+bx$，$b\neq 0$ 是否爲週期函數？

解　設 $f(x)=a+bx$ 爲週期是 T 之週期函數則由週期函數之定義

$f(x+T)=a+b(x+T)=a+bx$

$\therefore bT=0$，$\because$ 又已知 $b\neq 0\Rightarrow T=0$ 與週期之 $T\neq 0$ 定義不合

$\therefore f(x)=a+bx$，$b\neq 0$ 不爲週期函數

例 8. 依下列圖形判斷 $f(x)$ 是否爲週期函數，若是 $T=?$

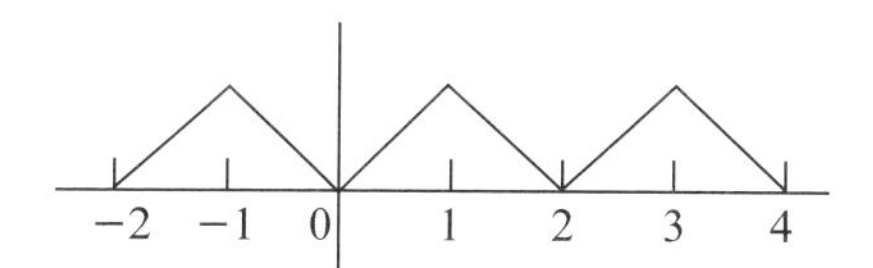

解　$y=f(x)$ 爲週期函數，$T=2$

例 9. 問 $f(x)=x\cos x$ 是否爲一週期函數？

解　$f(x+T)=(x+T)\cos(x+T)=x\cos x$ 對任一 $x\in R$ 均成立之條件顯然爲 $T=0$，此與 $T\neq 0$ 之規定不合 $\therefore f(x)=x\cos x$ 不爲週期函數。

練習 5.3F

1. 不用計算指出下列三角函數何者是週期函數？若是週期 $T=$ ？

   (1) $y=\sin(3x-1)$　(2) $y=3\cos\left(1+\frac{x}{2}\right)$　(3) $y=\cos^2 x$　(4) $y=\sin|x|$

2. 設 $f(x)$ 爲週期 T 之函數，試證 $-T$ 亦爲 $f(x)$ 之週期。
3. 若 $f(x+a)=-f(x)$ 試證 $f(x)$ 是週期爲 $T=2a$ 之函數。
4. 若 $f(x)$ 滿足 $f(x+a)=f(x-a)$ 試證 $f(x)$ 是 $T=2a$ 之函數。

【定理 D】 $f(x)$ 為週期為 T 之連續函數則

(1) $\int_a^{a+T} f(x)dx = \int_0^T f(x)dx$

(2) $\int_a^{a+nT} f(x)dx = n\int_0^T f(x)dx$

【證明】 (1) $\int_a^{a+T} f(x)dx = \int_a^0 f(x)dx + \int_0^T f(x)dx + \int_T^{a+T} f(x)dx \quad (1)$

但 $\int_T^{a+T} f(x)\,dx \overset{x-T=y}{=\!=\!=} \int_0^a f(y+T)dy = \int_0^a f(y)dy = \int_0^a f(x)dx \quad (2)$

代 (2) 入 (1) $\int_a^{a+T} f(x)dx = \int_a^0 f(x)dx + \int_0^T f(x)dx + \int_0^a f(x)dx = \int_0^T f(x)dx$

(2) $\int_a^{a+nT} f(x)dx$

$= \int_a^{a+T} f(x)dx + \int_{a+T}^{a+2T} f(x)dx + \int_{a+2T}^{a+3T} f(x)dx + \cdots + \int_{a+(n-1)T}^{a+nT} f(x)dx \quad (3)$

但 $\int_{a+(k-1)T}^{a+kT} f(x)dx = \int_{a+(k-1)T}^{a+(k-1)T+T} f(x)dx = \int_0^T f(x)dx$，$k=1,2-n \quad (4)$

代 (4) 入 (3) 得 $\int_a^{a+nT} f(x)dx = n\int_0^T f(x)dx$

定理 D 之重點在於：若 $f(x)$ 為週期是 T 之週期函數，它的定積分只和定積分之積分上、下限之長度有關而與從那一點開始積分無關，因此

$$\int_0^T f(x)dx = \int_{\frac{T}{2}}^{\frac{3}{2}T} f(x)dx = \int_{-\frac{T}{2}}^{\frac{T}{2}} f(x)dx = \cdots\cdots$$

例10. 求 (1) $\int_0^\pi \sqrt{1+\sin 2x}dx$　　(2) 利用此結果求：$\int_0^{n\pi} \sqrt{1+\sin 2x}dx$

解 (1) $\int_0^\pi \sqrt{1+\sin 2x}dx = \int_0^\pi \sqrt{(\sin x+\cos x)^2}dx$

$= \int_0^\pi |\sin x+\cos x|dx = \sqrt{2}\int_0^\pi \left|\sin\left(x+\frac{\pi}{4}\right)\right|dx$

$\overset{y=x+\frac{\pi}{4}}{=\!=\!=\!=} \sqrt{2}\int_{\frac{\pi}{4}}^{\frac{5}{4}\pi} |\sin y|dy = \sqrt{2}\int_0^\pi |\sin y|dy$

$= \sqrt{2}\int_0^\pi \sin y\,dy = 2\sqrt{2}$

一個常用之三角公式

$\sin x+\cos x = \sqrt{2}\left(\frac{\sqrt{2}}{2}\sin x+\frac{\sqrt{2}}{2}\cos x\right) = \sqrt{2}\sin\left(x+\frac{\pi}{4}\right)$

(2) $\int_0^{n\pi}\sqrt{1+\sin 2x}dx=n\int_0^{\pi}\sqrt{1+\sin 2x}dx=2n\sqrt{2}$

例11. 求$\int_0^{500}(x-[x])dx$

解 $\because f(x+1)-f(x)$

$=(x+1)-[x+1]=1$

$\therefore f(x)=x-[x]$ 是週期為 1 之週期函數

$\int_0^{500}(x-[x])dx$

$=500\int_0^1(x-[x])dx$

$=500\times\frac{1}{2}=250$

（$\because\int_0^1(x-[x])dx$ 之面積為

$\frac{1}{2}\times 1\times 1=\frac{1}{2}$）

$[x]$ 為最大整數函數，定義若 $n+1>x\geq n$ 則 $[x]=n$

$f(x)=x-[x]$ 之圖形為

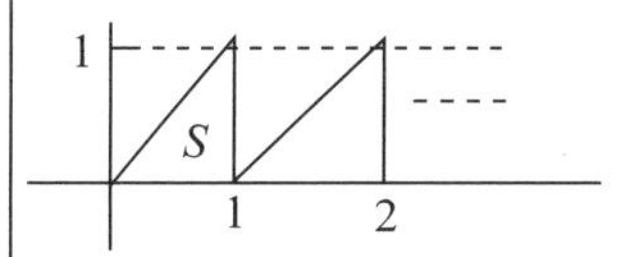

故 $f(x)$ 為 $T=1$ 之週期函數

練習 5.3G

1. 求 $\int_{\frac{\pi}{2}}^{\frac{13}{2}\pi}\sqrt{1+\sin 2x}dx$
2. 求 $\int_{13}^{513}(x-[x])dx$

第6章
積分應用

6.1 平面面積

直角坐標系下面積之求算

設 $y = f(x)$ 在 $[a, b]$ 中為連續函數，本節目的在求 $y = f(x)$ 在 $[a, b]$ 與 x 軸所夾之面積。

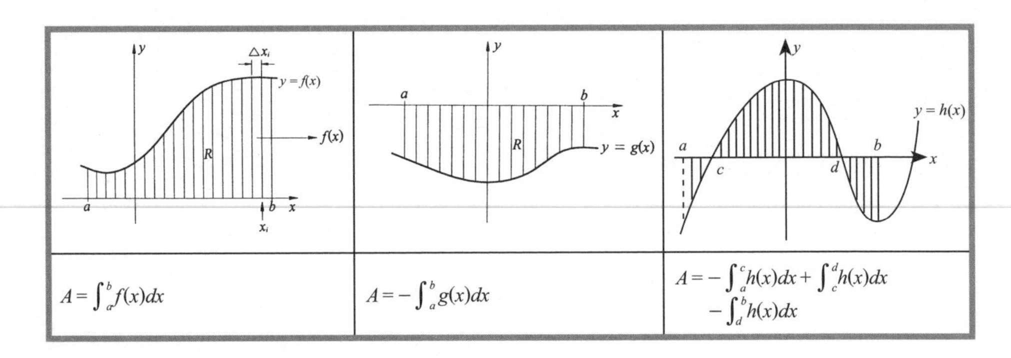

例 1. 求 $y = x^2 - 7x + 5$ 與 x 軸所夾之面積。

解

提示	解答
1. 本題之技巧在於如何應用一元二次方程式 $x^2 + ax + b = (x - p)(x - q) = 0$ 之根與係數關係以簡化計算。 2. $y = x^2 - 7x + 5$ 之概圖 (圖：y, x, p, q)	$\because x^2 - 7x + 5 = 0$，$x = \frac{7 \pm \sqrt{29}}{2}$ $\therefore y = x^2 - 7x + 5$ 與 x 軸交於 $(\frac{7+\sqrt{29}}{2}, 0)$ 及 $(\frac{7-\sqrt{29}}{2}, 0)$ 二點，取 $q = \frac{7+\sqrt{29}}{2}$，$p = \frac{7-\sqrt{29}}{2}$，則 $A = \int_p^q -(x^2 - 7x + 5)\,dx = \frac{-x^3}{3} + \frac{7}{2}x^2 - 5x \Big]_p^q$ $= \frac{-1}{3}(q^3 - p^3) + \frac{7}{2}(q^2 - p^2) - 5(q - p)$ $= \frac{-1}{3}(q - p)\cdot[(q + p)^2 - pq] + \frac{7}{2}(q - p)(q + p) - 5(q - p)$ $= (q - p)[\frac{-1}{3}(q + p)^2 + \frac{1}{3}pq + \frac{7}{2}(q + p) - 5]$ $= \sqrt{29}[\frac{-1}{3}(7)^2 + \frac{1}{3}(5) + \frac{7}{2}(7) - 5] = \frac{29}{6}\sqrt{29}$

在求面積時，一般的步驟是：

1. 繪出積分區域之概圖
2. 由區域之某一端作一與 x 軸垂直或平行之動線（所謂垂直 x 軸或平行 x 軸是看我們要對 x 積分還是對 y 積分而定）

動線 L 在 $a \le x \le b$ 時，若與 f, g 關係是 g 上 f 下則這部分面積為

$\int_a^b (g(x) - f(x))\,dx$。

動線在 $b \le x \le c$ 時，f, g 關係是 f 上 g 下則這部分面積是$\int_b^c (f(x) - g(x))\,dx$。

因此「動線」是決定積分界限及積分式是 $f(x) - g(x)$ 還是 $g(x) - f(x)$ 的好方法。

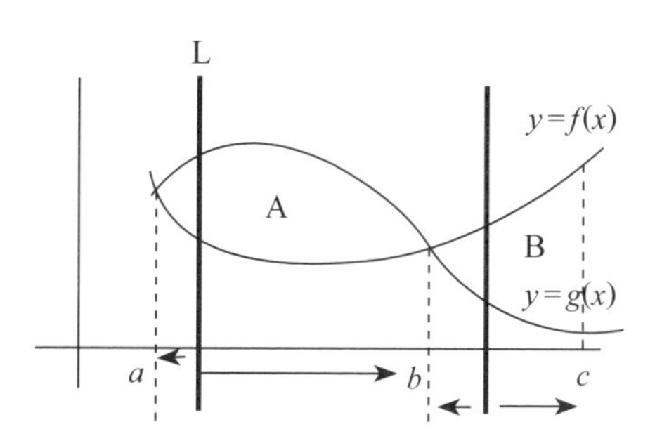

例 2. 給定 $y = f(x) = x^2 - 4$，
求 1. $y = f(x)$ 在 $[0, 1]$ 與 x 軸所夾之面積
2. $y = f(x)$ 在 $[0, 3]$ 與 x 軸所夾之面積

解

說明	解答
$x = 1$　$y = x^2 - 4$	$A = -\int_0^1 (x^2 - 4)dx$ $= -\left[\frac{x^3}{3} - 4x\right]_0^1$ $= -\left(-\frac{11}{3}\right) = \frac{11}{3}$
$y = x^2 - 4$ 由左圖：$f(x)$ 在 $[0, 2]$ 為負值函數，因此，我們需將 $[0, 3]$ 分割成 $[0, 2]$ 與 $[2, 3]$ 二個區域，分別求算後予以加總	$A = -\int_0^2 (x^2 - 4)dx + \int_2^3 (x^2 - 4)dx$ $= -\left(\left[\frac{x^3}{3} - 4x\right]_0^2\right) + \left[\frac{x^3}{3} - 4x\right]_2^3$ $= \frac{16}{3} + \frac{7}{3} = \frac{23}{3}$

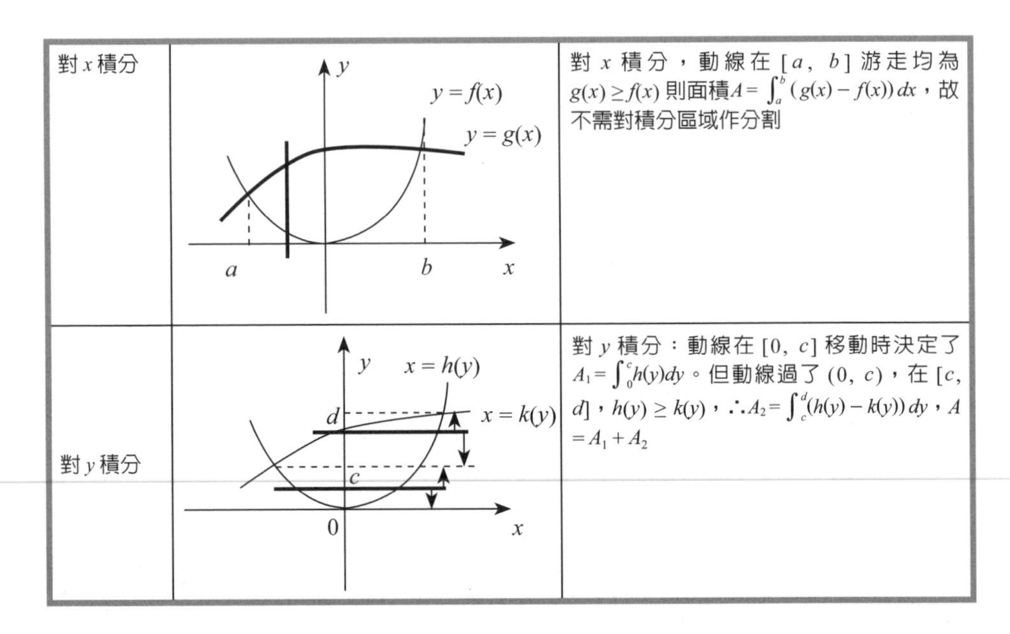

對 x 積分		對 x 積分，動線在 $[a, b]$ 游走均為 $g(x) \geq f(x)$ 則面積 $A = \int_a^b (g(x) - f(x))\,dx$，故不需對積分區域作分割
對 y 積分		對 y 積分：動線在 $[0, c]$ 移動時決定了 $A_1 = \int_0^c h(y)dy$。但動線過了 $(0, c)$，在 $[c, d]$，$h(y) \geq k(y)$，$\therefore A_2 = \int_c^d (h(y) - k(y))\,dy$，$A = A_1 + A_2$

例 3. 求 $y = x^2$ 與 $y = x + 6$ 圍成區域之面積

解

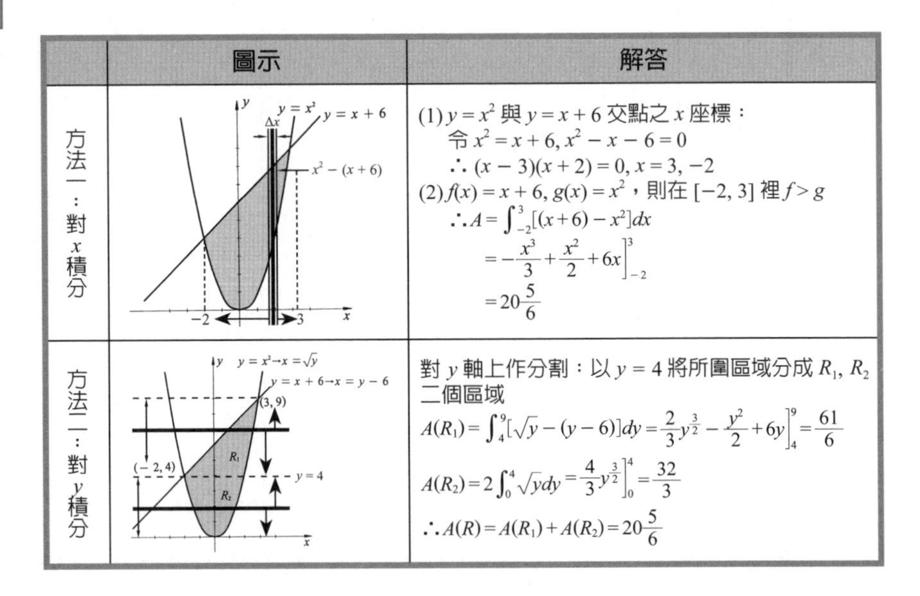

	圖示	解答
方法一：對 x 積分		(1) $y = x^2$ 與 $y = x + 6$ 交點之 x 座標： 令 $x^2 = x + 6, x^2 - x - 6 = 0$ $\therefore (x - 3)(x + 2) = 0, x = 3, -2$ (2) $f(x) = x + 6, g(x) = x^2$，則在 $[-2, 3]$ 裡 $f > g$ $\therefore A = \int_{-2}^{3} [(x+6) - x^2]dx$ $= -\frac{x^3}{3} + \frac{x^2}{2} + 6x \Big]_{-2}^{3}$ $= 20\frac{5}{6}$
方法二：對 y 積分		對 y 軸上作分割：以 $y = 4$ 將所圍區域分成 R_1, R_2 二個區域 $A(R_1) = \int_4^9 [\sqrt{y} - (y - 6)]dy = \frac{2}{3}y^{\frac{3}{2}} - \frac{y^2}{2} + 6y \Big]_4^9 = \frac{61}{6}$ $A(R_2) = 2\int_0^4 \sqrt{y}dy = \frac{4}{3}y^{\frac{3}{2}} \Big]_0^4 = \frac{32}{3}$ $\therefore A(R) = A(R_1) + A(R_2) = 20\frac{5}{6}$

例 4. 求 $y^2 = 4x$ 與 $y^2 = x + 3$ 圍成區域之面積

解 由下圖，我們在求圍成區域面積時要特別注意到「對稱性」

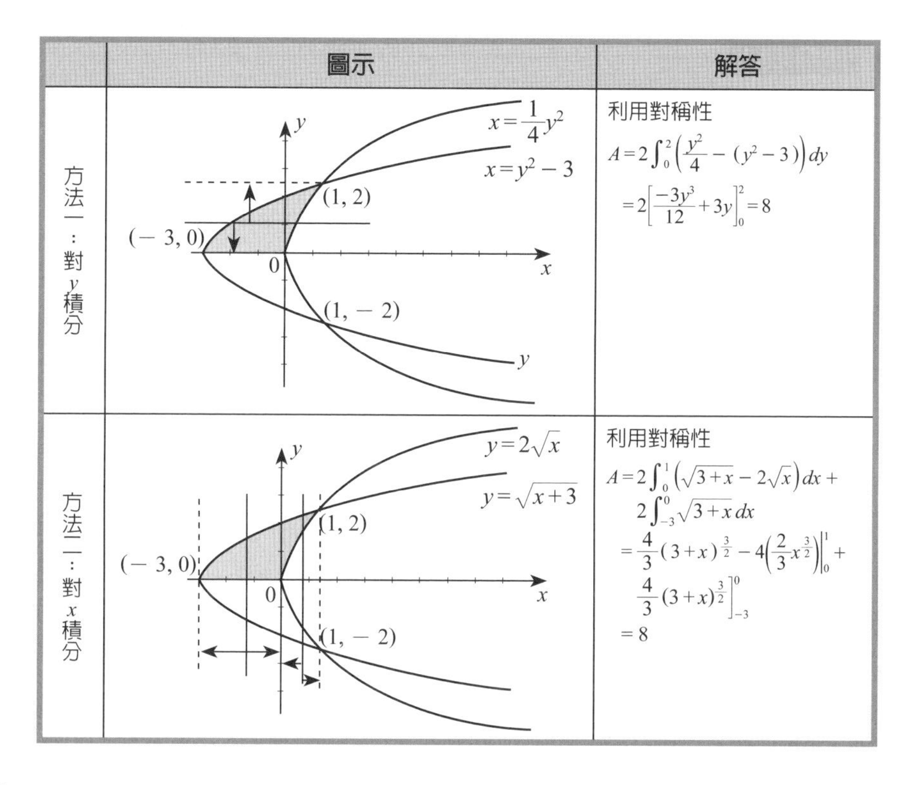

	解答
方法一：對 y 積分	利用對稱性 $A=2\int_0^2\left(\frac{y^2}{4}-(y^2-3)\right)dy$ $=2\left[\frac{-3y^3}{12}+3y\right]_0^2=8$
方法二：對 x 積分	利用對稱性 $A=2\int_0^1\left(\sqrt{3+x}-2\sqrt{x}\right)dx+$ $2\int_{-3}^0\sqrt{3+x}\,dx$ $=\frac{4}{3}(3+x)^{\frac{3}{2}}-4\left(\frac{2}{3}x^{\frac{3}{2}}\right)\Big|_0^1+$ $\frac{4}{3}(3+x)^{\frac{3}{2}}\Big]_{-3}^0$ $=8$

例 5. 求 $y=\sin x$，$y=\cos x$，在 $[0,\frac{\pi}{2}]$ 所圍成區域之面積

解

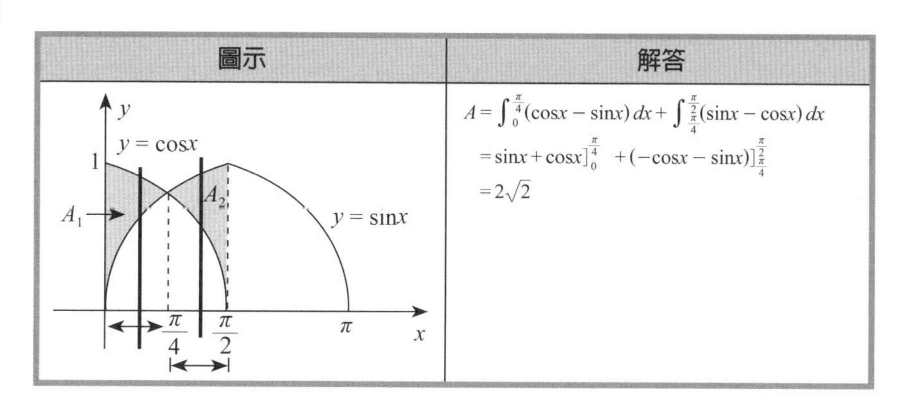

$A=\int_0^{\frac{\pi}{4}}(\cos x-\sin x)\,dx+\int_{\frac{\pi}{4}}^{\frac{\pi}{2}}(\sin x-\cos x)\,dx$

$=\sin x+\cos x\Big]_0^{\frac{\pi}{4}}+(-\cos x-\sin x)\Big]_{\frac{\pi}{4}}^{\frac{\pi}{2}}$

$=2\sqrt{2}$

練習 6.1A

1. 求 $y=\sin x$，在 $[0, \frac{3}{2}\pi]$ 與 x 軸所圍成區域之面積
2. 求 $y=\frac{x^2}{4}$ 與 $y=\frac{x+2}{4}$ 所圍成區域之面積
3. 求頂點為 $(0, 1), (-1, 0), (2, 0)$ 之三角形區域之面積
4. 求 $\sqrt{x}+\sqrt{y}=1$ 與兩軸所圍成區域之面積
5. 求 $x=y^2-1, y=1, x=\sqrt{y}$ 所圍成區域之面積（分別用對 x, y 積分求之）

★6. $y=f(x)$ 在 $[a, b]$ 間為一連結曲線，試求 $\varepsilon \in [a. b]$ 使得當 $x=\varepsilon$ 時 $y=f(x)$ 之兩側陰影面積相等。（如下圖）

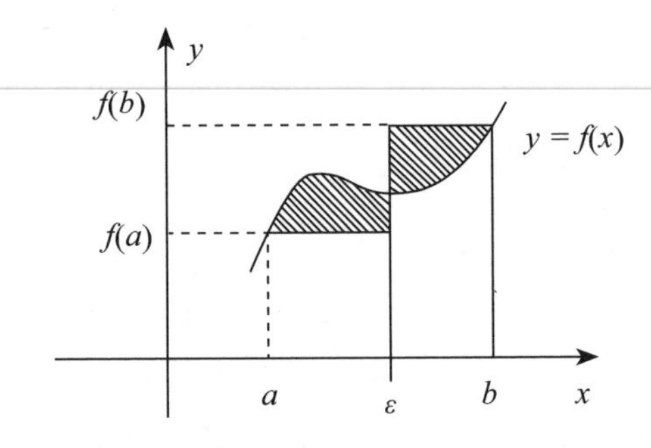

7. 求 $y^2=x$ 與 $y^2=\frac{\pi}{2}+2$ 所夾區域之面積

極坐標系下面積求算

【定理 A】 極坐標方程式 $\rho=\rho(\varphi)$ 在 $[\alpha,\beta]$ 內為連續函數，則 $\rho=\rho(\varphi)$，$\alpha\le\varphi\le\beta$ 之面積為

$$A=\int_\alpha^\beta \frac{1}{2}[\rho(\varphi)]^2 d\varphi$$

在求極坐標面積時應注意到對稱性之應用。

例 6. 求雙紐線（Lemniscate）$r^2=a^2\cos 2\theta$ 所圍區域的面積。

解 $r^2=a^2\cos 2\theta$ 對稱於極軸與 $\theta=\pm\frac{\pi}{4}$

$$\therefore A=4\left[\frac{1}{2}\int_0^{\frac{\pi}{4}} a^2\cos 2\theta d\theta\right]$$

$$=a^2\sin 2\theta\Big]_0^{\frac{\pi}{4}}=a^2$$

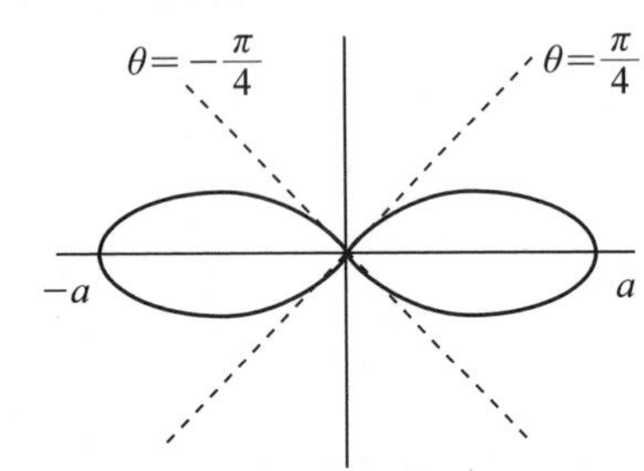

雙紐線在直角坐標系之方程式為 $(x^2+y^2)^2=a^2(x^2-y^2)$，$a>0$，因此，在求 $(x^2+y^2)^2=a^2(x^2-y^2)$ 之面積時，應用極坐標面積公式比較容易計算。

例 7. 求 $r=5\sin\theta$ 所圍區域之面積。

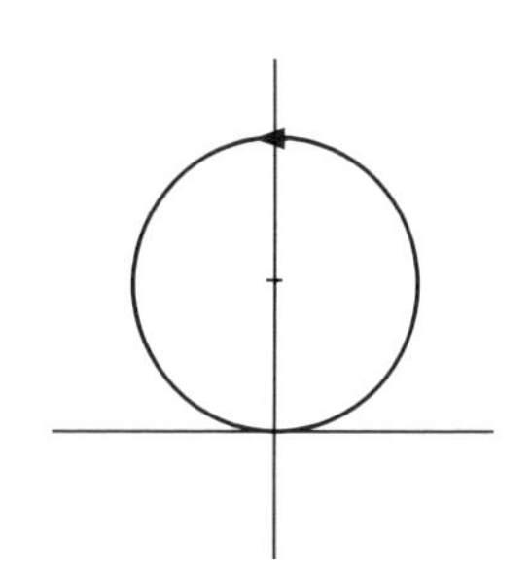

解

$$A=2\int_0^{\frac{\pi}{2}}\frac{1}{2}r^2d\theta=\int_0^{\frac{\pi}{2}}(5\sin\theta)^2d\theta$$

$$=25\int_0^{\frac{\pi}{2}}\sin^2\theta d\theta=25\cdot\frac{1}{2}\cdot\frac{\pi}{2}$$

$$=\frac{25\pi}{4}\text{（Wallis 公式）}$$

例 7，$r=5\sin\theta$，$r^2=5r\sin\theta$，所以對應直角坐標 $x^2+y^2=5y$，可得$x^2+\left(y-\frac{5}{2}\right)^2=\frac{25}{4}$，即圓心為 $(0,\frac{5}{2})$、半徑為 $\frac{5}{2}$ 之圓，故面積為 $\pi\left(\frac{5}{2}\right)^2=\frac{25}{4}\pi$。

例 8. 求 $r=1+\cos\theta$ 所圍區域之面積。

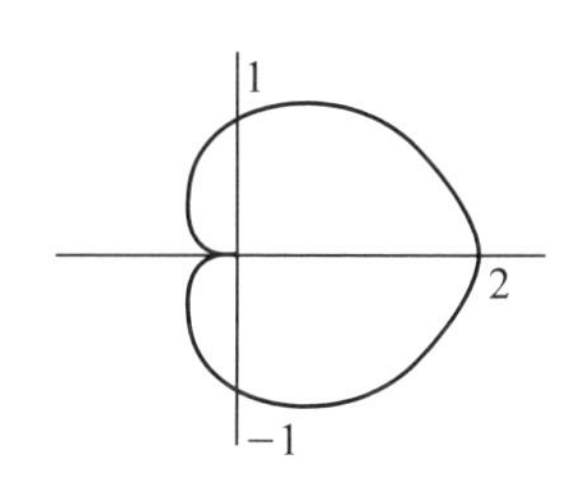

解

$$A=2\int_0^{\pi}\frac{1}{2}(1+\cos\theta)^2d\theta$$

$$=\int_0^{\pi}(1+2\cos\theta+\cos^2\theta)d\theta$$

$$=\int_0^{\pi}\left(1+2\cos\theta+\frac{\cos2\theta+1}{2}\right)d\theta$$

$$=\frac{3}{2}\theta+2\sin\theta+\frac{1}{4}\sin2\theta\Big]_0^{\pi}=\frac{3}{2}\pi$$

下一例子說明如何計算二個極坐標曲線所夾之面積。

例 9. 求 $r=1+\cos\theta$ 外部與 $r=3\cos\theta$ 內部所圍之區域。

解 先求 $r=1+\cos\theta$ 與 $r=3\cos\theta$ 之交點：

$1+\cos\theta=3\cos\theta$

$\therefore\cos\theta=\frac{1}{2}$ 解之：$\theta=\frac{\pi}{3},\frac{-\pi}{3}$，應用對稱性：

$$A=2\int_0^{\frac{\pi}{3}}\left[\frac{1}{2}(3\cos\theta)^2-\frac{1}{2}(1+\cos\theta)^2\right]d\theta$$

$$=\int_0^{\frac{\pi}{3}}(9\cos^2\theta-(1+2\cos\theta+\cos^2\theta))d\theta$$

$$=\int_0^{\frac{\pi}{3}}(8\cos^2\theta-2\cos\theta-1)d\theta$$

$$= \int_0^{\frac{\pi}{3}} \left(8 \cdot \frac{1+\cos 2\theta}{2} - 2\cos\theta - 1\right) d\theta$$

$$= \int_0^{\frac{\pi}{3}} (3 + 4\cos 2\theta - 2\cos\theta) d\theta$$

$$= 3\theta + 2\sin 2\theta - 2\sin\theta \Big]_0^{\frac{\pi}{3}}$$

$$= \pi + 2 \cdot \frac{\sqrt{3}}{2} - 2 \cdot \frac{\sqrt{3}}{2} = \pi$$

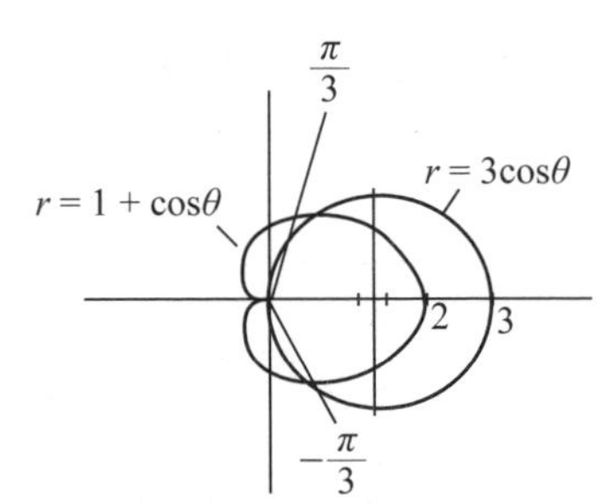

練習 6.1B

1. 求 $r = 2 + \cos\theta$ 所圍成區域之面積
2. 求 $r = 4\cos 2\theta$ 之一瓣面積
3. 求 $r = 1 + 2\cos\theta$ 之較小環所圍成區域面積
4. 求 $r = a\sin\theta$ 與 $r = b\sin\theta$ 所圍成區域之面積
5. 求 $r = 1 + \cos\theta$ 與 $r = 2\cos\theta$ 所圍成區域之面積

6.2 曲線之弧長

給定 $y = f(x)$ 在 $[a, b]$ 爲連續之函數，則可依據定理 A 求 $y = f(x)$ 在 $[a, b]$ 間之弧長。

我們還是用分割→加總→求極限之老辦法，因此我們可有下列定理：

【定理 A】 $y=f(x)$ 在 $[a, b]$ 為連續函數，則 $y=f(x)$ 在 $[a, b]$ 之弧長 L 為

$$L=\int_a^b \sqrt{1+(y')^2}\,dx$$

例 1. 求 $y=x^{\frac{3}{2}}$ 自 $x=0$ 至 $x=1$ 之弧長

解

$$L=\int_0^1 \sqrt{1+(y')^2}\,dx=\int_0^1 \sqrt{1+\left(\frac{3}{2}x^{-\frac{1}{2}}\right)^2}\,dx=\int_0^1 \sqrt{1+\frac{9}{4}x}\,dx$$

$$=\frac{4}{9}\cdot\frac{2}{3}\left(1+\frac{9}{4}x\right)^{\frac{3}{2}}\Bigg|_0^1=\frac{8}{27}\left(\left(\frac{13}{4}\right)^{\frac{3}{2}}-1\right)=\frac{13\sqrt{13}-8}{27}$$

例 2. 求 $y=\int_{-\frac{\pi}{2}}^{x}\sqrt{\cos u}\,du$ 在 $-\frac{\pi}{2}\le x\le\frac{\pi}{2}$ 間之弧長

解

$$L=\int_{-\frac{\pi}{2}}^{\frac{\pi}{2}}\sqrt{1+(y')^2}dx=\int_{-\frac{\pi}{2}}^{\frac{\pi}{2}}\sqrt{1+(\cos x)^2}dx=\int_{-\frac{\pi}{2}}^{\frac{\pi}{2}}\sqrt{1+\cos x}\,dx=2\int_0^{\frac{\pi}{2}}\sqrt{1+\cos x}\,dx$$

$$=2\int_0^{\frac{\pi}{2}}\sqrt{1+\cos\frac{2}{2}x}dx=2\int_0^{\frac{\pi}{2}}\sqrt{1+\left(2\cos^2\frac{x}{2}-1\right)}dx$$

$$=2\sqrt{2}\int_0^{\frac{\pi}{2}}\cos\frac{x}{2}dx=2\sqrt{2}\cdot 2\sin\frac{x}{2}\Big]_0^{\frac{\pi}{2}}=4$$

練習 6.2A

求下列弧長：

1. $y=\ln\cos x$，$0\le x\le\frac{\pi}{4}$ 間之弧長

★2. $y=x^{\frac{3}{2}}$, $-1\le x\le 8$ 間之弧長

3. 求 $y=\int_{-\frac{\pi}{2}}^{x}\sqrt{\cos u}\,du$ 在 $-\frac{\pi}{2}\le x\le\frac{\pi}{2}$ 在間之弧長。

參數方程式之弧長

【定理 B】 若曲線之方程式為 $\begin{cases}x=\varphi(t)\\ y=\psi(t)\end{cases}$，則曲線在 $a\le t\le b$ 間之弧長為

$$L=\int_a^b\sqrt{\left(\frac{d}{dt}\varphi(t)\right)^2+\left(\frac{d}{dt}\psi(t)\right)^2}\,dt$$

例 3. 求參數方程式 $\begin{cases} x(\theta)=\cos^3\theta \\ y(\theta)=\sin^3\theta \end{cases}$ 之周長

解

$$L=4\int_0^{\frac{\pi}{2}}\sqrt{\left(\frac{dx}{d\theta}\right)^2+\left(\frac{dy}{d\theta}\right)^2}\,d\theta$$

$$=4\int_0^{\frac{\pi}{2}}\sqrt{(-3\cos^2\theta\sin\theta)^2+(3\sin^2\theta\cos\theta)^2}\,d\theta$$

$$=12\int_0^{\frac{\pi}{2}}\cos\theta\sin\theta\,d\theta=12\int_0^{\frac{\pi}{2}}\sin\theta d(\sin\theta)=12\left[\frac{1}{2}\sin^2\theta\right]_0^{\frac{\pi}{2}}=6$$

例 4. 試證：橢圓 $\frac{x^2}{a^2}+\frac{y^2}{b^2}=1$，$a>b$ 之周長爲 $4a\int_0^{\frac{\pi}{2}}\sqrt{1-\varepsilon^2\sin^2 y}\,dy$，其中 $\varepsilon=\frac{\sqrt{a^2-b^2}}{a}$ 爲橢圓離心率

解 取 $\begin{cases} x=a\sin t \\ y=b\cos t \end{cases}$，$0\le t\le 2\pi$

則 $L=4\int_0^{\frac{\pi}{2}}\sqrt{\left(\frac{dx}{dt}\right)^2+\left(\frac{dy}{dt}\right)^2}\,dt=4\int_0^{\frac{\pi}{2}}\sqrt{(a\cos t)^2+(-b\sin t)^2}\,dt$

$$=4\int_0^{\frac{\pi}{2}}\sqrt{a^2-(a^2-b^2)\sin^2 t}\,dt=4a\int_0^{\frac{\pi}{2}}\sqrt{1-\varepsilon^2\sin^2 t}\,dt\text{；}\varepsilon=\frac{\sqrt{a^2-b^2}}{a}$$

極坐標系之弧長

【定理 C】 設曲線由極坐標 $\rho=\rho(\varphi)$ $(\alpha\le\rho\le\beta)$ 所表示，$\rho(\varphi)$ 在 $[\alpha,\beta]$ 為可微分，則 $\rho=\rho(\varphi)$ 在 $\alpha\le\rho\le\beta$ 之弧長 L 為

$$L=\int_\alpha^\beta\sqrt{\rho^2(\varphi)+(\rho'(\varphi))^2}\,d\varphi$$

例 5. 求心臟線 $\rho=a(1+\cos\theta)$ 之周長，$a\ge 0$。

解

$$L=2\int_0^\pi\sqrt{\rho^2+(\rho')^2}d\theta$$

$$=2\int_0^\pi\sqrt{[a(1+\cos\theta)]^2+[a(-\sin\theta)]^2}d\theta$$

$$=2a\int_0^\pi\sqrt{2+2\cos\theta}\,d\theta$$

$$=2a\int_0^\pi\sqrt{2+2\left(2\cos^2\frac{\theta}{2}-1\right)}\,d\theta$$

$$=4a\int_0^\pi\cos\frac{\theta}{2}\,d\theta$$

$$=4a\left(2\sin\frac{\theta}{2}\right)\Big]_0^\pi=8a$$

1.(3)之圖

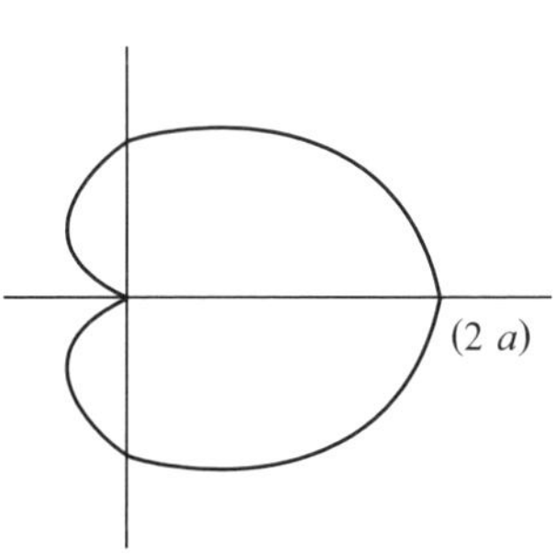

練習 6.2B

1. 求下列參數方程式之周長：

(1) $\begin{cases} x(t)=a\cos t \\ y(t)=a\sin t \end{cases}$，$2\pi \geq t \geq 0$　(2) $\begin{cases} x(t)=e^{-t}\cos t \\ y(t)=e^{-t}\sin t \end{cases}$，$a \leq t \leq b$

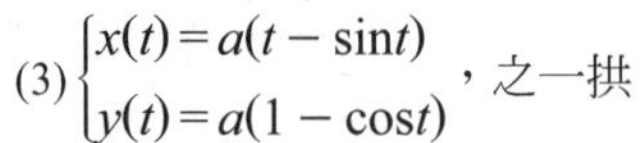

(3) $\begin{cases} x(t)=a(t-\sin t) \\ y(t)=a(1-\cos t) \end{cases}$，之一拱

★2. 求擺線

$\begin{cases} x=a(t-\sin t) \\ y=a(1-\cos t) \end{cases}$，$a>0$，一拱（$2\pi \geq t \geq 0$）上分擺線 1：3 之點坐標

6.3 旋轉體之體積

$y = f(x)$ 繞著平面上之一條直線（最簡單也最常見的就是 x 軸，y 軸）旋轉一周所成之立體稱爲旋轉體或**固體**（Solid）。計算旋轉體體積之基本算法有二：一是**圓盤**法（Disk method）一是**剝殼**法（Shell mehod）。

圓盤法

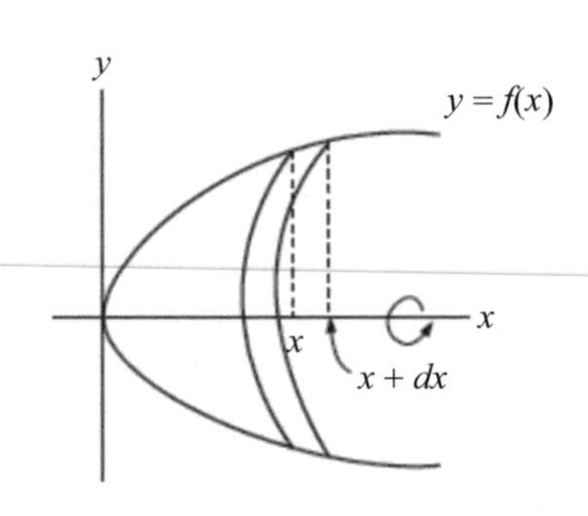

$y = f(x)$ 在 $[a, b]$ 爲一連續之可微分函數，則 $y = f(x)$ 繞 x 軸旋轉一周所成之旋轉體體積 V 爲：$V = \int_a^b \pi f^2(x)\,dx$

$y = f(x)$ 在 $c \le y \le d$ 在繞 y 軸旋轉一周所成之旋轉體體積 V 爲：$V = \int_c^d \pi\,(h(y))^2\,dy$；其中 $x = h(y)$

剝殼法

$y = f(x)$ 在 $a \le x \le b$ 間繞 y 軸旋轉之體積 $= \int_a^b 2\pi x g(x)\,dx$，$g(x) = f_1(x) - f_2(x)$，$f_1(x) > f_2(x)$

若是繞 x 軸在 $c \le y \le d$ 間旋轉之體積便爲$\int_a^b 2\pi y g(y) dy$

剝殼法或圓盤法所得之旋轉固體之體積是相同的，請注意**剝殼法之特性**：

1. **對 y 軸旋轉要對 x 積分，對 x 軸旋轉時要對 y 積分**。
2. **用剝殼法時它的 $g(x)$，一定是兩個函數之差**（一個可能是 0，或某個上、下限）。

例 1. $y = \sqrt{x}$，$0 \le x \le 1$ 繞 x 軸旋轉所成之體積

解

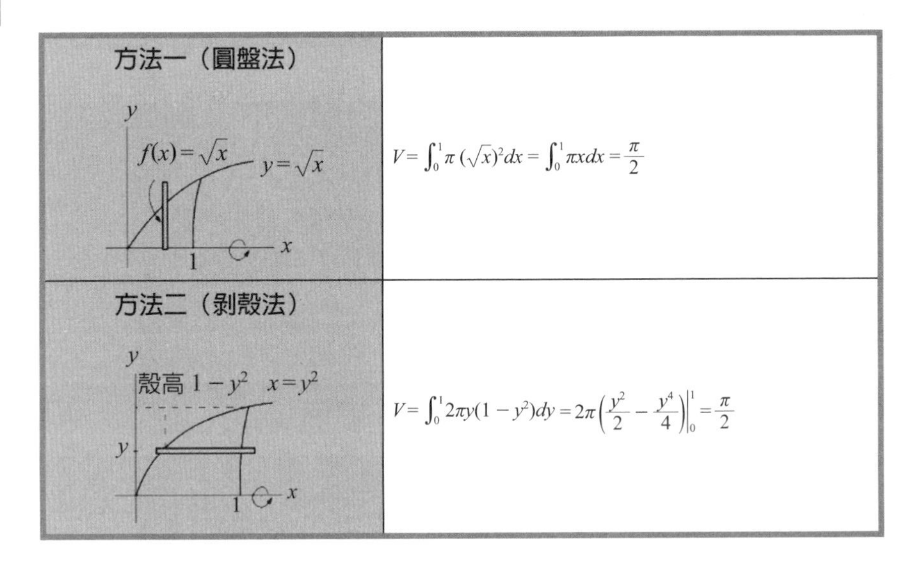

例 2. $y=x$ 及 $y=\sqrt{x}$ 圍繞區域繞 x 軸旋轉所成之體積

解

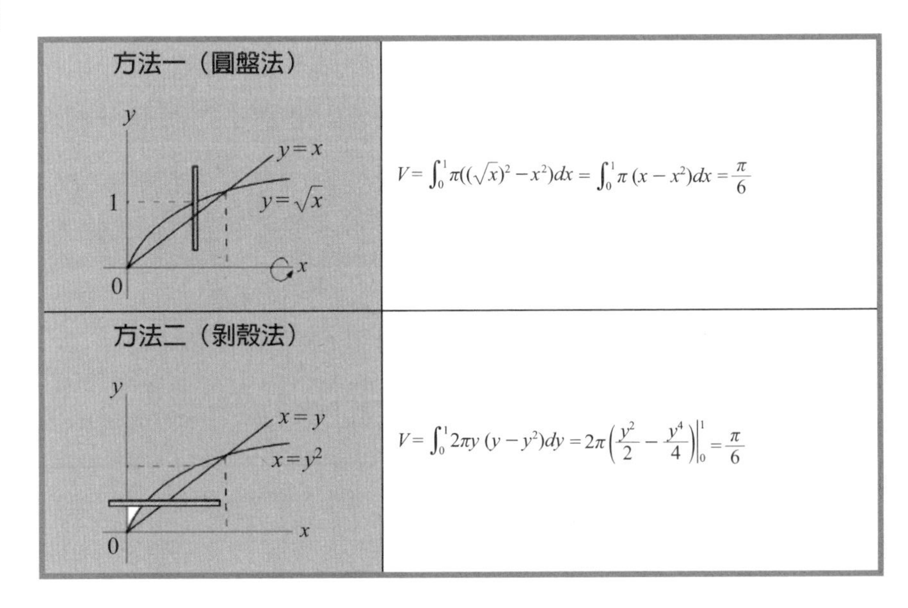

練習 6.3A

用剝殼法與圓盤法分別求下列旋轉體體積：

1. $y=\sqrt{x}$，$0\le x\le 1$ 繞 x 軸旋轉所成之體積
2. $y=x$ 與 $y=\sqrt{x}$ 圍成區域然繞 x 軸旋轉體積
3. $y=x^3$，y 軸與 $y=3$ 圍成區域繞 y 軸旋轉體積
4. $x^2+y^2=4, y=1, y=3, x=0$ 圍成之區域繞 y 軸旋轉所成之旋轉體積

★5. $y=\sin x, \pi\ge x\ge 0$ 與 x 軸圍成之區域繞 y 軸旋轉所得旋轉體體積

$y=f(x)$、$y=g(x)$ 繞 $x=a$ 或 $x=b$ 旋轉

	繞 y 軸旋轉	繞 $x=a$ 旋轉	繞 $x=b$ 旋轉
圖示			
公式	$V=2\pi\int_a^b x\,(f(x)-g(x))\,dx$	$V=2\pi\int_a^b (x-a)(f(x)-g(x))dx$	$V=2\pi\int_a^b (b-x)(f(x)-g(x))dx$

例 3. $y=x^2, y=0, x=1$ 與 $x=2$ 圍 成區域繞 $x=1$ 旋轉所得旋轉體體積

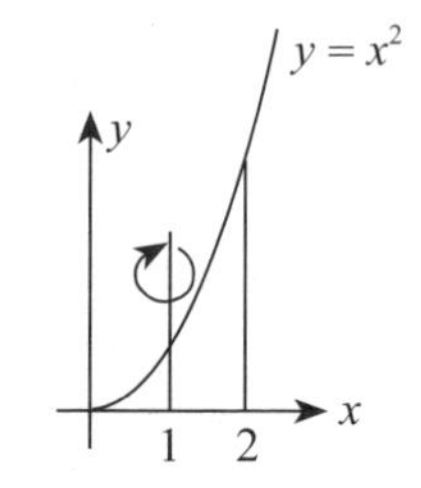

解 $V=2\pi\int_1^2 (x-1)x^2dx=\dfrac{17}{6}\pi$

練習 6.3B

求 $ay^2=x^3$，$a>0$，$x=0$，$y=a$ 圍成區域繞 $y=a$ 旋轉所得固體體積

★**例 4.** 將半徑為 a 之半球注滿水，然後傾斜 30°，求流出水之體積為何？

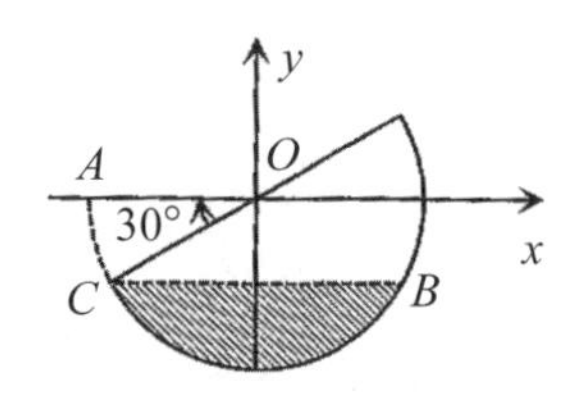

解 $\overline{OT}=\overline{OC}\cdot\sin 30°=a\cdot\dfrac{1}{2}=\dfrac{a}{2}$

$\therefore$ T 之坐標 $(0, -\dfrac{a}{2})$

$$V_1 = \pi\int_{-a}^{-\frac{a}{2}} x^2 dy$$

$$= \pi\int_{-a}^{-\frac{a}{2}} (a^2 - y^2)dy$$

$$= \pi\left[a^2 y - \frac{1}{3}y^3\right]\Big|_{-a}^{-\frac{a}{2}}$$

$$= \frac{5}{24}a^3\pi$$

$\therefore$流出的水為半球體積減去 $\dfrac{5}{24}a^3\pi$

$$= \frac{1}{2}\cdot\frac{4}{3}\pi a^3 - \frac{5}{24}a^3\pi = \frac{11}{24}a^3\pi$$

練習 6.3C

★1. $y = x^2$（單位長為 cm）繞 y 軸旋轉，形成一容器，現將水以 v cm^3 / 秒之速度將水注入此容器，求 t 秒後之水深及水面面積。

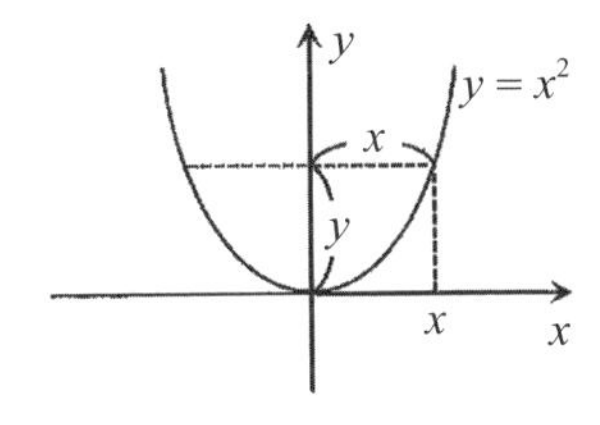

★2. 自一個半徑為 b 之球，若我們從通過球心鑽一個半徑 a 之圓洞後，求球剩下來之體積為何？

第7章 超越函數

7.1 反函數與反函數微分法

【定義】 f, g 為兩函數，若 $f(g(x)) = x$ 且 $g(f(x)) = x$，則 f, g 互為反函數。f 之反函數以 f^{-1} 表之。

由定義若 f^{-1} 爲 f 之反函數，$f^{-1}(f(x)) = x$ 對所有 f 定義域中之 x 均成立且 $f(f^{-1}(y)) = y$，對所有在值域之 y 亦成立。同時此我們可推知 **f 之定義域即爲 f^{-1} 之值域，f^{-1} 之定義域爲 f 之值域**。

【定理A】 若 f 在區間 I 中為單調函數，則 f 在 I 中有反函數，即 f 在 I 中為可逆。

由定理 A，我們可用微分法判斷 f 在 I 中是否有反函數，亦即若 $f(x)$ 中滿足 $f' > 0$ 或 $f' < 0$ 時均有反函數。

注意：自 y 軸上任一點作一水平線，若與圖形恰交一點則 $y = f(x)$ 有反函數。

$y = f(x)$	解答	圖形
$y = x^3 + 1$	$y' = 3x^2 \geq 0$，對所有 $x \in R$ 均成立，故為單調⇒有反函數	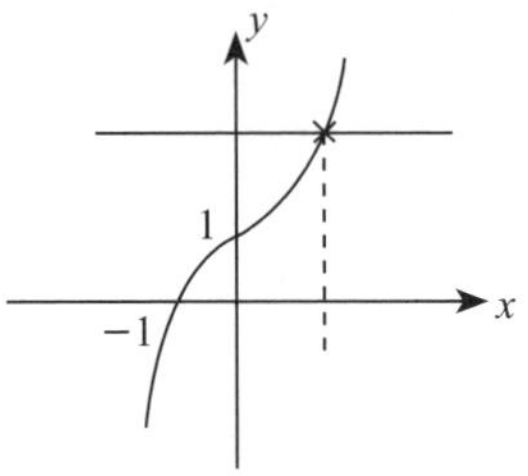 y, 1, −1, x
$y = x^2$	$y' = 2x$ ∴ 1. $x \geq 0$ 為單調⇒ $x \geq 0$ 時 $y = x^2$ 有反函數 2. $x \leq 0$ 為單調⇒ $x \leq 0$ 時 $y = x^2$ 有反函數 3. $x \in R$ 時不為單調⇒ $x \in R$ 時 $y = x^2$ 無反函數	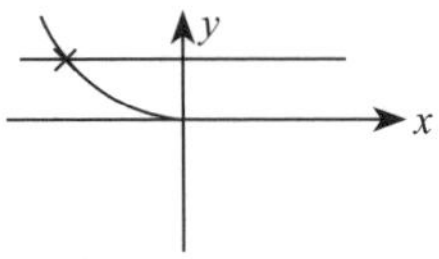 1. 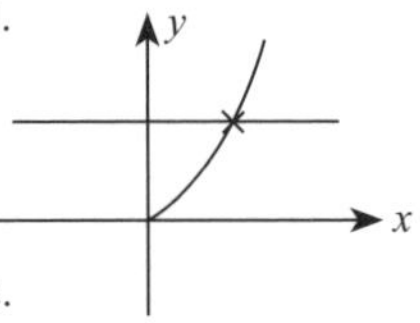 y, x 2. y, x 3. y, x 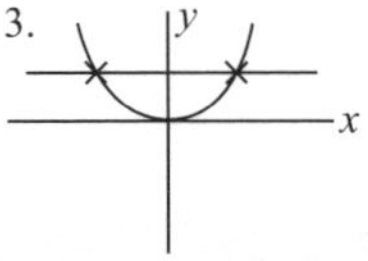

反函數之求法

求 f^{-1} 三步驟
step1. 解 $y=f(x)$，其解用 y 表示
step2. 令 $f^{-1}=$ step1 之結果
step3. 以 x 取代 step2 之 y

例 1. 求 $y=\dfrac{x}{1+x}$ 之反函數

解

步驟	解答
step1 解 $y=f(x)$	$y=\dfrac{x}{1+x}$ $\therefore (1+x)y=x$ 得 $x=\dfrac{y}{1-y}$
step2 令 $f^{-1}(y)=$ step1 之結果	$f^{-1}(y)=\dfrac{y}{1-y}$
step3 以 x 取代 step2 之 y	$f^{-1}(x)=\dfrac{x}{1-x}$，$x\neq 1$

★**例 2.** 求 $y=-\sqrt{x-4}$，$x\geq 4$ 之反函數

解

步驟	解答
step1 解 $y=f(x)$	$y=-\sqrt{x-4}$ $\therefore y^2=x-4$ 得 $x=y^2+4$，$y\in(-\infty,0]$
step2 令 $f^{-1}=$ step1 之結果	$f^{-1}(y)=y^2+4,$
step3 以 x 取代 step2 之 y 請特別注意 $f^{-1}(x)$ 之定義域	$f^{-1}(x)=x^2+4, x\in(-\infty,0]$

在例 2，$y=-\sqrt{x-4}$，$x\geq 4$ 之値域為 $(-\infty,0]$，$\therefore f^{-1}(x)$ 之定義域為是 $(-\infty,0]$ 値域為 $(4,\infty)$

練習 7.1A

1. (1) 求 $y=2x^3+5$ 之反函數；(2) 驗證所得之結果滿足定義
2. 求 $y=x^4+2x^2$，$x>0$ 之反函數
3. 求 $y=\dfrac{1}{2}(10^x-10^{-x})$，$x\in R$ 之反函數

★4. $y=\cos x$，$x\in(-\pi,0)$ 之反函數

分段函數之反函數

連續分段函數求反函數原則上是將分段求之。

例 3. $f(x)=\begin{cases}-x^2，x<-3\\3x，x\geq -3\end{cases}$，求 $f^{-1}(x)$

解

步驟	解答
step1 解 $y=f(x)$	$x<-3$： $y=-x^2, y<-9 \quad \therefore x^2=-y$ 得 $x=-\sqrt{-y}, y<-9$
step2 令 f^{-1} = step1 之結果	$f^{-1}(y)=-\sqrt{-y}, y<-9$
step3 以 x 取代 step2 之 y	$f^{-1}(x)=-\sqrt{-x}, x<-9$ $x\geq -3$：
結合 $x<-3$，$x\geq -3$ 之結果	同法可得 $f^{-1}(x)=\frac{x}{3}, x>-9$ $f^{-1}(x)=\begin{cases}-\sqrt{-x}，x<-9\\\frac{x}{3}，x\geq -9\end{cases}$

練習 7.1B

求 $f(x)=\begin{cases}1+x，x<2\\x^2-1，x\geq 2\end{cases}$ 之反函數

反函數之幾何意義

【定理 B】 若 $y=f(x)$ 有一反函數 $y=f^{-1}(x)$，則 $y=f(x)$ 與 $y=f^{-1}(x)$ 這兩個圖形對稱於直線 $y=x$。

【證明】 若 (a, b) 在 f 之圖形上，$b=f(a)$ $\quad \therefore a=f^{-1}(b)$，則 $(b, a)=(f(a), f^{-1}(f(a)))$ 在 f^{-1} 之圖上，(a, b) 與 (b, a) 對稱 $y=x$（練習第 2 題），即 $f(x)$ 與 $f^{-1}(x)$ 之圖形亦對稱於 $y=x$。

因此若 $f^{-1}(x)$ 存在，那麼求與 $y=f(x)$ 對稱 $y=x$ 之函數 $g(x)$，相當於求 $f^{-1}(x)$。

例 4. 若函數$f(x)=\frac{1}{2^x+1}$與 $g(x)$ 對稱於 $y=x$，求 $g(x)$

解

步驟	解答
step1 解 $y=f(x)$	$f=\frac{1}{2^x+1}$　$\therefore (2^x+1)y=1$　得 $2^x=\frac{1-y}{y}$ $\therefore x=\log_2\frac{1-y}{y}$
step2 令 $f^{-1}=$ step1 之結果	即$f^{-1}(y)=\log_2\frac{1-y}{y}$, $1>y>0$
step3 以 x 取代 step2 之 y	故 $g(x)=\log_2\frac{1-x}{x}$，$1>x>0$。

練習 7.1C

1. 若 $y=x^2$，$x\geq 0$ 與 $y=f(x)$ 對稱 $y=x$，求 $f(x)$
2. 爲何與 (a, b) 對稱 $y=x$ 之點爲 (b, a)？

反函數微分法

【定理 C】　若 $y=f(x)$ 之反函數為 $x=g(y)$，且 $y=f(x)$ 為可微分則 $\frac{dx}{dy}=\frac{1}{\frac{dy}{dx}}$。

例 5. 已知 $f(x)=x^3+2x+1$ 之反函數 $g(x)$ 存在，求 $g'(4)=$ ？

解　$g'(4)=\frac{1}{\left.\frac{dy}{dx}\right|_{x=1}}=\left.\frac{1}{3x^2+2}\right]_{x=1}=\frac{1}{5}$

$f(1)=4$

$\Rightarrow g'(4)=\frac{1}{\left.\frac{dy}{dx}\right|_{x=1}}$

給定 $f(x)$ 有反函數 $g(x)$ 存在，欲求 $g'(a)$ 時需要求出 $f(x)=a$ 之解。除非問題上有某些「巧妙」的安排外，否則這個解通常都不易求出。

在上例中，$f(1)=4$　則 $f^{-1}(4)=1$

$\therefore g'(4)=\frac{1}{f'(1)}$。上例若改爲求 $g'(2)$，則在求解上將變成一個困難的問題。

例 6. 試證 $f(x)=\sin x+x+1$ 之反函數 $g(x)$ 存在，求 $g'(1)$

解 (1) $\because f'(x)=\cos x+1>0$，$\therefore f(x)$ 為單調函數從而 f(x) 有反函數 $g(x)$

(2) $\because f(0)=1$，$\therefore f^{-1}(1)=0$

$$g'(1)=\frac{1}{\left.\frac{dy}{dx}\right|_{x=0}}=\left.\frac{1}{\cos x+1}\right]_{x=0}=\frac{1}{2}$$

練習 7.1D

1. 若 $f(x)=x^3+3x+7$，(1) 先證 $f^{-1}(x)$ 存在 (2) 令 $g(x)=f^{-1}(x)$，求 $g'(3)$
2. 若 $f(x)=x^{101}+x^{97}+x+3$，(1) 先證 $f^{-1}(x)$ 存在 (2) 令 $g(x)=f^{-1}(x)$，求 $g'(3)$
3. $f(x)=\int_0^x\sqrt{3+t^2}dt$，求 $(f^{-1})'(0)$

★**例 7.** 若 $x=ay^2+by+c$，試證 $\frac{d^2y}{dx^2}=-2a(y')^3$

解 $x=ay^2+by+c$ $\quad\therefore\frac{dy}{dx}=\frac{1}{\frac{dx}{dy}}=\frac{1}{2ay+b}$

$$\frac{d^2y}{dx^2}=\frac{d}{dx}\frac{1}{(2ay+b)}=\frac{-2ay'}{(2ay+b)^2}=\frac{-2a/(2ay+b)}{(2ay+b)^2}=\frac{-2a}{(2ay+b)^3}=-2a(y')^3$$

★**例 8.** 試證 $\frac{d^2x}{dy^2}=\frac{-\frac{d^2y}{dx^2}}{\left(\frac{dy}{dx}\right)^3}$

解 $\frac{d^2x}{dy^2}=\frac{d}{dy}\left(\frac{dx}{dy}\right)=\frac{d}{dx}\left(\frac{dx}{dy}\right)\frac{dx}{dy}$

$$=\left[\frac{d}{dx}\left(\frac{1}{\frac{dy}{dx}}\right)\right]\frac{dx}{dy}=\frac{\frac{dy}{dx}\cdot\frac{d}{dx}1-1\frac{d}{dx}\left(\frac{dy}{dx}\right)}{\left(\frac{dy}{dx}\right)^2}\cdot\frac{1}{\frac{dy}{dx}}$$

$$=\frac{-\frac{d^2}{dx^2}y}{\left(\frac{dy}{dx}\right)^3}$$

練習 7.1E

★1. $y=f(x)$ 之反函數 $y=f^{-1}(x)$ 存在，試證

(1) $\dfrac{d}{dx}f^{-1}(x)=\dfrac{1}{f'[f^{-1}(x)]}$

(2) $\dfrac{d^2}{dx^2}f^{-1}(x)=-\dfrac{f''(f^{-1}(x))}{[f'(f^{-1}(x))]^3}$

(3) $\dfrac{d^3x}{dy^3}=\dfrac{3(y'')^2-y'y'''}{(y')^5}$（提示：應用例 8 之結果）

7.2 自然對數函數之微分與積分

【定義】 自然對數函數（Natural logarithm function），記做 ln，定義為

$$\ln x=\int_1^x \frac{dt}{t}，x>0$$

這個定義乍看之下有點古怪，其實它的另一種定義是，自然對數函數 $\ln x$ 是以 e（$e\approx 2.71828\cdots\cdots$）爲底之對數即 $\ln x=\log e^x$，這有別於我們以往學的以 10 爲底之對數，這種定義方式可能讀者較爲習慣。e 的定義與性質我們在 7.3 節詳細說明。基本上 $\log x$ 之性質 $\ln x$ 均保有之：

logx	lnx
$x>0$ 時才有意義	$x>0$ 時才有意義
$\log x+\log y=\log xy$	$\ln x+\ln y=\ln xy$
$\log x-\log y=\log\frac{x}{y}$	$\ln x-\ln y=\ln\frac{x}{y}$
$\log x^r=r\log x$	$\ln x^r=r\ln x$
$10^{\log x}=x$	$e^{\ln x}=x$
$\log x=\frac{\ln x}{\ln 10}$（換底公式）	$\ln x=\frac{\log x}{\log e}$
$\log 1=0$	$\ln 1=0$
……	……

【定理 A】 a, b 為正數，r 為任意有理數，則

1. $\ln 1=0$
2. $\ln ab=\ln a+\ln b$
3. $\ln\frac{a}{b}=\ln a-\ln b$
4. $\ln a^r=r\ln a$

證明（$\ln xy=\ln x+\ln y$，$x>0$，$y>0$）

令 $\ln xy=\int_1^{xy}\frac{dt}{t}\overset{s=\frac{t}{x}}{=\!=\!=}\int_{\frac{1}{x}}^{y}\frac{\frac{1}{x}ds}{\frac{s}{x}}=\int_{\frac{1}{x}}^{y}\frac{1}{s}ds$

$$=-\int_1^{\frac{1}{x}}\frac{1}{s}ds+\int_1^y\frac{1}{s}ds$$

現在我們要證明 $\int_1^{\frac{1}{x}}\frac{1}{s}ds=-\int_1^x\frac{1}{s}ds$：

$$\int_1^{\frac{1}{x}} \frac{1}{s}\,ds \overset{z=xs}{=\!=\!=} \int_x^1 \frac{\frac{1}{x}dz}{\frac{z}{x}} = -\int_1^x \frac{1}{z}\,dz$$

$$\therefore \ln xy = -\int_1^{\frac{1}{x}} \frac{ds}{s} + \int_1^y \frac{ds}{s}$$

$$= \int_1^x \frac{ds}{s} + \int_1^y \frac{ds}{s} = \ln x + \ln y$$

我們可以作如下之推廣：

$x, y, z > 0$ 時 $\ln(xyz) = \ln((xy)z) = \ln xy + \ln z = \ln x + \ln y + \ln z$

練習 7.2A

1. 試證 $\ln 1 = 0$
2. 試證 $\ln\frac{x}{y} = \ln x - \ln y$, $x > 0, y > 0$
3. 若函數 f 滿足 $f(x) + f(y) = f(xy), \forall x, y \in R$，

   (1) 試證 $f(1) = 0$　　(2) $f(x) = -f\left(\frac{1}{x}\right), x \neq 0$　　(3) $f\left(\frac{x}{y}\right) = f(x) - f(y), y \neq 0$
4. $f(x) = \begin{cases} 1，|x|<1 \\ 0，|x|=1 \\ -1，|x|>1 \end{cases}$，$g(x) = e^x$，求 (1)$f(g(x))$；(2)$g(f(x))$。

【定理 B】 若 u 為 x 之可微函數 $\frac{d}{dx}\ln u = \frac{u'}{u}$，$x > 0$，且

$$\int \frac{du}{u} = \ln|u| + c$$

例 1. 求 1. $\int \frac{2x-3}{x^2-3x+1}\,dx$　　2. $\frac{d}{dx}\ln(x^2-3x+1)$

解

1. $\int \frac{d(x^2-3x+1)}{x^2-3x+1} = \ln|x^2-3x+1| + c$
2. $\frac{d}{dx}\ln(x^2-3x+1) = \frac{2x-3}{x^2-3x+1}$

例 2. 求 1. $\frac{d}{dx}\log_2(x^2+1)$　　2. $\frac{d}{dx}\log_3\cos(x^0)$

解

步驟	解答
1. $\log(x^2+1)$ 是以 10 為底之對數函數∴需透過換底公式才可應用定理 B 2. $\cos x^0=\cos\frac{\pi x}{180}$	1. $\frac{d}{dx}\log(x^2+1)=\frac{d}{dx}\frac{\ln(x^2+1)}{\ln 10}=\frac{1}{\ln 10}\cdot\frac{2x}{x^2+1}$ 2. $\frac{d}{dx}\log_3\cos(x^0)=\frac{d}{dx}\frac{\ln\cos\frac{\pi x}{180}}{\ln 3}$ $=\frac{-1}{\ln 3}\cdot\frac{\pi}{180}\cos\frac{\pi x}{180}$

例 3. 求 $y=\ln\cos x$ 在 $0\le x\le\frac{\pi}{4}$ 間之弧長。

解 $L=\int_0^{\frac{\pi}{4}}\sqrt{1+(y')^2}dx=\int_0^{\frac{\pi}{4}}\sqrt{1+\left(\frac{-\sin x}{\cos x}\right)^2}dx$

$=\int_0^{\frac{\pi}{4}}\sec x dx=\ln|\sec x+\tan x|\Big]_0^{\frac{\pi}{4}}=\ln(1+\sqrt{2})$

例 4. 求 1. $\int\frac{dx}{x(1+\ln x)}$ 2. $\int\frac{\cos x}{1+\sin x}dx$

解 1. $\int\frac{dx}{x(1+\ln x)}=\int\frac{d(1+\ln x)}{1+\ln x}=\ln|1+\ln x|+c$

2. $\int\frac{\cos x}{1+\sin x}dx=\int\frac{d(1+\sin x)}{1+\sin x}=\ln|1+\sin x|+c$

★**例 5.** 求 $f(x)=e^x\cos x$，求 $f^{(n)}$

解

步驟	解答
三角學一個有用的技巧： $\cos x\pm\sin x$ $=\sqrt{2}\left(\frac{\sqrt{2}}{2}\cos x\pm\frac{\sqrt{2}}{2}\sin x\right)$ $=\sqrt{2}\cos\left(x\mp\frac{\pi}{4}\right)$	$y=f(x)=e^x\cos x$ 則 $y'=e^x\cos x-e^x\sin x$ $=e^x(\cos x-\sin x)$ $=e^x\left(\frac{\sqrt{2}}{2}\cos x-\frac{\sqrt{2}}{2}\sin x\right)\sqrt{2}$ $=\sqrt{2}e^x\cos\left(x+\frac{\pi}{4}\right)$ $y''=\sqrt{2}\left[e^x\cos\left(x+\frac{\pi}{4}\right)-e^x\sin\left(x+\frac{\pi}{4}\right)\right]$ $=\sqrt{2}\cdot\sqrt{2}\left[e^x\left(\cos\left(x+\frac{\pi}{4}\right)\cdot\frac{\sqrt{2}}{2}-\sin\left(x+\frac{\pi}{4}\right)\right)\cdot\frac{\sqrt{2}}{2}\right]$ $=(\sqrt{2})^2e^x\cos\left(x+\frac{2\pi}{4}\right)\cdots$ $\therefore y^{(n)}=(\sqrt{2})^ne^x\cos\left(x+\frac{n\pi}{4}\right)$

練習 7.2B

1. $\int \frac{x^3+2x}{(x^4+4x^2+1)^3}dx$　2. $\int_{e^2}^{e^4} \frac{dx}{x(\ln x)}$　3. $\int \frac{dx}{x\ln x\ln \ln x}$
4. 求 $y=\ln x$, y 軸，$y=\ln a$, $y=\ln b$ 圍成區域之面積
5. $y=\ln\frac{a+bx}{a-bx}$，求 $y^{(n)}$
6. 若 $f(x)=\log_3(\log_2 x)$，求 $f'(e)$
7. $f(x)=e^x+\ln x$ 求 $(f^{-1})'(e)$
★8. 若 $y=ax^2$，$a>0$ 與 $y=\ln x$ 有公切線，求 a 及公切線方程式。
9. $x^y=y^x$，y 是 x 之函數，求 $\frac{dy}{dx}$。

自然對數函數之應用

連乘除式之導函數

例 6. 若 $y=\frac{(x^2+1)(x^3-x+1)}{(x^4+x^2+1)^2}$，求 $y'=$ ？

解

$$\ln y=\ln\frac{(x^2+1)(x^3-x+1)}{(x^4+x^2+1)^2}$$

$$=\ln(x^2+1)+\ln(x^3-x+1)-\ln(x^4+x^2+1)^2$$

兩邊同時對 x 微分：

$$\frac{y'}{y}=\frac{2x}{x^2+1}+\frac{3x^2-1}{x^3-x+1}-\frac{2(4x^3+2x)}{x^4+x^2+1}$$

$$\therefore y'=y\left(\frac{2x}{x^2+1}+\frac{3x^2-1}{x^3-x+1}-\frac{2(4x^3+2x)}{x^4+x^2+1}\right)$$

$$=\frac{(x^2+1)(x^3-x+1)}{(x^4+x^2+1)^2}\left(\frac{2x}{x^2+1}+\frac{3x^2-1}{x^3-x+1}-\frac{8x^3+4x}{x^4+x^2+1}\right)$$

指數部分爲 x 之函數的導函數

例 7. $\frac{d}{dx}10^{x^2}=$?

解

令 $y=10^{x^2}$

則 $\ln y=x^2\cdot\ln 10=(\ln 10)x^2$

兩邊同時對 x 微分：

$$\frac{y'}{y}-(\ln 10)\cdot 2x$$

$$\therefore y'=y[(\ln 10)2x]=10^{x^2}\cdot 2x\ln 10$$

例 8. $\frac{d}{dx}x^x=$？並應用此結果求 x^{x^x}

解 (1) $y=x^x$ 則 $\ln y=x\ln x$

兩邊同時對 x 微分：

$\frac{y'}{y}=\ln x+x\cdot\frac{d}{dx}\ln x=\ln x+x\cdot\frac{1}{x}=1+\ln x$

$\therefore y'=y(1+\ln x)=x^x(1+\ln x)$

(2) $y=x^{x^x}$，則 $\ln y=x^x\ln x$

兩邊同時對 x 微分：

$\frac{y'}{y}=\left(\frac{d}{dx}x^x\right)\ln x+x^x\frac{d}{dx}(\ln x)=x^x(1+\ln x)\ln x+x^x\cdot\frac{1}{x}$

$\therefore y'=y(x^x(1+\ln x)\ln x+x^{x-1})=x^{x^x}(x^x(1+\ln x)\ln x+x^{x-1})$

x ⟶ 指數 x ⟶ 底	
$\left.\begin{matrix}x\\x\end{matrix}\right\}$ ⟶ 指數 x ⟶ 底	

練習 7.2C

求 y'：1. $y=(\ln x)^x$　2. $y=(\cos x)^{\sin x}$

一些統合例子

例 9. 若 $b>a>e$，試證 $a^b>b^a$

解

提示	解答
若 $a^b>b^a$，兩邊取 ln $b\ln a>a\ln b \quad b>a>e$ $\Rightarrow\frac{b}{ab}\ln a>\frac{a}{ab}\ln b$ 即 $\frac{1}{a}\ln a>\frac{1}{b}\ln b$ $\therefore$ 取 $h(x)=\frac{1}{x}\ln x$	取 $h(x)=\frac{\ln x}{x}$，則 $h'(x)=\frac{1-\ln x}{x^2}$， $b>x>a>e$ 時 $h(x)$ 為減函數 $\therefore\frac{\ln a}{a}>\frac{\ln b}{b}\Rightarrow b\ln a>a\ln b$ 即 $\ln a^b>\ln b^a$ 得 $a^b>b^a$

例10. 若 $f(x)$ 在 (a,b) 中爲可微分在 $[a,b]$ 中爲連續，若 $f(a)=f(b)=0$，且 $g(x)$ 爲在 (a,b) 中另一可微分函數。試證在 (a,b) 中存在一個 ε 使得 $f'(\varepsilon)+f(\varepsilon)g'(\varepsilon)=0$

解

提示	解答
這是洛爾定理之應用，題目要求 $f'(x)+f(x)g'(x)=0$ 稍加變型，可得 $g'+\frac{f'(x)}{f(x)}=0$，因此我們聯想輔助函數 $h(x)=f(x)e^{g(x)}$	令 $h(x)=f(x)e^{g(x)}$，$\because f(a)=f(b)=0$ $\therefore h(a)=h(b)=0$，且 $h(x)$ 在 (a,b) 中為可微分，在 $[a,b]$ 中為連續，由洛爾定理： 在 (a,b) 中存在一個 ε，使得 $h'(\varepsilon)=f'(\varepsilon)e^{g(\varepsilon)}+f(\varepsilon)g'(\varepsilon)e^{g(\varepsilon)}=0$ 即 $f'(\varepsilon)+f(\varepsilon)g'(\varepsilon)=0$

例11. 證明：$1+x\ln(x+\sqrt{1+x^2}) \geq \sqrt{1+x^2}$，$x>0$

解 令 $f(x)=1+x\ln(x+\sqrt{1+x^2})-\sqrt{1+x^2}$，則

$$f'(x)=\ln(x+\sqrt{1+x^2})+x\cdot\frac{1+\frac{x}{\sqrt{1+x^2}}}{x+\sqrt{1+x^2}}-\frac{x}{\sqrt{1-x^2}}$$

$$=\ln(x+\sqrt{1+x^2})$$

$f''(x)=\dfrac{1}{\sqrt{1+x^2}}$，$x>0$ 時 $f''(x)>0$，又 $f'(0)=0$

得 $f'(x)\geq 0$，又 $f(0)=0$，$\therefore f(x)\geq 0$

故 $1+x\ln(x+\sqrt{1+x^2}) \geq \sqrt{1+x^2}$

> 一個有用的公式
> $\dfrac{d}{dx}\ln(x+\sqrt{1\pm x^2})=\dfrac{1}{\sqrt{1\pm x^2}}$

例12. $x, y, z>0$，試證 $(x+y+z)(ln\dfrac{x+y+z}{3}) \leq xlnx+ylny+zlnz$

解

提示	解答
$g''(x)>0$ 為上凹函數 $\Rightarrow f(\lambda x+\mu y) \leq \lambda f(x)+\mu f(y)$ $(\lambda+\mu=1)$	取 $g(x)=x\ln x$ 則 $g'(x)=\ln x+1$，$g''(x)=\frac{1}{x}>0$ $\therefore g(x)$ 為上凹函數 $\therefore g\left(\frac{x+y+z}{3}\right)\leq\frac{1}{3}g(x)+\frac{1}{3}g(y)+\frac{1}{3}g(z)$ $\Rightarrow\frac{(x+y+z)}{3}ln\frac{x+y+z}{3}\leq\frac{1}{3}xlnx+\frac{1}{3}ylny+\frac{1}{3}zlnz$ 即 $(x+y+z)ln\frac{x+y+z}{3}\leq xlnx+ylny+zlnz$

練習 7.2D

1. 比較 e^{π} 與 π^{e} 之大小
2. 用均值定理證明：若 $y>x>0$ 則 $\dfrac{y-x}{x}>\ln y-\ln x>\dfrac{y-x}{y}$
3. 證明：若 $x>0$ 則 $x>\ln(1+x)>\dfrac{x}{1+x}$
4. 證明：$x>0$ 時 $x>\ln(1+x)>x-\dfrac{x^2}{2}$
5. 求 $y=\ln(1+x^2)$ 之上凹與下凹區間
6. 試證 $y=x\ln x$ 在 $[e,\infty]$ 爲增函數，並利用此結果證 $\dfrac{\ln(1+x)}{\ln x}\geq\dfrac{x}{1+x}$
7. 若 $a, b, c>0$，試證 $\dfrac{a+b+c}{3}\geq\sqrt[3]{abc}$
8. 驗證 $y=\log(x+\sqrt{1+x^2})$ 爲單調，從而求其反函數

7.3 指數函數之微分與積分

e是什麼

在微積分中，不論是指數函數或自然對數函數之微分、積分，都扮演著極其重要地位，因此本節先從「e」開始。

【定義】 $\lim_{n\to\infty}\left(1+\frac{1}{n}\right)^n=e$

由數值方法可推得 e 的值近似於 2.71828……，e 是一個超越數（我們以前學過的圓周率 π 也是一個超越數）。

a^x與e^x之性質

$a^0=1, a\neq 0$	$e^0=1$
$a^m/a^n=a^{m-n}$	$e^m/e^n=e^{m-n}$
$a^m\cdot a^n=a^{m+n}$	$e^m\cdot e^n=e^{m+n}$
$(a^m)^n=a^{mn}$	$(e^m)^n=e^{mn}$

【定義】 自然對數函數之反函數稱為自然指數函數（Natural expontential function），記做 exp，即 $x=\exp y \Leftrightarrow y=\ln x$，$\exp x$ 常寫成 e^x

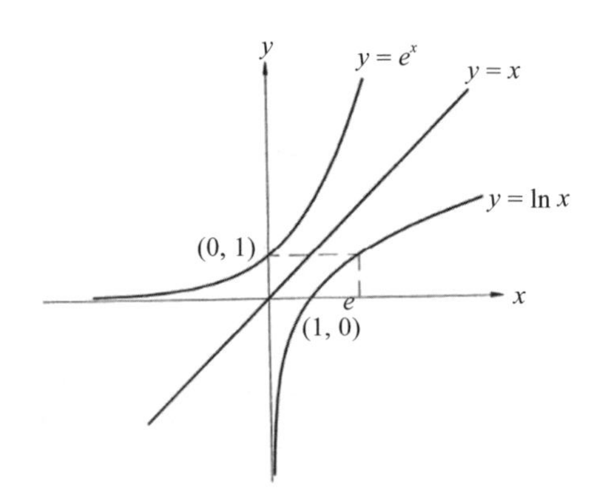

因爲 $y=\ln x$ 與 $y=e^x$ 互爲反函數，$\therefore$ $y=\ln x$ 與 $y=e^x$ 以 $y=x$ 爲對稱軸。
1. $\exp(\ln x)=e^{\ln x}=x$，$x>0$；2. $\ln(\exp(y))=\ln e^y=y, \forall y\in R$。

【定理 A】 $\frac{d}{dx}e^x=e^x$ $\int e^x dx=e^x+c$

$\frac{d}{dx}a^x=a^x\ln a\ ,\ a>0$ $\int a^x dx=\frac{1}{\ln a}(a^x)+c\ ,\ a>0$

例 1. 求 1. $\frac{d}{dx}e^{x^2}=$? 2. $\int 3^x\,dx$

解 1. $\frac{d}{dx}e^{x^2}=e^{x^2}\cdot\frac{d}{dx}x^2=e^{x^2}\cdot 2x$

2. $\int 3^x\,dx=\frac{1}{\ln 3}3^x+c$

例 2. 求 $y=e^{-x^2}$ 之上凹與下凹區間與反曲點。

解 $y=e^{-x^2}$，$y'=-2xe^{-x^2}$，$y''=-2e^{-x^2}+4x^2e^{-x^2}=2(2x^2-1)e^{-x^2}$

令 $y''<0\Rightarrow 2(2x^2-1)e^{-x^2}<0\Rightarrow x^2-\frac{1}{2}=(x-\frac{1}{\sqrt{2}})(x+\frac{1}{\sqrt{2}})<0$

得$y=e^{-x^2}$在 $(-\frac{1}{\sqrt{2}},\frac{1}{\sqrt{2}})$ 爲下凹，

$y=e^{x^2}$在 $(-\infty,-\frac{1}{\sqrt{2}})$，

$(\frac{1}{\sqrt{2}},\infty)$ 爲上凹，

x	$-\infty$		$-\frac{1}{\sqrt{2}}$		$\frac{1}{\sqrt{2}}$		∞
y''		+		−		+	
凹性		∪		∩		∪	

反曲點爲 $(-\frac{1}{\sqrt{2}},e^{-\frac{1}{2}})$，$(\frac{1}{\sqrt{2}},e^{-\frac{1}{2}})$

★**例 3.** 試證 $e^{cx}\cos x=1$ 之任意二實根間，必存在一個數 ε 滿足 $e^{cx}\sin x=c$

解 設 $h(x)=e^{-cx}-\cos x$，且設 $x=a$，b 爲 $h(x)=0$ 之二根，$a<b$
$\because h(b)=h(a)=0$，顯然 $h(x)$ 可滿足洛爾定理之條件 $\therefore h(x)$ 在 (a,b) 間存在一個 ε 使得 $h'(\varepsilon)=-ce^{-c\varepsilon}+\sin\varepsilon=0$，即 $e^{c\varepsilon}\sin\varepsilon=c$

例 4. $y=x^2e^{2x}$，求 $y^{(n)}$

解 $y^{(n)}=\binom{n}{0}(x^2)^{(0)}(e^{2x})^{(n)}+\binom{n}{1}(x^2)'(e^{2x})^{(n-1)}+\binom{n}{2}(x^2)''(e^{2x})^{(n-2)}$

$=x^2\cdot 2^ne^{2x}+n2x2^{n-1}e^{2x}+\frac{n(n-1)}{2}\cdot 2\cdot 2^{n-2}e^{2x}$

$=2^n\left(x^2+nx+\frac{n(n-1)}{4}\right)e^{2x}$

例 5. 求對數螺線 $\rho = e^{2\theta}$，$\theta = 0$ 到 $\theta = 2\pi$ 間之弧長。

解

提示	解答
極坐標系曲線 $\rho = \rho(\phi)$ 在 $\alpha > \phi > \beta$ 之弧長為 $L = \int_\beta^\alpha \sqrt{\rho^2(\phi) + (\rho'(\phi))^2} d\phi$	$L = \int_0^{2\pi} \sqrt{\rho^2 + (\rho')^2} d\theta = \int_0^{2\pi} \sqrt{(e^{2\theta})^2 + (2e^{2\theta})^2} d\theta$ $= \sqrt{5} \int_0^{2\pi} e^{2\theta} d\theta = \frac{\sqrt{5}}{2}(e^{4\pi} - 1)$

★**例 6.** 若 $f(x) = \begin{cases} \frac{1}{1+e^x}, & x < 0 \\ \frac{1}{1+x}, & x \geq 0 \end{cases}$ 求 $\int_0^2 f(x-1)dx$

解 $f(x) = \begin{cases} \frac{1}{1+e^x}, & x < 0 \\ \frac{1}{1+x}, & x \geq 0 \end{cases}$ $\therefore f(x-1) = \begin{cases} \frac{1}{1+e^{x-1}}, & x < 1 \\ \frac{1}{x}, & x \geq 1 \end{cases}$

$$\therefore \int_0^2 f(x-1)dx = \int_0^1 \frac{dx}{1+e^{x-1}} + \int_1^2 \frac{1}{x} dx$$

$$= \int_{-1}^0 \frac{1+e^y - e^y}{1+e^y} dy + \ln 2 = \int_{-1}^0 dy - \int_{-1}^0 \frac{d(1+e^y)}{1+e^y}$$

$$= y - \ln(1+e^y)\Big]_{-1}^0 + \ln 2 = 1 + \ln(1+e^{-1})$$

練習 7.3A

1. 求下列函數之 y'：
   (1) $y = e^{\sin x}$　　(2) $y = e^{-ax}\cos bx$
2. $y = x^2 e^{bx}$，求 $y^{(10)}$
3. 若 $e^{xy} + \sin(x+y) = 0$，求 y'
4. $\int (3^x/e^x)dx$
5. 求 $y = \frac{1-e^{-x^2}}{1+e^{-x^2}}$ 之漸近線
6. $y = x \cdot 2^x$ 求 $y^{(n)}$
7. 求 $f(x) = xe^x$ 之極值並繪其概圖。
8. 求 $\begin{cases} x(t) = e^t \sin t \\ y(t) = e^t \cos t \end{cases}$ 在 $t = \pi$ 處之切線方程式

雙曲函數

在數學或科學應用上，**雙曲函數**（Hyperbolic functions）扮演重要角色，基本上，它是由 e^x，e^{-x} 定義出來的函數，其定義是

【定義】 雙曲正弦（Hyperbolic sine）記做 $\sinh x$，定義為 $\sinh x=\frac{e^x-e^{-x}}{2}$，雙曲餘弦（Hyperbolic cosine），記做 $\cosh x$，定義為 $\cosh x=\frac{e^x+e^{-x}}{2}$

有了雙曲正弦與雙曲餘弦之定義，如同三角函數，我們可再定義了其餘四個雙曲函數：

【定義】 雙曲正切（Hyperbolic tangent）$\tan hx=\frac{\sin hx}{\cos hx}$

雙曲餘切（Hyperbolic cotangent）$\cot hx=\frac{\cos hx}{\sin hx}$

雙曲正割（Hyperbolic secant）$\sec hx=\frac{1}{\cos hx}$

雙曲餘割（Hyperbolic cosecant）$\csc hx=\frac{1}{\sin hx}$

雙曲函數與三角函數之恒等式有很多類似，也有一些不同，例如：

【定理 B】 $\cos h^2x-\sin h^2x=1$

【證明】 $\cos h^2x-\sin h^2x=\left(\frac{e^x+e^{-x}}{2}\right)^2-\left(\frac{e^x-e^{-x}}{2}\right)^2=1$

由定理 B 易得 (1) $1-\tanh^2x=\operatorname{sech}^2x$　(2) $\coth^2x-1=\operatorname{csch}^2x$

例 7. 試證 $\cos hx\geq 1$

解 $\cos hx=\frac{e^x+e^{-x}}{2}\geq\sqrt{e^x\cdot e^{-x}}=1$

【定理 C】 $\frac{d}{dx}\cos hx=\sin hx$，$\frac{d}{dx}\sin hx=\cos hx$

$\int\sin hxdx=\cos hx+c$，$\int\cos hxdx=\sin hx+c$

【證明】 由定義可直接導出。

雙曲函數之計算、性質之導出，只需依定義均可容易解出。

例 8. 試證 1.sinh(ln 2)　2.tanh (2)

解 1. $\sinh(1)=\left.\frac{e^x-e^{-x}}{2}\right|_{x=\ln 2}=\frac{1}{2}(e^{\ln 2}-e^{-\ln 2})=\frac{1}{2}\left(2-\frac{1}{2}\right)=\frac{3}{4}$

2. $\tanh(2)=\frac{\sinh(2)}{\cosh(2)}=\frac{\frac{1}{2}(e^2-e^{-2})}{\frac{1}{2}(e^2+e^{-2})}=\frac{e^4-1}{e^4+1}$

雙曲函數微分

【定理 D】 $\frac{d}{dx}(\sinh x)=\cosh x$　　$\frac{d}{dx}(\operatorname{csch} x)=-\operatorname{csch} x\coth x$

$\frac{d}{dx}(\cosh x)=\sinh x$　　$\frac{d}{dx}(\operatorname{sech} x)=-\operatorname{sech} x\tanh x$

$\frac{d}{dx}(\tanh x)=\operatorname{sech}^2 x$　　$\frac{d}{dx}(\coth x)=-\operatorname{csch}^2 x$

【證明】 $\frac{d}{dx}(\sinh x)=\frac{d}{dx}\frac{e^x-e^{-x}}{2}=\frac{e^x+e^{-x}}{2}=\cosh x$ ■

$$\frac{d}{dx}(\operatorname{csch} x)=\frac{d}{dx}\frac{1}{\sinh x}=\frac{-\frac{d}{dx}\sinh x}{\sinh^2 x}$$

$$=\frac{-\cosh x}{\sinh^2 x}=-\frac{\cosh x}{\sinh x}\cdot\frac{1}{\sinh x}$$

$$=-\coth x\operatorname{csch} x$$ ■

$$\frac{d}{dx}(\tanh x)=\frac{d}{dx}\frac{\sinh x}{\cosh x}$$

$$=\frac{\cosh x\cdot\cosh x-\sinh x\cdot\sinh x}{\cosh^2 x}=\frac{1}{\cosh^2 x}$$

$$=\operatorname{sech}^2 x$$ ■

練習 7.3B

1. 試導出 $\cos h(x+y)=\cos hx\cos hy+\sin hx\sin hy$
2. 試導出 $\sin h2x=2\sin hx\cos hx$
3. 若 $\sec hx=b$，$1\ge b>0$ 求其餘 5 個雙曲函數值
4. 試證 $\frac{d}{dx}\sec hx=-\sec hx\tan hx$
5. $\int \tan hx\ln(\cos hx)dx$
6. 試證

(1) $\tan h(\ln x)=\frac{x^2-1}{x^2+1}, x>0$　(2) $\frac{1+\tanh x}{1-\tanh x}=e^{2x}$　(3) $\coth(\ln(\sec x+\tan x))=\csc x$

反雙曲函數

$y=\sin hx$ 與 $y=\tan hx$ $\because y'>0$ $\therefore$ 均爲單調函數自然有反函數，其它之雙曲函數之定義域定在適當定義下，亦均有反函數：

$x=\sin h^{-1}y \Leftrightarrow y=\sin hx$，$x\in R$

$x=\cos h^{-1}y \Leftrightarrow y=\cos hx$，$x\geq 1$

$x=\tan h^{-1}y \Leftrightarrow y=\tan hx$，$1>x>-1$

$x=\sec h^{-1}y \Leftrightarrow y=\sec hx$，$x\geq 0$

我們利用 7.1 節求反函數方法即可求得雙曲函數之反函數。

例 9. 求證：$x\geq 0$ 時 $\cos h^{-1}x=\ln(x+\sqrt{x^2-1})$，又 $\frac{d}{dx}\cos h^{-1}x=?$

解 (1) $y=\cos hx=\frac{e^x+e^{-x}}{2}$，$e^x+e^{-x}=2y$

$\therefore e^{2x}-2ye^x+1=0$，$x\geq 0$

解之 $e^x=\frac{2y\pm\sqrt{(2y)^2-4}}{2}=y\pm\sqrt{y^2-1}$

從而 $x=\ln(y\pm\sqrt{y^2-1})$

又 $x\geq 1$ $\therefore x=\ln(y+\sqrt{y^2-1})$

即 $\cos h^{-1}x=\ln(x+\sqrt{x^2-1})$，$x\geq 1$

(2)

方法一	$\frac{d}{dx}\cosh^{-1}x=\frac{d}{dx}\ln(x+\sqrt{x^2-1})=\frac{1}{\sqrt{x^2-1}}$
方法二	令 $y=\cosh^{-1}x$，$x=\cosh y$ 兩邊對 x 微分： $1=\sinh y\cdot y'=\sqrt{x^2-1}y'$ $\therefore y'=\frac{1}{\sqrt{x^2-1}}$

例10. 證：$\tan h^{-1}x=\frac{1}{2}\ln\frac{1+x}{1-x}$，$1>x>-1$，並由此結果求 $\frac{d}{dx}\tan^{-1}hx$

解 (1) $y=\tan h^{-1}x$，$x=\tan hy=\frac{\sin hy}{\cos hy}=\frac{\frac{1}{2}(e^y-e^{-y})}{\frac{1}{2}(e^y+e^{-y})}$

$(e^y+e^{-y})x=e^y-e^{-y}$ $\quad\therefore(e^{2y}+1)x=e^{2y}-1$，移項得

$e^{2y}=\frac{1+x}{1-x}$，二邊取自然對數得 $y=\frac{1}{2}\ln\frac{1+x}{1-x}$，$1>x>-1$

即 $\tan h^{-1}x=\frac{1}{2}\ln\frac{1+x}{1-x}$，$1>x>-1$

(2)

方法一	$\frac{d}{dx}\tan h^{-1}x=\frac{d}{dx}\frac{1}{2}\ln\frac{1+x}{1-x}=\frac{1}{2}\left(\frac{1}{1+x}-\frac{-1}{1-x}\right)=\frac{1}{1-x^2}$，$\lvert x\rvert<1$
方法二	令 $y=\tanh^{-1}x$，$x=\tanh y$ 兩邊對 x 微分： $1=\text{sech}^2x\cdot y'$ $\therefore y'=\frac{1}{\text{sech}^2x}=\frac{1}{1-x^2}$（$\because 1-\tanh^2x=\text{sech}^2x$）

反雙曲函數之微分公式

【定理 E】 $\frac{d}{dx}\sinh^{-1}x=\frac{1}{\sqrt{x^2+1}}$　　$\frac{d}{dx}\cosh^{-1}x=\frac{1}{\sqrt{x^2-1}}$，$x>1$

$\frac{d}{dx}\tanh^{-1}x=\frac{1}{1-x^2}$，$-1<x<1$　　$\frac{d}{dx}\coth^{-1}x=\frac{1}{1-x^2}$，$|x|>1$

$\frac{d}{dx}\text{sech}^{-1}x=\frac{-1}{x\sqrt{1-x^2}}$，$0<x<1$　　$\frac{d}{dx}\text{csch}^{-1}x=-\frac{1}{|x|\sqrt{x^2+1}}$，$x\neq 0$

練習 7.3C

1. (1) 試證：$\sec h^{-1}x=\ln\left(\frac{1+\sqrt{1-x^2}}{x}\right)$，$0<x\leq 1$，並由此導出 (2) $\frac{d}{dx}\text{sech}x=-\text{sech}x\tanh x$

   (3) $\frac{d}{dx}\sec h^{-1}x=\frac{-1}{x\sqrt{1-x^2}}$

2. 試證 $\sinh^{-1}x=\ln(x+\sqrt{x^2+1})$，$x\in R$，並由此導出 $\frac{d}{dx}\sinh^{-1}x=\frac{1}{\sqrt{x^2+1}}$

3. 利用定理 C 求

   (1) $\frac{d}{dx}\ln\sinh^{-1}x$　(2) $\frac{d}{dx}\coth^{-1}\sqrt{x^2+1}$　(3) $\frac{d}{dx}\sinh^{-1}(\cos x)$

7.4 反三角函數之微分與積分

三角函數只需對其定義域加以限制，則其反函數存在：

$\sin^{-1}: x \to \sin^{-1}x, -\frac{\pi}{2} \le x \le 2\pi$

$\cos^{-1}: x \to \cos^{-1}x, \pi \ge x \ge 0$

$\tan^{-1}: x \to \tan^{-1}x, \frac{\pi}{2} > x > -\frac{\pi}{2}$

$\cot^{-1}: x \to \cot^{-1}x, \pi > x > 0$

$\sec^{-1}: x \to \sec^{-1}x, \pi \ge x \ge 0, x \ne \frac{\pi}{2}$

$\csc^{-1}: x \to \csc^{-1}x, \frac{\pi}{2} \ge x \ge -\frac{\pi}{2}, x \ne 0$

本節之重點在導出反三角函數微分與積分，只需應用定理 7.1C 即已足矣，因此我們不打算詳述反三角函數之細節。

反三解函數之微分

若 $u(x)$ 是 x 之可微分函數，則：

【定理 A】

1. $\frac{d}{dx}\sin^{-1}u = \frac{1}{\sqrt{1-u^2}}\frac{d}{dx}u$，$|u|<1$
2. $\frac{d}{dx}\cos^{-1}u = \frac{-1}{\sqrt{1-u^2}}\frac{d}{dx}u$，$|u|<1$
3. $\frac{d}{dx}\tan^{-1}u = \frac{1}{1+u^2}\frac{d}{dx}u$，$u \in R$
4. $\frac{d}{dx}\cot^{-1}u = \frac{-1}{1+u^2}\frac{d}{dx}u$，$u \in R$
5. $\frac{d}{dx}\sec^{-1}u = \frac{1}{|u|\sqrt{u^2-1}}\frac{d}{dx}u$，$|u|>1$
6. $\frac{d}{dx}\csc^{-1}u = \frac{-1}{|u|\sqrt{u^2-1}}\frac{d}{dx}u$，$|u|>1$

【證明】 ($\frac{d}{dx}\sin^{-1}x = \frac{1}{\sqrt{1-x^2}}$ 與 $\frac{d}{dx}\sec^{-1}x = \frac{1}{|x|\sqrt{x^2-1}}$)

1. 令 $y = \sin^{-1}x$，則 $x = \sin y$，$\frac{dx}{dy} = \cos y$

$$\therefore \frac{dy}{dx} = \frac{1}{\frac{dx}{dy}} = \frac{1}{\cos y} = \frac{1}{\sqrt{1-\sin^2 y}} = \frac{1}{\sqrt{1-x^2}}$$

5. 令 $y = sec^{-1}x$，則$y = \cos^{-1}\frac{1}{x}$

$$\therefore \frac{d}{dx}\sec^{-1}x = \frac{d}{dx}\cos^{-1}\frac{1}{x} = \frac{-\left(-\frac{1}{x^2}\right)}{\sqrt{1-\left(\frac{1}{x}\right)^2}} = \frac{1}{|x|\sqrt{x^2-1}}$$

再應用鏈法則即得。

例 1. 求 (1) $\frac{d}{dx}\sin^{-1}(\sqrt{x})$ (2) $\frac{d}{dx}\csc^{-1}\frac{\sqrt{1+x^2}}{x}$ (3) $\frac{d}{dx}\tan^{-1}\left(\frac{3\sin x}{4+5\cos x}\right)$

解

(1) $\frac{d}{dx}\sin^{-1}(\sqrt{x})=\frac{\frac{d}{dx}\sqrt{x}}{\sqrt{1-(\sqrt{x})^2}}=\frac{1}{2\sqrt{x}\sqrt{1-x}}$

(2) $\frac{d}{dx}\csc^{-1}\frac{\sqrt{1+x^2}}{x}=\frac{-1}{\left|\frac{\sqrt{1+x^2}}{x}\right|\sqrt{\left(\frac{\sqrt{1+x^2}}{x}\right)^2-1}}\frac{d}{dx}\frac{\sqrt{1+x^2}}{x}$

$=\frac{-x^2}{\sqrt{1+x^2}}\cdot\frac{x\frac{1}{2}(2x)(1+x^2)^{-\frac{1}{2}}-\sqrt{1+x^2}}{x^2}=\frac{1}{1+x^2}$

(3) $\frac{d}{dx}\tan^{-1}\left(\frac{3\sin x}{4+5\cos x}\right)=\frac{\frac{d}{dx}\left(\frac{3\sin x}{4+5\cos x}\right)}{1+\left(\frac{3\sin x}{4+5\cos x}\right)^2}$

$=\frac{\frac{(4+5\cos x)(3\sin x)'-(3\sin x)(4+5\cos x)'}{(4+5\cos x)^2}}{\frac{(4+5\cos x)^2+(3\sin x)^2}{(4+5\cos x)^2}}$

$=\frac{(4+5\cos x)(3\cos x)-(3\sin x)(-5\sin x)}{16+40\cos x+25\cos^2 x+9\sin^2 x}$

$=\frac{12\cos x+15\cos^2 x+15\sin^2 x}{16+40\cos x+25\cos^2 x+9(1-\cos^2 x)}$

$=\frac{3(4\cos x+5)}{(4\cos x+5)^2}=\frac{3}{4\cos x+5}$

例 2. $y=f\left(\frac{x-1}{x+1}\right)$，$f'(x)=\sin^{-1}x^2$，求 $\left.\frac{dy}{dx}\right|_{x=0}$

解

$\frac{dy}{dx}=f'\left(\frac{x-1}{x+1}\right)\cdot\frac{2}{(x+1)^2}=\sin^{-1}\left(\frac{x-1}{x+1}\right)^2\cdot\frac{2}{(x+1)^2}$

$\therefore \left.\frac{dy}{dx}\right|_{x=0}=\sin^{-1}\left(\frac{x-1}{x+1}\right)^2\cdot\left.\frac{2}{(x+1)^2}\right|_{x=0}=\frac{\pi}{2}\cdot 2=\pi$

練習 7.4A

1. 若$\tan^{-1}\frac{y}{x}=\ln\sqrt{x^2+y^2}$，求 $\frac{dy}{dx}$
2. $y=f\left(\frac{3x-2}{3x+2}\right)$，$f'(x)=\tan^{-1}x^2$，求 $\left.\frac{d}{dx}y\right|_{x=0}$
3. $x+\tan^{-1}y=y$，求 y''
4. $\frac{d}{dx}\tan^{-1}\left(\sqrt{\frac{a-b}{a+b}}\tan\frac{x}{2}\right)$

5. 試證 $y=\sin(a\sin^{-1}x)$ 滿足 $(1-x^2)y''-xy'+a^2y=0$

6. $\begin{cases}x=\ln\sqrt{1+t^2}\\ y=\tan^{-1}t\end{cases}$ 求 $\dfrac{dy}{dx}$ 及 $\dfrac{d^2y}{dx^2}$

例 3. 試證 $f(x)=\tan^{-1}x+\tan^{-1}\dfrac{1}{x}$ 爲一常數函數。

解

step1 證明 $f'(x)=0$	$\because f'(x)=\dfrac{1}{1+x^2}+\dfrac{\frac{d}{dx}\left(\frac{1}{x}\right)}{1+\left(\frac{1}{x}\right)^2}=\dfrac{1}{1+x^2}+\dfrac{-\frac{1}{x^2}}{1+\frac{1}{x^2}}=\dfrac{1}{1+x^2}+\dfrac{-1}{1+x^2}=0$ $\therefore f(x)$ 為一常數函數，即 $f(x)=c$， 為了確定 c 值，取 $x=1$
step2 代一個方便值	則 $f(1)=\tan^{-1}1+\tan^{-1}\dfrac{1}{1}=\dfrac{\pi}{4}+\dfrac{\pi}{4}=\dfrac{\pi}{2}$，即 $f(x)=\dfrac{\pi}{2}$

例 4. 試證 $x>\tan^{-1}x>\dfrac{x}{1+x^2}$，$x\geq 0$。

解 取 $f(x)=\tan^{-1}x$ 由拉格蘭日均值定理

$\dfrac{f(x)-f(0)}{x-0}=\dfrac{1}{1+\varepsilon^2}$，$x>\varepsilon>0$ 又 $1>\dfrac{1}{1+\varepsilon^2}>\dfrac{1}{1+x^2}$

$\therefore x>\dfrac{x}{1+\varepsilon^2}>\dfrac{x}{1+x^2}$ 即 $x>\tan^{-1}x>\dfrac{x}{1+x^2}$，$x>0$

練習 7.4B

1. $x\geq 1$ 時，試證 $f(x)=2\tan^{-1}x+\sin^{-1}\dfrac{2x}{1+x^2}$ 爲一常數函數。
2. 在高於觀測者眼睛 h 米之牆上掛長爲 a 米之照片，求觀測者在距牆多遠處看圖最清楚（即視角 θ 爲最大）。

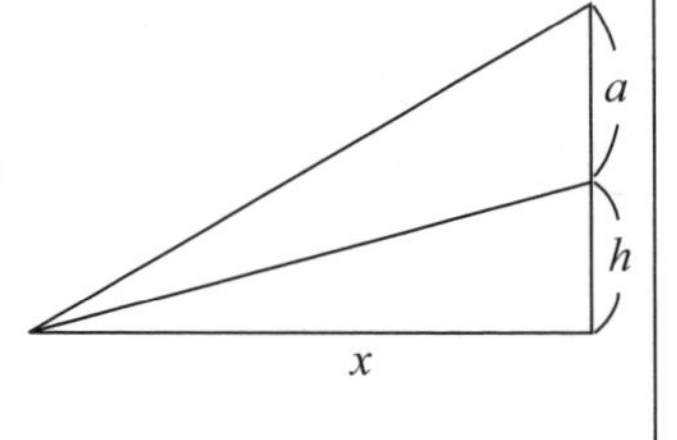

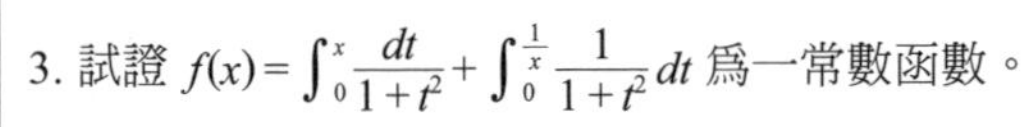

3. 試證 $f(x)=\int_0^x\dfrac{dt}{1+t^2}+\int_0^{\frac{1}{x}}\dfrac{1}{1+t^2}dt$ 爲一常數函數。

（提示：應用定理 4.2A）

★4. 二個走廊成直交，設北走廊寬 a 米，南走廊寬 b 米，若要將一竹竿由北走廊送到南走廊，由此竹竿最長不得超過多少米才能由北走廊送到南走廊？

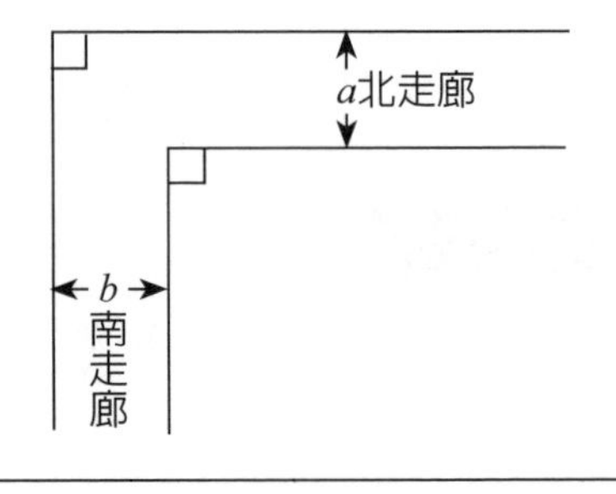

例 5. 求 1. $\int \frac{1+x^2}{1+x^4}dx$　2. $\int \frac{1-x^2}{1+x^4}dx$

解 1. $\int \frac{1+x^2}{1+x^4}dx = \int \frac{\frac{1}{x^2}+1}{x^2+\frac{1}{x^2}}dx = \int \frac{d\left(x-\frac{1}{x}\right)}{\left(x-\frac{1}{x}\right)^2+2} = \frac{1}{\sqrt{2}}\tan^{-1}\frac{x-\frac{1}{x}}{\sqrt{2}}+c$

$$= \frac{1}{\sqrt{2}}\tan^{-1}\frac{x^2-1}{\sqrt{2}x}+c$$

2. $\int \frac{1-x^2}{1+x^4}dx = \int \frac{\frac{1}{x^2}-1}{\frac{1}{x^2}+x^2}dx = \int \frac{-d\left(\frac{1}{x}+x\right)}{\left(\frac{1}{x}+x\right)^2-2} \overset{u=\frac{1}{x}+x}{=\!=\!=} -\int \frac{du}{u^2-2}$

> $\int \frac{du}{u^2-a^2}$
> $= \frac{1}{2a}\ln\left|\frac{u-a}{u+a}\right|+c$

$$= -\frac{1}{2\sqrt{2}}\ln\left|\frac{x+\frac{1}{x}-\sqrt{2}}{x+\frac{1}{x}+\sqrt{2}}\right|+c$$

$$= \frac{1}{2\sqrt{2}}\ln\left|\frac{x^2+\sqrt{2}x+1}{x^2-\sqrt{2}x+1}\right|+c$$

例 6. 求 $\int \frac{\sin x\cos x}{1+\sin^4 x}dx$

解 $\int \frac{\sin x\cos x}{1+\sin^4 x}dx = \int \frac{d\frac{1}{2}\sin^2 x}{1+\sin^4 x} = \frac{1}{2}\int \frac{d\sin^2 x}{1+\sin^4 x} = \frac{1}{2}\int \frac{d\sin^2 x}{1+(\sin^2 x)^2}$

$$= \frac{1}{2}\tan^{-1}\sin^2 x+c$$

練習 7.4C

計算

1. $\int \frac{f'(\sin^{-1}x)}{f^2(\sin^{-1}x)}\frac{dx}{\sqrt{1-x^2}}$　　2. $\int (\sin^{-1}x+\cos^{-1}x)\,dx$

3. $x^2+y^2=a^2$，自 $(0, a)$ 到 $(a, 0)$ 之弧長

第8章 進一步之積分方法

8.1 三角代換積分法

讀者在應用三角代換時，能根據題意繪出一個適當的示意圖是很重要的。

在作者經驗，只要會正弦、餘弦與正切三個函數之示意圖，那正割、餘割、餘切，也不難迎刃而解。

名稱	英文草寫第一字母之首2個「圖段」	示意圖	
$\cos x=\frac{鄰邊}{斜邊}$	c 小寫草書 ①表分母，②表分子，以下同	$\cos^{-1}x=y$ $\Rightarrow \cos y=x=\frac{x}{1}$	1, $\sqrt{1-x^2}$, y, x
$\sin x=\frac{對邊}{斜邊}$	s 小寫草書	$\sin^{-1}x=y$ $\Rightarrow \sin y=x=\frac{x}{1}$	1, x, y, $\sqrt{1-x^2}$
$\tan x=\frac{對邊}{鄰邊}$	t 小寫草書	$\tan^{-1}x=y$ $\Rightarrow \tan y=x=\frac{x}{1}$	$\sqrt{1-x^2}$, x, y, 1

右欄示意圖之粗線部份是根據細線部份的數值，應用直角三角形之邊角關係而得。

例如 $y=\cos^{-1}3x$，那麼 $\cos y=3x=\frac{3x}{1}$，因此我們可令斜邊長爲 1，鄰邊爲 $3x$，所以另一邊便爲 $\sqrt{1-9x^2}$ 如此便可做出對應之示意圖（如圖 a）

又如 $y=\tan^{-1}\frac{x}{2}$，那麼 $\tan y=\frac{x}{2}=\frac{\frac{x}{2}}{1}$，所以鄰邊爲 1，對邊爲 $\frac{x}{2}$，所以斜邊爲 $\sqrt{1+\frac{x^2}{4}}$

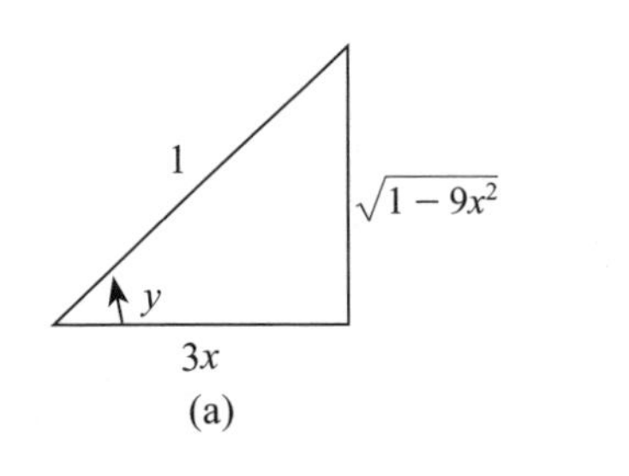

(a)

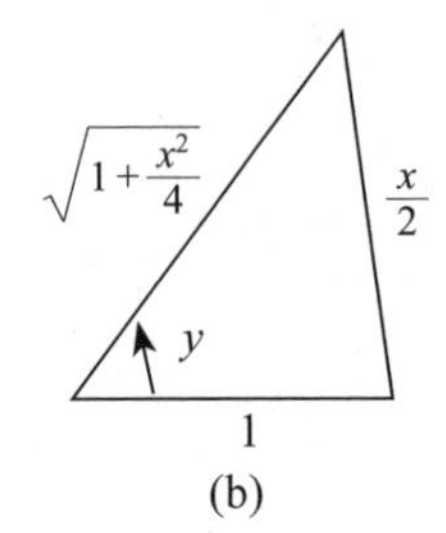

(b)

我們再看有關餘切、正割與餘割函數之示意圖，$y=\sec^{-1}x$，則 $x=\sec y$ $\therefore \cos y=\frac{1}{x}=\frac{\frac{1}{x}}{1}$，$\sin y=\sqrt{1-\left(\frac{1}{x}\right)^2}$（如圖 c）讀者可同法推知 $y=\csc^{-1}x$ 做變換時之示意圖（如圖 d）$y=\cot^{-1}x$ 行變換時，$\cot y=x\Rightarrow \tan y=\frac{1}{x}$，則示意圖爲（圖 e）。

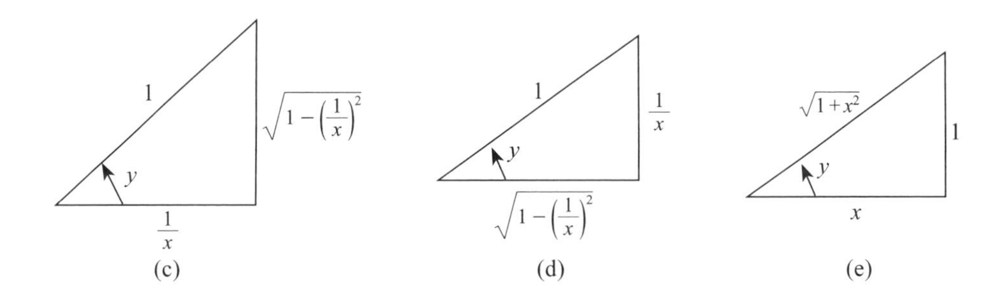

(c)　(d)　(e)

有了以上之基本能力後，我們便能輕鬆地學習積分之三角代換了。

【應用題型】 $\int f(a^2\pm x^2)\,dx$ 或 $\int f(x^2-a^2)\,dx$

應用三角代換法前，首先要判斷是否可應用變數換法，如果可以就應該優先使用，而不必用本節之三角代換。

積分型式	代換	示意圖
• $\int f(a^2-x^2)\,dx$	$x=a\sin y\Rightarrow\begin{cases}y=\sin^{-1}\frac{x}{a}\\dx=a\cos y\,dy\end{cases}$	$x=a\sin u$ （1, $\frac{x}{a}$, u）
• $\int f(a^2+x^2)\,dx$	$x=a\tan y\Rightarrow\begin{cases}y=\tan^{-1}\frac{x}{a}\\dx=a\sec^2 y\,dy\end{cases}$	$x=a\tan u$ （x, a, u）
• $\int f(x^2-a^2)\,dx$	$x=a\sec y\Rightarrow\begin{cases}y=\sec^{-1}\frac{x}{a}\\dx-a\sec y\tan y\,dy\end{cases}$	$x=a\sec u$ （1, $\frac{a}{x}$, u）

【定理 A】

$$\int \frac{du}{\sqrt{u^2 \pm a^2}} = \ln|u + \sqrt{u^2 \pm a^2}| + c$$

$$\int \sqrt{u^2 \pm a^2}\,du = \frac{u}{2}\sqrt{u^2 \pm a^2} + \frac{a^2}{2}\ln|u + \sqrt{u^2 \pm a^2}| + c$$

$$\int \sqrt{a^2 - u^2}\,du = \frac{u}{2}\sqrt{a^2 - u^2} + \frac{a^2}{2}\sin^{-1}\frac{u}{a} + c$$

$$\int \frac{1}{\sqrt{a^2 - u^2}}\,du = \sin^{-1}\frac{u}{a} + c$$

$$\int \frac{du}{a^2 + u^2} = \frac{1}{a}\tan^{-1}\frac{u}{a} + c$$

【證明】 ($\int \sqrt{u^2 + a^2}\,du$ 與 $\int \sqrt{a^2 - u^2}\,du$)

1. $\int \sqrt{u^2 + a^2}\,du$ 取 $u = a\tan y$，$du = a\sec^2 y dy$

$$= \int \sqrt{a^2\tan^2 y + a^2} \cdot (a\sec^2 y)\,dy$$

$$= a^2 \int \sec^3 y dy$$

$$= a^2\left(\frac{1}{2}\sec y\tan y + \frac{1}{2}\ln|\sec y + \tan y|\right) + c' \text{（見例 8.4-5）}$$

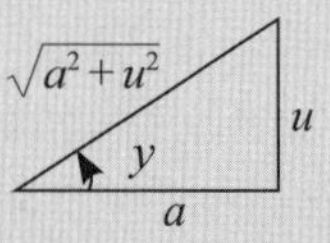

$$= a^2\left(\frac{1}{2}\frac{\sqrt{a^2+u^2}}{a} \cdot \frac{u}{a} + \frac{1}{2}\ln\left|\frac{\sqrt{a^2+u^2}}{a} + \frac{u}{a}\right|\right) + c'$$

$$= \frac{u}{2}\sqrt{a^2+u^2} + \frac{a^2}{2}\ln|\sqrt{a^2+u^2} + u| + c$$

2. $\int \sqrt{a^2 - u^2}\,du \overset{u=a\sin y}{=\!=\!=} \int \sqrt{a^2 - (a\sin y)^2}\,a\cos y dy$

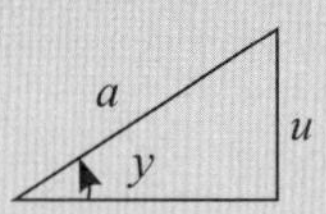

$$= a^2\int \cos^2 y dy = a^2 \int \frac{1+\cos 2y}{2}\,dy = \frac{a^2}{2}\left[y + \frac{1}{2}\sin 2y\right] + c$$

$$= \frac{a^2}{2}y + \frac{a^2}{2}\cdot \sin y\cos y + c = \frac{a^2}{2}\sin^{-1}\left(\frac{u}{a}\right) + \frac{a^2}{2}\frac{u}{a}\cdot\sqrt{1 - \left(\frac{u}{a}\right)^2} + c$$

$$= \frac{u}{2}\sqrt{a^2 - u^2} + \frac{a^2}{2}\sin^{-1}\frac{u}{a} + c$$

例 1. 應用定理 A 求 (1) $\int \frac{dx}{x^2+2x+5}$　(2) $\int \sqrt{x^2+2x+5}\,dx$　(3) $\int \frac{dx}{\sqrt{x^2+2x+5}}$

(4) $\int \frac{dx}{\sqrt{5 - x^2 - 4x}}$

解

1. $\int \frac{dx}{x^2+2x+5} = \int \frac{dx}{(x+1)^2+4} \overset{u=x+1}{=\!=\!=} \int \frac{du}{u^2+4} = \frac{1}{2}\tan^{-1}\frac{u}{2} + c$

$$= \frac{1}{2}\tan^{-1}\frac{x+1}{2} + c$$

2. $\int \sqrt{x^2+2x+5}\,dx \overset{u=x+1}{=\!=\!=} \int \sqrt{(x+1)^2+4}\,dx$

$$= \int \sqrt{u^2+4}\,du = \frac{u}{2}\sqrt{4+u^2} + \frac{a^2}{2}\ln|\sqrt{u^2+4} + u| + c$$

$$=\frac{x+1}{2}\sqrt{x^2+2x+5}+\frac{4}{2}\ln\left|\sqrt{x^2+2x+5}+(x+1)\right|+c$$

$$=\frac{x+1}{2}\sqrt{x^2+2x+5}+2\ln\left|\sqrt{x^2+2x+5}+(x+1)\right|+c$$

3. $\int\frac{dx}{\sqrt{x^2+2x+5}}=\int\frac{dx}{\sqrt{(x+1)^2+4}}$

$$\underset{\quad}{\overset{u=x+1}{=\!=}}\int\frac{du}{\sqrt{u^2+4}}=\ln\left|\sqrt{u^2+4}+u\right|+c=\ln\left|\sqrt{x^2+2x+5}+(x+1)\right|+c$$

4. $\int\sqrt{5-4x-x^2}\,dx=\int\sqrt{9-x^2-4x-4}\,dx=\int\sqrt{9-(x+2)^2}\,dx$

$$=\frac{x+2}{2}\sqrt{5-4x-x^2}+\frac{9}{2}\sin^{-1}\left(\frac{x+2}{3}\right)+c$$

練習 8.1A

1. $\int_0^1\sqrt{2+x^2}\,dx$　2. $\int\sqrt{9-x^2}dx$　3. $\int\frac{dx}{\sqrt{9-x^2}}$　4. $\int\sqrt{x^2+2x+2}dx$

例 2. 求 1. $\int\frac{dx}{\sqrt{(x^2-9)^3}}$　2. $\int\frac{x^2}{(9+x^2)^{3/2}}dx$　3. $\int_0^1\frac{xdx}{(2-x^2)\sqrt{1-x^2}}$

解 1. $\int\frac{dx}{\sqrt{(x^2-9)^3}}$

$$\overset{x=3\sec y}{=\!=}\int\frac{3\sec y\tan y}{\sqrt{[(3\sec y)^2-9]^3}}dy$$

$$=\int\frac{3\sec y\tan y}{(3\tan y)^3}dy=\frac{1}{9}\int\frac{\sec y}{\tan^2 y}dy$$

$$=\frac{1}{9}\int\frac{\cos y}{\sin^2 y}dy=\frac{1}{9}\int\frac{d\sin y}{\sin^2 y}=\frac{-1}{9}\csc y+c$$

$$=-\frac{1}{9}\frac{1}{\sqrt{1-\frac{9}{x^2}}}+c$$

$$=-\frac{1}{9}\frac{x}{\sqrt{x^2-9}}+c$$

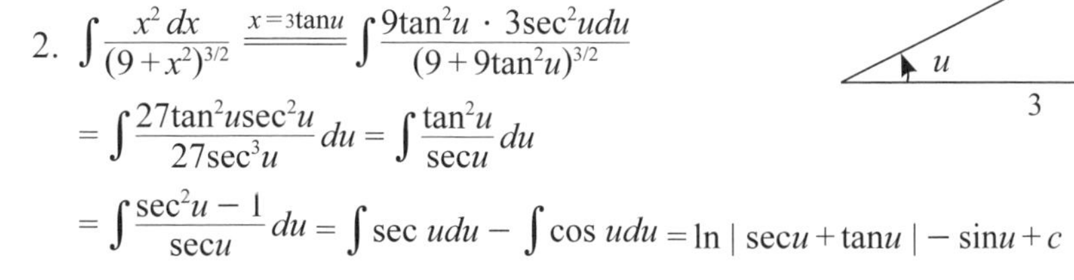

2. $\int\frac{x^2\,dx}{(9+x^2)^{3/2}}\overset{x=3\tan u}{=\!=}\int\frac{9\tan^2 u\cdot 3\sec^2 u\,du}{(9+9\tan^2 u)^{3/2}}$

$$=\int\frac{27\tan^2 u\sec^2 u}{27\sec^3 u}du=\int\frac{\tan^2 u}{\sec u}du$$

$$=\int\frac{\sec^2 u-1}{\sec u}du=\int\sec u\,du-\int\cos u\,du=\ln|\sec u+\tan u|-\sin u+c$$

$$=\ln\left|\frac{\sqrt{9+x^2}}{3}+\frac{x}{3}\right|-\frac{x}{\sqrt{9+x^2}}+c'=\ln\left|\sqrt{9+x^2}+x\right|-\frac{x}{\sqrt{9+x^2}}+c\ (c=c'-\ln 3)$$

3. $$\int_0^1\frac{xdx}{(2-x^2)\sqrt{1-x^2}}\overset{x=\sin u}{=\!=\!=}\int_0^{\frac{\pi}{2}}\frac{\sin u\cos u\,du}{(2-\sin^2 u)\cos u}=\int_0^{\frac{\pi}{2}}\frac{\sin u\,du}{1+\cos^2 u}=\int_0^{\frac{\pi}{2}}\frac{-d\cos u}{1+\cos^2 u}$$

$$=-\tan^{-1}\cos u\Big]_0^{\frac{\pi}{2}}=\frac{\pi}{4}$$

例 3. 求$\int\frac{x^3}{\sqrt[3]{x^2+1}}dx$

解 $$\int\frac{x^3}{\sqrt[3]{x^2+1}}dx=\int\frac{(x^2+1-1)d\frac{1}{2}(x^2+1)}{\sqrt[3]{x^2+1}}\overset{u=x^2+1}{=\!=\!=}\int\frac{(u-1)du}{2u^{\frac{1}{3}}}$$

$$=\frac{1}{2}\int(u^{\frac{2}{3}}-u^{-\frac{1}{3}})du=\frac{1}{2}\left(\frac{3}{5}u^{\frac{5}{3}}-\frac{3}{2}u^{\frac{2}{3}}\right)+c$$

$$=\frac{3}{10}(x^2+1)^{\frac{5}{3}}-\frac{3}{4}(x^2+1)^{\frac{2}{3}}+c$$

在例 3，若我們令 $x=\tan t$：

$\int\frac{\tan^3 t\cdot\sec^2 t dt}{\sqrt[3]{\tan^2 t+1}}=\int(\tan^3 t+\sec^{\frac{4}{3}}t)\,dt$ 可能較難處理

例 4. 求$\int\frac{dx}{x^3\sqrt{x^2-a^2}}$

解 $$\int\frac{dx}{x^3\sqrt{x^2-a^2}}\overset{x=a\sec u}{=\!=\!=}\int\frac{a\sec u\tan u\,du}{a^3\sec^3 u(a\tan u)}$$

$$=\frac{1}{a^3}\int\cos^2 u du=\frac{1}{2a^3}\int(1+\cos 2u)du=\frac{1}{2a^3}(u+\frac{1}{2}\sin 2u)+c$$

$$=\frac{1}{2a^3}(u+\sin u\cos u)+c$$

$$=\frac{1}{2a^3}\left(\sec^{-1}\frac{x}{a}+\sqrt{1-\left(\frac{a}{x}\right)^2}\frac{a}{x}\right)+c$$

或 $\frac{1}{2a^3}\left(\cos^{-1}\frac{a}{x}+\frac{a}{x^2}\sqrt{x^2-a^2}\right)+c$

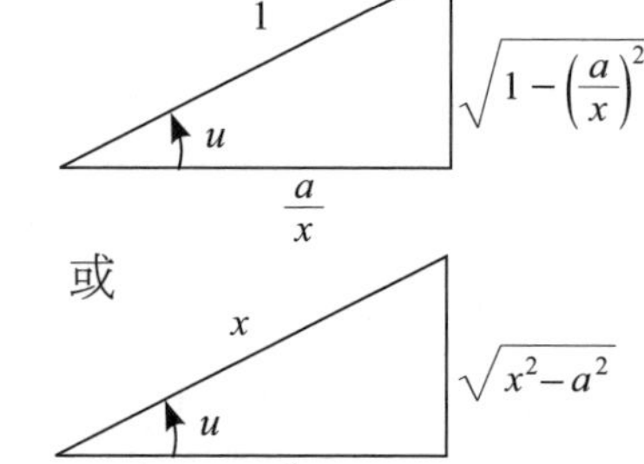

練習 8.1B

1. 計算

(1) $\int \frac{\sqrt{x^2-1}}{x}dx$　(2) $\int \frac{\sqrt{9-x^2}}{x^2}dx$　(3) $\int \frac{dx}{x^2\sqrt{1+x^2}}$

(4) $\int \sqrt{\frac{x-1}{x+1}}dx$　(5) $\int \frac{x^3}{\sqrt{x^2+a^2}}dx$　(6) $\int \tan\sqrt{1+x^2}\cdot\frac{x}{\sqrt{1+x^2}}dx$

2. 在雙曲線 $x^2-y^2=1$ 上任取一點 A，作一線段連結 A 與原點，如右圖，則 A 之坐標可為（$\cosh t$, $\sinh t$），求陰影部分之面積

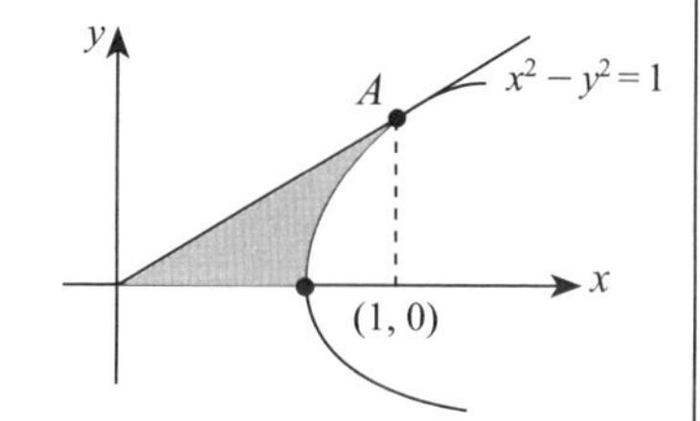

8.2 正弦、餘弦之有理函數積分法

若積分式含有 $\sin x$, $\cos x$，或可化簡成只含 $\sin x$, $\cos x$ 時，我們可考慮用 $z=\tan\frac{x}{2}$，$-\frac{\pi}{2}<\frac{x}{2}<\frac{\pi}{2}$來行變數變換：

> **【定理 A】** f 為包含 $\sin x$, $\cos x$ 之有理函數，若取 $z=\tan\frac{x}{2}$，$-\frac{\pi}{2}<\frac{x}{2}<\frac{\pi}{2}$ 則
>
> $\sin x=\frac{2z}{1+z^2}$，$\cos x=\frac{1-z^2}{1+z^2}$，$dx=\frac{2dz}{1+z^2}$。

證明

$z=\tan\frac{x}{2}$，由右圖易得：

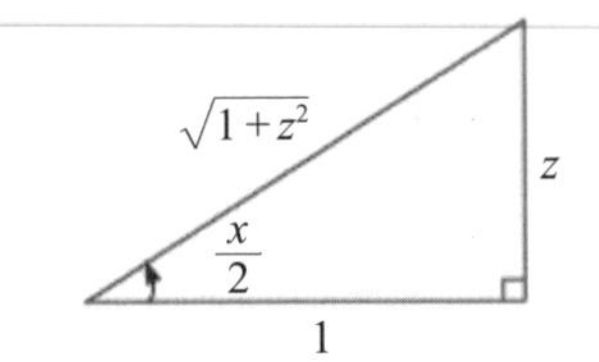

$\sin\frac{x}{2}=\frac{z}{\sqrt{1+z^2}}$ 與 $\cos\frac{x}{2}=\frac{1}{\sqrt{1+z^2}}$：

1. $\sin x=2\sin\frac{x}{2}\cos\frac{x}{2}=2\cdot\frac{z}{\sqrt{1+z^2}}\cdot\frac{1}{\sqrt{1+z^2}}=\frac{2z}{1+z^2}$
2. $\cos x=2\cos^2\frac{x}{2}-1=2\left(\frac{1}{\sqrt{1+z^2}}\right)^2-1=\frac{1-z^2}{1+z^2}$
3. $z=\tan\frac{x}{2}$，得 $x=2\tan^{-1}z$，$\therefore dx=\frac{2}{1+z^2}dz$

例 1. 求 $\int\frac{dx}{1+\cos x}$

解

方法一（利用三角恆等式法）	$\int\frac{dx}{1+\cos x}=\int\frac{1}{1+\cos x}\cdot\frac{1-\cos x}{1-\cos x}dx$ $=\int\frac{1-\cos x}{\sin^2 x}dx=\int\csc^2 x dx-\int\frac{d\sin x}{\sin^2 x}$ $=-\cot x+\csc x+c$
方法二（利用 $z=\tan\frac{x}{2}$ 轉換）	$\int\frac{\frac{2dz}{1+z^2}}{1+\frac{1-z^2}{1+z^2}}=\int dz=z+c=\tan\frac{x}{2}+c$

讀者可驗證方法一與方法二之結果微分後均為 $\frac{1}{1+\cos x}$。

我們要注意的是若**積分式為含 $\sin x$，$\cos x$ 之有理函數時，在計算時，先判斷是否能用三角恆等式或變數變換法即可解答**，若答案為否定時再用本節方法。

例 2. 求 $\int \frac{dx}{\sin x + \cos x}$

解

應用 $z=\tan\frac{x}{2}$ 變數變換	$\int \frac{dx}{\sin x+\cos x} \overset{z=\tan\frac{x}{2}}{=\!=\!=} \int \frac{\left(\frac{2}{1+z^2}\right)dz}{\frac{2z}{1+z^2}+\frac{1-z^2}{1+z^2}} = \int \frac{2\,du}{1+2u-u^2} = -2\int \frac{du}{u^2-2u-1}$ $=\frac{\sqrt{2}}{2}\int\left[\frac{1}{u-(1-\sqrt{2})}-\frac{1}{u-(1+\sqrt{2})}\right]du=\frac{\sqrt{2}}{2}\ln\left\|\frac{u-(1-\sqrt{2})}{u-(1+\sqrt{2})}\right\|+c$ $=\frac{\sqrt{2}}{2}\ln\left\|\frac{\tan\frac{x}{2}-(1-\sqrt{2})}{\tan\frac{x}{2}-(1+\sqrt{2})}\right\|+c$
方法二 用三角恆等式 $\sin x+\cos x=\sqrt{2}\sin\left(x+\frac{\pi}{4}\right)$	$\int \frac{dx}{\sin x+\cos x}=\int \frac{dx}{\sqrt{2}\sin\left(x+\frac{\pi}{4}\right)}$ $=\frac{\sqrt{2}}{2}\ln\left\|\csc\left(x+\frac{\pi}{4}\right)-\cot\left(x+\frac{\pi}{4}\right)\right\|+c$

練習 8.2

1. $\int \frac{dx}{1+\sin x+\cos x}$
2. $\int \frac{dx}{1-\sin x}$（請用 $z=\tan\frac{x}{2}$ 行變數變換）
3. $\int \frac{(1+\sin x)\,dx}{(1+\cos x)\sin x}$
4. ★ $\int \frac{1+\sin x}{2+\cos x}dx$

8.3 有理函數之積分

當我們在求有理函數之積分，$\int \frac{f(x)}{g(x)}dx$，$f(x)$，$g(x)$ 是多次式，首先要判斷可否用變數變換法，也就是 $g'(x)$ 是否爲 $f(x)$（可能要乘常數 k，$k \neq 0$）。**能變數變換解決，就優先用變數變換法。**

本節有理函數積分主要是應用部分分式，把 $\frac{f(x)}{g(x)}$ 化成一些較小之便於積分之分式之和。

1. 若 $f(x)$ 的次數較 $g(x)$ 爲高，則化$\frac{f(x)}{g(x)}=h(x)+\frac{t(x)}{g(x)}$
2. 將 $g(x)$ 化成一連串不可化約式（Irreducible factors）之積：
   - 分項之分母爲 $(a+bx)^k$ 時：
     $\frac{A_1}{a+bx}+\frac{A_2}{(a+bx)^2}+\cdots\cdots+\frac{A_k}{(a+bx)^k}$
   - 分項之分母爲 $(a+bx+cx^2)^p$ 時：
     $\frac{B_1x+C_1}{a+bx+cx^2}+\frac{B_2x+C_2}{(a+bx+cx^2)^2}+\cdots\cdots+\frac{B_px+C_p}{(a+bx+cx^2)^p}$

     以此類推其餘
3. 用 $g(x)$ 遍乘 $\frac{f(x)}{g(x)}=h(x)+\frac{t(x)}{g(x)}$ 之兩邊，由比較兩邊係數或長除法（如 $g(x)$ 之分母爲 $(a+bx)^n$ 形式）

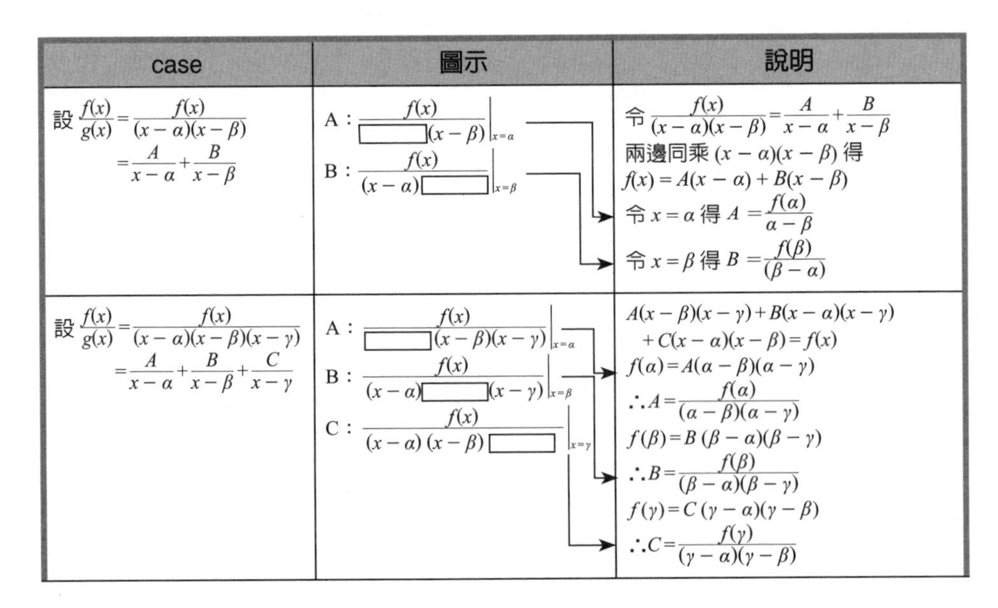

case	圖示	說明
設 $\frac{f(x)}{g(x)}=\frac{f(x)}{(x-\alpha)(x-\beta)}=\frac{A}{x-\alpha}+\frac{B}{x-\beta}$	A：$\left.\frac{f(x)}{\square(x-\beta)}\right\|_{x=\alpha}$ B：$\left.\frac{f(x)}{(x-\alpha)\square}\right\|_{x=\beta}$	令 $\frac{f(x)}{(x-\alpha)(x-\beta)}=\frac{A}{x-\alpha}+\frac{B}{x-\beta}$ 兩邊同乘 $(x-\alpha)(x-\beta)$ 得 $f(x)=A(x-\alpha)+B(x-\beta)$ 令 $x=\alpha$ 得 $A=\frac{f(\alpha)}{\alpha-\beta}$ 令 $x=\beta$ 得 $B=\frac{f(\beta)}{(\beta-\alpha)}$
設 $\frac{f(x)}{g(x)}=\frac{f(x)}{(x-\alpha)(x-\beta)(x-\gamma)}=\frac{A}{x-\alpha}+\frac{B}{x-\beta}+\frac{C}{x-\gamma}$	A：$\left.\frac{f(x)}{\square(x-\beta)(x-\gamma)}\right\|_{x=\alpha}$ B：$\left.\frac{f(x)}{(x-\alpha)\square(x-\gamma)}\right\|_{x=\beta}$ C：$\left.\frac{f(x)}{(x-\alpha)(x-\beta)\square}\right\|_{x=\gamma}$	$A(x-\beta)(x-\gamma)+B(x-\alpha)(x-\gamma)+C(x-\alpha)(x-\beta)=f(x)$ $f(\alpha)=A(\alpha-\beta)(\alpha-\gamma)$ $\therefore A=\frac{f(\alpha)}{(\alpha-\beta)(\alpha-\gamma)}$ $f(\beta)=B(\beta-\alpha)(\beta-\gamma)$ $\therefore B=\frac{f(\beta)}{(\beta-\alpha)(\beta-\gamma)}$ $f(\gamma)=C(\gamma-\alpha)(\gamma-\beta)$ $\therefore C=\frac{f(\gamma)}{(\gamma-\alpha)(\gamma-\beta)}$

case	圖示	說明
$\frac{f(x)}{g(x)}=\frac{f(x)}{(x-\alpha)(x^2+\beta x+\gamma)}$ $=\frac{A}{x-\alpha}+\frac{Bx+C}{x^2+\beta x+\gamma}$	$\left.\frac{f(x)}{\boxed{\quad}(x^2+\beta x+\gamma)}\right\|_{x=\alpha}$ B, C： $\frac{Bx+C}{x^2+\beta x+\gamma}=\frac{f(x)}{g(x)}-\frac{A}{x-\alpha}$	用視察法先求 $A=?$ 然後移項即得 B, C
$\frac{f(x)}{g(x)}=\frac{f(x)}{(ax-b)(x-\beta)(x-\gamma)}$ $=\frac{A}{ax-b}+\frac{B}{x-\beta}+\frac{C}{x-\gamma}$	A：$\left.\frac{f(x)}{\boxed{\quad}(x-\beta)(x-\gamma)}\right\|_{x=\frac{b}{a}}$ B：$\left.\frac{f(x)}{(ax-b)\boxed{\quad}(x-\gamma)}\right\|_{x=\beta}$ C：$\left.\frac{f(x)}{(ax-b)(x-\beta)\boxed{\quad}}\right\|_{x=\gamma}$	$A=\frac{f\left(\frac{b}{\alpha}\right)}{\left(\frac{b}{\alpha}-\beta\right)\left(\frac{b}{\alpha}-r\right)}$ $B=\frac{f(\beta)}{(\alpha\beta-b)(\beta-r)}$ $C=\frac{f(r)}{(\alpha v-b)(v-\beta)}$

例 1. 1. $\int\frac{x+3}{(x+1)(x-2)}dx$　2. $\int\frac{2x+1}{(x-2)(3x+1)}dx$　3. $\int\frac{(2x+3)}{(x+1)(x^2+1)}$

解

	圖示	解答
例 1	$\frac{x+3}{(x+1)(x-2)}=\frac{A}{x+1}+\frac{B}{x-2}$ A：$\left.\frac{x+3}{\boxed{\quad}(x-2)}\right\|_{x=-1}=-\frac{2}{3}$ B：$\left.\frac{x+.3}{(x+1)\boxed{\quad}}\right\|_{x=2}=\frac{5}{3}$	$\int\frac{x+3}{(x+1)(x-2)}dx=-\frac{2}{3}\int\frac{dx}{x+1}+\frac{5}{3}\int\frac{dx}{x-2}$ $=-\frac{2}{3}\ln\|x+1\|+\frac{5}{3}\ln\|x-2\|+C$
例 2	$\frac{2x+1}{(x-2)(3x+1)}=\frac{A}{x-2}+\frac{B}{3x+1}$ A：$\left.\frac{2x+1}{\boxed{\quad}(3x+1)}\right\|_{x=2}=\frac{5}{7}$ B：$\left.\frac{2x+1}{(x-2)\boxed{\quad}}\right\|_{x=-\frac{1}{3}}=-\frac{1}{7}$	$\int\frac{2x+1}{(x-2)(3x+1)}dx$ $=\frac{5}{7}\int\frac{dx}{x-2}-\frac{1}{7}\int\frac{dx}{3x+1}$ $=\frac{5}{7}\ln\|x-2\|-\frac{1}{21}\ln\|3x+1\|+C$
例 3	$\frac{2x+3}{(x+1)(x^2+1)}=\frac{A}{x+1}+\frac{Bx+C}{x^2+1}$ A：$\left.\frac{2x+3}{\boxed{\quad}(x^2+1)}\right\|_{x=-1}=\frac{1}{2}$ B; C：$\frac{2x+3}{(x+1)(x^2+1)}-\frac{1}{2(x+1)}$ $=\frac{-(x-5)}{2(x^2+1)}$	$\int\frac{2x+3}{(x-1)(x^2+1)}dx$ $=\int\frac{dx}{2(x+1)}-\int\frac{x-5}{2(x^2+1)}dx$ $=\frac{1}{2}\ln\|x+1\|-\frac{1}{4}\int\frac{2x}{x^2+1}dx+\frac{5}{2}\int\frac{dx}{x^2+1}$ $=\frac{1}{2}\ln\|x+1\|-\frac{1}{4}\ln(1+x^2)+\frac{5}{2}\tan^{-1}x+C$

例 2. 求 $\int \frac{x^3+x^2+1}{(x^2+1)^2}dx$

解

解析	解答
$\frac{x^3+x^2+1}{(x^2+1)} = (x+1)+\frac{-x}{x^2+1}$ $\therefore \frac{x^3+x^2+1}{(x^2+1)^2} = \frac{x+1}{(x^2+1)}+\frac{-x}{(x^2+1)^2}$	$\int \frac{x^3+x^2+1}{(x^2+1)^2}dx = \int \frac{x+1}{x^2+1}dx - \int \frac{xdx}{(x^2+1)^2}$ $= \frac{1}{2}\int \frac{2xdx}{x^2+1} + \int \frac{dx}{x^2+1} - \frac{1}{2}\int \frac{2xdx}{(x^2+1)^2}$ $= \frac{1}{2}\int \frac{d(x^2+1)}{x^2+1} + \int \frac{dx}{x^2+1}$ $-\frac{1}{2}\int \frac{d(x^2+1)}{(x^2+1)^2}$ $= \frac{1}{2}\ln(1+x^2) + \tan^{-1}x + \frac{1}{2}\frac{1}{(x^2+1)} + C$

練習 8.3

1. $\int \frac{2x^2+3x+1}{(x-1)^3}dx$　　2. $\int \frac{1}{x}\left(\frac{x+2}{x-1}\right)^2 dx$　　3. $\int \frac{dx}{\sqrt{x}+\sqrt[3]{x}}$（提示：取 $x=y^6$）

4. $\int \frac{x\,dx}{(x+1)^2(x^2+1)}$

5. $\int \frac{dx}{x(x^n+1)}$（提示：$\frac{1}{x(x^n+1)} = \frac{x^{n-1}}{x^n(x^n+1)} = x^{n-1}\left(\frac{1}{x^n} - \frac{1}{x^n+1}\right)$）

★6. $\int \frac{x^3}{(x-1)^{100}}dx$

8.4 分部積分法

由微分之乘法法則得知：若 u，v 爲 x 之函數，則有：

$\frac{d}{dx}uv=u\frac{d}{dx}v+v\frac{d}{dx}u$，$\therefore u\frac{d}{dx}v=\frac{d}{dx}uv-v\frac{d}{dx}u$

兩邊同時對 x 積分可得 $\int udv=uv-\int vdu$。

分部積分之架構雖然簡單，但在實作上，何者當 u，何者當 v，和積分式結構有關。

題型	v	備註
$\int x^m e^{bx}dx$	$\int x^m d\frac{1}{b}e^{bx}$	
$\begin{cases}\int x^m\cos bxdx \\ \int x^m\sin bxdx\end{cases}$ 或	$\begin{cases}\int x^m d\frac{1}{b}\sin bx \\ -\int x^m d\frac{1}{b}\cos bx\end{cases}$ 或	
$\int x^m\ln^n xdx$	$\int \ln^n x\, d\frac{1}{m+1}x^{m+1}$	$\int \ln^n xdx=x\ln^n x-\int xd\ln^n x$
$\int e^{ax}\cos bx$	$\int \cos bx\, d\frac{1}{a}e^{ax}$ 或 $\int e^{ax}d\frac{1}{b}\sin bxdx$	需移項以得到解答
$\int e^{ax}\sin bx$	$\int \sin bx\, d\frac{1}{a}e^{ax}$ 或 $\int e^{ax}d\frac{-\cos bx}{b}$	需移項以得到解答
$\int x^n\tan^{-1}x\,dx$ $\int x^n\sin^{-1}x\,dx$	$\int \tan^{-1}xd\frac{x^{n+1}}{n+1}$ $\int \sin^{-1}xd\frac{x^{n+1}}{n+1}$	$\int \tan^{-1}xdx=x\tan^{-1}x-\int xd\tan^{-1}x$ $\int \sin^{-1}xdx=x\sin^{-1}x-\int xd\sin^{-1}x$

例 1. 1. $\int xe^x dx=?$　2. $\int xe^{x^2}dx=?$

解 1. $\int xe^x dx=\int xde^x=xe^x-\int e^x dx=xe^x-e^x+c$

2. $\int xe^{x^2}dx\overset{u=x^2}{=\!=}\int\frac{1}{2}e^u du=\frac{1}{2}e^u+c=\frac{1}{2}e^{x^2}+c$

在應用**分部積分法前應先判斷是否可用變數變換法，若是，優先使用變數變換法**。

在應用分部積分法過程中，變數變換、移項都是常見之手段。

例 2. 求$\int \cos\sqrt{x}\,dx$

解 $\int \cos\sqrt{x}\,dx \overset{u=\sqrt{x}}{=\!=\!=} \int \cos u\,(2udu) = 2\int u\cos udu = 2\int ud\sin u$

$= 2u\sin u - 2\int \sin udu = 2u\sin u + 2\cos u + c = 2\sqrt{x}\sin\sqrt{x} + 2\cos\sqrt{x} + c$

例 3. 求 (1) $\int x\ln xdx = ?$　(2) $\int \ln xdx = ?$

解 (1) $\int x\ln xdx = \int \ln xd\frac{x^2}{2} = \frac{x^2}{2}\ln x - \int \frac{x^2}{2}d\ln x = \frac{x^2}{2}\ln x - \int \frac{x^2}{2}\cdot\frac{1}{x}dx$

$= \frac{x^2}{2}\ln x - \int \frac{x}{2}dx = \frac{x^2}{2}\ln x - \frac{x^2}{4} + c$

(2) $\int (\ln x)\,dx = x\ln x - \int xd(\ln x) = x\ln x - \int x\cdot\frac{1}{x}dx$

$= x\ln x - x + c$

例 4. 求$\int e^x\cos xdx$

解 $\int e^x\cos xdx = \int e^xd\sin x$

$= e^x\sin x - \int \sin xde^x = e^x\sin x - \int e^x\sin xdx$

$= e^x\sin x + \int e^xd\cos x = e^x\sin x + e^x\cos x - \int \cos xde^x$

$= e^x\sin x + e^x\cos x - \int e^x\cos xdx$

$\therefore \int e^x\cos xdx = \frac{1}{2}e^x(\sin x + \cos x) + c$

例 5. 求$\int \sec^3 xdx = ?$

解 $\int \sec^3 xdx = \int \sec x\cdot\sec^2 xdx = \int \sec xd\tan x$

$= \sec x\tan x - \int \tan xd\sec x = \sec x\tan x - \int \tan x\sec x\tan xdx$

$= \sec x\tan x - \int \sec x(\sec^2 x - 1)dx = \sec x\tan x - \int \sec^3 dx + \int \sec xdx$

$= \sec x\tan x - \int \sec^3 dx + \ln|\sec x + \tan x| + c$

$\therefore \int \sec^3 xdx = \frac{1}{2}(\sec x\tan x + \ln|\sec x + \tan x|) + c'$

練習 8.4A

1. $f''(x)$ 在 $[a, b]$ 爲連續，求 $\int_a^b f''(x)dx$
2. 求 (1) $\int xe^{2x}dx$　(2) $\int x\ln 2x dx$　(3) $\int x^3\cos x^2 dx$　(4) $\int_1^4 \sqrt{x}\,e^{\sqrt{x}}dx$　(5) $\int \sin^{-1}x dx$
   (6) $\int x\ln(x-1)dx$　(7) $\int \sin(\ln x)dx$　(8) $\int \ln(x+\sqrt{1+x^2})\,dx$
3. 求 (1) $\int \frac{xe^{\tan^{-1}x}}{(1+x^2)^{\frac{3}{2}}}dx$　(2) $\int (\sin^{-1}x)^2 dx$　(3) $\int \frac{\sin^2 x}{e^x}dx$　★(4) $\int \frac{x+\sin x}{1+\cos x}dx$

漸化式

漸化式問題在本質上是遞迴關係，有了漸化式，我們可反復地應用它去求相關之積分，而不必重複地去一一積分。

例 6. 若 $I_n=\int_0^{\frac{\pi}{2}}\sin^n x dx$，求證 $I_{n+2}=\frac{n+1}{n+2}I_n$，$n=0, 2, 4\cdots$並以此求 I_4, I_6

解

$$I_{n+2}=\int_0^{\frac{\pi}{2}}\sin^{n+2}x=\int_0^{\frac{\pi}{2}}\sin^{n+1}x d(-\cos x)$$
$$=-\sin^{n+1}x\cos x\Big]_0^{\frac{\pi}{2}}-\int_0^{\frac{\pi}{2}}(-\cos x)d\sin^{n+1}x$$
$$=\int_0^{\frac{\pi}{2}}\cos x(n+1)\sin^n x\cos x dx$$
$$=\int_0^{\frac{\pi}{2}}(n+1)\sin^n x\cos^2 x dx$$
$$=\int_0^{\frac{\pi}{2}}(n+1)\sin^n x(1-\sin^2 x)dx$$
$$=\int_0^{\frac{\pi}{2}}\left[(n+1)\sin^n x-(n+1)\sin^{n+2}\right]x dx$$
$$=(n+1)\int_0^{\frac{\pi}{2}}\sin^{n-0}x-(n+1)\int_0^{\frac{\pi}{2}}\sin^{n+2}x dx$$
$$=(n+1)I_n-(n+1)I_{n+2}$$

$$\therefore I_{n+2}=\frac{n+1}{n+2}I_n \quad (1)$$

$$I_4=\frac{3}{4}I_2=\frac{3}{4}\cdot\frac{1}{2}I_0 \quad (2)$$

$$I_0=\int_0^{\frac{\pi}{2}}\sin^0 x dx=\int_0^{\frac{\pi}{2}}dx=\frac{\pi}{2} \quad (3)$$

代 (3) 入 (2) 得　$I_4=\frac{3}{4}\cdot\frac{1}{2}\cdot\frac{\pi}{2}=\frac{3}{16}\pi$

$$I_6=\frac{5}{6}-4=\frac{5}{6}\cdot\frac{3}{4}I_2=\frac{5}{6}\cdot\frac{3}{4}\cdot\frac{1}{2}I_0=\frac{5}{6}\cdot\frac{3}{4}\cdot\frac{1}{2}\cdot\frac{\pi}{2}=\frac{5}{32}\pi$$

練習 8.4B

★1. $I_n=\int_0^{\pi} x\sin^n x dx$，$n$ 為正整數

(1) 先導證 $I_n=\frac{n-1}{n}I_{n-2}$

(2) 解 I_n（注意：將 n 為奇數，偶數分別討論）

★2. 試證：(1) $\int \sec^n x\,dx=\frac{\sec^{n-2}x\tan x}{n-1}+\frac{n-2}{n-1}\int \sec^{n-2}x\,dx$，並以此結果求 $\int \sec^5 x\,dx$

3. (1) 試證：$\int (\ln x)^n dx=x(\ln x)^n-n\int (\ln x)^{n-1}dx$，$n\neq -1$，

(2) 利用 (1) 求 $\int (\ln x)^4 dx$

4. $\int (x^2+a^2)^n dx=\frac{x(x^2+a^2)^n}{2n+1}+\frac{2na^2}{2n+1}\int (x^2+a^2)^{n-1}dx$，$n\neq -\frac{1}{2}$

分部積分之速解法

一些特殊之積分式（如$\int$，……），我們便可用所謂的速解法。

給定一個積分題$\int fgdx$（暫時忘了$\int udv$那個公式），其積分表是由二個直欄組成，左欄是由f, f', f''……直到$f^{(k)}=0$ 為止（$f^{(k-1)}\neq 0$），右欄是由 g 開始不斷地積分，直到左欄出現 0 或右欄重視（可能與原積分式差個符號、或原積式之倍數）為止。在有重現時，勿忘加個積分符號，Ig 表示$\int g$但積分常數不計，$I^2g=I(Ig)$……$I^{k-1}g$，I^kg。如此，我們可由積分表讀出各項式（在下圖之斜線部分表示相乘，連續之 +、− 號表示乘積之正負號，由下圖可看出是由 + 號開始正負相間），同時由微分經驗可知，例如：

$\int x^n e^{bx}dx$，$n\in N$，這類問題 f 一定是擺 x^n，g 擺 e^{bx}，$\cos bx$，$\sin bx$。

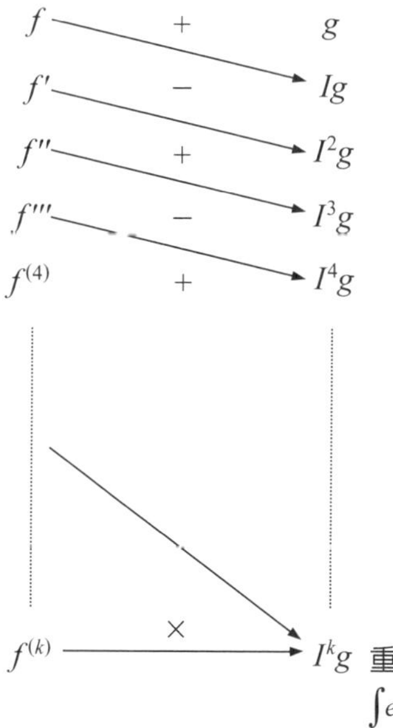

例 7. 求 1. $\int_0^1 x^2\sin x dx$　2. $\int xe^{3x}dx$　3. $\int e^x \sin x dx$

解

x^2 →(+) $\sin x$ $2x$ →(−) $-\cos x$ 2 →(+) $-\sin x$ 0 → $\cos x$	$\int_0^1 x^2\sin x dx = -x^2\cos x + 2x\sin x + 2\cos x]_0^1$ $= -1\cos 1 + 2\sin 1 + 2\cos 1 - 2$ $= \cos 1 + 2\sin 1 - 2$
x →(+) e^{3x} 1 →(−) $\frac{1}{3}e^{3x}$ 0 → $\frac{1}{9}e^{3x}$	$\int xe^{3x}dx = \frac{1}{3}xe^{3x} - \frac{1}{9}e^{3x} + c$
e^x →(+) $\sin x$ e^x →(−) $-\cos x$ 重現 e^x →(×) $-\sin x$	$\int e^x\sin x dx$ $= -e^x\cos x + e^x\sin x - \int e^x\sin x dx$ $\therefore \int e^x\sin x dx = \frac{1}{2}e^x(-\cos x + \sin x) + c$

練習 8.4C

用速解法求

1. $\int x\sin x\cos x dx$　2. $\int x^3(\ln x)^4 dx$　3. $\int_e^{e^2}(\ln x)^2 dx$（提示：2, 3 二小題取 $u = \ln x$）

Wallis公式

定理 A（Wallis 公式）

$$\int_0^{\frac{\pi}{2}}\sin^n x dx = \int_0^{\frac{\pi}{2}}\cos^n x dx = \begin{cases} \dfrac{1\cdot 3\cdot 5\cdots(n-1)}{2\cdot 4\cdot 6\cdots n}\cdot\dfrac{\pi}{2}, & n \text{ 爲偶數} \\ \dfrac{2\cdot 4\cdot 6\cdots(n-1)}{1\cdot 3\cdot 5\cdots n}, & n \text{ 爲奇數} \end{cases}$$

證明見練習 8.4D(2)

由 Wallis 公式易得：

$$\int_0^{\frac{\pi}{2}}\sin^3 x dx = \frac{2}{1\cdot 3} = \frac{2}{3}，\int_0^{\frac{\pi}{2}}\cos^6 x dx = \frac{1\cdot 3\cdot 5}{2\cdot 4\cdot 6}\cdot\frac{\pi}{2} = \frac{5}{32}\pi$$

例 8. 求 (1) $\int_0^\infty \frac{dx}{(1+x^2)^2}$　(2) $\int_0^1 x(1-x^4)^{\frac{3}{2}}dx$　(3) $\int_0^{\frac{\pi}{2}}\sin^4 x\cos^6 x dx$

解

(1) $\int_0^{\infty}\frac{dx}{(1+x^2)^2}\overset{x=\tan y}{=\!=\!=}\int_0^{\frac{\pi}{2}}\frac{\sec^2 y dy}{(1+\tan^2 y)^2}=\int_0^{\frac{\pi}{2}}\cos^2 y dy=\frac{1}{2}\frac{\pi}{2}=\frac{\pi}{4}$

(2) $\int_0^1 x(1-x^4)^{\frac{3}{2}}dx\overset{y=x^2}{=\!=\!=}\int_0^1\frac{1}{2}(1-y^2)^{\frac{3}{2}}dy\overset{y=\sin u}{=\!=\!=}\frac{1}{2}\int_0^{\frac{\pi}{2}}\cos^3 u\cos u du$

$=\frac{1}{2}\int_0^{\frac{\pi}{2}}\cos^4 u du=\frac{1}{2}\left(\frac{3\cdot 1}{4\cdot 2}\right)\frac{\pi}{2}=\frac{3}{32}\pi$

(3) 本題我們用 Wallis 公式解（對學過高等微積分的讀者，這是 Beta 函數之一特殊形式）

$\int_0^{\frac{\pi}{2}}\sin^4 x\cos^6 x dx=\int_0^{\frac{\pi}{2}}(1-\cos^2 x)^2\cos^6 x dx$

$=\int_0^{\frac{\pi}{2}}(1-2\cos^2 x+\cos^4 x)\cos^6 x dx$

$=\int_0^{\frac{\pi}{2}}\cos^6 x dx-2\int_0^{\frac{\pi}{2}}\cos^8 x dx+\int_0^{\frac{\pi}{2}}\cos^{10} x dx$

$=\frac{1\cdot 3\cdot 5}{2\cdot 4\cdot 6}\frac{\pi}{2}-2\left(\frac{1\cdot 3\cdot 5\cdot 7}{2\cdot 4\cdot 6\cdot 8}\frac{\pi}{2}\right)+\frac{1\cdot 3\cdot 5\cdot 7\cdot 9}{2\cdot 4\cdot 6\cdot 8\cdot 10}\frac{\pi}{2}=\frac{3}{512}\pi$

練習 8.4D

1. 求 (1) $\int_{-\frac{\pi}{2}}^{\frac{\pi}{2}}\cos^4 x dx$　(2) $\int_0^{\frac{\pi}{2}}\cos^5 x\sin^2 x dx$　(3) $\int_0^{2\pi}\sin^8 x dx$
2. 試依下列步驟導出 Wallis 公式
   (1) $I_n=\int_0^{\frac{\pi}{2}}\sin^n x dx$，則 $I_n=\frac{n-1}{n}I_{n-2}$
   (2) 解 I_n
3. 求 $\int_{25}^{25+\pi}(\sin 2x+\cos 2x)\sin^2 x dx$

第9章
不定式與瑕積分

9.1 L'Hospital法則

本節之洛比達法則（L'Hospital's rule）是求解不定式之核心利器。

【定理 A】 洛比達法則（L'Hospital rule）：若 $\lim_{x\to x_0} f(x)=\lim_{x\to x_0} g(x)=0$，

且 $\lim_{x\to x_0}\frac{f'(x)}{g'(x)}$ 存在，則 $\lim_{x\to x_0}\frac{f(x)}{g(x)}=\lim_{x\to x_0}\frac{f'(x)}{g'(x)}$。

在此 x_0 可為 $+\infty$，$-\infty$，或 0^+，0^- 之型式。

注意：

1. 在 $\lim_{x\to x_0} f(x)=\lim_{x\to x_0} g(x)=\infty$ 時，定理 A 仍適用，
2. $f(x)$，$g(x)$ 需爲可微分函數。

例 1. 求 1. $\lim_{x\to 1}\frac{x^n+x^3-2}{x^n+x-2}$　2. $\lim_{x\to 0}\frac{1-\cos\alpha x\cos\beta x}{x^2}$

3. $\lim_{x\to\infty}\ln(1+2^x)\ln\left(1+\frac{1}{x}\right)$

解

1. $\lim_{x\to 1}\frac{x^n+x^3-2}{x^n+x-2}\left(\frac{0}{0}\right)$

$\overset{L'Hospital}{=\!=}\lim_{x\to 1}\frac{nx^{n-1}+3x^2}{nx^{n-1}+1}=\frac{n+3}{n+1}$，n = −1 時極限不存在

2. $\lim_{x\to 0}\frac{1-\cos\alpha x\cos\beta x}{x^2}\left(\frac{0}{0}\right)$

$\overset{L'Hospital}{=\!=}\lim_{x\to 0}\frac{\alpha\sin\alpha x\cos\beta x+\beta\cos\alpha x\sin\beta x}{2x}$

$=\frac{1}{2}\left[\alpha\left(\lim_{x\to 0}\frac{\alpha\sin\alpha x}{\alpha x}\right)\lim_{x\to 0}\cos\beta x+\beta\left(\lim_{x\to 0}\cos\beta x\right)\lim_{x\to 0}\frac{\beta\sin\beta x}{\beta x}\right]$

$=\frac{1}{2}(\alpha^2+\beta^2)$

3. $\lim_{x\to\infty} \ln(1+2^x)\ln\left(1+\frac{1}{x}\right)$ $(\infty \cdot 0)$

$= \lim_{x\to\infty} \frac{1}{x}\ln(1+2^x) \cdot x\ln\left(1+\frac{1}{x}\right)$

$= \lim_{x\to\infty} \frac{\ln(1+2^x)}{x} \lim_{x\to\infty} \ln\left(1+\frac{1}{x}\right)^x$

$= \lim_{x\to\infty} \frac{2^x \ln 2}{1+2^x} \cdot \ln e = \lim_{x\to\infty} \frac{\ln 2}{2^{-x}+1} = \ln 2$

練習 9.1A

1. 若 $f(x)$ 為可微分，$f(a)=a$（$a\neq 0$），$f'(a)=b$，求 $\lim_{x\to a}\frac{(f(x))^2-a^2}{x^2-a^2}$

2. f 可微分，用 L'Hospital 法則求 $\lim_{h\to 0}\frac{f(x+ah)-f(x+bh)}{h}$

3. $\lim_{x\to 0}\frac{(1+mx)^n-(1+nx)^m}{x^2}$　　4. $\lim_{x\to 1}\frac{x^{a+1}-(a+1)x+a}{x^4-3x^3-3x^2+11x-6}$，$a>0$

例 2. 計算 1. $\lim_{x\to 0}\frac{\int_0^x \frac{t^2}{1+t^4}dt}{x^3}$　　2. $\lim_{x\to a}\frac{x^2\int_a^x f(t)\,dt}{x-a}$

解

1. $\lim_{x\to 0}\frac{\int_0^x \frac{t^2}{1+t^4}dt}{x^3} = \lim_{x\to 0}\frac{\frac{x^2}{1+x^4}}{3x^2} = \lim_{x\to 0}\frac{1}{3(1+x^4)} = \frac{1}{3}$

2. $\lim_{x\to a}\frac{x^2\int_a^x f(t)\,dt}{x-a} = \lim_{x\to a}\frac{x^2[F(x)-F(a)]}{x-a} = \lim_{x\to a}\{2x[F(x)-F(a)]+x^2 f(x)\}$

$= a^2 f(a)$

練習 9.1B

1. 求 $\lim_{x\to 0}\frac{x-\int_0^x \cos t^2\,dt}{x^3}$　　★2. 若 $\lim_{x\to 0}\frac{1}{ax-\sin x}\int_0^x \frac{u^2}{\sqrt{b+u^3}}du=2$，求 a, b

3. $f(x)$ 在以 $x=0$ 之某個鄰域內為連續函數，若 $f(0)=0$，$\lim_{x\to 0}\frac{f(x)}{1-\cos x}=2$，問 $f(x)$ 在 $x=0$ 處有相對極大值還是相對極小值？

∞-∞，0・∞與∞・∞

例 3. 求 1. $\lim_{x\to 1}\left(\frac{1}{x-1}-\frac{x}{lnx}\right)$ 2. $\lim_{x\to 0}\left(\frac{1}{x}-\frac{1}{\sin x}\right)$

解 1. $\lim_{x\to 1}\left(\frac{1}{x-1}-\frac{x}{lnx}\right) \xlongequal{(\infty-\infty)} \lim_{x\to 1}\frac{lnx-x(x-1)}{(x-1)lnx} \xlongequal{\left(\frac{0}{0}\right)} \lim_{x\to 1}\frac{\frac{1}{x}-2x+1}{lnx+\frac{x-1}{x}}$

$= \lim_{x\to 1}\frac{1-2x^2+x}{xlnx+x-1} \xlongequal{\left(\frac{0}{0}\right)} \lim_{x\to 1}\frac{-4x+1}{lnx+1+1}=-\frac{3}{2}$

2. $\lim_{x\to 0}\left(\frac{1}{x}-\frac{1}{\sin x}\right) \xlongequal{(\infty-\infty)} \lim_{x\to 0}\left(\frac{\sin x-x}{x\sin x}\right)$

$= \lim_{x\to 0}\frac{\cos x-1}{\sin x+x\cos x} \xlongequal{\left(\frac{0}{0}\right)} \lim_{x\to 0}\frac{-\sin x}{\cos x+\cos x-x\sin x}=0$

練習 9.1C

1. 求 (1) $\lim_{x\to 1}\left(\frac{m}{1-x^m}-\frac{n}{1-x^n}\right)$ $m\neq 0$，$n\neq 0$ (2) $\lim_{x\to 0}\left(\frac{1}{x}-\frac{1}{\tan^{-1}x}\right)$ (3) $\lim_{x\to\infty}x^2\left(1-x\sin\frac{1}{x}\right)$

★2. 若 $f(x)=\begin{cases}e^{-\frac{1}{x^2}}, & x\neq 0\\ 0, & x=0\end{cases}$ 求 $f'(x)$ 與 $f''(x)$ 在 $x=0$ 之可微性與連續性。

0^0與1^∞型

這種類型問題可化成 $f(x)=e^{lnf(x)}$，$f(x)>0$ 進行求解。

例 4. 求 1. $\lim_{x\to 0^+}x^x=$？並以 1. 之結果求 ★2. $\lim_{x\to 0^+}x^{x^x}$

解 1. $\lim_{x\to 0^+}x^x=\lim_{x\to 0^+}e^{lnx^x}=\lim_{x\to 0^+}e^{xlnx}=\lim_{x\to 0^+}e^{lnx/\frac{1}{x}}$ (1)

但 $\lim_{x\to 0^+}\frac{lnx}{\frac{1}{x}} \xlongequal{L'Hospital} \lim_{x\to 0^+}\frac{\frac{1}{x}}{-\frac{1}{x^2}}=\lim_{x\to 0^+}(-x)=0$ (2)

代 (2) 入 (1) 得 $\lim_{x\to 0^+}x^x=1$

2. $\lim_{x\to 0^+}x^{x^x}=\lim_{x\to 0^+}(x)^{x^x}=0^1=0$（$\because \lim_{x\to 0^+}x^x=1$）

練習 9.1D

求 1. $\lim_{x\to 0}(\sin x)^x$　　2. $\lim_{x\to 1}x^{\frac{1}{1-x}}$　　★3. $\lim_{x\to 0}\dfrac{e-(1+x)^{\frac{1}{x}}}{x}$

1^∞型之特殊解法

我們可應用定理 B 由視察法輕易地求出這類題型。

【定理 B】 若 $\lim_{x\to a}f(x)=1$，且 $\lim_{x\to a}g(x)=\infty$，則 $\lim_{x\to a}f(x)^{g(x)}=$ $exp[\lim_{x\to a}(f(x)-1)g(x)]$，$a$ 可為 $\pm\infty$

例 5. $a>0$，$b>0$，$c>0$，求 $\lim_{x\to 0}\left(\dfrac{a^x+b^x+c^x}{3}\right)^{\frac{1}{x}}$

解

$$\lim_{x\to 0}\left(\frac{a^x+b^x+c^x}{3}\right)^{\frac{1}{x}}=e^{\lim_{x\to 0}\left(\frac{a^x+b^x+c^x}{3}-1\right)\frac{1}{x}}$$

$\boxed{\exp(f(x))=e^{f(x)}}$

$$=e^{\frac{1}{3}\lim_{x\to 0}\frac{(a^x-1)+(b^x-1)+(c^x-1)}{x}}$$

$$=e^{\frac{1}{3}\left[\lim_{x\to 0}\frac{a^x-1}{x}+\lim_{x\to 0}\frac{b^x-1}{x}+\lim_{x\to 0}\frac{c^x-1}{x}\right]}$$

$$=e^{\frac{1}{3}(\ln a+\ln b+\ln c)}=e^{\frac{1}{3}\ln(abc)}=\sqrt[3]{abc}$$

練習 9.1E

求 1. $\lim_{x\to 0}\left(\dfrac{a^x+b^x}{2}\right)^{\frac{1}{x}}$　　2. $\lim_{x\to 0}\left(\dfrac{\sin x}{x}\right)^{\frac{1}{x}}$　　3. $\lim_{x\to\infty}\left(\dfrac{x}{x-1}\right)^{\sqrt{x}}$

一個不能用洛比達法則之極限問題

如果$f(x)$、$g(x)$ 中有一個函數不可微分，我們便不能用洛比達法則求不定式。此時我們可考慮用其他方法（如擠壓定理）。

例 6. 求 $\lim_{x\to 0}\dfrac{x^2\sin\frac{1}{x}}{\sin x}$

解 $\because f(x)=x^2\sin\dfrac{1}{x}$ 在 $x=0$ 處不可微分，$\therefore$不能用洛比達法則

$$但\ \lim_{x\to 0}\frac{x^2\sin\frac{1}{x}}{\sin x}=\lim_{x\to 0}\frac{x}{\sin x}\cdot\lim_{x\to 0}x\sin\frac{1}{x}=1\cdot\lim_{y\to\infty}\frac{\sin y}{y}=1\cdot 0=0$$

練習 9.1F

$\lim_{x\to\infty}\frac{x-\sin x}{x+\sin x}$ 何以不能應用 L'Hospital 法則？

★等價無窮小代換法

我們知道像 $\lim_{x\to 0}\frac{\sin x}{x}=1$，$\lim_{x\to 1}\frac{\sin(x-1)}{x-1}=1$，$\lim_{x\to 0}\frac{\ln(1+x)}{x}=1$，$\lim_{x\to 0}\frac{\tan x}{x}=1$……像這種滿足 $\lim_{x\to a}\frac{\alpha(x)}{\beta(x)}=1$，則稱 $x\to a$ 時 $\alpha(x)$ 與 $\beta(x)$ 爲等價無窮小，記做 $\alpha(x)\sim\beta(x)$，若 $\alpha_1(x)\sim\alpha_2(x)$，$\beta_1(x)\sim\beta_2(x)$ 且 $\lim\frac{\alpha_2(x)}{\beta_2(x)}$ 存在，則 $\lim\frac{\alpha_1(x)}{\beta_1(x)}$ 存在且 $\lim\frac{\alpha_1(x)}{\beta_1(x)}=\lim\frac{\alpha_2(x)}{\beta_2(x)}$。

用等價無窮小代換求極限，再配合 L'Hospital 法則確能大幅減少極限計算過程，這種方法是很常見的求極限方法。

常見之等價無窮小，在 $x\to 0$ 時

(1) $\sin x\sim x$ (2) $1-\cos x\sim\frac{x^2}{2}$ (3) $\tan^{-1}x\sim x$ (4) $\sin^{-1}x\sim x$

(5) $\ln(1+x)\sim x$ (6) $e^x-1\sim x$ (7) $(1+x)^\alpha-1\sim\alpha x$

在實作時可擴張成如 $\sin x^2\sim x^2$，上述方法在極限式爲連乘積時有效，若中間有差項時就可能有風險，如 $\tan x\sim x$，$\sin x\sim x$，但 $\tan x-\sin x\sim\frac{x^3}{2}$（讀者可驗證 $\lim_{x\to 0}\frac{\tan x-\sin x}{x^3}=\frac{1}{2}$）

練習 9.1G

驗證 $x\to 0$ 時

(1) $1-\cos x\sim\frac{x^2}{2}$ (2) $\ln(1+x)\sim x$ (3) $\tan x-\sin x\sim\frac{x^3}{2}$

下面我們將舉一些例子說明等價無窮小之應用。

例 7. 求下列極限

(1) $\lim_{x\to 0}\frac{\tan x-\sin x}{\ln(1+x^3)}$　　(2) $\lim_{x\to 0}\frac{\tan^3 x\tan^{-1}x\sqrt{x}}{\sin 2x^3\tan\sqrt{x}\sin^{-1}3x}$

(3) $\lim_{x\to 0}\frac{\cos x(e^{\sin x}-1)^5}{\sin^3 x(1-\cos x)}$　　(4) $\lim_{x\to 1}\frac{\sin^{-1}(1-x)}{\ln x}$

解 (1) $x\to 0$ 時，$\tan x-\sin x\sim\frac{x^3}{2}$，$\ln(1+x^3)\sim x^3$

$$\therefore \lim_{x\to 0}\frac{\tan x-\sin x}{\ln(1+x^3)}=\lim_{x\to 0}\frac{\frac{x^3}{2}}{x^3}=\frac{1}{2}$$

(2) $x\to 0$ 時，$\tan x\sim x\Rightarrow\tan^3 x\sim x^3$，$\tan^{-1}x\sqrt{x}\sim x\sqrt{x}$

$\sin 2x^3\sim 2x^3$，$\tan\sqrt{x}\sim\sqrt{x}$，$\sin^{-1}3x\sim 3x$

$$\therefore \lim_{x\to 0}\frac{\tan^3 x\tan^{-1}x\sqrt{x}}{\sin 2x^3\tan\sqrt{x}\sin^{-1}3x}=\lim_{x\to 0}\frac{x^3\cdot x\sqrt{x}}{2x^3\cdot\sqrt{x}\cdot 3x}=\frac{1}{6}$$

(3) $x\to 0$ 時，$(e^{\sin x}-1)^5\sim\sin^5 x$，$1-\cos x\sim\frac{x^2}{2}$

$$\therefore \lim_{x\to 0}\frac{\cos x(e^{\sin x}-1)^5}{\sin^3 x(1-\cos x)}=\lim_{x\to 0}\cos x\lim_{x\to 0}\frac{\sin^5 x}{\sin^3 x\cdot\frac{x^2}{2}}$$

$$=1\cdot\lim_{x\to 0}\frac{\sin^2 x}{\frac{x^2}{2}}=2$$

(4) $$\lim_{x\to 1}\frac{\sin^{-1}(1-x)}{\ln x}\overset{y=1-x}{=\!=}\lim_{y\to 0}\frac{\sin^{-1}y}{\ln(1-y)}$$

$$=\lim_{j\to 0}\frac{y}{-y}=-1$$

練習 9.1H

用等價無窮小解下列各題

1. $\lim_{x\to 0}\frac{\sqrt{1+x\sin x}-1}{x^2}$　　2. 若 $\lim_{x\to 0}\frac{\sqrt{1+f(x)\tan x}-1}{\ln(1+x)}=b$，求 $\lim_{x\to 0}f(x)$

3. $\lim_{x\to 0}\frac{(x+1)\sin x}{\sin^{-1}x}$　　4. $\lim_{x\to 0}\frac{\ln(1+x^n)}{\ln^m(1+x)}$，$m,n$ 爲正整數

9.2 瑕積分

定義 若 1. 函數 $f(x)$ 在積分範圍 $[a, b]$ 內有一點不連續或 2. 至少有一個積分界限是無窮大，則稱 $\int_a^b f(x)\,dx$ 為**瑕積分**（Improper Integral）。

瑕積分也稱爲廣義積分或反常積分。

例 1. 以下均爲瑕積分之例子：

1. $\int_0^1 \frac{e^x}{\sqrt{x}}dx$：$x=0$ 時，$f(x)=e^x / \sqrt{x}$ 爲不連續
2. $\int_0^3 \frac{1}{3-x}dx$：$x=3$ 時，$f(x)=\frac{1}{3-x}$ 爲不連續
3. $\int_{-1}^1 \frac{dx}{x^{\frac{4}{5}}}$：$x=0$ 時，$f(x)=x^{-\frac{4}{5}}$ 爲不連續
4. $\int_{-\infty}^{\infty} e^{-2x}dx$：兩個積分界限均爲無窮大

【定義】 1. 若函數 f 在半開區間 $[a, b)$ 可積分，則

$$\int_a^b f(x)\,dx = \lim_{t\to b^-}\int_a^t f(x)\,dx \text{（若極限存在）}$$

2. 若 f 在 $(a, b]$ 可積分，則

$$\int_a^b f(x)\,dx=\lim_{s\to a^+}\int_s^b f(x)\,dx \text{（若極限存在）}$$

3. 若 f 在 $[a, b]$ 內除了 c 點以外的每一點都連續，$a<c<b$，則 $\int_a^b f(x)\,dx=\int_a^c f(x)\,dx+\int_c^b f(x)\,dx$（若右式兩瑕積分都存在）

在上述定義中，若極限存在，則稱瑕積分爲**收斂**（Convergent）否則爲**發散**（Divergent）。定義 3 中有一個瑕積分發散則 $\int_a^b f(x)dx$ 就發散。

例 2. 求 $\int_0^2 \frac{dx}{2-x}=?$

解 這是一個瑕積分 $\therefore \int_0^2 \frac{dx}{2-x}=\lim_{x\to 2^-}\int_0^t \frac{dx}{2-x}$

$$=\lim_{t\to 2^-} ln\frac{1}{|x-2|}\Big]_0^t= \lim_{t\to 2^-}\left(ln\frac{1}{|t-2|}-ln\frac{1}{2}\right),$$

但 $\lim\limits_{t\to 2^-} ln\dfrac{1}{|t-2|}$ 不存在　$\therefore \int_0^2 \dfrac{dx}{2-x}$ 發散

例 3. 求 $\int_0^3 \dfrac{dx}{\sqrt{9-x^2}} = ?$

解 $\int_0^3 \dfrac{dx}{\sqrt{9-x^2}} = \lim\limits_{t\to 3^-} \int_0^t \dfrac{dx}{\sqrt{9-x^2}} = \lim\limits_{t\to 3^-} \sin^{-1}\dfrac{x}{3}\Big]_0^t$

$= \lim\limits_{t\to 3^-} \sin^{-1}\dfrac{t}{3} - \sin^{-1}0 = \dfrac{\pi}{2}$

練習 9.2A

試判斷下列瑕積分之斂散性，若收斂求其值。

(1) $\int_0^1 lnx dx$　(2) $\int_0^9 \dfrac{dx}{(x+9)\sqrt{x}}$　(3) $\int_{-1}^1 |x|^{-\frac{3}{2}} dx$　(4) $\int_{-1}^1 \sqrt{\dfrac{1+x}{1-x}} dx$

例 4. 試判斷 (1) $\int_0^\infty \dfrac{dx}{x^2+x+1}$　(2) $\int_{-\infty}^\infty \dfrac{dx}{1+x^2}$ 之斂散性，若收斂，求其值

解 (1) $\int_0^\infty \dfrac{dx}{x^2+x+1} = \lim\limits_{t\to\infty} \int_0^t \dfrac{dx}{x^2+x+1} = \lim\limits_{t\to\infty} \int_0^t \dfrac{dx}{\left(x+\frac{1}{2}\right)^2+\frac{3}{4}}$

$= \lim\limits_{t\to\infty} \dfrac{2}{\sqrt{3}} \tan^{-1} \dfrac{2\left(x+\frac{1}{2}\right)}{\sqrt{3}}\Bigg]_0^t = \dfrac{2}{\sqrt{3}} \left(\lim\limits_{t\to\infty} \tan^{-1}\dfrac{(2t+1)}{\sqrt{3}} - \dfrac{2}{\sqrt{3}}\tan^{-1}\dfrac{1}{\sqrt{3}} \right)$

$= \dfrac{2}{\sqrt{3}} \cdot \dfrac{\pi}{2} - \dfrac{2}{\sqrt{3}} \cdot \dfrac{\pi}{6} = \dfrac{2\sqrt{3}}{9}\pi$

(2) $\int_{-\infty}^\infty \dfrac{dx}{1+x^2} = 2\int_0^\infty \dfrac{dx}{1+x^2} = \lim\limits_{t\to\infty} 2\int_0^t \dfrac{dx}{1+x^2}$

$= 2\lim\limits_{t\to\infty} \tan^{-1}x]_0^t = 2\left(\dfrac{\pi}{2}\right) = \pi$

例 5. 討論 $\int_1^\infty \dfrac{dx}{x^p}$ 的斂散性。

解 $p=1$, $\int_1^\infty \dfrac{1}{x}dx = \lim\limits_{t\to\infty} \int_1^t \dfrac{1}{x}dx = \lim\limits_{t\to\infty} ln|t| = \infty$

$p\neq 1$, $\int_1^\infty \dfrac{dx}{x^p} = \lim\limits_{t\to\infty} \int_1^t \dfrac{1}{x^p}dx = \lim\limits_{t\to\infty} \dfrac{x^{1-p}}{1-p}\Big]_1^t$

$= \lim\limits_{t\to\infty} \dfrac{t^{1-p}-1}{1-p} = \begin{cases} \infty & \text{若 } p<1 \\ \dfrac{1}{p-1} & \text{若 } p>1 \end{cases}$

故 $\int_1^\infty \dfrac{dx}{x^p}$ 當 $p>1$ 時為收斂，當 $p \leqq 1$ 時為發散。

例 6. 求 $\int_0^{\infty}\frac{\tan^{-1}x}{(1+x^2)^{\frac{3}{2}}}dx$

解 $\int_0^{\infty}\frac{\tan^{-1}x}{(1+x^2)^{\frac{3}{2}}}dx \overset{y=\tan^{-1}x}{=\!=} \int_0^{\frac{\pi}{2}}\frac{y}{(1+\tan^2 y)^{\frac{3}{2}}}\cdot\sec^2 y dy$

$=\int_0^{\frac{\pi}{2}}\frac{y}{\sec^3 y}\cdot\sec^2 y dy=\int_0^{\frac{\pi}{2}}y\cos y dy$

$=y\sin y+\cos y\Big]_0^{\frac{\pi}{2}}=\frac{\pi}{2}-1$

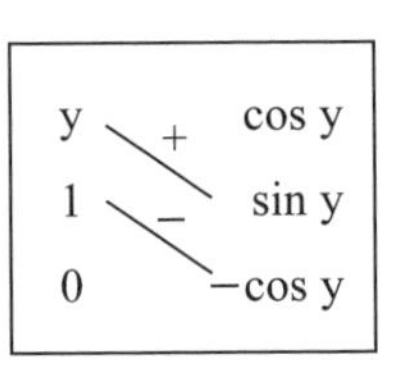

練習 9.2B

1. 試討論 $\int_2^{\infty}\frac{dx}{x(lnx)^p}$ 之斂散性
2. 試判斷下列各題之斂散性，若收斂並求其值

   (1) $\int_{-\infty}^{\infty}\frac{x}{1+x^2}dx$ (2) $\int\frac{x^2}{4+x^6}dx$ (3) $\int_{-\infty}^{\infty}\cos x dx$ (4) $\int_0^1\frac{dx}{x^p}$
3. 求 $\int_0^{\infty}\frac{xe^{-x}dx}{(1+e^{-x})^2}$

★4. 求 $\int_0^{\infty}\frac{dx}{(1+x^2)(1+x^p)}$

瑕積分審斂定理

若 $f(x)$，$g(x)\in[a，\infty)$，$f(x)$，$g(x)$ 均爲非負函數，則有下列結果：

【定理 A】 若 $g(x)\geq f(x)\geq 0$ 則

1. $\int_a^{\infty}g(x)dx$ 收斂則 $\int_a^{\infty}f(x)dx$ 收斂
2. $\int_a^{\infty}f(x)dx$ 發散則 $\int_a^{\infty}g(x)dx$ 發散

【定理 B】 （極限審斂法）：$\lim_{x\to\infty}x^p f(x)=l$，則

1. $p>1$，$0\leq l<\infty$ 時則 $\int_a^{\infty}f(x)dx$ 收斂
2. $p\leq 1$，$0<l<\infty$ 時則 $\int_a^{\infty}f(x)dx$ 發散

【定理 C】 若 $\int_a^{\infty}|f(x)|dx$ 收斂則 $\int_a^{\infty}f(x)dx$ 收斂

例 6. 判斷下列瑕積分之斂散性。

1. $\int_1^\infty \frac{\sqrt{x+1}}{x\sqrt{1+x+x^2}}dx$　　2. $\int_1^\infty \frac{\sqrt{x}}{1+x^3}dx$

3. $\int_1^\infty \frac{x^n}{1+x^m}dx$　　4. $\int_1^\infty \frac{dx}{(1+x^p)(x^2+1)}$，$p$ 爲正整數

解

1. $\lim_{x\to\infty} x^{\frac{3}{2}}\cdot\frac{\sqrt{x+1}}{x\sqrt{1+x+x^2}}=\lim_{x\to\infty}\frac{\sqrt{x^2+x}}{\sqrt{x^2+x+1}}=1$，$p=\frac{3}{2}$

   $\therefore \int_1^\infty \frac{\sqrt{x+1}}{x\sqrt{1+x+x^2}}dx$收斂

2. $\lim_{x\to\infty} x^{\frac{5}{2}}\cdot\frac{\sqrt{x}}{1+x^3}=1$，$p=\frac{5}{2}$，$\therefore \int_1^\infty \frac{\sqrt{x}}{1+x^3}dx$收斂

3. $\lim_{x\to\infty} x^{m-n}\cdot\frac{x^n}{1+x^m}=1$，$p=m-n$，$\therefore m-n\le 1$ 時發散，$m-n>1$ 時收斂

4. $\frac{1}{(1+x^p)(1+x^2)}\le\frac{1}{1+x^2}$，但 $\int_1^\infty \frac{dx}{1+x^2}=\frac{\pi}{4}$ 爲收斂

   $\therefore \int_0^\infty \frac{dx}{(1+x^p)(1+x^2)}$ 爲收斂

練習 9.2C

判斷下列瑕積分之斂散性

1. $\int_0^\infty e^{-x^2}dx$　2. $\int_0^\infty \frac{e^{-x}}{x}dx$　3. $\int_1^\infty \frac{lnx}{x+1}dx$　4. $\int_1^\infty \frac{x}{(lnx)^2}dx$

Gamma函數

【定義】　我們定義 Gamma 函數為 $\Gamma(n)=\int_0^\infty x^{n-1}e^{-x}dx$，$n>0$

【定理 D】　若 n 為正整數則

$\Gamma(n)=(n-1)!$

$[(n-1)!=(n-1)(n-2)\cdots\cdots 3\cdot 2\cdot 1]$

證明

$\Gamma(n)=\int_0^\infty x^{n-1}e^{-x}dx$，由分部積分法

$$= \int_0^\infty x^{n-1} d(-e^{-x})$$

$$= \lim_{b\to\infty} (-e^x x^{n-1})]_0^b + \int_0^\infty e^{-x}\, dx^{n-1}$$

$$= \lim_{b\to\infty} (-e^{-b} b^{n-1}) + (n-1)\int_0^\infty x^{n-2} e^{-x}\, dx$$

$$= (n-1)\Gamma(n-1)$$

由此遞迴定義，得：

$$\Gamma(n) = (n-1)\Gamma(n-1) = (n-1)(n-2)\Gamma(n-2)\cdots$$
$$= (n-1)!$$

例 7. 求 1. $\int_0^\infty x^3 e^{-x}\, dx$　2. $\int_0^\infty x^3 e^{-2x}\, dx$　3. $\int_0^1 (\ln x)^3\, dx$

解 1. $\int_0^\infty x^3 e^{-x}\, dx = 3! = 6$

2. $\int_0^\infty x^3 e^{-2x}\, dx \overset{u=2x}{=\!=} \int_0^\infty \left(\frac{u}{2}\right)^3 e^{-u} \cdot \frac{1}{2} du = \frac{1}{2^4}\int_0^\infty u^3 e^{-u} du$

$= \frac{1}{16} \cdot 3! = \frac{6}{16} = \frac{3}{8}$

3. $\int_0^1 (\ln x)^3\, dx \overset{u=-\ln x}{=\!=} -\int_\infty^0 u^3 e^{-u} du$

$= \int_0^\infty u^3 e^{-u} du = 3! = 6$

【定理 E】 $\Gamma(\frac{1}{2}) = \sqrt{\pi}$

練習 9.2D

1. 求 (1) $\int_0^\infty x^4 e^{-x} dx$　(2) $\int_0^1 (\ln x)^4\, dx$　(3) $\int_0^1 (x\ln x)^3\, dx$

2. 若已知 $\int_0^\infty e^{-x^2} dx = \frac{\sqrt{\pi}}{2}$，求 $\int_0^\infty x^{-\frac{1}{2}} e^{-x}\, dx$，由結果求 $\Gamma(?) = \sqrt{\pi}$

第10章
偏微分

10.1 二變數函數

之前討論的是單一變數函數之微分與積分，本章則以二變數函數爲主。設 D 爲 xy 平面上之一集合，對 D 中之所有**有序配對**（Ordered pair）(x, y) 而言，都能在集合 R 中找到元素與之對應，這種對應元素所成之集合爲**像**（Image）。

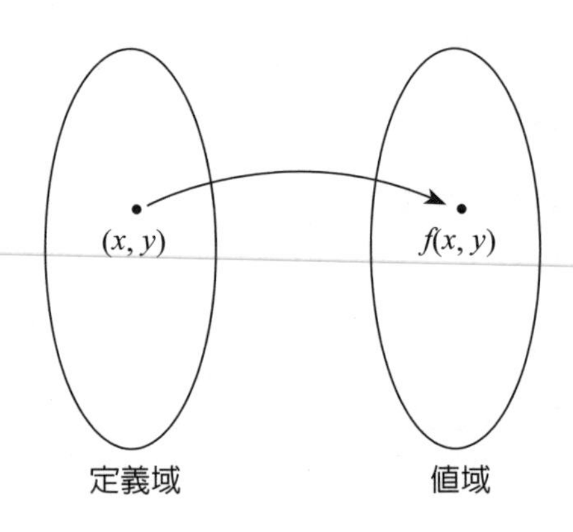

例 1. 若 $f(x, y)=\dfrac{2x^2+3y^2}{x-y}$，求 1. f 之定義域 = ?　2. $f(1, -1)$ = ?

解 1. 當 $y = x$ 時 $f(x, y)$ 之分母爲 0，故除了 $y = x$ 外之所有實數對 (x, y) 對 f 均有意義　$\therefore f$ 之定義域爲

$\{(x, y) \mid x \neq y, x \in R, y \in R\}$

2. $f(1,-1)=\dfrac{2(1)^2+3(-1)^2}{1-(-1)}=\dfrac{2+3}{2}=\dfrac{5}{2}$

練習 10.1A

1. 求下列各題之定義域。

(1) $f(x, y, z)=\sqrt{xyz}$　　(2) $f(x, y, z)=\sqrt{x}\sqrt{y}\sqrt{z}$

(3) $f(x, y, z)=\sqrt{\dfrac{xz}{y}}$　　(4) $f(x, y, z)=\sqrt[3]{xz}\cdot\sqrt{y}$

2. $f(x, y)=\ln(y-x)+\dfrac{\sqrt{x}}{\sqrt{1-x^2-y^2}}$ 之定義域

二變函數之圖形

名稱	平面	球
圖形	z, (0, 0, 1), (1, 0, 0), (0, 1, 0), x, y	z, (0, 0, 1), (1, 0, 0), (0, 1, 0), x, y
方程式	$x+y+z=1$	$x^2+y^2+z^2=1$ 圓心為 (0, 0, 0)，半徑為 1 之球
名稱	**抛物面**	**橢圓球**
圖形	z, y, x	z, (0, 0, 1), (0, 1, 0), y, (1, 0, 0), x
方程式	$y=\frac{z^2}{c^2}+\frac{x^2}{a^2}$	$\frac{x^2}{a^2}+\frac{y^2}{b^2}+\frac{z^2}{c^2}=1$

例 2. 若 $f(x-y, \frac{y}{x})=x^2-y^2$，求 $f(x, y)$

解 令 $x-y=u$，$\frac{y}{x}=v$，則 $y=xv$，$x-xv=u$，即 $x=\frac{u}{1-v}$，從而 $y=xv=\frac{uv}{1-v}$

$$\therefore f(u, v)-\left(\frac{u}{1-v}\right)^2-\left(\frac{uv}{1-v}\right)^2$$

$$=\frac{u^2(1-v^2)}{(1-v)^2}=u^2\left(\frac{1+v}{1-v}\right)$$

即 $f(x, y)=x^2\left(\frac{1+y}{1-y}\right)$，$y\neq 1$

練習 10.1B

(1) $f(x+y, xy)=2x^2+xy+2y^2$，求 $f(x, y)$　(2) $f(x+y, x-y)=\frac{x^2-y^2}{2xy}$，求 $f(x, y)$

10.2 二變數函數之極限與連續

二變數函數極限之定義

如同第二章單變數函數之極限正式定義，我們用同樣的方法以 ε-δ 方式來定義二變數函數之極限。

【定義】 （$\lim\limits_{(x,y)\to(a,b)} f(x,y)=l$ 定義）對每一個 $\varepsilon>0$，當 $0<\sqrt{(x-a)^2+(y-b)^2}<\delta$ 時均有 $|f(x,y)-l|<\varepsilon$，則稱 $\lim\limits_{(x,y)\to(a,b)} f(x,y)=l$。

在應用 ε-δ 法證明極限問題時，適當地放大不等式範圍是有必要的。

例 1. 用 ε-δ 方法證明 $\lim\limits_{\substack{x\to0\\y\to0}} \dfrac{2x^2y}{x^2+y^2}=0$

解 $|f(x,y)|=\left|\dfrac{2x^2y}{x^2+y^2}-0\right|=\dfrac{2x^2|y|}{x^2+y^2}\le 2|y|\le 2\sqrt{x^2+y^2}<\varepsilon$

取 $\delta=\dfrac{\varepsilon}{2}$

$\therefore$對所有 $\varepsilon>0$ 都可找到 $\delta>0$，使得 $0<\sqrt{x^2+y^2}<\delta$ 時有

$\left|\dfrac{2x^2y}{x^2+y^2}-0\right|\le 2\sqrt{x^2+y^2}\le 2\delta=2\left(\dfrac{\varepsilon}{2}\right)=\varepsilon$

$\therefore \lim\limits_{\substack{x\to0\\y\to0}} \dfrac{2x^2y}{x^2+y^2}=0$

例 2. $f(x,y)=\begin{cases} x\sin\dfrac{1}{y}+y\sin\dfrac{1}{x}, & xy\neq0 \\ 0, & xy=0 \end{cases}$ 用 ε-δ 方法證明：$\lim\limits_{\substack{x\to0\\y\to0}} f(x,y)=0$

解 $|f(x,y)-0|=\left|x\sin\dfrac{1}{y}+y\sin\dfrac{1}{x}\right|\le\left|x\sin\dfrac{1}{y}\right|+\left|y\sin\dfrac{1}{x}\right|$

$\le|x|+|y|\le\sqrt{x^2+y^2}+\sqrt{x^2+y^2}=2\sqrt{x^2+y^2}<\varepsilon$

取 $\delta=\dfrac{\varepsilon}{2}$

$\therefore$對所有 $\varepsilon>0$ 都可找到 $\delta>0$，使得 $0<\sqrt{x^2+y^2}<\delta$ 時有

$|f(x,y)-0|\le 2\sqrt{x^2+y^2}<2\cdot\delta=2\cdot\dfrac{\varepsilon}{2}=\varepsilon$

$\therefore \lim\limits_{\substack{x\to0\\y\to0}} f(x,y)=0$

例 3. 若 $\varepsilon > 0$，當 $(x^2+y^2)^{\frac{1}{2}} < \left(\frac{\varepsilon}{13}\right)^{\frac{1}{2}}$ 時，試證 $|2x^2-6xy+5y^2| < \varepsilon$

解

$$
\begin{aligned}
&|2x^2-6xy+5y^2| \le 2|x^2|+6|xy|+5|y^2| \\
&\le 2|x^2|+6(\sqrt{x^2+y^2})(\sqrt{x^2+y^2})+5|y^2| \\
&= 2|x^2|+6(x^2+y^2)+5|y^2| \\
&\le 2(x^2+y^2)+6(x^2+y^2)+5(x^2+y^2) \\
&= 13(x^2+y^2) < 13 \cdot \frac{\varepsilon}{13} = \varepsilon
\end{aligned}
$$

練習 10.2A

1. $f(x, y) = \begin{cases} \dfrac{x^3+y^3}{x^2+y^2}, & (x, y) \neq (0, 0) \\ 0 & , (x, y) = (0, 0) \end{cases}$，用 ε-δ 法證 $\lim\limits_{\substack{x \to 0 \\ y \to 0}} f(x, y) = 0$
2. 試證 $\lim\limits_{(x, y) \to (0, 0)} \dfrac{x^3+xy^2}{x^2-xy+y^2} = 0$

例 4、例 5 是用單變數函數求極限之方法來求二變數函數極限的例子：

例 4. 求 $\lim\limits_{(x, y) \to (0, 0)} \dfrac{xye^x}{5-\sqrt{25+xy}}$

解

$$
\begin{aligned}
\lim_{(x, y) \to (0, 0)} \frac{xye^x}{5-\sqrt{25+xy}} &= \lim_{(x, y) \to (0, 0)} \frac{xye^x}{5-\sqrt{25+xy}} \cdot \frac{5+\sqrt{25+xy}}{5+\sqrt{25+xy}} \\
&= \lim_{(x, y) \to (0, 0)} \frac{xye^x}{-xy} \cdot (5+\sqrt{25+xy}) = -10
\end{aligned}
$$

例 5. 求 $\lim\limits_{(x, y) \to (\infty, a)} \left(1+\dfrac{1}{xy}\right)^{\frac{x^2}{x+y}}$，$a \neq 0$

解

$$
\begin{aligned}
\lim_{(x, y) \to (\infty, a)} \left(1+\frac{1}{xy}\right)^{\frac{x^2}{x+y}} &= \lim_{(x, y) \to (\infty, a)} \left[\left(1+\frac{1}{xy}\right)^{xy}\right]^{\frac{x}{(x+y)y}} \\
&= e^{\lim\limits_{(x, y) \to (\infty, a)} \frac{x}{(x+y)y}} = e^{\frac{1}{a}}
\end{aligned}
$$

練習 10.2B

1. 求 $\lim\limits_{(x, y) \to (\infty, \infty)} \left(\dfrac{xy}{x^2+y^2}\right)^x$
2. 求 $\lim\limits_{(x, y) \to (0, 0)} \dfrac{1}{x} \sin xy$
3. 求 $\lim\limits_{(x, y) \to (0, 0)} (x+y) \sin \dfrac{1}{xy}$
4. 求 $\lim\limits_{(x, y) \to (0, 0)} \dfrac{1-\cos(x^2+y^2)}{(x^x+y^2)xy}$
5. 求 $\lim\limits_{(x, y) \to (1, 0)} \dfrac{\ln(1+xy)}{y}$
6. ★求 $\lim\limits_{(x, y) \to (0, 0)} \dfrac{x^3+xy^2}{x^2-xy+y^2}$

在第 2 章之 $\lim_{x\to a} f(x)=l$ 存在之條件是 $\lim_{x\to a^+} f(x)=l_1$，$\lim_{x\to a^-} f(x)=l_2$，l_1、l_2 存在且相等，但在二變數函數時 $(x, y)\to(x_0, y_0)$ 之途徑有無限多條，因此 $\lim_{(x, y)\to(x_0, y_0)} f(x, y)=l$ 成立之條件是 (x, y) 循各種途徑到 (x_0, y_0) 之極限均需為 l，有一條途徑之極限不為 l 時 $\lim_{(x, y)\to(x_0, y_0)} f(x, y)=l$ 便不成立。

例 6. $f(x, y)=\dfrac{x^2y}{x^4+y^2}$

1. 若沿 $y=3x$ 求 $(x, y)\to(0, 0)$ 時，$f(x, y)\to$？
2. 若沿 $y=3x^2$ 求 $(x, y)\to(0, 0)$ 時，$f(x, y)\to$？
3. 請結論出 $(x, y)\to(0, 0)$ 時，$f(x, y)\to$？

解

1. $y=3x$

$\because f(x, y)=f(x, 3x)=\dfrac{3x^3}{x^4+9x^2}=g(x)$

$\therefore$沿 $y=3x$ 路徑，$\lim_{(x, y)\to(0, 0)} f(x, y)=\lim_{x\to 0} g(x)=\lim_{x\to 0}\dfrac{3x^3}{x^4+9x^2}=\lim_{x\to 0}\dfrac{3x}{x^2+9}=0$

2. $y=3x^2$

$\because f(x, y)=f(x, 3x^2)=\dfrac{x^2(3x^2)}{x^4+(3x^2)^2}=\dfrac{3x^4}{10x^4}=\dfrac{3}{10}$

$\therefore$沿 $y=3x^2$ 路徑，$\lim_{(x, y)\to(0, 0)}\dfrac{x^2y}{x^4+y^2}=\lim_{x\to 0}\dfrac{3}{10}=\dfrac{3}{10}$

3. 由 1.，2. 知 $\lim_{(x, y)\to(0, 0)} f(x, y)$ 不存在。

例 7. $f(x,y)=\dfrac{x^2-y^2}{x^2+y^2}$ 求 $\lim_{(x,y)\to(0,0)} f(x,y)$

解

說明	解答
在求 $\lim_{(x,y)\to(0,0)} f(x,y)$ 時 若 $\lim_{x\to 0}(\lim_{y\to 0} f(x,y))\neq\lim_{y\to 0}(\lim_{x\to 0} f(x,y))$ 則 $\lim_{(x,y)\to(0,0)} f(x,y)$ 不存在 但 $\lim_{x\to 0}(\lim_{y\to 0} f(x,y))=\lim_{y\to 0}(\lim_{x\to 0} f(x,y))$ 時不保證 $\lim_{(x,y)\to(0,0)} f(x,y)$ 存在。	$\lim_{x\to 0}\left(\lim_{y\to 0}\dfrac{x^2-y^2}{x^2+y^2}\right)=\lim_{x\to 0}\dfrac{x^2}{x^2}=1$ 又 $\lim_{y\to 0}\left(\lim_{x\to 0}\dfrac{x^2-y^2}{x^2+y^2}\right)=\lim_{y\to 0}\dfrac{-y^2}{y^2}=-1$ $\therefore \lim_{(x,y)\to(0,0)} f(x,y)$ 不存在

練習 10.2C

$f(x, y)=\dfrac{x-y}{x+y}$

1. 若沿 $y=x$ 求 $(x, y)\to(0, 0)$ 時，$f(x, y)\to$？
2. 若沿 $y=-x$ 求 $(x, y)\to(0, 0)$ 時，$f(x, y)\to$？

二變數函數之連續

若 $f(x_0, y_0)$ 與 $\lim\limits_{\substack{x\to x_0\\ y\to y_0}} f(x, y)$ 均存在且相等則 $f(x, y)$ 在 (x_0, y_0) 處連續。

例 7. 承例 6. $f(x,y)=\dfrac{x^2y}{x^4+y^2}$ 之 $\lim\limits_{(x,y)\to(0,0)} f(x,y)$ 不存在，∴ $f(x, y)$ 在 $(0, 0)$ 處就不連續。

例 8. $f(x, y)=\begin{cases}\dfrac{xy}{x^2+y^2}, & x^2+y^2\neq 0\\ 0, & x^2+y^2=0\end{cases}$，$f(x, y)$ 在 $(0, 0)$ 處是否連續？

解 循 $y=\lambda x$ 之路徑：

$f(x,\lambda x)=\dfrac{x\cdot\lambda x}{x^2+\lambda^2x^2}=\dfrac{\lambda}{1+\lambda^2}$　　∴ $\lim\limits_{(x,y)\to(0,0)}\dfrac{xy}{x^2+y^2}$ 會隨 λ 不同而改變

∴極限不存在

⇒ $f(x, y)$ 在 $(0, 0)$ 處不連續。

練習 10.2D

1. 求 (1) $f(x,y)=\begin{cases}\dfrac{x^2\sin(x-3y)}{x-3y}, & x\neq 3y\\ 0, & x=3y\end{cases}$ 及 (2) $f(x, y)=\dfrac{1}{\sin\sin y}$ 之不連續點。
2. $f(x, y)=\begin{cases}1，(x, y)\neq(0, 0)\\ 0，(x, y)=(0, 0)\end{cases}$ 問 $f(x, y)$ 在 $(0, 0)$ 是否為連續。

★3. 試證 $f(x, y, z)=\dfrac{y^3z}{1+x^2+z^2}$ 在 $(0, 0, 0)$ 處為連續。

10.3 二變數函數之基本偏微分法

一階偏導函數

【定義】 $f_x(x, y) = \lim_{\Delta x \to 0} \frac{f(x+\Delta x, y) - f(x, y)}{\Delta x}$

$f_y(x, y) = \lim_{\Delta y \to 0} \frac{f(x, y+\Delta y) - f(x, y)}{\Delta y}$

例 1. 若 $f(x, y) = x^2 + y^3$，求 $\lim_{\Delta x \to 0} \frac{f(x+\Delta x, y) - f(x, y)}{\Delta x} = ?$

解 $\lim_{\Delta x \to 0} \frac{f(x+\Delta x, y) - f(x, y)}{\Delta x} = \lim_{\Delta x \to 0} \frac{[(x+\Delta x)^2 + y^3] - [x^2 + y^3]}{\Delta x} = \lim_{\Delta x \to 0} \frac{2x\Delta x + (\Delta x)^2}{\Delta x}$

$= \lim_{\Delta x \to 0} (2x + \Delta x) = 2x$

例 2. 若 $f(x, y) = e^{xy}$，求 $\lim_{\Delta y \to 0} \frac{f(x, y+\Delta y) - f(x, y)}{\Delta y} = ?$

解 $\lim_{\Delta y \to 0} \frac{f(x, y+\Delta y) - f(x, y)}{\Delta y} = \lim_{\Delta y \to 0} \frac{e^{x(y+\Delta y)} - e^{xy}}{\Delta y} = \lim_{\Delta y \to 0} \frac{e^{xy + x\Delta y} - e^{xy}}{\Delta y}$

$= \lim_{\Delta y \to 0} \frac{e^{xy}(e^{x\Delta y} - 1)}{\Delta y} = e^{xy} \lim_{\Delta y \to 0} \frac{e^{x\Delta y} - 1}{\Delta y} \overset{\text{L'Hospital}}{=\!=\!=} e^{xy} \lim_{\Delta y \to 0} \frac{xe^{x\Delta y}}{1} = e^{xy} \cdot x$

例 3. $z = \sqrt{|xy|}$，求 $\left.\frac{\partial z}{\partial x}\right|_{(0,0)}$，$\left.\frac{\partial z}{\partial y}\right|_{(0,0)}$

解 取 $z = f(x, y) = \sqrt{|xy|}$，則

$\left.\frac{\partial z}{\partial x}\right|_{(0,0)} = \lim_{\Delta x \to 0} \frac{f(0+\Delta x, 0) - f(0, 0)}{\Delta x} = \lim_{\Delta x \to 0} \frac{0-0}{\Delta x} = 0$

$\left.\frac{\partial z}{\partial y}\right|_{(0,0)} = \lim_{\Delta y \to 0} \frac{f(0, 0+\Delta y) - f(0, 0)}{\Delta y} = \lim_{\Delta y \to 0} \frac{0-0}{\Delta y} = 0$

我們也可用選逐次微分（Iterated derivative），也就是逐次微分來看待多變數函數之偏導函數。函數 $f(x, y)$ 對 x 之偏微分記做 $\frac{\partial f}{\partial x}$，或 $f_x, f_x(x, y), \frac{\partial f}{\partial x}|_y$，在此 y 視爲常數。同樣地 $f(x, y)$ 對 y 之偏微分記做 $\frac{\partial f}{\partial y}$，或 $f_y, f_y(x, y), \frac{\partial f}{\partial y}|_x$，在此 x 視爲常數。

例 4. $f(x, y)=\tan^{-1}\left(\frac{x+y}{1-xy}\right)$，求 $\frac{\partial f}{\partial x}$ 與 $\frac{\partial f}{\partial y}$

解

說明	解答
$\frac{d}{dx}\tan^{-1}u(x)=\frac{u'(x)}{1+u^2(x)}$ $\because f(x, y)=f(y, x)$ ∴在求出 $\frac{\partial f}{\partial x}$ 後，$\frac{\partial f}{\partial y}$ 只需把 x, y 對換即可	$\frac{\partial}{\partial x}\tan^{-1}\left(\frac{x+y}{1-xy}\right)$ $=\frac{\frac{\partial}{\partial x}\left(\frac{x+y}{1-xy}\right)}{1+\left(\frac{x+y}{1-xy}\right)^2}=\frac{\frac{(1-xy)\cdot 1-(x+y)(-y)}{(1-xy)^2}}{1+\frac{x^2+2xy+y^2}{1-2xy+x^2y^2}}$ $=\frac{1+y^2}{1+x^2+y^2+x^2y^2}$ $\frac{\partial f}{\partial y}=\frac{1+x^2}{1+x^2+y^2+x^2y^2}$

例 5. $z=x^y$，$x>0$，$x\neq 1$，求證 $\frac{x}{y}\frac{\partial z}{\partial x}+\frac{1}{\ln x}\frac{\partial z}{\partial y}=2z$

解 $z=x^y$，$\ln z$ …… ①

對①二邊同時對 x 偏微分：$\frac{\partial z}{\partial x}=x^{y-1}\cdot y$

對①二邊同時對 y 偏微分：$\frac{\partial z}{\partial y}=x^y(\ln x)$

代上述結果

$$\frac{x}{y}\frac{\partial z}{\partial x}+\frac{1}{\ln x}\frac{\partial z}{\partial y}=\frac{x}{y}\cdot x^{y-1}\cdot y+\frac{1}{\ln x}x^y(\ln x)=2x^y=2z$$

例 6. $z=x^3f\left(\frac{y}{x^2}\right)$，求 $\frac{\partial z}{\partial x}$ 與 $\frac{\partial z}{\partial y}$

解

$$\frac{\partial z}{\partial x}=3x^2f\left(\frac{y}{x^2}\right)+x^3f'\left(\frac{y}{x^2}\right)\left(-\frac{2y}{x^3}\right)=3x^2f\left(\frac{y}{x^2}\right)-2yf'\left(\frac{y}{x^2}\right)$$

$$\frac{\partial z}{\partial y}=x^3f'\left(\frac{y}{x^2}\right)\cdot\frac{1}{x^2}=xf'\left(\frac{y}{x^2}\right)$$

例 7. 若 $\begin{cases}v+\ln u=xy\\u+\ln v=x-y\end{cases}$ 求 $\frac{\partial u}{\partial x}$ 及 $\frac{\partial v}{\partial x}$

解

說明	解答
	將原式調整為 $\begin{cases}\ln u+v=xy\\u+\ln v=x-y\end{cases}$

說明	解答
由 Cramer 法則 $\begin{cases} ax+by=c \\ a'x+b'y=c' \end{cases}$， $x=\dfrac{\begin{vmatrix} c & b \\ c' & b' \end{vmatrix}}{\begin{vmatrix} a & b \\ a' & b' \end{vmatrix}}$，$y=\dfrac{\begin{vmatrix} a & c \\ a' & c' \end{vmatrix}}{\begin{vmatrix} a & b \\ a' & b' \end{vmatrix}}$	上面二式均對 x 做偏微分得 $\begin{cases} \dfrac{1}{u}\dfrac{\partial u}{\partial x}+\dfrac{\partial v}{\partial x}=y \\ \dfrac{\partial u}{\partial x}+\dfrac{1}{v}\dfrac{\partial v}{\partial x}=1 \end{cases}$ $\therefore \dfrac{\partial u}{\partial x}=\begin{vmatrix} y & 1 \\ 1 & \dfrac{1}{v} \end{vmatrix} \Big/ \begin{vmatrix} \dfrac{1}{u} & 1 \\ 1 & \dfrac{1}{v} \end{vmatrix}=\dfrac{uy-uv}{1-uv}$，$uv\neq 1$ $\dfrac{\partial v}{\partial x}=\begin{vmatrix} \dfrac{1}{u} & y \\ 1 & 1 \end{vmatrix} \Big/ \begin{vmatrix} \dfrac{1}{u} & 1 \\ 1 & \dfrac{1}{v} \end{vmatrix}=\dfrac{v-uvy}{1-uv}$，$uv\neq 1$

練習 10.3A

1. 求：(1) $u=\tan^{-1}\dfrac{x+y}{1-xy}$，求 $\dfrac{\partial u}{\partial x}$ 與 $\dfrac{\partial u}{\partial y}$ (2) $u=x^2\tan^{-1}\dfrac{y}{x}-y^2\tan^{-1}\dfrac{x}{y}$，求 $\dfrac{\partial u}{\partial x}$

   (3) $u=\sin^{-1}\dfrac{x}{\sqrt{x^2+y^2}}$，求 $\dfrac{\partial u}{\partial x}$ 與 $\dfrac{\partial u}{\partial y}$

2. $u=x^{y^z}$ 求 (1) $\dfrac{\partial u}{\partial x}$ (2) $\dfrac{\partial u}{\partial y}$ (3) $\dfrac{\partial u}{\partial z}$

3. 若 $u=xyf\left(\dfrac{x+y}{xy}\right)$ 且 u 滿足 $x^2\dfrac{\partial u}{\partial x}-y^2\dfrac{\partial u}{\partial y}=G(x,y)u$，求 $G(x,y)$

齊次函數

【定義】 若 $f(\lambda x,\lambda y)=\lambda^k f(x,y)$，$\lambda$ 為異於 0 之實數，則稱 $f(x,y)$ 為 k 階齊次函數。

例 8. (1) $f(x,y)=x^2+y^2$：

$\because f(\lambda x,\lambda y)=\lambda^2x^2+\lambda^2y^2=\lambda^2(x^2+y^2)=\lambda^2 f(x,y)$

$\therefore$ 爲 2 階齊次函數

(2) $f(x,y,z)=(x^2+y^2+z^2)^{\frac{3}{2}}$：

$\because f(\lambda x,\lambda y,\lambda z)=(\lambda^2x^2+\lambda^2y^2+\lambda^2z^2)^{\frac{3}{2}}=\lambda^3\left[(x^2+y^2+z^2)^{\frac{3}{2}}\right]$

$\therefore$ 爲 3 階齊次函數

關於多變數之 k 階齊次函數有以下重要定理：

【定理 A】 若 $f(x, y)$ 為 k 階齊次函數，即 $f(\lambda x, \lambda y) = \lambda^k f(x, y)$，$\lambda \neq 0$，$\lambda \in R$，則 $xf_x + yf_y = kf(x, y)$

證明

$\because f(\lambda x, \lambda y) = \lambda^k f(x, y)$ 兩邊同時對 λ 微分

$xf_x + yf_y = k\lambda^{k-1} f$

因上式是對任何實數 λ 均成立，所以在上式中令 $\lambda = 1$ 則得

$xf_x + yf_y = kf$

定理 A 可推廣到 n 個變數情況：$f(x_1, x_2, \cdots\cdots x_n)$ 爲一 k 階齊次函數，即 $f(\lambda x_1, \lambda x_2, \cdots\cdots \lambda x_n) = \lambda^k f(x_1, x_2, \cdots\cdots x_n)$，則 $\sum_{i=1}^{n} x_i \frac{\partial f}{\partial x_i} = kf\ (x_1, x_2, \cdots\cdots x_n)$。

例 9. 若 $f(x, y) = \frac{y}{x}$，求 $xf_x + yf_y = ?$

解

	解答
方法一：用逐次微分	$f(x, y) = \frac{y}{x}$ $\therefore f_x = -\frac{y}{x^2},\ f_y = \frac{1}{x}$ 因此 $xf_x + yf_y = x\left(-\frac{y}{x^2}\right) + y\left(\frac{1}{x}\right) = 0$
方法二：用定理A	$\because f(\lambda x, \lambda y) = \frac{\lambda y}{\lambda x} = \frac{y}{x} = \lambda^0 \frac{y}{x}$ 可知 $f(x, y) = \frac{y}{x}$ 為零階齊次函數 $\therefore xf_x + yf_y = 0f(x, y) = 0$

例10. 若 $z = x^n f\left(\frac{y}{x}\right)$，試證 $x\frac{\partial f}{\partial x} + y\frac{\partial f}{\partial y} = nz$。

解　$z = f(x, y) = x^n f\left(\frac{y}{x}\right)$ 則

$$f(\lambda x, \lambda y) = (\lambda x)^n f\left(\frac{\lambda y}{\lambda x}\right) = \lambda^n \left[x^n f\left(\frac{y}{x}\right)\right]$$

即 z 爲 n 階齊次函數

$$\therefore x\frac{\partial f}{\partial x} + y\frac{\partial f}{\partial y} = nz$$

練習 10.3B

1. 若 $u=x^3F\left(\frac{y}{x},\frac{z}{x}\right)$，求 $x\frac{\partial u}{\partial x}+y\frac{\partial u}{\partial y}+z\frac{\partial u}{\partial z}$

2. 若 $u=xyf\left(\frac{y}{x}\right)$，求 $x\frac{\partial u}{\partial x}+y\frac{\partial u}{\partial y}$

   (1) 用定理 A (2) 不得用定理 A

3. 若 $u=\ln(\sqrt[n]{x}+\sqrt[n]{y}+\sqrt[n]{z})$，求 $x\frac{\partial u}{\partial x}+y\frac{\partial u}{\partial y}+z\frac{\partial u}{\partial z}$

10.4 高階偏導數與鏈鎖律

高階偏導函數

$z = f(x, y)$ 之一階偏導數 $f_x(x, y)$ 及 $f_y(x, y)$ 求出後，利用逐次微分之方法，我們可能透過 $f_x(x, y)$ 再對 x 或 y 再實施偏微分，如此做下去可有 4 個可能結果：

$$f_{xx} = \frac{\partial}{\partial x}\left(\frac{\partial f}{\partial x}\right) = \frac{\partial^2 f}{\partial x^2} \qquad f_{xy} = \frac{\partial}{\partial y}\left(\frac{\partial f}{\partial x}\right) = \frac{\partial^2 f}{\partial y \partial x}$$

$$f_{yx} = \frac{\partial}{\partial x}\left(\frac{\partial f}{\partial y}\right) = \frac{\partial^2 f}{\partial x \partial y} \qquad f_{yy} = \frac{\partial}{\partial y}\left(\frac{\partial f}{\partial y}\right) = \frac{\partial^2 f}{\partial y^2}$$

由上面之符號，我們知道二階偏導數 f_{xy} 有兩種表達方式：

1. f_{xy} 及 2. $\frac{\partial^2 f}{\partial y \partial x}$，其偏微順序爲：$f_{\underset{①}{x}\underset{②}{y}}$ ；$\frac{\partial^2 f}{\underset{②}{\partial y}\ \underset{①}{\partial x}}$，其規則可推廣之。

例 1. 若 $f(x, y) = x^4 + xy + y^4$，求 f_{xx}，f_{xy}，f_{yy}，f_{xxx}，f_{yxy}？

解 $f_x = 4x^3 + y \quad f_{xx} = 12x^2$，$f_{xy} = 1$，$f_{xxx} = 24x$

$f_y = x + 4y^3$，$f_{yy} = 12y^2$，$f_{yx} = 1$，$f_{yxy} = 0$

例 2. 試證 $z = \sin(x - ay)$ 滿足波動方程式 $\frac{\partial^2 z}{\partial y^2} = a^2 \frac{\partial^2 z}{\partial x^2}$

解 $\frac{\partial z}{\partial x} = \cos(x - ay)$，$\frac{\partial^2 z}{\partial x^2} = -\sin(x - ay)$

$\frac{\partial z}{\partial y} = -a\cos(x - ay)$，$\frac{\partial^2 z}{\partial y^2} = -a^2\sin(x - ay)$

$\therefore \frac{\partial^2 z}{\partial y^2} = a^2 \frac{\partial^2 z}{\partial x^2}$

【定理 A】 若 $z = f(x, y)$ 之 f_{xx}，f_{xy}，f_{yx}，f_{yy} 均為連續，則以 $z \in c^2$ 表示。若 $z = f(x, y) \in c^2$，則 $f_{xy} = f_{yx}$

問題中有 $f(x, y) \in c^2$，一定要想到 $f_{xy} = f_{yx}$。這點非常有用，讀者務必記住。

例 3. 是否存在一個連續函數 $f(x, y) \in c^2$ 滿足 $f_x = 3x + 2y$，$f_y = x + 3y$？

解 $\because f_{xy} = 2$，$f_{yx} = 1$，$f_{xy} \neq f_{yx}$

$\therefore$不存在一個此種連續函數 f

例 4. 是否存在一個 $f(x, y) \in c^2$，使得 $f_x = 3x + 2y$，$f_y = 2x + 3y$，若有求此 $f(x, y)$

解

說明	解答
在單變數積分時之積分常數是任意常數，但在多變數行偏積分時之積分常數為積分變數外變數之函數。	$\because f_{xy} = f_{yx} = 2$ $\therefore$存在一個 $f(x, y) \in c^2$ 又 $f_x = 3x + 2y$ $\therefore f(x, y) = \int (3x+2y)dx = \frac{3}{2}x^2 + 2xy + h(y)$ $\frac{\partial}{\partial y} f(x, y) = 2x + h'(y) = 2x + 3y$ $\therefore h'(y) = 3y \Rightarrow h(y) = \frac{3}{2}y^2$ $\therefore f(x, y) = \frac{3}{2}x^2 + 2xy + \frac{3}{2}y^2 + c$

練習 10.4A

1. 若 $u = x\ln xy$，求 (1)u_{xxy}　(2)u_{xyy}

2. $f(x, y) = x^3 f\left(xy, \frac{y}{x}\right)$，$f \in c^2$，求 (1) $\frac{\partial f}{\partial y}$　(2) $\frac{\partial^2 f}{\partial y^2}$　(3) $\frac{\partial^2 f}{\partial x \partial y}$

例 5. $f(x, y) = \begin{cases} xy\dfrac{x^2 - y^2}{x^2 + y^2}, & x^2 + y^2 \neq 0 \\ 0, & x^2 + y^2 = 0 \end{cases}$，求 $f_{xy}(0, 0)$ 與 $f_{yx}(0, 0)$

解

$$f_x(0, 0) = \lim_{\Delta x \to 0} \frac{f(0 + \Delta x, 0) - f(0, 0)}{\Delta x} = \lim_{\Delta x \to 0} \frac{f(\Delta x, 0) - 0}{\Delta x} = 0$$

$$f_y(0, 0) = \lim_{\Delta y \to 0} \frac{f(0, 0 + \Delta y) - f(0, 0)}{\Delta y} = \lim_{\Delta y \to 0} \frac{f(0, \Delta y) - f(0, 0)}{\Delta y} = 0$$

$$f_x(0, y) = \lim_{\Delta x \to 0} \frac{f(0 + \Delta x, y) - f(0, y)}{\Delta x} = \lim_{\Delta x \to 0} \frac{f(\Delta x, y)}{\Delta x} = \lim_{\Delta x \to 0} (\Delta x)y \cdot \frac{(\Delta x)^2 - y^2}{(\Delta x)^2 + y^2} \Big/ \Delta x$$

$$= \lim_{\Delta x \to 0} \frac{(\Delta x)^2 y - y^3}{(\Delta x)^2 + y^2} = -y$$

$$f_y(x, 0) = \lim_{\Delta y \to 0} \frac{f(x, 0+\Delta y) - f(x, 0)}{\Delta y} = \lim_{\Delta y \to 0} \frac{f(x, \Delta y)}{\Delta y} = \lim_{\Delta y \to 0} x\Delta y \frac{x^2 - (\Delta y)^2}{x^2 + (\Delta y)^2} \Big/ \Delta y$$

$$= \lim_{\Delta y \to 0} \frac{x^3 - x(\Delta y)^2}{x^2 + (\Delta y)^2} = x$$

$$\therefore f_{xy}(0, 0) = \lim_{\Delta y \to 0} \frac{f_x(0, 0+\Delta y) - f_x(0, 0)}{\Delta y} = \lim_{\Delta y \to 0} \frac{f_x(0, \Delta y) - 0}{\Delta y}$$

$$= \lim_{\Delta y \to 0} \frac{-\Delta y}{\Delta y} = -1$$

$$f_{yx}(0, 0) = \lim_{\Delta x \to 0} \frac{f_y(0+\Delta x, 0) - f_y(0, 0)}{\Delta x} = \lim_{\Delta x \to 0} \frac{f_y(\Delta x, 0) - 0}{\Delta x}$$

$$= \lim_{\Delta x \to 0} \frac{\Delta x}{\Delta x} = 1$$

練習 10.4B

1. $f(x, y) = \begin{cases} xy, & |y| \le |x| \\ -xy, & |y| > |x| \end{cases}$ 求 $f_{xy}(0, 0)$ 與 $f_{yx}(0, 0)$

★2. $f(x, y) = \begin{cases} x^2\tan^{-1}\dfrac{y}{x} - y^2\tan^{-1}\dfrac{x}{y}, & xy \neq 0 \\ f(x, 0) = f(0, y) = 0, & xy = 0 \end{cases}$，求 $f_{xy}(0, 0)$ 與 $f_{yx}(0, 0)$

例 6. 設 $f(u)$ 為二階連續函數，$z = f(e^x\cos y)$ 滿足 $\dfrac{\partial^2 z}{\partial x^2} + \dfrac{\partial^2 z}{\partial y^2} = e^{2x}z$ 求證 $f(u) = f''$

解 $z = f(e^x\cos y)$

$$\therefore \frac{\partial^2 z}{\partial x^2} = \frac{\partial}{\partial x}\left(\frac{\partial z}{\partial x}\right) = \frac{\partial}{\partial x}(e^x\cos y f'(e^x\cos y))$$

$$= e^x\cos y f'(e^x\cos y) + e^{2x}\cos^2 y f''(e^x\cos y)$$

$$\frac{\partial^2 z}{\partial y^2} = -e^x\cos y f'(e^x\cos y) + e^{2x}\sin^2 y f''(e^x\cos y)$$

$$\Rightarrow \frac{\partial^2 z}{\partial x^2} + \frac{\partial^2 z}{\partial y^2} = e^{2x}f''(e^x\cos y) = e^{2x}f(e^x\cos y)$$

又已知 $\dfrac{\partial^2 z}{\partial x^2} + \dfrac{\partial^2 z}{\partial y^2} = e^{2x}z$

$\therefore f'' = f$

練習 10.4C

$z = f(\sqrt{x^2+y^2})$ 滿足 $\dfrac{\partial^2 z}{\partial x^2} + \dfrac{\partial^2 z}{\partial y^2} = 0$，試證 $f(u)$ 滿足 $f''(u) + \dfrac{1}{u}f'(u) = 0$

鏈鎖法則

第 3 章之鏈鎖法則係解單變數函數之合成函數微分法之利器，本節則研究如何對二變數函數之合成函數進行偏微分。

如果我們只取函數之自變數及因變數畫成樹形圖，對合成函數之偏導函數公式推導大有幫助。

$z=f(x,y)$	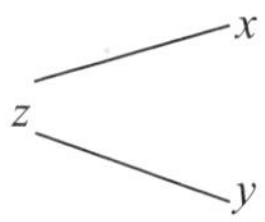 x z y	路徑
$\begin{cases} z=f(x,y) \\ x=g(r,s),\ y=h(r,s) \end{cases}$	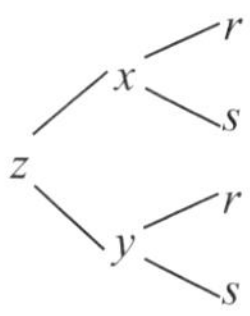 r x s z r y s	$\frac{\partial z}{\partial r}$ 相當於由 z 到 r 之所有途徑，在此有二條即 ① $z \longrightarrow x \longrightarrow r$ $\frac{\partial z}{\partial x}$ $\frac{\partial x}{\partial r}$ ② $z \longrightarrow y \longrightarrow r$ $\frac{\partial z}{\partial y}$ $\frac{\partial y}{\partial r}$ $\therefore \frac{\partial z}{\partial r}=\frac{\partial z}{\partial x}\cdot\frac{\partial x}{\partial r}+\frac{\partial z}{\partial y}\cdot\frac{\partial y}{\partial r}$
$z=f(x,y)$ $x=h(s,t)$ $y=k(t)$	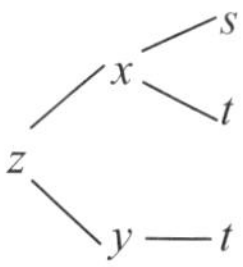 s x t z y — t	1. $\frac{\partial z}{\partial s}=\frac{\partial z}{\partial x}\cdot\frac{\partial x}{\partial s}$ 2. $\frac{\partial z}{\partial t}=\frac{\partial z}{\partial x}\cdot\frac{\partial x}{\partial t}+\frac{\partial z}{\partial y}\cdot\frac{dy}{dt}$ 上式 $\frac{dy}{dt}$ 是因 y 是 t 之單變數函數之故。

【定理 B】 鏈鎖法則：令 $z=f(u,v)$，$u=g(x,y)$，$v=h(x,y)$，則

$$\frac{\partial z}{\partial x}=\frac{\partial z}{\partial u}\cdot\frac{\partial u}{\partial x}+\frac{\partial z}{\partial v}\cdot\frac{\partial v}{\partial x}，\frac{\partial z}{\partial y}=\frac{\partial z}{\partial u}\cdot\frac{\partial u}{\partial y}+\frac{\partial z}{\partial v}\cdot\frac{\partial v}{\partial y}。$$

例 7. 若 $z=f(x,y)=xy$，$x=s^3t^2$，$y=se^t$，求 $\frac{\partial z}{\partial s}=?$ 及 $\frac{\partial z}{\partial t}=?$

解

$$\begin{aligned}\frac{\partial z}{\partial s}&=\frac{\partial z}{\partial x}\cdot\frac{\partial x}{\partial s}+\frac{\partial z}{\partial y}\cdot\frac{\partial y}{\partial s}\\ &=y\cdot 3s^2t^2+x\cdot e^t\\ &=(se^t)(3s^2t^2)+(s^3t^2)e^t=3s^3t^2e^t+s^3t^2e^t\\ &=4s^3t^2e^t\end{aligned}$$

s
x
t
z
s
y
t

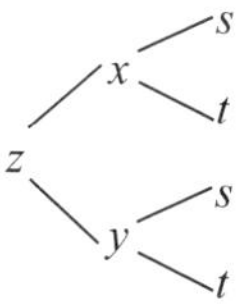

$$\frac{\partial z}{\partial t}=\frac{\partial z}{\partial x}\cdot\frac{\partial x}{\partial t}+\frac{\partial z}{\partial y}\cdot\frac{\partial y}{\partial t}=y\cdot(2s^3t)+x\cdot(se^t)$$

$$=(se^t)\cdot(2s^3t)+s^3t^2\cdot se^t=2s^4te^t+s^4t^2e^t$$

練習 10.4D

1. $z=t(x, y, w)$，$x=\phi(s, t, u)$，$y=q(t, v)$，$w=r(u, v)$，試繪樹形圖以求 $\frac{\partial z}{\partial s}$，$\frac{\partial z}{\partial t}$，$\frac{\partial z}{\partial v}$ 之公式
2. $T=x^2+y^2$，$x=\rho\theta$，$y=\rho^2$，求 $\frac{\partial T}{\partial \rho}$ 及 $\frac{\partial T}{\partial \theta}$

媒介變數之應用

例 8. 若 $u=f(x-y, y-x)$，求證 $\frac{\partial u}{\partial x}+\frac{\partial u}{\partial y}=0$

解　在本例中我們引入二個媒介變數 s, t

其中 $\begin{cases} s=x-y,\ \frac{\partial s}{\partial x}=1,\ \frac{\partial s}{\partial y}=-1 \\ t=y-x,\ \frac{\partial t}{\partial y}=1,\ \frac{\partial t}{\partial x}=-1 \end{cases}$

$$\frac{\partial u}{\partial x}=\frac{\partial u}{\partial s}\cdot\frac{\partial s}{\partial x}+\frac{\partial u}{\partial t}\cdot\frac{\partial t}{\partial x}$$

$$=\frac{\partial u}{\partial s}\cdot 1+\frac{\partial u}{\partial t}(-1)$$

$$=\frac{\partial u}{\partial s}-\frac{\partial u}{\partial t}$$

$$\frac{\partial u}{\partial y}=\frac{\partial u}{\partial s}\cdot\frac{\partial s}{\partial y}+\frac{\partial u}{\partial t}\cdot\frac{\partial t}{\partial y}$$

$$=\frac{\partial u}{\partial s}(-1)+\frac{\partial u}{\partial t}\cdot 1=-\frac{\partial u}{\partial s}+\frac{\partial u}{\partial t}$$

$$\therefore\frac{\partial u}{\partial x}+\frac{\partial u}{\partial y}=\left(\frac{\partial u}{\partial s}-\frac{\partial u}{\partial t}\right)+\left(-\frac{\partial u}{\partial s}+\frac{\partial u}{\partial t}\right)=0$$

為了便於書寫，我們常用 f_i' 表示多變數函數 f 對第 i 個自變量之偏微分，f_{ij}'' 表示對第 i 個坐標變量偏微分後再對第 j 個變量作偏微分。

回頭再看例 8：$u=f(x-y, y-x)$

$$\frac{\partial u}{\partial x}=f_1(1)+f_2(-1)$$

$$\frac{\partial u}{\partial y}=f_1(-1)+f_2(1)$$

$$\therefore \frac{\partial u}{\partial x}+\frac{\partial u}{\partial y}=(f_1-f_2)+(-f_1+f_2)=0$$

例 9. 若 $u=f(x^2-y^2，y^2-x^2)$，f 爲可微分函數，試證 $y\frac{\partial u}{\partial x}+x\frac{\partial u}{\partial y}=0$

解

方法一 u — s — x, y u — t — x, y	令 $s=x^2-y^2$，$t=y^2-x^2$ $\frac{\partial u}{\partial x}=\frac{\partial u}{\partial s}\frac{\partial s}{\partial x}+\frac{\partial u}{\partial t}\cdot\frac{\partial t}{\partial x}=\frac{\partial u}{\partial s}(2x)+\frac{\partial u}{\partial t}(-2x)$ $\frac{\partial u}{\partial y}=\frac{\partial u}{\partial s}\cdot\frac{\partial s}{\partial y}+\frac{\partial u}{\partial t}\cdot\frac{\partial t}{\partial y}=\frac{\partial u}{\partial s}(-2y)+\frac{\partial u}{\partial t}(2y)$ $\therefore y\frac{\partial u}{\partial x}+x\frac{\partial u}{\partial y}=y\left[\frac{\partial u}{\partial s}(2x)+\frac{\partial u}{\partial t}(-2x)\right]+x\left[\frac{\partial u}{\partial s}(-2y)+\frac{\partial u}{\partial t}(2y)\right]=0$
方法二	$u=f(x^2-y^2,y^2-x^2)$ $\therefore y\frac{\partial u}{\partial x}+x\frac{\partial u}{\partial y}=y((2x)f_1+(-2x)f_2)+x((-2y)f_1+(2y)f_2)=0$

例10. 若 $z\in c^2$，$z=f\left(x,\frac{y}{x}\right)$，求 $\frac{\partial^2 z}{\partial x^2}$

解

$$\frac{\partial z}{\partial x}=f_1\left(x,\frac{y}{x}\right)-\frac{y}{x^2}f_2\left(x,\frac{y}{x}\right)$$

$$\frac{\partial^2 z}{\partial x^2}=f_{11}\left(x,\frac{y}{x}\right)-\frac{y}{x^2}f_{12}\left(x,\frac{y}{x}\right)+\frac{2y}{x^3}f_2\left(x,\frac{y}{x}\right)-\frac{y}{x^2}f_{21}\left(x,\frac{y}{x}\right)+\frac{y^2}{x^4}f_{22}\left(x,\frac{y}{x}\right)$$

$$=f_{11}-\frac{2y}{x^2}f_{12}+\frac{2y}{x^3}f_2+\frac{y^2}{x^4}f_{22}$$

讀者亦可用例 6 方法自我練習。

練習 10.4E

1. 若 $z=f(x-at)+g(x+at)$，試證 $\frac{\partial^2 z}{\partial t^2}=a^2\frac{\partial^2 z}{\partial x^2}$
2. 若 $u=f(x+g(y))$，試證 $\frac{\partial u}{\partial x}\cdot\frac{\partial^2 u}{\partial x\partial y}=\frac{\partial u}{\partial y}\cdot\frac{\partial^2 u}{\partial x^2}$
3. ★ $u=yf\left(\frac{x}{y}\right)+xg\left(\frac{y}{x}\right)$，$f$，$g\in c^2$，試證 $x\frac{\partial^2 u}{\partial x^2}+y\frac{\partial^2 u}{\partial x\partial y}=0$
4. $G(x,y)=F(f(x)+g(y))$，f, g 可微且 f, g 之二階導函數存在，試求 $\frac{\partial^2}{\partial x\partial y}\left(\ln\frac{G_x(x,y)}{G_y(x,y)}\right)$
5. $z=xy+xF\left(\frac{y}{x}\right)$，求證 $x\frac{\partial z}{\partial x}+y\frac{\partial z}{\partial y}=xy+z$

10.5 向量之基本概念

向量

向量（vector）是一個具有**大小**（magnitude）與**方向**（direction）之量。與向量相對的是**純量**（scalar）。

平面上，以 $P(a, b)$ 爲始點，$Q(c, d)$ 爲終點之向量以 $\overrightarrow{PQ}$ 表示，並定義 $\overrightarrow{PQ} = [c-a, d-b]$，$c-a$，$d-b$ 稱爲**分量**（component）。$\overrightarrow{PQ}$ 之長度記做 $\|\overrightarrow{PQ}\|$，定義 $\|\overrightarrow{PQ}\| = \sqrt{(c-a)^2+(d-b)^2}$，若 $\|\overrightarrow{PQ}\| = 1$ 則稱 $\overrightarrow{PQ}$ 爲**單位向量**（unit vector）。顯然 $\|\overrightarrow{QP}\| = \|\overrightarrow{PQ}\|$，$\overrightarrow{QP} = -\overrightarrow{PQ}$，故 $\overrightarrow{PQ}$ 與 $\overrightarrow{QP}$ 長度相等但方向相反。

從原點 O 到點 (x, y, z) 之向量稱爲**位置向量**（position vector），以 $\boldsymbol{r}$ 表之，$\boldsymbol{r} = x\boldsymbol{i} + y\boldsymbol{j} + z\boldsymbol{k}$，其中 $\boldsymbol{i} = [1, 0, 0]$，$\boldsymbol{j} = [0, 1, 0]$，$\boldsymbol{k} = [0, 0, 1]$ $\therefore \|\boldsymbol{r}\| = \sqrt{x^2+y^2+z^2}$。若二個向量之大小、方向均相同時，稱此二向量相等。

向量基本運算

設二向量 $\boldsymbol{V}_1$，$\boldsymbol{V}_2$，若 $\boldsymbol{V}_1 = [a_1, a_2 \ldots a_n]$，$\boldsymbol{V}_2 = [b_1, b_2 \ldots a_n]$，則

1. $\boldsymbol{V}_1 + \boldsymbol{V}_2 = [a_1 + b_1, a_2 + b_2, \ldots a_n + b_n]$，顯然 $\boldsymbol{V}_1 + \boldsymbol{V}_2 = \boldsymbol{V}_2 + \boldsymbol{V}_1$。
2. $\lambda \boldsymbol{V}_1 = [\lambda a_1, \lambda a_2, \ldots \lambda a_n]$，$\lambda \in R$。

所有分量均爲 0 之向量稱爲**零向量**（zero vector），以 0 表之。若 $\boldsymbol{U}$ 爲非零向量則 $\boldsymbol{U}/\|\boldsymbol{U}\|$ 爲單位向量。以上結果在 n 維向量均成立。

【定理 A】 向量 V 是一 n 維向量則

(1) $V + \mathbf{0} = \mathbf{0} + V = V$

(2) $(-1)V = -V$

(3) $V + (-V) = \mathbf{0}$

(4) $0V = \mathbf{0}$

向量加法之**平行四邊形法則**（paralleogram law for vector addition）。

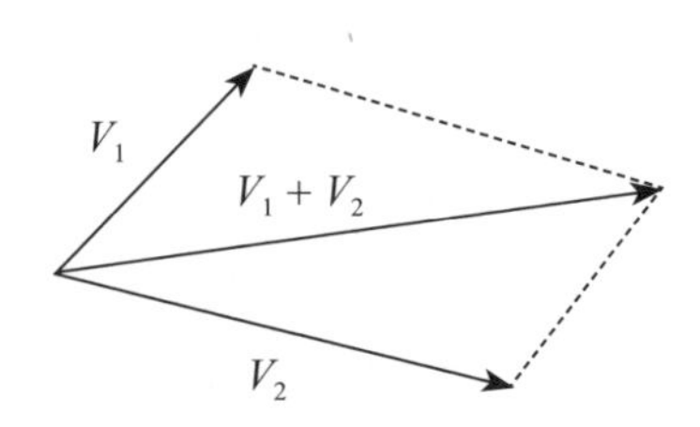

例 1. $\overline{PQ}$ 爲空間中之一線段，R 爲 $\overline{PQ}$ 中之一點，已知 $PR：RQ = m：n$，若 O 爲 $\overline{PQ}$ 外之任一點，試證：

$$\overrightarrow{OR} = \frac{n}{m+n}\overrightarrow{OP} + \frac{m}{m+n}\overrightarrow{OQ}$$

解

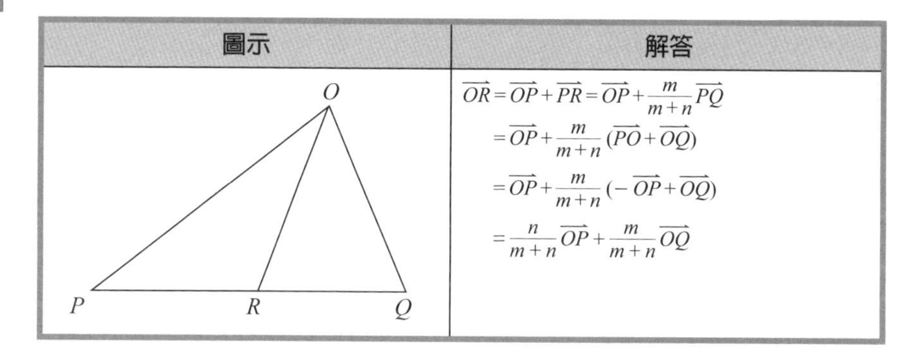

圖示	解答
	$\overrightarrow{OR} = \overrightarrow{OP} + \overrightarrow{PR} = \overrightarrow{OP} + \frac{m}{m+n}\overrightarrow{PQ}$ $= \overrightarrow{OP} + \frac{m}{m+n}(\overrightarrow{PO} + \overrightarrow{OQ})$ $= \overrightarrow{OP} + \frac{m}{m+n}(-\overrightarrow{OP} + \overrightarrow{OQ})$ $= \frac{n}{m+n}\overrightarrow{OP} + \frac{m}{m+n}\overrightarrow{OQ}$

向量點積與叉積

本節我們要介紹二個向量積，一是**點積**（dot product），另一是**叉積**（cross product）。

點積

【定義】 $\boldsymbol{A}$，$\boldsymbol{B}$ 為二向量，則 $\boldsymbol{A}$，$\boldsymbol{B}$ 之點積為

$$\boldsymbol{A}\cdot\boldsymbol{B} = \|\boldsymbol{A}\|\|\boldsymbol{B}\|\cos\theta，\theta \text{ 為 } \boldsymbol{A}，\boldsymbol{B} \text{ 之夾角}，0 \le \theta \le \pi$$

【定理 B】 若 $\boldsymbol{A} = [a_1, a_2, a_3]$，$\boldsymbol{B} = [b_1, b_2, b_3]$ 則

$$\boldsymbol{A}\cdot\boldsymbol{B} = a_1b_1 + a_2b_2 + a_3b_3$$

證明 應用餘弦定律 $c^2 = a^2 + b^2 - 2ab\cos\theta$：

$\|\boldsymbol{A}\|\|\boldsymbol{B}\|\cos\theta$

$= \frac{1}{2}(\|\boldsymbol{A}\|^2 + \|\boldsymbol{B}\|^2 - \|\boldsymbol{A}-\boldsymbol{B}\|^2)$

$= \frac{1}{2}((a_1^2 + a_2^2 + a_3^2) + (b_1^2 + b_2^2 + b_3^2) - (a_1 - b_1)^2 - (a_2 - b_2)^2 - (a_3 - b_3)^2)$

$= a_1b_1 + a_2b_2 + a_3b_3$ ■

由定理 B，顯然 $\boldsymbol{A}\cdot\boldsymbol{B} = \boldsymbol{B}\cdot\boldsymbol{A}$。同時有：(1) 若 $\boldsymbol{A} = [a_1, a_2 \cdots a_n]$，$\boldsymbol{B} = [b_1, b_2 \cdots b_n]$ 則 $\boldsymbol{A}\cdot\boldsymbol{B} = a_1b_1 + a_2b_2 + \cdots + a_nb_n$ 及 (2) $\|\boldsymbol{A}\|^2 = \boldsymbol{A}\cdot\boldsymbol{A}$。

例 2. 求 $A=[-1, 0, 2]$，$B=[0, 1, 1]$ 之夾角

解 $\boldsymbol{A}\cdot\boldsymbol{B}=[-1, 0, 2]\cdot[0, 1, 1]=(-1)0+0(1)+2(1)=2$

$\|\boldsymbol{A}\|=\sqrt{(-1)^2+0^2+2^2}=\sqrt{5} \quad \|\boldsymbol{B}\|=\sqrt{0^2+1^2+1^2}=\sqrt{2}$

$$\therefore \cos\theta=\frac{\boldsymbol{A}\cdot\boldsymbol{B}}{\|\boldsymbol{A}\|\|\boldsymbol{B}\|}=\frac{2}{\sqrt{5}\cdot\sqrt{2}}=\frac{2}{\sqrt{10}}=\frac{\sqrt{10}}{5}$$

即 $\theta=\cos^{-1}\frac{\sqrt{10}}{5}$

例 3. $\boldsymbol{A}, \boldsymbol{B}, \boldsymbol{C}$ 爲同維向量，試證 $\|\boldsymbol{A}\|^2+\|\boldsymbol{B}\|^2+\|\boldsymbol{C}\|^2+\|\boldsymbol{A}+\boldsymbol{B}+\boldsymbol{C}\|^2=\|\boldsymbol{B}+\boldsymbol{C}\|^2+\|\boldsymbol{C}+\boldsymbol{A}\|^2+\|\boldsymbol{A}+\boldsymbol{B}\|^2$

解 $\|\boldsymbol{A}\|^2+\|\boldsymbol{B}\|^2+\|\boldsymbol{C}\|^2+\|\boldsymbol{A}+\boldsymbol{B}+\boldsymbol{C}\|^2$

$=\boldsymbol{A}\cdot\boldsymbol{A}+\boldsymbol{B}\cdot\boldsymbol{B}+\boldsymbol{C}\cdot\boldsymbol{C}+(\boldsymbol{A}+\boldsymbol{B}+\boldsymbol{C})\cdot(\boldsymbol{A}+\boldsymbol{B}+\boldsymbol{C})$

$=\boldsymbol{A}\cdot\boldsymbol{A}+\boldsymbol{B}\cdot\boldsymbol{B}+\boldsymbol{C}\cdot\boldsymbol{C}+\boldsymbol{A}\cdot\boldsymbol{A}+\boldsymbol{B}\cdot\boldsymbol{B}+\boldsymbol{C}\cdot\boldsymbol{C}+\boldsymbol{A}\cdot\boldsymbol{B}+\boldsymbol{A}\cdot\boldsymbol{C}+\boldsymbol{B}\cdot\boldsymbol{A}+\boldsymbol{B}\cdot\boldsymbol{C}+\boldsymbol{C}\cdot\boldsymbol{A}+\boldsymbol{C}\cdot\boldsymbol{B}$

$=(\boldsymbol{B}\cdot\boldsymbol{B}+2\boldsymbol{B}\cdot\boldsymbol{C}+\boldsymbol{C}\cdot\boldsymbol{C})+(\boldsymbol{C}\cdot\boldsymbol{C}+2\boldsymbol{C}\cdot\boldsymbol{A}+\boldsymbol{A}\cdot\boldsymbol{A})+(\boldsymbol{A}\cdot\boldsymbol{A}+2\boldsymbol{A}\cdot\boldsymbol{B}+\boldsymbol{B}\cdot\boldsymbol{B})$

$=\|\boldsymbol{B}+\boldsymbol{C}\|^2+\|\boldsymbol{C}+\boldsymbol{A}\|^2+\|\boldsymbol{A}+\boldsymbol{B}\|^2$

由向量內積性質易得下列重要結果：

$\boldsymbol{A}$，$\boldsymbol{B}$ 均非零向量，若 $\boldsymbol{A}\cdot\boldsymbol{B}=0$，則 $\boldsymbol{A}$，$\boldsymbol{B}$ 爲**直交**（orthogonal，又譯作正交）。

叉積

【定義】 $\boldsymbol{A}$，$\boldsymbol{B}$ 為二向量，定義

$$\boldsymbol{A}\times\boldsymbol{B}=\|\boldsymbol{A}\|\|\boldsymbol{B}\|\sin\theta\boldsymbol{u}，\theta \text{ 為 } \boldsymbol{A}，\boldsymbol{B} \text{ 之夾角}，0\le\theta\le\pi$$

$\boldsymbol{u}$ 為沿 $\boldsymbol{A}\times\boldsymbol{B}$ 之單位向量。

【定理 C】 若 $A=[a_1, a_2, a_3]$，$B=[b_1, b_2, b_3]$

則 $\boldsymbol{A}\times\boldsymbol{B}=\begin{vmatrix}\boldsymbol{i} & \boldsymbol{j} & \boldsymbol{k}\\ a_1 & a_2 & a_3\\ b_1 & b_2 & b_3\end{vmatrix}$，其中 $\boldsymbol{i}=[1, 0, 0]$，$\boldsymbol{j}=[0, 1, 0]$，$\boldsymbol{k}=[0, 0, 1]$

由定理 C 易知若 $\boldsymbol{A}=\boldsymbol{B}$ 或 $\boldsymbol{A}\,/\!/\,\boldsymbol{B}$ 則 $\boldsymbol{A}\times\boldsymbol{B}=\boldsymbol{0}$。

$\boldsymbol{A}, \boldsymbol{B}$ 之叉積僅在 $\boldsymbol{A}, \boldsymbol{B}$ 均爲 3 維向量時方成立，換言之，**向量之叉積為 3**

維向量特有之產物。由行列式之餘因式，定理 C 亦可寫成：

$$\boldsymbol{A}\times\boldsymbol{B}=\begin{vmatrix}a_2 & a_3\\ b_2 & b_3\end{vmatrix}\boldsymbol{i}-\begin{vmatrix}a_1 & a_3\\ b_1 & b_3\end{vmatrix}\boldsymbol{j}+\begin{vmatrix}a_1 & a_2\\ b_1 & b_2\end{vmatrix}\boldsymbol{k}$$

由叉積之定義以及行列式性質，我們可立即得到定理 D：

【定理 D】 $\boldsymbol{A}, \boldsymbol{B}, \boldsymbol{0}$ 均為 3 維向量，則

1. $\boldsymbol{A}\times\boldsymbol{A}=\boldsymbol{0}$
2. $\boldsymbol{A}\times\boldsymbol{B}=-\boldsymbol{B}\times\boldsymbol{A}$
3. $\boldsymbol{A}\times\boldsymbol{0}=\boldsymbol{0}\times\boldsymbol{A}=\boldsymbol{0}$
4. $\boldsymbol{A}\times(\boldsymbol{B}+\boldsymbol{C})=\boldsymbol{A}\times\boldsymbol{B}+\boldsymbol{A}\times\boldsymbol{C}$

證明 設 $\boldsymbol{A}=a_1\boldsymbol{i}+a_2\boldsymbol{j}+a_3\boldsymbol{k}$，$\boldsymbol{B}=b_1\boldsymbol{i}+b_2\boldsymbol{j}+b_3\boldsymbol{k}$，$\boldsymbol{C}=c_1\boldsymbol{i}+c_2\boldsymbol{j}+c_3\boldsymbol{k}$，由定理 C 及行列式性質，我們有：

(1) $\boldsymbol{A}\times\boldsymbol{A}=\begin{vmatrix}\boldsymbol{i} & \boldsymbol{j} & \boldsymbol{k}\\ a_1 & a_2 & a_3\\ a_1 & a_2 & a_3\end{vmatrix}=0$

(2) $\boldsymbol{A}\times\boldsymbol{B}=\begin{vmatrix}\boldsymbol{i} & \boldsymbol{j} & \boldsymbol{k}\\ a_1 & a_2 & a_3\\ b_1 & b_2 & b_3\end{vmatrix}=-\begin{vmatrix}\boldsymbol{i} & \boldsymbol{j} & \boldsymbol{k}\\ b_1 & b_2 & b_3\\ a_1 & a_2 & a_3\end{vmatrix}=-\boldsymbol{B}\times\boldsymbol{A}$

(3) $\boldsymbol{A}\times\boldsymbol{0}=\begin{vmatrix}\boldsymbol{i} & \boldsymbol{j} & \boldsymbol{k}\\ a_1 & a_2 & a_3\\ 0 & 0 & 0\end{vmatrix}=\boldsymbol{0}=\boldsymbol{0}\times\boldsymbol{A}$

(4) $\boldsymbol{A}\times(\boldsymbol{B}+\boldsymbol{C})$

$$=\begin{vmatrix}\boldsymbol{i} & \boldsymbol{j} & \boldsymbol{k}\\ a_1 & a_2 & a_3\\ b_1+c_1 & b_2+c_2 & b_3+c_3\end{vmatrix}=\begin{vmatrix}\boldsymbol{i} & \boldsymbol{j} & \boldsymbol{k}\\ a_1 & a_2 & a_3\\ b_1 & b_2 & b_3\end{vmatrix}+\begin{vmatrix}\boldsymbol{i} & \boldsymbol{j} & \boldsymbol{k}\\ a_1 & a_2 & a_3\\ c_1 & c_2 & c_3\end{vmatrix}$$

$=\boldsymbol{A}\times\boldsymbol{B}+\boldsymbol{A}\times\boldsymbol{C}$ ■

例 4. 若 $\boldsymbol{A}=-\boldsymbol{i}+2\boldsymbol{k}$，$\boldsymbol{B}=\boldsymbol{j}+\boldsymbol{k}$，求 $\boldsymbol{A}\times\boldsymbol{B}$

解 $\boldsymbol{A}\times\boldsymbol{B}=\begin{vmatrix}\boldsymbol{i} & \boldsymbol{j} & \boldsymbol{k}\\ -1 & 0 & 2\\ 0 & 1 & 1\end{vmatrix}=\begin{vmatrix}0 & 2\\ 1 & 1\end{vmatrix}\boldsymbol{i}-\begin{vmatrix}-1 & 2\\ 0 & 1\end{vmatrix}\boldsymbol{j}+\begin{vmatrix}-1 & 0\\ 0 & 1\end{vmatrix}\boldsymbol{k}=-2\boldsymbol{i}+\boldsymbol{j}-\boldsymbol{k}$

例 5. 若三維向量 $\boldsymbol{A}, \boldsymbol{B}, \boldsymbol{C}$ 滿足 $\boldsymbol{A}+\boldsymbol{B}+\boldsymbol{C}=\boldsymbol{0}$，試證 $\boldsymbol{A}\times\boldsymbol{B}=\boldsymbol{B}\times\boldsymbol{C}=\boldsymbol{C}\times\boldsymbol{A}$

解 $\boldsymbol{A}\times\boldsymbol{B}=\boldsymbol{A}\times(-\boldsymbol{A}-\boldsymbol{C})=-\boldsymbol{A}\times\boldsymbol{A}-\boldsymbol{A}\times\boldsymbol{C}=\boldsymbol{0}-\boldsymbol{A}\times\boldsymbol{C}=-(\boldsymbol{A}\times\boldsymbol{C})=\boldsymbol{C}\times\boldsymbol{A}$

同法可證 $\boldsymbol{C}\times\boldsymbol{A}=\boldsymbol{B}\times\boldsymbol{C}$

【定理 E】 $\boldsymbol{A}$、$\boldsymbol{B}$ 為二個三維向量，則 $\boldsymbol{A}\times\boldsymbol{B}$ 與 $\boldsymbol{A}$ 垂直，亦與 $\boldsymbol{B}$ 垂直。

證明 只證 $\boldsymbol{A}\times\boldsymbol{B}$ 與 $\boldsymbol{A}$ 垂直部分（即 $(\boldsymbol{A}\times\boldsymbol{B})\cdot\boldsymbol{A}=0$，這裡的 0 是純量。）

$$(\boldsymbol{A}\times\boldsymbol{B})\cdot\boldsymbol{A}$$
$$=\left(\begin{vmatrix} a_2 & a_3 \\ b_2 & b_3 \end{vmatrix}\boldsymbol{i}-\begin{vmatrix} a_1 & a_3 \\ b_1 & b_3 \end{vmatrix}\boldsymbol{j}+\begin{vmatrix} a_1 & a_2 \\ b_1 & b_2 \end{vmatrix}\boldsymbol{k}\right)\cdot(a_1\boldsymbol{i}+a_2\boldsymbol{j}+a_3\boldsymbol{k})$$
$$=\begin{vmatrix} a_2 & a_3 \\ b_2 & b_3 \end{vmatrix}a_1-\begin{vmatrix} a_1 & a_3 \\ b_1 & b_3 \end{vmatrix}a_2+\begin{vmatrix} a_1 & a_2 \\ b_1 & b_2 \end{vmatrix}a_3$$
$$=a_2b_3a_1-a_3b_2a_1-a_1b_3a_2+a_3b_1a_2+a_1b_2a_3-a_2b_1a_3=0$$

■

平行四邊形面積

如下圖，平行四邊形之面積為底 × 高

$$=h\cdot\|\boldsymbol{B}\|=\|\boldsymbol{A}\|\sin\theta\cdot\|\boldsymbol{B}\|=\|\boldsymbol{A}\|\,\|\boldsymbol{B}\|\sin\theta=\|\boldsymbol{A}\times\boldsymbol{B}\|$$

由此可推知，在 R^2 空間，以 A，B 為邊之三角形面積為 $\frac{1}{2}\|\boldsymbol{A}\times\boldsymbol{B}\|$。

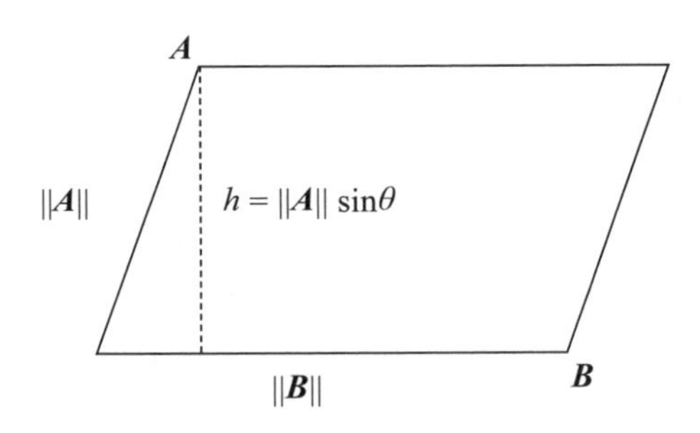

例 6. 求以 $M(1,-1,0)$，$N(2,1,-1)$，$Q(-1,1,2)$ 為頂點之三角形面積

解

提示	解答
以知空間三點為頂點之三角形面積，只要任一點為起點之二個向量之叉積的向量長度一即為三角形面積。 方法一 以 M 為共點	取 $\overrightarrow{MN}=[1,2,-1]$，$\overrightarrow{MQ}=[-2,2,2]$ 面積為 $\frac{1}{2}\lvert\overrightarrow{MN}\times\overrightarrow{MQ}\rvert$， $\overrightarrow{MN}\times\overrightarrow{MQ}=\begin{vmatrix} \boldsymbol{i} & \boldsymbol{j} & \boldsymbol{k} \\ 1 & 2 & -1 \\ -2 & 2 & 2 \end{vmatrix}$ $=\begin{vmatrix} 2 & -1 \\ 2 & 2 \end{vmatrix}\boldsymbol{i}-\begin{vmatrix} 1 & -1 \\ -2 & 2 \end{vmatrix}\boldsymbol{j}+\begin{vmatrix} 1 & 2 \\ -2 & 2 \end{vmatrix}\boldsymbol{k}$ $=6\boldsymbol{i}+6\boldsymbol{k}$ ∴面積 $=\frac{1}{2}\sqrt{(6)^2+0^2+(6)^2}=3\sqrt{2}$
方法二 以 Q 為共點。	取 $\overrightarrow{QN}=[-3,0,3]$，$\overrightarrow{QM}=[-2,2,2]$則 $\overrightarrow{QN}\times\overrightarrow{QM}=\begin{vmatrix} \boldsymbol{i} & \boldsymbol{j} & \boldsymbol{k} \\ -3 & 0 & 3 \\ -2 & 2 & 2 \end{vmatrix}=-6\boldsymbol{i}-6\boldsymbol{k}$ ∴面積 $=\frac{1}{2}\sqrt{(-6)^2+0^2+(6)^2}=3\sqrt{2}$

讀者亦可試試 $\frac{1}{2}(\overrightarrow{NQ}\times\overrightarrow{NM})$ 其結果仍爲 $3\sqrt{2}$。

純量三重積

本子節中我們將討論三維向量之**純量三重積**（scalar triple product）$\boldsymbol{A}\cdot(\boldsymbol{B}\times\boldsymbol{C})$，通常以 $[\boldsymbol{ABC}]$ 表之。

【定理 F】 $[\boldsymbol{ABC}]=\begin{vmatrix} a_1 & a_2 & a_3 \\ b_1 & b_2 & b_3 \\ c_1 & c_2 & c_3 \end{vmatrix}$

證明

$$\boldsymbol{A}\cdot(\boldsymbol{B}\times\boldsymbol{C})=(a_1\boldsymbol{i}+a_2\boldsymbol{j}+a_3\boldsymbol{k})\cdot\begin{vmatrix} \boldsymbol{i} & \boldsymbol{j} & \boldsymbol{k} \\ b_1 & b_2 & b_3 \\ c_1 & c_2 & c_3 \end{vmatrix}$$

$$=a_1\begin{vmatrix} b_2 & b_3 \\ c_2 & c_3 \end{vmatrix}-a_2\begin{vmatrix} b_1 & b_3 \\ c_1 & c_3 \end{vmatrix}+a_3\begin{vmatrix} b_1 & b_2 \\ c_1 & c_2 \end{vmatrix}=\begin{vmatrix} a_1 & a_2 & a_3 \\ b_1 & b_2 & b_3 \\ c_1 & c_2 & c_3 \end{vmatrix}$$

$|\boldsymbol{A}\cdot(\boldsymbol{B}\times\boldsymbol{C})|$ 是有其幾何意義的，如定理 G 所示：

【定理 G】 $\boldsymbol{A}$，$\boldsymbol{B}$，$\boldsymbol{C}$ 為 R^3 中三向量，則由 $\boldsymbol{A}$，$\boldsymbol{B}$，$\boldsymbol{C}$ 所成之平面六面體之體積為 $|\boldsymbol{A}\cdot(\boldsymbol{B}\times\boldsymbol{C})|$

例 7. 求以 $A=\boldsymbol{i}+\boldsymbol{k}$，$B=\boldsymbol{j}-2\boldsymbol{k}$，$C=\boldsymbol{i}+\boldsymbol{j}+\boldsymbol{k}$ 爲邊之平行六面體之體積。

解

$$V=|\boldsymbol{A}\cdot(\boldsymbol{B}\times\boldsymbol{C})|=\left\|\begin{matrix}1 & 0 & 1\\ 0 & 1 & -2\\ 1 & 1 & 1\end{matrix}\right\|=2$$

由定理 G 不難推知：

【推論 G1】 $\boldsymbol{A}$，$\boldsymbol{B}$，$\boldsymbol{C}$ 為 R^3 之三向量若 $|\boldsymbol{A}\cdot(\boldsymbol{B}\times\boldsymbol{C})|=0$ 則 A，B，C 共面。

例 8. 若 $\boldsymbol{r}_1, \boldsymbol{r}_2, \boldsymbol{r}_3$ 爲平面 π 上之三點 P_1, P_2, P_3 之位置向量，試導出包括此三點之平面方程式

解 設 $\boldsymbol{r}$ 爲平面 π 上之任一點 Q 對應之位置向量，則 $\boldsymbol{r}-\boldsymbol{r}_1, \boldsymbol{r}-\boldsymbol{r}_2, \boldsymbol{r}-\boldsymbol{r}_3$ 爲 $\overrightarrow{QP_1}$，$\overrightarrow{QP_2}$ 和 $\overrightarrow{QP_3}$ 之向量，則由推論 G1：$|(\boldsymbol{r}-\boldsymbol{r}_1)\cdot((\boldsymbol{r}-\boldsymbol{r}_2)\times(\boldsymbol{r}-\boldsymbol{r}_3))|=0$

練習 10.5A

★1. 設 A, B, C 爲三角形 ABC 之頂點，a, b, c 爲對邊之中點，試應用例 1 之結果證明：$\overrightarrow{Aa}+\overrightarrow{Bb}+\overrightarrow{Cc}=\boldsymbol{0}$

2. 若 $\boldsymbol{A}=[1,-2,3]$，$\boldsymbol{B}=[0,1,5]$，$\boldsymbol{C}=2[1,0,2]$，計算：
   (1)$\|\boldsymbol{A}\|$ (2)$\|\boldsymbol{A}-\boldsymbol{B}\|$ (3)$\|\boldsymbol{A}-\boldsymbol{C}\|$

3. 三角形頂點座標爲 $P(1,-1,1)$，$Q(1,0,2)$，$R(-1,-2,0)$ 求三角形 PQR 面積。

4. 計算 $\boldsymbol{u}\times\boldsymbol{v}$：
   (1) $\boldsymbol{u}=\boldsymbol{i}-2\boldsymbol{j}$，$\boldsymbol{v}=3\boldsymbol{i}-\boldsymbol{k}$
   (2) $\boldsymbol{u}=\boldsymbol{i}-3\boldsymbol{j}+\boldsymbol{k}$，$\boldsymbol{v}=2\boldsymbol{i}+\boldsymbol{j}-3\boldsymbol{k}$

5. 若 $\boldsymbol{A}+\boldsymbol{B}+\boldsymbol{C}=\boldsymbol{0}$，$\|A\|=3$，$\|B\|=5$，$\|C\|=7$，求 A, B 之夾角

6. 化簡 $(\boldsymbol{A}-\boldsymbol{B})\times(\boldsymbol{A}+\boldsymbol{B})$，$\boldsymbol{A}, \boldsymbol{B}$ 爲三維向量

★7. $\boldsymbol{A}, \boldsymbol{B}, \boldsymbol{C}$ 爲三維向量，若 $\boldsymbol{A}\cdot\boldsymbol{B}=\boldsymbol{A}\cdot\boldsymbol{C}$，$\boldsymbol{A}\times\boldsymbol{B}=\boldsymbol{A}\times\boldsymbol{C}$，$\boldsymbol{A}\neq\boldsymbol{0}$，試證 $\boldsymbol{B}=\boldsymbol{C}$

8. 計算

(1) 若 $\| A \| = 3$，$\| B \| = 2$，A, B 之夾角爲 $\frac{\pi}{3}$，求 $\| A + 2B \|$

(2) 求同時垂直 $A = i + j + 2k$，$B = j + k$ 之單位向量

(3) A, B, C 爲單位向量，若 $A + B + C = 0$ 求 $A \cdot B + B \cdot C + C \cdot A$

10.6 梯度、方向導數與切面方程式

梯度

本節討論向量分析中三個最重要的運算子一梯度、散度與旋度。它們都有物理與數學（包括幾何）意義，我們先從梯度著手。

首先定義一個向量運算子∇（∇讀作「del」）爲 $\nabla \equiv \boldsymbol{i}\frac{\partial}{\partial x}+\boldsymbol{j}\frac{\partial}{\partial y}+\boldsymbol{k}\frac{\partial}{\partial z}$

【定義】 若 $f(x, y, z)$ 為一佈於純量體之可微分函數，f 之**梯度**（gradient）記做 grad f 或 ∇f 定義為

$$\text{grad}\, f=\nabla f=\left(\boldsymbol{i}\frac{\partial}{\partial x}+\boldsymbol{j}\frac{\partial}{\partial y}+\boldsymbol{k}\frac{\partial}{\partial z}\right)f=\frac{\partial f}{\partial x}\boldsymbol{i}+\frac{\partial f}{\partial y}\boldsymbol{j}+\frac{\partial f}{\partial z}\boldsymbol{k}$$

【定理 A】 f, g 為二可微分函數，則

(1) $\nabla(f \pm g)=\nabla f \pm \nabla g$

(2) $\nabla(fg)=(\nabla f)g+f(\nabla g)$

(3) $\nabla\left(\frac{f}{g}\right)=\frac{g\nabla f-f\nabla g}{g^2}$

證明 （只證 (2)；(3) 見練習第 2 題）

$$\nabla(fg)=\left(\frac{\partial}{\partial x}fg\right)\boldsymbol{i}+\left(\frac{\partial}{\partial y}fg\right)\boldsymbol{j}=\left(g\frac{\partial f}{\partial x}+f\frac{\partial g}{\partial x}\right)\boldsymbol{i}+\left(g\frac{\partial}{\partial y}f+f\frac{\partial}{\partial y}g\right)\boldsymbol{j}$$

$$=f\left(\frac{\partial g}{\partial x}\boldsymbol{i}+\frac{\partial g}{\partial y}\boldsymbol{j}\right)+g\left(\frac{\partial f}{\partial x}\boldsymbol{i}+\frac{\partial f}{\partial y}\boldsymbol{j}\right)$$

$$=f\nabla g+g\nabla f$$

■

例 1. (1) $f(x, y, z)=xyz$，求 ∇f

(2) 若 $\nabla f=yz\boldsymbol{i}+xz\boldsymbol{j}+xy\boldsymbol{k}$，求 f

解 (1) $\nabla f=\frac{\partial f}{\partial x}\boldsymbol{i}+\frac{\partial f}{\partial y}\boldsymbol{j}+\frac{\partial f}{\partial z}\boldsymbol{k}=yz\boldsymbol{i}+xz\boldsymbol{j}+xy\boldsymbol{k}$

(2) $\because \nabla f=yz\boldsymbol{i}+xz\boldsymbol{j}+xy\boldsymbol{k}$ $\therefore f=xyz$

練習 10.6A

1. 求 (1) $f(x, y, z) = 2x^2y + 3xz + yz^2$ 求 $\nabla f|_{(-1, 2, 3)}$ (2) $f(x, y, z) = x + xy - y + z^2$，求 ∇f
2. 試導出之 $\nabla\left(\frac{f}{g}\right)$ 公式

方向導數

給定一曲面 E，設方程式爲 $z = f(x, y)$，若我們在 xy 平面上有一點 (x_0, y_0)，(x_0, y_0) 在 E 上之對應點 A，現要求過 A 與單位向量 $\boldsymbol{u} = [u_1, u_2]$ 同向之切線之斜率，這就是**方向導數**（directional derivative）。方向導數定義如下：

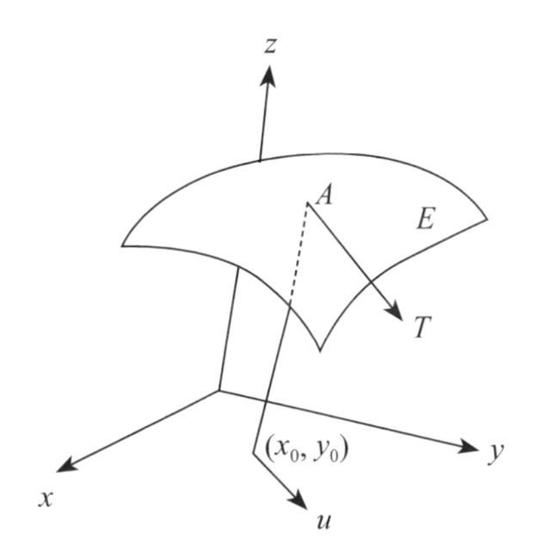

【定義】 $\boldsymbol{u}$ 為一單位向量，函數 f 在點 P 於 $\boldsymbol{u}$ 方向之方向導數記做 $D_u f(P)$，定義為

$$D_{\boldsymbol{u}} f(P) = \lim_{h\to 0} \frac{f(P + h\boldsymbol{u}) - f(P)}{h}$$

若 $\boldsymbol{u} = [a, b]$ 爲一單位向量，P 之坐標爲 (x_0, y_0) 則

$$D_{\boldsymbol{u}} f(x_0, y_0) = \lim_{h\to 0} \frac{f(x_0 + ha, y_0 + hb) - f(x_0, y_0)}{h},$$

取 $\boldsymbol{u} = [1, 0]$ 則

$D_{\boldsymbol{u}} f(x_0, y_0) = \lim_{h\to 0} \frac{f(x_0 + h, y_0) - f(x_0, y_0)}{h} = f_x(x_0, y_0)$，同理，$\boldsymbol{u} = [0, 1]$ 時

$D_u f(x_0, y_0) = f_y(x_0, y_0)$

由上可知，方向導數其實就是偏導函數之推廣。

【定理 B】 $\boldsymbol{u}$ 為一單位向量，則函數 f 在點 P 於 $\boldsymbol{u}$ 方向之方向導數

$$D_u f(P) = \boldsymbol{u} \cdot \nabla f|_P = [u_1, u_2] \cdot [f_x, f_y]|_P = u_1 f_x + u_2 f_y|_P$$

由定理 C，$D_U f(P) = \boldsymbol{u} \cdot \nabla f|_P$，此相當於 $\boldsymbol{u}$ 與$\nabla f(x_0, y_0)$ 之內積，又 $\boldsymbol{u} \cdot \nabla f(x_0, y_0) = \|\boldsymbol{u}\| \, \|\nabla f(x_0, y_0)\| \cos\theta$，因此不難得到下列結果：

【推論 B1】 函數 $z = f(x, y)$ 在 $P(x_0, y_0)$ 可微，則

(1) $f(x, y)$ 在 $P(x_0, y_0)$ 處沿$\nabla f(x_0, y_0)$ 方向有極大方向導數 $\|\nabla f(x_0, y_0)\|$，且 $f(x, y)$ 在 $P(x_0, y_0)$ 處沿$\nabla f(x_0, y_0)$ 反方向有極小方向導數 $-\|\nabla f(x_0, y_0)\|$。

(2) $f(x, y)$ 在 $P(x_0, y_0)$ 處沿與$\nabla f(x_0, y_0)$ 垂直方向之方向導數為 0。

推論 B1 之一種解釋是 $z = f(x, y)$ 在 $P(x_0, y_0)$ 沿梯度方向$\nabla f(x_0, y_0)$ 有最大之增加率，而最大的增加率爲梯度的長度 $\|\nabla f(x_0, y_0)\|$

例 2. 若 $f(x, y, z) = x + y \sin z$，求 f 沿 $\boldsymbol{a} = \boldsymbol{i} + 2\boldsymbol{j} + 2\boldsymbol{k}$ 之方向在 $P\left(1, \frac{\pi}{2}, \frac{\pi}{2}\right)$ 之方向導數及最大增加率。

解 (1) $\boldsymbol{a} = \boldsymbol{i} + 2\boldsymbol{j} + 2\boldsymbol{k}$ $\therefore u = \frac{1}{\|\boldsymbol{a}\|}\boldsymbol{a} = \frac{1}{3}[1, 2, 2] = \left[\frac{1}{3}, \frac{2}{3}, \frac{2}{3}\right]$，

$$\nabla f = \left[\frac{\partial}{\partial x} f, \frac{\partial}{\partial y} f, \frac{\partial}{\partial z} f\right] = [1, \sin z, y\cos z]$$

$$D_u(P) = U \cdot \nabla f|_P = \left[\frac{1}{3}, \frac{2}{3}, \frac{2}{3}\right] \cdot [1, \sin z, y\cos z]\Big|_{\left(1, \frac{\pi}{2}, \frac{\pi}{2}\right)}$$

$$= \frac{1}{3} + \frac{2}{3}\sin z + \frac{2}{3} y\cos z\Big|_{\left(1, \frac{\pi}{2}, \frac{\pi}{2}\right)} = \frac{1}{3} + \frac{2}{3} + 0 = 1$$

(2) 由$\nabla f(x, y, z) = [1, \sin z, y\cos z]$

$\therefore$最大增加率爲 $\left\|\nabla f\left(1, \frac{\pi}{2}, \frac{\pi}{2}\right)\right\| = \|[1, 1, 0]\| = \sqrt{2}$

例 3. 若 $f(x, y) = xy^2$，求 f 沿 $\boldsymbol{a} = 3\boldsymbol{i} + 4\boldsymbol{j}$ 之方向在 (1, 1) 之方向導數以及最大與最小之方向導數。

解 (1) $a = [3, 4]$，$U = \frac{1}{|a|}a = \left[\frac{3}{5}, \frac{4}{5}\right]$

$$\nabla f = \left[\frac{\partial}{\partial x} f, \frac{\partial}{\partial y} f\right] = [y^2, 2xy]$$

$$\therefore Du(P) = U \cdot \nabla f|_P = \left[\frac{3}{5}, \frac{4}{5}\right] \cdot [y^2, 2xy]\Big|_{(1, 1)} = \frac{3}{5}y^2 + \frac{8}{5}xy\Big|_{(1, 1)} = \frac{11}{5}$$

(2) $\|\nabla f(P)\|_{(1,1)}=\sqrt{(y^2)^2+(2xy)^2}\Big|_{(1,1)}=\sqrt{5}$

$\therefore$最大方向導數 $\sqrt{5}$，最小方向導數 $-\sqrt{5}$

曲面之切平面方程式

給定曲面方程式 $f(x, y, z)$ 及其上一點 P，P 之座標為 (x_0, y_0, z_0)，若在 (x_0, y_0, z_0) 處 $\frac{\partial f}{\partial x}$，$\frac{\partial f}{\partial y}$，$\frac{\partial f}{\partial z}$ 均存在，則過 (x_0, y_0, z_0) 之 (1) 切面方程式之法向量 $\boldsymbol{n}$ 為 $\boldsymbol{n}=[f_x(x_0, y_0, z_0)，f_y(x_0, y_0, z_0)，f_z(x_0, y_0, z_0)]$ $\therefore$切面方程式為

$$\boldsymbol{n}\cdot[x-x_0, y-y_0, z-z_0]=0$$

其點積式為

$$\nabla f\big|_{(x_0,y_0,z_0)}\cdot[x-x_0, y-y_0, z-z_0]=0$$

(2) 法線方程式為

$$\frac{x-x_0}{F_x(x_0,y_0,z_0)}=\frac{y-y_0}{F_y(x_0,y_0,z_0)}=\frac{z-z_0}{F_z(x_0,y_0,z_0)}$$

例 4. 試求曲面 $z^3+3xz-2y=0$ 在 $(1, 7, 2)$ 處之 (1) 切平面方程式 (2) 法線方程式

解 令 $f(x, y, z)=z^3+3xz-2y$ 則 $\nabla f\big|_{(1,7,2)}=[3z, -2, 3(z^2+x)]\big|_{(1,7,2)}=[6, -2, 15]$

(1) 切面方程式為

$\nabla f\big|_{(1,7,2)}\cdot[x-1, y-7, z-2]=[6, -2, 15]\cdot[x-1, y-7, z-2]$

$=6(x-1)-2(y-7)+15(z-2)=0$

即 $6x-2y+15z=22$

(2) 法線方程式：$\frac{x-1}{6}=\frac{y-7}{-2}=\frac{z-2}{15}$

例 5. 求過點 $A(-1, 0, 1)$ 而與直線 L：$\frac{x+1}{2}=\frac{y+2}{3}=\frac{z-1}{4}$ 垂直之直線方程式

解

提示	解答
先求 L 與垂直直線之交點 B 之坐標，此時我們可說 $\frac{x+1}{2}=\frac{y+2}{3}=\frac{z-1}{4}=t$ 即 $(x, y, z)=(-1+2t, -2+3t, 1+46t)$	令 $\frac{x+1}{2}=\frac{y+2}{3}=\frac{z-1}{4}=t$ 得 B 之坐標為 $(x, y, z)=(-1+2t, -2+3t, 1+4t)$ 則 $\overrightarrow{AB}=[-2+2t, -2+3t, 4t]$ $\because$ L 之方向向量 $n=[2, 3, 4]$ $\overrightarrow{AB}\perp n \Rightarrow [-2+2t, -2+3t, 4t]\cdot[2, 3, 4]=0$ 即 $-10+29t=0$ $\therefore t=\frac{10}{29}$ 代入 $\overrightarrow{AB}=[-2+2t, -2+3t, 4t]$ 得 $\overrightarrow{AB}=\left[-\frac{38}{29}, -\frac{28}{29}, \frac{40}{29}\right]$ $\therefore$ 所求之直線方程式為 $\frac{x+1}{-\frac{38}{29}}=\frac{y-0}{-\frac{38}{29}}=\frac{z-1}{\frac{40}{29}}$ 或 $\frac{x+1}{38}=\frac{y}{28}=\frac{z-1}{40}$

例 6. 求曲線 $\begin{cases}x^2+y^2+z^2=6\\x+y+z=0\end{cases}$ 在 $(1, -2, 1)$ 處 (1) 切線方程式與 (2) 法平面方程式。

提示	解答
(1) 本例和例 9 不同處在於例 9 是求切面方程式與法線方程式 例 10 是求切線方程式與法平面方程式 (2) 在例 9 之法向量 n，在例 10 用 τ，二者精神一致。 (3) 法平面方程式為 $A(x-a)+B(y-b)+C(z-c)=0$ 切直線就為 $\frac{x-a}{A}=\frac{y-b}{B}=\frac{z-c}{C}$	令 $F(x, y, z)=x^2+y^2+z^2-6$ $G(x, y, z)=x+y+z$ 則 $\boldsymbol{\tau}=\begin{vmatrix}\boldsymbol{i} & \boldsymbol{j} & \boldsymbol{k}\\F_x & F_y & F_z\\G_y & G_y & G_z\end{vmatrix}_{(1,-2,1)}=\begin{vmatrix}1 & 1 & k\\2x & 2y & 2z\\1 & 1 & 1\end{vmatrix}_{(1,-2,1)}$ $=\begin{vmatrix}\boldsymbol{i} & \boldsymbol{j} & \boldsymbol{k}\\2 & -4 & 2\\1 & 1 & 1\end{vmatrix}=-6\boldsymbol{i}+6\boldsymbol{k}=[-6, 0, 6]$ $\therefore$ 過 $(1, -2, 1)$ 之切線方程式 $\frac{x-1}{-6}=\frac{y+2}{0}=\frac{z-1}{6}$ 法平面方程式為 $-6(x-1)+0(y+2)+6(z-1)=0$ 即 $x=z$

練習 10.6B

1. 若$f(x, y, z) = x^2 + y^2 + yz$，求$f$在點$(1, 0, -1)$沿$\boldsymbol{a} = 2\boldsymbol{i} + \boldsymbol{j} - 2\boldsymbol{k}$之(1)方向導數及其意義，(2)最大與最小方向導數
2. 求等量線$f(x, y) = c$上任一點(x_0, y_0)之法線斜率，從而說明$\nabla f(x_0, y_0)$與$f(x, y) = c$在(x_0, y_0)法向量之關係
3. 求 $\frac{z}{c} = \frac{x^2}{a^2} + \frac{y^2}{b^2}$ 在(x_0, y_0, z_0)處之切平面方程式與法線方程式
4. 試證$\sqrt{x} + \sqrt{y} + \sqrt{z} = \sqrt{a}$，$a > 0$上任一點處之切平面與各坐標軸上之截距為一常數
5. 求$x^2 + y^2 - 4z^2 = 4$在$(2, -2, 1)$處切面方程式與法線方程式

10.7 二變數函數之極值問題

本節我們以「無限制條件之極值問題」與「帶有限制條件之極值問題－拉格蘭日法」二個子節分別討論。

無限制條件之極值問題

給定 $f(x, y)$，若存在一個開矩形區域 R, $(x_0, y_0) \in R$，使得

$f(x_0, y_0) \geqq f(x, y), \forall (x, y) \in R$，則稱 f 在 (x_0, y_0) 有一相對極大值。
$f(x_0, y_0) \leqq f(x, y), \forall (x, y) \in R$，則稱 f 在 (x_0, y_0) 有一相對極小值。

以下是二變數函數極值（無限制條件）之演算過程：

一階條件：令 $\begin{cases} f_x = 0 \\ f_y = 0 \end{cases}$ 得到 $f(x, y)$ 之臨界點 (x_0, y_0)

二階條件：計算 $\Delta = \begin{vmatrix} f_{xx} & f_{xy} \\ f_{yx} & f_{yy} \end{vmatrix}_{(x_0, y_0)}$

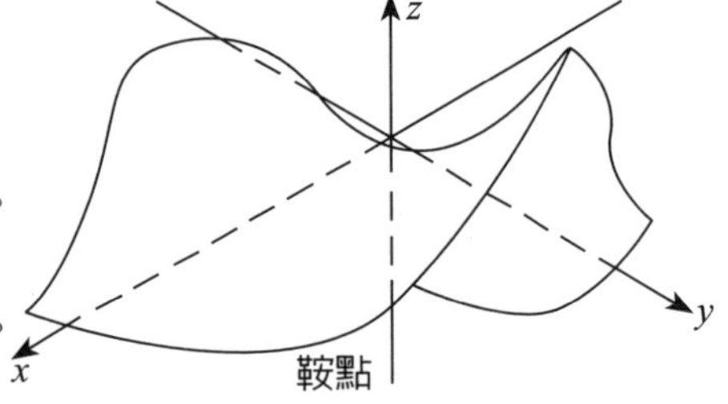

1. 若 $\Delta > 0$ 且 $f_{xx}(x_0, y_0) > 0$
   則 $f(x, y)$ 在 (x_0, y_0) 有相對極小值。
2. 若 $\Delta > 0$ 且 $f_{xx}(x_0, y_0) < 0$
   則 $f(x, y)$ 在 (x_0, y_0) 有相對極大值。
3. 若 $\Delta < 0$
   則 $f(x, y)$ 在 (x_0, y_0) 處有一**鞍點**（Saddle Point）。
4. 若 $\Delta = 0$
   則 $f(x, y)$ 在 (x_0, y_0) 處無任何資訊（即非以上三種）。

單變數與二變數函數之相對極值求法之比較

	$f(x)$之相對極值	$f(x, y)$之相對極值
一階條件	$f'(x) = 0$ 或 $f'(x)$ 不存在	$\begin{cases} f_x = 0 \\ f_y = 0 \end{cases}$
二階條件	相對極小 $f''(x) > 0$ 相對極大 $f''(x) < 0$	$\Delta > 0$：$\begin{cases} \text{相對極小} \\ f_{xx} > 0 \\ \text{相對極大} \\ f_{xx} < 0 \end{cases}$ $\Delta = \begin{vmatrix} f_{xx} & f_{xy} \\ f_{yx} & f_{yy} \end{vmatrix}$ $\Delta < 0$：鞍點 $\Delta = 0$：無資訊

例 1. 求 $f(x, y) = x^3 + y^3 - 3x - 3y^2 + 4$ 之極值與鞍點？

解 一階條件（臨界點）：

$$\begin{cases} f_x = 3x^2 - 3 = 3(x-1)(x+1) = 0，\therefore x = 1, -1 \\ f_y = 3y^2 - 6y = 3y(y-2) = 0，y = 0, 2 \end{cases}$$

由此可得 4 個臨界點：$(1, 0), (1, 2), (-1, 0), (-1, 2)$

二階條件：

$f_{xx} = 6x, f_{xy} = 0, f_{yx} = 0, f_{yy} = 6y - 6$

$$\therefore \Delta = \begin{vmatrix} f_{xx} & f_{xy} \\ f_{yx} & f_{yy} \end{vmatrix} = \begin{vmatrix} 6x & 0 \\ 0 & 6y-6 \end{vmatrix}$$

茲檢驗四個臨界點之 Δ 值：

1. $(1, 0)$：$\Delta = \begin{vmatrix} 6 & 0 \\ 0 & -6 \end{vmatrix} < 0$

   $\therefore f(x, y)$ 在 $(1, 0)$ 處有一鞍點

2. $(1, 2)$：$\Delta = \begin{vmatrix} 6 & 0 \\ 0 & 6 \end{vmatrix} > 0$，且 $f_{xx} = 6 > 0$

   $\therefore f(x, y)$ 有一相對極小值 $f(1, 2) = -2$

3. $(-1, 0)$：$\Delta = \begin{vmatrix} -6 & 0 \\ 0 & -6 \end{vmatrix} > 0$，且 $f_{xx} = -6 < 0$

   $\therefore f(x, y)$ 有一相對極大值 $f(-1, 0) = 6$

4. $(-1, 2)$：$\Delta = \begin{vmatrix} -6 & 0 \\ 0 & 6 \end{vmatrix} < 0$，$\therefore f(x, y)$ 在 $(-1, 2)$ 處有鞍點

例 2. 求 $f(x, y) = xy - \frac{1}{4}x^4 - \frac{1}{4}y^4$ 之相對極值與鞍點

解 一階條件

$$\begin{cases} f_x = y - x^3 = 0 & (1) \\ f_y = x - y^3 = 0 & (2) \end{cases}$$

代 (1) 入 (2) $x - (x^3)^3 = x(1 - x^8) = x(1 + x^4)(1 + x^2)(1 + x)(1 - x) = 0$ 得 $x = 0, -1, 1$，對應之 y 值分別為 $0, -1, 1$

$\therefore (0, 0), (-1, -1), (1, 1)$ 為三個臨界點

二階條件

$$\Delta = \begin{vmatrix} f_{xx} & f_{xy} \\ f_{yx} & f_{yy} \end{vmatrix} = \begin{vmatrix} -3x^2 & 1 \\ 1 & -3y^2 \end{vmatrix} = 9x^2y^2 - 1$$

(1)(0, 0)：$\Delta = -1$ $\quad \therefore$ 在 (0, 0) 為一鞍點

(2)(−1, −1)：$\Delta = \begin{vmatrix} -3 & 1 \\ 1 & -3 \end{vmatrix} = 8 > 0$，且 $f_{xx}(-1, -1) = -3 < 0$

$\therefore f(x, y)$ 在 (−1, −1) 有相對極大值 $f(-1, -1) = \frac{1}{2}$

(3)(1, 1)：$\Delta = \begin{vmatrix} -3 & 1 \\ 1 & -3 \end{vmatrix} = 8 > 0$ 且 $f_{xx}(1, 1) = -3 < 0$

$\therefore f(x, y)$ 在 (1, 1) 有相對極大值 $f(1, 1) = \frac{1}{2}$

練習 10.7A

求下列各題之極值與鞍點

1. $f(x, y) = x^3 - 3xy + y^3$
2. $f(x, y) = \frac{1}{x} + xy - \frac{8}{y}$
3. 求原點到曲面 $z^2 = x^2y + 9$ 之最小距離
4. 求 a, b 值以使得 $\int_{-1}^{1}(x^2 + ax + b)^2 dx$ 有相對極小值

帶有限制條件之極值問題——Lagrange法

Lagrange 法是在限制條件下求算極值的一個方法（但不是惟一的方法）。其求算方法如下：

$f(x, y)$ 在 $g(x, y) = 0$ 條件下之極值求算，是先令 $L(x, y) = f(x, y) + \lambda g(x, y)$，$\lambda$ 一般稱為 Lagrange 乘算子（Lagrange multiplier），$\lambda \neq 0$（$\lambda \neq 0$ 之條件極為重要），由 $L_x = 0$，$L_y = 0$ 及 $L_\lambda = 0$ 解之即可得出極大值或極小值。

例 3. 若 $x + 2y = 1$，求 $f(x, y) = x^2 + y^2$ 之極值

解 由 Lagrange 法令 $L(x, y) = x^2 + y^2 + \lambda(x + 2y - 1)$

$\frac{\partial L}{\partial x} = 2x + \lambda = 0 \cdots\cdots\cdots$ ①

$\frac{\partial L}{\partial y} = 2y + 2\lambda = 0 \cdots\cdots\cdots$ ②

$\frac{\partial L}{\partial \lambda} = x + 2y - 1 = 0 \cdots\cdots$ ③

由① $\lambda = -2x$

由② $\lambda = -y$

$\therefore -2x = -y$，即 $y = 2x$，代 $y = 2x$ 入③得

$x + 2y - 1 = x + 2(2x) - 1 = 0$，即 $x = \frac{1}{5}$，

$\therefore y = 2x = \frac{2}{5}$

因此 $f(x, y) = x^2 + y^2$ 之極值爲 $f\left(\frac{1}{5}, \frac{2}{5}\right) = \frac{5}{25} = \frac{1}{5}$

我們已求出在 $x + 2y = 1$ 之條件下，$f(x, y) = x^2 + y^2$ 之極值是 $\frac{1}{5}$，但我們並未指出這 $\frac{1}{5}$ 是極大值還是極小值。在較高等的微積分教材中會有如何判斷它是極大值還是極小值的方法，在本書中，我們假設用 Lagrange 乘數所得之結果便是我們所要之極值，亦即，我們不再進一步分析它是極大還是極小。

例 3 至少還可有下列解法：

方法一：代 $x + 2y = 1$ 之條件入 $f(x, y) = x^2 + y^2$ 中，因

$x = 1 - 2y \quad \therefore$得 $g(y) = (1 - 2y)^2 + y^2 = 1 - 4y + 5y^2$

$g'(y) = 10y - 4 = 0,\ y = \frac{2}{5}$

$g''(y) = 10 > 0$,（$g''\left(\frac{2}{5}\right) = 10 > 0$），得 $g(y) = \frac{1}{5}$

方法二：用 Cauchy 不等式，Cauchy 不等式是

$(a^2 + b^2)(x^2 + y^2) \geqq (ax + by)^2$，在本例，$a = 1, b = 2$

$\therefore (1^2 + 2^2)(x^2 + y^2) \geqq (1 \cdot x + 2 \cdot y)^2 = (1)^2$

即 $(x^2 + y^2) \geqq \frac{1}{5}$

Lagrange 法之解題是取 $L = f(x, y) + \lambda g(x, y)$，解 $\frac{\partial L}{\partial x} = \frac{\partial L}{\partial y} = \frac{\partial L}{\partial \lambda} = 0$：

$$\therefore \begin{cases} L_x = f_x + \lambda g_x \\ L_y = f_y + \lambda g_y \end{cases}$$

$$\therefore \begin{bmatrix} f_x & \lambda g_x \\ f_y & \lambda g_y \end{bmatrix} \begin{bmatrix} x \\ y \end{bmatrix} = \begin{bmatrix} 0 \\ 0 \end{bmatrix}$$

要 $\begin{bmatrix} x \\ y \end{bmatrix}$ 有異於 $\begin{bmatrix} 0 \\ 0 \end{bmatrix}$ 之解，必須 $\begin{vmatrix} f_x & \lambda g_x \\ f_y & \lambda g_y \end{vmatrix} = 0$，又 $\lambda \neq 0$

即 $\begin{vmatrix} f_x & g_x \\ f_y & g_y \end{vmatrix} = 0$，根據行列式性質，我們又有 $\begin{vmatrix} f_x & f_y \\ g_x & g_y \end{vmatrix} = \begin{vmatrix} f_x & g_x \\ f_y & g_y \end{vmatrix}$

利用 $\begin{vmatrix} f_x & f_y \\ g_x & g_y \end{vmatrix}=0$ 往往可簡化求解過程

例 4. 給 $3x^2+xy+3y^2=48$，求 x^2+y^2 之極值

解 $L=x^2+y^2+\lambda(3x^2+xy+3y^2-48)$

由 $\begin{cases} \dfrac{\partial L}{\partial x}=2x+\lambda(6x+y)=0 \\ \dfrac{\partial L}{\partial y}=2y+\lambda(x+6y)=0 \\ \dfrac{\partial L}{\partial \lambda}=3x^2+xy+3y^2=48 \end{cases}$

及 $\begin{vmatrix} f_x & f_y \\ g_x & g_y \end{vmatrix}=\begin{vmatrix} 2x & 2y \\ 6x+y & x+6y \end{vmatrix}=0$，得 $(x+y)(x-y)=0$

$\therefore y=-x$，$y=x$

1. $y=-x$ 時 $3x^2+x(-x)+3(-x)^2=48$

   $\therefore x=\pm\sqrt{\dfrac{48}{5}}$，$y=\mp\sqrt{\dfrac{48}{5}}$，得 $x^2+y^2=\dfrac{96}{5}$（極大值）

2. $y=x$ 時 $3x^2+x(x)+3(x)^2=48$

   $\therefore x=\pm\sqrt{\dfrac{48}{7}}$，$y=\mp\sqrt{\dfrac{48}{7}}$，得 $x^2+y^2=\dfrac{96}{7}$（極小值）

例 5. 試求點 $(3,-4)$ 至圓 $x^2+y^2=4$ 之最短及最長距離

解 方法一：

令 $L(x,y)=(x-3)^2+(y+4)^2+\lambda(x^2+y^2-4)$

$\begin{cases} \dfrac{\partial L}{\partial x}：2(x-3)+\lambda 2x=0 \\ \dfrac{\partial L}{\partial y}：2(y+4)+\lambda 2y=0 \\ \dfrac{\partial L}{\partial \lambda}：x^2+y^2=4 \end{cases}$

及 $\begin{vmatrix} f_x & f_y \\ g_x & g_y \end{vmatrix}=\begin{vmatrix} 2(x-3) & 2(y+4) \\ 2x & 2y \end{vmatrix}=-3y-4x=0$

$\therefore y=-\dfrac{4}{3}x$ 代之入 $x^2+y^2=4$，$x^2+\dfrac{16}{9}x^2=4$

$\therefore x=\pm\dfrac{6}{5}$，從而 $y=\mp\dfrac{8}{5}$

$\left(\frac{6}{5},-\frac{8}{5}\right)$ 到 $(3,-4)$ 之距離為 $\sqrt{\left(3-\frac{6}{5}\right)^2+\left(-4-\left(-\frac{8}{5}\right)\right)^2}=3$，

$\left(-\frac{6}{5},\frac{8}{5}\right)$ 到 $(3,-4)$ 之距離為 7

$\therefore$ (3. −4) 到 $x^2+y^2=4$ 之最長距離為 7，最短距離為 3。

方法二：幾何方法

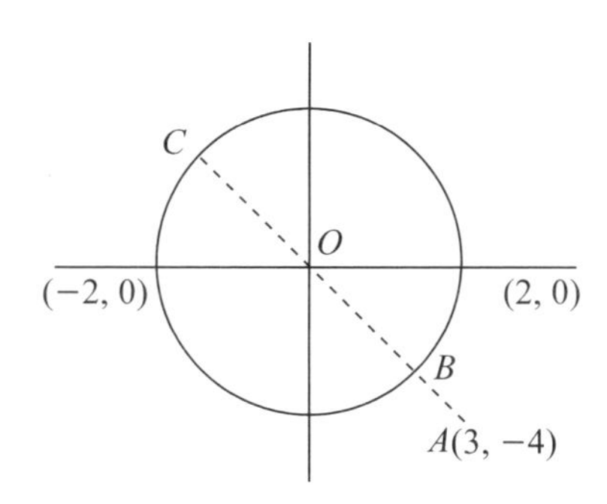

$\therefore \overline{AB}=\overline{OA}-\overline{OB}=5-2=3$……最短

$\overline{AC}=\overline{OA}+\overline{OC}=5+2=7$……最長

練習 10.7B

1. 若 $x^2+y^2=1$，求 x^2-y^2 之極值
2. 求點 (1, 0) 到 $y^2=4x$ 之最短距離

二個限制條件之Lagrange法

★**例 6.** 求 $f(x,y,z)=x+2y+3z$，受制於 $x^2+y^2=2$ 及 $y+z=1$

解 令 $L=x+2y+3z+\lambda(x^2+y^2-2)+\mu(y+z-1)$

則

$$\begin{cases} L_x=1+2\lambda x=0 & (1) \\ L_y=2+2\lambda y+\mu=0 & (2) \\ L_z=3+\mu=0 & (3) \\ L_\lambda=x^2+y^2=2 & (4) \\ L_u=y+z=1 & (5) \end{cases}$$

由 (3) $\mu=-3$

由 (1) $x=-\frac{1}{2\lambda}$

代 $\mu=-3$ 入 (2) 得 $2+2\lambda y+(-3)=0$，$y=\frac{1}{2\lambda}$

代 $x=-\frac{1}{2\lambda}$，$y=\frac{1}{2\lambda}$ 入 (4) 得

$\frac{1}{4\lambda^2}+\frac{1}{4\lambda^2}=2 \quad \therefore \lambda=\pm\frac{1}{2}$

(i) $\lambda=\frac{1}{2}$ 時，$x=-\frac{1}{2\lambda}=-1$，$y=\frac{1}{2\lambda}=1$

代 $y=1$ 入 (5) 得 $z=0$

$f(x,y,z)=f(-1,1,0)=1(-1)+2(1)+3(0)=1 \qquad (6)$

(ii) $\lambda=-\frac{1}{2}$ 時，$x=-\frac{1}{2\lambda}=1$，$y=\frac{1}{2\lambda}=-1$

代 $y=-1$ 入 (5) 得 $z=2$

$f(x,y,z)=f(1,-1,2)=1(1)+2(-1)+3(2)=5 \qquad (7)$

由 (6)，(7) 知：

當 $x=-1$，$y=1$，$z=0$ 時，$f(x,y,z)$ 有極小值 1

當 $x=1$，$y=-1$，$z=2$ 時，$f(x,y,z)$ 有極大值 5

有界區域極值之求法（參考）

求 $f(x,y)$ 在某個有界區域 R 之極值，其作法與單一變數函數在某個閉區域上求極值方法類似，先求內部區域之極值，然後求邊界上之極值，這些極值之最大者爲極大值，最小者爲極小值，其具體作法如下：

(1) 內部區域：先求出臨界點（若所求之臨界點在區域則捨棄之）；從而求出各對應之函數值。

(2) 邊界：考慮每一個邊之限制關係，將 $f(x,y)\to h(x)$ 或 $t(y)$，然後用單變數函數求極值方法求出臨界點（若在限制區域外捨之）而得到對應之函數值。

(3) 端點：用解方程式方法求出兩兩直線交點而得到端點，然後求出各對應之函數值。

比較 (1)，(2)，(3) 之函數值，其最大者爲絕對極大值，其最小者爲絕對極小值。

★**例 7.** 求 $f(x,y)=x^2-2xy+2y$ 之絕對極值。$D=\{(x,y)\mid 0\le x\le 2, 0\le y\le 1\}$

解 1. 先求臨界點

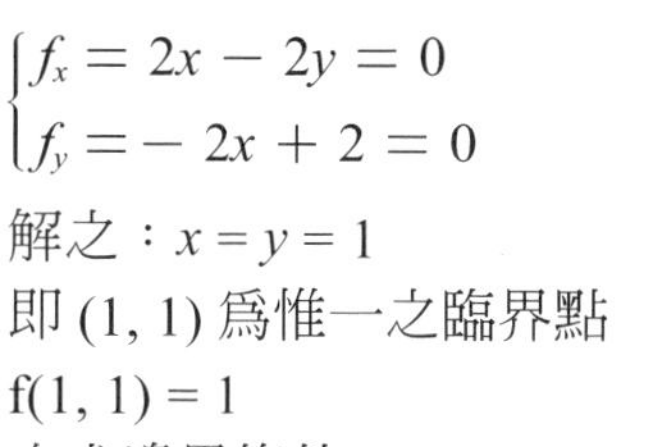

$$\begin{cases} f_x = 2x - 2y = 0 \\ f_y = -2x + 2 = 0 \end{cases}$$

解之：$x = y = 1$

即 (1, 1) 爲惟一之臨界點

$f(1, 1) = 1$

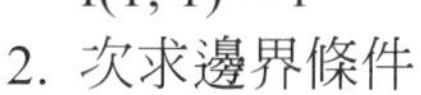

2. 次求邊界條件

(1) L_1：$y = 0$

$f(x, 0) = x^2$，$0 \le x \le 2$

$\because f(x, 0) = x^2$ 在 $0 \le x \le 2$ 爲 x 之增函數

$\therefore f(x, 0)$ 在 (2, 0) 處有極大值 $f(2, 0) = 4$，(0, 0) 處有極小值 $f(0, 0) = 0$

(2) L_2：$x = 2$

$f(2, y) = 4 - 4y + 2y = 4 - 2y$，$1 \ge y \ge 0$

$f(2, y) = 4 - 2y$ 在 $1 \ge y \ge 0$ 爲之減函數

$\therefore f(2, y)$ 在 (2, 0) 處有極大值 $f(2, 0) = 4$，在 (2, 1) 處有極小值 $f(2, 1) = 2$

(3) L_3：$y = 1$

$f(x, 1) = x^2 - 2x + 2$，$0 \le x \le 2$

但 $f(x, 1) = (x - 1)^2 + 1$，$0 \le x \le 2$

$\therefore f(x, 1)$ 在 (0, 1) 及 (2, 1) 處有極大值 $f(0, 1) = f(2, 1) = 2$ 在 (1, 1) 處有極小值 $f(1, 1) = 1$

(4) L_4：$x = 0$

$f(0, y) = 2y$，$1 \ge y \ge 0$

$\therefore f(0, y)$ 在 (0, 1) 處有爲極大值 $f(0, 1) = 2$，(0, 0) 處有極小值 $f(0, 0) = 0$

綜合 (1) ～ (4) 知：

(x, y) 在區域 D 上之極大值爲 4，極小值爲 0

練習 10.7C

★1. 求 $f(x, y, z) = x - y + z^2$ 在條件 $y^2 + z^2 = 1$ 及 $x + y = 2$ 下之極值。

10.8 再談隱函數

隱函數

我們在第 2 章已介紹過在給定隱函數 $f(x, y) = 0$ 下，如何求 $\frac{dy}{dx}$，本節介紹用偏導函數方法來解同樣的問題。

【定理 A】 若 $F(x, y) = 0$，則 $\frac{dy}{dx} = -\frac{F_x}{F_y}$，$F_y \neq 0$。

【證明】 $F(x, y) = 0$，則

$$\frac{\partial F}{\partial x} \cdot \frac{dx}{dx} + \frac{\partial F}{\partial y} \cdot \frac{dy}{dx} = \frac{\partial F}{\partial x} + \frac{\partial F}{\partial y} \cdot \frac{dy}{dx} = 0$$

$$\therefore \frac{dy}{dx} = -\frac{\frac{\partial F}{\partial x}}{\frac{\partial F}{\partial y}} = -\frac{F_x}{F_y}，F_y \neq 0$$

例 1. 求 $x^3 + y^3 = 3xy$ 之 $\frac{dy}{dx} = ?$

解 方法一：令 $F(x, y) = x^3 + y^3 - 3xy = 0$

$$\therefore \frac{dy}{dx} = -\frac{F_x}{F_y} = -\frac{3x^2 - 3y}{3y^2 - 3x} = \frac{y - x^2}{y^2 - x} \quad (y^2 - x \neq 0)$$

方法二：利用隱函數微分法：

$F(x, y) = x^3 + y^3 - 3xy = 0$

$$\therefore 3x^2 + 3y^2\left(\frac{dy}{dx}\right) - 3y - 3x\left(\frac{dy}{dx}\right) = 0$$

或 $x^2 + y^2\left(\frac{dy}{dx}\right) - y - x\left(\frac{dy}{dx}\right) = 0$

$$\therefore \frac{dy}{dx} = \frac{y - x^2}{y^2 - x} \quad (y^2 - x \neq 0)$$

若 $F(x, y, z) = 0$，如果我們要求 $\frac{\partial z}{\partial x}$：在 $F(x, y, z) = 0$ 二邊對 x 微分並將 y 視作常數則有

$$\frac{\partial F}{\partial x} \cdot \underbrace{\frac{\partial x}{\partial x}}_{1} + \frac{\partial F}{\partial y} \cdot \underbrace{\frac{\partial y}{\partial x}}_{0} + \frac{\partial F}{\partial z} \cdot \frac{\partial z}{\partial x} = 0$$

$$\therefore \frac{\partial z}{\partial x}=-\frac{\partial F/\partial x}{\partial F/\partial z}$$

同法可得$\frac{\partial z}{\partial y}=-\frac{\partial F/\partial y}{\partial F/\partial z}$

例 2. $x^2+xy+y^2+ux+u^2=3$，求$\frac{\partial u}{\partial x}$，$\frac{\partial u}{\partial y}$，$\frac{\partial x}{\partial u}$，$\frac{\partial x}{\partial y}=$？

解 令$F(x,y,u)=x^2+xy+y^2+ux+u^2-3=0$

$$\therefore \frac{\partial u}{\partial x}=-\frac{F_x}{F_u}=-\frac{2x+y+u}{x+2u}\quad (x+2u\neq 0)$$

$$\frac{\partial u}{\partial y}=-\frac{F_y}{F_u}=-\frac{x+2y}{x+2u}\quad (x+2u\neq 0)$$

$$\frac{\partial x}{\partial u}=-\frac{F_u}{F_x}=-\frac{x+2u}{2x+y+u}\quad (2x+y+u\neq 0)$$

$$\frac{\partial x}{\partial y}=-\frac{F_y}{F_x}=-\frac{x+2y}{2x+y+u}\quad (2x+y+u\neq 0)$$

我們再次用f_i表示f對第i個變數作偏導函數，這在求隱函數偏微分上很方便。

例 3. $u=f(x,u)$，求$\frac{\partial u}{\partial x}$。

解 取$F(x,u)=u-f(x,u)=0$

$$\therefore \frac{\partial u}{\partial x}=-\frac{\partial F/\partial x}{\partial F/\partial u}=-\frac{-f_1}{1-f_2}=\frac{f_1}{1-f_2}，f_2\neq 1$$

例 4. $u=f(x+u,yu)$，求$\frac{\partial u}{\partial x}$，$\frac{\partial u}{\partial y}$，$\frac{\partial x}{\partial u}$。

解 取$F(x,y,u)=u-f(x+u,yu)$，則

$$\frac{\partial u}{\partial x}=-\frac{\partial F/\partial x}{\partial F/\partial u}=-\frac{-f_1}{1-f_1-f_2\cdot y}=\frac{f_1}{1-f_1-yf_2}$$

$f_1+yf_2\neq 1$

$$\frac{\partial u}{\partial y}=-\frac{\partial F/\partial y}{\partial F/\partial u}=-\frac{-uf_2}{1-f_1-yf_2}=\frac{uf_2}{1-f_1-yf_2}$$

$1-f_1-yf_2\neq 0$

$$\frac{\partial x}{\partial u}=-\frac{\partial F/\partial u}{\partial F/\partial x}=\frac{f_1+yf_2-1}{-f_1}，f_1\neq 0$$

例 5. 若 $F(x+y-z,x^2+y^2)=0$，試證：$x\left(\frac{\partial z}{\partial y}\right)-y\left(\frac{\partial z}{\partial x}\right)=x-y$

解

$$x\left(\frac{\partial z}{\partial y}\right)-y\left(\frac{\partial z}{\partial x}\right)=x\left(-\frac{\partial F/\partial y}{\partial F/\partial z}\right)-y\left(-\frac{\partial F/\partial x}{\partial F/\partial z}\right)$$

$$=x\left(-\frac{F_1+2yF_2}{-F_1}\right)-y\left(-\frac{F_1+2xF_2}{-F_1}\right)$$

$$=x-y$$

練習 10.8

1. 計算下列各小題：

(1) $xy-y^2-2xyz=0$，求 $\frac{dz}{dx}=$？$\frac{dz}{dy}=$？

(2) $\tan^{-1}\frac{y}{x}=\ln\sqrt{x^2+y^2}$，求 $\frac{dy}{dx}=$？

10.9 全微分及其在二變數函數值估計之應用

若 $w = f(x, y)$ 在點 (x, y) 處爲可微分，則定義 $dw + f_x dx + f_y dy$ 爲 $f(x, y)$ 之全微分（Total Differential），因爲多變數函數可微分之定義較抽象，因此全微分之嚴謹定義超過本書程度，本書之全微分問題均符合可微分之假設。

例 1. $z = x^2 + y^2$，求其全微分。

解 $dz = f_x dx + f_y dy = 2xdx + 2ydy$

例 2. 求 $z = f(x, y) = x^2 \ln y + y^2 e^x$ 之全微分。

解 $dz = f_x dx + f_y dy = (2x \ln y + y^2 e^x)dx + \left(\frac{x^2}{y} + 2ye^x\right)dy$

在三個變數 $z = f(x, y, w)$ 在點 (x, y, w) 可微分，則 $dz = f_x dx + f_y dy + f_z dz$，同法可推廣到一般情況。

全微分在二變數函數值估計之應用

由全微分定義：$dz = f_x dx + f_y dy$，若 $dx = \Delta x$，$dy = \Delta y$，則 $\Delta z = f_x \Delta x + f_y \Delta y$。

$\therefore f(x + \Delta x, y + \Delta y) - f(x, y) = f_x \Delta x + f_y \Delta y$

即 $f(x + \Delta x, y + \Delta y) = f(x, y) + f_x \Delta x + f_y \Delta y$

我們便可利用上述近似公式對二變數函數值之估計。

例 3. 若 $f(x, y) = x^2 + y^2$，求之估計值。

解 $f(x + \Delta x, y + \Delta y) = f(x, y) + f_x \Delta x + f_y \Delta y$

$= f(x, y) + 2x\Delta x + 2y\Delta y$

在本例 $x = 4$，$\Delta x = 0.01$，$y = 4$，$\Delta y = -0.02$，

$f(x, y) = x^2 + y^2$

$\therefore f(4.01, 3.98) = f(4, 4) + 2 \cdot 4 \cdot 0.01 + 2 \cdot 4(-0.02)$

$= 4^2 + 4^2 + (-0.08) = 31.92$

練習 10.9

1. 試估計 $\sqrt{301^2 + 399^2}$ 之近似值＝？
2. 一正圓柱體之高爲 10 吋，以每秒 3 吋之速度遞減，其底半徑爲 5 吋，以每秒 1 吋之速度遞增，試求其體積之變化率。

第11章
重積分

11.1 二重積分

二重積分是一個逐次積分

【定義】 令 $F(x, y)$ 定義於 xy 平面之一封閉區域 R 內，將 R 細分成 n 個區域 ΔR_k 其面積為 ΔA_k，$k=1, 2, \cdots\cdots n$ 取 ΔR_k 內某一點 (ε_k, η_k)。

若 $\lim\limits_{n\to\infty}\sum\limits_{k=1}^{n} F(\varepsilon_k, \eta_k)\Delta A_k$ 存在，則此極限記作

$\int_R\int F(x, y)\,dxdy$ 或 $\int_R\int F(x, y)\,dR$

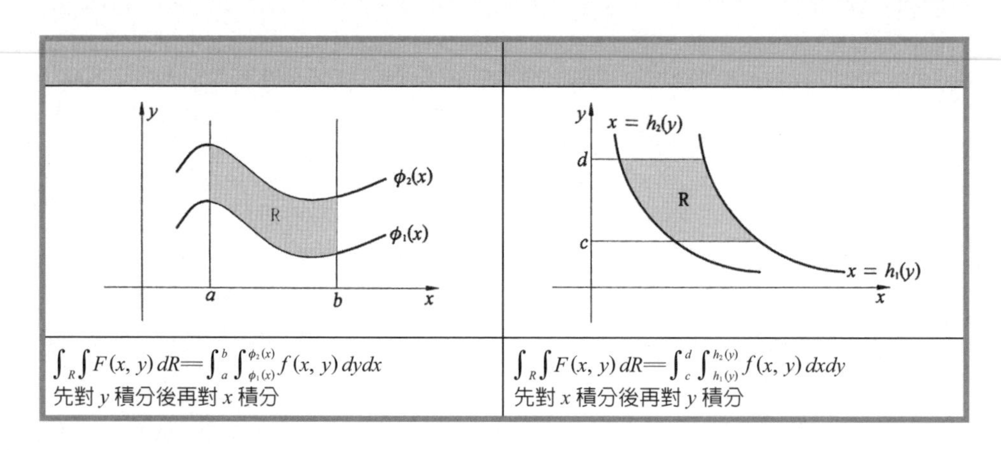

$\int_R\int F(x, y)\,dR=\int_a^b\int_{\phi_1(x)}^{\phi_2(x)} f(x, y)\,dydx$ 先對 y 積分後再對 x 積分	$\int_R\int F(x, y)\,dR=\int_c^d\int_{h_1(y)}^{h_2(y)} f(x, y)\,dxdy$ 先對 x 積分後再對 y 積分

重積分有以下之性質：

1. $\int_R\int dxdy=$ 區域 R 之面積
2. $\int_R\int cf(x, y)\,dxdy=c\int_R\int f(x, y)\,dxdy$
3. $\int_R\int [f(x, y)+g(x, y)]dxdy$
   $=\int_R\int f(x, y)\,dxdy+\int_R\int g(x, y)\,dxdy$
4. $R=R_1\cup R_2$，（且 $R_1\cap R_2=\phi$）
   $\int_R\int f(x, y)dxdy=\int_{R1}\int f(x, y)dxdy+\int_{R2}\int f(x, y)dxdy$

$\int\int f(x, y)\,dxdy$
內積分
外積分

我們用逐次積分的方式解內外積分之積分上下限均爲數之情況。

例 1. $\int_0^1\int_0^1 \frac{xy}{1+x^2}dxdy$

解 $\int_0^1\int_0^1 \frac{xy}{1+x^2}dxdy = \int_0^1\int_0^1 \frac{1}{2}\frac{2xy}{1+x^2}dxdy = \frac{1}{2}\int_0^1 y\ln(1+x^2)]_0^1 dy = \frac{1}{2}\int_0^1 y\cdot\ln 2dy$

$= \left(\frac{1}{2}\ln 2\right)\frac{y^2}{2}\Big]_0^1 = \frac{1}{4}\ln 2$，讀者可驗證 $\int_0^1\int_0^1 \frac{xy}{1+x^2}dydx = \frac{1}{4}\ln 2$

【定理 A】（富比尼定理，Fubini theorem）若 $f(x, y)$ 在 $a \le x \le b$，$c \le y \le d$ 為連續則 $\int_a^b\int_c^d f(x, y)dydx = \int_c^d\int_a^b f(x, y)dxdy$

由定理 A 易得：

【推論 A1】 $f(x, y)$ 在 $a \le x \le b$，$c \le y \le d$ 為連續，若 $f(x, y) = g(x)h(y)$ 則 $\int_a^b\int_c^d f(x, y)dydx = \int_c^d h(y)dy\int_a^b g(x)dx$

【證明】 $\int_a^b\int_c^d f(x, y)dydx = \int_a^b\int_c^d h(y)g(x)dydx = \int_a^b g(x)\left[\int_c^d h(y)dy\right]dx$

$= \int_c^d h(y)dy \cdot \int_a^b g(x)dx$

推論 A1 在求某些單變數積分很受用，例如

$I = \int_0^\infty e^{-x^2}dx$，我們無法用單變數積分方法解它，但 $I^2 = \left(\int_0^\infty e^{-x^2}dx\right)^2 = \int_0^\infty\int_0^\infty e^{-x^2-y^2}dxdy$ 便可由變數變換容易地解出（見 11.3 節）。

例 2. 以 $\int_0^1\int_0^2 x^2y^3dxdy$ 驗證定理 A 與推論 A1

解 (1) $\int_0^1\int_0^2 x^2y^3dxdy \int_0^1\left[\int_0^2 x^2dx\right]y^3dy = \int_0^1 \frac{x^3}{3}\Big]^2 y^3dy$

$= \int_0^1 \frac{8}{3}y^3dy = \frac{8}{3}\cdot\frac{y^4}{4}\Big]_0^1 = \frac{2}{3}$

(2) $\int_0^2\int_0^1 x^2y^3dydx = \int_0^2 x^2\left(\int_0^1 y^3dy\right)dx = \frac{1}{4}\int_0^2 x^2dx = \frac{2}{3}$

(3) $\int_0^2 x^2dx\int_0^1 y^3dy = \frac{8}{3}\cdot\frac{1}{4} = \frac{2}{3}$

例 3. 求 $\int_0^1\int_0^1 \cos(x+y)dxdy$

解 $\int_0^1\int_0^1 \cos(x+y)dxdy=\int_0^1\left[\int_0^1 \cos(x+y)dx\right]dy$

$=\int_0^1 \sin(x+y)\Big]_0^1 dy=\int_0^1 (\sin(1+y)-\sin y)dy$

$=(-\cos(x+y)+\cos y)]_0^1=-\cos 2+2\cos 1-1$

內積分之積分上、下限有一個是積分變數時，Fubini 定理就不適用。

例 4. 求 $\int_2^3\int_0^{\ln x} e^{2y}dydx$

解 $\int_2^3\int_0^{\ln x} e^{2y}dydx=\int_2^3 \frac{1}{2}e^{2y}]_0^{\ln x}dx=\int_2^3 \frac{1}{2}(e^{2\ln x}-e^0)dx$

$=\frac{1}{2}\int_2^3 (x^2-1)dx=\frac{1}{2}\left[\frac{x^3}{3}-x\right]\Big]_2^3$

$=\frac{1}{2}\left(6-\frac{2}{3}\right)=\frac{8}{3}$

★**例 5.** 若 $f(t)$ 是連續函數，試證 $\int_0^x [\int_0^u f(t)dt]du=\int_0^x (x-u)f(u)du$

解析：本例之 $\int_0^u f(t)dt$ 爲 u 之函數

解 利用分部積分法：

$\int_0^x [\int_0^u f(t)dt]du=u\int_0^u f(t)dt\Big]_0^x-\int_0^x u\left(\frac{d}{du}\int_0^u f(t)dt\right)du$

$=x\int_0^x f(t)dt-\int_0^x u\,f(u)du$

$=x\int_0^x f(u)du-\int_0^x u\,f(u)du=\int_0^x (x-u)f(u)du$

★**例 6.** 利用 $\frac{\partial}{\partial y}x^y$ 之結果來求 $\int_0^1 \frac{x^b-x^a}{\ln x}dx$，其中 $b>a>0$

解 $\frac{\partial}{\partial y}x^y=x^y\ln x \quad \therefore \frac{x^b-x^a}{\ln x}=\int_a^b \frac{x^y}{\ln x}dy$

故 $\int_0^1 \frac{x^b-x^a}{\ln x}dx=\int_0^1\int_a^b \frac{x^y}{\ln x}dydx$

$=\int_0^1\int_a^b x^y dydx \overset{\text{Fnbini 定理}}{=\!=\!=} \int_a^b\int_0^1 x^y dxdy$

$=\int_a^b \frac{x^{y+1}}{y+1}\Big]_0^1 dy=\int_a^b \frac{dy}{y+1}=\ln(y+1)\Big]_a^b$

$=\ln\frac{b+1}{a+1}$

練習 11.1A

1. 計算

(1) $\int_1^2\int_0^{\pi} y\sin xy\,dydx$　(2) $\int_{-1}^1\int_0^2 xe^{x^4+y^4}dydx$　(3) $\int_0^{\frac{1}{2}}\int_0^{\sqrt{2}} xy\sqrt{1-x^2y}\,dxdy$

2. (1) 求 $\int_0^1\int_0^1 \frac{x^2-y^2}{(x^2+y^2)^2}dydx$　(2) $\int_0^1\int_0^1\left|\frac{x^2-y^2}{(x^2+y^2)^2}\right|dydx$

3. 求 (1) $\int_{-1}^2\int_0^{x^2} e^{\frac{y}{x}}dydx$　(2) $\int_0^{\frac{\pi}{4}}\int_0^{\sec x} y^3dydx$

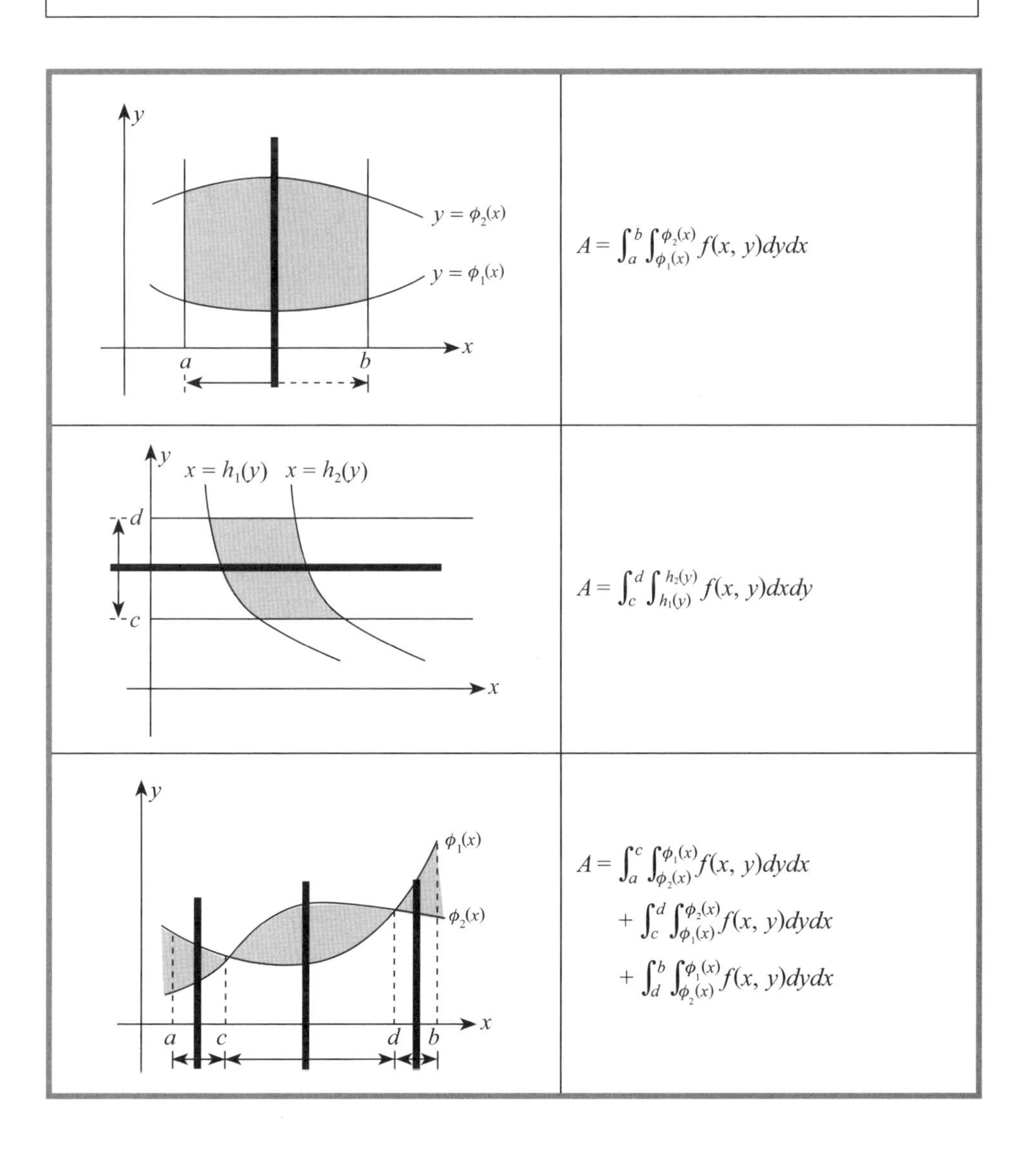

上表之三個情形中之粗線可視爲動線，它輕易地顯示了 (1) 積分之範圍；(2) 重積分積分區域之劃分。由例 7 便可看出它們計算上之竅門。

例 7. 用兩種積分方式（先積 x 與先積 y）求下列區域之面積 $R=\{(x,y)|y=-x$，$y=x^2$，$y=1$ 所圍成之區域$\}$？

解 方法一：先積 y

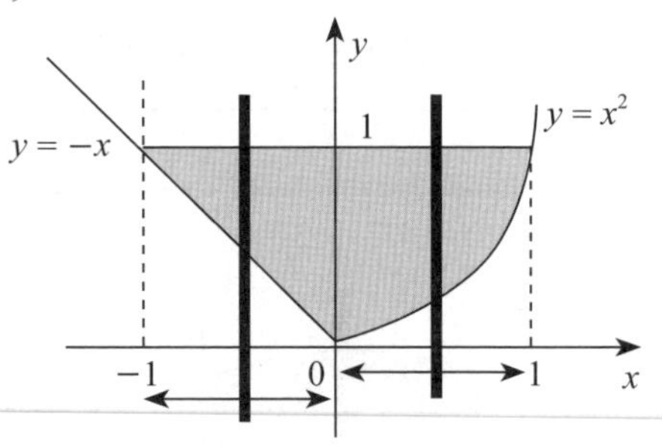

$$A=\int_0^1\int_{x^2}^1 dydx+\int_{-1}^0\int_{-x}^1 dydx$$

$$=\int_0^1 (1-x^2)dx+\int_{-1}^0 (1+x)dx$$

$$=x-\frac{x^3}{3}\Big]_0^1+\frac{1}{2}(1+x)^2\Big]_{-1}^0$$

$$=\frac{2}{3}+\left(\frac{1}{2}-0\right)=\frac{7}{6}$$

方法二：先積 x

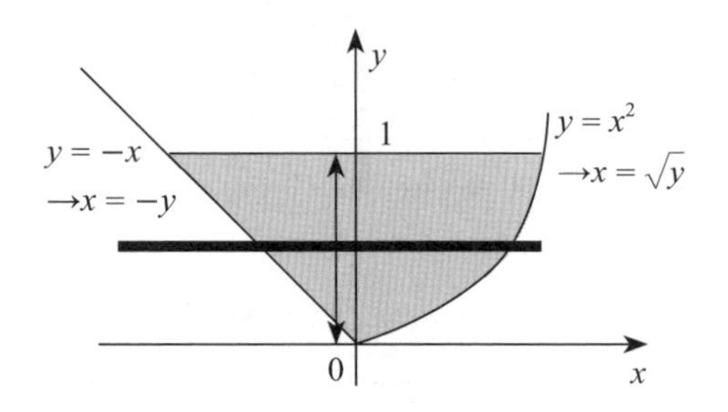

$$A=\int_0^1\int_{-y}^{\sqrt{y}} dxdy$$

$$=\int_0^1 (\sqrt{y}+y)dy$$

$$=\frac{2}{3}y^{\frac{3}{2}}+\frac{1}{2}y^2\Big]_0^1=\frac{7}{6}$$

例 8. 求 $\int_D\int(|x|+|y|)dxdy$，$D=\{(x,y)]|x|+|y|\le b,\ b>0\}$

解 $\int_D\int(|x|+|y|)dxdy=4\int_{D'}(x+y)dydx$

由對稱性

$$=4\int_0^b\int_0^{b-x}(x+y)dydx=+4\int_0^b xy+\frac{y^2}{2}\Big]_0^{b-x}dx$$

$$=4\int_0^b x(b-x)+\frac{(b-x)^2}{2}dx=4\left[\frac{1}{2}bx^2-\frac{x^3}{3}-\frac{(b-x)^3}{6}\right]\Big|_0^b$$

$$=\frac{4}{3}b^3$$

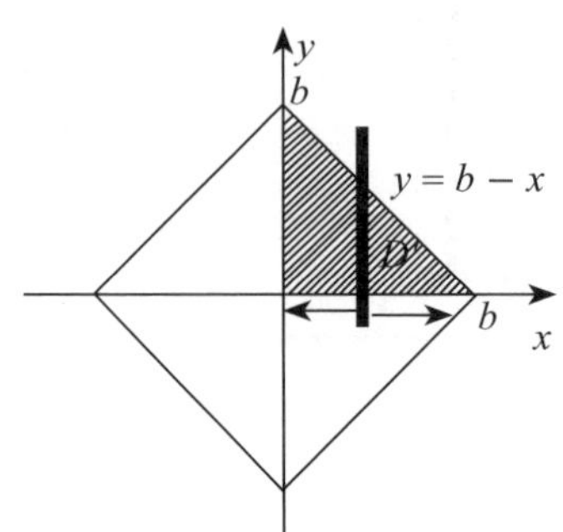

注意	對稱性之應用，在求重積分計算時極為重要。

重積分在求平面面積之應用

例 9. 求右圖所示之面積。

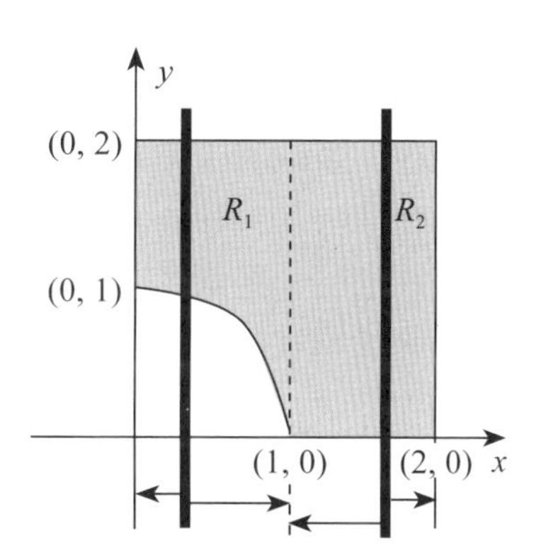

解

$$A=\int_{R1}\int dxdy+\int_{R2}\int dxdy$$
$$=\int_0^1\int_{\sqrt{1-x^2}}^2 dydx+\int_0^2\int_1^2 dxdy$$
$$=\int_0^1 2-\sqrt{1-x^2}dx+\int_0^2 dy$$
$$=2x-\left(\frac{x}{2}\sqrt{1-x^2}+\frac{1}{2}\sin^{-1}x\right)\Big]_0^1+2$$
$$=2-\frac{1}{2}\sin^{-1}1+2$$
$$=4-\frac{\pi}{4}$$

如果用算術，我們也很容易求出 R_1 與 R_2 之面積爲邊長 2 之正方形面積減去 $\frac{1}{4}$（半徑是 1 的圓面積），即 $A-\frac{\pi}{4}$。

練習 11.1B

用二種方法分別求

1. 由 (1, 0)，(0,1) 與 (−1, 0) 爲頂點之三角形區域面積。
2. $\int_R\int dR$，R 爲 $x=2$，$xy=1$ 及 $y=x$ 所圍成之區域。

11.2 重積分技巧

改變積分順序

有許多重積分問題無法直接解出，而必須藉助於某些特殊方法方能解出，本節將介紹兩個最基本之技巧：1. 改變積分順序及 2. 變數變換法。本節先談改變積分順序。

我們在上節說明了 $\int_R \int f(x, y)dR$。有二種求法：

1. 先對 y 積分，然後再對 x 積分，2. 先對 x 積分然後對 y 積分，二者積分順序恰好相反，但兩者之積分範圍是一樣的。

因此改變積分順序是除將原題之積分先後順序改變外，積分區域不變是最大特色。

【定理 A】 $\int_a^b \int_x^b f(x, y)dydx = \int_a^b \int_a^y f(x, y)dxdy$。

例 1. 求 1. $\int_0^2 \int_x^2 e^{y^2}dydx$　　2. $\int_0^2 \int_{\frac{y}{2}}^1 ye^{x^2}dxdy$

解 本例無法用上節方法求出重積分，因此，我們就試用改變積分順序解之。請特別注意原動線與新動線之改變。

1. $\int_0^2 \int_x^2 e^{y^2}dydx = \int_0^2 \int_0^y e^{y^2}dxdy = \int_0^2 e^{y^2} \cdot x\Big]_0^y dy$

$= \int_0^2 e^{y^2}(y-0)dy = \int_0^2 ye^{y^2}dy = \frac{1}{2}e^{y^2}\Big]_0^2 = \frac{1}{2}(e^4-1)$

2. $\int_0^2 \int_{\frac{y}{2}}^1 ye^{x^3}dxdy = \int_0^1 \int_0^{2x} ye^{x^3}\,dydx$

$= \int_0^1 \frac{y^2}{2}e^{y^3}dy = \frac{2}{3}e^{y^3}\Big]_0^1 = \frac{2}{3}(e-1)$

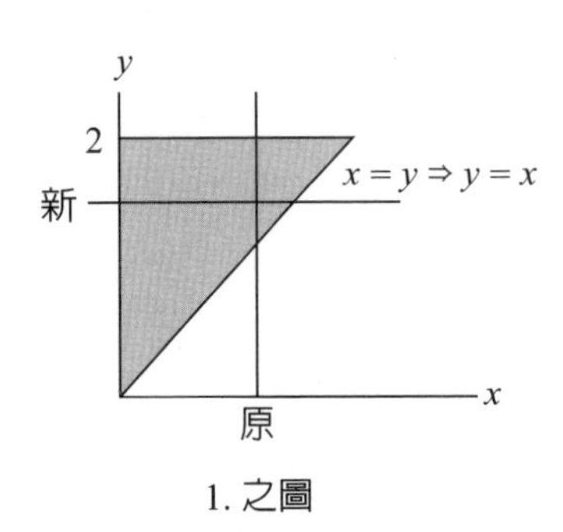

1. 之圖

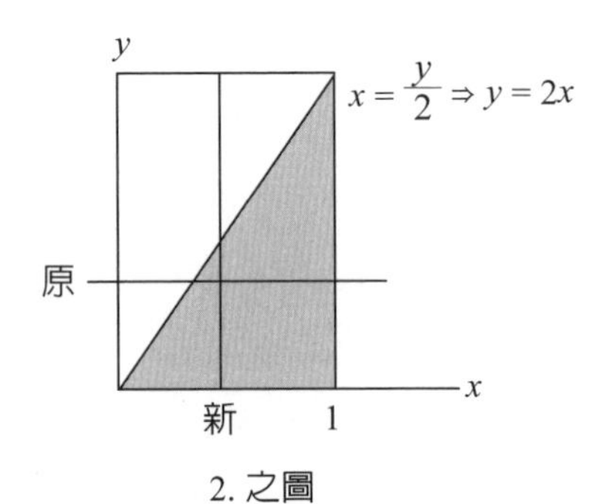

2. 之圖

例 2. 求 1. $\int_0^1\int_{2x}^2 e^{y^2}dydx$　　2. $\int_0^2\int_y^2 e^{x^2}dxdy$

解　1. $\int_0^1\int_{2x}^2 e^{y^2}dydx=\int_0^2\int_0^{\frac{y}{2}} e^{y^2}dxdy$

$=\int_0^2 \frac{y}{2}e^{y^2}dy=\frac{1}{4}(e^4-1)$

2. $\int_0^2\int_y^2 e^{x^2}dxdy=\int_0^2\int_0^x e^{x^2}dydx$

$=\int_0^2 xe^{x^2}dx=\frac{1}{2}(e^4-1)$

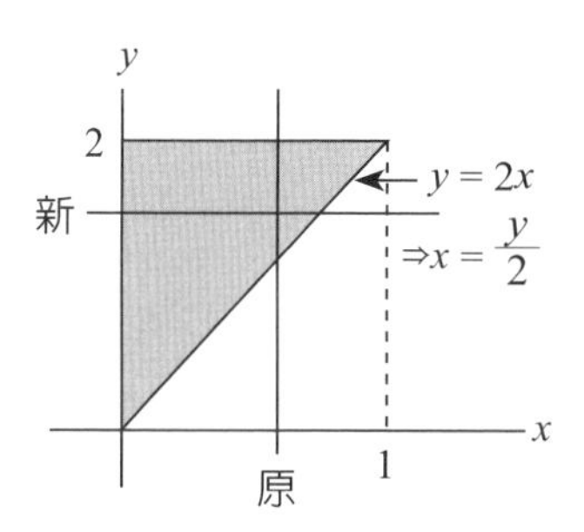

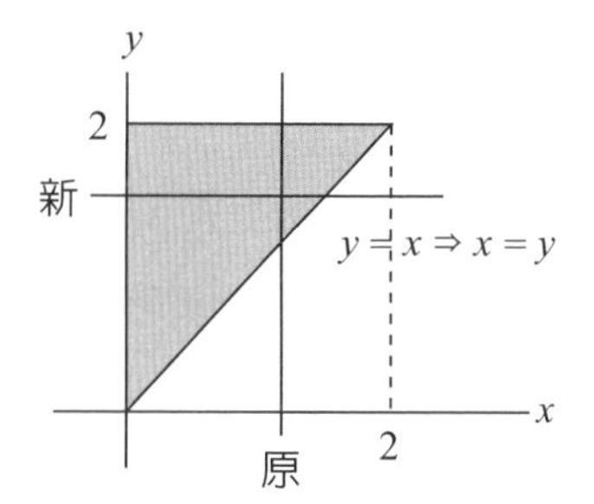

練習 11.2A

藉改變積分順序求

1. $\int_0^\pi\int_x^\pi \frac{\sin y}{y}dydx$　　2. $\int_0^1\int_{x^2}^1 e^{-\frac{x}{\sqrt{y}}}dydx$　　3. $\int_0^1\int_{\sqrt{y}}^1 e^{x^3}dxdy$

★**例 3.** 改變下列積分順序

$$\int_{-1}^0\int_{-1-\sqrt{1+y}}^{-1+\sqrt{1+y}} f(x,y)dxdy+\int_0^3\int_{y-2}^{-1+\sqrt{1+y}} f(x,y)dxdy$$

解　$\int_{-1}^0\int_{-1-\sqrt{1+y}}^{-1+\sqrt{1+y}} f(x,y)dxdy+\int_0^3\int_{y-2}^{-1+\sqrt{1+y}} f(x,y)dxdy$

$-\int_{-2}^1\int_{(x+1)^2-1}^{x+2} f(x,y)dydx$

$=\int_{-2}^1\int_{x^2+2x}^{x+2} f(x,y)\,dydx$

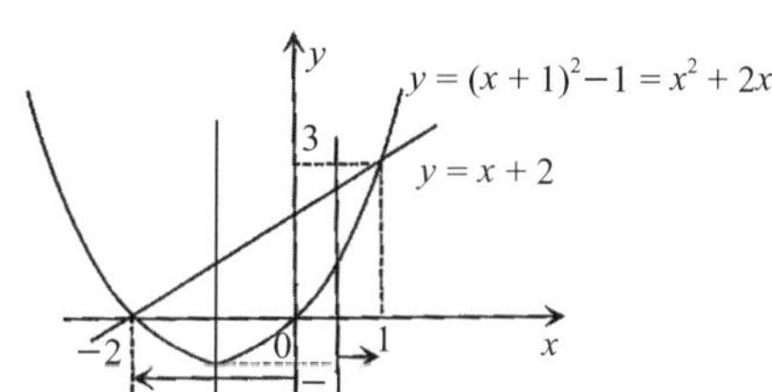

練習 11.2B

改變以下各題之積分順序

(1) $\int_0^1\int_{y^2-1}^{1-y}f(x,y)dxdy$ (2) $\int_0^a\int_{\sqrt{a^2-x^2}}^{x+2a}f(x,y)dydx$

極座標之應用

在做 $\int_R\int f(x,y)dxdy$，而 $f(x,y)$ 是 $a^2x^2+b^2y^2$ 之函數時，可考慮用極座標 $x=r\cos\theta, y=r\sin\theta$ 來行變數變換，重積分之變數變換除用極座標轉換外還有其他的轉換方式，在本節先將極座標之應用做一簡介。

取 $x=r\cos\theta, y=r\sin\theta$，則

$$|J|=\begin{vmatrix}\frac{\partial x}{\partial r} & \frac{\partial x}{\partial\theta}\\ \frac{\partial y}{\partial r} & -\frac{\partial y}{\partial\theta}\end{vmatrix}_+=\begin{vmatrix}\cos\theta & -r\sin\theta\\ \sin\theta & r\cos\theta\end{vmatrix}_+=|r|=r$$

$|J|$ 表示行列式之絕對值。

$|J|$ 稱爲 Jacobian

則 $\int_R\int f(x,y)dxdy=\int_{R'}\int|r|f(r\cos\theta, r\sin\theta)drd\theta$

在計算**重積分時應特別注意到積分區域之對稱性**。

例 4. 求 $\int_R\int\frac{1}{\sqrt{x^2+y^2}}dxdy=?$ $R=\{(x,y)|4\geqq x^2+y^2\geqq 1\}$

解 取 $x=r\cos\theta, y=r\sin\theta$，$x^2+y^2=r^2$，

$2\geqq r\geqq 1, 2\pi\geqq\theta\geqq 0; |J|=\text{r}$

$\because\int_R\int\frac{1}{\sqrt{x^2+y^2}}dxdy=4\int_1^2\int_0^{\frac{\pi}{2}}r\cdot\frac{d\theta dr}{\sqrt{r^2}}=4\int_1^2\int_0^{\frac{\pi}{2}}d\theta dr=4\int_1^2\frac{\pi}{2}dr=4\cdot\frac{\pi}{2}=2\pi$

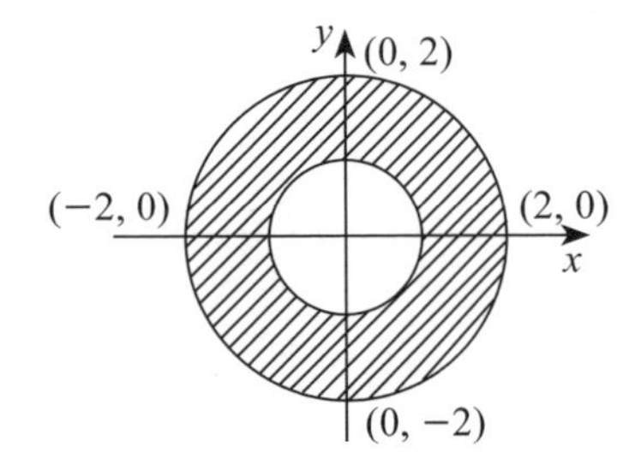

例 5. 求 $\int_0^2 \int_0^{\sqrt{4-x^2}} \sin(x^2+y^2)dydx = ?$

解 取 $x = r\cos\theta$, $y = r\sin\theta$，$\frac{\pi}{2} \geqq \theta \geqq 0, 2 \geqq r \geqq 0$

$$|J| = \left|\begin{matrix} \frac{dx}{dr} & \frac{dy}{dr} \\ \frac{dx}{d\theta} & \frac{dy}{d\theta} \end{matrix}\right|_+ = \left|\begin{matrix} \cos\theta & \sin\theta \\ -r\sin\theta & r\cos\theta \end{matrix}\right|_+ = r$$

$$\therefore \text{原式} = \int_0^2 \int_0^{\frac{\pi}{2}} r\sin r^2 d\theta dr = \int_0^2 \frac{\pi}{2} r\sin r^2 dr = -\frac{1}{2}\cos r^2\Big]_0^2 \cdot \frac{\pi}{2}$$

$$= \frac{\pi}{2}\left(-\frac{1}{2}\cos 4 + \frac{1}{2}\cos 0\right) = -\frac{\pi}{4}\cos 4 + \frac{\pi}{4} = \frac{\pi}{4}(1 - \cos 4)$$

★ **例 6.** 求 $\int_1^2 \int_0^{\sqrt{2x-x^2}} \frac{1}{\sqrt{x^2+y^2}} dydx$

解 先求題給之積分區域：

$\sqrt{2x-x^2} = y$，二邊平方得

$y^2 + x^2 - 2x = 0, y^2 + (x-1)^2 = 1$，又 $2 \geq x \geq 1$，積分區域如斜線部分，現我們要利用極坐標來解。θ 之範圍是：

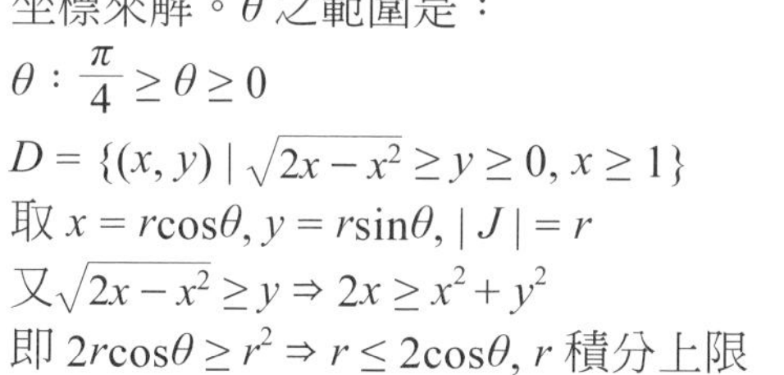

θ：$\frac{\pi}{4} \geq \theta \geq 0$

$D = \{(x, y) \mid \sqrt{2x-x^2} \geq y \geq 0, x \geq 1\}$

取 $x = r\cos\theta, y = r\sin\theta, |J| = r$

又 $\sqrt{2x-x^2} \geq y \Rightarrow 2x \geq x^2 + y^2$

即 $2r\cos\theta \geq r^2 \Rightarrow r \leq 2\cos\theta$, r 積分上限

又 $x \geq 1$　$\therefore r\cos\theta \geq 1 \Rightarrow r \geq \frac{1}{\cos\theta} = \sec\theta$, r 積分下限

$$\therefore \int_1^2 \int_0^{\sqrt{2x-x^2}} \frac{1}{\sqrt{x^2+y^2}} dydx = \int_0^{\frac{\pi}{4}} \int_{\sec\theta}^{2\cos\theta} \frac{r}{\sqrt{r^2}} drd\theta$$

$$= \int_0^{\frac{\pi}{4}} (2\cos\theta - \sec\theta)\, d\theta = 2\sin\theta - \ln|\sec\theta + \tan\theta|\Big]_0^{\frac{\pi}{4}}$$

$$= \sqrt{2} - \ln(1+\sqrt{2})$$

練習 11.2C

1. $\int_R \int \sqrt{x^2+y^2} dxdy$　R：$\{(x, y) | x^2 + y^2 \leq 1\}$；又 $R = \{(x, y) \mid x^2 + y^2 \leq 1, x \geq 0, y \geq 0\}$ 結果如何？
2. $\int_R \int xy\, dxdy$　R：$\{(x, y) | 1 \geq x^2 + y^2 \geq 0, 1 \geq x \geq 0, 1 \geq y \geq 0\}$
3. $\int_R \int \tan^{-1}\frac{y}{x} dxdy$　R：$\{(x, y) | x^2 + y^2 \leq a^2, x, y \geq 0, a \geq 0\}$

★4. $\int_R \int (x^2+y^2)dxdy$　R：$\{(x, y) \mid \frac{x^2}{a^2} + \frac{y^2}{b^2} \leq 1, a \geq 0, b \geq 0\}$

變數變換之進一步通則

重積分之變數變換除極座標轉換外，還有其他的轉換方式，它們的計算原理大致與極座標轉換相同，也都要乘上 Jacobian，這些變數變換並無通則，但通常可由原來題給之積分區域獲得解題之線索。

設 xy 平面上之點 (x, y) 透過一組轉換 $x = h_1(u, v)$，$y = h_2(u, v)$，映至 uv 平面上之點 (u, v)，則 $\int_D\int f(x,y)dxdy = \int_{D'}\int g(u,v)|J|dudv$

其中$|J| = \begin{vmatrix} \frac{\partial x}{\partial u} & \frac{\partial x}{\partial v} \\ \frac{\partial y}{\partial u} & \frac{\partial y}{\partial v} \end{vmatrix}_+$ $|J|$ 稱爲 x，y 對 u, v 之 Jacobian 的絕對值

$g(u, v) = f(h_1(u, v)，h_2(u, v))$

例 7. 求$\int_D\int xdxdy$，D 爲 $2x + 3y = 1$，$2x + 3y = -2$，$x - y = 1$，$x - y = 4$ 所圍成之區域

解 因區域 D 是由

$2x + 3y = 1$

$2x + 3y = -2$

$x - y = 1$，$x - y = 4$

所圍成

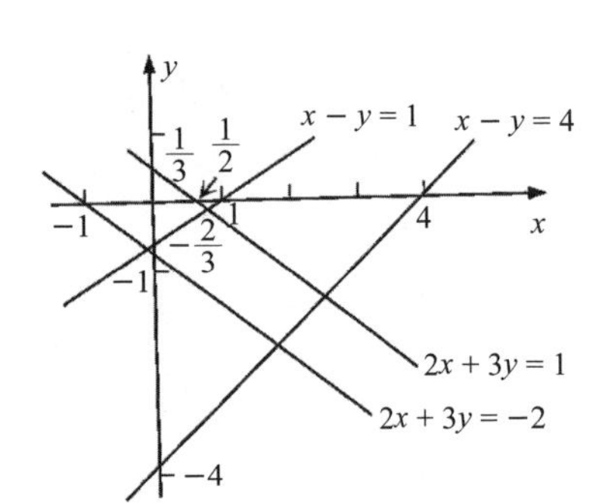

取 $u = 2x + 3y$

$v = x - y$

得 $1 \geq u \geq -2$，$4 \geq v \geq 1$

又$\begin{cases} u = 2x + 3y \\ v = x - y \end{cases}$解之：$x = \frac{u+3v}{5}$，$y = \frac{u-2v}{5}$

$\therefore |J| = \begin{vmatrix} \frac{\partial x}{\partial u} & \frac{\partial x}{\partial v} \\ \frac{\partial y}{\partial u} & \frac{\partial y}{\partial v} \end{vmatrix}_+ = \begin{vmatrix} \frac{1}{5} & \frac{3}{5} \\ \frac{1}{5} & -\frac{2}{5} \end{vmatrix}_+ = \frac{5}{25} = \frac{1}{5}$

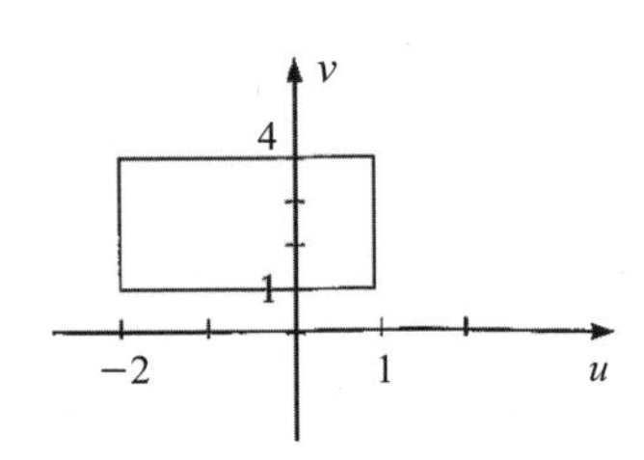

得 $g(u, v)$

$= f(h_1(u, v)，h_2(u, v))\,|J|_+$

$= f\left(\frac{u+3v}{5}，\frac{u-2v}{5}\right) \cdot \frac{1}{5} = \frac{u+3v}{5} \cdot \frac{1}{5} = \frac{u+3v}{25}$

$1 \geq u \geq -2$，$4 \geq v \geq 1$

$\therefore \int_D\int xdxdy = \int_1^4\int_{-2}^1 \frac{u+3v}{25}dudv$

$$=\frac{1}{25}\int_1^4\int_{-2}^1(u+3v)\,dudv=\frac{1}{25}\int_1^4\left(\frac{u^2}{2}+3uv\right)\Big]_{-2}^1 dv=\frac{1}{25}\int_1^4\left(-\frac{3}{2}+9v\right)dv=\frac{63}{25}$$

例 8. $\int_R\int x^2y^2dxdy$，R 為由 $xy=1$，$xy=2$，$y=4x$ 及 $y=x$ 所圍成之區域

解 取 $u=xy$，$v=\frac{y}{x}$

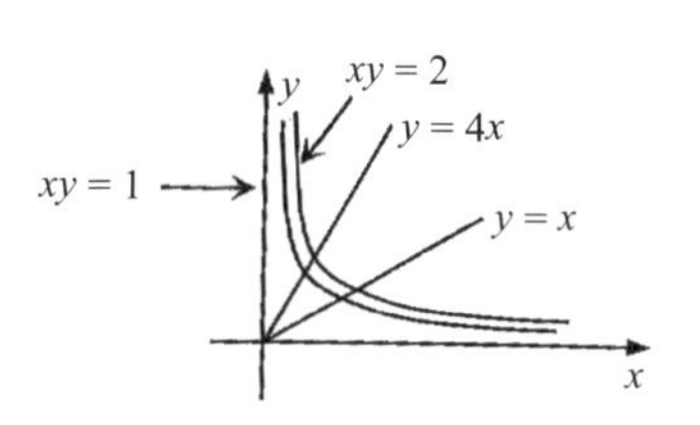

則 $x=\frac{\sqrt{u}}{\sqrt{v}}$，$y=\sqrt{uv}$

∴ xy 平面之區域 R 轉換成 uv 平面之 R'

$R'=\{(u,v)\mid 1\le u\le 2，1\le v\le 4\}$

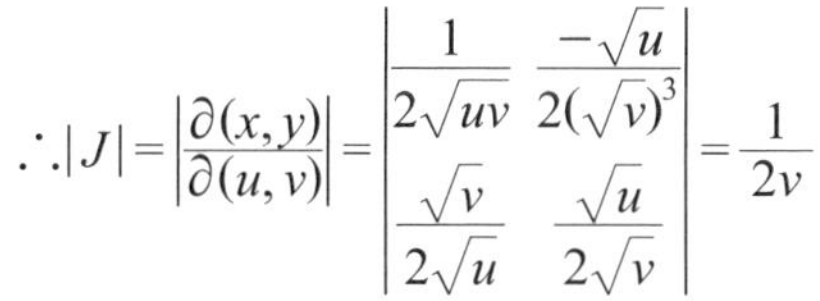

$$\therefore |J|=\left|\frac{\partial(x,y)}{\partial(u,v)}\right|=\begin{vmatrix}\frac{1}{2\sqrt{uv}} & \frac{-\sqrt{u}}{2(\sqrt{v})^3}\\ \frac{\sqrt{v}}{2\sqrt{u}} & \frac{\sqrt{u}}{2\sqrt{v}}\end{vmatrix}=\frac{1}{2v}$$

故原式 $=\int_1^4\int_1^2\frac{1}{2v}u^2dudv=\int_1^4\frac{1}{2v}\frac{7}{3}dv=\frac{7}{6}\ln 4=\frac{7}{3}\ln 2$

例 9. 證 $\int_R\int f(x+y)dxdy=\int_{-1}^1 f(u)du$

R：由 $|x|+|y|\le 1$ 所圍成區域

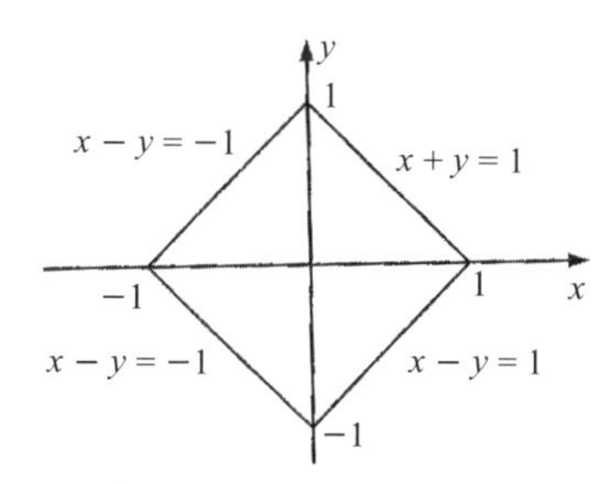

解 取 $u=x+y$，$v=x-y$

取 $x=\frac{u+v}{2}$，$y=\frac{u-v}{2}$

$$|J|=\begin{vmatrix}\frac{1}{2} & \frac{1}{2}\\ \frac{1}{2} & -\frac{1}{2}\end{vmatrix}_+=\frac{1}{2}$$

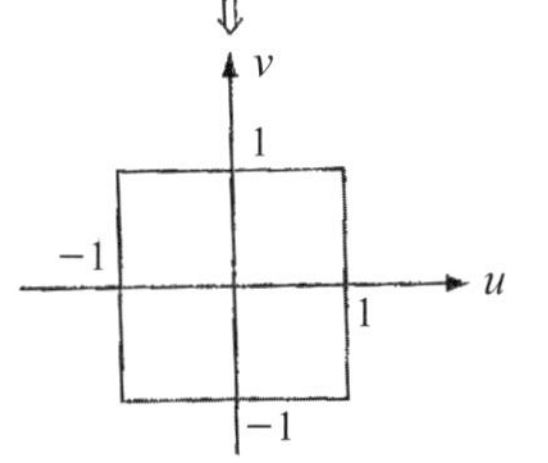

$R'=\{(u,v)\mid 1\ge u\ge -1，1\ge v\ge -1\}$

∴原式 $=\int_{-1}^1\int_{-1}^1\frac{1}{2}f(u)dvdu-\int_{-1}^1 f(u)du$

> 在求 Jacobian 時，若嫌 $|J|$ 麻煩，
>
> 你可用公式 $|J|=\begin{vmatrix}\frac{\partial u}{\partial x} & \frac{\partial u}{\partial y}\\ \frac{\partial v}{\partial x} & \frac{\partial v}{\partial y}\end{vmatrix}_+^{-1}$，以例 2 而言
>
> $|J|=\begin{vmatrix}y & x\\ -\frac{y}{x^2} & \frac{1}{x}\end{vmatrix}_+^{-1}=\left(\frac{2y}{x}\right)^{-1}=\frac{1}{2}\frac{x}{y}=\frac{1}{2v}$

練習 11.2D

1. 求$\int_D\int e^{x+y}dxdy$，D：$\{(x, y) \mid |x|+|y| \leq 1\}$。
2. 求$\int_R\int (x+y)^n dxdy$，R：由 $(1, 0), (1, 3), (2, 2), (0, 1)$ 爲頂點之四邊形區域。

11.3 線積分

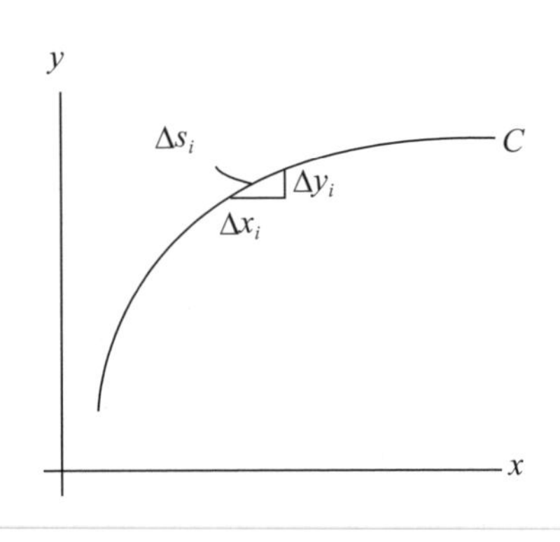

線積分（line integral）是單變數函數定積分之一般化。它有幾種不同之定義方式：

線積分第一種定義

C 爲一定義於二維空間之**正方向**（positively oriented）（即逆時針方向）之平滑曲線，曲線之參數方程式爲 $x = x(t)$，$y = y(t)$，$a \le t \le b$。如同單變數定積分，我們先將 C 切割許多小的弧形，設第 i 個弧長爲 Δs_i，因 Δx_i，Δy_i 很小時，$\Delta s_i \approx \sqrt{\Delta x_i^2 + \Delta y_i^2}$ · 則 $\lim\limits_{|P|\to 0} \sum\limits_{i=1}^{n} f(\bar{x}_i, \bar{y}_i)\Delta s_i \triangleq \int_c f(x,y)\,ds$，$|P_i|$ 是曲線 C 上之第 i 個分割之長度，而 $|P|$ 爲 $\max\{|P_1|, |P_2|, \cdots |P_n|\}$。透過中值定理可得 $\int_c f(x,y)\,ds = \int_a^b f(x(t), y(t))\sqrt{[x'(t)]^2 + [y'(t)]^2}\,dt$。

上述結果可擴充至 3 維空間。

我們用 $\oint_c$ 表示 C 為封閉曲線下之線、面積分。

【定理 A】 若曲線 c 為分段平滑曲線，則

(1) $\int_c f(x, y, z)ds = \int_{c_1} f(x, y, z)ds + \int_{c_2} f(x, y, z)ds + \int_{c_3} f(x, y, z)ds$

(2) $\int_c kf(x, y, z)ds = k\int_c f(x, y, z)ds$

(3) $\int_c (f(x, y, z) + g(x, y, z))ds = \int_c f(x, y, z)ds + \int_c g(x, y, z)ds$

(4) $-\int_c f(x, y, z)ds = \int_{-c} f(x, y, z)ds$，其中 $-c$ 表示與路徑 c 之反方向的路徑。

例 1. 求 $\int_c \sqrt{y}\,ds$；c：$y = x^2$ 在 $(0, 0)$ 至 $(1, 1)$ 之弧

提示	解答
$\int_c f(x, y)ds$ 中之 s 是弧長，因此要把 $ds \to dx$，方法是 $\boldsymbol{ds = \sqrt{1+(y')^2}dx}$ 這是微積分之弧長公式	$\because\ y = x^2 \quad \therefore\ ds = \sqrt{1+(y')^2}dx = \sqrt{1+4x^2}$ $\int_c \sqrt{y}\,ds = \int_0^1 \lvert x\rvert\sqrt{(2x)^2+1}\,dx = \int_0^1 x\sqrt{4x^2+1}\,dx$ $= \int_0^1 (4x^2+1)^{\frac{1}{2}}\,d\frac{1}{8}(4x^2+1) = \frac{2}{3}\cdot\frac{1}{8}(4x^2+1)^{\frac{3}{2}}\Big]_0^1 = \frac{5\sqrt{5}-1}{12}$

例 2. 求 $\int_c \frac{\sqrt{x^2+y^2}}{(x-1)^2+y^2}ds$，$c$：$x^2+y^2=2x$，$y \geq 0$

提示	解答
善用 $x^2+y^2=2x$ 之關係。	$\because$ $y=\sqrt{2x-x^2}$，$y'=\frac{1-x}{\sqrt{2x-x^2}}$， $\therefore$ $ds=\sqrt{1+(y')^2}\,dx=\frac{dx}{\sqrt{2x-x^2}}$ $\int_c \frac{\sqrt{x^2+y^2}}{(x-1)^2+y^2}ds=\int_0^2 \frac{\sqrt{2x}}{\sqrt{2x-x^2}}dx=\sqrt{2}\int_0^2 \frac{dx}{\sqrt{2-x}}$ $=\sqrt{2}(-2\sqrt{2-x})]_0^2=4$

例 3. 求 $\int_c (x^2+y^2)\,ds$，c：$x^2+y^2+z^2=a^2$ 與 $x+y+z=0$ 相交之圓

提示	解答
本題我們用到輪換對稱性，其中輪換性是指，例如，$f(x, y)=g(x^2+y^2)$ 則 x 與 y 互換其結果不變，但 $f(x, y)=g(3x^2+2y^2)$ 不具輪換性。	$x^2+y^2+z^2=a^2$ 與 $x+y+z=0$ 之交集為半徑是 a 之圓，故 $ds=2a\pi$ 又由 $\boldsymbol{x}, \boldsymbol{y}, \boldsymbol{z}$ 之輪換對稱性，知$\int_c x^2\,ds=\int_c y^2\,ds=\int_c z^2\,ds$ 我們有 $\int_c (x^2+y^2)\,ds=\frac{2}{3}\int_c (x^2+y^2+z^2)\,ds=\frac{2a^2}{3}\int_c ds=\frac{2}{3}a^2\cdot(2\pi a)$ $=\frac{4}{3}a^3\pi$

線積分第二種定義

設 C 為 xy 平面內連接點 $A(a_1, b_1)$ 與 $B(a_2, b_2)$ 點的曲線。$(x_1, y_1), (x_2, y_2), \cdots, (x_{n-1}, y_{n-1})$ 將 C 分成 n 部分，令 $\Delta x_k=x_k-x_{k-1}$, $\Delta y_k=y_k-y_{k-1}$, $k=1, 2 \cdots, n$, 且 $(a_1, b_1)=(x_0, y_0)$, $(a_2, b_2)=(x_n, y_n)$，若點 (ξ_k, η_k) 是 C 上介於 (x_{k-1}, y_{k-1}) 與 (x_k, y_k) 之點，則

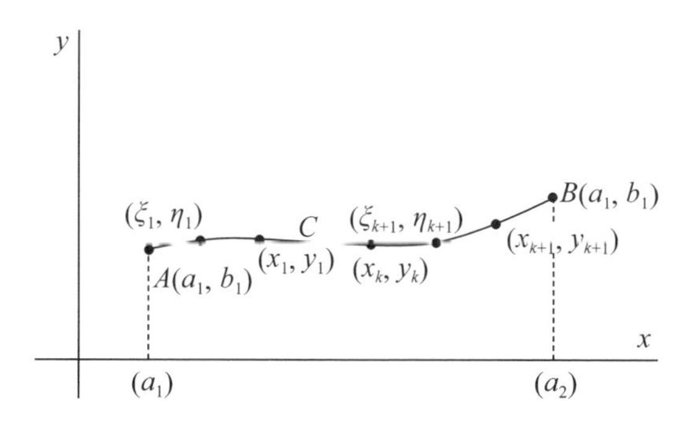

$$\sum_{k=1}^{n}\{P(\xi_k, \eta_k)\Delta x_k+Q(\xi_k, \eta_k)\Delta y_k\}$$

當 $n\to\infty$ 時，Δx_k，$\Delta y_k\to 0$，若此極限存在，便稱為沿 C 的線積分，以

$$\int_C P(x, y)dx+Q(x, y)dy \quad \text{或} \quad \int_{(a_1, b_1)}^{(a_2, b_2)} P\,dx+Q\,dy$$

表之。P 與 Q 在 C 上所有點是連續或分段連續，極限便存在。

同樣地，可把三維空間內沿曲線 C 的線積分定義爲

$$\lim_{n\to\infty}\sum_{k=1}^{n}\{A_1(\xi_k,\eta_k,\zeta_k)\Delta x_k+A_2(\xi_k,\eta_k,\zeta_k)\Delta y_k+A_3(\xi_k,\eta_k,\zeta_k)\Delta z_k\}$$

$$=\int_C A_1dx+A_2dy+A_3dz$$

A_1，A_2，A_3 是 x，y，z 的函數。

例 4. 求下列條件之 $\int_c ydx-xdy$

(1) $x=t$，$y=2t$，$0\le t\le 1$

(2) C：$(0,0)$ 至 $(1,2)$，沿 $y^2=4x$

(3) C：$x^2+y^2=4$ 上，$(0,2)$ 至 $(2,0)$ 之圓弧

解

提示	解答
本例要用到直線參數方程式，在此作扼要的復習： (1) 平面直線參數方程式：自 (a_0,b_0) 至 (a_1,b_1) 之直線參數方程式為 $\frac{x-a_0}{a_1-a_0}=\frac{y-b_0}{b_1-b_0}=t$，$t\in R$ 即 $\begin{cases}x=a_0+(a_1-a_0)t\\y=b_0+(b_1-b_0)t\end{cases}$，$t\in R$ 若 $b_1=b_0$ 則 $\frac{x-a_0}{a_1-a_0}=\frac{y-b_0}{0}=t$ 即 $\begin{cases}x=a_0+(a_1-a_0)t\\y=b_0\end{cases}$，$t\in R$ (2) 空間直線參數方程式：自 (a_0,b_0,c_0) 至 (a_1,b_1,c_1) 之直線參數方程式為： $\frac{x-a_0}{a_1-a_0}=\frac{y-b_0}{b_1-b_0}=\frac{z-c_0}{c_1-c_0}=t$ 即 $\begin{cases}x=a_0+(a_1-a_0)t\\y=b_0+(b_1-b_0)t\\z=c_0+(c_1-c_0)t\end{cases}$，$t\in R$ 若分母為 0 時：如 (1)$b_1=b_0$， $\frac{x-a_0}{a_1-a_0}=\frac{y-b_0}{0}=\frac{z-c_0}{c_1-c_0}=t$ $\begin{cases}x=a_0+(a_1-a_0)t\\y=b_0\\z=c_0+(c_1-c_0)t\end{cases}$，$t\in R$	(1) $\int_c ydx-xdy=\int_c ydx-\int_c xdy=\int_0^1(2t)dt-\int_0^1 td(2t)$ $=2\int_0^1 tdt-2\int_0^1 tdt=0$ (2) 設 $x=t$ 則 $y=2\sqrt{t}$， $\int_c ydx-xdy=\int_0^1 2\sqrt{t}dt-\int_0^1 td(2\sqrt{t})$ $=\frac{4}{3}-\frac{2}{3}t^{\frac{3}{2}}\Big]_0^1=\frac{2}{3}$ (3) 取 $x=2\cos t$，$y=2\sin t$，$0\le t\le\frac{\pi}{2}$，$t:0\to\frac{\pi}{2}$ $\int_c ydx-xdy=\int_c ydx-\int_c xdy$ $=\int_0^{\frac{\pi}{2}}(2\sin t)d(2\cos t)-\int_0^{\frac{\pi}{2}}(2\cos t)d(2\sin t)$ $=-\int_0^{\frac{\pi}{2}}4\sin^2 tdt-\int_0^{\frac{\pi}{2}}4\cos^2 tdt$ $=-\int_0^{\frac{\pi}{2}}(4\sin^2 t+4\cos^2 t)dt$ $=-\int_0^{\frac{\pi}{2}}4dt=-2\pi$

例 5. 求 $\oint_c ydx - xdy$，c 之路徑如下：

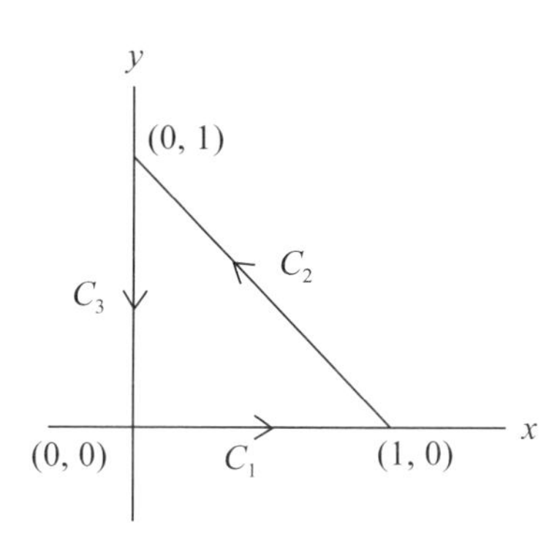

解 (1) C_1：$x = t$，$y = 0$，$0 \le t \le 1$

$$\therefore \int_{C_1} ydx - xdy = \int_{C_1} ydx - \int_{C_1} xdy = 0$$

(2) C_2：$x = 1 - t$，$y = t$，$0 \le t \le 1$

$$\therefore \int_{C_2} ydx - xdy = \int_{C_2} ydx - \int_{C_2} xdy = \int_0^1 td(1-t) - \int_0^1 (1-t)dt = -1$$

(3) C_3：$x = 0$，$y = t$，$0 \le t \le 1$

$$\int_{C_3} ydx - xdy = 0$$

$$\therefore \oint_C ydx - xdy = \int_{C_1} ydx - xdy + \int_{C_2} ydx - xdy + \int_{C_3} ydx - xdy$$
$$= 0 + (-1) + 0 = -1$$

例 6. 若 C：(0, 0, 0) → (1, 1, 0) → (1, 1, 1) → (0, 0, 0) 之路徑（爲一三維空間上之三角形）求 $\oint_c xydx + yzdy + xzdz$

解 C_1：(0, 0, 0) → (1, 1, 0)：$x = t$，$y = t$，$z = 0$，$0 \le t \le 1$

$$\therefore \int_{C_1} xy\,dx + yz\,dy + xz\,dz = \int_0^1 t \cdot t\,dt = \frac{1}{3}$$

C_2：(1, 1, 0) → (1, 1, 1)：$x = 1$，$y = 1$，$z = t$，$0 \le t \le 1$

$$\therefore \int_{C_2} xy\underbrace{dx}_{=0} + yz\underbrace{dy}_{=0} + xzdz = \int_0^1 1t\,dt = \frac{1}{2}$$

C_3：(1, 1, 1) → (0, 0, 0)，則 $-C_3$：(0, 0, 0) → (1, 1, 1)

$$\int_{C_3} xydx + yzdy + xzdz = -\left(\int_{-C_3} xydy + yzdy + xzdz\right)$$，取 $x = y = z = t$，$1 \ge t \ge 0$

$$\therefore \int_{C_3} xydx + yzdy + xzdz = -\int_0^1 3t^2\,dt = -1$$

$$\int_C xydx + yzdy + xzdz = \int_{C_1} + \int_{C_2} + \int_{C_3} = \frac{1}{3} + \frac{1}{2} - 1 = -\frac{1}{6}$$

線積分之向量形式

設路徑 C 之參數方程式爲 $x=x(t)$，$y=y(t)$，$z=z(t)$，$a\le t\le b$，$\mathbf{r}(t)=x(t)\,\boldsymbol{i}+y(t)\,\boldsymbol{j}+z(t)\boldsymbol{k}$，則

$d\mathbf{r}=dx\boldsymbol{i}+dy\boldsymbol{j}+dz\boldsymbol{k}$，若 $\boldsymbol{F}=P(x,y,z)\,\boldsymbol{i}+Q(x,y,z)\,\boldsymbol{j}+R(x,y,z)\,\boldsymbol{k}$，則

$\boldsymbol{F}\cdot d\boldsymbol{r}=(P\boldsymbol{i}+Q\boldsymbol{j}+R\boldsymbol{k})\cdot(dx\boldsymbol{i}+dy\boldsymbol{j}+dz\boldsymbol{k})=Pdx+Qdy+Rdz$

$\therefore\int_c \boldsymbol{F}\cdot d\boldsymbol{r}=\int_c Pdx+Qdy+Rdz$

例 7. 若 $\boldsymbol{F}(x,y)=(x^2-y^2)\boldsymbol{i}+xy\boldsymbol{j}$，$C$：$y=x^2$，從 $(0,0)\to(1,1)$，求 $\int_c \boldsymbol{F}\cdot d\boldsymbol{r}$。

解 $\int_c F\cdot dr=\int_c((x^2-y^2)\boldsymbol{i}+xy\boldsymbol{j})\cdot(dx\boldsymbol{i}+dy\boldsymbol{j})=\int_c(x^2-y^2)dx+xydy$

$$\xrightarrow[\;1>t>0\;]{\;x=t,\ y=t^2\;}\int_0^1((t^2-t^4)+t\cdot t^2\cdot 2t)dt=\int_0^i(t^2+t^4)dt=\frac{8}{15}$$

例8. $\boldsymbol{F}=(x^2+y^2)y\boldsymbol{i}-(x^2+y^2)x\boldsymbol{j}+(a^3+z^3)\boldsymbol{k}$，$c$：$x^2+y^2=a^2$，$z=0$，求 $\oint_c \boldsymbol{F}\cdot d\boldsymbol{r}$

解
$$\begin{aligned}\oint_c \boldsymbol{F}\cdot d\boldsymbol{r}&=\oint_c((x^2+y^2)y\boldsymbol{i}-(x^2+y^2)x\boldsymbol{j}+(a^3+z^3)\boldsymbol{k})\cdot(dx\boldsymbol{i}+dy\boldsymbol{j}+dz\boldsymbol{k})\\&=\oint_c(x^2+y^2)ydx-(x^2+y^2)xdy+(a^3+z^3)dz\\&=\oint_c a^2ydx-a^2xdy=a^2\int_{x^2+y^2\le a^2}(ydx-xdy)=-a^2\Big(\int_{x^2+y^2\le a^2}xdy-ydx\Big)\\&=-a^2\left(\frac{1}{2}\pi a^2\right)=-\frac{\pi}{a}a^4\end{aligned}$$

線積分在求面積上之應用

【定理 B】 c 為簡單封閉曲線，R 為 c 所圍成之區域，則區域 R 之面積 $A(R)$ 為

$$A(R)=\frac{1}{2}\oint_c xdy-ydx$$

證明
$$\begin{vmatrix}\frac{\partial}{\partial x} & \frac{\partial}{\partial y}\\ -y & x\end{vmatrix}=2\Rightarrow\oint_c xdy-ydx=\iint_R dxdy=2A$$

$$\therefore\frac{1}{2}\oint_c xdy-ydx=A$$

■

例9. 求 $x^2+y^2=b^2$，$b>0$ 之面積

解 取 $x=b\cos\theta$，$y=b\sin\theta$，$2\pi\geq\theta\geq 0$

則 $A(R)=\frac{1}{2}\int_c xdy-ydx=\frac{1}{2}\int_0^{2\pi} b\cos\theta\,(b\cos\theta)d\theta-\ (b\sin\theta)(-b\sin\theta)d\theta$

$=\frac{1}{2}\int_0^{2\pi} b^2(\cos^2\theta+\sin^2\theta)d\theta=\frac{1}{2}2\pi\cdot b^2=\pi b^2$

練習 11.3A

1. C：$x^2+y^2=1$，從 $(1,0)$ 至 $(0,1)$，求 $\int_c xydx+(x^2+y^2)dy$
2. $\int_c 2xy\,dx+(x^2+y^2)\,dy$，$c$：$x=\cos t$，$y=\sin t$，$0\leq t\leq\frac{\pi}{2}$
3. $\boldsymbol{F}=(3x^2+6y)\boldsymbol{i}-14yz\boldsymbol{j}+20xz^2\boldsymbol{k}$，$\boldsymbol{r}=x\boldsymbol{i}+y\boldsymbol{j}+z\boldsymbol{k}$ 求 $\int_c \boldsymbol{F}\cdot d\boldsymbol{r}$，起點 $(0,0,0)$，終點 $(1,1,1)$，c：$x=t$，$y=t^2$，$z=t^3$
4. 若 $\begin{cases}x=t\\y=t^2+1\end{cases}$，$c$ 為由 $(0,1)$ 到 $(1,2)$ 之有向曲線，求 $\int_c (x^2-y)dx+(y^2+x)dy$
5. 求 $\int_{(1,1)}^{(2,2)}\left(e^x\ln y-\frac{e^y}{x}\right)dx+\left(\frac{e^x}{y}-e^y\ln x\right)dy$
6. 求 $\int_c (x^2+y^2+z^2)ds$，c：$x=\cos t$，$y=\sin t$，$z=t$，c：從 0 到 2π 之弧線
7. 求 $\int_c F\cdot dr$，$\boldsymbol{F}=2xy\boldsymbol{i}+zy\boldsymbol{j}-e^zk$，$c$：拋物面 $y=x^2$，$z=0$ 在 xy 平面由 $(0,0,0)$ 到 $(2,4,0)$ 之弧線。
8. 求證 $\frac{x^2}{a^2}+\frac{y^2}{b^2}=1$, $a,b>0$ 圍成區域之面積為 πab
9. 若 c 為點 (x_1,y_1) 到點 (x_2,y_2) 之線段，試證

   $\int_c xdy-ydx=\begin{vmatrix}x_1 & x_2\\y_1 & y_2\end{vmatrix}$
10. 根據右圖求 $\oint_c ydx-xdy$
11. 求 $\int_c ydx+zdy+xdy$　c：$A(1,0,0)$ 到 $B(2,2,3)$ 再到 $(1,2,0)$

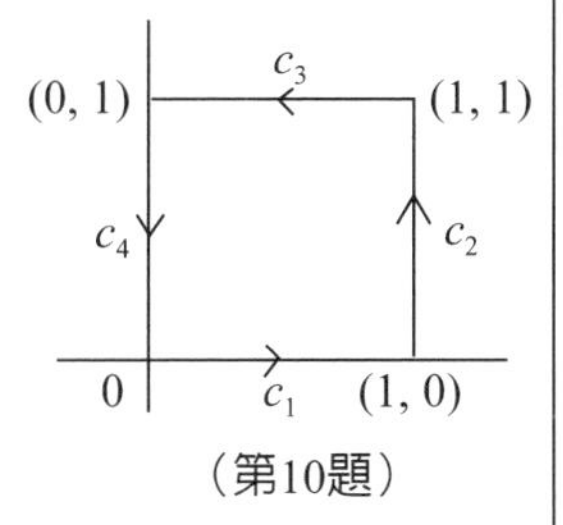

（第10題）

平面上的格林定理

格林定理（Green theorem）主要是將具有某種性質之封閉曲線 c 之線積分轉換成重積分，它是 Stokes 定理之二維特例。

【定義】 D 為一平面區域，若 D 中任一封閉曲線圍成之有界區域都屬於 D，則稱 D 為**簡單連通區域**（simply-connected regions）。

例如：

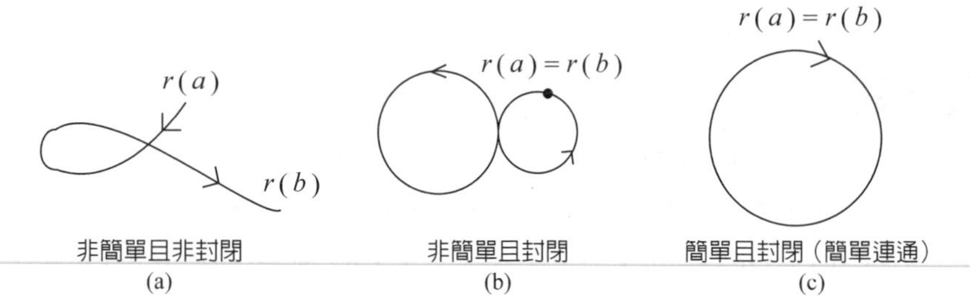

非簡單且非封閉 (a)　　非簡單且封閉 (b)　　簡單且封閉（簡單連通）(c)

簡單地說單連通區域就是沒有洞的區域。

【定理 C】 Green 定理：
R 為簡單連通區域，其邊界 c 為以逆時針方向通過之簡單封閉分段之平滑曲線，函數 P，Q 在包含 R 之某開區間內之一階偏導函數均為連續，則

$$\oint_c (Pdx + Qdy) = \iint_R \left(\frac{\partial Q}{\partial x} - \frac{\partial P}{\partial y}\right) dx\,dy$$

證明 根據左下圖，設曲線 ACB 與 ADB 之方程式分別爲 $y = g(x)$，$y = h(x)$，則

$$\iint_R \frac{\partial P}{\partial y} dx\,dy = \int_a^b \int_{h(x)}^{g(x)} \frac{\partial P}{\partial y} dy\,dx$$

$$= \int_a^b (P(x, g(x)) - P(x, h(x)))dx$$

$$= -\int_a^b P(x, h(x))dx - \int_b^a P(x, g(x))\,dx$$

$$= -\oint_c Pdx$$

即 $\oint_c Pdx = -\iint_R \frac{\partial P}{\partial y} dx\,dy$　(1)

(2) 設曲線 DAC 與 DBC 之方程式分別爲 $x = f(y)$，$x = k(y)$，則

$$\iint_R \frac{\partial Q}{\partial x}\,dx\,dy = \int_c^d \left(\int_{f(y)}^{k(y)} \frac{\partial Q}{\partial x}\,dx\right) dy = \int_c^d \left(Q(f(x),y) - Q(k(x),y)\right) dy$$

$$= \int_c^d Q(f(x),y)\,dy + \int_d^c Q(k(x),y)\,dy$$

$$= \oint_c Q\,dy$$

即 $\oint_c Q\,dy = \iint_R \frac{\partial Q}{\partial x}\,dx\,dy \quad (2)$

(1) + (2) 得 $\oint_c P\,dx + Q\,dy = \iint_R \left(\frac{\partial Q}{\partial x} - \frac{\partial P}{\partial y}\right) dx\,dy$ ■

定理 C（格林定理）可用

$$\int_c (P\,dx + Q\,dy) = \iint_R \left(\frac{\partial Q}{\partial x} - \frac{\partial P}{\partial y}\right) dx\,dy = \iint_R \begin{vmatrix} \frac{\partial}{\partial x} & \frac{\partial}{\partial y} \\ P & Q \end{vmatrix} dx\,dy$$

以便記憶

例10. 求 $\oint_c (2y - e^{\cos x})\,dx + (3x + e^{\sin y})\,dy$，$c$：$x^2 + y^2 = 4$

解

$$\because \begin{vmatrix} \frac{\partial}{\partial x} & \frac{\partial}{\partial y} \\ 2y - e^{\cos x} & 3x + e^{\sin y} \end{vmatrix} = 3 - 2 = 1$$

$$\therefore \oint_c (2y - e^{\cos x})\,dx + (3x + e^{\sin y})\,dy = \iint_{x^2+y^2 \le 4} dx\,dy$$

$=$（$x^2 + y^2 = 4$ 圍成之面積）$= 4\pi$

例11. 求 $\oint_c x^2 dx + xy\,dy$，c：由 (1, 0)，(0, 0)，(0, 1) 所圍成之三角形區域

解

提示	解答
y (0, 1) $x + y = 1$ x (0, 0) (1, 0)	$\begin{cases} P = x^2 \\ Q = xy \end{cases}$, $\begin{vmatrix} \frac{\partial}{\partial x} & \frac{\partial}{\partial y} \\ x^2 & xy \end{vmatrix} = y$ $\therefore \oint_c x^2 dx + xy\,dy = \int_0^1 \int_0^{1-x} y\,dy\,dx$ $= \int_0^1 \frac{(1-x)^2}{2}\,dx = \frac{-1}{6}(1-x)^3\Big]_0^1 = \frac{1}{6}$

例12. 求 $\oint_c (2xy+x^2)dx+(x^2+x+y)dy$，$c$ 為 $y=x^2$ 與 $y=x$ 所圍成之區域。

解

提示	解答
$y=x^2$ $y=x$ $(1, 0)$	$P=2xy+x^2$，$Q=x^2+x+y$ $\begin{vmatrix} \frac{\partial}{\partial x} & \frac{\partial}{\partial y} \\ 2xy+x^2 & x^2+x+y \end{vmatrix}=1$ $\therefore \oint_c (2xy+x^2)dx+(x^2+x+y)dy$ $=\int_0^1\int_{x^2}^{x} 1\,dy\,dx$ $=\int_0^1 (x-x^2)dx=\frac{1}{6}$

例13. 求 $\oint_c \frac{-ydx+xdy}{x^2+y^2}$，$C$ 為封閉平滑曲線，如下圖：

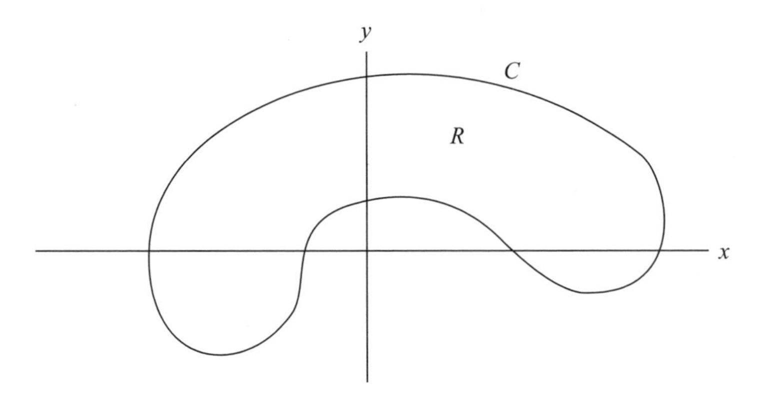

解 因 (0, 0) 不在 C 圍成之封閉區域 R 內，故：

$$\begin{vmatrix} \frac{\partial}{\partial x} & \frac{\partial}{\partial y} \\ \frac{-y}{x^2+y^2} & \frac{x}{x^2+y^2} \end{vmatrix}=\frac{y^2-x^2}{x^2+y^2}+\frac{x^2-y^2}{x^2+y^2}=0$$

$$\therefore \oint_c \frac{-ydx+xdy}{x^2+y^2}=\iint_R 0\,dA=0$$

例 13 之封閉曲線 C 圍成之區域若包含 (0, 0)，造成 $f(x, y)$ 在 (0, 0) 處不連續，那麼就不可用 Green 定理。

$\oint_c Pdx+Qdy$ 之 $\frac{\partial P}{\partial y}$ 與 $\frac{\partial Q}{\partial x}$ 含不連續點

【定理 D】 若 $f(z)$ 在兩個簡單封閉區域 C 與 C_1（C_1 在 C 區域內）所夾之區域內為解析則 $\oint_c f(z)dz=\oint_{c_1} f(z)dz$

因為 **Green** 定理之先提條件為 $\frac{\partial P}{\partial y}$，$\frac{\partial Q}{\partial x}$ 在封閉曲線 c 內為連續，若 $\frac{\partial P}{\partial y}$，$\frac{\partial Q}{\partial x}$ 在 c 內有不連續點時，我們便不能應用 **Green** 定理。但可以根據定理 **B** 在 c 內建立一個適當的封閉區域 c_1 以使 $\frac{\partial P}{\partial y}$，$\frac{\partial Q}{\partial x}$ 為連續。如此，我們只需對封閉曲域 c_1 行線積分即可得到我們要的結果。

例14. 求 $\oint_c \frac{xdy-ydx}{x^2+y^2}$，$c：x^2+2y^2\leq 1$

解

提示	解答
$\because \frac{\partial P}{\partial y}=\frac{\partial Q}{\partial x}=\frac{y^2-x^2}{(x^2+y^2)^2}$ 在 $(0,\ 0)$ 為不連續，所以不能直接引用 Green 定理。	我們在 $x^2+2y^2\leq 1$ 內建立一個很小的圓形區域 $c_1：x^2+y^2=\varepsilon^2$，$c_1$ 為逆時針方向，則可以將 x^2+y^2 用 ε^2 代換以消去此不連續點： $\oint_{c_1}\frac{xdy}{x^2+y^2}-\frac{ydx}{x^2+y^2}=\oint_{c_1}\frac{xdy}{\varepsilon^2}-\frac{ydx}{\varepsilon^2}$ $=\frac{1}{\varepsilon^2}\underbrace{\oint_{c_1}xdy-ydx}_{2\text{倍 } c_1 \text{之面積}}$ $=\frac{2}{\varepsilon^2}(\pi\varepsilon^2)=2\pi$

例15. 求 $\oint_\Gamma \frac{ydx-(x-1)dy}{(x-1)^2+y^2}$，試依下列路徑分別求解：(1)$\Gamma_1：x^2+y^2-2y=0$ 之逆時針方向；(2) $\Gamma_2：(x-1)^2+\frac{y^2}{4}=1$ 之逆時針方向。

解

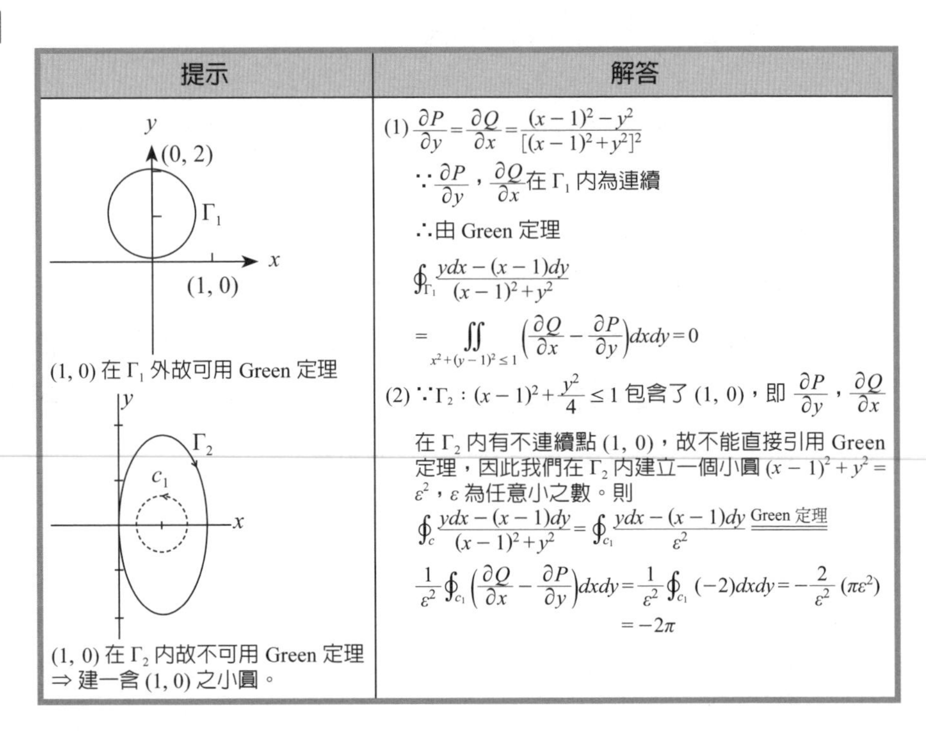

提示	解答
(1, 0) 在 Γ_1 外故可用 Green 定理	(1) $\frac{\partial P}{\partial y}=\frac{\partial Q}{\partial x}=\frac{(x-1)^2-y^2}{[(x-1)^2+y^2]^2}$ $\because \frac{\partial P}{\partial y}$，$\frac{\partial Q}{\partial x}$在 Γ_1 內為連續 ∴由 Green 定理 $\oint_{\Gamma_1}\frac{ydx-(x-1)dy}{(x-1)^2+y^2}$ $=\iint_{x^2+(y-1)^2\le 1}\left(\frac{\partial Q}{\partial x}-\frac{\partial P}{\partial y}\right)dxdy=0$
(1, 0) 在 Γ_2 內故不可用 Green 定理 ⇒ 建一含 (1, 0) 之小圓。	(2) $\because \Gamma_2$：$(x-1)^2+\frac{y^2}{4}\le 1$ 包含了 (1, 0)，即 $\frac{\partial P}{\partial y}$，$\frac{\partial Q}{\partial x}$ 在 Γ_2 內有不連續點 (1, 0)，故不能直接引用 Green 定理，因此我們在 Γ_2 內建立一個小圓 $(x-1)^2+y^2=\varepsilon^2$，$\varepsilon$ 為任意小之數。則 $\oint_c\frac{ydx-(x-1)dy}{(x-1)^2+y^2}=\oint_{c_1}\frac{ydx-(x-1)dy}{\varepsilon^2}\overset{\text{Green 定理}}{=\!=}$ $\frac{1}{\varepsilon^2}\oint_{c_1}\left(\frac{\partial Q}{\partial x}-\frac{\partial P}{\partial y}\right)dxdy=\frac{1}{\varepsilon^2}\oint_{c_1}(-2)dxdy=-\frac{2}{\varepsilon^2}(\pi\varepsilon^2)$ $=-2\pi$

路徑無關

c 為連結兩端點 (x_0, y_0)、(x_1, y_1) 之分段平滑曲線，若$\int_c P(x, y)dx + Q(x, y)dy$ 不會因路徑 c 不同而有不同之結果，則稱此線積分為**路徑無關**（independent of path）。

【定理 E】 c 為區域 R 中之路徑，則線積分 $\int_c P(x, y)dx + Q(x, y)dy$ 路徑 c 獨立（即無關）之充要條件為 $\frac{\partial P}{\partial y}=\frac{\partial Q}{\partial x}$（= 假定 $\frac{\partial P}{\partial y}$，$\frac{\partial Q}{\partial x}$ 為連續）

即 $\begin{vmatrix}\frac{\partial}{\partial x} & \frac{\partial}{\partial y}\\ P & Q\end{vmatrix}=0$

一階微分方程式 $Pdx + Qdy = 0$ 為正合之充要條件為 $\frac{\partial P}{\partial y}=\frac{\partial Q}{\partial x}$，若滿足此條件，我們便可用例如正合方程式之集項法，找到一個函數 ϕ，使得 $Pdx +$

$Qdy = d\phi$，如此

$$\int_{(x_0,y_0)}^{(x_1,y_1)} Pdx + Qdy = \int_{(x_0,y_0)}^{(x_1,y_1)} d\phi = \phi\Big|_{(x_0,y_0)}^{(x_1,y_1)} = \phi\ (x_1, y_1) - \phi\ (x_0, y_0)$$

若 c 爲封閉曲線，上式之 $x_0 = x_1$，$y_0 = y_1$ 則 $\oint_c Pdx + Qdy = 0$，如推論 E1。

【推論 E1】　c **為封閉曲線且** $\int_c Pdx + Qdy$ **為路徑無關，則** $\oint_c Pdx + Qdy = 0$

【推論 E2】　c 為封閉曲線則 $\int_c Pdx + Qdy + Rdz$ 為路徑無關之充要條件為：

$$\frac{\partial P}{\partial y} = \frac{\partial Q}{\partial x}，\frac{\partial P}{\partial z} = \frac{\partial R}{\partial x} \text{ 與 } \frac{\partial Q}{\partial z} = \frac{\partial R}{\partial y}$$

且 $\int_c Pdx + Qdy + Rdz$ 為路徑無關，則 $\oint_c Pdx + Qdy + Rdz = 0$

推論 E2 是將定理 C 之稍作推廣。

路徑無關之記憶

線積分	圖示	路徑無關之條件
$\int_c Pdx + Qdy$	$\frac{\partial}{\partial x}$ $\frac{\partial}{\partial y}$ / P Q（$\frac{\partial}{\partial x}$ 與 Q、$\frac{\partial}{\partial y}$ 與 P 交叉連線）	$\frac{\partial}{\partial x}Q = \frac{\partial}{\partial y}P$
$\int_c Pdx + Qdy + Rdz$	$\frac{\partial}{\partial x}$ $\frac{\partial}{\partial y}$ $\frac{\partial}{\partial z}$ / P Q R（$\frac{\partial}{\partial x}$ 與 Q、$\frac{\partial}{\partial y}$ 與 P 交叉連線）	$\frac{\partial}{\partial x}Q = \frac{\partial}{\partial y}P$
	$\frac{\partial}{\partial x}$ $\frac{\partial}{\partial y}$ $\frac{\partial}{\partial z}$ / P Q R（$\frac{\partial}{\partial x}$ 與 R、$\frac{\partial}{\partial z}$ 與 P 交叉連線）	$\frac{\partial}{\partial x}R = \frac{\partial}{\partial z}P$
	$\frac{\partial}{\partial x}$ $\frac{\partial}{\partial y}$ $\frac{\partial}{\partial z}$ / P Q R（$\frac{\partial}{\partial y}$ 與 R、$\frac{\partial}{\partial z}$ 與 Q 交叉連線）	$\frac{\partial R}{\partial y} = \frac{\partial}{\partial z}Q$

例16.　求 $\int_c 2xydx + x^2dy$，(1) c 爲連結 $(-1, 1)$，$(0, 2)$ 之曲線。(2) c：$x^2 + y^2 = 4$。

解 (1) $\int_c 2xydx + x^2dy$ 中 $\begin{vmatrix} \frac{\partial}{\partial x} & \frac{\partial}{\partial y} \\ 2xy & x^2 \end{vmatrix} = 0$

$\therefore$ 我們可找到一個函數 ϕ，$\phi = x^2y$，使得 $\int_c 2xydx + x^2dy = x^2y\Big|_{(-1,1)}^{(0,2)} = -1$

(2) $\because \oint_c 2xy\,dx + x^2dy$ 為路徑無關又 c 為一封閉曲線

$\therefore$ 由推論 E1 得 $\oint_c 2xy\,dx + x^2dy = 0$

例17. 求 $\int_c 2xy^2z\,dx + 2x^2yx\,dy + x^2y^2dz \quad c:(0, 0, 0) \to (a, b, c)$

解 $\because P = 2xy^2z$，$Q = 2x^2yz$，$R = x^2y^2$ 滿足

$$\frac{\partial P}{\partial y} = \frac{\partial Q}{\partial x} = 4xyz，\frac{\partial P}{\partial z} = \frac{\partial R}{\partial x} = 2xy^2，\frac{\partial Q}{\partial z} = \frac{\partial R}{\partial y} = 2x^2y$$

$\int_c 2xy^2zdx + 2x^2yzdy + x^2y^2dz$ 為路徑無關

$\therefore \int_c 2xy^2z\,dx + 2x^2yz\,dy + x^2y^2dz = x^2y^2z\Big]_{0,0,0}^{(a,b,c)} = a^2b^2c$

例18. 求 $\int_c \frac{(x-y)dx + (x+y)dy}{x^2+y^2}$：(1) c_1：沿 $y = 1 - x^2$，從 $(-1, 0)$ 到 $(1, 0)$

(2) c_2：$x^{\frac{2}{3}} + y^{\frac{2}{3}} = 1$，$c$：從 $(-1, 0)$ 到 $(1, 0)$

解 (1) $\because \frac{\partial}{\partial y}\left(\frac{x-y}{x^2+y^2}\right) = \frac{\partial}{\partial x}\left(\frac{x+y}{x^2+y^2}\right) = \frac{y^2-2xy-x^2}{(x^2+y^2)^2}$，$(x, y) \neq (0, 0)$ $\therefore$ 此線積分為路徑無關。

我們可取 c'_1：$x^2+y^2=1$，$y \geq 0$ 從 $(-1, 0)$ 到 $(1, 0)$ 之弧，取參數方程式 $\begin{cases} x = \cos t \\ y = \sin t \end{cases}$，$t$：$\pi \to 0$

$$\therefore \int_c \frac{(x-y)dx + (x+y)dy}{x^2+y^2} = \int_{c'_1} \frac{(x-y)dx + (x+y)dy}{x^2+y^2}$$

$$= \int_\pi^0 [(\cos t - \sin t)(-\sin t) + (\cos t + \sin t)\cos t]dt$$

$$= \int_\pi^0 dt = -\pi$$

(2) 既然 $\int_c \frac{(x-y)dx + (x+y)dy}{x^2+y^2}$ 為路徑無關

$$\therefore \int_{c_2} \frac{(x-y)dx + (x+y)dy}{x^2+y^2} = -\pi$$

【定理 F】若 $\int_c P(x,y)dx+Q(x,y)dy$ 為路徑無點，則存在一個 $u(x,y)$ 滿足

$$du(x,y)=P(x,y)dx+Q(x,y)dy$$

例19. 求 $\int_{(0,0)}^{(a,b)}\frac{dx+dy}{1+(x+y)^2}$

提示	解答
1. $f(x,y)=\frac{dx+dy}{1+(x+y)^2}=\frac{dx}{1+(x+y)^2}+\frac{dy}{1+(x+y)^2}$ $P(x,y)=\frac{1}{1+(x+y)^2}=Q(x,y)$ 顯然 $\frac{\partial}{\partial y}P(x,y)=\frac{\partial}{\partial x}Q(x,y)$ →路徑無關 2. 由視察法 $\frac{dx+dy}{1+(x+y)^2}=\frac{d(x+y)}{1+(x+y)^2}$ $u(x,y)=\tan^{-1}(x+y)$	$\int_{(0,0)}^{(a,b)}\frac{dx+dy}{1+(x+y)^2}$ $=\int_{(0,0)}^{(a,b)}\frac{d(x+y)}{1+(x+y)^2}$ $=\tan^{-1}(x+y)\Big]_{(0,0)}^{(a,b)}$ $=\tan^{-1}(a+b)-\tan^{-1}0=\tan^{-1}(a+b)$

例20. 求 $\int_{(0,1)}^{(2,2)}(x+y)dx+(x-y)dy$

提示	解答
1. $P(x,y)=x+y$，$Q(x,y)=x-y$， $\frac{\partial}{\partial y}P(x,y)=\frac{\partial}{\partial x}Q(x,y)$ ∴原式為路徑無關 2. 現要找 $u(x,y)=?$ ∵ $(x+y)dx+Q(x-y)dy$ 為正合 ∴用第一章正合函數之集項法即可求出 $u(x,y)=?$	∵ $\int_{(0,1)}^{(2,2)}(x+y)dx+(x-y)dy$ 之 $P(x,y)=x+y$，$Q(x,y)=x-y$ 滿足 $\frac{\partial}{\partial y}P(x,y)=\frac{\partial}{\partial x}Q(x,y)$ ∴路徑無關 又 $(x+y)dx+(x-y)dy=xdx-ydy+(ydx+xdy)$ $=d\left(\frac{x^2}{2}-\frac{y^2}{2}+xy\right)$ ∴ $\int_{(0,1)}^{(2,2)}(x+y)dx+(x-y)dy$ $=\int_{(0,1)}^{(2,2)}d\left(\frac{x^2}{2}-\frac{y^2}{2}+xy\right)=\frac{x^2}{2}-\frac{y^2}{2}+xy\Big]_{(0,1)}^{(2,2)}$ $=\frac{9}{2}$

練習 11.3B

1. 求 $\oint_c (6xy^2 - y^3)dx + (6x^2y - 3xy^2)dy$，$c$：$x^{\frac{2}{3}} + y^{\frac{2}{3}} = a^{\frac{2}{3}}$
2. 求 $\oint_c y\tan^2 x\,dx + \tan x\,dy$，$c$：$(x+2)^2 + (y-1)^2 = 4$
3. 求 $\oint_c \frac{-y\,dx + x\,dy}{x^2+y^2}$，$c$：$(0, 1)$，$(0, 2)$，$(1, 1)$，$(1, 2)$ 圍成之正方形。
4. 求 $\oint_c (xy - x^2)\,dx + x^2y\,dy$，$c$：由 $y=0$，$x=1$，$y=x$ 所圍成之三角形。
5. 求 $\oint_c (x^3 - x^2y)dx + xy^2dy$，$c$：$x^2+y^2=1$ 與 $x^2+y^2=9$ 所圍區域之邊界。
6. $\oint_c (x^2y\cos x + 2xy\sin x - y^2e^x)dx + (x^2\sin x - 2ye^x)dy$，$c$：$x^{\frac{2}{3}} + y^{\frac{2}{3}} = a^{\frac{2}{3}}$
7. 求 (1) $\oint_c xe^{x^2+y^2}dx + ye^{x^2+y^2}dy$，$c$：$x^2+y^2=4$

   (2) $\oint_c e^x\sin y\,dx + e^x\cos y\,dy$，$c$：$x^2+y^2=4$
8. 求 $\int_{(0,0)}^{(0,1)} \frac{dx+dy}{1+(x+y)^2}$
9. 試依下列路線分別求 $\oint_c \frac{xdy - ydx}{x^2+y^2}$

   (1) c：$\frac{(x-2)^2}{2} + \frac{y^2}{3} = 1$，逆時針方向

   (2) c：$\frac{x^2}{2} + \frac{y^2}{3} = 1$，逆時針方向
10. 求 $\int_{(1,0)}^{(2,\pi)} (y - e^x\cos y)dx + (x + e^x\sin y)dy$

第12章
無窮級數

12.1 無窮級數定義

若 $\{a_k\}$ 爲一**無窮數列**（Infinite sequence），$\{a_k\}=\{a_1, a_2, \cdots\cdots, a_k, \cdots\cdots\}$，$k \in N$，$a_n$ 爲其第 n 項，則 $\sum_{k=1}^{\infty} a_k = a_1 + a_2 + \cdots\cdots + a_n + \cdots\cdots$ 稱爲一**無窮級數**（Infinite series）。

無窮級數之收斂與發散

令 $S_n = \sum_{k=1}^{n} a_k = a_1 + a_2 + \cdots\cdots + a_n$，$n = 1, 2, 3\cdots\cdots$，爲該無窮級數的**部份和**（Partial sum）。若 $\lim_{n\to\infty} S_n = \lim_{n\to\infty} \sum_{k=1}^{n} a_k = A$（常數），則稱無窮級數 $\sum_{k=1}^{\infty} a_k$ **收斂**（Convergent），稱 A 爲該收斂級數的和，即 $\sum_{k=1}^{\infty} a_k = A$。

無窮級數若不收斂即爲**發散**（Divergent）。

若 $\sum_{k=1}^{\infty} a_k = S$，則 $S - S_n = a_{n+1} + a_{n+2} + \cdots$稱爲級數之餘項。

無窮級數求和

我們求 $\sum_{i=1}^{100} i = ?$ 時，一個最笨的方法是 $1 + 2 + 3 + \cdots + 100$，但在無窮級數 $\sum_{i=1}^{\infty} a_n$ 求和時，我們無法像有限項級數求和之方法，將每項列出加總，因此，先求無窮級數之部分和 S_n，然後以 $\lim_{n\to\infty} S_n$ 當作無窮級數之和。

一般而言，無窮級數求和有下列三種作法：

1. 拆項法，即將一個式子分成若干小項，以便於「兩兩對消」。
2. 利用 $\frac{1}{1-x} = 1 + x + x^2 + \cdots\cdots + x^n + \cdots$ 透過同時微分或積分後代特殊值而得到我們所要的結果。
3. 湊項法，即針對某一通項「加一個數再減該數」或「減一個數再加該數」以便湊項。

這類無窮級數求和問題都暗藏某些解題密碼，一旦找到這些密碼，問題便可迎刃而解。

【定理 A】 $1 + r + r^2 + \cdots\cdots + r^n + \cdots\cdots = \frac{1}{1-r}$，$|r| < 1$。

證明

$S_n = 1 + r + r^2 + \cdots\cdots + r \cdots\cdots\cdots\cdots$ ①

$rS_n = r + r^2 + \cdots\cdots + r^n + r^{n+1} \cdots\cdots$ ②

① − ②得 $(1-r)S_n = 1 - r^{n+1}$

$$S_n = \frac{1-r^{n+1}}{1-r}$$

$$\therefore 1 + r + r^2 + \cdots\cdots + r^n + \cdots\cdots = \lim_{n\to\infty} S_n = \lim_{n\to\infty}\frac{1-r^{n+1}}{1-r} = \frac{1}{1-r},\ |r|<1$$

當 $r \geqq 1$ 時，上述等比級數爲發散。

例 1. 求 $0.2\overline{34} = 0.2343434\cdots\cdots$ 之分數表示法。

解　令 $x = 0.2\overline{34} = 0.2343434\cdots\cdots$ 則 $10x = 2.3434\cdots\cdots = 2 + 0.343434\cdots\cdots$

又 $0.343434\cdots = \dfrac{34}{100} + \dfrac{34}{10000} + \dfrac{34}{1000000} + \cdots = \left(\dfrac{\frac{34}{100}}{1-\frac{1}{100}}\right) = \dfrac{34}{99}$

$\therefore 2.3434\cdots34\cdots = 2 + \dfrac{34}{99}$

$\Rightarrow x = \dfrac{2}{10} + \dfrac{34}{990} = \dfrac{232}{990}$

例 2. 求 $\displaystyle\sum_{k=1}^{\infty}\frac{1}{k(k+1)} = ?$

解　$\because S_n = \displaystyle\sum_{k=1}^{n}\frac{1}{k(k+1)} = \sum_{k=1}^{n}\frac{1}{k} - \frac{1}{k+1}$

$= \left(1-\dfrac{1}{2}\right) + \left(\dfrac{1}{2}-\dfrac{1}{3}\right) + \cdots\cdots + \left(\dfrac{1}{n}-\dfrac{1}{n+1}\right)$

$= 1 - \dfrac{1}{n+1} = \dfrac{n}{n+1}$

又 $\displaystyle\lim_{n\to\infty} S_n = \lim_{n\to\infty}\frac{n}{n+1} = 1$　　$\displaystyle\therefore \sum_{k=1}^{\infty}\frac{1}{k(k+1)} = 1$

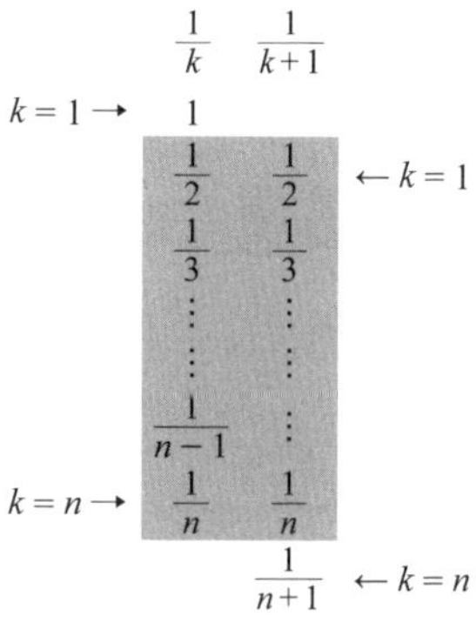

	$\frac{1}{k}$	$\frac{1}{k+1}$	
$k=1 \rightarrow$	1		
	$\frac{1}{2}$	$\frac{1}{2}$	$\leftarrow k=1$
	$\frac{1}{3}$	$\frac{1}{3}$	
	$\vdots$	$\vdots$	
	$\frac{1}{n-1}$	$\vdots$	
$k=n \rightarrow$	$\frac{1}{n}$	$\frac{1}{n}$	
		$\frac{1}{n+1}$	$\leftarrow k=n$

（陰影部分對消之）

例 3. 求 $\displaystyle\sum_{k=1}^{\infty}\frac{1}{k(k+2)}$

解　$\because \dfrac{1}{k(k+2)} = \dfrac{1}{2}\left(\dfrac{1}{k} - \dfrac{1}{k+2}\right)$

$S_n = \displaystyle\sum_{k=1}^{n}\frac{1}{k(k+2)} = \sum_{k=1}^{n}\frac{1}{2}\left(\frac{1}{k}-\frac{1}{k+2}\right)$

$$=\frac{1}{2}\left[\left(1-\frac{1}{3}\right)+\left(\frac{1}{2}-\frac{1}{4}\right)\right]+\left(\frac{1}{3}-\frac{1}{5}\right)$$

$$+\cdots\cdots+\left(\frac{1}{n-1}-\frac{1}{n+1}\right)+\left(\frac{1}{n}-\frac{1}{n+2}\right)$$

$$=\frac{1}{2}\left[1+\frac{1}{2}-\frac{1}{n+1}-\frac{1}{n+2}\right],\ \lim_{n\to\infty}S_n=\frac{3}{4}$$

$$\therefore \sum_{k=1}^{\infty}\frac{1}{k(k+2)}=\frac{3}{4}$$

	$\frac{1}{k}$		$\frac{1}{k+2}$	
$k=1\rightarrow$	1			
	$\frac{1}{2}$			
	$\frac{1}{3}$	對	$\frac{1}{3}$	$\leftarrow k=1$
	$\frac{1}{4}$		$\frac{1}{4}$	
	$\vdots$	消	$\vdots$	
$k=n\rightarrow$	$\frac{1}{n}$		$\frac{1}{n}$	
			$\frac{1}{n+1}$	
			$\frac{1}{n+2}$	$\leftarrow k=n$

★**例 4.** $a_n=\int_0^1 x^2(1-x)^n dx$，試求 $S_n=\sum_{n=1}^{\infty}a_n$，從而判斷其斂散性。

解 $a_n=\int_0^1 x^2(1-x)^n dx \overset{y=1-x}{=\!=} -\int_1^0 (1-y)^2y^n dy=\int_0^1 y^n(1-y)^2 dy$

$$=\int_0^1 (y^n-2y^{n+1}+y^{n+2})\,dy$$

$$=\frac{1}{n+1}-\frac{2}{n+2}+\frac{1}{n+3}\quad n=1,2,3\cdots\cdots$$

$$\therefore S_n=\sum_{k=1}^{n}a_k=\sum_{k=1}^{\infty}\left[\left(\frac{1}{k+1}-\frac{1}{k+2}\right)-\left(\frac{1}{k+2}-\frac{1}{k+3}\right)\right]$$

$$=\left(\frac{1}{2}-\frac{1}{n+2}\right)-\left(\frac{1}{3}-\frac{1}{n+3}\right)=\frac{1}{6}+\frac{1}{n+3}-\frac{1}{n+2}$$（仿例 3 之作法）

$\lim_{n\to\infty}S_n=\frac{1}{6}$，∴級數收斂，和為 $\frac{1}{6}$

練習 12.1

1. 若無窮級數 $\sum_{n=1}^{\infty}a_n$ 之部分和 $S_n=\frac{n+1}{n}$，求 $a_n=$？
2. 若正項級數 $\sum_{n=1}^{\infty}a_n$ 收斂，試證 $\sum_{n=1}^{\infty}\frac{1}{a_n}$ 必為發散
3. ★無窮級數 $\sum_{n=1}^{\infty}a_n$，$a_n=\frac{n}{(n+1)!}$，求部分和 S_n，級數是否收斂
4. 無窮級數 $\sum_{n=1}^{\infty}\frac{1}{\sqrt{n+1}+\sqrt{n}}$，求部分和 S_n，並判斷斂散性

無窮級數之性質

1. 在級數前增加或減少有限個項次，不影響原級數之斂散性。
2. $c \neq 0$ 則 $\sum_{n=1}^{\infty} a_n$ 與 $\sum_{n=1}^{\infty} ca_n$ 具有相同之斂散性。
3. 若 $\sum_{n=1}^{\infty} a_n$ 與 $\sum_{n=1}^{\infty} b_n$ 均收斂，$cd \neq 0$ 則 $\sum_{n=1}^{\infty} c \cdot a_n \pm \sum_{n=1}^{\infty} d \cdot b_n$ 亦收斂。

   〔$\sum_{n=1}^{\infty} a_n$ 與 $\sum_{n=1}^{\infty} b_n$ 均發散，$\sum_{n=1}^{\infty} ca_n \pm \sum_{n=1}^{\infty} db_n$（$cd \neq 0$）不一定發散〕
4. 若 $\sum_{n=1}^{\infty} a_n$ 為收斂，並收斂於 S（即 $\sum_{n=1}^{\infty} a_n = S$），則對級數之項任意加括號，則新的級數仍收斂於 S，但其逆不恒成立。
5. $\sum_{n=1}^{\infty} a_n$ 添加括號後之級數發散，則原級數發散。

性質 4、5 稱為無窮級數之**重組**（Rearrangement）。

★**例 5.** 試證調級數 $1+\frac{1}{2}+\frac{1}{3}+\cdots+\frac{1}{n}+\cdots$ 為發散。

解析 這是無窮級數重組之一個好例子。

解

$$1+\frac{1}{2}+\frac{1}{3}+\frac{1}{4}+\frac{1}{5}+\frac{1}{6}+\frac{1}{7}+\frac{1}{8}+\cdots\cdots+\frac{1}{16}+\frac{1}{17}\cdots\cdots *$$

2^0 項　2^1 項　2^2 項　2^3 項　……

$$1 \geq \frac{1}{2}$$

$$\frac{1}{2}+\frac{1}{3} \geq \frac{1}{4}+\frac{1}{4}=\frac{1}{2}$$

$$\frac{1}{4}+\frac{1}{5}+\frac{1}{6}+\frac{1}{7} \geq \frac{1}{8}+\frac{1}{8}+\frac{1}{8}+\frac{1}{8}=\frac{1}{2}$$

$$\frac{1}{8}+\frac{1}{9}+\cdots\cdots+\frac{1}{15} \geq \frac{1}{16}+\cdots\cdots+\frac{1}{16}=\frac{1}{2}$$

$\therefore * \geq 1+\frac{1}{2}+\frac{1}{2}+\frac{1}{2}+\cdots\cdots \to \infty$，即 $\sum_{n=1}^{\infty} \frac{1}{n}$ 為發散

12.2 正項級數

【定義】 設 $\sum_{k=1}^{\infty} a_k$ 為一無窮級數，若對所有的 k，$a_k > 0$，則稱 $\sum_{k=1}^{\infty} a_k$ 為一**正項級數**（Positive Series）。

【定理 A】 設 $\sum_{k=1}^{\infty} a_k$ 為一正項級數，且部分和 S_n 所構成的數列 $\{S_n\}$ 有界（Bounded）則 $\sum_{k=1}^{\infty} a_k$ 收斂。

【定理 B】 若級數 $\sum_{k=1}^{\infty} a_k$ 收斂，則 $\lim_{k\to\infty} a_k = 0$。

這個定理看似簡單，事實上如果把它用另一種等值敘述：若 $\lim_{n\to\infty} a_k \neq 0$，**則級數 $\sum_{k=1}^{\infty} a_k$ 發散**，那它的功能便很突出。只要判斷正項級數斂散性時，第一關便是要通過定理 A 之檢驗。但要注意的是：$\lim_{n\to\infty} a_n = 0$ 並不保證 $\sum_{n=1}^{\infty} a_n$ 收斂，例如 $a_n = \frac{1}{n}$，$\lim_{n\to\infty} a_n = 0$ 但 $\sum_{n=1}^{\infty} a_n$ 發散。

當我們求一些無窮級數如 $a_n = \frac{\ln n}{n}$ 之無窮大極限時，因為 $\frac{\ln n}{n}$ 中的 n 為自然數，因此，無法直接用 L'Hospital 法則，但我們應用以下結果 $\lim_{x\to\infty} f(x) = l$，則 $\lim_{n\to\infty} f(n) = l$。

例 1. 試判斷下列正項級數是否收斂。

1. $\sum_{n=1}^{\infty}\left(1-\frac{1}{n}\right)^n$ 2. $\sum_{n=2}^{\infty} n\sin\frac{1}{n}$

解

1. $\lim_{n\to\infty} a_n = \lim_{n\to\infty}\left(1-\frac{1}{n}\right)^n = e^{-1} \neq 0$，$\therefore \sum_{n=1}^{\infty}\left(1-\frac{1}{n}\right)^n$ 發散

2. $\because \lim_{x\to\infty} x\sin\frac{1}{x} \overset{y=\frac{1}{x}}{=\!=\!=} \lim_{y\to 0}\frac{\sin y}{y} = 1 \neq 0$，$\therefore \sum_{n=2}^{\infty} n\sin\frac{1}{n}$ 發散

正項級數審斂定理

【定理 A】　（P 一級數審斂法）

$$\sum_{n=1}^{\infty}\frac{1}{n^p}=1+\frac{1}{2^p}+\frac{1}{3^p}+\cdots\cdots$$

若 1. $p>1$ 則 $\sum_{n=1}^{\infty}\frac{1}{n^p}$ 收斂；

2. $p\leq 1$ 則 $\sum_{k=1}^{\infty}\frac{1}{n^p}$ 發散。

【定理 B】　（比較審斂法）

$\sum_{n=1}^{\infty}a_n$，$\sum_{n=1}^{\infty}b_n$ 為正項級數，且 $b_n \geqq a_n>0$，$\forall n \geqq N$，則

1. $\sum_{n=1}^{\infty}b_n$ 收斂則 $\sum_{n=1}^{\infty}a_n$ 收斂；

2. $\sum_{n=1}^{\infty}a_n$ 發散則 $\sum_{n=1}^{\infty}b_n$ 發散。

【定理 C】　（極限審斂法）$a_n>0$，$b_n>0$ 且 $\lim_{n\to\infty}\frac{a_n}{b_n}=l$，若 $0<l<\infty$，則 Σa_n 與 Σb_n 同為收斂或發散，若 $l=0$ 且 Σb_n 為收斂，則 Σa_n 為收斂。若 $l=\infty$ 且 Σb_n 發散，則 Σa_n 發散。

【定理 D】　若 Σa_n 為正項級數，若 $\lim_{n\to\infty}n^p a_n=l\neq 0$

1. $1\geqq p>0$ 則 Σa_n 為發散；2. $p>1$ 則 Σa_n 為收斂。

【定理 E】　（比值檢定法）

設 Σa_n 為一正項級數，且 $\lim_{n\to\infty}\frac{a_{n+1}}{a_n}=l<1\ (l>1)$，則 $\sum_{n=1}^{\infty}a_n$ 收斂（發散）；若 $l=1$，無法用比值檢定性檢定。

【定理 F】　（積分審斂法）

設 $f(x)$ 在 $[1, \infty]$ 中為連續的正項非遞增函數，$a_n=f(n)$，$\forall n\in Z^+$，則 $\sum_{n=1}^{\infty}a_n$ 收斂之充要條件為 $\int_1^{\infty}f(x)dx$ 收斂（即 $\int_1^{\infty}f(x)dx<\infty$）。

【定理 G】　（根審斂法）設 Σa_n 為一正項級數，且 $\lim_{n\to\infty}\sqrt[n]{a_n}=l$，若 $l<1$，則 $\sum_{n=1}^{\infty}a_n$ 收斂，若 $1<l<\infty$ 則 $\sum_{n=1}^{\infty}a_n$ 發散；若 $l=1$，無法用根審斂法檢定。

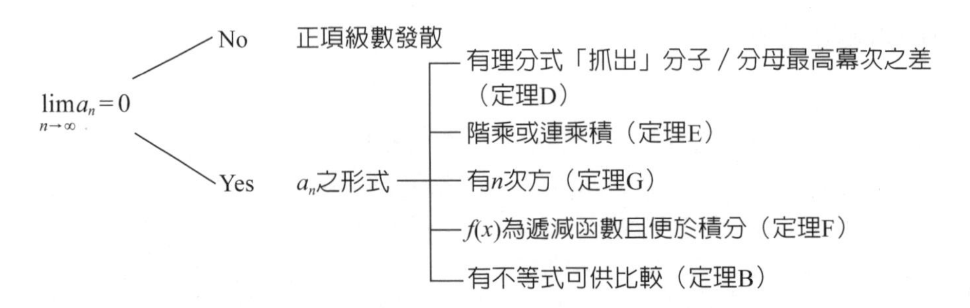

注意： 比較審斂法中常被用到的一些不等式	$x \geq (\sin x, \cos x, \tan^{-1}x, \cos^{-1})$，$x \geq \ln(1+x)$，$x \geq 0$，$\sqrt{1+x^2} > x$，$x \geq 0$

例 2. 判斷下列正項級數之斂散性

1. $\sum_{n=1}^{\infty} \frac{n}{3^n(n+1)}$　2. $\sum_{n=1}^{\infty} \frac{n^{0.8}+1}{n^2+3n+1}$　3. $\sum_{n=1}^{\infty} \frac{1}{n^2} \sin\frac{1}{n}$

4. $\sum_{n=2}^{\infty} \frac{1}{n(lnn)^4}$　5. $\sum_{n=2}^{\infty} \frac{lnn}{n}$　6. $\sum_{n=1}^{\infty} \frac{(n+1)(n+2)}{n^2 3^n}$

7. $\sum_{n=1}^{\infty} \tan^{-1}\left(\frac{1}{1+n+n^2}\right)$　8. $\sum_{n=1}^{\infty} \int_0^{\frac{1}{n}} \frac{\sqrt{x}}{1+x^2} dx$

解 1. 方法一：

$a_n = \frac{n}{3^n(n+1)}$，$a_{n+1} = \frac{n+1}{3^{n+1}(n+2)}$

$\because \lim_{n\to\infty} \frac{a_{n+1}}{a_n} = \lim_{n\to\infty} \left[\frac{n+1}{3^{n+1}(n+2)} \Big/ \frac{n}{3^n(n+1)}\right]$

$= \lim_{n\to\infty} \frac{n+1}{3^{n+1}(n+2)} \cdot \frac{3^n(n+1)}{n} = \lim_{n\to\infty} \frac{(n+1)^2}{3n(n+2)} = \frac{1}{3} < 1$

$\therefore \sum_{n=1}^{\infty} \frac{n}{3^n(n+1)}$收斂

方法二：

$\frac{n}{3^n(n+1)} = \frac{1}{3^n}\left(\frac{n}{n+1}\right) \leq \frac{1}{3^n}$　$\left(\frac{n}{n+1} < 1\right)$

$\because \sum_{n=1}^{\infty} \frac{1}{3^n}$收斂（$\sum_{n=1}^{\infty} \frac{1}{3^n}$爲$r = \frac{1}{3}$之無窮等比級數），$\therefore \sum_{n=1}^{\infty} \frac{n}{3^n(n+1)}$收斂

2. $\lim_{n\to\infty} n^{1.2} \cdot \frac{n^{0.8}+1}{n^2+3n+1} = 1$，$p = 1.2 > 1$，$\therefore$收斂

3. $\sin\frac{1}{n}\leq 1$，$\therefore \frac{1}{n^2}\sin\frac{1}{n}\leq\frac{1}{n^2}$

但$\sum\limits_{n=1}^{\infty}\frac{1}{n^2}$收斂，$\therefore\sum\limits_{n=1}^{\infty}\frac{1}{n^2}\sin\frac{1}{n}$收斂。

4. $f(x)=\frac{1}{x(lnx)^4}$爲遞減正値函數，$x>0$

$\int_2^{\infty}\frac{dx}{x(lnx)^4}=\int_2^{\infty}\frac{d(lnx)}{(lnx)^4}=-\frac{1}{3}(lnx)^{-3}]_2^{\infty}=\frac{1}{3}(ln2)^{-3}$　　$\therefore\sum\limits_{n=2}^{\infty}\frac{1}{n(\ln n)^4}$收斂

5. $f(x)=\frac{lnx}{x}$爲減函數，$x>2$

$\int_2^{\infty}\frac{lnx}{x}dx=\int_2^{\infty}lnx\ d\ lnx=\frac{1}{2}(lnx)^2]_2^{\infty}=\infty$　　$\therefore\sum\limits_{n=2}^{\infty}\frac{\ln n}{n}$發散

6. $a_n=\frac{(n+1)(n+2)}{n^2\cdot 3^n}$

$$\lim_{n\to\infty}\frac{a_{n+1}}{a_n}=\lim_{n\to\infty}\frac{\frac{(n+2)(n+3)}{(n+1)^2\cdot 3^{n+1}}}{\frac{(n+1)(n+2)}{n^2\cdot 3^n}}$$

$=\lim\limits_{n\to\infty}\frac{n^2(n+3)}{(n+1)^3}\cdot\frac{1}{3}=\frac{1}{3}<1$，$\therefore\sum\limits_{n=1}^{\infty}\frac{(n+1)(n+2)}{n^2\cdot 3^n}$收斂

7. $\tan^{-1}\left(\frac{1}{1+n+n^2}\right)<\frac{1}{1+n+n^2}<\frac{1}{n^2}$

$\sum\limits_{n=1}^{\infty}\frac{1}{n^2}$收斂，$\therefore\sum\limits_{n=1}^{\infty}\tan^{-1}\left(\frac{1}{1+n+n^2}\right)$收斂

8. $a_n=\int_0^{\frac{1}{n}}\frac{\sqrt{x}}{1+x^2}dx\leq\int_0^{\frac{1}{n}}\sqrt{x}\,dx=\frac{2}{3}x^{\frac{3}{2}}\Big]_0^{\frac{1}{n}}=\frac{2}{3}n^{-\frac{3}{2}}$

$\sum\limits_{n=1}^{\infty}n^{-\frac{3}{2}}$爲收斂，$\therefore\sum\limits_{n=1}^{\infty}\int_0^{\frac{1}{n}}\frac{\sqrt{x}}{1+x^2}$收斂

練習 12.2

判斷下列正項級數之斂散性。

1. $\sum\limits_{n=1}^{\infty}\frac{a^n n!}{n^n}$，$a>0$
2. $\sum\limits_{n=1}^{\infty}\frac{1}{n(n+1)}$
3. $\sum\limits_{n=1}^{\infty}e^{-n}$
4. $\sum\limits_{n=1}^{\infty}ln\frac{1}{1+n^2}$
5. $\sum\limits_{n=1}^{\infty}\left(\frac{6n-2}{5n+1}\right)^n$
6. $\sum\limits_{n=1}^{\infty}\left(1-\frac{1}{n}\right)^n$
7. $\sum\limits_{n=1}^{\infty}\frac{n}{4^n(n^2+1)}$
8. $\sum\limits_{n=1}^{\infty}\frac{n+1}{n^2+3n+1}$
9. $\sum\limits_{n=1}^{\infty}\frac{1}{n^2}\sin\frac{1}{n}$

12.3 交錯級數

【定義】 若無窮級數之連續項為正負交錯時便稱為交錯級數（Alternating series）。

例如 $a_n=\left(-\frac{1}{2}\right)^n$，則 $\sum\limits_{n=1}^{\infty}a_n=\left(-\frac{1}{2}\right)+\frac{1}{4}+\left(-\frac{1}{8}\right)+\left(\frac{1}{16}\right)+\cdots\cdots$ 爲一交錯級數。

【定義】 設 Σa_k 為任意級數，若 $|\Sigma a_k|$ 收斂，則稱 Σa_k 為**絕對收斂**（Absolutely convergent）；若 Σa_k 收斂而 $\Sigma|a_k|$ 發散，則稱 Σa_k 為**條件收斂**（Conditionally convergent）。

【定理 A】 設 $\sum\limits_{n=1}^{\infty} a_n$ 為交錯級數，若 $\sum\limits_{n=1}^{\infty}|a_n|$ 收斂，則 $\sum\limits_{n=1}^{\infty} a_n$ 收斂。

例 1. 判斷 $\sum\limits_{n=1}^{\infty}\frac{(-1)^2}{n^2}$ 是否收斂？

解 $a_n=\frac{(-1)^n}{n^2}$，又 $\sum\limits_{n=1}^{\infty}|a_n|=\sum\limits_{n=1}^{\infty}\left|\frac{(-1)^n}{n^2}\right|=\sum\limits_{n=1}^{\infty}\frac{1}{n^2}$ 收斂

$\therefore\sum\limits_{n=1}^{\infty}\frac{(-1)^2}{n^2}$ 收斂（絕對收斂）。

【定理 B】 若 1. $|a_{n+1}|\le|a_n|$，$\forall n$，且 2. $\lim\limits_{n\to\infty}a_n=0$ 或 $\lim\limits_{n\to\infty}|a_n|=0$ 則交錯級數 $\Sigma(-1)^{n-1}a_n$ 收斂。

【定理 C】（比値審斂法）

$$\lim_{n\to\infty}\left|\frac{a_{n+1}}{a_n}\right|=l$$

1. 若 $l>1$ 則交錯級數發散，
2. 若 $l<1$ 則交錯級數絕對收斂，
3. 若 $l=1$ 無法判定斂散性。

【定理 D】（根值審斂法）

若 $\lim\limits_{n\to\infty}\sqrt[n]{|a_n|}=l$

1. 若 $l>1$ 則交錯級數發散。
2. 若 $l<1$ 則交錯級數絕對收斂。
3. 若 $l=1$ 無法判定斂散性。

例 2. 判斷 1. $\sum\limits_{n=1}^{\infty}(-1)^n\dfrac{n}{(n+1)3^n}$　2. $\sum\limits_{n=1}^{\infty}(-1)^n(\sqrt{n+1}-\sqrt{n})$

3. $\sum\limits_{n=1}^{\infty}(-1)^{n+1}\left(1-\cos\dfrac{\pi}{n}\right)$ 之斂散性？

解 1. $\lim\limits_{n\to\infty}\left|\dfrac{a_{n+1}}{a_n}\right|=\lim\limits_{n\to\infty}\left|\dfrac{(-1)^{n+1}\dfrac{n+1}{(n+2)3^{n+1}}}{(-1)^n\dfrac{n}{(n+1)3^n}}\right|$

$=\lim\limits_{n\to\infty}\dfrac{1}{3}\cdot\dfrac{(n+1)^2}{n(n+2)}=\dfrac{1}{3}\lim\limits_{n\to\infty}\dfrac{(n+1)^2}{n(n+2)}=\dfrac{1}{3}<1$

$\therefore\sum\limits_{n=1}^{\infty}(-1)^n\dfrac{n}{(n+1)3^n}$ 為絕對收斂。

2. 取 $f(x)=\sqrt{x+1}-\sqrt{x}$，$f'(x)=\dfrac{\sqrt{x}-\sqrt{x+1}}{2\sqrt{x(x+1)}}<0$，

$\therefore|a_n|<|a_{n+1}|$，又 $\lim\limits_{n\to\infty}(\sqrt{n+1}-\sqrt{n})=\lim\limits_{n\to\infty}\left(\dfrac{1}{\sqrt{n+1}+\sqrt{n}}\right)=0$

由定理 B：$\sum\limits_{n=1}^{\infty}(-1)^n(\sqrt{n+1}-\sqrt{n})$ 收斂

3. $|a_n|=\left|1-\cos\dfrac{\pi}{n}\right|=2\sin^2\dfrac{\pi}{2n}<2\left(\dfrac{\pi}{2n}\right)^2=\dfrac{\pi^2}{2n^2}$，$\sum\limits_{n=1}^{\infty}\dfrac{1}{n^2}$ 收斂

$\therefore\sum\limits_{n=1}^{\infty}(-1)^n\left(1-\cos\dfrac{\pi}{n}\right)$ 絕對收斂

練習 12.3A

試判斷下列交錯級數之斂散性

1. $\sum\limits_{n=1}^{\infty}(-1)^n\dfrac{n}{n^2+1}$　　2. $\sum\limits_{n=1}^{\infty}(-1)^n\dfrac{\sin n^{-1}}{n^2}$

例 3. 若 $\sum_{n=1}^{\infty} a_n^2$ 與 $\sum_{n=1}^{\infty} b_n^2$ 均爲收斂，試證 $\sum_{n=1}^{\infty} a_n b_n$ 爲絕對收斂。

解 $\because a_n^2 + b_n^2 \geq 2\sqrt{a_n^2 b_n^2} \geq |a_n b_n|$

又 $\sum_{n=1}^{\infty} a_n^2$ 與 $\sum_{n=1}^{\infty} b_n^2$ 均爲收斂

$\therefore \sum_{n=1}^{\infty} (a_n^2 + b_n^2)$ 收斂，從而

$\sum_{n=1}^{\infty} |a_n b_n|$ 收斂，故 $\sum_{n=1}^{\infty} a_n b_n$ 爲絕對收斂

練習 12.3B

1. 若 $\sum_{n=1}^{\infty} a_n^2$ 收斂，$c > 0$，試證 $\sum_{n=1}^{\infty} (-1)^n \frac{|a_n|}{\sqrt{n^2+c}}$ 爲絕對收斂。
2. $0 \leq a_n \leq \frac{1}{n}$，n = 1, 2, ……，試證 $\sum_{n=1}^{\infty} (-1)^n a_n^2$ 爲絕對收斂。

12.4 冪級數

冪級數之收斂區間

【定義】 設 $\{a_k : k \geqq 0\}$ 為一實數數列，則稱無窮級數

$\sum_{k=0}^{\infty} a_k x^k = a_0 + a_1 x + a_2 x^2 + a_3 x^3 + \cdots\cdots$ 為 **x 的冪級數**（Power series in x）；

一般言之，

$\sum_{k=1}^{\infty} a_k (x-c)^k = a_0 + a_1(x-c) + a_2(x-c)^2 + \cdots\cdots$ 稱為 **$(x - c)$ 的冪級數**（Power series in $x - c$）。

【定理 A】 $\sum_{x=0}^{\infty} a_n x^n$ 為一冪級數，$\lim_{n\to\infty}\left|\frac{a_{n+1}x^{n+1}}{a_n x^n}\right| = R$，則

1. $R < 1$ 時，$\sum_{n=0}^{\infty} a_n x^n$ 收斂。
2. $R > 1$ 時，$\sum_{n=0}^{\infty} a_n x^n$ 發散。
3. $R = 1$ 時，$\sum_{n=0}^{\infty} a_n x^n$ 斂散性未定。

冪級數在 $|x - c| < R$ 時為收斂，我們稱此常數 R 為收斂半徑，$|x - c| = R$ 時冪級數未必收斂，因此還必須對端點 $x = R$，$-R$ 逐一考查其斂散性。規定 $a \leq x \leq b$，$a \leq x < b$，$a < x < b$ 與 $a < x \leq b$ 之收斂半徑相同。

例 1. 求 $\sum_{n=1}^{\infty}(-1)^n \frac{n!}{n^n}x^n$ 收斂區間？

解

$$\because \lim_{n\to\infty}\left|\frac{(n+1)!\,x^{n+1}}{(n+1)^{n+1}} \cdot \frac{n^n}{n!\,x^n}\right| = \lim_{n\to\infty}|x| \cdot \frac{n^n}{(n+1)^n}$$

$$= |x| \lim_{n\to\infty}\frac{1}{\left(1+\frac{1}{n}\right)^n} = \frac{|x|}{e} < 1 \qquad \left(\because \lim_{n\to\infty}\left(1+\frac{1}{n}\right)^n = e\right)$$

$\therefore -e < x < e$ 時 Σa_n 收斂

其次考慮端點之斂散性；

1. $x = e$ 時，$\because \frac{a_{n+1}}{a_n} = \frac{e}{\left(1+\frac{1}{n}\right)^n} > 1$，$\forall n \in N$

$\therefore \sum_{n=1}^{\infty}\frac{n!\,e^n}{n^n}$ 發散

2. $x=-e$ 時，同理可證 $\sum_{n=1}^{\infty}\frac{(-1)^n n!\, e^n}{n^n}$ 發散

$\therefore$收斂區間為 $-e<x<e$

例 2. 求冪級數 $\sum_{k=0}^{\infty}\frac{(4x)^k}{3^k}$ 之收斂區間與收斂半徑？

解 $\lim_{k\to\infty}\left|\frac{\frac{(4x)^{k+1}}{3^{k+1}}}{\frac{(4x)^k}{3^k}}\right|$

$=\lim_{k\to\infty}\left|\frac{4x}{3}\right|=\lim_{k\to\infty}\frac{4}{3}|x|<1$

$\therefore |x|<\frac{3}{4}$ 即 $-\frac{3}{4}<x<\frac{3}{4}$ 為收斂，收斂半徑為 $\frac{3}{4}$

現考慮端點之斂散性：

(1) $x=\frac{3}{4}$ 時級數 $\sum_{k=0}^{\infty}\frac{(4x)^k}{3^k}=\sum_{k=0}^{\infty}\frac{(4\cdot\frac{3}{4})^k}{3^k}=\sum_{k=0}^{\infty}1=\infty$（發散）

(2) $x=-\frac{3}{4}$ 時級數 $\sum_{k=0}^{\infty}\frac{(4x)^k}{3^k}=\sum_{k=0}^{\infty}\frac{(4\cdot(-\frac{3}{4}))^k}{3^k}=\sum_{k=0}^{\infty}(-1)^k$（發散）

$\therefore$收斂區間為 $-\frac{3}{4}<x<\frac{3}{4}$

例 3. 求 $\sum_{n=1}^{\infty}\frac{(x-1)^{2n}}{4n}$ 之收斂區間

解 $\because \lim_{n\to\infty}\left|\frac{\frac{1}{4^{n+1}}(x-1)^{2(n+1)}}{\frac{1}{4^n}(x-1)^{2n}}\right|$

$=\frac{1}{4}|x-1|^2=\frac{1}{4}(x-1)^2<1\Rightarrow -2<x-1<2$，$\therefore -1<x<3$ 為收斂

(1) $x=-1$：$\sum_{n=1}^{\infty}\frac{(-2)^{2n}}{4^n}=\sum_{n=1}^{\infty}\frac{4^n}{4^n}=\sum_{n=1}^{\infty}1$ 發散

(2) $x=3$：$\sum_{n=1}^{\infty}\frac{(2)^{2n}}{4^n}=\sum_{n=1}^{\infty}1$ 發散

$\therefore$ 收斂區間為 $-1<x<3$

練習 12.4A

求下列各題之收斂區間

(1) $\sum_{n=1}^{\infty} \frac{1}{n2^n}x^n$ (2) $\sum_{n=1}^{\infty} \left(\frac{2^n+3^n}{n}\right)x^n$ (3) $\sum_{n=1}^{\infty} \frac{(x-2)^{2n}}{n \cdot 4^n}$ (4) $\sum_{n=1}^{\infty} \frac{x^n}{\sqrt{n+1}}$

馬克勞林級數

【定義】 $f(x)$ 之**馬克勞林級數**（Maclaurine's series）為

$$f(x)=f(0)+f'(0)x+\frac{f''(0)}{2!}x^2+\frac{f'''(0)}{3!}x^3+\cdots\cdots+\frac{f^{(n)}(0)}{n!}x^n+\cdots\cdots$$

類似的方法我們可定義：

$$f(x)=f(c)+f'(c)(x-c)+\frac{f''(c)}{2!}(x-c)^2+\cdots\cdots+\frac{f^{(n)}(c)}{n!}(x-c)^n+\cdots\cdots$$

上述級數稱為 $x=c$ 之泰勒級數（Taylor's series）。

常用之馬克勞林級數

茲列舉幾個常用之馬克勞林級數如下：

1. $e^x=1+x+\frac{x^2}{2!}+\frac{x^3}{3!}+\cdots\cdots+\frac{x^{n-1}}{(n-1)!}+\cdots\cdots \quad x\in R$
2. $\sin x=x-\frac{x^3}{3!}+\frac{x^5}{5!}-\frac{x^7}{7!}+\cdots\cdots+(-1)^{n-1}\frac{x^{2n-1}}{(2n-1)!}+\cdots\cdots \quad x\in R$
3. $\cos x=1-\frac{x^2}{2!}+\frac{x^4}{4!}-\frac{x^6}{6!}+\cdots\cdots+(-1)^{n-1}\frac{x^{2n-1}}{(2n-2)!}+\cdots\cdots \quad x\in R$
4. $(1+x)^n=1+nx+\frac{n(n-1)}{2!}x^2+\cdots\cdots+\frac{n(n-1)\cdots\cdots(n-k+1)}{k!}x^k+\cdots\cdots$
5. $ln(1+x)=x-\frac{x^2}{2}+\frac{x^3}{3}-\frac{x^4}{4}+\cdots\cdots \quad 1\geq x>-1$
6. $\frac{1}{1+x}=1-x+x^2+\cdots\cdots \quad |x|<1$

由馬克勞林級數之定義，不難導出上列公式。以 $f(x)=\ln(1+x)$ 為例：

$$f(x)=\ln(1+x)$$
$$f(0)=\ln(1+0)=\ln 1=0$$
$$f'(0)=\left.\frac{1}{1+x}\right]_{x=0}=1$$
$$f''(0)=-(1+x)^{-2}]_{x=0}=-1$$
$$f'''(0)=(-1)(-2)(1+x)^{-3}]_{x=0}=2$$

$$\therefore ln\,(1+x)=f(0)+f'(0)x+\frac{f''(0)}{2!}x^2+\frac{f'''(0)}{3!}x^3+\cdots\cdots$$

$$=x+\frac{(-1)x^2}{2}+\frac{2}{3!}x^3+\cdots\cdots$$

$$=x-\frac{x^2}{2}+\frac{1}{3}x^3-\frac{1}{4}x^4+\cdots\cdots$$

或是下列較技巧性之導出法：

$$ln\,(1+x)=\int_0^x \frac{dt}{1+t}$$

$$=\int_0^x (1-t+t^2-t^3+\cdots\cdots)dt$$

$$=t-\frac{t^2}{2}+\frac{t^3}{3}-\frac{t^4}{4}+\cdots\cdots\Big]_0^x$$

$$=x-\frac{x^2}{2}+\frac{x^3}{3}-\frac{x^4}{4}+\cdots\cdots$$

以下我們將用兩個例子說明，如何用給定函數之馬克勞林級數透過某種變數變換，以求出該函數之泰勒級數。

例 4. 求 (1) $f(x)=\ln x$ 展爲 $x-1$ 的泰勒級數。(2) $f(x)=\ln(x+b)$，$b>0$ 之 x 的冪級數。(3) $f(x)=\ln x$，$x>0$ 之 $x-2$ 的冪級數。(4) $f(x)=\ln x$，$x>0$ 之 $2x-3$ 的冪級數。

解 (1) $f(x)=\ln x \quad f(1)=0 \quad f'(1)=\left.\frac{1}{x}\right|_{x=1}=1 \quad f''(1)=-\left.\frac{1}{x^2}\right|_{x=1}=-1$

$$f'''(1)=\left.\frac{2}{x^3}\right|_{x=1}=2$$

$$\therefore lnx=0+1\,(x-1)+\frac{(-1)}{2!}(x-1)^2+\frac{2}{3!}(x-1)^3+\cdots\cdots$$

$$=(x-1)-\frac{1}{2}(x-1)^2+\frac{1}{3}(x-1)^3-\cdots\cdots$$

但一種更爲簡便的方法是透過馬克勞林級數：

$\ln x=\ln[1+(x-1)]=\ln(1+y)$（取 $y=x-1$）

$$=y-\frac{y^2}{2}+\frac{y^3}{3}-\frac{y^4}{4}+\cdots\cdots$$

$$=(x-1)-\frac{(x-1)^2}{2}+\frac{(x-1)^3}{3}-\frac{(x-1)^4}{4}+\cdots\cdots$$

(2) $\ln\,(x+b)=\ln b\left(1+\frac{x}{b}\right)=\ln b+\ln\left(1+\frac{x}{b}\right)$

$$=\ln b+\left(\frac{x}{b}-\frac{1}{2}\left(\frac{x}{b}\right)^2+\frac{1}{3}\left(\frac{x}{b}\right)^3-\frac{1}{4}\left(\frac{x}{b}\right)^4+\cdots\right)$$

$$=\ln b+\sum_{n=1}^{\infty}(-1)^{n-1}\frac{1}{n}\left(\frac{x}{b}\right)^n$$

$$(3)\ \ln x=\ln((x-2)+2)\overset{y=x-2}{=\!=\!=}\ln(y+2)=\ln 2+\ln\left(1+\frac{y}{2}\right)$$

$$=\ln 2+\left[\frac{y}{2}-\frac{1}{2}\left(\frac{y}{2}\right)^2+\frac{1}{3}\left(\frac{y}{2}\right)^3-\frac{1}{4}\left(\frac{y}{2}\right)^4+\cdots\cdots\right]$$

$$=\ln 2+\frac{y}{2}-\frac{1}{8}y^2+\frac{1}{24}y^3-\frac{1}{64}y^4+\cdots\cdots$$

$$=\ln 2+\frac{1}{2}(x-2)-\frac{1}{8}(x-2)^2+\frac{1}{24}(x-2)^3-\frac{1}{64}(x-2)^4+\cdots\cdots$$

$$(4)\ \ln x=\ln\left(\frac{1}{2}(2x-3)+\frac{3}{2}\right)=\ln((2x-3)+3)-\ln 2$$

$$\overset{y=2x-3}{=\!=\!=}\ln(y+3)-\ln 2=\left(\ln 3+\ln\left(1+\frac{y}{3}\right)\right)-\ln 2$$

$$=\ln\frac{3}{2}+\left[\frac{y}{3}-\frac{1}{2}\left(\frac{y}{3}\right)^2+\frac{1}{3}\left(\frac{y}{3}\right)^3+\cdots\cdots\right]$$

$$=\ln\frac{3}{2}+\frac{1}{3}(2x-3)-\frac{1}{18}(2x-3)^2+\frac{1}{27}(2x-3)^3+\cdots\cdots$$

練習 12.4B

1. 將 $f(x)=e^{-x}$ 展為 $x-3$ 之泰勒級數。

2. 將 $f(x)=\dfrac{1}{x}$ 展為 $x-3$ 之冪級數。

例 5. 求 (1) $f(x)=e^x\cos x$ (2) $f(x)=\int_0^x\frac{\sin t}{t}dt$ (3) $f(x)=\dfrac{x}{x^2-2x-3}$

(4) $f(x)=\dfrac{1}{(1-x)^2}$ 之 Maclaurin 級數

解 (1) $e^x=1+x+\dfrac{x^2}{2}+\dfrac{x^3}{6}+\cdots\cdots$

$\cos x=1-\dfrac{x^2}{2}+\dfrac{x^4}{24}+\cdots\cdots$

$\therefore f(x)=e^x\cos x=1+x-\dfrac{x^3}{3}-\dfrac{x^4}{6}-\dfrac{x^5}{30}+\cdots\cdots$

$$\begin{array}{rl}
 & 1+x+\frac{x^2}{2}+\frac{x^3}{6}+\frac{x^4}{24}+\frac{x^5}{120} \\
\times) & 1-\frac{x^2}{2}+\frac{x^4}{24}+\cdots\cdots \\
\hline
 & 1+x+\frac{x^2}{2}+\frac{x^3}{6}+\frac{x^4}{24}+\frac{x^5}{120}+\cdots\cdots \\
 & -\frac{x^2}{2}-\frac{x^3}{2}-\frac{x^4}{4}-\frac{x^5}{12}+\cdots\cdots \\
 & \frac{x^4}{24}+\frac{x^5}{24}+\cdots\cdots \\
\hline
 & 1+x\quad -\frac{x^3}{3}-\frac{x^4}{6}-\frac{x^5}{30}+\cdots\cdots
\end{array}$$

(2) $f(x)=\int_0^x\dfrac{\sin t}{t}dt$

$$=\int_0^x\frac{1}{t}\left(t-\frac{t^3}{3!}+\frac{t^5}{5!}-\frac{t^7}{7!}+\cdots\cdots\right)dt$$

$$=\int_0^x\left(1-\frac{t^2}{3!}+\frac{t^4}{5!}-\frac{t^6}{7!}+\cdots\cdots\right)dt$$

$$=t-\frac{t^3}{3\cdot 3!}+\frac{t^5}{5\cdot 5!}-\frac{t^7}{7\cdot 7!}+\cdots\cdots\Big]_0^x$$

$$=x-\frac{x^3}{3\cdot 3!}+\frac{x^5}{5\cdot 5!}-\frac{x^7}{7\cdot 7!}+\cdots\cdots$$

(3) $\because \dfrac{x}{(x-3)(x+1)}=\dfrac{A}{x-3}+\dfrac{B}{x+1}$，由視察法 $A=\dfrac{3}{4}$，$B=\dfrac{1}{4}$

$$\therefore \frac{x}{(x-3)(x+1)}=\frac{3}{4}\frac{1}{x-3}+\frac{1}{4}\frac{1}{x+1}$$

$$=\frac{3}{4}\cdot\frac{-1}{3}\frac{1}{1-\frac{x}{3}}+\frac{1}{4}\frac{1}{1+x}$$

$$=-\frac{1}{4}\left(1+\left(\frac{x}{3}\right)+\left(\frac{x}{3}\right)^2+\cdots\cdots\right)+\frac{1}{4}(1-x+x^2+\cdots\cdots)$$

$$=\frac{1}{4}\sum_{n=0}^{\infty}\left((-1)^n-\frac{1}{3^n}\right)x^n$$

(4) $\because \dfrac{1}{1-x}=1+x+x^2+\cdots\cdots x^n+\cdots\cdots$

$$\therefore \frac{1}{(1-x)^2}=\frac{d}{dx}\frac{1}{1-x}=\frac{d}{dx}(1+x+x^2+\cdots\cdots x^n+\cdots\cdots)$$

$$=1+2x+\cdots\cdots+nx^{n-1}+\cdots\cdots$$

練習 12.4C

1. 求下列函數之 x 冪級數。

   (1) $y=\tan^{-1}\dfrac{1+x}{1-x}$　　(2) $y=\tan^{-1}\dfrac{x}{1-x^2}$

2. 試證：$\dfrac{(\tan^{-1}x)^2}{2}=\dfrac{x^2}{2}-\left(1+\dfrac{1}{3}\right)\dfrac{x^4}{4}+\left(1+\dfrac{1}{3}+\dfrac{1}{5}\right)\dfrac{x^6}{6}+\cdots\cdots$

3. 證 $\displaystyle\int_0^1\frac{\ln(1-t)}{t}dt=-\left(1+\frac{1}{2^2}+\frac{1}{3^2}+\cdots\cdots\right)$

4. 證 $\displaystyle\int_0^1\tan^{-1}x\,dx=\left(1-\frac{1}{2}\right)x^2-\left(\frac{1}{3}-\frac{1}{4}\right)x^4+\left(\frac{1}{5}-\frac{1}{6}\right)x^6+\cdots\cdots$

5. 將 $f(x)=\displaystyle\int_0^x\frac{\ln(1+t)}{t}dx$ 展成 x 的冪級數

第13章 微分方程式

13.1 常微分方程式簡介

常微分方程式之基本概念

只含 1 個自變數之導數方程式稱爲**常微分方程式**（ordinary differential equations，簡稱 ODE）。

凡是滿足 ODE 之自變數與因變數之關係式，而這關係式不含微分或導數者稱爲微分方程式之解。解之形式可分爲**顯函數**（explicit function）$y = \phi(x)$ 與**隱函數**（implicit function）$\phi(x, y) = 0$ 二種形式。

我們用一個引例說明 ODE 的解

引例 $y' = 2x$ 爲一 ODE，那麼 $y = \int 2x dx = x^2 + c$，可驗證的是 $y' = 2x$。我們稱 $y = x^2 + c$ 爲 ODE 之**通解**（general solution），若再給定一個條件：當 $x = 0$ 時 $y = 1$，我們通常用 $y(0) = 1$ 表之，則此時 $c = 1$，即 $y = x^2 + 1$，這個解稱爲 ODE 之**特解**（particular solution）。

通解是微分方程式之**原函數**（primitive function），**通解所含之「任意常數」個數與方程式之階數相等**。通解中賦予任意常數以某些值者稱爲特解，這裡的某些值稱爲**初始條件**（initial condition）如例 1 之 $y(0) = 1$，$y'(0) = 1$。

例 1. $y'' + e^x = 1, y(0) = 1, y'(0) = 1$

解 $y'' + e^x = 1 \therefore y'' = 1 - e^x \Rightarrow y' = \int (1 - e^x)dx = x - e^x + c_1$

$y'(0) = 0 - 1 + c_1 = 1 \quad \therefore c_1 = 2$

$y'(x) = x - e^x + 2$

$\therefore y(x) = \int (x - e^x + 2)dx = \frac{1}{2}x^2 - e^x + 2x + c_2$

$y(0) = -1 + c_2 = 1 \quad \therefore c_2 = 2$

即 $y = \frac{1}{2}x^2 - e^x + 2x + 2$

例 2. 若 $y = x^n$ 爲 $x^2y'' + 4xy' + 2y = 0$ 之一個解，求 n

提示	解答
如同驗證 $x = 2$ 是 $x^2 = 4$ 之一個解，只需看 $x = 2$ 是否滿足 $x^2 = 4$	$y = x^n \therefore y' = nx^{n-1}, y'' = n(n-1)x^{n-2}$， 代入 $x^2y'' + 4xy' + 2y = 0$，得 $x^2 \cdot n(n-1)x^{n-2} + 4x \cdot nx^{n-1} + 2x^n = 0$ $\therefore n(n-1) + 4n + 2 = n^2 + 3n + 2 = (n+1)(n+2)$ $= 0$ 得 $n = -1$ 或 -2

練習 13.1A

1. 若某ODE之通解為 $y=(a+bx)e^{3x}$，且初始條件 $y(0)=1$，$y'(0)=2$，求此ODE之特解。
2. 解 $y'''=0$，若初始條件為 $y(0)=y'(0)=y''(0)=a$。
★3. 試證：若 $(x,y)=c$ 為 ODE $M(x,y)dx+N(x,y)dy=0$ 之解，則 $M(x,y)u_y=N(x,y)u_x$
4. 試說明 $\ln y=ax+b$ 或 $y=\alpha e^{\beta x}$（a, b, α, β 均為常數）均為 $yy''-(y')^2=0$ 之解。
5. 若 $y_1(x)$，$y_2(x)$ 均為 $y'+p(x)y=q_i(x)$；$i=1, 2$ 之解，試證 $c_1y_1(x)+c_2y_2(x)$ 為 $y'+p(x)y=c_1q_1(x)+c_2q_2(x)$ 之解。

常微分方程式解題二大基本技巧

1. 變數變換之技巧在常微分方程式之應用

變數變換之技巧在常微分方程式之解答上極為重要，我們在此介紹一個簡單之變數變換之 ODE 題型。

我們以 $y'=f(ax+by+c)$，說明變數變換法在 ODE 應用之大概情形，令 $\boldsymbol{u=ax+by+c}$ 行變數變換：

取 $u=ax+by+c$ 則 $u'=\dfrac{du}{dx}=a+by'\Rightarrow y'=\dfrac{1}{b}(u'-a)$，代入 $y'=f(ax+by+c)$ 得

$$\frac{1}{b}(u'-a)=f(u)\Rightarrow\frac{du}{dx}=bf(u)+a\text{；}\frac{du}{bf(u)+a}=dx$$

$y'=f(ax\pm by)$ 是 $y'=f(ax+by+c)$ 之特例，只需令 $u=ax\pm by$ 即可。

例 3. 試求 $y'=\cos(x+y)$

提示	解答
$1+\cos x$ $=2\cos^2\dfrac{x}{2}$	令 $u=x+y$ 行變數變換：$u'=1+y'$，即 $y'=u'-1$ $\therefore y'=\cos(x+y)\Rightarrow(u'-1)=\cos u$，即 $u'=1+\cos u$ $\dfrac{du}{dx}=1+\cos u$ ，或 $\dfrac{du}{1+\cos u}=dx\Rightarrow\int\dfrac{du}{1+\cos u}=\int\dfrac{du}{2\cos^2\frac{u}{2}}=\int dx$ 即 $\tan\dfrac{u}{2}=x+c$ $\therefore\tan\dfrac{x+y}{2}=x+c$ 是為所求

例 4. 試用適當的變數變換求 $y'=\dfrac{1}{x-y}+1$

解 取 $u=x-y$，$u'=1-y'$，代入 $y'=\dfrac{1}{x-y}+1$

$1-u'=\dfrac{1}{u}+1$，$\dfrac{du}{dx}=-\dfrac{1}{u}$　　$\therefore udu=-dx$

> $\dfrac{du}{dx}=-\dfrac{1}{u}\Rightarrow udu=-dx$，想想微分數

積分得：$\frac{u^2}{2}=-x+c'$，即 $u^2=-2x+c$

$\therefore (x-y)^2=-2x+c$ 是為所求。

練習 13.1B

解 (1) $y'=\frac{1}{(x+y)^2}$　(2) $xy'+x+\sin(x+y)=0$

2. 視察法

有些一階 ODE 因具有某些型式，常可用「視察」方式而輕易得解，首先我們將一些常用之視察法公式整理成表 1，這些公式都不難驗證。

表 1　常用之視察法公式

公式
$\frac{xdy-ydx}{x^2}=d\left(\frac{y}{x}\right)$
$\frac{ydx-xdy}{y^2}=d\left(\frac{x}{y}\right)$
$xdx\pm ydy=\frac{1}{2}d(x^2\pm y^2)$
$xdy+ydx=d(xy)$
$\frac{xdy-ydx}{x^2+y^2}=d\left[\tan^{-1}\left(\frac{y}{x}\right)\right]$
$\frac{ydx-xdy}{x^2+y^2}=d\tan^{-1}\frac{x}{y}$
$\frac{xdx+ydy}{x^2+y^2}=\frac{1}{2}d[\ln(x^2+y^2)]$
$\frac{xdx+ydy}{\sqrt{x^2+y^2}}=d(\sqrt{x^2+y^2})$
$\frac{xdx-ydy}{\sqrt{x^2-y^2}}=d(\sqrt{x^2-y^2})$

這些公式看起來都很簡單，但應用時往往需要試誤與變形過程。

例 5. 解 $(x^2y^2+x)dy-ydx=0$

解 原式兩邊同除 x^2

$$\frac{(x^2y^2+x)dy-ydx}{x^2}=y^2dy+\frac{xdy-ydx}{x^2}=y^2dy+d\left(\frac{y}{x}\right)=0$$

$$\therefore \frac{1}{3}y^3+\frac{y}{x}=c$$

例 6. 解 $(x^2+y^2+y)dy+(x^2+y^2+x)dx=0$

解

原式兩邊同除 x^2+y^2

$$\frac{(x^2+y^2+y)dy+(x^2+y^2+x)dx}{x^2+y^2}=dy+dx+\frac{ydy+xdx}{x^2+y^2}=dy+dx+d\frac{1}{2}\ln(x^2+y^2)=0$$

$$\therefore y+x+\frac{1}{2}\ln(x^2+y^2)=c$$

例 7. 解$(x-\sqrt{x^2+y^2})dx+(y-\sqrt{x^2+y^2})dy=0$

解

二邊同除 $\sqrt{x^2+y^2}$：

$$\frac{x-\sqrt{x^2+y^2}}{\sqrt{x^2+y^2}}dx+\frac{y-\sqrt{x^2+y^2}}{\sqrt{x^2+y^2}}dy=\frac{xdx+ydy}{\sqrt{x^2+y^2}}-dx-dy=d(\sqrt{x^2+y^2})-dx-dy=0$$

$$\therefore \sqrt{x^2+y^2}-x-y=c$$

練習 13.1C

1. 解下列微分方程式
   (1) $x^2dx+y^2dy=(x^3+y^3)dx$　　(2) $(y-x^2)dy+2xydx=0$
   (3) $(xdx+ydy)+(ydx-xdy)=0$　　(4) $(2y-x)dx+xdy=0$
2. 解下列微分方程式
   (1) $xdy-ydx=\ln x dx$　　(2) $(2y-5x^3)dx+xdy=0$
3. 解下列微分方程式
   (1) $xdy-(y+x^2e^x)dx=0$　　(2) $ye^{xy}\frac{dx}{dy}+xe^{xy}=\sin y$
   (3) $x^3y'+y^3=x^2y$

13.2 分離變數法

設一微分方程式 $M(x, y)\,dx + N(x, y)\,dy = 0$ 能寫成 $f_1(x)\,g_1(y)\,dx + f_2(x)\,g_2(y)\,dy = 0$ 之形式則我們可用 $g_1(y)\,f_2(x)$ 遍除上式之兩邊得：$\dfrac{f_1(x)}{f_2(x)}dx + \dfrac{g_2(y)}{g_1(y)}dy = 0$

然後逐項積分從而得到方程式之解答。這種解法稱之爲**分離變數法**（method of separating variables）。

例 1. 求 $\sqrt{1-x^2}dy = \sqrt{1-y^2}dx$

提示	解答
$\int \frac{dx}{\sqrt{a^2-x^2}} = \frac{1}{a}\sin^{-1}\frac{x}{a} + c$	$\sqrt{1-x^2}dy = \sqrt{1-y^2}dx$ 即 $\frac{dy}{\sqrt{1-y^2}} = \frac{dx}{\sqrt{1-x^2}}$ 二邊同時積分得 $\sin^{-1}y = \sin^{-1}x + c$ 例 1 之解 $\sin^{-1}y = \sin^{-1}x + c$ 可進一步化成顯函數之形式： $y = \sin(\sin^{-1}x + c) = \cos(\sin^{-1}x)\sin c + \sin(\sin^{-1}x)\cos c$ $= \sqrt{1-x^2}\sin c + x\sqrt{1-\sin^2 c}$ $= \sqrt{1-x^2}b + x\sqrt{1-b^2}$, $b = \sin c$

例 2. 解 $(1+y^2)e^{x^2}dx + 4x(\tan^{-1}y)^3dy = 0$

提示	解答
∵我們無法找到一個函數 $f(x)$ 使得 $f'(x) = \frac{1}{x}e^{x^2}$ ∴方程式解之 $\int \frac{1}{x}e^{x^2}dx$ 就直接寫 $\int \frac{1}{x}e^{x^2}dx$ 即可 $\int \frac{4(\tan^{-1}y)^3}{1+y^2}dy$ $= \int 4(\tan^{-1}y)^3 d\tan^{-1}y$ $=(\tan^{-1}y)^4 + c$	原方程式可寫成 $\frac{1}{x}e^{x^2}dx + \frac{4(\tan^{-1}y)^3}{1+y^2}dy = 0$ ∴$\int \frac{1}{x}e^{x^2}dx + (\tan^{-1}y)^4 = c$

例 3. 解 $e^x\tan y\,dx + (1+e^x)\sec^2 y\,dy = 0$，初始條件 $y(0) = \frac{\pi}{4}$

解 原方程式可寫成 $\dfrac{e^x}{1+e^x}dx + \dfrac{\sec^2 y}{\tan y}dy = 0$

即 $d(\ln(1+e^x)) + d\ln\tan y = 0$

得 $\ln(1+e^x)+\ln\tan y=\ln(1+e^x)\tan y=c'$

或 $(1+e^x)\tan y=c$，又 $y(0)=\frac{\pi}{4}$ 得 $c=2$

即 $(1+e^x)\tan y=2$

例 4. 解 $(xy^2+x+1+y^2)dx+(y-1)dy=0$，$y(2)=0$

解
$(xy^2+x+1+y^2)dx+(y-1)dy$

$=(x+1)(y^2+1)dx+(y-1)dy=0$

$\therefore (x+1)dx+\frac{y-1}{y^2+1}dy=0$

分別對 x, y 積分：

$\int(x+1)dx+\int\frac{y-1}{y^2+1}dy=\frac{1}{2}x^2+x+\frac{1}{2}\ln(1+y^2)-\tan^{-1}y=c$

又 $y(2)=0$，代 $x=2$，$y=0$ 入上式得 $c=4$。

即 $\frac{1}{2}x^2+x+\frac{1}{2}\ln(1+y^2)-\tan^{-1}y=4$

★**例 5.** 試證：取 $y=x^n v$ 可將 ODE $y'=x^{n-1}f\left(\frac{y}{x^n}\right)$ 轉換成可分離方程式。

解
$y=x^n v$ 則 $y'=nx^{n-1}v+x^n v'$，代入 $y'=x^{n-1}f\left(\frac{y}{x^n}\right)$

得 $nx^{n-1}v+x^n v'=x^{n-1}f(v)$，即 $nv+xv'=f(v)$ 或 $nv+x\frac{dv}{dx}=f(v)$

$nvdx+xdv=f(-v)dx$

$(nv-f(x))dx+xdv=0$

$\therefore \frac{dv}{nv-f(v)}+\frac{dx}{x}=0$

練習 13.2A

1. 解下列微分方程式

   (1) $xy'+ay=xyy'$　　(2) $e^{x-y}+e^{x+y}y'=0$　　(3) $y'+a^2y^2=b^2$

2. 解 $(1+y^2)dx+(1+x^2)dy=0$，若某甲解得之答案為 $y=c(1-xy)-x$，是否正確？

3. 解下列微分方程式

   (1) $(x^3+1)\cos y y'+x^2\sin y=0, y(0)=\frac{\pi}{2}$

   (2) $xdy-(\ln x)ydx=0, y(1)=2$

★4. 試證 $n\geq 2$ 時取 $y(x)=xv(x)$ 可將 $y^n f(x)+g\left(\frac{y}{x}\right)(y-xy')=0$ 轉化成可分離方程式。

可化為能以分離變數法求解之常微分方程式

有一些微分方程式乍看之下不易著手，但經變數變換後即迎刃而解，如上節之例 5，本節將介紹其中之零階齊次 ODE：即 $\frac{dy}{dx}=f(x,y)$，$f(x,y)$ 爲零階齊次方程式

零階齊次ODE

一函數 $f(x,y)$ 滿足 $f(\lambda x,\lambda y)=f(x,y)$，$\forall\lambda\in R$，則稱 $f(x,y)$ 爲零階齊次函數。

【預備定理 A】 任一零階齊次函數 $f(x,y)$ 必可寫成 $g\left(\frac{y}{x}\right)$ 之型式

證明 取 $\lambda=\frac{1}{x}$ 代入上式，得

$$f(x,y)=f\left(\frac{1}{x}\cdot x,\frac{1}{x}\cdot y\right)=f\left(1,\frac{y}{x}\right)=g\left(\frac{y}{x}\right)$$ ■

【定理 A】 若 $f(x,y)$ 滿足 $f(\lambda x,\lambda y)=f(x,y)$，$\forall\lambda\in R$ 則 ODE $y'=f(x,y)$ 可用 $u=\frac{y}{x}$ 即 $y=ux$ 行變數變換而得到可分離 ODE

證明 $\because f(\lambda x,\lambda y)=f(x,y)$，$\forall\lambda\in R$

$\therefore f(x,y)$ 爲零階齊次函數，令 $f(x,y)=g\left(\frac{y}{x}\right)$ (1)

取 $y=ux$ 則 $y'=u'x+u$，代入 $y'=f(x,y)=g\left(\frac{y}{x}\right)$ 得：

$u'x+u=g(u)$，或 $x\frac{du}{dx}+u=g(u)$

$\therefore xdu+(u-g(u))dx=0$

即 $\frac{du}{u-g(u)}+\frac{dx}{x}=0$ ■

例 6. 解 $xy'-y(\ln y-\ln x)=0$

提示	解答
$f(x,y)=\frac{y}{x}\ln\frac{y}{x}$ 滿足 $f(\lambda x,\lambda y)=\frac{\lambda y}{\lambda x}\ln\frac{\lambda y}{\lambda x}$ $=\frac{y}{x}\ln\frac{y}{x}=f(x,y)$ $\therefore f$ 為零階齊次函數	原方程式可寫成 $y'=\frac{y}{x}\ln\frac{y}{x}$ 為零階齊次 ODE (1) 令 $y=ux$，則 $y'=u'x+u$ 代入 (1) 得 $u'x+u=u\ln u\Rightarrow x\frac{du}{dx}=u(\ln u-1)$

提示	解答
$\int\frac{du}{u(\ln u-1)}$ $=\int\frac{d(\ln u-1)}{\ln u-1}$ $=\ln(\ln u-1)+c$	$\frac{dx}{x}=\frac{du}{u(\ln u-1)}$　$\therefore \ln x=\ln(\ln u-1)+c$ $x=k\left(\ln\frac{y}{x}-1\right), k=e^c$ 或 $y=xe^{1+ax}, a=\frac{1}{k}$

例 7. 解 $xy'-y=x\sin\left(\frac{y-x}{x}\right)$

提示	解答
讀者可驗證 $f(xy)=\frac{y}{x}\ln\left(\frac{y}{x}-1\right)$ 為零階齊次函數	原方程式可寫成 $y'-\frac{y}{x}=\sin\left(\frac{y}{x}-1\right)$ 取 $y=ux, y'=u'x+u$ 代入上式得 $u'x+u-u=\sin(u-1)$ $x\frac{du}{dx}=\sin(u-1)$
$\int\csc u du$ $=\ln\lvert\csc u-\cot u\rvert+c$ $\sin x=\sin 2\cdot\left(\frac{x}{2}\right)$ $=2\sin\frac{x}{2}\cos\frac{x}{2}$ $\cos x=\cos 2\left(\frac{x}{2}\right)$ $=1-2\sin^2\frac{x}{2}$ $=2\cos^2\frac{x}{2}-1$ $=\cos^2\frac{x}{2}-\sin^2\frac{x}{2}$	$\frac{du}{\sin(u-1)}=\frac{dx}{x}$ $\ln\lvert\csc(u-1)-\cot(u-1)\rvert=\ln x+c$ $\csc(u-1)-\cot(u-1)=kx$ $\frac{1}{\sin(u-1)}-\frac{\cos(u-1)}{\sin(u-1)}=\frac{1-\cos(u-1)}{\sin(u-1)}$ $=\frac{1-\left(1-2\sin^2\frac{u-1}{2}\right)}{2\sin\frac{u-1}{2}\cos\frac{u-1}{2}}=\tan\frac{u-1}{2}=kx$ $\therefore\tan\frac{\frac{y}{x}-1}{2}=\tan\frac{y-x}{2x}=kx$ 即 $\tan\frac{y-x}{2x}=kx$ 是為所求

例 8. 解 $y'-\frac{-(2x+y)}{x+5y}$

解 $y'=\frac{-(2x+y)}{x+5y}=-\frac{2+\frac{y}{x}}{1+5\left(\frac{y}{x}\right)}$，取 $y=ux$　$y'=u'x+u$ 則 $u'x+u=-\frac{2+u}{1+5u}$

$\therefore u'x=-\frac{5u^2+2u+2}{1+5u}$；$x\frac{du}{dx}+\frac{5u^2+2u+2}{1+5u}=0$

即 $\frac{dx}{x}+\frac{1+5u}{5u^2+2u+2}du=0$

$d\ln x+\frac{1}{2}d\ln(5u^2+2u+2)=0$

得 $\ln x+\frac{1}{2}\ln(5u^2+2u+2)=c''$；$2\ln x+\ln(5u^2+2u+2)=c'$

$\therefore x^2\left(5\left(\frac{y}{x}\right)^2+2\left(\frac{y}{x}\right)+2\right)=c$，

即 $5y^2+2xy+2x^2=c$

練習 13.2B

1. 解下列常微分方程式

(1) $y'=\frac{x+2y}{2x-y}$　(2) $y'=\frac{x-y}{x+y}$　(3) $\left(x+y\cos\frac{y}{x}\right)dx=x\cos\frac{y}{x}dy$

(4) $xy'-y=\sqrt{xy}$　(5) $(x^2+y^2)dx-xydy=0$

13.3 正合方程式與積分因子

正合方程式

【定義】 $M(x, y)\ dx + N(x, y)\ dy = 0$ 為一階 ODE，若存在一個函數 $u(x, y)$，使得 $M(x, y)\ dx + N(x, y)\ dy = du(x, y) = 0$，則稱 $M(x, y)\ dx + N(x, y)\ dy = 0$ 為**正合方程式**（exact equation）。

我們很難用上述定義看出 ODE $M(x, y)\ dx + N(x, y)\ dy = 0$ 是否為正合，定理 A 便提供一條判斷之途徑：

【定理 A】 ODE $M(x, y)dx + N(x, y)dy = 0$ 為正合之充要條件為 $\frac{\partial}{\partial y}M = \frac{\partial}{\partial x}N$（即 $M_y = N_x$）

<table>
<tr><td rowspan="2">標準解法</td><td>對x積分</td><td>1. 取 $u(x, y) = \int^x M(x, y)\,dx + \rho(y)$；$\int^x M(x, y)\,dx$ 是將 $M(x, y)$ 對 x 積分，但常數 c 略之。
2. 令 $u_y = N(x, y)$，解出 $\rho(y)$
3. 由 1.，2. 得 $u(x, y) = c$</td></tr>
<tr><td>對y積分</td><td>1. 取 $u(x, y) = \int^y N(x, y)dy + \rho(x)$；$\int^y N(x, y)dy$ 是將 $N(x, y)$ 對 y 積分，但常數 c 略之。
2. 令 $u_x = M(x, y)$，解出 $\rho(x)$
3. 由 1.，2. 得 $u(x, y) = c$。</td></tr>
<tr><td>速解法（集項法）</td><td colspan="2">若 $M(x, y)dx + N(x, y)dy = 0$ 為正合，且若 $M(x, y) = h(x) + f(x, y)$，$N(x, y) = g(y) + t(x, y)$ 則 $M(x, y)dx + N(x, y)dy = (h(x) + f(x, y))dx + (g(y) + t(x, y))dy = h(x)dx + [f(x, y)dx + t(x, y)] + g(y)dy = 0$，我們可找出 $u(x, y)$ 使得 $du(x, y) = [f(x, y)dx + t(x, t)dy]$ 如此我們可透過逐項積分而解出。</td></tr>
</table>

例 1. 解先判斷 ODE $\frac{y}{x}dx + (y^3 + \ln x)dy = 0$ 為正合，然後解此 ODE

解 (1) $M(x, y) = \frac{y}{x}$，$N(x, y) = y^3 + \ln x$

$$\frac{\partial M}{\partial y} = \frac{1}{x},\ \frac{\partial N}{\partial x} = \frac{1}{x},\ \frac{\partial M}{\partial y} = \frac{\partial N}{\partial x}$$

$$\therefore \frac{y}{x}dx + (y^3 + \ln x)dy = 0$$

為正合

方法	解答
方法一 先對 x 積分	取 $u(x,y)=\int^x \frac{y}{x}dx+\rho(y)=y\ln x+\rho(y)$　(1) $\frac{\partial}{\partial y}u=\ln x+\rho'(y)=y^3+\ln x$　$\therefore y'=y^3$ 得$\rho(y)=\frac{1}{4}y^4+c$，代入 (1) $=y\ln x+\frac{1}{4}y^4$ $\therefore y\ln x+\frac{1}{4}y^4=c$
方法二 先對 y 積分	取 $u(x,y)=\int^y (y^3+\ln x)dy+\rho(x)=\frac{1}{4}y^4+y\ln x+\rho(x)$　(2) $\frac{\partial}{\partial x}u=\frac{y}{x}+\rho'(x)=\frac{y}{x}$　$\therefore \rho'(x)=0$ 得 $\rho(x)=c$ 代入 (2) $\frac{1}{4}y^4+y\ln x=c$
方法三 集項法	$\frac{y}{x}dx+(y^3+\ln x)dy=\left(\frac{y}{x}dx+\ln xdy\right)+y^3dy$ $=d(y\ln x)+d\frac{1}{4}y^4=0$　$\therefore y\ln x+\frac{1}{4}y^4=c$

例 2. 試定常數 a 以使得 $(x^3+4xy)+(ax^2+4y)y'=0$ 爲正合，並解此 ODE

原方程式可寫成

$(x^3+3xy)dx+(ax^2+4y)dy=0$　$M=x^3+4xy,\ N=ax^2+4y$

$\frac{\partial M}{\partial y}=4x=\frac{\partial N}{\partial x}=2ax$　$\therefore a=2$ 時原方程式爲正合

解 $(x^3+4xy)dx+(2x^2+4y)dy=0$

方法	解答
方法一 先對 x 積分	取 $u(x,y)=\int^x (x^3+4xy)dx+\rho(y)=\frac{x^4}{4}+2x^2y+\rho(y)$　(1) $\frac{\partial}{\partial y}u=2x^2+\rho'(y)=2x^2+4y$ $\therefore \rho(y)=2y^2$，代入 (1) 得 $u(x,y)=\frac{x^4}{4}+2x^2y+2y^2=c$
方法二 先對 y 積分	取 $u(x,y)=\int^y (2x^2+4y)dy+\rho(x)=2x^2y+2y^2+\rho(x)$　(2) $\frac{\partial}{\partial x}u=4xy+\rho'(x)=x^3+4xy$, $\rho(x)=x^3$ $\therefore \rho(x)=\frac{1}{4}x^4$，代之入 (2) 得 $u(x,y)=2y^2+2x^2y+\frac{1}{4}x^4=c$

方法	解答
方法三 集項法	$(x^3+4xy)dx+(2x^2+4y)dy$ $=x^3dx+(4xydx+2x^2dy)+4ydy$ $=d\frac{x^4}{4}+d(2x^2y)+d2y^2=0$ $\therefore \frac{1}{4}x^4+2x^2y+2y^2=c$

練習 13.3A

解下列方程式

(1) $2xy+(x^2+y^2)y'=0$

(2) $\frac{y}{x}dx+(y^3+\ln x)dy=0$

(3) $(x\sqrt{x^2+y^2}+y)dx+(y\sqrt{x^2+y^2}+x)dy=0$

(4) $(4x^3y^3+2xy)dx+(3x^4y^2+x^2)dy=0$

積分因子

【定義】 $M(x, y)\,dx+N(x, y)\,dy=0$ 不為正合時，如果我們可找到一個函數 $h(x, y)$ 使得 $h(x, y)\,M(x, y)\,dx+h(x, y)\,N(x, y)\,dy=0$ 為正合，則稱 $h(x, y)$ 為**積分因子**（integrating factors; IF）。

例 3. 找出 $xdy-ydx=0$ 之積分因子，並解之

解 (1) 以 $\frac{1}{x^2}$ 爲 IF，則 $\frac{xdy-ydx}{x^2}=d\left(\frac{y}{x}\right)=0$

$\therefore y=cx$

(2) 以 $\frac{1}{y^2}$ 爲 IF，

則 $\frac{xdy-ydx}{y^2}=-\frac{ydx-xdy}{y^2}=-d\left(\frac{x}{y}\right)=0$

$\therefore x=-cy$ 或 $y=c'x$

(3) 以 $\frac{1}{x^2+y^2}$ 爲 IF，

則 $\frac{xdy-ydx}{x^2+y^2}=\frac{\frac{xdy-ydx}{x^2}}{1+\left(\frac{y}{x}\right)^2}=\frac{d\left(\frac{y}{x}\right)}{1+\left(\frac{y}{x}\right)^2}=d\tan^{-1}\left(\frac{y}{x}\right)=0$

$\therefore \tan^{-1}\left(\frac{y}{x}\right)=c$

ODE 之積分因子（IF）找法通常無定則可循，**同一個 ODE 可用之積分因子未必唯一**。不同積分因子會影響到解題之難易度，因此，初學者在初學時往往需要試誤以找出一個便於求解之積分因子。

例 4. 若 x^n 為 $(x+3y^2)dx+2xydy=0$ 為積分因子，試求 n，並解之。

解

(1) $x^n((x+3y^2)dx+2xydy)=0$

$M(x,y)=x^{n+1}+3x^ny^2,\ \dfrac{\partial M}{\partial y}=6x^ny$

$N(x,y)=2x^{n+1}y,\ \dfrac{\partial N}{\partial x}=2(n+1)x^ny$

令 $\dfrac{\partial M}{\partial y}=\dfrac{\partial N}{\partial x}$ 得：$2(n+1)=6,\ n=2$

(2) $x^2((x+3y^2)dx+2xydy)=0$

$(x^3+3x^2y^2)dx+2x^3ydy=0$ 為正合，應用集項法：

$x^3dx+(3x^2y^2+2x^3y)dy=d\,\dfrac{1}{4}x^4+dx^3y^2=0$

$\therefore\ \dfrac{1}{4}x^4+x^3y^2=c$

練習 13.3B

1. 若 $e^{-ax}\cos y$，a 為待定值，為 $y'=\tan y-e^x\sec y$ 的積分因子，試求 a 並解此 ODE。
2. 設 $M(x,y)dx+N(x,y)dy=0$ 可寫成 $f_1(x)g_1(y)dx+f_2(x)g_2(y)dy=0$，請問它的積分因子為何？
3. 試證 $\dfrac{1}{x^2}f\left(\dfrac{y}{x}\right)$ 是 $xdy-ydx=0$ 之一個積分因子。

13.4 一階線性微分方程式與Bernoulli方程式

本節先介紹一階線性微分方程式 $y'+p(x)y=q(x)$ 然後是 Bernoulli 方程式 $y'+p(x)y=q(x)y^n$，$n\neq 0, 1$（參考第 6 題）。顯然，一階線性微分方程式是 Bernoulli 方程式之特例。

名稱	標準式	解題重點
一階線性 ODE	$y'+p(x)y=q(x)$	$\text{IF}=e^{\int p(x)dx}$
Bernoulli ODE	$y'+p(x)y=q(x)y^n$ $n\neq 0, 1$	$y^{-n}y'+p(x)y^{1-n}=q(x)$ 取 $u=y^{1-n}$ 行變數變換→一階線性微分方程式

一階線性常微分方程式：$y'+p(x)y=q(x)$

【定理 A】 一階線性微分方程式 $y'+p(x)y=q(x)$ 之積分因子 $\text{IF}=e^{\int p(x)dx}$

證明 讀者應可輕易地証出。

在解一階線性 ODE $y'+p(x)y=q(x)$ 時，首先求$IF=e^{\int p(x)dx}$，然後用 IF 乘方程式兩邊，乘後的結果一定是 $(\boldsymbol{y}\cdot\boldsymbol{IF})'=\boldsymbol{IF}\cdot\boldsymbol{q(x)}$，如此便好解多了。

例 1. 解 $y'+y\tan x=\cos x$

解

提示	解答
$\text{IF}=e^{\int\tan x\,dx}=e^{-\ln\cos x}\sec x$ $\therefore (y\cdot\text{IF})'=\text{IF}\cdot q(x)$ $\Rightarrow (y\sec x)'=1$ 解之：$y\sec x=x+c$，即 $y=(x+c)\cos x$	取 $\text{IF}=e^{\int\tan x dx}=e^{-\ln\cos x}=\sec x$，方程二邊同乘 IF $\sec x(y'+y\tan x)=\sec x\cos x=1$ $\Rightarrow (y\sec x)'=1$ 解之：$y\sec x=x+c$，即 $y=(x+c)\cos x$

例 2. 解 $xy'+(1-x)y=e^{2x}$

提示	解答
$\int xe^x$ 之速解 $x \quad + \quad e^x$ $1 \quad - \quad e^x$ $0 \qquad\quad e^x$ $\therefore\int xe^x dx=(x-1)e^x+c$	原方程式先化成一階線性微分方程式之標準式： $y'+\frac{1-x}{x}y=\frac{1}{x}e^{2x}$ 取$\text{IF}=\exp\left\{\int\frac{1-x}{x}dx\right\}=\exp\{\ln x-x\}=xe^{-x}$ $\therefore xe^{-x}\left\{y'+\frac{1-x}{x}y\right\}=xe^{-x}\cdot e^{2x}=xe^x$ $\Rightarrow (xe^{-x}y)'=xe^x$ 得 $xe^{-x}y=(x-1)e^x+c$ 或 $xy=e^x((x-1)e^x+c)$

★**例 3.** 解 $y\ln y dx + (x - \ln y)dy = 0$

提示	解答
本題若將原方程式寫成 $(x-\ln y)\frac{dy}{dx}+y\ln y=0$ 將不易求解，但若將 y 作自變量 x 作因變量就可直接求解。 $\int\frac{\ln y}{y}dy=\int\ln y d\ln y$ $=\frac{1}{2}(\ln y)^2+c$	原式寫成 $\frac{dx}{dy}+\frac{1}{y\ln y}x=\frac{1}{y}$ 或 $x'+\frac{1}{y\ln y}x=\frac{1}{y}$ $\text{IF}=e^{\int\frac{dy}{y\ln y}}=e^{\ln\ln y}=\ln y\Rightarrow\ln y\left(\frac{dx}{dy}+\frac{x}{y\ln y}\right)=\frac{1}{y}\ln y$ 即 $d(x\ln y)=\frac{\ln y}{y}$　$\therefore 2x\ln y=(\ln y)^2+c$

★**例 4.** 若函數 $f(x)$ 滿足 $f(x)\cos x+2\int_0^x f(t)\sin t dt=x$，求 $f(x)$

提示	解答
1. 像 $f(x)\cos x+2\int_0^x f(t)\sin t dt=x$ 這類積分方程式，若二邊同時對 x 微分便可得到微分方程式。 2. $\int\sec^2 x dx=\tan x+c$	$f'(x)\cos x-f(x)\sin x+2f(x)\sin x=f'(x)\cos x+f(x)\sin x=1$ 此相當於一階線性微分方程式，$y'+y\tan x=\sec x$ 取 $\text{IF}=e^{\int\tan x dx}=e^{-\ln\cos x}=\sec x$ $\sec x(y'+y\tan x)=\sec^2 x\Rightarrow d(y\sec x)=\sec^2 x$ $\therefore y\sec x=\tan x+c$，即 $y=\sin x+c\cos x$

Bernoulli方程式 $y'+p(x)y=q(x)y^n$，$n\neq 0, 1$

【定理 B】 Bernoulli 方程式 $y'+p(x)y=q(x)y^n$，$n\neq 0, 1$，取 $u=y^{1-n}$ 則

$$\frac{du}{dx}+(1-n)p(x)u=(1-n)q(x)$$

證明 證明見練習第 5 題。

例 5. 解 $xy'+y=y^2$

解 原方程式相當於 $y^{-2}y'+\frac{1}{x}y^{-1}=\frac{1}{x}$　(1)

令 $u=y^{1-2}=\frac{1}{y}$，則 $u'=-y^{-2}y'$

$\therefore$ (1) 變爲 $-u'+\frac{u}{x}=\frac{1}{x}$ 或 $u'-\frac{u}{x}=-\frac{1}{x}$　(2)

取 $\text{IF}=e^{-\int\frac{1}{x}dx}=\frac{1}{x}$，以 $\frac{1}{x}$ 乘 (2) 之二邊，得 $\frac{1}{x}u'-\frac{u}{x^2}=-\frac{1}{x^2}$，

$\left(\frac{u}{x}\right)'=-\frac{1}{x^2}$

$\therefore \dfrac{u}{x}=\dfrac{1}{x}+c$，即 $u=1+cx$，但　$u=\dfrac{1}{y}$

$\therefore y=\dfrac{1}{1+cx}$ 是爲所求

例 6. 解 $y'+y\cot x=\dfrac{1}{y}\csc^2 x$

解

原 ODE 相當於 $yy'+y^2\cot x=\csc^2 x$　(1)

取　$u=y^{1-(-1)}=y^2$，$u'=2yy'$，令 $u=y^2$ 則方程式 (1) 可化爲

$\dfrac{1}{2}u'+(\cot x)u=\csc^2 x$ 或 $u'+2(\cot x)u=2\csc^2 x$　(2)

$\therefore$ IF $=e^{\int 2\cot x dx}=\sin^2 x$，以 $\sin^2 x$ 乘 (2) 式兩邊得：

$\sin^2 x\cdot u'+u\cdot 2\sin x\cos x=2$

$\Rightarrow (u\sin^2 x)'=2$

解之 $u\sin^2 x=2x+c$

$\therefore u=(2x+c)\csc^2 x$ 即 $y^2=(2x+c)\csc^2 x$

練習 13.4

1. 解下列微分方程式
   (1) $y'+2xy=e^{-x^2}\cos x$　(2) $y'+(\tan x)y=e^x\cos x$
   (3) $y'+\dfrac{2}{x+1}y=(x+1)^{-\frac{5}{2}}$　(4) $xy'\ln x+y=x(1+\ln x)$
2. 解下列微分方程式
   (1) $y'-3xy=xy^2$　(2) $x^2y'+xy=y^2$
   (3) $3xy'-y+x^2y^4=0$　(4) $y'+y=y^2(\cos x-\sin x)$
3. 解下列微分方程式
   (1) $1+y^2=(\tan^{-1}y-x)y'$　(2) $2(\ln y-x)y'=y$
4. 試證方程式 $\phi'(x)\dfrac{dy}{dx}+p(x)\phi(y)=q(x)$ 可透過 $u=\phi(y)$ 變數變換而得到線性微分方程式，並據此結果求 $e^y\left(\dfrac{dy}{dx}+1\right)=x$。
5. 試證定理 B。
6. Bernoulli 方程式 $y'+p(x)y=q(x)y^n$ 爲何有 $n\neq 0, 1$ 之規定？

13.5 線性常微分方程式導言

凡形如下列之微分方程式，我們稱之爲**線性微分方程式**（linear differential equations）：

$$a_0(x)\frac{d^n}{dx^n}y + a_1(x)\frac{d^{n-1}}{dx^{n-1}}y + a_2(x)\frac{d^{n-2}}{dx^{n-2}}y + \cdots + a_{n-1}(x)\frac{dy}{dx} + a_n(x)y = b(x) \qquad \text{A}$$

當 $a_0(x)$，$a_1(x)$，$\cdots a_{n-1}(x)$，$a_n(x)$ 均爲常數時，式 A 爲常係數微分方程式。$b(x)=0$ 時稱爲**齊性方程式**（homogeneous equations）。

線性微分方程式解之基本性質

若 $y=y(x)$ 是 $a_0(x)y^{(n)}+a_1(x)y^{(n-1)}+\cdots+a_{n-1}(x)y'+a_n(x)y=0$ 之解，則稱 $y=y(x)$ **齊性解**（homogeneous solution），以 y_h 表之。

【定理 A】 若 $y=y_1(x)$ 與 $y=y_2(x)$ 均為 $a_0(x)y^{(n)}+a_1(x)y^{(n-1)}+\cdots+a_{n-1}(x)y'+a_n(x)y=0$ 之解，則 $y=c_1y_1(x)+c_2y_2(x)$（c_1，c_2 為任意常數）亦為其解

證明 若 $y=y_1(x)$ 與 $y=y_2(x)$ 均爲 $a_0(x)y^{(n)}+a_1(x)y^{(n-1)}+\cdots+a_{n-1}(x)y'+a_n(x)y=0$ 之解，則

$[c_1y_1(x)+c_2y_2(x)]$

$=a_0(x)[c_1y_1(x)+c_2y_2(x)]^{(n)}+a_1(x)[c_1y_1(x)+c_2y_2(x)]^{(n-1)}$

$\quad +a_2(x)[c_1y_1(x)+c_2y_2(x)]^{(n-2)}+\cdots+a_n(x)[c_1y_1(x)+c_2y_2(x)]$

$=c_1[a_0(x)y_1^{(n)}(x)+a_1(x)y_1^{(n-1)}(x)+\cdots+a_n(x)y_1(x)]$

$\quad +c_2[a_0(x)y_2^{(n)}(x)+a_1(x)y_2^{(n-1)}(x)+\cdots+a_n(x)y_2(x)]$

$=c_1\cdot 0+c_2\cdot 0=0$

∴得證

給定線性常微分方程式 $a_0(x)y^{(n)}+a_1(x)y^{(n-1)}+\cdots+a_{n-1}(x)y'+a_n(x)y=0$ *
由定理 A 有：

1. 若 $y=y(x)$ 爲 * 解時 $y=cy(x)$ 亦爲其解，在此 c 爲任意常數。
2. 若 $y=y_i(x)$，$i=1,2,\cdots n$ 均爲 * 之解時則 $y=\sum_{i=1}^{n}y_i(x)$ 亦爲其解。

【定理 B】 若 $y = y_1(x)$ 為 $a_0(x)y^{(n)} + a_1(x)y^{(n-1)} + \cdots + a_{n-1}(x)y' + a_n(x)y = b(x)$ 之解且 $y = y_2(x)$ 為 $a_0(x)y^{(n)} + a_1(x)y^{(n-1)} + \cdots + a_{n-1}(x)y' + a_n(x)y = 0$ 之解則 $y = y_1(x) + y_2(x)$ 為 $L(D)y = b(x)$ 之解。

證明 $L(D)(y_1(x) + y_2(x)) = [a_0(x)y_1^{(n)}(x) + a_1(x)y_1^{(n-1)}(x) + \cdots + a_n(x)y_1(x)] + [a_0(x)y_2^{(n)}(x) + a_1(x)y_2^{(n-1)}(x) + \cdots + a_n(x)y_2(x)]$
$= b(x) + 0 = b(x)$ ■

根據上面之討論，我們可歸納出下列重要結果：若 y_p 爲一線性常係數微分方程式之一個特解，y_h 爲齊性解，則通解 y_g 爲 $y_g = y_p + y_h$。因此 ODE $a_0(x)y^{(n)} + a_1(x)y^{(n-1)} + \cdots + a_{n-1}(x)y' + a_n(x)y = b(x)$ 是先求齊性解 y_h，然後求 y_p，如此便得通解 $y_g = y_h + y_p$。

例 1. 方程式 $y'' + Py' + Qy = 0$，P，Q 均爲 x 之函數，試證：
(1) 若 $P + xQ = 0$ 則 $y = x$ 爲方程式之特解
(2) 若 $1 + P + Q = 0$ 則 $y = e^x$ 爲方程式之特解

解 (1) $y'' + Py' + Qy|_{y=x} = P + Qx = 0$ (1)
$\therefore$ 在 $P + xQ = 0$ 時 $y = x$ 爲 $y'' + Py' + Qy = 0$ 之一個特解
(2) 代 $y = e^x$ 入 $y'' + Py' + Qy = e^x + Pe^x + Qe^x = e^x(1 + P + Q)$ (2)
$\because 1 + P + Q = 0$
$\therefore$ 在 $1 + P + Q = 0$ 時 $y = e^x$ 爲 $y'' + Py' + Qy = 0$ 之一個特解。

例 2. 若 r 爲 $a_0m^2 + a_1m + a_2 = 0$ 之一個根，試證 $y = e^{rx}$ 爲 $a_0y'' + a_1y' + a_2y = 0$ 之一個特解

解 $\because y = e^{rx}$，則有 $y' = re^{rx}$，$y'' = r^2e^{rx}$，
代入 $a_0y'' + a_1y' + a_2y = a_0(r^2e^{rx}) + a_1(re^{rx}) + a_2e^{rx} = e^{rx}(a_0r^2 + a_1r + a_2) = 0$
（$\because r$ 爲 $a_0m^2 + a_1m + a_2 = 0$ 之根 $\therefore a_0r^2 + a_1r + a_2 = 0$）
即 $y = e^{rx}$ 爲 $a_0y'' + a_1y' + a_2y = 0$ 之一個特解

練習 13.5

1. 考慮 $y'' + Py' + Qy = 0$

   (1) $1 - P + Q = 0$ 則 $y = e^{-x}$ 爲方程式之特解

   (2) $a^2 + aP + Q = 0$ 則 $y = e^{ax}$ 爲方程式之特解

2. 若 y_1，y_2 爲方程式 $y'' + P(x)y' + Q(x)y = R(x)$ 之二個相異解，α 爲任意實數試證 $y = \alpha y_1 + (1 - \alpha)y_2$ 亦爲方程式之解。

3. 若 $y(x)$ 爲常係數微分方程式 $y'' + ay' + by = 0$ 之一個解，試證 $y'(x)$ 爲方程式 $y''' + ay'' + by' = 0$ 之解。

13.6 高階常係數齊性微分方程式

爲了簡單入門起見，我們可從二階常係數齊性線性微分方程式 $a_0y''+a_1y'+a_2y=0$ 著手：

令 $y=e^{mx}$ 爲其中一個解，將 $y=e^{mx}$ 代入上式，

$$a_0y''+a_1y'+a_2y=a_0m^2e^{mx}+a_1me^{mx}+a_2e^{mx}=e^{mx}(a_2+a_1m+a_0m^2)=0$$

$\because e^{mx}\neq 0 \therefore a_0m^2+a_1m+a_2=0$，我們稱它是對應 $a_0y''+a_1y'+a_2y=0$ 之**特徵方程式**（characteristic equation），特徵方程式的根稱爲**特徵根**（characteristic root）

【定理 A】 微分方程式 $a_0y''+a_1y'+a_2y=0$ 之特徵方程式為 $a_0m^2+a_1m+a_2=0$，r_1，r_2 為二特徵根。

(i) $r_1\neq r_2$，$r_1, r_2\in R$ 則 $y_g=c_1e^{r_1x}+c_2e^{r_2x}$

(ii) $r_1=r_2=r$ 則 $y_g=(c_1+c_2x)e^{rx}$

(iii) r_1，r_2 為二複根即 $r_1=p+qi$，$r_2=p-qi$，p，$q\in R$ 則

$y_g=e^{px}(c_1\cos qx+c_2\sin qx)$

我們可將上述定理及推廣列表如下：

	$y''+ay'+by=0$ 特徵方程式 $m^2+am+b=0$，二根 r_1，r_2		
定理 A	(1) $r_1\neq r_2$，r_1，$r_2\in R$，則 $y_h=c_1e^{r_1x}+c_2e^{r_2x}$ (2) $r_1=r_2=r$，r_1，$r_2\in R$，則 $y_h=(c_1+c_2x)e^{rx}$ (3) $r_1=p+qi$，$r_2=p-qi$，$p, q\in R$，則 $y_h=e^{px}(c_1\cos qx+c_2\sin qx)$		
定理 A 推廣	$y^{(n)}+a_1y^{(n-1)}+a_2y^{(n-2)}+\cdots+a_{n-1}y'+a_ny=0$ 特徵方程式 $m^n+p_1m^{n-1}+\cdots+p_{n-1}m+p_n=0$		
	特徵方程式的根		微分方程式 y_h 之對應項
	單根	$r\in R$	Ae^{rx}
		$r=p\pm qi$，$p, q\in R$	$e^{px}(c_1\cos qx+c_2\sin qx)$
	複根	k 重實根 r	$e^{rx}(c_1+c_2x+\cdots+c_kx^{k-1})$
		k 重複根 $r=p+qi$	$e^{px}(c_1+c_2x+\cdots+c_kx^{k-1})\cos qx+(d_1+d_2x+\cdots+d_kx^{k-1})\sin qx$

例 1. 求下列齊次方程式之解

(1) $y''-2y'-3y=0$ (2) $y''-4y'+4y=0$

(3) $y''-2y'+5y=0$ (4) $y'''+y''+y'+y=0$

解 (1)特徵方程式 $m^2-2m-3=(m-3)(m+1)=0$，$m=3,-1$

$\therefore y_h=Ae^{3x}+Be^{-x}$

(2)特徵方程式 $m^2-4m+4=(m-2)^2=0$，$m=2$（重根）

$\therefore y_h=(A+Bx)e^{2x}$

(3)特徵方程式 $m^2-2m+5=(m-(1+2i))(m-(1-2i))=0$

$m=1\pm 2i$

$\therefore y_h=e^x(A\cos 2x+B\sin 2x)$

(4)特徵方程式 $m^3+m^2+m+1=(m^2+1)(m+1)=0$

$m=-1,\pm i$

$\therefore y_h=Ae^{-x}+e^{ox}(B\cos x+C\sin x)$

$\quad =Ae^{-x}+B\cos x+C\sin x$

例 2. 解 $(D^2-2D+10)(D^3+4D)y=0$

解 $(D^2-2D+10)(D^3+4D)y=0$ 對應之特徵方程式為

$(m^2-2m+10)(m^3+4m)=0$

$\therefore$特徵根為 $1\pm 3i,0,\pm 2i$

$y=c_1+e^x(c_2\cos 3x+c_3\sin 3x)+c_4\cos 2x+c_5\sin 2x$

由例 1，2 可得一個重要規則：

線性常係數微分方程式齊性解之不定係數 c_i 之個數恰與方程式之階數相同。

例 3. 解 $(D^2-2D+10)^2y=0$

解 $(D^2-2D+10)^2y=0$ 之特徵方程式 $(m^2-2m+10)^2=0$ 則 $m=1+3i$（重根），$1-3i$（重根）

$\therefore y=e^x((c_1+c_2x)\cos 3x+(c_3+c_4x)\sin 3x)$

例 4. 解邊界值問題（boundary value problem）$y''+y=0$，$y(0)=1$，$y(\frac{\pi}{2})=1$

解 原方程式之特徵方程式為 $m^2+1=0$　$\therefore m=\pm i$

得 $y_h=A\cos x+B\sin x$

又 $y(0)=1$ 得 $A=1$

$y(\frac{\pi}{2})=1$ 得 $B=1$

$\therefore y=\cos x+\sin x$，

高階線性微分方程式之附加條件均為同點者為初始條件，如 $y(0) = 1$，$y'(0) = 1$ 均為 $x = 0$，反之，若附加條件為不同點，如 $y(0) = 1$，$y(\pi) = -1$，分別在 $x = 0$ 與 $x = \pi$，為**邊界值條件**（boundary condition）。

練習 13.6

1. 解
   (1) $y'' + 4y' + 4y = 0$　　(2) $y'' + 4y' + 13y = 0$
   (3) $y'' + 4y = 0$　　(4) $y'' + 2y' = 0$
2. 解
   (1) $y^{(4)} - 2y''' + 5y'' = 0$　　(2) $y''' + 3y'' + 3y' + y = 0$
   (3) $y^{(6)} + 9y^{(4)} + 24y'' + 16y = 0$　　(4) $y^{(4)} - 2y''' + 5y'' = 0$
3. 若已知線性常微分方程式之特徵方程式，解：
   (1) $(m-2)(m-3)^2(m-4)^3 = 0$
   (2) $(m-2)(m-3)(m^2+4)^3 = 0$
   (3) $(m^2-4m+13)^2 = 0$

13.7 未定係數法

線性常微分方程式有一些特解之求法，本書只介紹其中之**未定係數法**（method of undetermined coefficient）。在求常係數線性微分方程式 $L(D)y = b(x)$ 特解 y_p，未定係數法是一個直覺的方法。

應用未定係數法時

1. 首先求出 $ay'' + by' + cy = b(x)$ 之齊性解。若求出之線性獨立的齊性解 y_1，y_2 均不含 $b(x)$ 之某個項時可依下表去假設特解之型態。

$b(x)$之形式	可設之特解
常數 c	A
x^p	$A_px^p + A_{p-1}x^{p-1} + \cdots + Ax + A_0$
e^{px}	Ae^{px}
$\sin(px+q)$ 或 $\cos(px+q)$	$A\sin(px+q) + B\cos(px+q)$
函數和	對應函數之和
函數積	對應函數之積

2. 若 $b(x)$ 與 $y_h(x)$ 有某個項相同時，在求 y_p 時要將該相同項乘上 x^n，n 通常爲 y_p 與 y_h 沒有相同項之最小正整數。
3. 對二階常係數微分方程式有二個有用的結果：
   I. $y'' + py' + qy = P_n(x)e^{\lambda x}$，$P_n(x)$ 爲 n 次多項式，λ 爲特徵多項式 $m^2 + pm + q = 0$ 之根：取 $y_p = x^kQ_n(x)e^{\lambda x}$，$Q_n(x)$ 爲與 $P_n(x)$ 同次之多項式
   $$k=\begin{cases}1, \lambda\text{爲單根}\\ 2, \lambda\text{爲重根}\end{cases}$$
   II. $y'' + py' + qy = e^{\lambda x}(P_s(x)\cos ax + P_t(x)\sin ax)$，$P_s(x)$，$P_t(x)$ 分別爲 s，t 次多項式，λ 爲特徵多項式 $m^2 + pm + q = 0$ 之根：
   可設 $y_p = x^ne^{\lambda x}(R_n(x)\cos at + T_n(x)\sin at)$
   $R_n(x), T_n(x)$ 均爲 n 次多項式，$n = \max(s, t)$

例 1 解 (1)$y'' - 2y' - 3y = \sin x$ (2)$y'' - 2y' - 3y = x$ (3)$y'' - 2y' - 3y = \sin x + x$

解 先求 $y'' - 2y' - 3y = 0$ 之齊性解：
$m^2 - 2m - 3 = (m-3)(m+1) = 0$ $\therefore m = 3, -1$

$y_h = Ae^{3x} + Be^{-x}$

(1) 求 $b(x) = \sin x$ 之特解：

設 $y_p = k\sin x + l\cos x$，代入 $y'' - 2y' - 3y = \sin x$ 得

$y''_p - 2y'_p - 3y_p$

$= (-4k + 2l)\sin x + (-2k - 4l)\cos x = \sin x$

比較二邊係數得

$\begin{cases} -4k+2l=1 \\ -2k-4l=0 \end{cases}$ 得 $k=-\dfrac{1}{5}$，$l=\dfrac{1}{10}$，

$\therefore y_p = -\dfrac{1}{5}\sin x + \dfrac{1}{10}\cos x$

即 $y = y_h + y_p = Ae^{3x} + Be^{-x} - \dfrac{1}{5}\sin x + \dfrac{1}{10}\cos x$

(2) 求 $b(x) = x$ 之特解

設 $y_p = kx + l$，代入 $y'' - 2y' - 3y = x$ 得

$y''_p - 2y'_p - 3y_p = -3kx - (2k + 3l) = x$

$\therefore k = -\dfrac{1}{3}$，$l = \dfrac{2}{9}$

即 $y = y_h + y_p = Ae^{3x} + Be^{-x} - \dfrac{1}{3}x + \dfrac{2}{9}$

(3) $b(x) = \sin x + x$

設 $y_p = P\sin x + Q\cos x + Cx + D$

$y'_p = P\cos x - Q\sin x + C$

$y''_p = -P\sin x - Q\cos x$

$\therefore y''_p - 2y'_p - 3y_p$

$= (-P\sin x - Q\cos x) - 2(P\cos x - Q\sin x + C)$

$\quad - 3(P\sin x + Q\cos x + Cx + D)$

$= (-4P + 2Q)\sin x - (4Q + 2P)\cos x - 3Cx + (-2C - 3D)$

$= \sin x + x$

比較二邊係數

$\begin{cases} -4P+2Q=1 \\ 4Q+2P=0 \\ -3C=1 \\ -2C-3D=0 \end{cases}$

解之 $C=-\dfrac{1}{3}$，$D=\dfrac{2}{9}$，$P=-\dfrac{1}{5}$，$Q=\dfrac{1}{10}$

$y_p = -\dfrac{1}{5}\sin x + \dfrac{1}{10}\cos x - \dfrac{x}{3} + \dfrac{2}{9}$

$$\therefore y = Ae^{3x} + Be^{-x} - \frac{1}{5}\sin x + \frac{1}{10}\cos x - \frac{x}{3} + \frac{2}{9}$$

例 1(3) 亦可由 (1)，(2) 之結果直接寫出。

例 2 試解 (1)$y'' - 3y' + 2y = xe^{3x}$　(2)$y'' - 3y' + 2y = xe^{2x}$

提示	解答
$b(x) = xe^{3x}$ 不含 y_h 之 e^x 或 e^{2x}，又 $b(x)$ 含 x 故設 $y_p = (c_1x + c_2)e^{3x}$	先求 $y'' - 3y' + 2y = 0$ 之齊性解 $m^2 - 3m + 2 = (m-2)(m-1) = 0$ $\therefore m = 1, 2$ 得齊性解 $y_h = Ae^x + Be^{2x}$ (1) 求特解 y_p 設 $y_p = (c_1x + c_2)e^{3x}$ $y'_p = (3c_1x + c_1 + 3c_2)e^{3x}$ $y''_p = (9c_1xe^{3x} + 6c_1 + 9c_2)$ $\therefore y''_p - 3y'_p + 2y_p = 2c_1x + 3c_1 + 2c_2 = x$ $\therefore c_1 = \frac{1}{2}, c_2 = -\frac{3}{4}, y_p = \left(\frac{x}{2} - \frac{3}{4}\right)e^{3x}$ $\therefore y = y_h + y_p = Ae^x + Be^{2x} + \left(\frac{x}{2} - \frac{3}{4}\right)e^{3x}$
$b(x) = xe^{2x}$ 與 y_h 有共同因子 e^{2x}，又 $b(x)$ 之 x 因子的次數為 1，故設 $y_p = x(c_1x + c_2)e^{2x}$	(2) 求特解 y_p： 設 $y_p = x(c_1x + c_2)e^{2x}$ $y'_p = (2c_1x^2 + 2(c_1 + c_2)x + c_2)e^{2x}$ $y''_p = (4c_1x^2 + (8c_1 + c_2)x + 2(c_1 + 2c_2))e^{2x}$ $y''_p - 3y'_p + 2y_p = (2c_1x + (2c_1 + c_2))e^{2x} = xe^{2x}$ 比較二邊係數得 $A = \frac{1}{2}$，$B = -1$，$y_p = \frac{x}{2} - 1$ $\therefore y_p = x\left(\frac{x}{2} - 1\right)e^{3x}$ $y = y_h + y_p = Ae^x + Be^{2x} + x\left(\frac{x}{2} - 1\right)e^{2x}$

例 3 解 $y'' + y = x\cos 2x$

提示	解答
$b(x) = x\cos 2x$ 不含 y_h 之 $\cos x, \sin x$ 項。因此設 $y_p = (c_1x + c_2)\cos 2x + (c_3x + c_4)\sin 2x$	先求 y_h：$m^2 + 1 = 0$；$m = \pm i$　$\therefore y_h = A\cos x + B\sin x$ 次求 y_p： 取 $y_p = (c_1x + c_2)\cos 2x + (c_3x + c_4)\sin 2x$ $y''_p + y_p$ $= (-3c_1x - 3c_2 + 4c_3)\cos 2x - (3c_3x + 3c_4 + 4c_1)\sin 2x = x\cos 2x$ $\therefore \begin{cases} -3c_1 = 1 \\ -3c_2 + 4c_3 = 0 \\ -3c_3 = 0 \\ -3c_4 - 4c_1 = 0 \end{cases}$　解之　$c_1 = -\frac{1}{3}$，$c_2 = c_3 = 0$，$c_4 = \frac{4}{9}$ $y = A\cos x + B\sin x - \frac{1}{3}x\cos 2x + \frac{4}{9}\sin 2x$

練習 13.7

試解下列微分方程式

(1) $y'' - 2y' - 3y = h(x)$　(i)$h(x) = 3x + 1$　(ii)$h(x) = 6e^{-3x}$

(2) $y'' - 2y' = e^{x}\sin x$

(3) $y'' + 9y = 18\cos 3x - 30\sin 3x$

解　答

練習 1.1A

1.

	非負整數	負整數	有理數	無理數	實數
$1+\sqrt{3}$				✓	✓
0.375			✓		✓
log 4				✓	✓
−4/2		✓	✓		✓

練習 1.1B

1. 利用定理 A，令$x=2+\sqrt{3}$則$x-2=\sqrt{3}$，$\therefore x^2-4x+1=0$，又 $x=\pm 1$ 均無法滿足方程式 $x^2-4x+1=0$，由定理 A 知$2+\sqrt{3}$爲無理數。
2. 由反證法：
   設 $1+x$ 爲有理數，則 $1+x=\dfrac{q}{p}$，p, q 爲整數，$p\neq 0$，$x=\dfrac{q}{p}-1=\dfrac{p-q}{p}$ 爲有理數但此與 x 爲無理數之已知條件矛盾，$\therefore 1+x$ 爲無理數。
3. 不一定，取 $x=\sqrt{2}$，$y=-\sqrt{2}$，則 $x+y=0$ 爲有理數。

練習 1.1C

1\. (1) 
$\therefore$解爲 $(-\infty, 0]\cup\{1\}\cup[2, \infty)$

(2) + − − + （1, 2, 3）　$\therefore$解爲 $(1, 2)\cup(2, 3)$

> ① $x^2+x+1=\left(x+\dfrac{1}{2}\right)^2+\dfrac{3}{4}>0$
> ②此不等區間之解必需把 $x=2$ 除掉

2\. (1) − + − + （−1, 0, 2）
此相當於 $(x-2)x(x+1)<0$
$\therefore$解爲 $(0, 2)\cup(-\infty, -1)$

(2) + − + （$-\dfrac{3}{4}$, 0）
$\dfrac{3}{x}\geq -4$　$\therefore \dfrac{3}{x}+4=\dfrac{(4x+3)}{x}\geq 0$
此相當 $(4x+3)x\geq 0$，但 $x\neq 0$
$\therefore$解爲 $(0, \infty)\cup(-\infty, -\dfrac{3}{4})$

(3) − + − + （−1, 0, 1）
$x>\dfrac{1}{x}$　$\therefore x-\dfrac{1}{x}=\dfrac{x^2-1}{x}>0$
此不等式相當 $x(x^2-1)=x(x+1)(x-1)>0$
解爲 $(1, \infty)\cup(-1, 0)$

3\. $2\geq R_1\geq 1$　$\therefore 1\geq\dfrac{1}{R_1}\geq\dfrac{1}{2}$，同理$\dfrac{1}{2}\geq\dfrac{1}{R_2}\geq\dfrac{1}{3}$，$\dfrac{1}{3}\geq\dfrac{1}{R_3}\geq\dfrac{1}{4}$

$\because \dfrac{1}{R}=\dfrac{1}{R_1}+\dfrac{1}{R_2}+\dfrac{1}{R_3}$

$\therefore 1+\frac{1}{2}+\frac{1}{3} \geq \frac{1}{R} \geq \frac{1}{2}+\frac{1}{3}+\frac{1}{4}$，即$\frac{11}{6} \geq \frac{1}{R} \geq \frac{13}{12}$，$\therefore \frac{12}{13} \geq R \geq \frac{6}{11}$，即 $[\frac{6}{11}, \frac{12}{13}]$

練習 1.1D

1. (1) $|x-1| \leq 2 \Rightarrow -2 \leq x-1 \leq 2$，$\therefore -1 \leq x \leq 3$，即 $[-1, 3]$
   (2) $|\frac{x}{3}-2| \leq 2 \Rightarrow -2 \leq \frac{x}{3}-2 \leq 2$，$\therefore 0 \leq x \leq 12$，即 $[0, 12]$
   (3) $|x-1| \leq -2$　不存在或$\varnothing$
   (4) $|2x+1| \geq 5 \Rightarrow 2x+1 \geq 5$ 或 $2x+1 \leq -5$，$\therefore x \geq 2$ 或 $x \leq -3$，即 $(-\infty, -3] \cup [2, \infty)$
2. (1) $x < -1$ 時，$|x+1|+|x-2| \leq 5 \Rightarrow -(x+1)+(-(x-2)) \leq 5 \Rightarrow -2x+1 \leq 5 \Rightarrow x \geq -2$，$\therefore -1 > x \geq -2$
   $2 > x \geq -1$ 時，$|x+1|+|x-2| \leq 5 \Rightarrow (x+1)+(-(x-2)) \leq 5 \Rightarrow 3 < 5$
   $\therefore 2 > x \geq -1$ 時滿足不等式
   $x \geq 2$ 時，$|x+1|+|x-2| \leq 5 \Rightarrow (x+1)+(x-2) \leq 5 \Rightarrow x \leq 3$，$\therefore 3 \geq x \geq 2$
   以上聯集得 $[-2, 3]$
   (2) $x<-1$：$|x+1|+2|x-2| \leq 5 \Rightarrow -(x+1)+2(-(x-2)) \leq 5$　$-3x+3 \leq 5 \Rightarrow x \geqq -\frac{2}{3}$，
   $\therefore \varnothing$
   $2 \geqq x \geqq -1$：$|x+1|+2|x-2| \leq 5 \Rightarrow (x+1)+2(-(x-2)) \leq 5$
   $-x+5 \leq 5$　$\Rightarrow x \geqq 0$，$\therefore 2 \geq x \geq 0$
   $x > 2$：$|x+1|+2|x-2| \leq 5 \Rightarrow (x+1)+2(x-2) \leq 5$　$\Rightarrow x \leq \frac{8}{3}$，$\therefore \frac{8}{3} \geq x > 2$
   取上述三區間之聯集 $[0, \frac{8}{3}]$
   (3) $1 \leq |x| \leq 2$ 相當於 $\begin{cases} |x| \leq 2 \\ |x| \geq 1 \end{cases}$ 且 $\begin{cases} |x| \leq 2 \Rightarrow -2 \leq x \leq 2 \\ |x| \geq 1 \Rightarrow -1 \geq x, x \geq 1 \end{cases}$　$\therefore$解爲 $[1, 2] \cup [-2, -1]$

練習 1.1E

1. (1) $\frac{a}{1+a}-\frac{b}{1+b}=\frac{a(1+b)-b(1+a)}{(1+a)(1+b)}=\frac{a-b}{(1+a)(1+b)} \geq 0$，$\therefore \frac{a}{1+a} > \frac{b}{1+b}$
   (2) $\because |a+b| \leq |a|+|b|$，$\therefore \frac{|a+b|}{1+|a+b|} \leq \frac{|a|+|b|}{1+|a|+|b|}=\frac{|a|}{1+|a|+|b|}+\frac{|b|}{1+|a|+|b|} \leq \frac{|a|}{1+|a|}+\frac{|b|}{1+|b|}$
2. $|a|=|(a-b)+b| \leq |a-b|+|b|$，$\therefore |a-b| \geq |a|-|b|$
3. $\left|\frac{2x^2+4x+1}{x^2+1}\right|=\frac{|2x^2+4x+1|}{x^2+1} \leq \frac{|2x^2+4x+1|}{1} \leq 2|x^2|+4|x|+1 \leq 2 \cdot 1+4 \cdot 1+1=7<8$
4. $|4x+13|=4\left|(x+3)+\frac{1}{4}\right| \leq 4|x+3|+4 \cdot \frac{1}{4} < 4 \cdot \frac{1}{2}+1=3$

練習 1.2A

1. (1)，(2) 之函數之定義域不同故均不相等
2. (1) 令 $x=y=0$ 則 $f(0+0)=f(0)f(0)\Rightarrow f^2(0)=f(0)\Rightarrow f(0)[f(0)-1]=0$，得 $f(0)=0$ 或 1 $\because f(0)\neq 0\ \therefore f(0)=1$

   (2) $f(n)=f[(n-1)+1]=f(n-1)f(1)=f((n-2)+1)f(1)=[f(n-2)f(1)]f(1)$
   $=f(n-2)f^2(1)=\cdots=f^n(1)$

練習 1.2B

1. $[-2,-1)\cup(-1,1)\cup(1,\infty)$　　2. $[-2,3]$($\because x^2-x+2>0$)

練習 1.2C

1. (1) 利用判別式法：

   $y=\dfrac{1-x^2}{1+x^2}$　$\therefore y+yx^2=1-x^2$，即 $(1+y)x^2+(y-1)=0$

   若要上式有解，其判別式必須

   $D=0-4(1+y)(y-1)\geq 0$ 或 $(y+1)(y-1)\leq 0$，但 $y\neq -1$($\because y=-1$ 時 $\dfrac{1-x^2}{1+x^2}=-1$，得 $1=-1$，矛盾)

   $\therefore 1\geq y>-1$，即 $(-1,1]$

   (2) $\because 3^x>0$，$\therefore 9-3^x<9\Rightarrow\sqrt{9-3^x}<3$

   又 $\sqrt{9-3^x}\geq 0$，$\therefore y=2+\sqrt{9-3^x}<2+3=5$ 之值域爲 $[2,5)$

2. 本題相當於求 $-3\leq x\leq 1$ 時 $y=-x^2+4x-1$ 之範圍：

   $\because\begin{cases}0\leq x^2\leq 9\\-12\leq 4x\leq 4\end{cases}$，$\therefore\begin{cases}-9\leq -x^2\leq 0\\-12\leq 4x\leq 4\end{cases}\Rightarrow -21\leq -x^2+4x\leq 4\Rightarrow -22\leq -x^2+4x-1\leq 3$

   得 $y=f(x)=-x^2+4x-1$ 之值域 $[-22,3]$

練習 1.2D

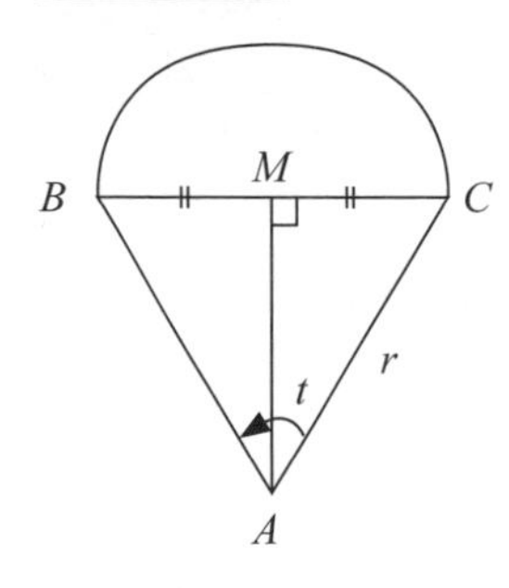

$\angle A$ 之分角線 $\overleftrightarrow{AM}$ 垂直平分 $\overline{BC}$，則

$CM=r\sin\dfrac{t}{2}=\dfrac{1}{2}BC,\ AM=r\cos\dfrac{t}{2}$

$\therefore A(t)=\dfrac{1}{2}BC\cdot AM+\dfrac{1}{2}(CM)^2\pi$

$=r\sin\dfrac{t}{2}\cdot r\cos\dfrac{t}{2}+\dfrac{1}{2}\left(r\sin\dfrac{t}{2}\right)^2\pi$

$=\dfrac{1}{2}r^2\sin t+\dfrac{\pi}{2}r^2\sin^2\dfrac{t}{2}=\dfrac{r^2}{2}\left(\sin t+\pi\sin^2\left(\dfrac{t}{2}\right)\right)$

練習 1.2E

1. (1) $4x+3$　　(2) $2x^2+1$　　(3) $(2x+1)^2$　　(4) $(x^2)^2=x^4$

2. $f(f(x))=\dfrac{f(x)}{f(x)-2}=\dfrac{\frac{x}{x-2}}{\frac{x}{x-2}-2}=\dfrac{x}{4-x}, x\neq 4$

　$\because f(x)=\dfrac{x}{x-2}, x\neq 2$，$\therefore$ $f(f(x))=\dfrac{x}{4-x}$ 之定義域為 $x\neq 2, x\neq 4$ 即 $R-\{2,4\}$

3. 將函數式（包括定義域）的 x 換成 $2x$：

$$f(2x)=\begin{cases}(2x)^2-3(2x)+2，2x\geq 1\\(2x)^2+3(2x)+2，2x<1\end{cases}\Rightarrow \therefore f(2x)=\begin{cases}4x^2-6x+2，x\geq \dfrac{1}{2}\\4x^2+6x+2，x<\dfrac{1}{2}\end{cases}$$

4. $$f(2x+3)=\begin{cases}1\quad，0\leq 2x+3\leq 1\\-1，1<2x+3\leq 2\end{cases}=\begin{cases}1\quad，-\dfrac{3}{2}\leq x\leq -1\\-1，-1<x\leq \dfrac{-1}{2}\end{cases}$$

　$\therefore$定義域為 $\left[-\dfrac{3}{2},-\dfrac{1}{2}\right]$

練習 1.2F

1. step1 建立輔助表

	$x<-1$	$-1\leq x\leq 1$	$x>1$
$g(x)$	2	$2-x^2$	2
$f(x)$	0	1	0

step2：計算

(1) $x<-1$ 時：$g(f(x))=g(0)=2$

(2) $-1<x<1$ 時：$g(f(x))=g(1)=1$

(3) $x>1$ 時：$g(f(x))=g(0)=2$

(4) $x=-1$ 時：$g(f(x))=g(1)=1$

(5) $x=1$ 時：$g(f(x))=g(1)=1$

$$\therefore g(f(x))=\begin{cases}2\quad，x>1\\1\quad，-1\leq x\leq 1\\2\quad，x<-1\end{cases}$$

2. step1. 建立輔助表

	$x<0$	$x\geq 0$
$f(x)$	$3x$	x^2
$g(x)$	$-3x$	x

step2. 計算

(1) $x<0$ 時：$f(g(x))=f(-3x)=9x^2$

(2) $x>0$ 時：$f(g(x))=f(x)=x^2$

(3) $x=0$ 時：$f(g(x))=f(g(0))=f(0)=0$

$\therefore f(g(x))=\begin{cases}9x^2 \ ; x<0 \\ x^2 \ ; x\geq 0\end{cases}$

3. $|x|>1$：$f(f(x))=f(0)=1$；$|x|<1$：$f(f(x))=f(1)=1$；$x=1$：$f(f(x))=f(1)=1$

$\therefore f(f(x))=1$，$x\in R$

練習 1.2G

$f(x)=\sqrt{1+\sin x}$　$g(x)=(x+1)^2$ 或 $f(x)=\sqrt{1+\sin x^2}$，$g(x)=x+1$

練習 1.2H

1. 令$y=\dfrac{1+x}{1-x}$，解之 $x=\dfrac{y-1}{1+y}$，$\therefore f(y)=\dfrac{2+\dfrac{y-1}{1+y}}{2-\dfrac{y-1}{1+y}}=\dfrac{3y+1}{y+3}$，即$f(x)=\dfrac{3x+1}{x+3}$，代 $x=\dfrac{1}{2}$

得 $f\left(\dfrac{1}{2}\right)=\dfrac{3\left(\dfrac{1}{2}\right)+1}{\dfrac{1}{2}+3}=\dfrac{5}{7}$

2. 令$y=\dfrac{x}{x-2}$，$y(x-2)=x$，$x(y-1)=2y$ 得 $x=\dfrac{2y}{y-1}$

代 $x=\dfrac{2y}{y-1}$ 入 $f\left(\dfrac{x}{x-2}\right)=\dfrac{x}{4-x}$ 得：$f(y)=\dfrac{\dfrac{2y}{y-1}}{4-\dfrac{2y}{y-1}}=\dfrac{2y}{2y-4}=\dfrac{y}{y-2}$

$\therefore f(x)=\dfrac{x}{x-2}$，$x\neq 2\Rightarrow f(x+1)=\dfrac{x+1}{(x+1)-2}=\dfrac{x+1}{x-1}$，$x\neq 1$

3. 令 $y=2^x-1$，則 $2^x=1+y$，$x\log 2=\log(1+y)$　$\therefore x=\dfrac{\log(1+y)}{\log 2}$

$\Rightarrow f(x)=\left(\dfrac{\log(1+x)}{\log 2}\right)^2+1$，$\therefore$定義域爲 $(-1,\infty)$

4. $f\left(\sin\dfrac{x}{2}\right)=1+\cos x=1+\left(1-2\sin^2\dfrac{x}{2}\right)=2\left(1-\sin^2\dfrac{x}{2}\right)$

$\therefore f(x)=2(1-x^2)$

5. $f\left(\underbrace{\cos\frac{x}{2}}\right)=1+\cos x=1+\cos\frac{2}{2}x=1+\left(2\cos^2\frac{x}{2}-1\right)=\left(\underbrace{2\cos^2\frac{x}{2}}\right)$

$\therefore\ f(x)=2x^2\Rightarrow f(x+1)=2(x+1)^2$

6. $2f(x)+f(1-x)=x^2\xrightarrow{y=1-x}2f(1-y)+f(y)=(1-y)^2$

因函數之自變數為啞變數；上式可寫成 $f(x)+2f(1-x)=(1-x)^2$

$\therefore\begin{cases}2f(x)+f(1-x)=x^2 & (1)\\ f(x)+2f(1-x)=(1-x)^2 & (2)\end{cases}$　(1)×2 − (2) 得：

$3f(x)=2x^2-(1-x)^2=x^2+2x-1$ 即 $f(x)=\frac{1}{3}(x^2+2x-1)$，$\therefore f(2)=\frac{7}{3}$

練習 2.1A

1.

x	1.97	1.98	1.99	2	2.01	2.02	2.03
$f(x)$	0.985	0.990	0.995		1.005	1.010	1.015

$\lim_{x\to 2}\sqrt{x-1}=1$

2.

x	0.97	0.98	0.99	1	1.01	1.02	1.03
$f(x)$	0.508	0.505	0.502		0.498	0.495	0.493

$\lim_{x\to 1}\frac{1}{x+1}=0.5$

練習 2.1B

1. (1) $\lim_{x\to 1^+}[2x+1]=3$，$\lim_{x\to 1^-}[2x+1]=2$，$\therefore\lim_{x\to 1}[2x+1]$ 不存在

(2) $\lim_{x\to \pi^+}[x^2]=[\pi^2]=9$

(3) $\lim_{x\to -1^+}[2x-3]=-5$，$\lim_{x\to -1^-}[2x-3]=-6$，$\therefore\lim_{x\to -1}[2x-3]$ 不存在

2. (1) $\lim_{x\to 1^+}\sqrt[4]{1-x}\ \overset{y=1-x}{=\!=\!=}\ \lim_{y\to 0^-}\sqrt[4]{y}$ 不存在，$\lim_{x\to 1^-}\sqrt[4]{1-x}\ \overset{y=1-x}{=\!=\!=}\ \lim_{y\to 0^+}\sqrt[4]{y}=0$

$\therefore\lim_{x\to 1}\sqrt[4]{1-x}$ 不存在

(2) $\lim_{x\to 1^+}\sqrt{x-1}\ \overset{y=x-1}{=\!=\!=}\ \lim_{x\to 0^+}\sqrt{y}=0$，$\lim_{x\to 1^-}\sqrt{x-1}\ \overset{y=x-1}{=\!=\!=}\ \lim_{x\to 0}\sqrt{y}$ 不存在

$\therefore\lim_{x\to 1}\sqrt{x-1}$ 不存在

(3) $\lim_{x\to -1^+}\sqrt{x+1} \xlongequal{y=x+1} \lim_{y\to 0^+}\sqrt{y}=0$，$\lim_{x\to -1^-}\sqrt{x+1} \xlongequal{y=x+1} \lim_{y\to 0^-}\sqrt{y}$ 不存在

$\therefore \lim_{x\to -1}\sqrt{x+1}$ 不存在

(4) $\lim_{x\to -1}\sqrt[3]{x+1}=0$

3. (1) $\lim_{x\to 0}\frac{x(x-1)}{|x|(x^2-1)}=\lim_{x\to 0}\frac{x}{|x|}\lim_{x\to 0}\frac{x-1}{x^2-1}=\lim_{x\to 0}\frac{x}{|x|}\underbrace{\lim_{x\to 0}\frac{x-1}{x^2-1}}_{1}$

但 $\lim_{x\to 0}\frac{x}{|x|}$ 不存在，$\therefore \lim_{x\to 0}\frac{x(x-1)}{|x|(x^2-1)}$ 不存在

(2) $\lim_{x\to 1^-}\left(\frac{1}{x-1}-\frac{1}{|x-1|}\right) \xlongequal{y=x-1} \lim_{y\to 0^-}\left(\frac{1}{y}-\frac{1}{|y|}\right)=\lim_{y\to 0^-}\left(\frac{1}{y}-\frac{1}{-y}\right)=\lim_{y\to 0^-}\frac{2}{y}$ 不存在

(3) $\lim_{x\to 1^-}\frac{x^2-|x-1|-1}{|x-1|} \xlongequal{y=x-1} \lim_{y\to 0^-}\frac{(1+y)^2-1-|y|}{|y|}=\lim_{y\to 0^-}\frac{2y+y^2+y}{-y}=\lim_{y\to 0^-}-(y+3)=-3$

或 $\lim_{x\to 1^-}\frac{x^2-|x-1|-1}{|x-1|}=\lim_{x\to 1^-}\frac{x^2+x-2}{-x+1}=-\lim_{x\to 1^-}(x+2)=-3$

4. $\lim_{x\to 1}f(x)=3$，$\lim_{x\to 2}f(x)$ 不存在，$\lim_{x\to 3}f(x)=1$，$\lim_{x\to 4}f(x)=2$，$\lim_{x\to 5}f(x)=4$

練習 2.2A

（右極限）$\lim_{x\to a^+}f(x)=A$ 之定義：若存在一個常數 A，使得對任意正數 ε，均存在正數 δ 使得 $a<x<a+\delta$ 時均滿足 $|f(x)-A|<\varepsilon$

（左極限）$\lim_{x\to a^-}f(x)=A$ 之定義：若存在一個常數 A，使得對任意正數 ε，均存在正數 δ 使得 $a-\delta<x<a$ 時均滿足 $|f(x)-A|<\delta$。

練習 2.2B

1. 初步分析（求 δ 與 ε 之關係）

$|f(x)-A|=|(mx+b)-(ma+b)|=|m|\,|x-a|<\varepsilon$，取 $\delta=\frac{\varepsilon}{|m|}$

正式證明

令 $\delta>0$，取 $\delta=\frac{\varepsilon}{|m|}$ 則 $0<|x-a|<\delta$ 時有

$|(mx+b)-(ma+b)|=|m|\,|x-a|<|m|\delta=|m|\cdot\frac{\varepsilon}{|m|}=\varepsilon \quad \therefore \lim_{x\to a}(mx+b)=ma+b$

2. 初步分析（求 δ 與 ε 之關係）

$|f(x)-A|=\left|\frac{x^2+2x-3}{x-1}-4\right|=\left|\frac{(x+3)(x-1)}{x-1}-4\right|=|x-1|<\varepsilon$，取 $\delta=\varepsilon$

正式證明：令 $\delta>0$，取 $\delta=\varepsilon$ 則 $0<|x-a|<\delta$ 時有

$\left|\frac{x^2+2x-3}{x-1}-4\right|=|x-1|<\delta=\varepsilon \quad \therefore \lim_{x\to 1}\left(\frac{x^2+2x-3}{x-1}\right)=4$

3. 初步分析：$|f(x)-a|=|x-a|<\varepsilon$，取 $\delta=\varepsilon$

正式證明：令 $\delta>0$，取 $\delta=\varepsilon$，$0<|x-a|<\delta$ 時 $|x-a|<\varepsilon$

即 $\lim_{x\to a} x=a$

4. 初步分析：$|f(x)-A|=|f(x)-4|=|2^x-2^2|=2^2|2^{x-2}-1|<\varepsilon \Rightarrow |2^{x-2}-1|<\frac{1}{4}\varepsilon$

$\therefore 1-\frac{1}{4}\varepsilon<2^{x-2}<1+\frac{1}{4}\varepsilon \Rightarrow \log_2\left(1-\frac{1}{4}\varepsilon\right)<x-2<\log_2\left(1+\frac{1}{4}\varepsilon\right)$

$\Rightarrow |x-2|<\log_2\left(1+\frac{1}{4}\varepsilon\right)$，$\delta=\log_2\left(1+\frac{1}{4}\varepsilon\right)$

正式證明：令 $\varepsilon>0$ 取 $\delta=\log_2\left(1+\frac{1}{4}\varepsilon\right)$ 時有 $0<|x-2|<\delta$ 時

$|2^x-4|=2^2|2^{x-2}-1|<2^2\left|\left(1+\frac{1}{4}\varepsilon\right)-1\right|=\varepsilon$

5. 初步分析：$|f(x)-A|=\left|x\sin\frac{1}{x}-0\right|<\left|x\sin\frac{1}{x}\right|<|x|=|x-0|<\varepsilon$

$\therefore$ 取 $\delta=\varepsilon$

正式證明：令 $\delta>0$，取 $\delta=m$ 則 $0<|x-0|<\delta$ 時有 $\left|x\sin\frac{1}{x}-0\right|<|x|\left|\sin\frac{1}{x}\right|<|x|<\varepsilon$

練習 2.2C

1. $\lim_{x\to 0} f(x)=0$，取 $\delta=\varepsilon$，則 $0<|x-0|<\delta$ 時有 $|f(x)-0|=|f(x)|<\varepsilon$，又 $f(x)\geq g(x)\geq 0$

$\therefore |g(x)|<\varepsilon$ 即 $\lim_{x\to 0} g(x)=0$

2. 對任意正數 ε 而言，$\frac{1}{2}\varepsilon>0$，又已知 $\lim_{x\to a} f(x)=A$ 則存在一個正數 δ_1，使得

$0<|x-a|<\delta_1 \Rightarrow |f(x)-A|<\frac{\varepsilon}{2}$

同理，$\lim_{x\to a} g(x)=B$ $\quad\therefore$存在一個正數 δ_2 使得

$0<|x-a|<\delta_2 \Rightarrow |f(x)-B|<\frac{\varepsilon}{2}$

取 $\delta=\min(\delta_1,\delta_2)$ 則 $0<|x-a|<\delta \Rightarrow$

$|f(x)+g(x)-(A+B)|\leq|f(x)-A|+|g(x)-B|\leq\frac{\varepsilon}{2}+\frac{\varepsilon}{2}=\delta$

$\therefore \lim_{x\to a}(f(x)+g(x))=A+B$

3. 初步分析

$|f(x)-A|=|(x^2+x)-2|=|x+2|\,|x-1|$

取 $\delta\leq 1$ 則 $|x-1|<1$

$|x+2|=|(x-1)+3|\leq|x-1|+3\leq 4$

則 $|f(x)-A|=|(x+2)(x-1)|=|x+2||x-1|\leq 4|x-1|<\varepsilon$，$\therefore$取 $\delta=\min(1,\frac{\varepsilon}{4})$

正式證明：

令 $\varepsilon>0$ 取 $\delta=\min(1,\frac{\varepsilon}{4})$，則 $0<|x-1|<\delta$ 時有

$|(x^2+x)-2|=|x+2|\,|x-1|=|(x-1)+3|\,|x-1|\leq(|x-1|+3)|x-1|<4\cdot\frac{\varepsilon}{4}=\varepsilon$

$\therefore \lim\limits_{x\to 1}(x^2+x)=2$

4. 初步分析

$|f(x)-A|=|x^3-a^3|=|x-a|\,|x^2+ax+a^2|$，取 $\delta\leq 1$ 則 $|x-a|<1$

$\therefore |x^2+ax+a^2|=|(x-a)^2+3ax|\leq|(x-a)^2|+3|a||x-a+a|$

$\leq|(x-a)^2|+3|a|(|x-a|+|a|)\leq 1+3|a|(1+|a|)=1+3|a|+3a^2$

$|f(x)-A|\leq(1+3a^2+3|a|)|x-a|<\varepsilon\Rightarrow|x-a|<\frac{\varepsilon}{1+3a^2+3|a|}$

$\therefore$取 $\delta=\min(1,\frac{\varepsilon}{1+3a^2+3|a|})$

正式證明：

$|f(x)-A|=|x^3-a^3|=|x-a|\,|x^2+ax+a^2|<\frac{\varepsilon}{1+3a^2+3|a|}\cdot(1+3a^2+3|a|)=\varepsilon$

$\therefore \lim\limits_{x\to a}x^3=a^3$

5. 初步分析：

$|f(x)-A|=\left|\frac{1}{x-2}-\frac{1}{2}\right|=\left|\frac{4-x}{2(x-2)}\right|=\frac{1}{2}|x-4|\left|\frac{1}{x-2}\right|<\frac{1}{2}\delta\cdot\left.\frac{1}{|x-2|}\right|$

取 $\delta_1\leq 1$，則

$|x-4|<1\Rightarrow 3<x<5\Rightarrow 1<x-2<3$，

$\therefore \left|\frac{1}{x-2}\right|<1$，即 $|f(x)-A|<\frac{1}{2}\delta\cdot 1=\frac{1}{2}\delta=\varepsilon$

取 $\delta_2=2\varepsilon$，取 $\delta=\min\{1,2\varepsilon\}$

正式證明

$\varepsilon>0$，$\delta=\min\{1,2\varepsilon\}$ 則 $0<|x-4|<\delta$ 時，$\left|\frac{1}{x-2}-\frac{1}{2}\right|=\frac{1}{2}|x-4|\left|\frac{1}{x-2}\right|<\frac{1}{2}\delta\cdot 1$

$=\frac{1}{2}\cdot 2\varepsilon\cdot 1=\varepsilon$

練習 2.2D

1. (1) $\lim\limits_{x\to 3}\frac{f(x)-x}{x[g(x)-1]}=\frac{\lim\limits_{x\to 3}(f(x)-x)}{\lim\limits_{x\to 3}x[g(x)-1]}=\frac{\lim\limits_{x\to 3}f(x)-\lim\limits_{x\to 3}x}{\lim\limits_{x\to 3}x[\lim\limits_{x\to 3}(g(x)-1)]}=\frac{2-3}{3[(-1)-1]}=\frac{1}{6}$

(2) $\lim\limits_{x\to 3}\frac{x^2+xf(x)g(x)}{g(x)+1}=\frac{\lim\limits_{x\to 3}[x^2+xf(x)g(x)]}{\lim\limits_{x\to 3}[g(x)+1]}=\frac{\lim\limits_{x\to 3}x^2+\lim\limits_{x\to 3}x\lim\limits_{x\to 3}f(x)\lim\limits_{x\to 3}g(x)}{\lim\limits_{x\to 3}g(x)+\lim\limits_{x\to 3}1}=\frac{9+3(2)(-1)}{-1+1}=\frac{3}{0}$

不存在

2. 利用反證法，設 $\lim\limits_{x\to a}g(x)=A$ 則 $1=\lim\limits_{x\to a}f(x)g(x)=\lim\limits_{x\to a}f(x)\lim\limits_{x\to a}g(x)=0\cdot\lim\limits_{x\to a}g(x)=0\cdot A=0$

（矛盾），$\therefore \lim\limits_{x\to a}g(x)$ 不存在

練習 2.2E

1. $\lim\limits_{x\to 0}\dfrac{\tan x-\sin x}{x^3}=\lim\limits_{x\to 0}\dfrac{\sin x}{x}\cdot\dfrac{\frac{1}{\cos x}-1}{x^2}=\underbrace{\lim\limits_{x\to 0}\dfrac{\sin x}{x}}_{1}\ \underbrace{\lim\limits_{x\to 0}\dfrac{1}{\cos x}}_{1}\lim\limits_{x\to 0}\dfrac{1-\cos x}{x^2}$

$=\lim\limits_{x\to 0}\dfrac{1-\cos x}{x^2}\cdot\dfrac{1+\cos x}{1+\cos x}=\lim\limits_{x\to 0}\dfrac{\sin^2}{x^2}\lim\limits_{x\to 0}\dfrac{1}{1+\cos x}=1\cdot\dfrac{1}{2}=\dfrac{1}{2}$

2. $\lim\limits_{x\to 0}\dfrac{1-\cos x}{x\sin x}=\lim\limits_{x\to 0}\dfrac{1-\cos x}{x\sin x}\cdot\dfrac{1+\cos x}{1+\cos x}=\lim\limits_{x\to 0}\dfrac{\sin^2 x}{x\sin x}\cdot\dfrac{1}{1+\cos x}=\lim\limits_{x\to 0}\dfrac{\sin x}{x}\cdot\lim\limits_{x\to 0}\dfrac{1}{1+\cos x}$

$=1\cdot\dfrac{1}{2}=\dfrac{1}{2}$

3. $\lim\limits_{\theta\to 0}\dfrac{1-\cos\theta}{\theta}=\lim\limits_{\theta\to 0}\dfrac{1-\cos\theta}{\theta}\cdot\dfrac{1+\cos\theta}{1+\cos\theta}=\lim\limits_{\theta\to 0}\dfrac{\sin^2\theta}{\theta}\cdot\dfrac{1}{1+\cos\theta}=\lim\limits_{\theta\to 0}\dfrac{\sin^2\theta}{\theta^2}\cdot\dfrac{\theta}{1+\cos\theta}$

$=\left(\lim\limits_{\theta\to 0}\dfrac{\sin\theta}{\theta}\right)^2\lim\limits_{\theta\to 0}\dfrac{\theta}{1+\cos\theta}=1\cdot 0=0$

4. $\because\ \lim\limits_{x\to 0^+}=\dfrac{\sin(|x|)}{x}=\lim\limits_{x\to 0^+}\dfrac{\sin x}{x}=1$ 又 $\lim\limits_{x\to 0^-}=\dfrac{\sin(|x|)}{x}=\lim\limits_{x\to 0^-}\dfrac{\sin(-x)}{x}=-\lim\limits_{x\to 0^-}\dfrac{\sin x}{x}=-1$，

$\therefore\ \lim\limits_{x\to 0}\dfrac{\sin(|x|)}{x}$ 不存在

5. $\lim\limits_{x\to 0}\dfrac{\cos(\sin x)-1}{\tan^2 x}\cdot\dfrac{\cos(\sin x)+1}{\cos(\sin x)+1}=\lim\limits_{x\to 0}\dfrac{-\sin^2(\sin x)}{\tan^2 x(\cos(\sin x)+1)}$

$=\underbrace{\lim\limits_{x\to 0}\dfrac{-\sin^2(\sin x)}{\sin^2 x}}_{-1}\lim\limits_{x\to 0}\dfrac{\sin^2 x}{\tan^2 x}\underbrace{\lim\limits_{x\to 0}\dfrac{1}{\cos(\sin x)+1}}_{\frac{1}{2}}=-\dfrac{1}{2}\lim\limits_{x\to 0}\cos^2 x=-\dfrac{1}{2}$

6. 原式 $=\lim\limits_{x\to 0}\dfrac{x^2}{\sqrt{1+x\sin x}-\sqrt{\cos x}}\cdot\dfrac{\sqrt{1+x\sin x}+\sqrt{\cos x}}{\sqrt{1+x\sin x}+\sqrt{\cos x}}$

$=\lim\limits_{x\to 0}\dfrac{x^2}{1+x\sin x-\cos x}\underbrace{\lim\limits_{x\to 0}(\sqrt{1+x\sin x}+\sqrt{\cos x})}_{2}$

$=2\lim\limits_{x\to 0}\dfrac{1}{\dfrac{1-\cos x}{x^2}+\dfrac{x\sin x}{x^2}}=2\lim\limits_{x\to 0}\dfrac{1}{\dfrac{1-\cos x}{x^2}\cdot\dfrac{1+\cos x}{1+\cos x}+\dfrac{\sin x}{x}}$

$=2\lim\limits_{x\to 0}\dfrac{1}{\left(\dfrac{\sin x}{x}\right)^2(1+\cos x)+\dfrac{\sin x}{x}}=2\left(\dfrac{1}{\lim\limits_{x\to 0}\left(\dfrac{\sin x}{x}\right)^2\lim\limits_{x\to 0}(1+\cos x)+\lim\limits_{x\to 0}\dfrac{\sin x}{x}}\right)=\dfrac{4}{3}$

練習 2.2F

1. $\because \lim_{x\to 0}\sqrt{1+x\sin x}-1=0$，$b$ 爲定値$\therefore \lim_{x\to 0}a-\cos x=a-1=0$ 得 $a=1$

$$b=\lim_{x\to 0}\frac{\sqrt{1+x\sin x}-1}{1-\cos x}=\lim_{x\to 0}\frac{x\sin x}{(1-\cos x)(\sqrt{1+x\sin x}+1)}$$

$$=\lim_{x\to 0}\frac{x\sin x}{1-\cos x}\lim_{x\to 0}\frac{1}{\sqrt{1+x\sin x}+1}=\frac{1}{2}\lim_{x\to 0}\frac{x\sin x(1+\cos x)}{\sin^2 x}$$

$$=\frac{1}{2}\lim_{x\to 0}\frac{x}{\sin x}\lim_{x\to 0}(1+\cos x)=\frac{1}{2}\cdot 1\cdot 2=1$$

2. $\because \lim_{x\to 0}x\sin x=0$，$b$ 爲定値，$\therefore \lim_{x\to 0}(\sqrt{a+x^2}-a)=\sqrt{a}-a=0$，得 $a=0$ 或 1

(1) $a=0$ 時 $b=\lim_{x\to 0}\frac{x\sin x}{|x|}$

① $\lim_{x\to 0^+}\frac{x}{|x|}\sin x=\lim_{x\to 0^+}\sin x=0$

② $\lim_{x\to 0^-}\frac{x}{|x|}\sin x=\lim_{x\to 0^-}-\sin x=0$

，即 $a=0$ 時 $b=0$

(2) $a=1$ 時 $b=\lim_{x\to 0}\frac{x\sin x}{\sqrt{x^2+1}-1}=\lim_{x\to 0}\frac{x\sin x(\sqrt{x^2+1}+1)}{x^2}=\lim_{x\to 0}\frac{\sin x}{x}\lim_{x\to 0}(\sqrt{x^2+1}+1)=2$

3. $\because$ 不論 x 多接近 0，仍有無限多個有理數與無理數

$\therefore \lim_{x\to 0}f(x)$ 不存在

4. 當 $x\to 0$ 時，不論 x 爲有理數或無理數 $f(x)$ 均趨近 0 $\therefore \lim_{x\to 0}f(x)=0$

練習 2.3A

1. (1) $\lim_{x\to 1}\frac{x^5+x-2}{x^5+3x^2-4}$

$$=\lim_{x\to 1}\frac{(x-1)(x^4+x^3+x^2+x+2)}{(x-1)(x^4+x^3+x^2+4x+4)}$$

$$=\frac{6}{11}$$

(2) $\lim_{x\to -2}\frac{(x+2)(x-2)(x^2+4)}{(x+2)(x^4-2x^3+1)}$

$$=\frac{-32}{33}$$

1	0	0	0	1	−2	1
	1	1	1	1	2	
1	1	1	1	2	0	

$\therefore x^5+x-2=(x-1)(x^4+x^3+x^2+x+2)$

1	0	0	3	0	−4	1
	1	1	1	4	4	
1	1	1	4	4	0	

$\therefore x^5+3x^2-4=(x-1)(x^4+x^3+x^2+4x+4)$

1	0	−4	0	1	2	−2
	−2	4	0	0	−2	
1	−2	0	0	1	0	

$\therefore x^5-4x^3+x+2=(x+2)(x^4-2x^3+1)$

2. $\lim_{x\to 1}\frac{x^{n+1}-(n+1)x+n}{(x-1)^2}=\lim_{x\to 1}\frac{x(x^n-1)-n(x-1)}{(x-1)^2}$

$$=\lim_{x\to 1}\frac{x(x-1)(x^{n-1}+x^{n-2}+\cdots+x+1)-n(x-1)}{(x-1)^2}$$

$$=\lim_{x\to 1}\frac{x^n+x^{n-1}+\cdots+x-n}{x-1}=\frac{n(n+1)}{2}$$（由例 2）

練習 2.3B

1. $\lim\limits_{x\to 4}\dfrac{x^{\frac{3}{2}}-8}{\sqrt{x}-2}\overset{y=\sqrt{x}}{=\!=}\lim\limits_{y\to 2}\dfrac{y^3-8}{y-2}=\lim\limits_{y\to 2}\dfrac{(y-2)(y^2+2y+4)}{y-2}=12$

2. $\lim\limits_{x\to 64}\dfrac{\sqrt[6]{x}-2}{\sqrt[3]{x}+\sqrt{x}-12}\overset{y=\sqrt[6]{x}}{=\!=}\lim\limits_{y\to 2}\dfrac{y-2}{y^2+y^3-12}=\lim\limits_{y\to 2}\dfrac{y-2}{(y-2)(y^2+3y+6)}=\dfrac{1}{16}$

3. $\lim\limits_{x\to 16}\dfrac{\sqrt{x}-4}{\sqrt{x}-\sqrt[4]{x}-2}\overset{y=\sqrt[4]{x}}{=\!=}\lim\limits_{y\to 2}\dfrac{y^2-4}{y^2-y-2}=\lim\limits_{y\to 2}\dfrac{(y-2)(y+2)}{(y-2)(y+1)}=\dfrac{4}{3}$

練習 2.3C

1. $\lim\limits_{x\to a}\dfrac{\sqrt{x}-\sqrt{a}-\sqrt{x-a}}{\sqrt{x^2-a^2}}=\lim\limits_{x\to a}\dfrac{\sqrt{x}-\sqrt{a}}{\sqrt{x^2-a^2}}-\lim\limits_{x\to a}\dfrac{\sqrt{x-a}}{\sqrt{x^2-a^2}}$

$=\lim\limits_{x\to a}\dfrac{\sqrt{x}-\sqrt{a}}{\sqrt{x^2-a^2}}\cdot\dfrac{\sqrt{x}+\sqrt{a}}{\sqrt{x}+\sqrt{a}}-\lim\limits_{x\to a}\dfrac{1}{\sqrt{x+a}}$

$=\lim\limits_{x\to a}\dfrac{x-a}{\sqrt{(x-a)(x+a)}}\cdot\dfrac{1}{\sqrt{x}+\sqrt{a}}-\dfrac{1}{2\sqrt{a}}=\underbrace{\lim\limits_{x\to a}\sqrt{\dfrac{x-a}{x+a}}}_{0}\lim\limits_{x\to a}\dfrac{1}{\sqrt{x}+\sqrt{a}}-\dfrac{1}{2\sqrt{a}}=-\dfrac{1}{2\sqrt{a}}$

2. $\lim\limits_{x\to 27}\dfrac{\sqrt{1+\sqrt[3]{x}}-2}{x-27}\overset{y=\sqrt[3]{x}}{=\!=}\lim\limits_{y\to 3}\dfrac{\sqrt{1+y}-2}{y^3-27}=\lim\limits_{y\to 3}\dfrac{\sqrt{1+y}-2}{y^3-27}\cdot\dfrac{\sqrt{1+y}+2}{\sqrt{1+y}+2}$

$=\lim\limits_{y\to 3}\dfrac{y-3}{(y-3)(y^2+3y+9)}\cdot\lim\limits_{y\to 3}\dfrac{1}{\sqrt{1+y}+2}=\dfrac{1}{27}\cdot\dfrac{1}{4}=\dfrac{1}{108}$

3. $\lim\limits_{x\to -8}\dfrac{\sqrt{1-x}-3}{2+\sqrt[3]{x}}\overset{y=\sqrt[3]{x}}{=\!=}\lim\limits_{y\to -2}\dfrac{\sqrt{1-y^3}-3}{2+y}=\lim\limits_{y\to -2}\dfrac{\sqrt{1-y^3}-3}{y+2}\cdot\dfrac{\sqrt{1-y^3}+3}{\sqrt{1-y^3}+3}$

$=\lim\limits_{y\to -2}\dfrac{1-y^3-9}{(y+2)}\underbrace{\lim\limits_{y\to -2}\dfrac{1}{\sqrt{1-y^3}+3}}_{\frac{1}{6}}=-\dfrac{1}{6}\lim\limits_{y\to -2}\dfrac{y^3+8}{y+2}=-\dfrac{1}{6}\lim\limits_{y\to -2}\dfrac{(y+2)(y^2-2y+4)}{y+2}=-2$

練習 2.3D

1. (1) $a\geq f(x)\geq 0$，$\therefore\ ax^2\geq x^2f(x)\geq 0$ 又 $\lim\limits_{x\to 0}ax^2=\lim\limits_{x\to 0}0=0$，得 $\lim\limits_{x\to 0}x^2f(x)=0$

(2) $\because\ \dfrac{1}{x}-1<\left[\dfrac{1}{x}\right]\leq\dfrac{1}{x}$，$\therefore\ x^2\left(\dfrac{1}{x}-1\right)<x^2\left[\dfrac{1}{x}\right]\leq x^2\cdot\dfrac{1}{x}$

即 $x(1-x)<x^2\left[\dfrac{1}{x}\right]\leq x$，$\lim\limits_{x\to 0}x=\lim\limits_{x\to 0}x(1-x)=0$

$\therefore\ \lim\limits_{x\to 0}x^2\left[\dfrac{1}{x}\right]=0$

(3) $\because -1 \le \sin\left(\cos\frac{1}{|x|}\right) \le 1 \Rightarrow -\sqrt[3]{x} \le \sqrt[3]{x}\sin\left(\cos\frac{1}{|x|}\right) \le \sqrt[3]{x}$

又 $\lim_{x\to 0} -\sqrt[3]{x} = \lim_{x\to 0}\sqrt[3]{x} = 0 \quad \therefore \lim_{x\to 0}\sqrt[3]{x}\sin\left(\cos\frac{1}{|x|}\right) = 0$

2. 由題給之圖，$\triangle OAB$ 之面積 $= \frac{1}{2}OA \cdot AB = \frac{1}{2}\frac{OA}{OB}\cdot\frac{AB}{OB}$（$\because OB = 1$）$= \frac{1}{2}\cos\theta\sin\theta$

扇形 OBC 之面積 $= \frac{1}{2}(\theta)\cdot 1^2 = \frac{\theta}{2}$

$\triangle OCD$ 之面積 $= \frac{1}{2}OC \cdot CD = \frac{1}{2}CD = \frac{1}{2}\tan\theta$（$\because \tan\theta = \frac{AB}{OA} = \frac{CD}{OC} = CD$）

但$\triangle OCD$ 之面積 $\ge$ 扇形 OBC 之面積 $\ge \triangle OAB$ 之面積

即 $\frac{1}{2}\tan\theta \ge \frac{\theta}{2} \ge \frac{1}{2}\cos\theta\sin\theta \quad \therefore \frac{1}{\cos\theta} \ge \frac{\theta}{\sin\theta} \ge \cos\theta \Rightarrow \cos\theta \ge \frac{\sin\theta}{\theta} \ge \frac{1}{\cos\theta}$

又 $\lim_{x\to 0}\cos\theta = \lim_{\theta\to 0}\frac{1}{\cos\theta} = 1$，由擠壓定理知 $\lim_{\theta\to 0}\frac{\sin\theta}{\theta} = 1$

練習 2.4A

1. 考慮 $x = 1$ 之情況：

(1) $f_1(1) = 2(1) + 3 = 5$

(2) $\lim_{x\to 1^+} f_1(x) = \lim_{x\to 1^+}(2x+3) = 5$ 且 $\lim_{x\to 1^-} f_1(x) = \lim_{x\to 1^-}(4x+1) = 5 \Rightarrow \lim_{x\to 1} f_1(x) = 5$

$\because \lim_{x\to 1} f_1(x) = f(1) \quad \therefore f_1(x)$ 在 $x = 1$ 處連續。

2. $\lim_{x\to 1^+} f_2(x) = \lim_{x\to 1^+}(x-1)[x] = 0$，$\lim_{x\to 1^-}(x-1)[x] = 0$

$\because \lim_{x\to 1} f_2(x) = f_2(1) = 0$，$\therefore f_2(x)$ 在 $x = 1$ 處連續。

3. $f_3(x) = \begin{cases} \sin\frac{\pi x}{2} & ，1 \ge x \ge -1 \\ 1 - x & ，x < -1,\ x > 1 \end{cases}$

$\lim_{x\to 1^+} f_3(x) = \lim_{x\to 1^+}(1-x) = 0$，$\lim_{x\to 1^-} f_3(x) = \lim_{x\to 1^-}\sin\frac{\pi x}{2} = 1$

$\lim_{x\to 1} f_3(x)$ 不存在，$\therefore f_3(x)$ 在 $x = 1$ 處不連續。

練習 2.4B

1. (1) $\lim_{x\to 0^+}(a + x^2) = a = \lim_{x\to 0^-}(\cos x) = 1$，即 $a = 1$

$\lim_{x\to 1^-}(a + x^2) = a + 1 = \lim_{x\to 1^+}(bx) = b$

又 $a = 1$，$\therefore b = 2$

(2) $\lim_{x\to -\frac{\pi}{2}^-}(-2\sin x) = 2$，$\lim_{x\to \frac{-\pi}{2}^+}(a\sin x + b) = -a + b$

$\therefore -a + b = 2$ ①

(2)之示意圖

$-2\sin x$	$a\sin x + b$	$\cos x$
	$-\frac{\pi}{2}$	$\frac{\pi}{2}$

又 $\lim\limits_{x\to\frac{\pi^+}{2}}(\cos x)=0$，$\lim\limits_{x\to\frac{\pi^-}{2}}(a\sin x+b)=a+b$

$\therefore a+b=0$ ②

由①, ② $b=1, a=-1$

2. x 爲有理數且 $1>x>0$ 時 $f(g(x))=f(x)=x$，又 $2>x>1$ 時
$f(g(x))=f(2-x)=2-(2-x)=x$
同法可得 $f(g(x))=x$，x 爲無理數時
即 $f(g(x))=x$，對所有實數 $x\in(0,2)$ 均成立，$\therefore f(g(x))$ 在 $(0,1)$ 爲連續函數

練習 2.4C

$|f(x)|=\left|\dfrac{\sin x}{1+x^2}\right|\le\dfrac{1}{1+x^2}\le 1$，$\therefore$取 $M=1$ 又 $|f(x)|=\left|\dfrac{\sin x}{1+x^2}\right|\ge 0$，$\therefore$取 $m=0$

練習 2.4D

1. 取 $f(x)=2x^3-x^2-4x+2$ 則 $f(-2)=-10, f(-1)=3, f(0)=2, f(1)=-1, f(2)=6$,
$f(-2)f(-1)<0, f(0)f(1)<0, f(1)f(2)<0$
知 $2x^3-x^2-4x+2=0$ 有 3 實根，分別在 $(-2,-1), (0,1), (1,2)$。
2. 令 $\phi(x)=(x-7)(x^4+2x^2+5)+(x-1)(x^6+2x^4+6)$
$\phi(7)\phi(1)<0$，$\therefore\ \dfrac{x^4+2x^2+5}{x-1}+\dfrac{x^6+2x^4+6}{x-7}=0$ 在 $(1,7)$ 中至少有一個實根。
3. 令 $\phi(x)=(x-\beta)(x-\gamma)+(x-\alpha)(x-\gamma)+(x-\alpha)(x-\beta)$
$\phi(\alpha)=(\alpha-\beta)(\alpha-\gamma)>0$，$\phi(\beta)=(\beta-\alpha)(\beta-\gamma)<0$，$\phi(\gamma)=(\gamma-\alpha)(\gamma-\beta)>0$
$\therefore\dfrac{1}{x-\alpha}+\dfrac{1}{x-\beta}+\dfrac{1}{x-\gamma}=0$ 在 (α,β) 與 (β,γ) 至少各有一根，即方程式至少有2個實根。
4. 令 $f(x)=x-a\sin x-b$，$f(x)$ 在 $[0,a+b]$ 爲連續。
$f(a+b)=(a+b)-a\sin(a+b)-b=a[1-\sin(a+b)]>0$
又 $f(0)=-b<0$，$f(a+b)f(0)<0$
$\therefore$由定理 E 知，$f(x)=0$ 在 $(0,a+b)$ 中存在一個 c，使得 $f(c)=0$，即 $x=a\sin x+b$ 至少有一小於 $a+b$ 之正根

練習 2.4E

1. 令 $g(x)=f(x)-f(x+a)$，$g(x)$ 在 $[0,a]$ 爲連續，$g(0)=f(0)-f(a)$, $g(a)=f(a)-f(2a)$，又已知 $f(2a)=f(0)$ $\therefore g(0)=-g(a)$ 即 $g(0)\ne g(a)$，由定理 F 知 $(0,a)$ 間存在一個 c 使得 $g(c)=0$，即 $f(c)=f(c+a)$
2. 在 $[a,b]$ 上做一輔助函數 $F(x)=f(x)-N$，N 介於 $f(a)$，$f(b)$ 間，則 $F(a)F(b)=[f(a)-N][f(b)-N]<0$，由定理 E，至少有一點 $c\in(a,b)$ 使得 $F(c)=0$，即 $f(c)=N$

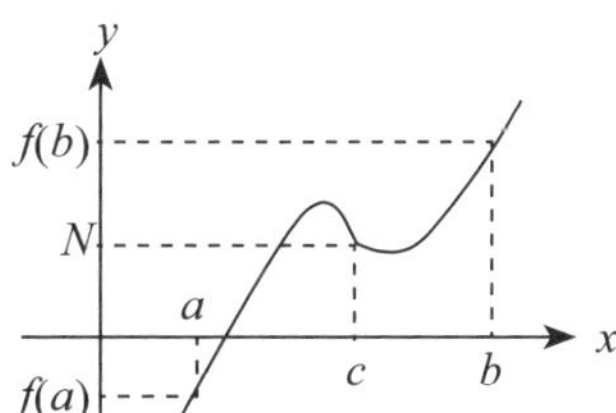

練習 3.1A

1. $\dfrac{y-a}{x-0}=\dfrac{a-0}{0-(b)}\Rightarrow -by+ab=ax$ 即 $ax+by=ab$，$\therefore\ \dfrac{x}{b}+\dfrac{y}{a}=1$

2. 由 $ax+by=c$，可求出 L 在 x 軸與 y 軸之截距為 $(\dfrac{c}{a},0),(0,\dfrac{c}{b})$

$$\therefore\ m=\frac{0-\dfrac{c}{b}}{\dfrac{c}{a}-0}=-\frac{a}{b}$$

3. L_1 之 $m_1=-\dfrac{y_1}{x_1}$，L_2 之 $m_2=-\dfrac{y_2}{x_2}$

由題給之圖，利用畢氏定理，$d^2(OP_1)+d^2(OP_2)=d^2(P_1P_2)$，得
$(x_1^2+y_1^2)+(x_2^2+y_2^2)=(x_1-x_2)^2+(y_1-y_2)^2$ 化簡得：
$x_1x_2+y_1y_2=0$，兩邊同除 x_1x_2 得：
$1+\dfrac{y_1y_2}{x_1x_2}=0$，$1+m_1m_2=0$，$\therefore\ m_1\cdot m_2=-1$

練習 3.1B

1. $m=\lim\limits_{h\to0}\dfrac{f(x+h)-f(x)}{h}=\lim\limits_{h\to0}\dfrac{(a(x+h)^2+b(x+h)+c)-(ax^2+bx+c)}{h}$

$=\lim\limits_{h\to0}\dfrac{a2xh+ah^2+bh}{h}=2ax+b$

2. $y=x^3+ax$，$y=bx^2+c$ 之斜率函數分別為 $m_1=3x^2+a$，$m_2=2bx$

(1) $(-1,0)$ 為 $y=x^3+ax$ 與 $y=bx^2+c$ 之交點

$\therefore 0=(-1)^3+a(-1)\Rightarrow a=-1$ 且 $0=b(-1)^2+c\Rightarrow b+c=0$

(2) $(-1,0)$ 為公切點

$\therefore 3(-1)^2+a=2b(-1)\Rightarrow 3-1=-2b$ 得 $b=-1$，又 $b+c=0$，$\therefore\ c=1$

練習 3.2A

1. (1) $\lim\limits_{h\to0}\dfrac{f(x+h)-f(x-h)}{h}=\lim\limits_{h\to0}\dfrac{[f(x+h)-f(x)]+[f(x)-f(x-h)]}{h}$

$=A+\lim\limits_{h\to0}\dfrac{f(x-h)-f(x)}{h}=A-\lim\limits_{\ell\to0}\dfrac{f(x+\ell)-f(x)}{-\ell}=A+\lim\limits_{\ell\to0}\dfrac{f(x+\ell)-f(x)}{\ell}$

$=A+A=2A$

(2) $\lim\limits_{h\to0}\dfrac{f(x_0+2h)-f(x_0+h)}{h}=\lim\limits_{h\to0}\dfrac{f(x_0+2h)-f(x_0)-f(x_0+h)+f(x_0)}{h}$

$=\lim\limits_{h\to0}\dfrac{f(x_0+2h)-f(x_0)}{h}-\lim\limits_{h\to0}\dfrac{f(x_0+h)-f(x_0)}{h}=\lim\limits_{h\to0}\dfrac{f(x_0+2h)-f(x_0)}{h}-A$

但 $\lim_{h\to 0}\frac{f(x_0+2h)-f(x_0)}{h}\ \underset{(h'\to 0)}{\overset{h'=2h}{=}}\ \lim_{h'\to 0}\frac{f(x_0+h')-f(x_0)}{h'/2}=2A$

∴原式 $=2A-A=A$

2. (1) $f'(x)=\lim_{h\to 0}\frac{f(x+h)-f(x)}{h}=\lim_{h\to 0}\frac{\frac{1}{x+h}-\frac{1}{x}}{h}=\lim_{h\to 0}\frac{1}{h}\left(\frac{x-(x+h)}{(x+h)x}\right)=\lim_{h\to 0}\frac{-1}{(x+h)x}=-\frac{1}{x^2}$

(2) $f'(x)=\lim_{h\to 0}\frac{f(x+h)-f(x)}{h}=\lim_{h\to 0}\frac{\sqrt[3]{x+h}-\sqrt[3]{x}}{h}$

$=\lim_{h\to 0}\frac{\sqrt[3]{x+h}-\sqrt[3]{x}}{(x+h)-x}=\lim_{h\to 0}\frac{\sqrt[3]{x+h}-\sqrt[3]{x}}{(\sqrt[3]{x+h}-\sqrt[3]{x})(\sqrt[3]{(x+h)^2}+\sqrt[3]{x}\sqrt[3]{x+h}+\sqrt[3]{x^2})}$

$=\lim_{h\to 0}\frac{1}{\sqrt[3]{(x+h)^2}+\sqrt[3]{x}\sqrt[3]{(x+h)}+\sqrt[3]{x^2}}=\frac{1}{3\sqrt[3]{x^2}}$

3. (1) $\frac{d}{dx}\sin x=\lim_{h\to 0}\frac{\sin(x+h)-\sin x}{h}=\lim_{h\to 0}\frac{\sin x\cos h+\cos x\sin h-\sin x}{h}$

$=\lim_{h\to 0}\left[\frac{\sin x(\cos h-1)}{h}+\frac{\cos x\sin h}{h}\right]=\lim_{h\to 0}\frac{\sin x(\cos h-1)}{h}+\lim_{h\to 0}\frac{\cos x\sin h}{h}$

$=\sin x\lim_{h\to 0}\frac{\cos h-1}{h}+\cos x\lim_{h\to 0}\frac{\sin h}{h}=\sin x\cdot 0+\cos x\cdot 1=\cos x$

(2) $\frac{d}{dx}\cos x=\lim_{h\to 0}\frac{\cos(x+h)-\cos x}{h}=\lim_{h\to 0}\frac{\cos x\cos h-\sin x\sin h-\cos x}{h}$

$=\lim_{h\to 0}\left[\frac{\cos x(\cos h-1)}{h}-\frac{\sin x\sin h}{h}\right]=\cos x\underbrace{\lim_{h\to 0}\frac{\cos h-1}{h}}_{0}-\sin x\underbrace{\lim_{h\to 0}\frac{\sin h}{h}}_{1}=-\sin x$

4. (1) 在 $f(x+y)=f(x)+f(y)+xy(x+y)$ 取 $x=y=0$ 得 $f(0)=0$

(2) $f'(0)=\lim_{x\to 0}\frac{f(x)-f(0)}{x-0}=\lim_{x\to 0}\frac{f(x)}{x}=1$（題給條件）

(3) $f'(x)=\lim_{h\to 0}\frac{f(x+h)-f(x)}{h}=\lim_{h\to 0}\frac{f(x)+f(h)+xh(x+h)-f(x)}{h}$

$=\underbrace{\lim_{h\to 0}\frac{f(h)-f(0)}{h\quad 0}}_{1\text{（由(2)）}}+\lim_{h\to 0}2x=2x+1$

5. (1) $\lim_{x\to a}\frac{xf(a)-af(x)}{x-a}=\lim_{x\to a}\frac{(x-a)f(a)+af(a)-af(x)}{x-a}$

$=\lim_{x\to a}\left(f(a)-\frac{a(f(x)-f(a))}{x-a}\right)=f(a)-af'(a)$

(2) $\lim_{x\to a}\frac{xf(x)-af(a)}{x-a}=\lim_{x\to a}\frac{(x-a)f(x)+a(f(x)-f(a))}{x-a}$

$=\lim_{x\to a}f(x)+a\lim_{x\to a}\frac{f(x)-f(a)}{x-a}=f(a)+af'(a)$

6. 代入 $x=1-y$ 入 $2f(x)+f(1-x)=x^2$ 中：

$2f(1-y)+f(y)=(1-y)^2$，即 $f(x)+2f(1-x)=(x-1)^2$

解 $\begin{cases} 2f(x)+f(1-x)=x^2 & (1) \\ f(x)+2f(1-x)=(x-1)^2 & (2) \end{cases}$

(2) − (1)×2 得：$-3f(x)=-x^2-2x+1$

即 $f(x)=\frac{1}{3}x^2+\frac{2}{3}x-\frac{1}{3}$ $\quad\therefore f'(x)=\frac{2}{3}(x+1)$

練習 3.2B

1. $f(x)=\begin{cases} x(x(x-3)), & x<0 \\ -x(x(x-3)), & 0<x\le 3 \\ x(x(x-3)), & x>3 \end{cases}$ 即 $f(x)=\begin{cases} x^3-3x^2, & x\le 0 \\ -x^3+3x^2, & 0<x\le 3 \\ x^3-3x^2, & x>3 \end{cases}$

   (1) $x=0$ 處

   $f'_-(0)=\lim_{x\to 0^-}\frac{f(x)-f(0)}{x-0}=\lim_{x\to 0^-}\frac{x^3-3x^2}{x}=0$

   $f'_+(0)=\lim_{x\to 0^+}\frac{f(x)-f(0)}{x-0}=\lim_{x\to 0^+}\frac{-x^3+3x^2}{x}=0$

   $\therefore f'(0)=0$，即 $f(x)$ 在 $x=0$ 處可微分

   (2) $x=3$ 處

   $f'_-(3)=\lim_{x\to 3^-}\frac{f(x)-f(3)}{x-3}=\lim_{x\to 3}\frac{(-x^3+3x^2)-0}{x-3}=-9$

   $f'_+(3)=\lim_{x\to 3^+}\frac{f(x)-f(3)}{x-3}=\lim_{x\to 3^+}\frac{(x^3-3x^2)-0}{x-3}=9$

   $\therefore f'(3)$ 不存在，即 $f(x)$ 在 $x=3$ 處不可微分

2. $f(x)=\begin{cases} \sin x, & 0\le x<\pi \\ -\sin x, & -\pi<x<0 \end{cases}$

   $f'_-(0)=\lim_{x\to 0^-}\frac{f(x)-f(0)}{x-0}=\lim_{x\to 0^-}\frac{-\sin x}{x}=-1$

   $f'_+(0)=\lim_{x\to 0^+}\frac{f(x)-f(0)}{x-0}=\lim_{x\to 0^+}\frac{\sin x}{x}=1$

   $\therefore f'(0)$ 不存在，即 $f(x)$ 在 $x=0$ 處不可微分。

3. $f'_-(1)=\lim_{x\to 1^-}\frac{f(x)-f(1)}{x-1}=\lim_{x\to 1^-}\frac{\frac{2}{3}x^3-\frac{2}{3}}{x-1}=\frac{2}{3}\lim_{x\to 1^-}(x^2+x+1)=2$

   $f'_+(1)=\lim_{x\to 1^+}\frac{f(x)-f(1)}{x-1}=\lim_{x\to 1^+}\frac{x^2-\frac{2}{3}}{x-1}=\infty$（不存在）

   $\therefore f(x)$ 在 $x=1$ 處不可微

4. 不一定，例如：$f(x)=\sqrt{x}$ 之定義域 $[0,\infty)$ 而 $f'(x)=\frac{1}{2\sqrt{x}}$ 之定義域爲 $(0,\infty)$ 二者之定義域不同。

練習 3.2C

1. 由定理 A，不可能存在一個函數在 $x=x_0$ 處可微分但在 $x=x_0$ 處不連續。
2. 可能。如 $f(x)=|x|$ 則 $f(x)$ 在 $x=0$ 處連續但不可微分。

練習 3.2D

1. $f(x)$ 在 $x=0$ 處可微分 $\therefore f(x)$ 在 $x=0$ 連續，$\lim\limits_{x\to0^+}f(x)=a$

$$\lim_{x\to0^-}f(x)=\lim_{x\to0^-}(2x+b)=b$$

$$\lim_{x\to0^+}f(x)=\lim_{x\to0^+}\frac{a}{1+x}=a\text{，得 } a=b$$

又 $f'_-(0)=\lim\limits_{x\to0^-}\dfrac{f(x)-f(0)}{x-0}=\lim\limits_{x\to0^-}\dfrac{2x+b-a}{x}=\lim\limits_{x\to0^-}\dfrac{2x}{x}=2$

$$f'_+(0)=\lim_{x\to0^+}\frac{f(x)-f(0)}{x-0}=\lim_{x\to0^+}\frac{\frac{a}{1+x}-a}{x}=a\lim_{x\to0^+}\frac{\frac{-x}{1+x}}{x}=-a$$

但 $f'_-(0)=f'_+(0)$　$\therefore -a=2,\ a=-2\Rightarrow b=-2$

2. $f'_+(0)=\lim\limits_{x\to0^+}\dfrac{f(x)-f(0)}{x-0}=\lim\limits_{x\to0^+}\dfrac{\frac{x}{1+10^{a/x}}-0}{x}=\lim\limits_{x\to0^+}\dfrac{1}{1+10^{\frac{a}{x}}}=0$

$f'_-(0)=\lim\limits_{x\to0^-}\dfrac{f(x)-f(0)}{x-0}=\lim\limits_{x\to0^-}\dfrac{\frac{x}{1+10^{a/x}}-0}{x}=\lim\limits_{x\to0^-}\dfrac{1}{1+10^{\frac{a}{x}}}=1$，若 $a\neq0$ 則 $f(x)$ 在 $x=0$ 處不可微分

$\therefore f(x)$ 在 $x=0$ 可微分必須 $a=0$

3. (1) $g'_+(a)=\lim\limits_{x\to a^+}\dfrac{|x-a|f(x)}{x-a}=\lim\limits_{x\to a^+}\dfrac{x-a}{x-a}f(x)=f(a)$

$g'_-(a)=\lim\limits_{x\to a^-}\dfrac{|x-a|f(x)}{x-a}=\lim\limits_{x\to a^-}\dfrac{a-x}{x-a}f(x)=-f(a)$

$\because g'_+(a)\neq g'_-(a)$，$\therefore g(x)=|x-a|f(x)$ 在 $x=a$ 處不可微

(2) $h'(a)=\lim\limits_{x\to a}\dfrac{(x-a)|f(x)|}{x-a}=\lim\limits_{x\to a}|f(x)|=|f(a)|$　$\therefore h(x)=(x-a)|f(x)|$ 在 $x=a$ 處可微分

練習 3.2E

1. $f'(1)=\lim\limits_{x\to1}\dfrac{\frac{(x-1)(x-2)\cdots\cdots(x-n)}{(x+1)(x+2)\cdots\cdots(x+n)}-0}{x-1}=\lim\limits_{x\to1}\dfrac{(x-2)\cdots(x-n)}{(x+1)(x+2)\cdots(x+n)}$

$$=\frac{(-1)^{n-1}(n-1)!}{(n+1)!}=\frac{(-1)^{n-1}}{n(n+1)}$$

2. $f'(1)=\lim_{x\to 1}\frac{f(x)-f(1)}{x-1}=\lim_{x\to 1}\frac{\frac{(x-1)(x^2+3x+1)}{x^2+1}-0}{x-1}=\lim_{x\to 1}\frac{x^2+3x+1}{x^2+1}=\frac{5}{2}$

3. $f'(2)=\lim_{x\to 2}\frac{f(x)-f(2)}{x-2}=\lim_{x\to 2}\frac{\frac{(x+2)(x-2)}{x(x+1)}-0}{x-2}=\lim_{x\to 2}\frac{x+2}{x(x+1)}=\frac{4}{2\cdot 3}=\frac{2}{3}$

練習 3.3A

1. (1) $y'=\frac{1}{2}x^{-\frac{1}{2}}-2x^{-3}=\frac{1}{2\sqrt{x}}-\frac{2}{x^3}$

(2) $y'=\frac{(x^2+1)\frac{d}{dx}x^{\frac{1}{2}}-x^{\frac{1}{2}}\cdot\frac{d}{dx}(x^2+1)}{(x^2+1)^2}=\frac{(x^2+1)\frac{1}{2}x^{-\frac{1}{2}}-x^{\frac{1}{2}}\cdot 2x}{(x^2+1)^2}$

$=\frac{(x^2+1)-4x^2}{2\sqrt{x}(x^2+1)^2}=\frac{1-3x^2}{2\sqrt{x}(x^2+1)^2}$

(3) $y'=(2x+1)(x^2-3)+(x^2+x+1)2x=4x^3+3x^2-4x-3$

2. $f'(x)=\frac{g(x)(xh(x))'-xh(x)g'(x)}{g^2(x)}=\frac{g(x)(h(x)+xh'(x))-xh(x)g'(x)}{g^2(x)}$

3. $\frac{d}{dx}\left(\frac{g(x)+h(x)}{f(x)}\right)=\frac{f(x)(g'(x)+h'(x))-(g(x)+h(x))f'(x)}{f^2(x)}$

4. $f'(x)=\lim_{h\to 0}\frac{f(x+h)-f(x)}{h}=\lim_{h\to 0}\frac{f(x)g(h)+g(x)f(h)-f(x)}{h}$

$=\lim_{h\to 0}\frac{f(x)[g(h)-1]}{h}+\lim_{h\to 0}\frac{g(x)f(h)}{h}=f(x)\lim_{h\to 0}\frac{g(h)-g(0)}{h-0}+g(x)\lim_{h\to 0}\frac{f(h)-f(0)}{h-0}$

$=f(x)g'(0)+g(x)f'(0)=g(x)$

5. $\lim_{h\to 0}\left(\frac{\frac{f(x+h)}{g(x+h)}-\frac{f(x)}{g(x)}}{h}\right)=\lim_{h\to 0}\frac{1}{h}\frac{f(x+h)g(x)-f(x)g(x+h)}{g(x+h)g(x)}$

$=\lim_{h\to 0}\frac{1}{h}\frac{f(x+h)g(x)-f(x)g(x)+f(x)g(x)-f(x)g(x+h)}{g(x+h)g(x)}$

$=\lim_{h\to 0}\frac{1}{g(x+h)g(x)}\lim_{h\to 0}\frac{g(x)[f(x+h)-f(x)]-f(x)[g(x+h)-g(x)]}{h}$

$=\frac{1}{g^2(x)}\left[g(x)\lim_{h\to 0}\frac{f(x+h)-f(x)}{h}-f(x)\lim_{h\to 0}\frac{g(x+h)-g(x)}{h}\right]=\frac{f'(x)g(x)-f(x)g'(x)}{g^2(x)}$

6. $\frac{d}{dx}\begin{vmatrix}a_1(x) & a_2(x)\\ a_3(x) & a_4(x)\end{vmatrix}=\frac{d}{dx}(a_1(x)a_4(x)-a_2(x)a_3(x))$

$=a_1'(x)a_4(x)+a_1(x)a_4'(x)-a_2'(x)a_3(x)-a_2(x)a_3'(x)$

$=[a_1'(x)a_4(x)-a_2'(x)a_3(x)]+[a_1(x)a_4'(x)-a_2(x)a_3'(x)]$

$$=\begin{vmatrix} a_1'(x) & a_2'(x) \\ a_3(x) & a_4(x) \end{vmatrix} + \begin{vmatrix} a_1(x) & a_2(x) \\ a_3'(x) & a_4'(x) \end{vmatrix}$$

練習 3.3B

$$\frac{d}{dx}\tan x = \frac{d}{dx}\frac{\sin x}{\cos x} = \frac{\cos x\frac{d}{dx}\sin x - \sin x\frac{d}{dx}\cos x}{\cos^2 x} = \frac{\cos x \cdot \cos x - \sin x(-\sin x)}{\cos^2 x} = \frac{1}{\cos^2 x} = \sec^2 x$$

練習 3.3C

1. $\frac{x^2}{(\cos x + x\sin x)^2}$　　2. $-\sin x$　　3. $\frac{-2}{1+\sin 2x}$　　4. $-\sin x$（提示：$\frac{\sin x + 1}{\sec x + \tan x} = \cos x$）

練習 3.4A

1. $f(x) = \sqrt[3]{1+g(x)} = (1+g(x))^{\frac{1}{3}}$　　$\therefore \frac{d}{dx}f(x) = \frac{1}{3}(1+g(x))^{-\frac{2}{3}} \cdot g'(x)$
2. $\frac{d}{dx}f(g(x^2)) = f'(g(x^2))g'(x^2) \cdot 2x$
3. $\frac{d}{dx}f(xg(x)) = f'(xg(x))\,(g(x) + xg'(x))$

練習 3.4B

1. (1) $\frac{2}{5}(3x^2+2x+1)^{-\frac{3}{5}}(6x+2)$　　(2) $-2(3x^2+2x+1)^{-3}(6x+2)$

   (3) $\cos(3x^2+2x+1)^2 \cdot 2(3x^2+2x+1)(6x+2)$

   (4) $-\sin(\sin(3x^2+2x+1)^2)\cos(3x^2+2x+1)^2 \cdot 2(3x^2+2x+1)(6x+2)$

2. $g'(x_1) = f'(f(f(f(x))))f'(f(f(x_1))f'(f(x_1))f'(x_1) = f'(f(f(x_2)))f'(f(x_2))f'(x_2)f'(x_1)$

   $= f'(f(x_1))f'(f(x_2))f'(x_2)f'(x_1) = f'(x_2)f'(x_1)f'(x_2)f'(x_1)$

   得 $g'(x_1) = (f'(x_1)f'(x_2))^2$，同法可證 $g'(x_2) = (f'(x_1)f'(x_2))^2$

   $\therefore g'(x_1) = g'(x_2)$

3. (1) $y = \sqrt{x \cdot \sqrt[3]{x\sqrt{2x+1}}} = x^{\frac{1}{2}} \cdot x^{\frac{1}{6}}(2x+1)^{\frac{1}{12}} = x^{\frac{2}{3}}(2x+1)^{\frac{1}{12}}$

   $\therefore y' = \frac{2}{3}x^{-\frac{1}{3}}(2x+1)^{\frac{1}{12}} + x^{\frac{2}{3}} \cdot \frac{1}{12}(2x+1)^{-\frac{11}{12}} \cdot 2 = \frac{2}{3}x^{-\frac{1}{3}}(2x+1)^{\frac{1}{12}} + \frac{1}{6}x^{\frac{2}{3}}(2x+1)^{-\frac{11}{12}}$

   (2) $y = \sqrt{x+\sqrt{x+\sqrt{x}}} = \{x + [x + x^{\frac{1}{2}}]^{\frac{1}{2}}\}^{\frac{1}{2}}$

   $\therefore y' = \frac{1}{2}\{x + [x+x^{\frac{1}{2}}]^{\frac{1}{2}}\}^{-\frac{1}{2}}\{1 + \frac{1}{2}[x+x^{\frac{1}{2}}]^{-\frac{1}{2}}(1+\frac{1}{2}x^{-\frac{1}{2}})\}$

   $= \frac{1}{2\sqrt{x+\sqrt{x+\sqrt{x}}}}\left\{1 + \frac{1}{2\sqrt{x+\sqrt{x}}}\right\}\left(1 + \frac{1}{2\sqrt{x}}\right)$

(3) $y=\sqrt{1+\sqrt{x+\sqrt{1+x^2}}}=\{1+[x+(1+x^2)^{\frac{1}{2}}]^{\frac{1}{2}}\}^{\frac{1}{2}}$

$\therefore y'=\dfrac{1}{2\sqrt{1+\sqrt{x+\sqrt{1+x^2}}}}\left\{\dfrac{1}{2\sqrt{x+\sqrt{1+x^2}}}\right\}\left(1+\dfrac{x}{\sqrt{1+x^2}}\right)$

練習 3.4C

1. (1) 在 $x=0$ 處連續：只須求 $\lim\limits_{x\to 0}f(x)$ 存在之條件：

$$\lim_{x\to 0}f(x)=\lim_{x\to 0}x^a\sin\frac{1}{x}\overset{y=\frac{1}{x}}{=\!=\!=}\lim_{y\to\infty}\frac{\sin y}{y^a}=0$$

$a>0$ 時 $\dfrac{1}{y^a}\geq\dfrac{\sin y}{y^a}\geq\dfrac{-1}{y^a}$，$\lim\limits_{y\to\infty}\dfrac{1}{y^a}=\lim\limits_{y\to\infty}\dfrac{-1}{y^a}=0$，$\alpha\leq 0$ 時 $\lim\limits_{x\to 0}x^\alpha\sin\dfrac{1}{x}$ 不存在

$\therefore f(x)$ 在 $x=0$ 連續之條件為 $a>0$

(2) $f(x)$ 可微分之條件：

$$f'(0)=\lim_{x\to 0}\frac{f(x)-f(0)}{x-0}=\lim_{x\to 0}\frac{x^a\sin\frac{1}{x}-0}{x}=\lim_{x\to 0}x^{\alpha-1}\sin\frac{1}{x}$$

由 (1)，$\lim\limits_{x\to 0}x^{\alpha-1}\sin\dfrac{1}{x}$ 存在之條件為 $\alpha-1>0$ 即 $\alpha>1$

(3) $f'(x)$ 連續之條件：

$$f'(x)=\alpha x^{\alpha-1}\sin\frac{1}{x}-x^{\alpha-2}\cos\frac{1}{x}$$

由 (a) $\lim\limits_{x\to 0}\alpha x^{\alpha-1}\sin\dfrac{1}{x}$ 存在之條件 $\alpha-1>0$ 即 $\alpha>1$

又 $\lim\limits_{x\to 0}x^{\alpha-2}\cos\dfrac{1}{x}$ 存在之條件 $\alpha-2>0$ 即 $\alpha>2$

$\therefore f'(x)$ 連續之條件為 $\alpha>2$

2. (1) $f(x)$ 連續之條件：

$$\lim_{x\to 0^+}|x|^\alpha\sin\frac{1}{x}=\lim_{x\to 0^+}x^\alpha\sin\frac{1}{x}\overset{y=\frac{1}{x}}{=\!=\!=}\lim_{y\to\infty^+}\frac{\sin y}{y^\alpha}$$，$\alpha>0$ 時

$\lim\limits_{y\to\infty^+}\dfrac{\sin y}{y^\alpha}=0$，$\alpha\leq 0$ 時極限不存在。

$$\lim_{x\to 0^-}|x|^\alpha\sin\frac{1}{x}=-\lim_{x\to 0^-}x^\alpha\sin\frac{1}{x}=0$$

$\alpha\leq 0$ 時 $\lim\limits_{x\to 0}|x|^\alpha\sin\dfrac{1}{x}$ 不存在

$\therefore\alpha>0$ 時 $f(x)$ 在 $x=0$ 處連續

(2) $f(x)$ 可微分之條件：

$$f'(0)=\lim_{x\to 0}\frac{f(x)-f(0)}{x-0}=\lim_{x\to 0}\frac{|x|^\alpha\sin\frac{1}{x}}{x}$$

$$f'_{+}(0)=\lim_{x\to 0^+}\frac{x^{\alpha}\sin\frac{1}{x}}{x}=\lim_{x\to 0^+}x^{\alpha-1}\sin\frac{1}{x}$$ 只當 $\alpha-1>0$，即 $\alpha>1$ 時存在

$$f'_{-}(0)=\lim_{x\to 0^-}\frac{|x|^{\alpha}\sin\frac{1}{x}}{x}=-\lim_{x\to 0^-}x^{\alpha-1}\sin\frac{1}{x}$$ 只當 $\alpha-1>0$，即 $\alpha>1$ 時存在

$\therefore$ $\alpha>1$ 時 $f(x)$ 在 $x=0$ 處可微分，$\alpha\leq 1$ 時 $f(x)$ 在 $x=0$ 處不可微分

練習 3.4D

1. $f'(x^3)=\frac{1}{x^4}=\frac{1}{(x^3)^{\frac{4}{3}}}$ 得 $f'(x)=x^{-\frac{4}{3}}\Rightarrow f(x)=-3x^{\frac{-1}{3}}+c$
2. $f'(2x)=x^2=\frac{1}{4}(2x)^2$，$\therefore$ $f'(x)=\frac{1}{4}x^2$，從而 $f(x)=\frac{1}{12}x^3+c$

   $f(0)=1$ 得 $c=1$ 即 $f(x)=\frac{1}{12}x^3+1$
3. $\frac{d}{dx}|x|=\frac{d}{dx}\sqrt{x^2}=\frac{\frac{1}{2}\cdot 2x}{\sqrt{x^2}}=\frac{x}{\sqrt{x^2}}=\frac{x}{|x|}$
4. $\frac{dy}{dx}=\frac{dy}{du}\cdot\frac{du}{dx}=\frac{-2a}{(a+u)^2}\cdot\frac{-2b}{(b+x)^2}=\frac{4ab}{\left(a+\frac{b-x}{b+x}\right)^2}\cdot\frac{1}{(b+x)^2}=\frac{4ab}{((a-1)x+ab+b)^2}$
5. 令 $y=\frac{1+x}{1-x}$ 解之 $x=\frac{y-1}{y+1}$

   $\therefore f\left(\frac{1+x}{1-x}\right)=x$ 相當於 $f(x)=\frac{x-1}{x+1}\Rightarrow f'(x)=\frac{2}{(x+1)^2}$

練習 3.4E

1. $\lim\limits_{x\to 0}\frac{\sqrt{x+1}-2\sqrt[3]{x+1}+\sqrt[6]{x+1}}{\sqrt{x+1}-3\sqrt[3]{x+1}+2\sqrt[6]{x+1}}$

   $$=\lim_{x\to 0}\frac{\frac{(\sqrt{x+1}-1)-2(\sqrt[3]{x+1}-1)+(\sqrt[6]{x+1}-1)}{x}}{\frac{(\sqrt{x+1}-1)-3(\sqrt[3]{x+1}-1)+2(\sqrt[6]{x+1}-1)}{x}} \qquad *$$

   應用 $\lim\limits_{x\to 0}\frac{(x+1)^{\frac{1}{k}}-1}{x}=\frac{1}{k}(x+1)^{\frac{1}{k}-1}\Big]_{x=0}=\frac{1}{k}$

   $$\therefore *=\frac{\frac{1}{2}-2\cdot\frac{1}{3}+\frac{1}{6}}{\frac{1}{2}-3\cdot\frac{1}{3}+2\cdot\frac{1}{6}}=\frac{0}{-\frac{1}{6}}=0$$

2. $\lim_{x\to 0}\frac{\sqrt{1+x}-\sqrt[4]{1-x}}{\sqrt{1+x}-\sqrt[3]{1-x}}=\lim_{x\to 0}\frac{\frac{\sqrt{1+x}-1}{x}-\frac{\sqrt[4]{1-x}-1}{x}}{\frac{\sqrt{1+x}-1}{x}-\frac{\sqrt[3]{1-x}-1}{x}}$ *

又 $\lim_{x\to 0}\frac{\sqrt{1+x}-1}{x}$ 相當於 $f(x)=\sqrt{1+x}$，$f'(0)=\frac{1}{2}(1+x)^{-\frac{1}{2}}\Big]_{x=0}=\frac{1}{2}$

$\lim_{x\to 0}\frac{\sqrt[4]{1-x}-1}{x}$ 相當於 $g(x)=\sqrt[4]{1-x}$，$g'(0)=\frac{-1}{4}(1-x)^{-\frac{3}{4}}\Big]_{x=0}=-\frac{1}{4}$

$\lim_{x\to 0}\frac{\sqrt[3]{1-x}-1}{x}$ 相當於 $h(x)=\sqrt[3]{1-x}$，$h'(0)=\frac{-1}{3}(1-x)^{-\frac{2}{3}}\Big]_{x=0}=-\frac{1}{3}$

代上述結果入 *

$$*=\frac{\frac{1}{2}-\left(\frac{-1}{4}\right)}{\frac{1}{2}-\left(\frac{-1}{3}\right)}=\frac{9}{10}$$

練習 3.5A

1. $y=\frac{1}{(1+2x)^2}=(1+2x)^{-2}$, $y'=-2\cdot 2(1+2x)^{-3}$, $y''=(-2)(-3)2^2(1+2x)^{-4}=(-1)^2 3!2^2(1+2x)^{-4}$

……

$y^{(32)}=(-1)^{32}33!(1+2x)^{-34}2^{32}=33!(1+2x)^{-34}2^{32}$

2. $f(x)=\cos^4 x-\sin^4 x=(\cos^2 x+\sin^2 x)(\cos^2 x-\sin^2 x)=\cos 2x$

$\therefore\ f^{(n)}(x)=2^n\cos(\frac{n\pi}{2}+2x)$

3. $y=(1+3x)^{\frac{1}{2}}$

$y'=\frac{1}{2}\cdot(1+3x)^{-\frac{1}{2}}\cdot 3$

$y''=\left(\frac{1}{2}\right)\left[\left(-\frac{1}{2}\right)(1+3x)^{-\frac{3}{2}}\cdot 3\right]\cdot 3=\frac{1}{2^2}(-1)(1+3x)^{-\frac{3}{2}}\cdot 3^2$

$y'''=\left(\frac{1}{2^2}\right)(-1)\left[\left(-\frac{3}{2}\right)(1+3x)^{-\frac{5}{2}}\cdot 3\right]\cdot 3^2=\frac{1}{2^3}(-1)^2\cdot 3(1+3x)^{-\frac{5}{2}}\cdot 3^3$

同法

$y^{(4)}=\frac{1}{2^4}(-1)^3 1\cdot 3\cdot 5(1+3x)^{-\frac{7}{2}}\cdot 3^4$

$y^{(5)}=\frac{1}{2^5}(-1)^4 1\cdot 3\cdot 5\cdot 7(1+3x)^{-\frac{9}{2}}\cdot 3^5$

$y^{(20)}=\frac{1}{2^{20}}(-1)^{19}1\cdot 3\cdot 5\cdot 7\cdots\cdots 37(1+3x)^{-\frac{39}{2}}\cdot 3^{20}$

$\therefore y^{(20)}(0)=\frac{-1}{2^{20}}\cdot(1\cdot 3\cdot 5\cdot 7\cdots\cdots 37)\cdot 3^{20}$

4. $y' = f^3$

$\therefore y'' = 3f^2(f') = 3f^2(f^3) = 3f^5 = (1 \cdot 3)f^{2(2)+1}$

$y''' = 15f^4(f') = 15f^7 = (1 \cdot 3 \cdot 5)f^{2(3)+1}$

$\cdots\cdots$

$y^{(n)} = 1 \cdot 3 \cdot 5 \cdots\cdots (2n-1)f^{2n+1}(x)$

5.

提示	解答
三角之三倍角公式 $\sin 3x = 3\sin x - 4\sin^3 x$ $\therefore \sin^3 x = \frac{1}{4}(3\sin x - \sin 3x)$	$y = \sin^3 x = \frac{1}{4}(3\sin x - \sin 3x)$ $\therefore y^{(n)} = \frac{3}{4}\sin\left(x + \frac{n\pi}{2}\right) - \frac{1}{4}(3)^n \sin\left(3x + \frac{n\pi}{2}\right)$

6.

提示	解答
$\sin^5 x = \sin^3 x \sin^2 x$ $= \frac{1}{4}(3\sin x - \sin 3x)(1 - \cos^2 x)$ $= \frac{1}{8}(3\sin x - \sin 3x - 3\sin x \cos 2x + \sin 3x \cos 2x)$ $= \frac{1}{16}(6\sin x - 2\sin 3x - 3\sin 3x + 3\sin x$ $+ \sin 5x + \sin x)$ $= \frac{1}{16}(10\sin x - 5\sin 3x + \sin 5x)$	$\because \sin^5 x = \sin^3 x \sin^2 x$ $= \frac{1}{4}(3\sin x - \sin 3x)(1 - \cos^2 x)$ $= \frac{1}{8}(3\sin x - \sin 3x - 3\sin x \cos 2x + \sin 3x \cos 2x)$ $= \frac{1}{16}(10\sin x - 5\sin 3x + \sin 5x)$ $\therefore y^{(n)} = \frac{1}{16}\left(10\sin\left(x + \frac{n\pi}{2}\right) - 5 \cdot 3^n \sin\left(3x + \frac{n\pi}{2}\right)\right.$ $\left. + 5^n \sin\left(5x + \frac{n\pi}{2}\right)\right)$

7. $y = \frac{ax+b}{cx+d} = A + \frac{B}{cx+d}$，$A = \frac{c}{a}$，$B = \frac{bc - ad}{c}$

$y' = -Bc(cx+d)^{-2}$，$y'' = 2Bc^2(cx+d)^{-3}$，$y''' = -6Bc^3(cx+d)^{-4}$

$\therefore \frac{y''}{y'} = \frac{2Bc^2(cx+d)^{-3}}{-Bc(cx+d)^{-2}} = -2c\,(cx+d)^{-1}$

$\frac{y'''}{y'} = \frac{-6Bc^3(cx+d)^{-4}}{-Bc(cx+d)^{-2}} = 6c^2\,(cx+d)^{-2} = \frac{3}{2}\left(\frac{y''}{y'}\right)^2$

8. 依題意 $y = f(g(x))$

$\therefore y' = f'(g(x))g'(x)$

$y'' = f''(g(x))(g'(x))^2 + f'(g(x))g''(x) = f''(u)(g'(x))^2 + f'(u)g''(x) = \frac{d^2y}{du^2}\left(\frac{du}{dx}\right)^2 + \frac{dy}{du} \cdot \frac{d^2u}{dx^2}$

練習 3.5B

$f(x) = \begin{cases} 3x^2，x \geq 0 \\ -x^2，x < 0 \end{cases}$ $\quad f'(x) = \begin{cases} 6x，x > 0 \\ -2x，x < 0 \end{cases}$

又 $f'_{+}(0)=\lim_{x\to 0^+}\frac{f(x)-f(0)}{x}=\lim_{x\to 0^+}\frac{3x^2-0}{x}=0$

$f'_{-}(0)=\lim_{x\to 0^-}\frac{f(x)-f(0)}{x}=\lim_{x\to 0^-}\frac{-x^2-0}{x}=0$

$\therefore f'(0)=0$

又 $f''(x)=\begin{cases}6，x>0\\-2，x<0\end{cases}$

$f''_{+}(0)=\lim_{x\to 0^+}\frac{f'(x)-f'(0)}{x}=\lim_{x\to 0^+}\frac{6x-0}{x}=6$

$f''_{-}(0)=\lim_{x\to 0^-}\frac{f'(x)-f'(0)}{x}=\lim_{x\to 0^-}\frac{-2x}{x}=-2$

即 $f''(x)=\begin{cases}6 & x>0\\-2 & x<0\\ \text{不存在} & x=0\end{cases}$

練習 3.5C

1. (1) $(uv)''=[(u'v+uv')]'=u''v+u'v'+u'v'+uv''=u''v+2u'v'+uv''$

   (2) $(uv)'''=[(uv)'']'=[u''v+2u'v'+uv'']'=u'''v+u''v'+2u''v'+2u'v''+u'v''+uv'''$
   $=u'''v+3u''v'+3u'v''+uv'''$

2. $y^{(5)}=\binom{5}{0}(x^2)^{(0)}(\cos 3x)^{(5)}+\binom{5}{1}(x^2)'(\cos 3x)^{(4)}+\binom{5}{2}(x^2)''(\cos 3x)^{(3)}$
   $=x^2(-243\sin 3x)+5(2x)(81\cos 3x)+10\cdot 2\cdot 27\sin 3x$
   $=(-243x^2+540)\sin 3x+810x\cos 3x$

練習 3.6A

1. 兩邊同時對 x 微分：$y'=-y\sin xy-(x\sin xy)y'$ $\therefore y'=\frac{-y\sin xy}{1+x\sin xy}$

2. 兩邊同時對 x 微分：$3x^2+3ay+3axy'+3y^2y'=0$ $\therefore y'=-\frac{3x^2+3ay}{3ax+3y^2}=-\frac{x^2+ay}{ax+y^2}$

3. $x^3+y^3-3xy=0$ 則 $3x^2+3y^2y'-3y-3xy'=0$

   $\therefore y'=\frac{y-x^2}{y^2-x}$，$y=f(x)$ 在 $\left(\frac{3}{2},\frac{3}{2}\right)$ 之切線斜率爲

   $m=\left.\frac{y-x^2}{y^2-x}\right|_{\left(\frac{3}{2},\frac{3}{2}\right)}=-1$ $\therefore$法線方程式之斜率 $m=1$

   法線方程式 $\frac{y-\frac{3}{2}}{x-\frac{3}{2}}=1\Rightarrow y=x$ $\therefore$過原點

4. 先求過 (x_0, y_0) 之切線方程式，

$$\because \frac{2}{3}x^{-\frac{1}{3}}+\frac{2}{3}y^{-\frac{1}{3}}y'=0 \quad \therefore y'\Big]_{(x_0,\,y_0)}=-\frac{y_0^{-\frac{1}{3}}}{x_0^{\frac{1}{3}}}$$

$\therefore$ 過 (x_0, y_0) 之切線方程式為 $\dfrac{y-y_0}{x-x_0}=-\dfrac{y_0^{-\frac{1}{3}}}{x_0^{\frac{1}{3}}}$

化簡得

$x_0^{\frac{1}{3}}y+y_0^{\frac{1}{3}}x=x_0^{\frac{1}{3}}y_0+x_0y_0^{\frac{1}{3}}$，此直線交二軸於

$\left(0, y_0^{\frac{1}{3}}\left(x_0^{\frac{2}{3}}+y_0^{\frac{2}{3}}\right)\right)$ 與 $\left(x_0^{\frac{1}{3}}\left(x_0^{\frac{2}{3}}+y_0^{\frac{2}{3}}\right), 0\right)$ 之距離 $L=\sqrt{\left(-x_0^{\frac{1}{3}}a^{\frac{2}{3}}-0\right)^2+\left(y_0^{\frac{1}{3}}a^{\frac{2}{3}}-0\right)^2}$

$$=\sqrt{a^{\frac{4}{3}}\left(x_0^{\frac{2}{3}}+y_0^{\frac{2}{3}}\right)^2}=a$$

練習 3.6B

1. $y^3+3xy^2y'=0 \quad \therefore y'=-\dfrac{y^3}{3xy^2}=-\dfrac{y}{3x}$

$$y''=\frac{d}{dx}y'=-\frac{x\dfrac{dy}{dx}-y\cdot 1}{3x^2}=-\frac{x\left(-\dfrac{y}{3x}\right)-y}{3x^2}=\frac{4y}{9x^2}\text{，}x\neq 0$$

2. $\dfrac{1}{2}x^{-\frac{1}{2}}+\dfrac{1}{2}y^{-\frac{1}{2}}y'=0$，得 $y'=-\dfrac{x^{-\frac{1}{2}}}{y^{-\frac{1}{2}}}=-\dfrac{y^{\frac{1}{2}}}{x^{1/2}}$

$$y''=-\frac{x^{\frac{1}{2}}\dfrac{1}{2}y^{-\frac{1}{2}}y'-y^{\frac{1}{2}}\dfrac{1}{2}x^{-\frac{1}{2}}}{(x^{\frac{1}{2}})^2}=-\frac{xy^{\frac{-1}{2}}\left(-\dfrac{y^{\frac{1}{2}}}{x^{1/2}}\right)-y^{\frac{1}{2}}}{2x^{3/2}}=-\frac{-x^{\frac{1}{2}}-y^{\frac{1}{2}}}{2x^{3/2}}=\frac{1}{2x^{3/2}}$$

3. $2yy'=2p$，$y'=\dfrac{p}{y} \quad \therefore y''=\dfrac{y(p)'-p(y')}{y^2}=\dfrac{-p\cdot\dfrac{p}{y}}{y^2}=-\dfrac{p^2}{y^3}$

4. $4x^3+4y^3y'=0 \quad \therefore y'=-\dfrac{x^3}{y^3}$；$y''=-\dfrac{y^3\cdot 3x^2-x^3 3y^2y'}{y^6}=-\dfrac{3x^2y^3+x^3y^2\left(\dfrac{x^3}{y^3}\right)}{y^6}$

$$=-\frac{3(x^2y^4+x^6)}{y^7}=-\frac{3x^2(x^4+y^4)}{y^7}=-\frac{3x^2\cdot 16}{y^7}=\frac{-48x^2}{y^7}$$

練習 3.6C

1. $\dfrac{dy}{dx}=\dfrac{t^2}{1}=t^2 \quad \therefore \dfrac{d^2y}{dx^2}=\dfrac{d}{dt}\left(\dfrac{dy}{dx}\right)\Big/\dfrac{dx}{dt}=\dfrac{d}{dt}(t^2)/1=2t$

2. 令 $y=\sin(x^6+x^3+1)$，$u=x^3$

則 $\dfrac{d}{dx^3}\sin(x^6+x^3+1)=\dfrac{dy/dx}{du/dx}=\dfrac{(6x^5+3x^2)\cos(x^6+x^3+1)}{3x^2}=(2x^3+1)\cos(x^6+x^3+1)$

3. $\dfrac{dy}{dx}=\dfrac{dy/dt}{dx/dt}=\dfrac{f'(t)+tf''(t)-f'(t)}{f''(t)}=t$

4. (1) $\dfrac{dy}{dx}=\dfrac{dy/dt}{dx/dt}=\dfrac{a\sin t}{a(1-\cos t)}=\dfrac{\sin t}{1-\cos t}$，$t\neq 2k\pi$，$k$ 爲整數

(2) $\dfrac{d^2y}{dx^2}=\dfrac{d}{dt}\left(\dfrac{dy}{dx}\right)\Big/\dfrac{dx}{dt}=\dfrac{d}{dt}\dfrac{\sin t}{1-\cos t}/a(1-\cos t)$

$=\dfrac{(1-\cos t)\cos t-\sin t\cdot\sin t}{(1-\cos t)^2}/a(1-\cos t)$

$=-\dfrac{1}{a(1-\cos t)^2}$，$t\neq 2k\pi$，$k$ 爲整數

(3) $t=\dfrac{\pi}{4}$ 時 $\begin{cases}x=a\left(\dfrac{\pi}{2}-1\right)\\ y=a\end{cases}$ $\quad m=\left.\dfrac{\sin t}{1-\cos t}\right|_{t=\frac{\pi}{2}}=1$

∴ 切線方程式爲 $\dfrac{x-a\left(\dfrac{\pi}{2}-1\right)}{y-a}=1$，得 $y=x+\left(2-\dfrac{\pi}{3}\right)a$

5. $\begin{cases}x=a(\cos t+t\sin t)\\ y=a(\sin t-t\cos t)\end{cases}$ 之切線斜率 $\dfrac{dy}{dx}=\dfrac{dy/dt}{dx/dt}=\tan t$

∴ 法線斜率爲 $-\cot t$，則過 $t=\omega$ 之法線方程式爲：

$\dfrac{y-a(\sin\omega-\omega\cos\omega)}{x-a(\cos\omega+\omega\sin\omega)}=-\cot\omega$

$y+x\cot\omega-a\cot\omega(\cos\omega+\omega\sin\omega)-a(\sin\omega-\omega\cos\omega)=0$

與 (0, 0) 之距離爲

$\dfrac{|-a\cot\omega(\cos\omega+\omega\sin\omega)-a(\sin\omega-\omega\cos\omega)|}{\sqrt{1+(-\cot\omega)^2}}$

$=a$ ∴得證。

6. 設 $xy=1$ 與 $x^2-y^2=1$ 之交點爲 (x_0, y_0)

則 $xy=1$ 在 (x_0, y_0) 處切線斜率 $m_1=-\left.\dfrac{1}{x^2}\right|_{x_0}=-\dfrac{1}{x_0^2}$

且 $x^2-y^2=1$ 在 (x_0, y_0) 處切線斜率 $m_2=\left.\dfrac{1}{x}\right|_{(x_0,y_0)}=\dfrac{x_0}{y_0}$

∴ $m_1\cdot m_2=-\dfrac{1}{x_0^2}\cdot\dfrac{x_0}{y_0}=-\dfrac{1}{x_0y_0}=-1$

得 $xy=1$ 與 $x^2-y^2=1$ 在交點處成直角

練習 4.1A

1. 取 $f(x)=a_0x+\frac{1}{2}a_1x^2+\cdots+\frac{a_n}{n+1}x^{n+1}$，則 $f(x)$ 在 $[0,1]$ 連續在 $(0, 1)$ 爲可微分，又 $f(0)=f(1)=0$ $\therefore$由定理A，$f'(x)=a_0+a_1x+\cdots+a_nx^n=0$在$(0, 1)$間至少有一個根。
2. 取 $h(x)=x^2f(x)$，則 $h(x)$ 在 $[0, a]$ 爲連續在 $(0, a)$ 爲可微分，又 $h(0)=h(a)=0$，由定理 A 知存在一個 ε 使得 $h'(\varepsilon)=2\varepsilon f(\varepsilon)+\varepsilon^2f'(\varepsilon)=0$。又 $\varepsilon\neq 0$，$\therefore$即 $h'(\varepsilon)=2f(\varepsilon)+2f'(z)=0$。
3. $f(x)$ 在 $[0, 2]$ 間有不連續點，故不能用 Rolle 定理求滿足 $f'(c)=0$ 之 c。
4. $\because\begin{cases}f(x_1)=f(x_2) & \therefore f(x)在(x_1, x_2)中存在一個\ c_1滿足\ f'(c_1)=0\\ f(x_2)=f(x_3) & \therefore f(x)在(x_2, x_3)中存在一個\ c_2滿足\ f'(c_2)=0\end{cases}$

   又$\because f'(c_1)=f'(c_2)=0$

   $\therefore f'(x)$ 在 (c_1, c_2) 存在一個 ε 滿足 $f''(\varepsilon)=0$。
5. 令 $f(x)=a_0x^n+a_1x^{n-1}+\cdots+a_{n-1}x$，則 $f(0)=0$，又 $x=x_0$ 爲 $a_0x^n+\cdots+a_{n-1}x=0$ 之一個正根$\therefore$由 Rolle 定理知在 $(0, x_0)$ 間存在一個 ε 使得 $f'(\varepsilon)=0$ 即 $a_0nx^{n-1}+a_1(n-1)x^{n-2}+\cdots+a_{n-1}=0$ 必有一小於 x_0 之正根。

練習 4.1B

取$f(x)=x^7+x-1$則$f(0)=-1$，$f(1)=1$，$\therefore f(x)=0$在$(0, 1)$間至少有一個根，設爲a，若 b 爲 $f(x)=0$ 之另一個根，則 $f(\mathrm{a})=f(\mathrm{b})=0$，由 Rolle 定理，存在一個 ε，使得 $f'(\varepsilon)=7\varepsilon^6+1=0$，但不可能有實數 ε 滿足 $7\varepsilon^6+1=0$，$\therefore x^7+x-1=0$ 恰有一正根。

練習 4.1C

$$f'(x_0)=\frac{f(x_2)-f(x_1)}{x_2-x_1}=\frac{f(2)-f(-1)}{2-(-1)}=\frac{\sqrt{3}}{3}=\frac{1}{2\sqrt{x_0+1}}\ 即\ x_0=-\frac{1}{4}$$

讀者易看出 $x_0=-\frac{1}{4}\in(-1, 2)$。

練習 4.1D

1. 取 $f(x)=\sqrt{x+1}$，由定理 B，$\frac{f(x)-f(8)}{x-8}=f'(\varepsilon)$，$x>\varepsilon>8\Rightarrow\sqrt{x+1}=3+\frac{x-8}{2\sqrt{\varepsilon+1}}<3+\frac{x-8}{2\sqrt{9}}=3+\frac{x-8}{6}$
2. 取 $f(x)=\sqrt{x}$，由定理 B，$\frac{\sqrt{65}-\sqrt{64}}{65-64}=\frac{1}{2\sqrt{\varepsilon}}$ $\therefore\sqrt{65}=8+\frac{1}{2\sqrt{\varepsilon}}$，$65>\varepsilon>64$

   但 $\frac{1}{\sqrt{64}}>\frac{1}{2\sqrt{\varepsilon}}>\frac{1}{\sqrt{65}}>\frac{1}{\sqrt{81}}$，即 $\frac{1}{8}>\frac{1}{2\sqrt{\varepsilon}}>\frac{1}{9}$ $\therefore 8+\frac{1}{8}>8+\frac{1}{2\sqrt{\varepsilon}}>8+\frac{1}{9}$

   即 $8+\frac{1}{8}>\sqrt{65}>8+\frac{1}{9}$

3. 取$f(x)=\frac{1}{\sqrt{1+x}}$，由定理 B

$$\frac{f(x)-f(0)}{x-0}=\frac{\frac{1}{\sqrt{1+x}}-1}{x}=\frac{-1}{2\sqrt{(1+\varepsilon)^3}}，x>\varepsilon>0$$

即$\frac{1}{\sqrt{1+x}}=1-\frac{x}{2\sqrt{(1+\varepsilon)^3}}$ $\therefore 1-\frac{x}{2}<1-\frac{x}{2\sqrt{(1+\varepsilon)^3}}<1-\frac{x}{2\sqrt{(1+x)^3}}$

即$1-\frac{x}{2}<\frac{1}{\sqrt{1+x}}<1-\frac{x}{2\sqrt{(1+\varepsilon)^3}}$

$0>x>-1$ 時不等式仍成立。

4. 由定理 C

$f(4)-f(1)=(4-1)f'(\xi)$，$4\geq\xi\geq 1$

$f(4)-6=3f'(\xi)\geq 3\cdot 3=9$ $\therefore f(4)\geq 15$，即$f(4)$之最小可能值爲 15

5. $\frac{f(x)-f(0)}{x-0}=f'(\varepsilon)\Rightarrow f(x)=xf'(\varepsilon)$

又 $3\geq f'(\varepsilon)\geq 1$ $\therefore 3x\geq xf'(\varepsilon)\geq x\Rightarrow 3x\geq f'(x)\geq x$，$x\geq 0$

6.

提示	解答
1. 由證明之右式 $\begin{vmatrix} f(a) & f'(\varepsilon) \\ g(a) & g'(\varepsilon)\end{vmatrix}\xrightarrow{\text{聯想}}$ 取$H(x)=\begin{vmatrix} f(a) & f(x) \\ g(a) & g(x)\end{vmatrix}$ 2. $H'(x)=\begin{vmatrix} f(a) & f'(x) \\ g(a) & g'(x)\end{vmatrix}$ （參考練習 3.3A 第 6 題，讀者自證之）	取$H(x)=\begin{vmatrix} f(a) & f(x) \\ g(a) & g(x)\end{vmatrix}$，則 $\frac{H(b)-H(a)}{b-a}=H'(\varepsilon)$，$b>\varepsilon>a$ $\Rightarrow\frac{\begin{vmatrix} f(a) & f(b) \\ g(a) & g(b)\end{vmatrix}}{b-a}=\begin{vmatrix} f(a) & f'(\varepsilon) \\ g(a) & g'(\varepsilon)\end{vmatrix}$ $\Rightarrow\begin{vmatrix} f(a) & f(b) \\ g(a) & g(b)\end{vmatrix}=(b-a)\begin{vmatrix} f(a) & f'(\varepsilon) \\ g(a) & g'(\varepsilon)\end{vmatrix}$

練習 4.1E

由 Cauchy 均值定理，$\frac{\sin b-\sin a}{b^3-a^3}=\frac{\sin b-\sin a}{(b-a)(b^2+ab+a^2)}=\frac{\cos\varepsilon}{3\varepsilon^2}$

$\therefore\frac{\sin b-\sin a}{b-a}=\frac{b^2+ab+a^2}{3}\frac{\cos\varepsilon}{\varepsilon^2}$

練習 4.2A

1. (1) $a+b>a$ 又 $\frac{f(x)}{x}$ 爲遞增 $\therefore\frac{f(a+b)}{a+b}>\frac{f(a)}{a}\Rightarrow f(a+b)>\frac{a+b}{a}f(a)>f(a)$

(2) $\frac{f(x)}{x}$ 爲遞增 $a+b>a$ 且 $a+b>b$

$$\therefore \begin{cases} \dfrac{f(a+b)}{a+b} > \dfrac{f(a)}{a} \\ \dfrac{f(a+b)}{a+b} > \dfrac{f(b)}{b} \end{cases} \Rightarrow \begin{cases} \dfrac{a}{a+b} f(a+b) > f(a) & ① \\ \dfrac{b}{a+b} f(a+b) > f(b) & ② \end{cases}$$

① + ②得 $f(a+b) > f(a) + f(b)$

2. (1) 設 $b > a$，$g(b) < g(a)$ $\therefore f(g(b)) < f(g(a))$，$\therefore f(g(x))$ 爲減函數
   (2) 設 $b > a$，$f(b) > f(a)$ $\therefore g(f(b)) < g(f(a))$，$\therefore g(f(x))$ 爲減函數

練習 4.2B

1. $y' = 1 - \cos x \geq 0$ $\therefore y = x - \sin x$ 在 $[0, 2\pi]$ 爲嚴格遞增
2. 令 $y' = 6x^2 - 18x + 12 = 6(x^2 - 3x + 2) = 6(x-1)(x-2) > 0$

   則 $y = f(x)$ 在 $(2, \infty) \cup (-\infty, 1)$ 爲嚴格遞增
   $y = f(x)$ 在 $(1, 2)$ 爲嚴格遞減
3. 令 $y' = \dfrac{(1+x^2) - x(2x)}{(1+x^2)^2} = \dfrac{1-x^2}{(1+x^2)^2} > 0$

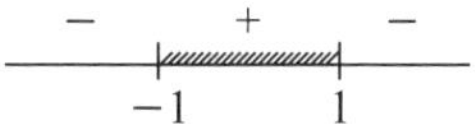

   即 $x^2 - 1 = (x+1)(x-1) < 0$
   $\therefore y = f(x)$ 在 $(-1, 1)$ 爲嚴格遞增在 $(1, \infty) \cup (-\infty, -1)$ 爲嚴格遞減
4. 令 $y' = \dfrac{(x-1)(2x-2) - (x^2 - 2x + 2) \cdot 1}{(x-1)^2} = \dfrac{x^2 - 2x}{(x-1)^2} = \dfrac{x(x-2)}{(x-1)^2} > 0$

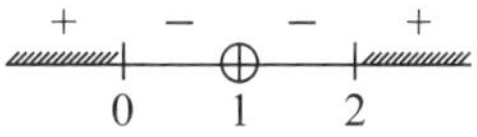

   $\therefore y = f(x)$ 在 $(-\infty, 0) \cup (2, \infty)$ 爲嚴格遞增
   在 $(0, 1) \cup (1, 2)$ 爲嚴格遞減

練習 4.2C

1. $h(x) = \sqrt{x}$，$h'(x) = \dfrac{1}{2\sqrt{x}} > 0$，$\therefore h(x) = \sqrt{x}$在 $(0, \infty)$ 爲增函數
   $\sqrt{y} > \sqrt{x}$，$g(x) = \dfrac{1}{x}$，$g'(x) = \dfrac{-1}{x^2} < 0$，$\therefore g(x)$ 在 $(0, \infty)$ 爲減函數
   故 $\dfrac{1}{x} > \dfrac{1}{y}$
2. 令 $f(x) = \sin x - x + \dfrac{x^3}{6}$，$f'(x) = \cos x - 1 + \dfrac{x^2}{2}$，$f''(x) = -\sin x + x$
   $\because x > \sin x$ $\therefore f''(x)$ 在 $(0, \dfrac{\pi}{2})$ 爲增函數，又 $f'(0) = 0$
   $\therefore f'(x) > 0$，得 $f(x)$ 在 $(0, \dfrac{\pi}{2})$ 爲增函數，$f(0) = 0$，$\therefore f(x) > 0$ 即 $\sin x > x - \dfrac{x^3}{6}$
3. $f''' > 0$，$\therefore f''$ 爲增函數，$f''(0) = 0$
   $\therefore f''(x) \geq 0 \Rightarrow f'(x)$ 爲增函數，由拉格蘭日均值定理 $\dfrac{f(1) - f(0)}{1 - 0} = f'(\xi)$，$1 > \xi > 0$
   $f'(1) > f'(\xi) > f'(0) \therefore f'(1) > f(1) - f(0) > f'(0)$

4. (a) $(f+g)'=f'+g'>0+0=0$

$\therefore f+g$ 在 I 中爲增函數

(b) $(fg)'=f'g+fg'\not>0$

（反例：$f(x)=x^3$，$g(x)=x$，$(fg)'=4x^3$，$0\geq x\geq -1$）

(c) $f(g(x))'=f'(g(x))g'(x)>0$　$\therefore f(g)$ 在 I 中爲增函數

(d) $(f^2)'=2f\cdot f'\not>0$（反例：$f(x)=x$，$0>x>-1$）

練習 4.2D

1. $y=\dfrac{1}{1+x+x^2}=(1+x+x^2)^{-1}$，$y'=-(1+2x)(1+x+x^2)^{-2}$

令 $y''=-2(1+x+x^2)^{-2}+2(1+2x)^2(1+x+x^2)^{-3}$

$$=2\left[\frac{-1-x-x^2+1+4x+4x^2}{(1+x+x^2)^3}\right]=6\left(\frac{x(x+1)}{(1+x+x^2)^2}\right)<0$$

則 $y=\dfrac{1}{1+x+x^2}$ 在 $(-1,0)$ 爲下凹，在 $(0,\infty)$ 與 $(-\infty,-1)$ 爲上凹

2. $y=x^4$　$\therefore y''=12x^2>0$，$\therefore y=x^4$ 爲全域上凹

練習 4.2E

1. (1) $y=x^{\frac{5}{3}}$，$y'=\dfrac{5}{3}x^{\frac{2}{3}}$，$y''=\dfrac{10}{9}x^{-\frac{1}{3}}$，$x>0$ 時 $y''>0$，$x<0$ 時

$y''<0$，$x=0$ 時 y'' 不存在，

$\therefore (0,0)$ 是 $y=x^{\frac{5}{3}}$ 之一反曲點

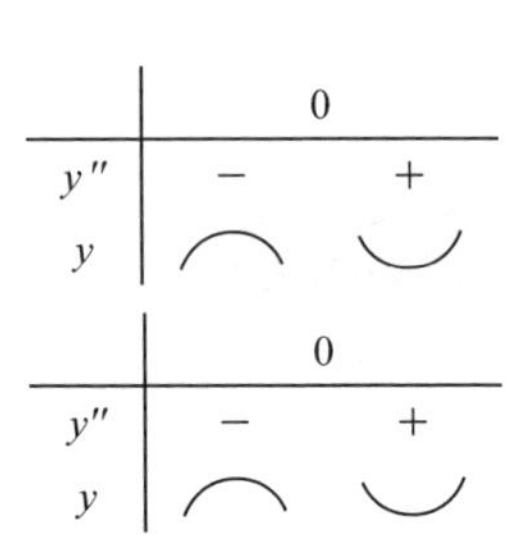

(2) $f'(x)=\begin{cases}2x, & x>0\\ -2x, & x<0\end{cases}$，$f''(x)=\begin{cases}2, & x>0\\ -2, & x<0\end{cases}$

$f''(0)$ 不存在，$\therefore (0,0)$ 是 $y=x|x|$ 之反曲點

2. $f'(x)=3ax^2+2bx$，$f''(x)=6ax+2b$

$f(x)$ 在 $(1,6)$ 處有反曲點，$\therefore f''(1)=6a+2b=0$　①

又 $(1,6)$ 亦爲 $f(x)$ 上一點，$\therefore f(1)=a+b=6$　②

解①，②得　$a=-3$，$b=9$

3. $y'=\dfrac{-x^2+2x+1}{(x^2+1)^2}$，$y''=\dfrac{2(x+1)(x^2-4x+1)}{(x^2+1)^3}$

令 $y''=0$ 得 $x=-1$，$2+\sqrt{3}$，$2-\sqrt{3}$

$x=-1$ 時 $y=-1$

$x=2+\sqrt{3}$ 時，$y=\dfrac{1+\sqrt{3}}{4(2+\sqrt{3})}$

$x=2-\sqrt{3}$ 時，$y=\dfrac{1-\sqrt{3}}{4(2-\sqrt{3})}$

$\therefore$ 有三個反曲點 $P_1(-1, -1)$，$P_2(2+\sqrt{3}, \frac{1+\sqrt{3}}{4(2+\sqrt{3})})$ 與 $P_3(2-\sqrt{3}, \frac{1-\sqrt{3}}{4(2-\sqrt{3})})$

$$\overleftrightarrow{P_1P_2} \text{ 之斜率 } m_1 = \frac{\frac{1+\sqrt{3}}{4(2+\sqrt{3})} - (-1)}{(2+\sqrt{3}) - (-1)} = \frac{9+5\sqrt{3}}{4(3+\sqrt{3})(2+\sqrt{3})} = \frac{1}{4}$$

$$\overleftrightarrow{P_1P_3} \text{ 之斜率 } m_2 = \frac{\frac{1-\sqrt{3}}{4(2-\sqrt{3})} - (-1)}{(2-\sqrt{3}) - (-1)} = \frac{9-5\sqrt{3}}{4(3-\sqrt{3})(2-\sqrt{3})} = \frac{1}{4}$$

$\therefore P_1$，P_2，P_3 共線

練習 4.2F

1. 取 $f(x) = x^2$，$f''(x) = 2 > 0$，$\therefore f(x)$ 爲上凹

$$f\left(\frac{x+y+z}{3}\right) \le \frac{1}{3}f(x) + \frac{1}{3}f(y) + \frac{1}{3}f(z)$$

$$\left(\frac{x+y+z}{3}\right)^2 \le \frac{1}{3}x^2 + \frac{1}{3}y^2 + \frac{1}{3}z^2$$

2. 取 $f(x) = \sin x$，$f''(x) = -\sin x < 0$，$\frac{\pi}{2} > x > 0$

$\therefore \sin\left(\frac{A+B+C}{3}\right) \ge \frac{1}{3}\sin A + \frac{1}{3}\sin B + \frac{1}{3}\sin C$，又 $A + B + C = \pi$，$\therefore \sin\frac{\pi}{3} = \frac{\sqrt{3}}{2}$

$\Rightarrow \sin A + \sin B + \sin C \le \frac{3}{2}\sqrt{3}$

練習 4.3A

1. (1) $4 \ge x \ge 2$

x	2	3	4
$f(x)$	-11	-16	-9

$\therefore$絕對極大值 $f(4) = -9$，

絕對極小值 $f(3) = -16$

(2) $2 \ge x \ge 0$

x	0	2
$f(x)$	11	-11

$\therefore$絕對極大值 $f(0) = 11$，

絕對極小值 $f(2) = -11$

2. $f(x) = \begin{cases} (x-1)e^x, & 3 \ge x \ge 1 \\ (1-x)e^x, & 1 > x \ge 0 \end{cases}$

$f'(x) = \begin{cases} xe^x, & 3 > x > 1 \\ -xe^x, & 1 > x > 0 \end{cases}$ 又 $f_+'(1) = e$，$f_-'(1) = -e$，即 $f(x)$ 在 $x = 1$ 處不可微分

$f(x)$ 在 $[0, 3]$ 中有一臨界點 $x = 1$

$f(3) = 2e^3$，$f(2) = e$，$f(1) = 0$，$f(0) = 1$

$\therefore x = 3$ 時有絕對極大值 $2e^3$，$x = 1$ 時有絕對極小值 0。

練習 4.3B

1. $y'=6x^2-18x+12=6(x^2-3x+2)=6(x-1)(x-2)=0$

   ∴有二個臨界點在 $x=1$，$x=2$ 處

   (1) 用一階導數判別法

   由右表知 $f(x)$ 在 $x=1$ 處有相對極大值 $f(1)=8$

   在 $x=2$ 處有相對極小值 $f(2)=7$

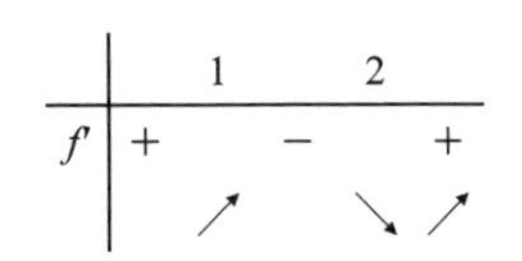

   (2) 用二階導數判別法

   $f''(x)=12x-18$，

   $f''(1)<0$，∴ $x=1$ 處有相對極大值 $f(1)=8$，又 $f''(2)>0$ ∴ $x=2$ 處有相對極小值 $f(2)=7$

2. (1) $f(x)=x^2-2x+3$ 之臨界點爲 $x=1$，而得一相對極小值 $f(1)=2$。

   (2) $h(x)=\dfrac{1}{\sqrt{x^2-2x+3}}$ 則

   $h'(x)=(2x-2)\left[-\dfrac{1}{2}(x^2-2x+3)\right]^{-\frac{3}{2}}=0$，得臨界點 $x=1$，且 $h(1)=\dfrac{1}{\sqrt{2}}$ 爲相對極大值。

   設 $w(x)=u(v(x))$，則 $w'(x)=u'(v(x))v'(x)$，$w(x)$ 之臨界點可由 $w'(x)=0$ 所決定，因此若 $u(x)$ 爲一單調函數，則 $w'(x)=0$ 與 $v'(x)=0$ 爲同義（Equivalent），換言之，$v(x)$ 與 $w(x)$ 之臨界點之 x 座標相同，這是 $f(x)$、$h(x)$ 之臨界點均有相同 x 座標之原因。

3. $f(x)=x^3+ax^2+b$ 滿足 $f(1)=2$ ∴ $1+a+b=2$，即 $a+b=1$

   $f'(x)=3x^2+2ax$，∵ $x=1$ 時有相對極值 ∴ $f'(1)=0$，得 $a=\dfrac{-3}{2}$

   從而 $b=\dfrac{5}{2}$，∴ $f(x)=x^3-\dfrac{3}{2}x^2+\dfrac{5}{2}$

   $f'(x)=3x^2-3x=0$ ∴ $x=0, 1$ 爲臨界點，$f''(x)=6x-3$

   $f''(0)=-3<0$ ∴ $f(x)$ 在 $x=0$ 處有相對極大值 $\dfrac{5}{2}$，$f''(1)=3>0$

   ∴ $f(x)$ 在 $x=1$ 處有相對極小值 $f(1)=2$

4. $f'(x)=3x^2-p=0$ ∴有二個臨界點 $x=\pm\sqrt{\dfrac{p}{3}}$

   $f''(x)=6x$，$f\left(\sqrt{\dfrac{p}{3}}\right)>0$ ∴ $x=\sqrt{\dfrac{p}{3}}$ 時有相對極小值 $f\left(\sqrt{\dfrac{p}{3}}\right)=2\left(\dfrac{p}{3}\right)^{\frac{3}{2}}+q$，

   $x=-\sqrt{\dfrac{p}{3}}$ 時有相對極大值 $f\left(-\sqrt{\dfrac{p}{3}}\right)=2\left(\dfrac{p}{3}\right)^{\frac{3}{2}}+q$

練習 4.3C

1. 設矩形之長爲 x，則其寬爲 $\dfrac{2\ell-2x}{2}=\ell-x$，矩形面積 A 爲 x 之函數，即 $A(x)=x(\ell-x)$，$\ell>x>0$

$$\frac{d}{dx}A(x)=\frac{d}{dx}x(\ell-x)=\frac{d}{dx}(x\ell-x^2)=\ell-2x=0$$

$$\therefore x=\frac{\ell}{2}$$

$$\frac{d^2}{dx^2}A(x)=-2<0$$

$\therefore$長 = 寬 $=\ell-x=\ell-\frac{\ell}{2}=\frac{\ell}{2}$之正方形有最大面積 $\frac{\ell}{2}\cdot\frac{\ell}{2}=\frac{\ell^2}{4}$。

2. 設 $OA=BC=x$ 則 $AB=6{,}000-2x$　$\therefore$ $OABC$ 之面積

   $A(x)=x(6{,}000-2x)=-2x^2+6{,}000x$

   $\frac{d}{dx}A(x)=-4x+6{,}000=0$，$\therefore x=1{,}500$

   $A''(1{,}500)=-4<0$

   $\therefore x=1{,}500$ 時 $A(x)$ 有極大值，即 $OA=BC=1{,}500$ 公尺，$AB=3{,}000$ 公尺時面積最大，即 4,500,000 平方公尺。

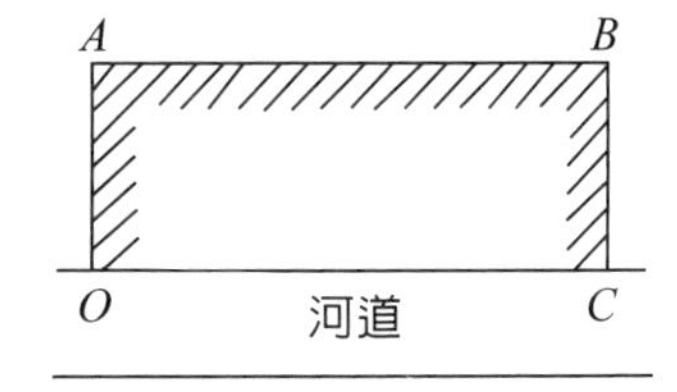

3. 設所求內接最大矩形之長為 x 寬為 y

   依相似三角形之性質，我們有 $\frac{x}{b}=\frac{a-y}{a}$，$y=a-\frac{a}{b}x$

   $\therefore$內接矩形面積 $A(x)=xy=x\left(a-\frac{a}{b}x\right)=ax-\frac{a}{b}x^2$

   $\frac{d}{dx}A(x)=a-\frac{2a}{b}x=0$，$\therefore x=\frac{b}{2}$

   $\frac{d^2}{dx^2}A(x)=\frac{-2a}{b}<0$

   $\therefore$當 $x=\frac{b}{2}$，$y=a-\frac{a}{b}\left(\frac{b}{2}\right)=\frac{a}{2}$ 時 $A=xy=\frac{ab}{4}$ 有最大面積。

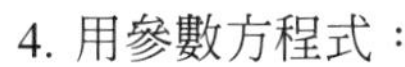

4. 用參數方程式：

   令 $y=2t$ 則 $2x=y^2=(2t)^2$，$\therefore x=2t^2$，現在我們取

   $D=(2t^2-1)^2+(2t-4)^2$

   $D'=2(2t^2-1)4t+2(2t-4)\cdot 2=16t^3-16=16(t-1)(t^2+t+1)=0$

   $\therefore t=1$ 為臨界點。

   $D''(1)=48>0$，故 $t=1$ 時 D 有相對極小值 5

   即 $(1, 4)$ 到 $y^2=2x$ 之最短距離為 $\sqrt{(2\cdot 1^2-1)+(2\cdot 1-4)^2}=\sqrt{5}$

5. 先求 $\frac{dy}{dx}$：$2x-y-xy'+2yy'=0$

   $\therefore y'=\frac{y-2x}{2y-x}=0$ 得 $y=2x$

   代 $y=2x$ 入 $x^2-xy+y^2=12$ 得 $x^2-x(2x)+(2x)^2=12$，$3x^2=12$ 得 $x=\pm 2$，從而 $y=\pm 4$ $\therefore$ $(2, 4)$，$(-2, -4)$ 是為所求

6.

提示	解答
y ... θ ... x ... y 取 $x=r\cos\theta$，$y=r\sin\theta$ 則面積 $=2xy=2r^2\cos\theta\sin\theta$	取 $x=r\cos\theta$，$y=r\sin\theta$，$0<\theta<\frac{\pi}{2}$ 則 面積 $A(\theta)=2xy=2r^2\cos\theta\sin\theta=r^2\sin 2\theta$ $A'(\theta)=2r\cos 2\theta=0$，得 $\theta=\frac{\pi}{4}$ $A''(\theta)=-4r\sin 2\theta\Big\vert_{\theta=\frac{\pi}{4}}=-4r<0$ $\therefore\ \theta=\frac{\pi}{4}$時有相對極大值 $A(\theta)=r^3\sin\frac{\pi}{2}=r^2$

7.

提示	解答
1. 本題以速度 x 為決策變數，則 (1) 固定成本 $=b$ (2) 變動成本 $=k/x^2$ ∴單位時間之運輸成本 $C(x)=\frac{kx^{-2}+b}{\ell/x}$	設車速為 x，則單位時間之運輸成本 $C(x)$ 為 $C(x)=\frac{kx^2+b}{\ell/x}=\frac{k/x+bx}{\ell}\Rightarrow C'(x)=\frac{-kx^2+b}{\ell}=0$ $\therefore x=\sqrt{\frac{b}{x}}$，$c''(x)\Big\vert_{x=\sqrt{\frac{b}{k}}}=\frac{2k}{\ell}x^{-3}\Big\vert_{x=\sqrt{\frac{b}{k}}}>0$ 即速度為 $\sqrt{\frac{b}{x}}$ 時可使單位運輸成本極小

8.

提示	解答
1. 本題相當於求表面積最小。 2. 圓柱體體積 V = 圓柱體底面積 × 高 $=\pi r^2h$ 圓柱體表面積 $A(r)$ $=\underbrace{2\pi r^2}_{\text{二底之面積和}}+\underbrace{2\pi rh}_{\text{圓柱圓邊之面積}}$ r h	依題意 $A(r)=2\pi r^2+2\pi rh$ (1) 又 $V=\pi r^2h$ $\therefore h=\frac{v}{\pi r^2}$ (2) 代 (2) 入 (1) $A(r)=2\pi r^2+\frac{2v}{r}$ (3) $A'(r)=4\pi r-\frac{2v}{r^2}=0$ 得 $r=\sqrt[3]{\frac{v}{2\pi}}$ $r=\sqrt[3]{\frac{v}{2\pi}}$ 時 $A''\left(\sqrt[3]{\frac{v}{2\pi}}\right)>0$ 代 $r=\sqrt[3]{\frac{v}{2\pi}}$入 (3) 得 $h=2r$ 因此，在$r=\sqrt[3]{\frac{v}{2\pi}}$，$h=2r$ 時可使容積一定下鐵皮用量最小

9.

提示	解答
C　x　E　D q　r A　B	$S=\sqrt{q^2+x^2}+\sqrt{r^2+(\ell-x)^2}$ $\frac{dS}{dx}=\frac{x}{\sqrt{q^2+x^2}}-\frac{\ell-x}{\sqrt{r^2+(\ell-x)^2}}=0$ $\Rightarrow \frac{x}{\sqrt{q^2+x^2}}=\frac{\ell-x}{\sqrt{r^2+(\ell-x)^2}}$ 二邊同時平方解之 $x=\frac{q\ell}{q+r}$ 即由 A 到距 C $\frac{q\ell}{q+r}$ 處折返到 B

練習 4.4A

1. ∞　2. $-\infty$　3. ∞　4. $-\infty$

5. $\lim\limits_{x\to1^+}\frac{2}{1+2^{\frac{1}{x-1}}}=0$，$\lim\limits_{x\to1^-}\frac{2}{1+2^{\frac{1}{x-1}}}=2$，$\therefore\lim\limits_{x\to1}\frac{2}{1+2^{\frac{1}{x-1}}}$ 不存在

練習 4.4B

1. $|f(x)-A|=\left|\frac{2x+1}{x+3}-2\right|=\left|\frac{-5}{x+3}\right|=\left|\frac{5}{x+3}\right|=\frac{5}{x+3}<\frac{5}{x}<\varepsilon$

$\therefore x>\frac{5}{\varepsilon}$，對所有 $\varepsilon>0$ 時，取 $X=\frac{5}{\varepsilon}>0$，使得當 $x>X$ 時 $\left|\frac{2x+1}{x+3}-2\right|<\varepsilon$ 成立，即

$\lim\limits_{x\to\infty}\frac{2x+1}{x+3}=2$

2. $|f(x)-A|=\left|\frac{\sin x}{\sqrt[3]{x}}-0\right|=\frac{|\sin x|}{\sqrt[3]{x}}\le\frac{1}{\sqrt[3]{x}}\le\varepsilon$，$x>\frac{1}{\varepsilon^3}$

$\therefore$ 對每一個 $\varepsilon>0$ 時，取 $X=\frac{1}{\varepsilon^3}>0$ 使得當 $x>X$ 時

$\left|\frac{\sin x}{\sqrt[3]{x}}-0\right|<\varepsilon$ 成立，$\therefore\lim\limits_{x\to\infty}\frac{\sin x}{\sqrt[3]{x}}=0$

3.

提示	解答
$\|f(x)-A\|=\left\|\frac{x}{x^2-1}-0\right\|$ $=\frac{x}{x^2-1}\xrightarrow{?}M=?\varepsilon$： 我們用點小技巧：$x>M>1$ $\Rightarrow\frac{x}{x^2-1}<\frac{x}{x^2-x}=\frac{1}{x-1}<\varepsilon$ $\therefore x>1+\frac{1}{\varepsilon}$，即取 $M=1+\frac{1}{\varepsilon}$	$\|f(x)-A\|=\left\|\frac{x}{x^2-1}-0\right\|=\frac{x}{x^2-1}<\frac{x}{x^2-x}=\frac{1}{x-1}<\varepsilon$ $\therefore x>1+\frac{1}{\varepsilon}$ 時，對所有 $\varepsilon>0$ 存在一個 $M=1+\frac{1}{\varepsilon}>0$，當 $x>M$ 時 $\left\|\frac{x}{x^2-1}-0\right\|<\varepsilon$，即 $\lim\limits_{x\to\infty}\frac{x}{x^2-1}=0$

練習 4.4C

1. $\lim_{n\to\infty}\frac{1+a+a^2+\cdots+a^n}{1+b+b^2+\cdots+b^n}=\lim_{n\to\infty}\frac{\frac{1-a^{n+1}}{1-a}}{\frac{1-b^{n+1}}{1-b}}=\frac{1-b}{1-a}$

2. 由視察法 $\lim_{x\to\infty}\frac{\sqrt{x^3+1}+x}{\sqrt{2x^6+x+1}+1}=0$

3. $\lim_{n\to\infty}(\sqrt[n]{1}+\sqrt[n]{2}+\cdots+\sqrt[n]{m})=\lim_{n\to\infty}1^{\frac{1}{n}}+\lim_{n\to\infty}2^{\frac{1}{n}}+\cdots+\lim_{n\to\infty}m^{\frac{1}{n}}=\underbrace{1+1+\cdots+1}_{m}=m$

4. $\lim_{x\to\infty}\frac{(x-1)(2x+1)(3x-1)(x+4)(x+5)}{(3x+1)^5}=\frac{2\cdot 3}{3^5}=\frac{2}{3^4}$

練習 4.4D

1. $\lim_{x\to-\infty}\frac{\sqrt{x^2+1}}{x}\xlongequal{y=-x}\lim_{y\to\infty}\frac{\sqrt{y^2+1}}{-y}=-1$

2. $\lim_{x\to-\infty}\frac{2^x+2^{-x}}{2^x-2^{-x}}\xlongequal{y=-x}\lim_{y\to\infty}\frac{2^{-y}+2^y}{2^{-y}-2^y}=\lim_{y\to\infty}\frac{2^{-2y}+1}{2^{-2y}-1}=-1$

3. $\lim_{x\to-\infty}\frac{\sqrt{4x^2+1}}{x+1}\xlongequal{y=-x}\lim_{y\to\infty}\frac{\sqrt{4y^2+1}}{-y+1}=-2$

4. $\lim_{x\to-\infty}\frac{x\sqrt{-x}}{\sqrt{1+4x^2}}\xlongequal{y=-x}\lim_{y\to\infty}\frac{-y\sqrt{y}}{\sqrt{1+4y^2}}=-\infty$（不存在）

5. $\lim_{x\to\infty}(-x^2+3x+1)=\lim_{x\to\infty}(-x^2)=-\lim_{x\to\infty}x^2=-\infty$

6. $\lim_{x\to-\infty}(-x^2-3x+1)\xlongequal{y=-x}\lim_{y\to\infty}(-y^2+3y+1)=-\infty$

練習 4.4E

1. (1) $\lim_{x\to\infty}\left(\sqrt{x^2+\sqrt{x^2+1}}-\sqrt{x^2+\sqrt{x^2-1}}\right)\cdot\frac{\sqrt{x^2+\sqrt{x^2+1}}+\sqrt{x^2+\sqrt{x^2-1}}}{\sqrt{x^2+\sqrt{x^2+1}}+\sqrt{x^2+\sqrt{x^2-1}}}$

$=\lim_{x\to\infty}\frac{\sqrt{x^2+1}-\sqrt{x^2-1}}{\sqrt{x^2+\sqrt{x^2+1}}+\sqrt{x^2+\sqrt{x^2+1}}}=0$

(2) $\lim_{x\to\infty}x^{\frac{3}{2}}[(\sqrt{x+2}-\sqrt{x+1})-(\sqrt{x+1}-\sqrt{x})]$

$=\lim_{x\to\infty}x^{\frac{3}{2}}\left[(\sqrt{x+2}-\sqrt{x+1})\cdot\frac{\sqrt{x+2}+\sqrt{x+1}}{\sqrt{x+2}+\sqrt{x+1}}-(\sqrt{x+1}-\sqrt{x})\frac{\sqrt{x+1}+\sqrt{x}}{\sqrt{x+1}+\sqrt{x}}\right]$

$=\lim_{x\to\infty}x^{\frac{3}{2}}\left(\frac{1}{\sqrt{x+2}+\sqrt{x+1}}-\frac{1}{\sqrt{x+1}+\sqrt{x}}\right)=\lim_{x\to\infty}x^{\frac{3}{2}}\left(\frac{\sqrt{x}-\sqrt{x+2}}{(\sqrt{x+2}+\sqrt{x+1})(\sqrt{x+1}+\sqrt{x})}\right)$

$=\lim_{x\to\infty}x^{\frac{3}{2}}\frac{-2}{(\sqrt{x+2}+\sqrt{x+1})(\sqrt{x+1}+\sqrt{x})(\sqrt{x}+\sqrt{x+2})}$

$$=-2\lim_{x\to\infty}\left(\frac{\sqrt{x}}{\sqrt{x+2}+\sqrt{x+1}}\right)\left(\frac{\sqrt{x}}{\sqrt{x+1}+\sqrt{x}}\right)\left(\frac{\sqrt{x}}{\sqrt{x}+\sqrt{x+2}}\right)=-\frac{1}{4}$$

2. $\lim_{x\to\infty}(2x-\sqrt{ax^2+bx+1})=\lim_{x\to\infty}(2x-\sqrt{ax^2+bx+1})\cdot\frac{2x+\sqrt{ax^2+bx+1}}{2x+\sqrt{ax^2+bx+1}}$

$=\lim_{x\to\infty}\frac{(4-a)x^2-bx-1}{2x+\sqrt{ax^2+bx+1}}=3$，$4-a=0$

$a=4$，又 $\lim_{x\to\infty}\frac{-bx-1}{2x+\sqrt{4x^2+bx+1}}=\lim_{x\to\infty}\frac{-b-\frac{1}{x}}{2+\sqrt{4+\frac{b}{x}+\frac{1}{x^2}}}=3$，$\therefore b=-12$

3. $\lim_{n\to\infty}\sin^2(\pi\sqrt{n^2+1})=\lim_{n\to\infty}\sin^2(\pi\sqrt{n^2+1}+n\pi)$

$=\lim_{n\to\infty}\sin^2(\pi(\sqrt{n^2+1}+n))=\lim_{n\to\infty}\sin^2\left(\pi\frac{1}{\sqrt{n^2+1}-n}\right)=0$

> $\sin(n\pi+x)$
> $=(-1)^n\sin(x)$

練習 4.4F

1. (1) $x-1<[x]\le x\Rightarrow 2x-1<2[x]+1\le 2x+1$

$\therefore\frac{2x-1}{3x+1}<\frac{2[x]+1}{3x+1}\le\frac{2x+1}{3x+1}$

$\lim_{x\to\infty}\frac{2x-1}{3x+1}=\lim_{x\to\infty}\frac{2x+1}{3x+1}=\frac{2}{3}$ 得 $\lim_{x\to\infty}\frac{2[x]+1}{3x+1}=\frac{2}{3}$

(2) $\lim_{x\to\infty}x\sin\frac{1}{x}\overset{y=\frac{1}{x}}{=\!=\!=}\lim_{y\to 0}\frac{\sin y}{y}=1$

2. $4^n\le 2^n+3^n+4^n\le 4^n+4^n+4^n$

$\therefore\sqrt[n]{4^n}\le\sqrt[n]{2^n+3^n+4^n}\le\sqrt[n]{4^n+4^n+4^n}\Rightarrow 4\le\sqrt[n]{2^n+3^n+4^n}\le\sqrt[n]{3\cdot 4^n}$

$\Rightarrow 4\le\sqrt[n]{2^n+3^n+4^n}\le 4\cdot 3^{\frac{1}{n}}$

$\lim_{n\to\infty}4\cdot 3^{\frac{1}{n}}=\lim_{n\to\infty}4=4$ 得 $\lim_{n\to\infty}\sqrt[n]{2^n+3^n+4^n}=4$

3. (1) $\frac{n}{\sqrt{n^2+1}}=\frac{1}{\sqrt{n^2+1}}+\cdots+\frac{1}{\sqrt{n^2+1}}\ge\frac{1}{\sqrt{n^2+1}}+\frac{1}{\sqrt{n^2+2}}+\cdots+\frac{1}{\sqrt{n^2+n}}$

$\ge\frac{1}{\sqrt{n^2+n}}+\cdots+\frac{1}{\sqrt{n^2+n}}=\frac{n}{\sqrt{n^2+n}}$

又 $\lim_{n\to\infty}\frac{n}{\sqrt{n^2+1}}=\lim_{n\to\infty}\frac{n}{\sqrt{n^2+n}}=1$　$\therefore\lim_{n\to\infty}\left(\frac{1}{\sqrt{n^2+1}}+\cdots+\frac{1}{\sqrt{n^2+n}}\right)=1$

(2) $\frac{n}{n^2+n}+\frac{n}{n^2+n}+\cdots+\frac{n}{n^2+n}\le\frac{n}{n^2+1}+\frac{n}{n^2+2}+\cdots$

$+\cdots\frac{n}{n^2+n}\le\frac{n}{n^2+1}+\frac{n}{n^2+1}+\cdots+\frac{n}{n^2+1}$

$\therefore\frac{n^2}{n^2+n}\le\frac{n}{n^2+1}+\frac{n}{n^2+n}+\cdots+\frac{n}{n^2+n}\le\frac{n^2}{n^2+1}$

又 $\lim_{n\to\infty}\frac{n^2}{n^2+n}=\lim_{n\to\infty}\frac{n^2}{n^2+1}=1$

得 $\lim_{n\to\infty}(\frac{1}{n^2+1}+\frac{1}{n^2+2}+\cdots+\frac{1}{n^2+n})=1$

4. $f(x)=\sqrt[3]{x}$ 則 $\frac{\sqrt[3]{x+4}-\sqrt[3]{x}}{(x+4)-4}=\frac{1}{3\sqrt[3]{\varepsilon^2}}$，$x+4>\varepsilon>x$

$\therefore\ \sqrt[3]{x+4}-\sqrt[3]{x}=\frac{4}{3\sqrt[3]{\varepsilon^2}}\Rightarrow\frac{4}{3\sqrt[3]{(x+4)^2}}<\frac{4}{3\sqrt[3]{\varepsilon^2}}<\frac{4}{3\sqrt[3]{x^2}}$

$\lim_{x\to\infty}\frac{4}{3\sqrt[3]{(x+4)^2}}=\lim_{x\to\infty}\frac{4}{3\sqrt[3]{x^2}}=0\quad\therefore\ x\to\infty$ 時 $\frac{4}{3\sqrt[3]{\varepsilon^2}}\to 0$

即 $\lim_{x\to\infty}(\sqrt[3]{x+4}-\sqrt[3]{x})=0$

練習 4.4G

1. $\lim_{x\to\infty}\frac{x+1}{\sqrt{x^2+1}}=1$，$\lim_{x\to-\infty}\frac{x+1}{\sqrt{x^2+1}}\overset{y=-x}{=\!=\!=}\lim_{y\to\infty}\frac{-y+1}{\sqrt{y^2+1}}=-1$

   $\therefore\ y=1$，$y=-1$ 爲二條水平漸近線

2. $y=\frac{x^2+3x+4}{(x+1)(x+2)}=1+\frac{2}{(x+1)(x+2)}$

   $\therefore\ y=1$ 爲水平漸近線，$x=-1$，$x=-2$ 爲二垂直漸近線

3. 設 $y=mx+b$ 爲斜近線

   則 $m=\lim_{x\to\infty}\frac{f(x)}{x}=\lim_{x\to\infty}\frac{\sqrt{(x+2)(x+1)}}{x}=1$

   $b=\lim_{x\to\infty}(f(x)-mx)$

   $=\lim_{x\to\infty}(\sqrt{(x+2)(x+1)}-x)=\lim_{x\to\infty}(\sqrt{(x+1)(x+2)}-x)\frac{\sqrt{(x+1)(x+2)}+x}{\sqrt{(x+1)(x+2)}+x}$

   $=\lim_{x\to\infty}\frac{3x+2}{\sqrt{(x+1)(x+2)}+x}=\frac{3}{2}$

   $\therefore y=x+\frac{3}{2}$ 是爲所求

4. $\lim_{x\to\infty}x\sin\frac{1}{x}\overset{y=\frac{1}{x}}{=\!=\!=}\lim_{y\to 0}\frac{\sin y}{y}=1$，$\therefore y=1$ 爲水平漸近線

練習 4.4H

$\lim_{x\to\infty}\left(\frac{x^2}{1+x}-ax-b\right)=2\Rightarrow\lim_{x\to\infty}\left(\frac{x^2}{1+x}-ax-(b+2)\right)=0$

又 $y=\frac{x^2}{1+x}=x-1+\frac{1}{x+1}$，$\therefore y=\frac{x^2}{1+x}$ 之斜漸近線爲 $y=x-1$

$\therefore a=1,\ b=-3$

練習 4.5

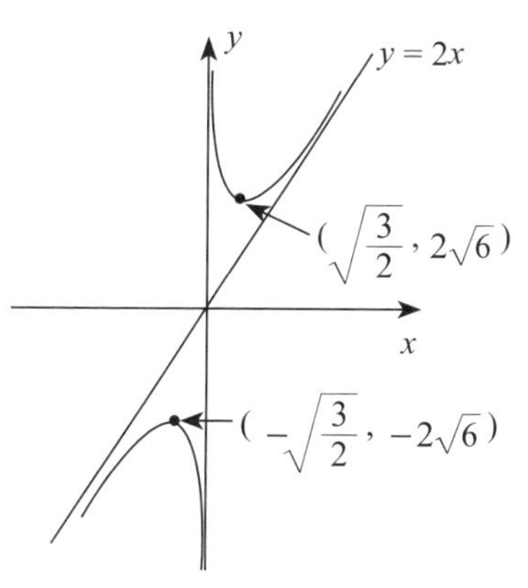

1. (1) 範圍：$\because \lim\limits_{x\to\infty} y = \lim\limits_{x\to\infty}\left(2x+\frac{3}{x}\right)=\infty$

$$\lim_{x\to-\infty} y = \lim_{x\to-\infty}\left(2x+\frac{3}{x}\right)=-\infty$$

(2) 漸近線：由視察法易知有二條漸近線

① 斜漸近線 $y=2x$

② 垂直漸近線 $x=0$（即 y 軸）

(3) 不通過原點，對稱原點

(4) 作增減表

$y'=2-\frac{3}{x^2}=0 \quad \therefore x=\pm\sqrt{\frac{3}{2}}$，

$\therefore f(x)$ 在 $-\sqrt{\frac{3}{2}}<x<\sqrt{\frac{3}{2}}$ 時 $f'(x)<0$，餘 $f'(x)>0$

$y''=\frac{6}{x^3}$，$\begin{cases} x>0 \text{ 時 } y''>0 \\ x<0 \text{ 時 } y''<0 \end{cases}$

x		$-\sqrt{\frac{3}{2}}$		0		$\sqrt{\frac{3}{2}}$	
$f'(x)$	$+$		$-$		$-$		$+$
$f''(x)$	$-$		$-$		$+$		$+$
$f(x)$	↗	$-2\sqrt{6}$	↘	∞	↘	$2\sqrt{6}$	↗

2. (1) 範圍：x 為所有實數

(2) 對稱性：$f(x)=x^{\frac{2}{3}}(x^2-8)$，滿足 $f(-x)=f(x)$，故 $f(x)$ 為偶函數，即 $f(x)$ 之圖形對稱 y 軸且過原點

(3) 截距：圖形交 x 軸於 $(0, 0)$，$(2\sqrt{2}, 0)$ 及 $(-2\sqrt{2}, 0)$ 三點

(4) 作增減表

$f'(x)=\frac{8}{3}x^{-\frac{1}{3}}(x^2-2)$ 且 $f''(x)=\frac{8}{9}x^{-\frac{4}{3}}(5x^2+2)$（以上讀者驗證之）

由 $f'(x)=0$ 得 $x=\pm\sqrt{2}$，$f(\sqrt{2})=f(-\sqrt{2})=-6\sqrt[3]{2}$，又 $f(0)=0$

可知 $-\sqrt{2}<x<0$ 及 $x>\sqrt{2}$ 為增函數，餘為減函數

又 $f''(x)>0$

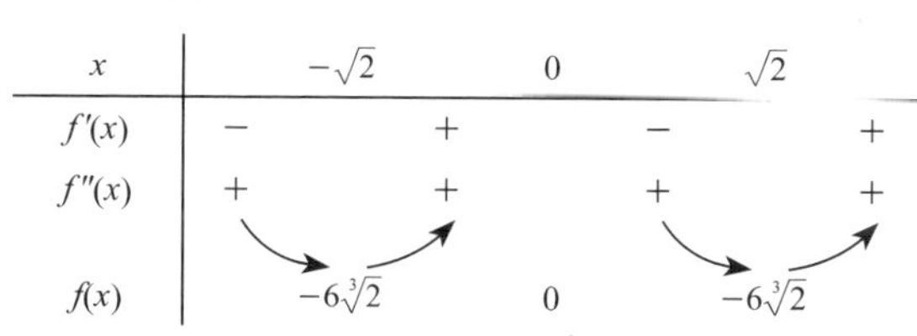

x		$-\sqrt{2}$		0		$\sqrt{2}$	
$f'(x)$	$-$		$+$		$-$		$+$
$f''(x)$	$+$		$+$		$+$		$+$
$f(x)$	↘	$-6\sqrt[3]{2}$	↗	0	↘	$-6\sqrt[3]{2}$	↗

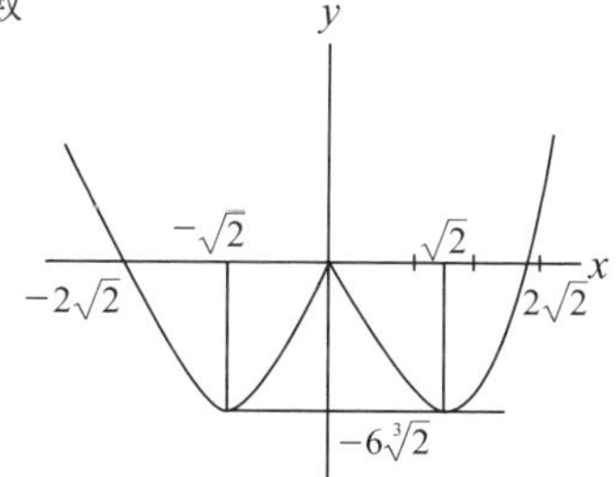

練習 4.6

1. $2x\frac{dx}{dt}+2y\frac{dy}{dt}=0 \quad (1)$

代 $x=3$，$y=4$，$\frac{dy}{dt}=2$ 入 (1) 得 $\frac{dx}{dt}=\frac{-8}{3}$

2. $\frac{dV}{dt}=\frac{1}{12}\pi 3h^2\cdot\frac{dh}{dt}=\frac{\pi}{4}\cdot h^2\cdot\frac{dh}{dt}=\frac{\pi}{4}(8)^2\cdot\frac{5}{16}\pi=5\pi^3$

3.

提示	解答
半徑為 r 之球的表面積 $A(r)=4\pi r^2$，體積 $V(r)=\frac{4}{3}\pi r^3$ 現已知 $\frac{dV}{dt}=-2$，$r=12$，要求 $\frac{dA}{dt}$	$\frac{d}{dt}V(r)=\frac{d}{dt}\frac{4}{3}\pi r^3=4\pi r^2\frac{dr(t)}{dt}-2=4\pi\ 12^2\cdot\frac{d}{dt}r(t)$ $\therefore\frac{d}{dt}r(t)=\frac{-1}{288\pi}$ $\Rightarrow\frac{dA}{dt}=\frac{d}{dt}\cdot 4\pi r^2(t)=8\pi r(t)\frac{dr(t)}{dt}$ $=8\pi\cdot 12\cdot\frac{-1}{288\pi}=-\frac{1}{3}(\text{ft}^2/\text{min})$

4.

提示	解答
(仿例 2) 10	設在 t 時，梯子上端在 y 軸之坐標為 $(0, y(t))$，梯子下端在 x 軸之坐標為 $(x(t), 0)$，則 $\sqrt{x^2(t)+y^2(t)}=26 \quad \therefore x^2(t)+y^2(t)=676$ 二邊同時對 t 微分：$2x(t)\cdot\frac{dx(t)}{dt}+2y(t)\cdot\frac{dy(t)}{dt}=0$ $\because$ 梯子下端在離牆 10 呎處，則由畢氏定理知梯子之上端在靠牆 $\sqrt{26^2-10^2}=24$ 呎處即 $x(t)=10$，$y(t)=24$，又 $\frac{dx}{dt}=4$ $\therefore 10.4+24\frac{dy}{dt}=0$ 得 $\frac{dy}{dx}=-\frac{5}{3}$（呎／秒）

5. $A(t)=\underbrace{x(t)}_{寬}\underbrace{y(t)}_{長} \qquad \therefore\frac{d}{dt}A(t)=x'(t)y(t)+x(t)y'(y)=mb+na$

6.

提示	解答
A θ a b B C ΔABC 之面積 $=\frac{1}{2}ab\sin\theta$	$A(t)=\frac{1}{2}\cdot 10\cdot 10\sin\theta=5\sin\theta$ $\frac{d}{dt}A(t)=50\cos\theta\cdot\frac{d\theta}{dt}\Big]_{\theta=\frac{\pi}{6}}$ $=50\cos\frac{\pi}{6}\cdot\frac{2\pi}{180}=\frac{5\sqrt{3}\pi}{18}$（$\text{cm}^2/\text{min}$）

7. 設 B 之半徑為 r 則 A 之半徑為 r^2，且二圓所夾面積 $S=\pi(r^4-r^2)$

$\frac{d}{dt}S=\pi(4r^3-2r)\frac{dr}{dt}$，但已知 $r=10$，$\frac{dr}{dt}=2$

$\therefore\ \frac{d}{dt}S=7960\pi$（$\text{cm}^2/\text{sec}$）

練習 4.7

1. (1)$2x(\cos x^2)dx$ (2)$-\sqrt{\frac{y}{x}}\,dx$

2. (1) 取 $y=f(x)=\tan x$，$x=45°=\frac{\pi}{4}$，$\Delta x=1°=\frac{\pi}{180}$

$\therefore \tan 46° \approx \tan\left(\frac{\pi}{4}\right)+\sec^2\left(\frac{\pi}{4}\right)\cdot\frac{\pi}{180}=1+\frac{\pi}{180}$

(2) 取 $y=f(x)=x^7-2x^{\frac{4}{3}}+3$，$x_0=1$，$dx=\Delta x=0.001$，$f'(x)=7x^6-\frac{8}{3}x^{\frac{1}{3}}$

代上述數字入 $f(x_0+\Delta x)=f(x_0)+f'(x_0)\Delta x$

$(1.001)^3-2(1.001)^{\frac{4}{3}}+3\approx 2+\frac{13}{3}(0.001)\approx 2.0043$

3. (1) $f(x)=f(x_0)+f'(x_0)(x-x_0)=1+\frac{x}{3}$

(2) $f(x)=f(x_0)+f'(x_0)(x-x_0)=1-\frac{x}{15}$

練習 5.1A

1. (1) $\int\frac{x+1}{\sqrt{x}}dx=\int(x^{\frac{1}{2}}+x^{\frac{-1}{2}})\,dx=\frac{2}{3}x^{\frac{3}{2}}+2x^{\frac{1}{2}}+c$

(2) $\int x\sqrt[3]{x}\,dx=\int x^{\frac{4}{3}}\,dx=\frac{3}{7}x^{\frac{7}{3}}+c$

(3) $\int(a+bx)(cx+d)\,dx=\int(bcx^2+(ac+bd)x+ad)\,dx=\frac{bc}{3}x^3+\frac{1}{2}(ac+bd)x^2+adx+c$

(4) $\int\sqrt{\sqrt[3]{x}}(x+1)dx=\int(x^{\frac{7}{6}}+x^{\frac{1}{6}})dx=\frac{6}{13}x^{\frac{13}{6}}+\frac{6}{7}x^{\frac{7}{6}}+c$

2. $\because\frac{d}{dx}x^x=x^x(1+\ln x)$ $\therefore\int x^x(1+\ln x)dx=x^x+c$

練習 5.1B

1. $\int\frac{\cos 2x}{\cos x+\sin x}dx=\int\left(\frac{\cos^2 x-\sin^2 x}{\cos x+\sin x}\right)dx=\int(\cos x-\sin x)\,dx=\sin x+\cos x+c$

2. $\cos 3x=4\cos^3 x-3\cos x$

$\therefore\ \cos^3 x=\frac{1}{4}(\cos 3x+3\cos x)$

$\int\cos^3 x dx=\int\frac{1}{4}(\cos 3x+3\cos x)dx=\frac{1}{12}\sin 3x+\frac{3}{4}\sin x+c$

別解

$$\int \cos^3 x dx = \int \cos^2 x d\sin x = \int (1-\sin^2 x)\, d\sin x = \sin x - \frac{1}{3}\sin^3 x dx + c$$

3. $\int \frac{dx}{1+\cos x} = \int \frac{dx}{1+\cos \frac{2}{2}x} = \int \frac{dx}{1+\left(2\cos^2\frac{x}{2}-1\right)} = \frac{1}{2}\int \sec^2\frac{x}{2}dx$

練習 5.1C

1. $\int \frac{\sec x\cos 2x}{\sin x+\sec x}dx = \int \frac{\cos 2x}{\cos x\sin x+1}dx = \int \frac{d\left(1+\frac{1}{2}\sin 2x\right)}{1+\frac{1}{2}\sin 2x} = \ln\left|1+\frac{1}{2}\sin 2x\right| + c$
2. $\int \sqrt{1+3\cos^2 x}\,\sin 2x dx = \frac{-1}{3}\int (1+3\cos^2 x)^{\frac{1}{2}} d(1+3\cos^2 x) = -\frac{2}{9}\,(1+3\cos^2 x)^{\frac{3}{2}} + c$
3. $\int \frac{dx}{(1-\sin^2 x)\sqrt{1+\tan x}} = \int \frac{dx}{\cos^2 x\sqrt{1+\tan x}} = \int (1+\tan x)^{-\frac{1}{2}} d(1+\tan x) = 2\sqrt{1+\tan x} + c$
4. $\int \frac{dx}{1+\cos x} = \int \frac{(1-\cos x)dx}{(1+\cos x)(1-\cos x)} = \int \frac{1-\cos x}{\sin^2 x}dx = \int (\csc^2 x - \csc x\cot x)\, dx = -\cot x + \csc x + c$
5. $\int \frac{dx}{1+\sin x} = \int \frac{1-\sin x}{(1+\sin x)(1-\sin x)}dx = \int \frac{1-\sin x}{\cos^2 x}dx = \int (\sec^2 x - \tan x\sec x)\, dx = \tan x - \sec x + c$

練習 5.1D

1. $\int \cos 3x\cos x dx = \int \frac{1}{2}(\cos 4x + \cos 2x)dx = \frac{1}{8}\sin 4x + \frac{1}{4}\sin 2x + c$
2. $\int \sin 3x\sin x dx = \int \frac{1}{2}\,(-\cos 4x + \cos 2x)dx = -\frac{1}{8}\sin 4x + \frac{1}{4}\sin 2x + c$

練習 5.1E

1. $\int \sin^2 x\cos^3 x dx = \int \sin^2 x(1-\sin^2 x)\, d\sin x = \frac{1}{3}\sin^3 x - \frac{1}{5}\sin^5 x + c$
2. $\int \sin^5 x dx = \int \sin^4 x \cdot \sin x dx = -\int (1-\cos^2 x)^2 d\cos x$

   $= \int (-1+2\cos^2 x - \cos^4 x)d\cos x = -\cos x + \frac{2}{3}\cos^3 x - \frac{1}{5}\cos^5 x + c$
3. $\int \sec^6 x dx = \int \sec^4 x \cdot \sec^2 x dx = \int (1+\tan^2 x)^2 d\tan x$

   $= \int (1+2\tan^2 x + \tan^4 x)d\tan x = \tan x + \frac{2}{3}\tan^3 x + \frac{1}{5}\tan^5 x + c$
4. $\int \frac{dx}{a^2\sin^2 x + b^2\cos^2 x} = \int \frac{\frac{dx}{b^2\cos^2 x}}{\left(\frac{a}{b}\frac{\sin x}{\cos x}\right)^2+1} = \frac{1}{ab}\int \frac{\frac{a}{b}\sec^2 x dx}{\left(\frac{a}{b}\tan x\right)^2+1} = \frac{1}{ab}\int \frac{d\left(\frac{a}{b}\tan x\right)}{\left(\frac{a}{b}\tan x\right)^2+1}$

   $= \frac{1}{ab}\tan^{-1}\left(\frac{a}{b}\tan x\right) + c$

練習 5.1F

1. $f(x)$ 在 $x=0$ 處爲連續（讀者自證）

$$\int f(x)dx=\begin{cases}\dfrac{x^3}{3}+c_1, & x\le 0\\ -\cos x+c_2, & x>0\end{cases}$$

$\lim\limits_{x\to 0^+}f(x)=-1+c_2$，$\lim\limits_{x\to 0^-}f(x)=c_1$，$c_1=-1+c_2$，令 $c_2=c$，則 $c_1=-1+c$

$$\therefore \int f(x)dx=\begin{cases}\dfrac{x^3}{3}-1+c, & x\le 0\\ -\cos x+c, & x>0\end{cases}$$

2. $\max(x^2,x^3)=\begin{cases}x^3, & x\ge 1\\ x^2, & x<1\end{cases}$，$f(x)$ 在 $x=1$ 處爲連續

$$\therefore \int \max(x^2,x^3)dx=\begin{cases}\dfrac{x^4}{4}+c_1, & x\ge 1\\ \dfrac{x^3}{3}+c_2, & x<1\end{cases}$$

$\lim\limits_{x\to 1^+}\dfrac{x^4}{4}+c_1=\lim\limits_{x\to 1^-}\dfrac{x^3}{3}+c_2\Rightarrow \dfrac{1}{4}+c_1=\dfrac{1}{3}+c_2$，$c_1=\dfrac{1}{12}+c_2$，取 $c_2=c$，則 $c_1=\dfrac{1}{12}+c$

$$得 \int \max(x^2,x^3)\,dx=\begin{cases}\dfrac{x^4}{4}+\dfrac{1}{12}+c, & x\ge 1\\ \dfrac{x^3}{3}+c, & x<1\end{cases}$$

3. $\int f(x)dx=\begin{cases}x+c_1, & x\le 1\\ \dfrac{x^2}{2}+c_2, & x>1\end{cases}$

$\lim\limits_{x\to 1^+}\left(\dfrac{x^2}{2}+c_2\right)=\lim\limits_{x\to 1^-}(x+c_1)$

$\Rightarrow \dfrac{1}{2}+c_2=1+c_1$，得 $c_2=\dfrac{1}{2}+c_1$

$$\therefore \int f(x)dx=\begin{cases}x+c_1, & x\le 1\\ \dfrac{x^2}{2}+\dfrac{1}{2}+c_1, & x>1\end{cases}$$

練習 5.1G

1. $\int (2x+3)(x^2+3x+6)^{\frac{1}{3}}dx=\dfrac{3}{4}(x^2+3x+6)^{\frac{4}{3}}+c$

2. $\int (2x+3)\cos(x^2+3x+6)\,dx=\sin(x^2+3x+6)+c$

3. $\int (3x^2+2)(4x^3+8x+1)^{12}dx=\dfrac{1}{4}\int (12x^2+8)(4x^3+8x+1)^{12}dx$

$$=\frac{1}{4}\cdot\frac{1}{13}(4x^3+8x+1)^{13}+c=\frac{1}{52}(4x^3+8x+1)^{13}+c$$

4. $\int\frac{1}{x^2}\left(1+\frac{1}{x}\right)^4dx=-\int\left(1+\frac{1}{x}\right)^4d\left(1+\frac{1}{x}\right)=-\frac{1}{5}\left(1+\frac{1}{x}\right)^5+c$

5. $\int\frac{1}{x^3}\cos\left(1+\frac{1}{x^2}\right)dx=-\frac{1}{2}\int\cos\left(1+\frac{1}{x^2}\right)d\left(1+\frac{1}{x^2}\right)=-\frac{1}{2}\sin\left(1+\frac{1}{x^2}\right)+c$

6. 令 $\sqrt{3x+5}=u$，則 $3x+5=u^2$

$$\because\begin{cases}3dx=2udu\Rightarrow dx=\frac{2}{3}udu\\ x=\frac{1}{3}(u^2-5)\end{cases}$$

$$\therefore\int x\sqrt{3x+5}dx=\int\frac{1}{3}(u^2-5)\cdot u\frac{2}{3}udu=\frac{2}{9}\int(u^4-5u^2)du=\frac{2}{9}\left[\frac{1}{5}u^5-\frac{5}{3}u^3\right]+c$$

$$=\frac{2}{45}u^5-\frac{10}{27}u^3+c=\frac{2}{45}(3x+5)^{\frac{5}{2}}-\frac{10}{27}(3x+5)^{\frac{3}{2}}+c$$

練習 5.2A

將 [0, 2] 分割成 n 個區段

$0=x_0<x_1<x_2\cdots<x_n=2\quad \Delta x=\frac{2}{n}$

$$A(R_N)=\sum_{i=1}^{n}f(x_{t-1})\Delta x=(f(x_0)+f(x_1)+f(x_2)+\cdots\cdots+f(x_n))\Delta x$$

$$=\left(0+\frac{2}{n}+\frac{4}{n}+\cdots\cdots\frac{2(n-1)}{n}\right)\frac{2}{n}=\frac{4}{n^2}(1+2+\cdots\cdots+(n-1))=\frac{4}{n^2}\cdot\frac{(n-1)\cdot n}{2}=\frac{2(n-1)}{n}$$

$$\therefore A(R)=\lim_{n\to\infty}A(R_n)=\lim_{n\to\infty}\frac{2(n-1)}{n}=2$$

練習 5.2B

1. (1)

A, R_1, B_1, 0, 1

$\int_0^1 x\,dx=A(R_1)=\triangle OAB$ 之面積 $=\frac{1}{2}\times1\times1=\frac{1}{2}$

(2)

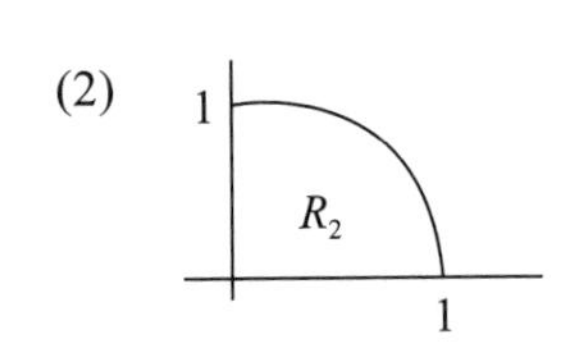

$\int_0^1\sqrt{1-x^2}\,dx=A(R_2)=\frac{1}{4}$單位圓之面積 $=\frac{1}{4}\pi$

(3)

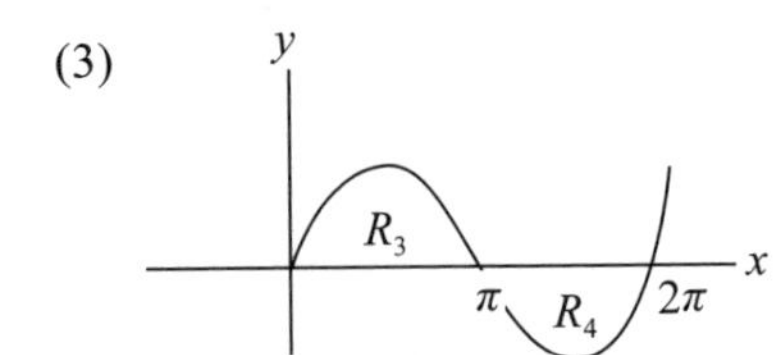

$\int_0^{2\pi}\sin x dx=A(R_3)-A(R_4)=\sin x$ 在 $[0,\pi]$ 與 $[\pi,2\pi]$ 之面積和

二者恰好抵消　$\therefore\int_0^{2\pi}\sin x dx=0$

2. (1)

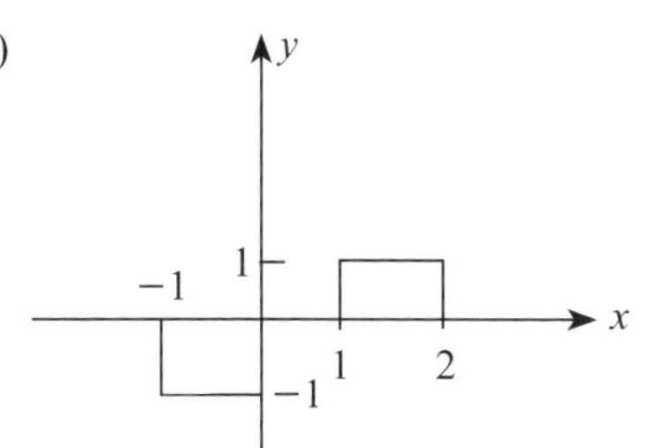

$\int_{-1}^{2}[x]\,dx = -1+0+1=0$

(2)

$f(x)=[x]x，\ 2>x>-1$

$$=\begin{cases}-x，0>x\geq -1\\ 0，1>x\geq 0\\ x，2>x\geq 1\end{cases}$$

$\therefore \int_{-1}^{2}[x]x\,dx = A(R_1)+A(R_2)=\frac{3}{2}+\frac{1}{2}=2$

練習 5.2C

1. $\lim\limits_{n\to\infty}\frac{1}{n}\sum\limits_{i=1}^{n}\frac{1}{1+\left(\frac{i}{n}\right)^2}=\int_0^1\frac{dx}{1+x^2}$
2. $\lim\limits_{n\to\infty}\left[\sum\limits_{i=1}^{n}\left(1+\frac{2i}{n}\right)^2\right]\frac{2}{n}=\int_1^3 x^2dx$
3. $\lim\limits_{n\to\infty}\left[\sum\limits_{i=1}^{n}\sin\left(\frac{2i}{n}\right)\right]\frac{2}{n}=\int_0^2 \sin x\,dx$

練習 5.2D

1. (1) x 在 $[-1, 1]$ 時 $2\geq x^2+1\geq 1$，即 $\sqrt{2}\geq\sqrt{1+x^2}\geq 1$

   $\int_{-1}^{1}\sqrt{2}\,dx \geq \int_{-1}^{1}\sqrt{1+x^2}\,dx \geq \int_{-1}^{1}1\,dx$

   $\Rightarrow 2\sqrt{2}\geq\int_{-1}^{1}\sqrt{1+x^2}\,dx\geq 2$

   (2) $\sqrt{1+x^4}\geq\sqrt{x^4}\,dx=x^2$

   $\therefore \int_1^2\sqrt{1+x^4}\,dx\geq\int_1^2 x^2\,dx=\left.\frac{x^3}{3}\right]_1^2=\frac{7}{3}$

   (3) $\frac{\pi}{2}\geq x\geq 0$ 時，$x\sin x\leq x$

   $\therefore \int_0^{\frac{\pi}{2}}x\sin x\,dx\leq\int_0^{\frac{\pi}{2}}x\,dx=\left.\frac{x^2}{2}\right]_0^{\frac{\pi}{2}}=\frac{\pi^2}{8}$

2. $h(x)=f(x)-g(x)\geq 0$

   $\therefore \int_a^b h(x)dx=\int_a^b(f(x)-g(x))dx\geq 0\Rightarrow\int_a^b f(x)dx\geq\int_a^b g(x)dx$

練習 5.2E

1. (1) $2x\sqrt{1+x^6}$ (2) $\frac{1}{\sqrt{x}}\left((\sin 2\sqrt{x})^2-\frac{1}{2}(\sin\sqrt{x})^2\right)$ (3) $|x|$

2. $f(x)=\frac{1}{2}\int_0^x (x-t)^2 g(t)dt=\frac{1}{2}\int_0^x (x^2-2tx+t^2)g(t)dt=\frac{x^2}{2}\int_0^x g(t)dt-x\int_0^x tg(t)dt+\frac{1}{2}\int_0^x t^2 g(t)dt$

$\therefore\ f'(x)=x\int_0^x g(t)dt+\frac{x^2}{2}g(x)-\int_0^x tg(t)dt-x\,(xg(x))+\frac{x^2}{2}g(x)$

$=x\int_0^x g(t)dt-\int_0^x tg(t)dt$

$f''(x)=\int_0^x g(t)dt+xg(x)-xg(x)=\int_0^x g(t)dt\geq 0$（$\because\ x\geq 0$，$g(t)\geq 0\quad \forall t\in[0,x]$）

則 $y=f(x)$ 之圖形為上凹。

3. $\frac{dy}{dx}=\frac{dy/dx}{dx/dt}=\frac{\sin t}{1-\cos t}=\frac{2\sin\frac{t}{2}\cos\frac{t}{2}}{1-\left(1-2\sin^2\frac{t}{2}\right)}=\cot\frac{t}{2}$

4. $f'(x)=\frac{d}{dx}\int_0^x\left[\int_1^{\cos t}\sqrt{1+u^3}\,du\right]dt=\int_1^{\cos x}\sqrt{1+u^3}\,du$

$\therefore f''(x)=\frac{d}{dx}\int_1^{\cos x}\sqrt{1+u^3}\,du=-\sin x\sqrt{1+\cos^3 x}$

5. $g(x)=\int_0^x t^{n-1}f(x^n-t^n)\,dt=\int_0^x f(x^n-t^n)\,d\frac{t^n}{n}$

$=\int_0^x f(x^n-t^n)\,d\left(-\frac{x^n-t^n}{n}\right)\overset{y=x^n-t^n}{=\!=\!=}\frac{-1}{n}\int_{x^n}^0 f(y)\,dy=\frac{1}{n}\int_0^{x^n} f(y)\,dy$

$\therefore\lim_{x\to 0}\frac{g(x)}{x^{2n}}=\lim_{x\to 0}\frac{\frac{1}{n}\cdot nx^{n-1}f(x^n)}{2n\,x^{2n-1}}=\lim_{x\to 0}\frac{f(x^n)}{2n\,x^n}=\lim_{x\to 0}\frac{nx^{n-1}f'(x^n)}{2n\cdot nx^{n-1}}=\frac{f'(0)}{2n}$

練習 5.2F

考慮 $\int_a^b\left(\lambda\sqrt{f(x)}+\frac{1}{\sqrt{f(x)}}\right)^2dx=\lambda^2\int_a^b f(x)dx+2\lambda\int_a^b dx+\int_a^b\frac{dx}{f(x)}\geq 0$

由二次式判別式 $4\left(\int_a^b 1dx\right)^2-4\int_a^b f(x)dx\int_a^b\frac{dx}{f(x)}\leq 0\quad \therefore\int_a^b f(x)dx\int_a^b\frac{dx}{f(x)}\geq(b-a)^2$

練習 5.3A

1. $\int_0^2 (x+1)\sqrt[3]{x^2+2x+3}\,dx=\int_0^2 (x^2+2x+3)^{\frac{1}{3}}d\frac{1}{2}(x^2+2x+3)$

$=\frac{1}{2}\cdot\frac{3}{4}(x^2+2x+3)^{\frac{4}{3}}\Big]_0^2=\frac{3}{8}\left(11^{\frac{4}{3}}-3^{\frac{4}{3}}\right)$

2. $\int_a^b f'(2x)dx\overset{y=2x}{=\!=\!=}\int_{2a}^{2b}f'(y)\frac{dy}{2}=\frac{1}{2}f(y)\Big]_{2a}^{2b}=\frac{1}{2}(f(2b)-f(2a))$

練習 5.3B

1. $\int_0^\pi \frac{x\sin x\,dx}{1+\cos^2 x} \overset{y=\pi-x}{=\!=\!=} \int_\pi^0 \frac{(\pi-y)\sin(\pi-y)}{1+\cos^2(\pi-y)}d(-y)$

$=\int_0^\pi \frac{(\pi-y)\sin y}{1+\cos^2 y}dy = \int_0^\pi \frac{-\pi d\cos y}{1+\cos^2 y} - \int_0^\pi \frac{y\sin y}{1+\cos^2 y}dy$

$\therefore \int_0^\pi \frac{x\sin x\,dx}{1+\cos^2 x}dx = \frac{-\pi}{2}\int_0^\pi \frac{d\cos y}{1+\cos^2 y} = -\frac{\pi}{2}\tan^{-1}\cos y\Big]_0^\pi = -\frac{\pi}{2}\left(-\frac{\pi}{4}-\frac{\pi}{4}\right) = \frac{\pi^2}{4}$

2. $\int_0^{\frac{\pi}{2}} \frac{\sin^m x}{\sin^m x+\cos^m x}dx \overset{y=\frac{\pi}{2}-x}{=\!=\!=} \int_{\frac{\pi}{2}}^0 \frac{\sin^m\left(\frac{\pi}{2}-y\right)(-dy)}{\sin^m\left(\frac{\pi}{2}-y\right)+\cos^m\left(\frac{\pi}{2}-y\right)} = -\int_{\frac{\pi}{2}}^0 \frac{\cos^m y}{\cos^m y+\sin^m x}dx$

$=\int_0^{\frac{\pi}{2}} \frac{\cos^m x}{\sin^m x+\cos^m x}dx$，但$\int_0^{\frac{\pi}{2}} \frac{\sin^m x dx}{\sin^m x+\cos^m x} + \int_0^{\frac{\pi}{2}} \frac{\cos^m x dx}{\sin^m x+\cos^m x} = \frac{\pi}{2}$

$\therefore \int_0^{\frac{\pi}{2}} \frac{\sin^m x}{\sin^m x+\cos^m x}dx = \frac{\pi}{4}$

練習 5.3C

1. $f_1(-x)+f_2(-x)=f_1(x)+f_2(x)$，$\therefore f_1+f_2$ 爲偶函數
2. $f_1(-x)-3f_2(-x)=f_1(x)-3f_2(x)$，$\therefore f_1-3f_2$ 爲偶函數
3. $g_1(-x)-3g_2(-x)=-g_1(x)+3g_2(x)=-(g_1(x))-3g_2(x))$，$\therefore g_1-3g_2$ 奇函數
4. $f_1(-x)g_1(-x)=-f_1(x)g_1(x)$，$\therefore f_1\cdot g_1$ 爲奇函數
5. $f_1(-x)+g_1(-x)=f_1(x)-g_1(x)$，$\therefore f_1+g_1$ 非奇函數也非偶函數
6. $g_1(-x)g_2(-x)=(-g_1(x))(-g_2(x))=g_1(x)g_2(x)$，$\therefore g_1g_2$ 爲偶函數

練習 5.3D

1. $f(-x)=\log(-x+\sqrt{1+(-x)^2})=\log(-x+\sqrt{1+x^2})$

$$=\log\left(\frac{(-x+\sqrt{1+x^2})(x+\sqrt{1+x^2})}{x+\sqrt{1+x^2}}\right)=\log\left(\frac{1}{x+\sqrt{1+x^2}}\right)=-\log(x+\sqrt{1+x^2})=-f(x)$$

$\therefore f(x)=\log x+\sqrt{1+x^2}$爲奇函數

2. $f(-x)=\int_0^{-x}e^{-\frac{u^2}{2}}du \overset{u=-y}{=\!=\!=} \int_0^x e^{\frac{(-y)^2}{2}}d(-y)=-\int_0^x e^{\frac{y^2}{2}}dy$ $\quad\therefore$爲奇函數

3. (1) $f(-x)=(-x)^4+(-x)^2+1=x^4+x^2+1=f(x)$ 爲偶函數

(2) $f(-x)\neq -f(x)$ 或 $f(x)$ 故非奇函數亦非偶函數

4. $f(-x)=\begin{cases}\cos(-x)-(-x)，\pi\le -x\le 0\\ \cos(-x)+(-x)，0\le -x\le \pi\end{cases} \Rightarrow f(-x)=\begin{cases}\cos x+x\;，0<x\le\pi\\ \cos x-x\;，\;\pi\le x\le 0\end{cases}$

$\because f(x)=f(-x)$，$\therefore f$ 爲偶函數

練習 5.3E

1. $\int_{-a}^{a} f(x)dx = \int_{-a}^{0} f(x)dx + \int_{0}^{a} f(x)dx$ $\quad *$

$\int_{-a}^{0} f(x)dx \xlongequal{y=-x} -\int_{a}^{0} f(-y)\,dy = \int_{0}^{a} (-f(y))\,dy = -\int_{0}^{a} f(x)dx$

代入＊得 $\int_{-a}^{a} f(x)dx = -\int_{0}^{a} f(x)dx + \int_{0}^{a} f(x)dx = 0$

2. $\because f(-x) = \dfrac{-x^4\tan x}{1+x^2(1+x^2)} = -f(x) \Rightarrow f(x)$ 在 $(-a\,,\,a)$ 中爲奇函數

$\therefore \int_{-a}^{a} \dfrac{x^4\tan x}{1+x^2(1+x^2)}dx = 0$

3. 令 $h(x) = x^2[f(x) - f(-x)]$ 則 $h(-x) = (-x)^2[f(-x) - f(-(-x))]$

$= x^2[f(-x) - f(x)] = -x^2[f(x) - f(-x)] = -h(x)$

$\therefore h(x) = x^2[f(x) - f(-x)]$ 爲奇函數，因此，$\int_{-a}^{a} x^2\,[f(x) - f(-x)]\,dx = 0$

練習 5.3F

1. (1) $\dfrac{2\pi}{3}$ (2) $\dfrac{2\pi}{\frac{1}{2}} = 4\pi$ (3) 不是週期函數（利用反證法：若 $f(x) = \cos^2 x$ 是週期 T 之函數則 $f(x+T) = \cos(x+T)^2 = \cos x^2$，除非 $T = 0$ 否則等式不成立，$\therefore f(x) = \cos^2 x$ 不是週期函數） (4) 不是週期函數（利用反證法：若 $f(x) = \sin|x|$ 是週期 T 之函數則 $\sin|x+T| = \sin|x|$，除非 $T = 0$ 否則等式不成立，$\therefore f(x) = \sin|x|$ 不是週期函數）

2. $f(x-T) = f((x-T)+T) = f(x)$

3. $f(x+2a) = f((x+a)+a) = -f(x+a) = -(-f(x)) = f(x)$，$\therefore f(x)$ 爲 $T = 2a$ 之函數

4. $f(x+2a) = f((x+a)+a) = f((x+a)-a) = f(x)$，$\therefore f(x)$ 爲 $T = 2a$ 之函數

練習 5.3G

1. $\int_{\frac{\pi}{2}}^{\frac{13}{2}\pi} \sqrt{1+\sin 2x}\,dx = \int_{0}^{6\pi} \sqrt{1+\sin 2x}\,dx = 6\int_{0}^{\pi} \sqrt{1+\sin 2x}\,dx = 12\sqrt{2}$（由例 11）

2. $\int_{13}^{513} (x-[x])dx = \int_{0}^{500} (x-[x])dx = 500\int_{0}^{1} (x-[x])dx = 250$

練習 6.1A

1. $A = \int_{0}^{\pi} \sin x\,dx + \left(-\int_{\pi}^{\frac{3}{2}\pi} \sin x\,dx\right)$

$= -\cos x\Big]_{0}^{\pi} + (-\cos x)\Big]_{\pi}^{\frac{3}{2}\pi} = 2 + 1 = 3$

2. 先求 $y = \dfrac{x^2}{4}$ 與 $y = \dfrac{x+2}{4}$ 交點之 x 座標，

$$\frac{x^2}{4}=\frac{x+2}{4}$$

$\therefore x^2-x-2=(x-2)(x+1)=0$

得 $x=2,-1$

$$A=\int_{-1}^{2}\left(\frac{x+2}{4}-\frac{x^2}{4}\right)dx=\frac{1}{4}\int_{-1}^{2}(x+2-x^2)\,dx$$

$$=\frac{1}{4}\left[\frac{x^2}{2}+2x-\frac{x^3}{3}\right]\Bigg|_{-1}^{2}=\frac{9}{8}$$

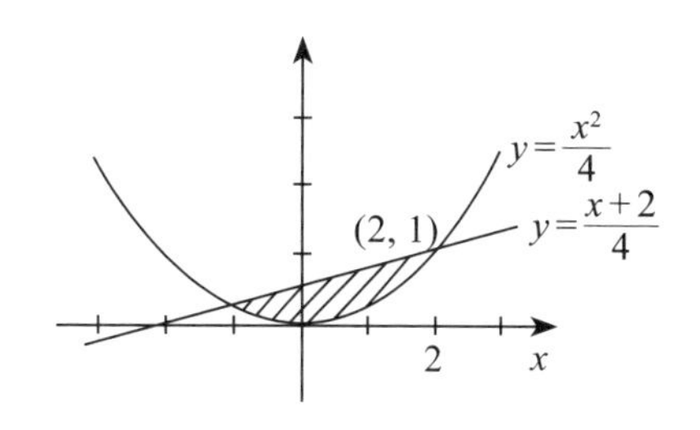

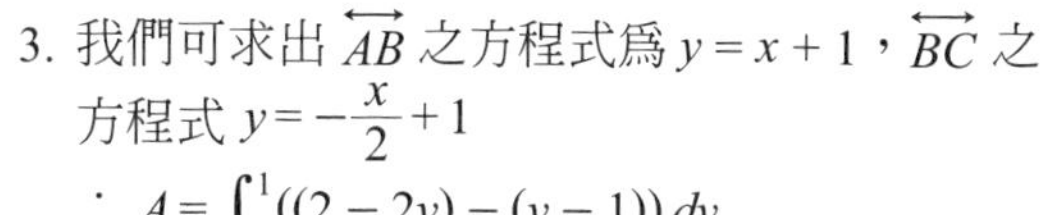
3. 我們可求出 $\overleftrightarrow{AB}$ 之方程式為 $y=x+1$，$\overleftrightarrow{BC}$ 之方程式 $y=-\frac{x}{2}+1$

$$\therefore A=\int_0^1((2-2y)-(y-1))\,dy$$

$$=3\int_0^1(1-y)\,dy=3\left(y-\frac{y^2}{2}\right)\Bigg|_0^1=\frac{3}{2}$$

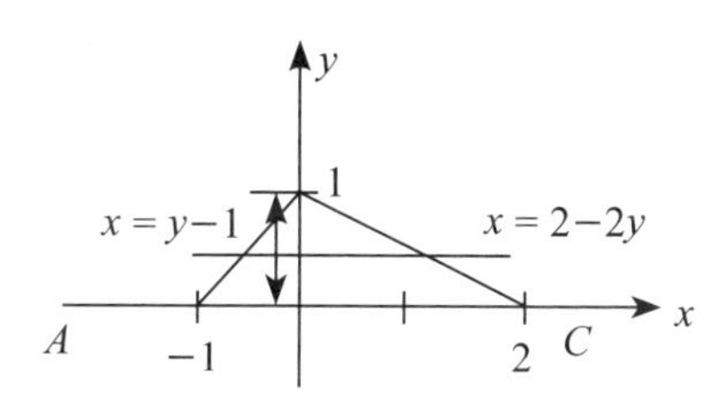

4. $\sqrt{x}+\sqrt{y}=1\Rightarrow\sqrt{y}=1-\sqrt{x}$

$\therefore y=(1-\sqrt{x})^2$

$$A=\int_0^1(1-\sqrt{x})^2\,dx=\frac{1}{6}$$

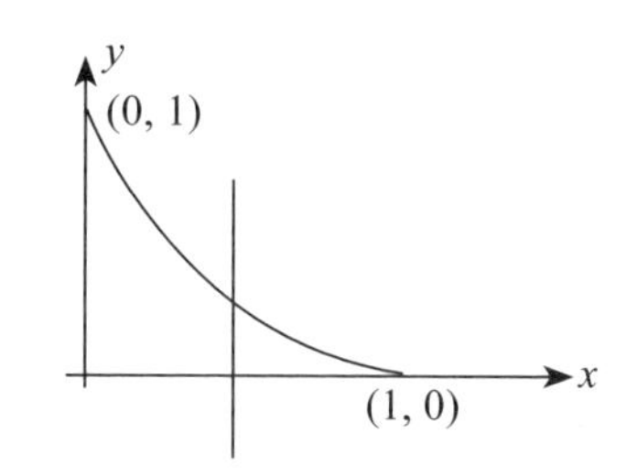

5. 方法一：對 x 積分

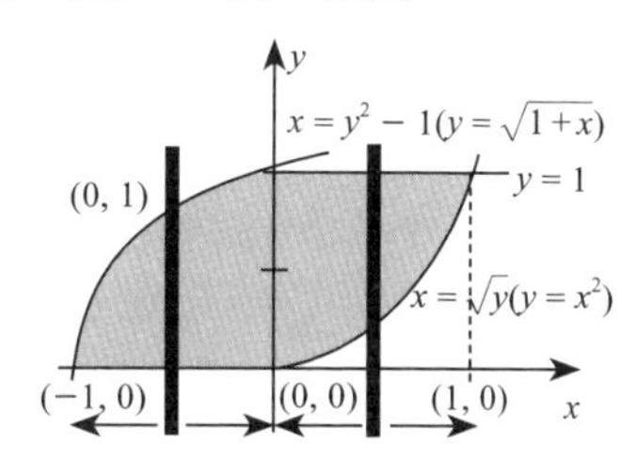

$$A=\int_{-1}^{0}\sqrt{1+x}\,dx+\int_0^1(1-x^2)dx$$

$$=\frac{2}{3}(1+x)^{\frac{3}{2}}\Big]_{-1}^{0}+\left(x-\frac{x^3}{3}\right)\Big]_0^1=\frac{2}{3}+\frac{2}{3}=\frac{4}{3}$$

方法二：對 y 積分

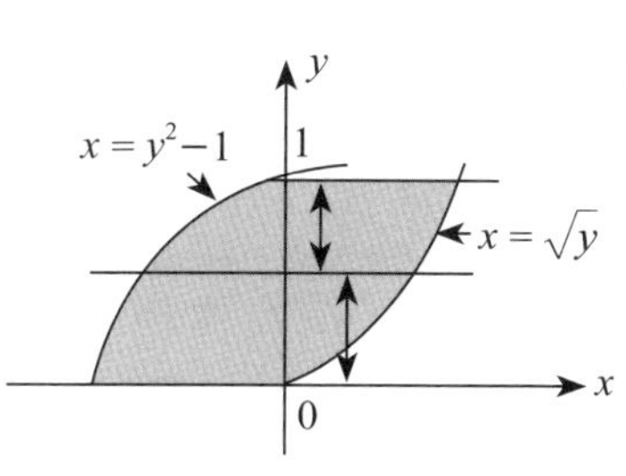

$$A=\int_0^1(\sqrt{y}-(y^2-1))\,dy=\frac{2}{3}y^{\frac{3}{2}}-\frac{1}{3}y^3+y\Big]_0^1=\frac{4}{3}$$

6. 依題意：

$$\int_a^{\varepsilon}(f(x)-f(a))\,dx=\int_{\varepsilon}^{b}(f(b)-f(x))\,dx$$

$$\therefore \int_a^{\varepsilon}f(x)dx-(\varepsilon-a)f(a)=f(b)(b-\varepsilon)-\int_{\varepsilon}^{b}f(x)dx$$

移項

$$\int_a^{\varepsilon}f(x)dx+\int_{\varepsilon}^{b}f(x)dx=(-af(a)+bf(b))+\varepsilon(f(a)-f(b))$$

$$\therefore \varepsilon=\frac{\int_a^b f(x)dx+(af(a)-bf(b))}{f(a)-f(b)}$$

7.

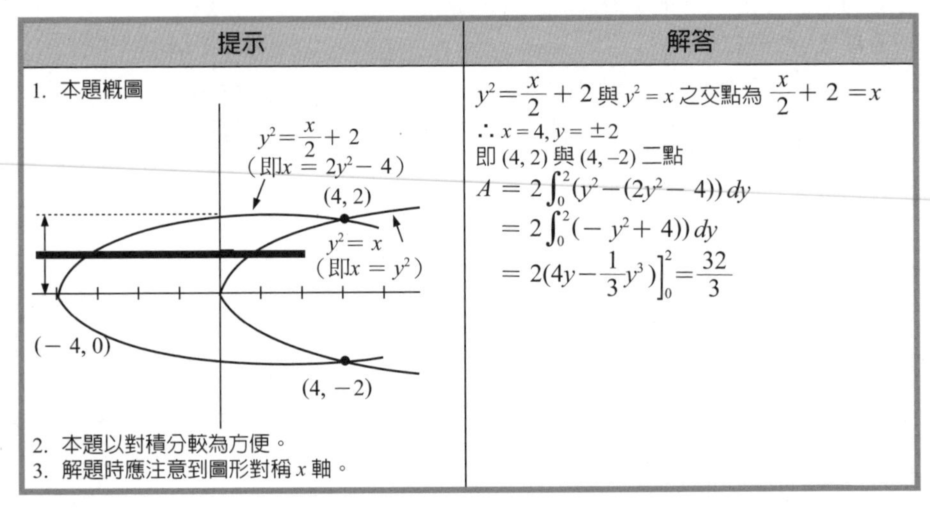

提示	解答
1. 本題概圖 $y^2=\frac{x}{2}+2$（即$x=2y^2-4$） (4, 2) $y^2=x$（即$x=y^2$） (−4, 0) (4, −2) 2. 本題以對積分較為方便。 3. 解題時應注意到圖形對稱 x 軸。	$y^2=\frac{x}{2}+2$ 與 $y^2=x$ 之交點為 $\frac{x}{2}+2=x$ $\therefore x=4, y=\pm 2$ 即 (4, 2) 與 (4, −2) 二點 $A=2\int_0^2(y^2-(2y^2-4))\,dy$ $=2\int_0^2(-y^2+4))\,dy$ $=2(4y-\frac{1}{3}y^3)\Big]_0^2=\frac{32}{3}$

練習 6.1B

1.

概圖	解答
y x	$A=2\int_0^{\pi}\frac{1}{2}(2+\cos\theta)^2d\theta$ $=\int_0^{\pi}(4+4\cos\theta+\cos^2\theta)d\theta$ $=\int_0^{\pi}\left(4+4\cos\theta+\frac{1}{2}(1+\cos 2\theta)\right)d\theta$ $=4\theta+4\sin\theta+\frac{\theta}{2}+\frac{1}{4}\sin 2\theta\Big]_0^{\pi}=\frac{9\pi}{2}$

2.

概圖	解答
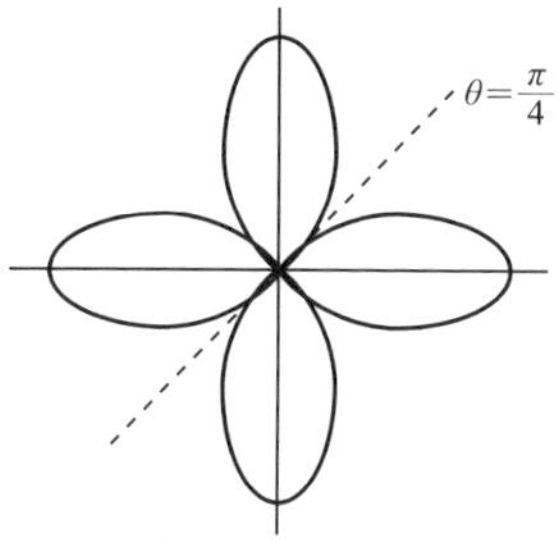 $\theta=\frac{\pi}{4}$	$A=2\int_0^{\frac{\pi}{4}}\frac{1}{2}(4\cos 2\theta)^2 d\theta=\int_0^{\frac{\pi}{4}}16\cos^2 2\theta d\theta$ $=\int_0^{\frac{\pi}{4}}16\left(\frac{1+\cos 4\theta}{2}\right)d\theta=2\pi$

3.

概圖	解答
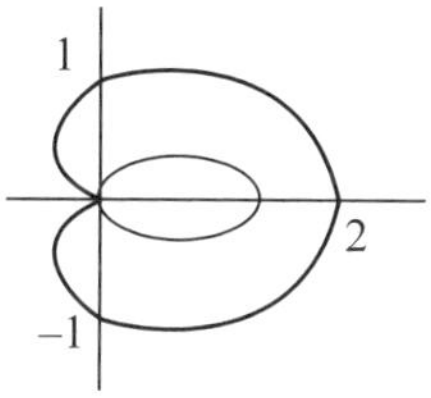 1 2 -1	$A=2\int_0^{\frac{\pi}{2}}\frac{1}{2}(1+2\cos\theta)^2 d\theta$ $=\int_0^{\pi}(1+4\cos\theta+\cos^2\theta)d\theta$ $=\pi+\frac{\sqrt{3}}{2}$（讀者自行驗證之）

4.

概圖	解答
1. 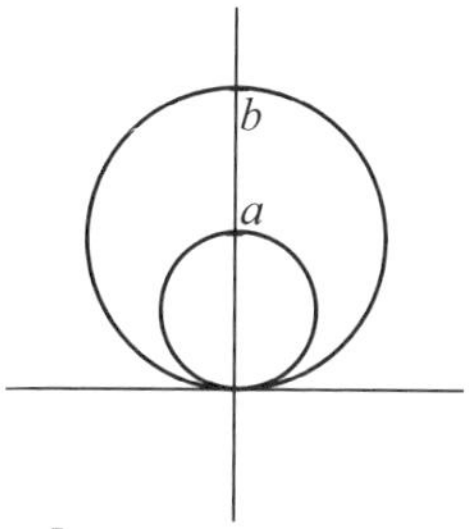 b a 2. $\int_0^{\frac{\pi}{2}}\sin^n\theta$ $=\begin{cases}\frac{1\cdot 3\cdot 5\cdots(n-1)}{2\cdot 4\cdot 6\cdots n}\cdot\frac{\pi}{2}\text{，}n\text{ 為偶數}\\ \frac{2\cdot 4\cdot 6\cdots(n-1)}{1\cdot 3\cdot 5\cdots n}\text{，}n\text{ 為奇數}\end{cases}$	$A=\frac{1}{2}\int_0^{\frac{\pi}{2}}2\,(b\sin\theta)^2-(a\sin\theta)^2]d\theta$ $=\int_0^{\frac{\pi}{2}}\sin^2\theta d\theta\cdot(b^2-a^2)=(b^2-a^2)\frac{1}{2}\frac{\pi}{2}$ $=\frac{(b^2-a^2)}{4}\pi$

5.

概圖	解答
1, 2, −1	$A=2\int_0^{\pi}\frac{1}{2}(1+\cos\theta)^2-\pi(1)^2$ $=\int_0^{\pi}(1+2\cos\theta+\cos^2\theta)d\theta-\pi$ $=\theta+2\sin\theta+\frac{\theta}{2}+\frac{1}{4}\sin 2\theta\Big]_0^{\pi}-\pi$ $=\frac{\pi}{2}$

練習 6.2A

1. $L=\int_0^{\frac{\pi}{4}}\sqrt{1+(y')^2}\,dx=\int_0^{\frac{\pi}{4}}\sqrt{1+\left(\frac{-\sin x}{\cos x}\right)^2}\,dx=\int_0^{\frac{\pi}{4}}\sec x\,dx=\ln|\sec x+\tan x|\Big]_0^{\frac{\pi}{4}}=\ln(1+\sqrt{2})$

2. $y=x^{\frac{2}{3}}$ 在 $x=0$ 處不可微分，因此不能對 x 積分以求出弧長，但可用 $x=y^{\frac{3}{2}}$，$4>y>0$，對 y 積分（須分段積）

4, 1, −1, 8

$$L=2\int_0^1\sqrt{1+\left[\left(y^{\frac{3}{2}}\right)'\right]^2}\,dy+\int_1^4\sqrt{1+\left[\left(y^{\frac{3}{2}}\right)'\right]^2}\,dy$$
$$=2\int_0^1\sqrt{1+\frac{9}{4}y}\,dy+\int_1^4\sqrt{1+\frac{9}{4}y}\,dy$$
$$=2\cdot\frac{8}{27}\left(1+\frac{9}{4}y\right)^{\frac{3}{2}}\Big]_0^1+\frac{8}{27}\left(1+\frac{9}{4}y\right)^{\frac{3}{2}}\Big]_1^4$$
$$=\frac{16}{27}\left[\left(\frac{13}{4}\right)^{\frac{3}{2}}-1\right]+\frac{8}{27}\left(10^{\frac{3}{2}}-\left(\frac{13}{4}\right)^{\frac{3}{2}}\right)$$
$$=\frac{1}{27}(80\sqrt{10}+13\sqrt{13}-16)$$

3. $L=\int_{-\frac{\pi}{2}}^{\frac{\pi}{2}}\sqrt{1+(y')^2}\,dx=\int_{-\frac{\pi}{2}}^{\frac{\pi}{2}}\sqrt{1+(\sqrt{\cos x})^2}\,dx=\int_{-\frac{\pi}{2}}^{\frac{\pi}{2}}\sqrt{1+\cos x}\,dx$

$$=2\int_0^{\frac{\pi}{2}}\sqrt{1+\cos x}\,dx=2\int_0^{\frac{\pi}{2}}\sqrt{1+\cos\frac{2}{2}x}\,dx=2\int_0^{\frac{\pi}{2}}\sqrt{1+\left(2\cos^2\frac{x}{2}-1\right)}\,dx$$
$$=2\sqrt{2}\int_0^{\frac{\pi}{2}}\cos\frac{x}{2}dx=2\sqrt{2}\cdot 2\sin\frac{x}{2}\Big]_0^{\frac{\pi}{2}}=4$$

練習 6.2B

1. (1) $L=4\int_0^{\frac{\pi}{2}}\sqrt{\left(\frac{dx}{dt}\right)^2+\left(\frac{dy}{dt}\right)^2}\,dt=4\int_0^{\frac{\pi}{2}}\sqrt{(-a\sin t)^2+(a\cos t)^2}\,dt=4\cdot\frac{\pi}{2}a=2a\pi$

(2) $L=\int_a^b\sqrt{\left(\frac{dx}{dt}\right)^2+\left(\frac{dy}{dt}\right)^2}\,dt=\int_a^b\sqrt{(-e^{-t}\cos t-e^{-t}\sin t)^2+(-e^{-t}\sin t+e^{-t}\cos t)^2}\,dt$

$$=\int_a^b e^{-t}\sqrt{2}\,dt=\sqrt{2}(-e^{-t})\Big]_a^b=\sqrt{2}(e^{-a}-e^{-b})$$

(3) $L=\int_0^{2\pi}\sqrt{\left(\frac{dx}{dt}\right)^2+\left(\frac{dy}{dt}\right)^2}\,dt$

$=\int_0^{2\pi}\sqrt{[a(1-\cos t)]^2+(a\sin)^2}\,dt$

$=a\int_0^{2\pi}\sqrt{2(1-\cos t)}\,dt=a\int_0^{2\pi}\sqrt{2\left(1-\left(1-2\sin^2\frac{t}{2}\right)\right)}\,dt=2a\int_0^{2\pi}\sin\frac{t}{2}dt$

$=2a\left(-2\cos\frac{t}{2}\right)\Big]_0^{2\pi}=8a$

2. 由上題 (3) 知擺線在 $2\pi\ge t\ge 0$ 之長度爲 $8a$，因此，本題要求點的坐標相當於求擺線到該點之長度爲 $2a$ 之點坐標：

$2a=\int_0^{\theta}\sqrt{\left(\frac{dx}{dt}\right)^2+\left(\frac{dy}{dt}\right)^2}\,dt$

$=\int_0^{\theta}\sqrt{2(1-\cos t)}\,dt=\int_0^{\theta}\sqrt{2\cdot 2\sin^2\frac{t}{2}}\,dt$

$=\int_0^{\theta}2\sin\frac{t}{2}\,dt=-4\cos\frac{t}{2}\Big]_0^{\theta}=4\left(1-\cos\frac{\theta}{2}\right)=2$

得 $\theta=\frac{2}{3}\pi$ $\quad\therefore x=(t-\sin t)\Big|_{t=\frac{2}{3}\pi}=a\left(\frac{2}{3}\pi-\frac{\sqrt{3}}{2}\right)$，$y=a(1-\cos t)\Big|_{t=\frac{2}{3}\pi}=\frac{3}{2}a$

$\therefore\left(a\left(\frac{2}{3}\pi-\frac{\sqrt{3}}{2}\right),\frac{3}{2}a\right)$ 是爲所求。

練習 6.3A

1. 方法一（圓盤法）

$V=\int_0^1\pi(\sqrt{x})^2dx=\int_0^1\pi x\,dx=\frac{\pi}{2}$

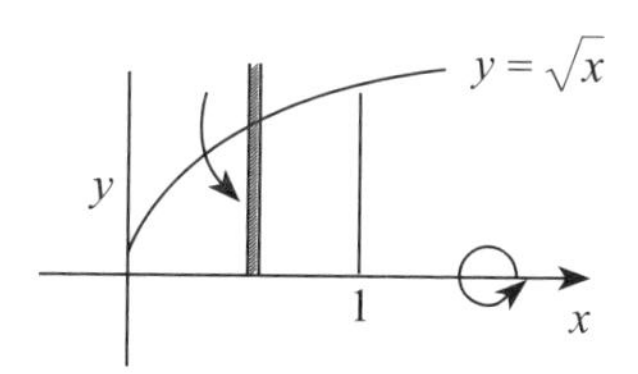

方法二（剝殼法）

$V=\int_0^1 2\pi y(1-y^2)dy=2\pi\left(\frac{y^2}{2}-\frac{y^4}{4}\right)\Big|_0^1=\frac{\pi}{2}$

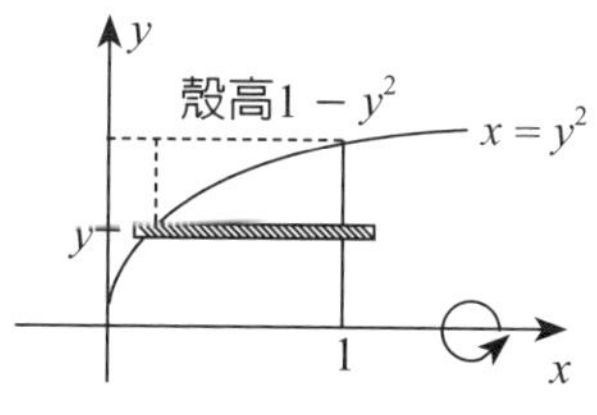

2. 方法一

$V=\int_0^1\pi((\sqrt{x})^2-x^2)dx=\int_0^1\pi(x-x^2)dx=\frac{\pi}{6}$

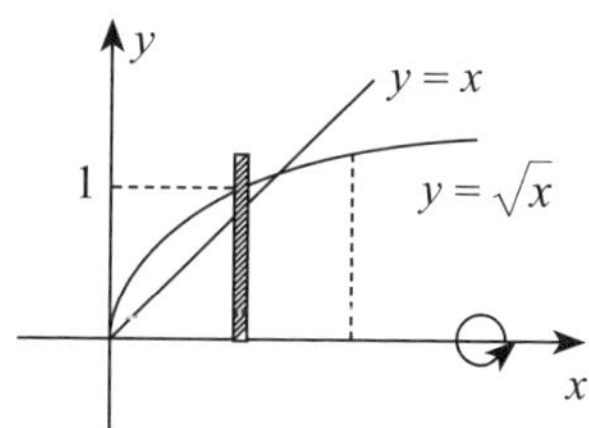

方法二

$$V=\int_0^1 2\pi y\,(y-y^2)dy=2\pi\left(\frac{y^3}{3}-\frac{y^4}{4}\right)\Big|_0^1=\frac{\pi}{6}$$

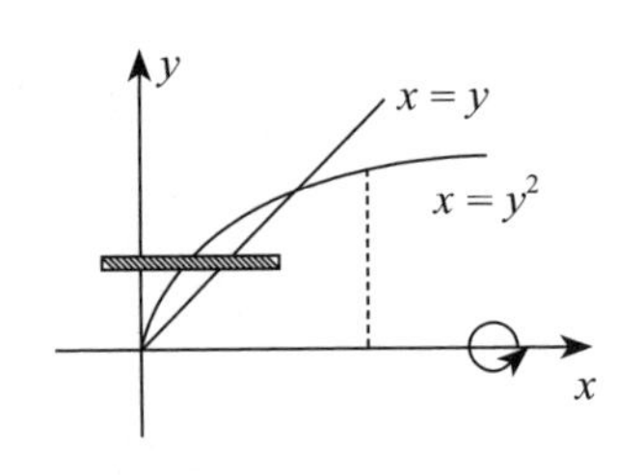

3. 方法一：圓盤法

$$V=\pi\int_0^3 x^2dy=\pi\int_0^3\left(y^{\frac{1}{3}}\right)^2dy=\pi\cdot\frac{3}{5}y^{\frac{5}{3}}\Big]_0^3=\frac{3}{5}\pi(3)^{\frac{5}{3}}$$

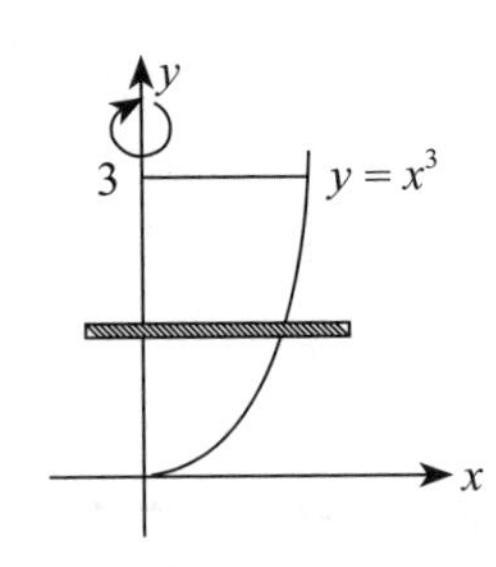

方法二：剝殼法

$$V=2\pi\int_0^{\sqrt[3]{3}}x(3-x^3)dx=\frac{3}{5}\pi(3)^{\frac{5}{3}}$$

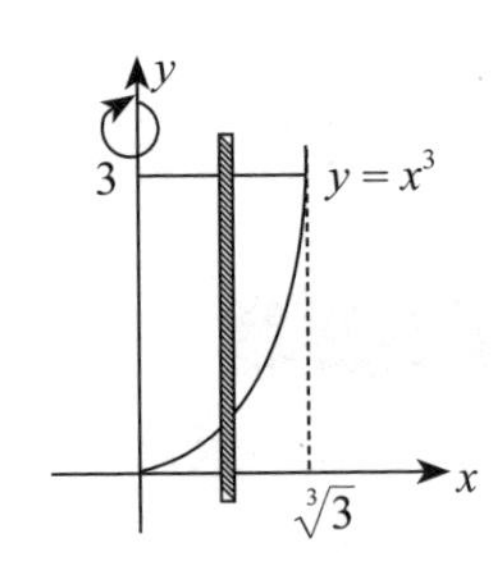

4. 方法一：圓盤法

$$V=\pi\int_1^3(9-y^2)dy=\pi\cdot\left(9y-\frac{1}{3}y^3\right)\Big]_1^3=\frac{28}{3}\pi$$

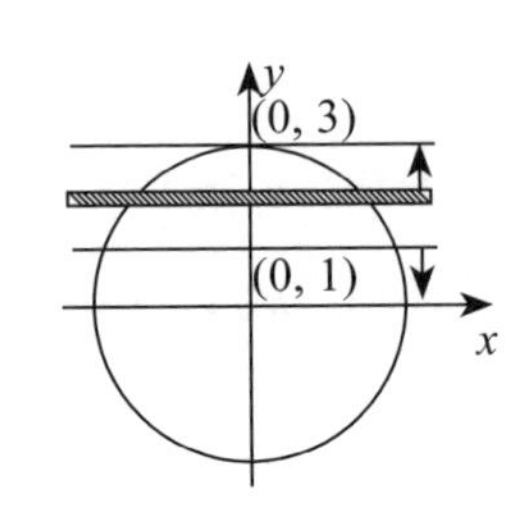

方法二：剝殼法

$$V=2\pi\int_0^{\sqrt{8}}x\,(\sqrt{9-x^2}-1)dx=2\pi\left[-\frac{1}{3}(9-x^2)^{\frac{3}{2}}-\frac{1}{2}x^2\right]_0^{\sqrt{8}}$$

$$=\frac{28}{3}\pi$$

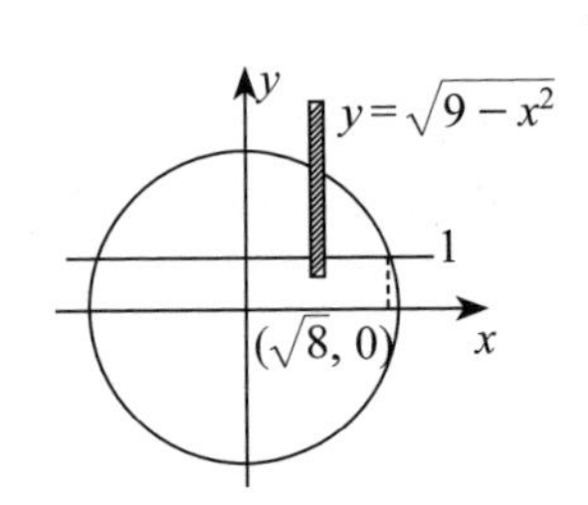

5. 對 y 軸旋轉：

剝殼法：

$V_y=2\pi\int_0^{\pi}x\sin x dx=2\pi\int_0^{\pi}xd(-\cos x)$

$=2\pi[(-x\cos x)_0^{\pi}+\int_0^{\pi}\cos x dx]=2\pi(\pi+\sin x)\Big|_0^{\pi}=2\pi^2$

圓盤法：

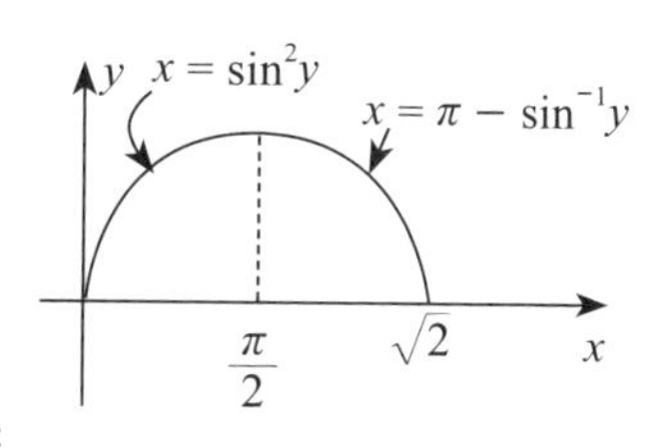

$V_y=\pi\int_0^1[(\pi-\sin^{-1}y)^2-(\sin^{-1}y)^2]dy$

$=\pi\int_0^1(\pi^2-2\pi\sin^{-1}y)dy=\pi^3-2\pi\int_0^1\sin^{-1}ydy$

$=\pi^3-2\pi^2(y\sin^{-1}y]_0^1-\int_0^1yd\sin^{-1}y$

$=\pi^3-2\pi^2(\frac{\pi}{2}-\int_0^1\frac{y}{\sqrt{1-y^2}}dy)=2\pi^2(-\sqrt{1-y^2})]_0^1=2\pi^2$

練習 6.3B

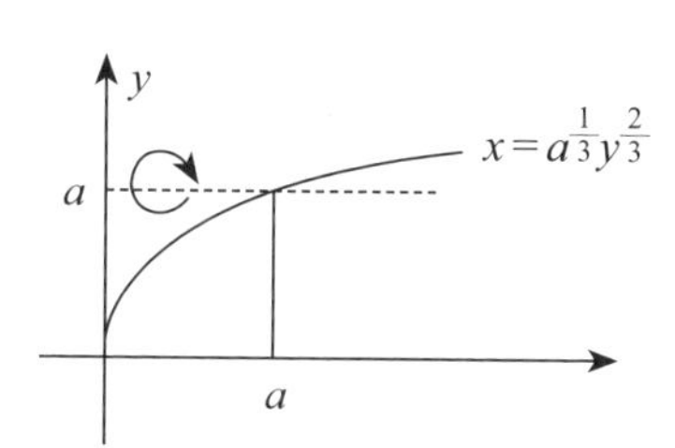

$ay^2=x^3$，$\therefore x=a^{\frac{1}{3}}y^{\frac{2}{3}}$

$V=2\pi\int_0^a(a-y)a^{\frac{1}{3}}y^{\frac{2}{3}}dy=\frac{9}{20}\pi a^3$

練習 6.3C

1. (1) 水深爲 y 時水面之面積爲 $A=\pi x^2=\pi y$，此時體積 V。

$V=\pi\int_0^y x^2dy=\pi\int_0^y ydy=\frac{1}{2}\pi y^2(\text{cm}^3)$

(2) 現每秒注入 vcm^3 則 t 秒後注入了 $vtcm^3$，

$\therefore$ t 秒後之水深爲 $\frac{1}{2}\pi y^2=vt$ 得 $y=\sqrt{\frac{2}{\pi}vt}cm$

對應之水面面積爲 $\pi y=\pi\sqrt{\frac{2}{\pi}vt}=\sqrt{2\pi tv}\ (\text{cm}^2)$

2. (1) 方法一：先求挖洞之體積

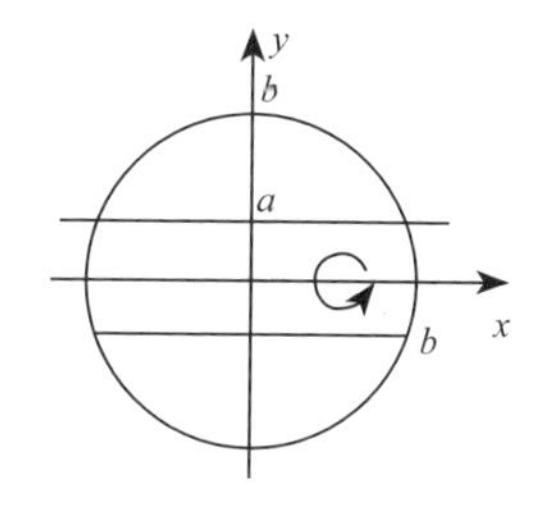

$V=2\pi\int_0^b\sqrt{a^2-y^2}dy=-2\pi\frac{2}{3}(a^2-y^2)^{\frac{3}{2}}\Big]_0^b$

$=\frac{-4\pi}{3}(b^2-a^2)^{\frac{3}{2}}+\frac{4}{3}\pi a^3$

$\therefore$挖洞後之剩下體積爲

$V'=\frac{4}{3}\pi a^3-\left[\frac{-4}{3}\pi(b^2-a^2)^{\frac{3}{2}}+\frac{4}{3}\pi a^3\right]=\frac{4}{3}\pi(b^2-a^2)^{\frac{3}{2}}$

(2) 方法二：

$V=2\pi\int_a^b y\sqrt{a^2-y^2}dy$

$=2\pi\left[-\frac{2}{3}(a^2-y^2)^{\frac{3}{2}}\right]\Big|_a^b=\frac{4}{3}(b^2-a^2)^{\frac{3}{2}}\pi$

練習 7.1A

1. (1) $y=2x^3+5$，$y'=6x^2\geq 0$ 爲單調故 f^{-1} 存在。

$2x^3=y-5 \quad x^3=\dfrac{y-5}{2} \quad x=\sqrt[3]{\dfrac{y-5}{2}}$ 即 $f^{-1}(x)=\sqrt[3]{\dfrac{x-5}{2}}=g(x)$

(2) $f(g(x))=f\left(\sqrt[3]{\dfrac{x-5}{2}}\right)=2\left(\sqrt[3]{\dfrac{x-5}{2}}\right)^3+5=2\cdot\dfrac{x-5}{2}+5=x$

$g(f(x))=g(2x^3+5)=\sqrt[3]{\dfrac{(2x^3+5)-5}{2}}=x$

即 $g(f(x))=f(g(x))=x$

2. $y=x^4+2x^2$，$\therefore\ y+1=x^4+2x^2+1=(x^2+1)^2\Rightarrow x^2+1=\sqrt{y+1}$

得 $x=\sqrt{\sqrt{y+1}-1}$，$\therefore\ f^{-1}(x)=\sqrt{\sqrt{x+1}-1}$，$x>0$

3. $y=\dfrac{1}{2}(10^x-10^{-x})$，$\therefore\ 2y=10^x-10^{-x}$，即

$10^{2x}-2y\cdot 10^x-1=0$ 解之

$10^x=\dfrac{2y\pm\sqrt{4y^2+4}}{2}=y\pm\sqrt{y^2+1}$，但 $y-\sqrt{y^2+1}$ 不合（$\because\ 10^x>0$ 而 $\sqrt{1+y^2}>y$ 得 $y-\sqrt{y^2+1}<0$，而 10^x 不可能小於 0）

$\therefore\ 10^x=y+\sqrt{y^2+1}$ 即 $x=\log(y+\sqrt{y^2+1})$ 得

$f^{-1}(x)=\log(x+\sqrt{x^2+1})$，$x\in R$

4. $y=\cos x=-\cos(x+\pi)$，$-y=\cos(x+\pi)$

$\cos^{-1}(-y)=x+\pi$，$x=\cos^{-1}(-y)-\pi$

$\therefore$得 $f^{-1}(x)=\cos^{-1}(-x)-\pi$

練習 7.1B

1. $x<2$ 時：$f(x)=1+x$，$x=y-1$，$y\leq 3$，$\therefore f^{-1}(x)=x-1$，$x<3$

$x\geq 2$ 時：$f(x)=x^2-1$，$x=\sqrt{1+y}$，$y\geq 3$，$\therefore f^{-1}(x)=\sqrt{1+x}$，$x\geq 3$

即 $f^{-1}(x)=\begin{cases} x-1, & x<3 \\ \sqrt{x+1}, & x\geq 3 \end{cases}$

練習 7.1C

1. $y=x^2, x\geq 0$ 之反函數爲 $x=\sqrt{y}$，$f^{-1}(x)=\sqrt{x}$，$x\geq 0$，即 $y=x^2$ 與 $y=x$ 對稱 $y=x$。

2. 直線 $y+x=k$ 垂直 $y-x=0$，

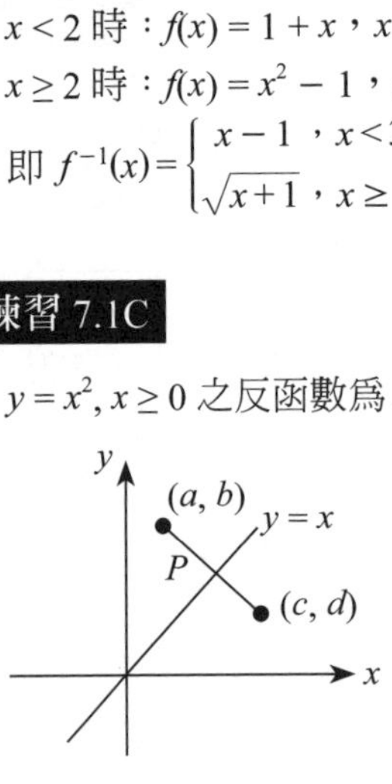

又 (a, b) 在 $y+x=k$ 上 $\quad\therefore\ y+x=a+b$，

解 $\begin{cases} y-x=0 \\ y+x=a+b \end{cases}$ 得 $x=y=\dfrac{a+b}{2}$，因 P 爲 (a, b)，(c, d) 連線之中點，$\therefore (c+a)/2=\dfrac{a+b}{2}$ 得 $c=b$，同法可得 $d=a$，$\therefore$

與 (a, b) 對稱 $y=x$ 之點為 (b, a)

練習 7.1D

1. (1) $f'(x)=3x^2+3>0$ 為單調函數，∴反函數存在

   (2) $f(-1)=3$，$\therefore g'(3)=\dfrac{1}{f'(x)|_{x=-1}}=\dfrac{1}{3x^2+3}\Big]_{x=-1}=\dfrac{1}{6}$

2. (1) $f'(x)=101x^{100}+97x^{96}+1>0$ 為單調函數，∴反函數存在

   (2) ∵ $f(0)=3$，$\therefore g'(3)=\dfrac{1}{f'(x)|_{x=0}}=\dfrac{1}{101x^{100}+97x^{96}+1}\Big|_{x=0}=1$

3. ∵ $f(0)=0$，$\therefore (f^{-1})'(0)=\dfrac{1}{f'(x)|_{x=0}}=\dfrac{1}{\sqrt{3+x^2}}\Big|_{x=0}=\dfrac{1}{\sqrt{3}}$

練習 7.1E

1. (1) $f(f^{-1}(x))=x \quad \therefore f'(f^{-1}(x))\dfrac{d}{dx}f^{-1}(x)=1 \Rightarrow \dfrac{d}{dx}f^{-1}(x)=\dfrac{1}{f'(f^{-1}(x))}$

   (2) 利用上題之結果：

$$\frac{d^2}{dx^2}f^{-1}(x)=\frac{d}{dx}\left(\frac{1}{f'(f^{-1}(x))}\right)=-\frac{[f'(f^{-1}(x))]'}{[f'(f^{-1}(x))]^2}=-\frac{f''[f^{-1}(x)][f^{-1}(x)]'}{[f'(f^{-1}(x))]^2}$$

$$=-\frac{f''(f^{-1}(x))}{[f'(f^{-1}(x))]^2}\cdot\frac{1}{[f'(f^{-1}(x))]}=-\frac{f''(f^{-1}(x))}{[f'(f^{-1}(x))]^3}$$

   (3) $\dfrac{d^3x}{dy^3}=\dfrac{d}{dy}\left(\dfrac{d^2x}{dy^2}\right)=\dfrac{d}{dx}\left(\dfrac{d^2x}{dy^2}\right)\cdot\dfrac{dx}{dy}=\dfrac{d}{dx}\left(-\dfrac{y''}{(y')^3}\right)\cdot\dfrac{1}{y'}$

$$=-\frac{(y')^3y'''-y''3(y')^2y''}{(y')^6}\cdot\frac{1}{y'}=\frac{3(y'')^2-y'y'''}{(y')^5}$$

練習 7.2A

1. $\ln x=\int_1^x\dfrac{dt}{t}$，$\therefore \ln 1=0$

2. ∵ $\ln\dfrac{x}{y}+\ln y=\ln x$，$\therefore \ln\dfrac{x}{y}=\ln x-\ln y$

3. (1) 令 $x=y=1$ 則 $2f(1)=f(1)$，$\therefore f(1)=0$

   (2) $f(x)+f\left(\dfrac{1}{x}\right)=f\left(x\cdot\dfrac{1}{x}\right)=f(1)=0$，$\therefore -f\left(\dfrac{1}{x}\right)=f(x)$

   (3) $f\left(\dfrac{x}{y}\right)=f(x)+f\left(\dfrac{1}{y}\right)=f(x)-f(y)$，由 (2)

4. (1) $f(g(x))=\begin{cases}1，x<0\\0，x=0\\-1，x>0\end{cases}$ (2) $g(f(x))=\begin{cases}e，|x|<1\\1，|x|=1\\\dfrac{1}{e}，|x|>1\end{cases}$

練習 7.2B

1. $\int \frac{x^3+2x}{(x^4+4x^2+1)^3}dx = \int \frac{\frac{1}{4}d(x^4+4x^2+1)}{(x^4+4x^2+1)^3} = -\frac{1}{8(x^4+4x^2+1)^2}+c$

2. 方法一：令 $u=\ln x$ 則 $du=\frac{dx}{x}$，$\int_{e^2}^{e^4} \xrightarrow{u=\ln x} \int_2^4$

$\therefore \int_{e^2}^{e^4}\frac{dx}{x(\ln x)} = \int_2^4 \frac{du}{u} = \ln|u|\Big]_2^4 = \ln 4 - \ln 2 = \ln 2$

方法二：$\int_{e^2}^{e^4}\frac{dx}{x(\ln x)} = \int_{e^2}^{e^4}\frac{d\ln x}{\ln x} = \ln\ln x\Big]_{e^2}^{e^4} = \ln\ln e^4 - \ln\ln e^2 = \ln 4 - \ln 2 = \ln 2$

3. $\int \frac{dx}{x\ln x\ln\ln x} = \int \frac{d(\ln\ln x)}{\ln\ln x} = \ln|\ln\ln x| + c$

4. 方法一：（對 y 積分）

$A = \int_{\ln a}^{\ln b} e^y dy = e^y\Big]_{\ln a}^{\ln b} = b - a$

方法二：（對 x 積分）

$A = a(\ln b - \ln a) + \int_a^b (\ln b - \ln x)\,dx = a(\ln b - \ln a) + (b-a)\ln b - x\ln x\Big]_a^b + \int_a^b dx$

$= a(\ln b - \ln a) + (b-a)\ln b - b\ln b + a\ln a + b - a$

$= b - a$

5. $y = \ln\frac{a+bx}{a-bx} = \ln(a+bx) - \ln(a-bx)$

$y' = \frac{b}{a+bx} - \frac{-b}{a-bx} = b\left(\frac{1}{a+bx} + \frac{1}{a-bx}\right)$

$\therefore y^{(n)} = b\left[\frac{(-1)^{n-1}(n-1)!\,b^{n-1}}{(a+bx)^n} + \frac{(-1)^{n-1}(n-1)!(-b)^{n-1}}{(a-bx)^n}\right]$

$= b^n\,(n-1)!\left(\frac{(-1)^{n-1}(a-bx)^n + (a+bx)^n}{(a^2-b^2x^2)^n}\right)$ （$\because y^{(n)}$ 相當 $(y')^{(n-1)}$）

6. $f(x) = \log_3(\log_2 x) = \frac{\ln(\log_2 x)}{\ln 3} = \frac{\ln\left(\frac{\ln x}{\ln 2}\right)}{\ln 3} = \frac{1}{\ln 3}(\ln\ln x - \ln\ln 2)$

$\therefore f'(e) = \frac{1}{\ln 3}\cdot\frac{\frac{1}{x}}{\ln x}\Bigg|_e = \frac{1}{e\ln 3}$

7. $(f^{-1})'(e) = \frac{1}{\frac{d}{dx}(e^x+\ln x)\Big|_{x=1}} = \frac{1}{e^x+\frac{1}{x}}\Bigg|_{x=1} = \frac{1}{1+e}$

8.

提示	解答
$y=f(x)$ 與 $y=g(x)$ 相切則切點應滿足 (1) $f(x)=g(x)$ (2) $f'(x)=g'(x)$	(1) $y=ax^2$ 與 $y=\ln x$ 有切線 $\therefore 2ax=\frac{1}{x}$ 解之 $x=\frac{1}{\sqrt{2a}}$，

提示	解答
	當 $x=\frac{1}{\sqrt{2a}}$ 代入 $y=ax^2$ 與 $y=\ln x$ 得 $\frac{1}{2}=\ln\left(\frac{1}{\sqrt{2a}}\right)$ 解之 $a=\frac{1}{2e}$ (2) $x=\frac{1}{\sqrt{2a}}$，代入 $y=ax^2=\frac{1}{2}$ 又 $x=\frac{1}{\sqrt{2a}}=\frac{1}{\sqrt{2\cdot\frac{1}{2e}}}=\sqrt{e}$ ∴公切點坐標為 $\left(\sqrt{e},\frac{1}{2}\right)$ 斜率為 $\frac{1}{x}=\frac{1}{\sqrt{e}}$ ∴公切線方程式為 $\frac{y-\frac{1}{2}}{x-\sqrt{e}}=\frac{1}{\sqrt{e}}$，即 $y==\frac{1}{\sqrt{e}}x-\frac{1}{2}$

9. 二邊同取對數：$y\ln x=x\ln y$

$$y'\ln x+\frac{y}{x}=\ln y+\frac{x}{y}y' \quad \therefore y'=\frac{\ln y-\frac{y}{x}}{\ln x-\frac{x}{y}}，x>0，y>0$$

練習 7.2C

1. $\ln y=x\ln\ln x$，$\therefore \frac{y'}{y}=\ln\ln x+x\cdot\frac{1}{\ln x}\cdot\frac{1}{x}=\ln\ln x+\frac{1}{\ln x}$

   得 $y'=y\left(\ln\ln x+\frac{1}{\ln x}\right)=(\ln x)^x\left(\ln\ln x+\frac{1}{\ln x}\right)$

2. $\ln y=\sin x\ln\cos x$，$\therefore \frac{y'}{y}=\cos x\cdot\ln|\cos x|+\sin x\cdot\frac{-\sin x}{\cos x}$

   得 $y'=(\cos x)^{\sin x}\left(\cos x\ln|\cos x|-\frac{\sin^2 x}{\cos x}\right)$

練習 7.2D

1. 取 $f(x)=\frac{\ln x}{x}$ 令 $f'(x)=\frac{x\frac{d}{dx}\ln x-(\ln x)}{x^2}=\frac{1-\ln x}{x^2}<0$

   $1<\ln x$ 得 $x>e$ 即 $x>e$ 時 $f(x)=\frac{\ln x}{x}$ 為嚴格遞減函數

   $\therefore \pi>e$ 時 $f(\pi)<f(e)$ 即 $\frac{\ln\pi}{\pi}<\frac{\ln e}{e}$，$e\ln\pi<\pi\ln e$，$\ln\pi^e<\ln e^\pi\Rightarrow\pi^e<e^\pi$

2. 取 $f(x)=\ln x$

   $\frac{\ln y-\ln x}{y-x}=\frac{1}{\varepsilon}$，$y>\varepsilon>x>0$

   又 $\frac{1}{x}>\frac{1}{\varepsilon}>\frac{1}{y}$，$\therefore \frac{1}{x}>\frac{\ln y-\ln x}{y-x}>\frac{1}{y}\Rightarrow\frac{y-x}{x}>\ln y-\ln x>\frac{y-x}{y}$

3. (1) 令 $f(x) = x - \ln(1 + x)$

$f'(x) = 1 - \dfrac{1}{1+x} = \dfrac{x}{1+x} > 0$，∴ $f(x)$ 爲嚴格增函數

又 $f(0) = 0$　得 $f(x) > 0$，即 $x > \ln(1 + x)$

(2) 令$g(x) = \ln(1+x) - \dfrac{x}{1+x}$，$g'(x) = \dfrac{1}{1+x} - \dfrac{1}{(1+x)^2} = \dfrac{x}{(1+x)^2} > 0$，$g(0) = 0$

∴ $g(x) \geq 0$，即 $\ln(1+x) > \dfrac{x}{1+x}$

∴由 (1)，(2)，$x > 0$ 時 $x > \ln(1+x) > \dfrac{x}{1+x}$

4. 我們在第 3 題已證 $x > \ln(1 + x)$，現只需再證 $\ln(1+x) > x - \dfrac{x^2}{2}$：

令 $g(x) = \ln(1+x) - x + \dfrac{x^2}{2}$，則 $g(0) = 0$

$g'(x) = \dfrac{1}{1+x} - 1 + x = \dfrac{x^2}{1+x} > 0$，$\forall x > 0$

∴ $g(x) > 0$ 爲嚴格增函數得 $\ln(1+x) > x - \dfrac{x^2}{2}$

可知，$x > 0$ 時 $x > \ln(1+x) > x - \dfrac{x^2}{2}$

5. $y' = \dfrac{2x}{1+x^2}$，令 $y'' = \dfrac{2(1-x^2)}{(1+x^2)^2} < 0$

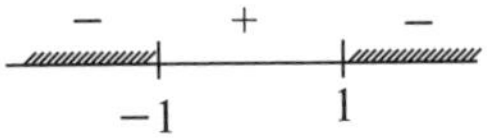

$x^2 > 1 \Rightarrow y = \ln(1 + x^2)$ 在 $(1, \infty)$ 與 $(-\infty, -1)$ 爲上凹，$(-1,-1)$ 爲下凹。

6. $y = x\ln x$ 則 $y' = (\ln x) + 1$，當 $x \geq e$ 時 $f'(x) \geq 0$ 爲增函數

∴$(x+1)\ln(x+1) \geq x\ln x \Rightarrow \dfrac{\ln(x+1)}{\ln x} \geq \dfrac{x}{1+x}$，$x \geq e$

7. 取 $f(x) = \ln x$，$f''(x) = \dfrac{1}{x}$，$f''(x) = -\dfrac{1}{x^2} < 0$　∴ $\dfrac{1}{3}\ln a + \dfrac{1}{3}\ln b + \dfrac{1}{3}\ln c \leq \ln\dfrac{a+b+c}{3}$

$\Rightarrow \ln\sqrt[3]{abc} \leq \ln\dfrac{a+b+c}{3}$　∴ $\sqrt[3]{abc} \leq \dfrac{a+b+c}{3}$

8. $y' = \dfrac{d}{dx}\log(x + \sqrt{1+x^2}) = \dfrac{d}{dx}\dfrac{1}{\ln 10}(\ln(x + \sqrt{1+x^2}))$

$= \dfrac{1}{\ln 10}\dfrac{1}{\sqrt{1+x^2}} > 0$，∴ $y = f(x)$ 爲單調故 $f^{-1}(x)$ 存在。

∵ $y = \log(x + \sqrt{1+x^2})$，∴$10^y = x + \sqrt{1+x^2}$

$(10^y - x)^2 = (\sqrt{1+x^2})^2$，化簡得 $x = \dfrac{10^y - 10^{-y}}{2}$　即 $f^{-1}(x) = \dfrac{10^x - 10^{-x}}{2}$

練習 7.3A

1. (1) $y = e^{\sin x}$，∴ $y' = \cos x e^{\sin x}$

(2) $\dfrac{d}{dx}(e^{-ax}\cos bx) = -ae^{-ax}\cos bx - be^{-ax}\sin bx$

2. 由 Leibniz 法則

$y = x^2 e^{bx}$ 則

$y^{(n)} = \sum_{k=0}^{n} \binom{n}{k} (x^2)^{(k)} (e^{bx})^{(n-k)}$

$= \binom{n}{0}(x^2)^{(0)}(e^{bx})^{(n)} + \binom{n}{1}(x^2)'(e^{bx})^{(n-1)} + \binom{n}{2}(x^2)''(e^{bx})^{(n-2)}$

$= x^2 b^n e^{bx} + n(2x) b^{n-1} e^{bx} + \frac{n(n-1)}{2} \cdot 2 \cdot b^{n-2} e^{bx} = (x^2 b^n + 2nxb^{n-1} + n(n-1)b^{n-2}) e^{bx}$

$\therefore\ y^{(10)} = (x^2 b^{10} + 20xb^9 + 90b^8) e^{bx}$

3. $ye^{xy} + xe^{xy}y' + \cos(x+y) + \cos(x+y) \cdot y' = 0 \quad \therefore\ y' = \frac{-ye^{xy} - \cos(x+y)}{\cos(x+y) + xe^{xy}}$

4. $\int \left(\frac{3}{e}\right)^x dx = \frac{1}{\ln 3/e}\left(\frac{3}{e}\right)^x + c = \frac{1}{\ln 3 - 1}\left(\frac{3}{e}\right)^x + c$

5. $\lim_{x \to \infty} \frac{1 + e^{-x^2}}{1 - e^{-x^2}} = 1$，$\therefore y = 1$ 爲水平漸近線

$\lim_{x \to 0} \frac{1 + e^{-x^2}}{1 - e^{-x^2}} = \infty$，$\therefore x = 0$（即 y 軸）爲垂直漸近線

6. 若 $h(x) = 2^x$，則 $h^{(n)}(x) = (\ln 2)^n 2^x$

$\therefore\ y^{(n)} = \binom{n}{0} x^{(0)} (\ln 2)^n 2^x + \binom{n}{1} (x)'(\ln 2)^{n-1} 2^x = x(\ln 2)^n 2^x + n(\ln 2)^{n-1} 2^x = (\ln 2)^{n-1}(x\ln 2 + n) 2^x$

7. (1) ① 一階導數判別法：

$f'(x) = e^x + xe^x = (1+x)e^x = 0$

$\therefore x = -1$ 爲臨界點

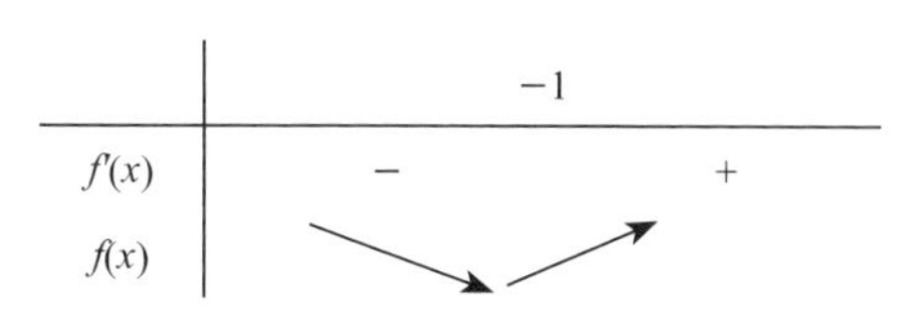

$f(x)$ 在 $x = -1$ 時有相對極小值 $f(-1) = -e^{-1}$

② 二階導數判別法：

$f'(x) = e^x + xe^x = (x+1)e^x = 0 \quad \therefore$ 得臨界點 $x = -1$

$f''(x) = (x+2)e^x$ 且 $f''(-1) = e^{-1} > 0$

$\therefore f(x)$ 在 $x = -1$ 處有相對極小值 $f(-1) = -e^{-1}$

(2) ① 範圍：x 爲所有實數

② 無對稱性

③ 圖形過原點 $(0, 0)$

④ 漸近線：x 軸

⑤ 增減表

$f'(x) = e^x + xe^x = (x+1)e^x \quad \therefore x > -1$ 時 f 爲增函數，$x < -1$ 時爲減函數

$f''(x) = (x+2)e^x \quad \therefore x > -2$ 時爲下凹，$x < -2$ 時爲上凹

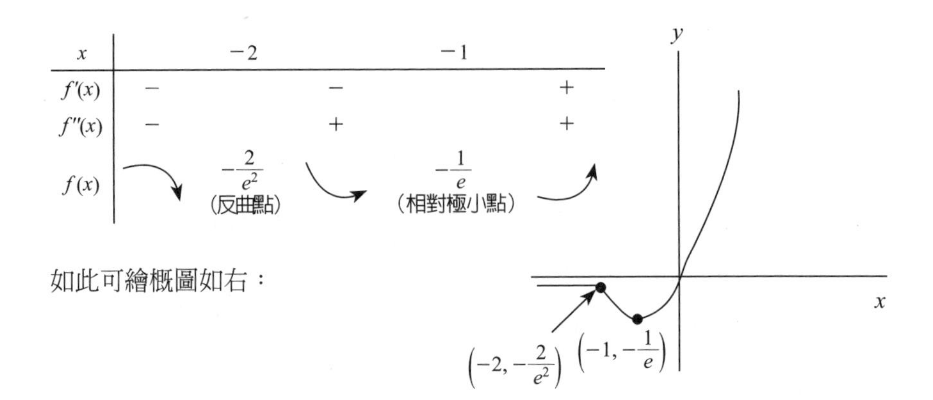

x		-2		-1	
$f'(x)$	$-$		$-$		$+$
$f''(x)$	$-$		$+$		$+$
$f(x)$	↘	$-\frac{2}{e^2}$（反曲點）	↘	$-\frac{1}{e}$（相對極小點）	↗

如此可繪概圖如右：

8. $\frac{dy}{dx}=\frac{dy/dt}{dx/dt}=\frac{e^t\cos t-e^t\sin t}{e^t\sin t+e^t\cos t}=\frac{\cos t-\sin t}{\sin t+\cos t}$

$\therefore \left.\frac{dy}{dx}\right|_{t=\pi}=\left.\frac{\cos t-\sin t}{\sin t+\cos t}\right|_{t=\pi}=1\Rightarrow\frac{y+e^\pi}{x-0}=1$，$\therefore y=x-e^\pi$

練習 7.3B

1. $\cosh x\cosh y+\sinh x\sinh y=\frac{e^x+e^{-x}}{2}\cdot\frac{e^y+e^{-y}}{2}+\frac{e^x-e^{-x}}{2}\cdot\frac{e^y-e^{-y}}{2}$

$=\frac{1}{4}(e^{x+y}+e^{x-y}+e^{-x+y}+e^{-x-y})+\frac{1}{4}(e^{x+y}-e^{x-y}-e^{-x+y}+e^{-x-y})$

$=\frac{1}{2}(e^{x+y}+e^{-x-y})=\cosh(x+y)$

2. $\sinh 2x=\frac{e^{2x}-e^{-2x}}{2}=\frac{(e^x+e^{-x})(e^x-e^{-x})}{2}=2\cosh x\sinh x$

3. $\operatorname{sech}x=b$, $\therefore\cosh x=\frac{1}{b}$, $\sinh^2x=\cosh^2x-1=\frac{1-b^2}{b^2}$

$\therefore\sinh x=\frac{\sqrt{1-b^2}}{b}$, $\tanh x=\frac{\sinh x}{\cosh x}=\sqrt{1-b^2}$ $\coth x=\frac{1}{\tanh x}=\frac{1}{\sqrt{1-b^2}}$, $\operatorname{csch}x=\frac{1}{\sinh x}=\frac{b}{\sqrt{1-b^2}}$

4. $\frac{d}{dx}\operatorname{sech}x=\frac{d}{dx}\frac{1}{\cosh x}=\frac{-\frac{d}{dx}\cosh x}{\cosh^2x}=\frac{-\sinh x}{\cosh^2x}=-\tanh x\operatorname{sech}x$

5. $\int\tanh x\ln(\cosh x)dx=\int\frac{\sinh x\ln\cosh x}{\cosh x}dx\overset{u=\cosh x}{=\!=\!=}\int\frac{\ln u}{u}du=\ln\ln u+c=\ln\ln\cosh x+c$

6. (1) $\tanh(\ln x)=\frac{e^{\ln x}-e^{-\ln x}}{e^{\ln x}+e^{-\ln x}}=\frac{x-\frac{1}{x}}{x+\frac{1}{x}}=\frac{x^2-1}{x^2+1}$

(2) $\frac{1+\tanh x}{1-\tanh x}=\frac{\cosh x+\sinh x}{\cosh x-\sinh x}=\frac{\frac{1}{2}(e^x+e^{-x})+\frac{1}{2}(e^x-e^x)}{\frac{1}{2}(e^x+e^{-x})-\frac{1}{2}(e^x-e^{-x})}=e^{2x}$

(3) $\coth(\ln(\sec x+\tan x))=\dfrac{[e^{\ln(\sec x+\tan x)}+e^{-\ln(\sec x+\tan x)}]/2}{[e^{\ln(\sec x+\tan x)}-e^{-\ln(\sec x+\tan x)}]/2}$

$$=\frac{(\sec x+\tan x)+\dfrac{1}{(\sec x+\tan x)}}{(\sec x+\tan x)-\dfrac{1}{\sec x+\tan x}}=\frac{(\sec x+\tan x)^2+1}{(\sec x+\tan x)^2-1}=\frac{\dfrac{(1+\sin x)^2}{\cos^2 x}+1}{\dfrac{(1+\sin x)^2}{\cos^2 x}-1}=\frac{2(1+\sin x)}{2\sin x(1+\sin x)}=\csc x$$

練習 7.3C

1. (1) $y=\mathrm{sech}^{-1}x$，$\therefore \mathrm{sech}x=y$　即$y=\dfrac{1}{\cosh x}=\dfrac{1}{\frac{1}{2}(e^x+e^{-x})}=\dfrac{2}{e^x+e^{-x}}=\dfrac{2e^x}{e^{2x}+1}$

$(e^{2x}+1)y=2e^x$　　$ye^{2x}-2e^x+y=0$

解之 $e^x=\dfrac{2+\sqrt{4-4y^2}}{2y}=\dfrac{1+\sqrt{1-y^2}}{y}$

$\therefore x=\ln\left(\dfrac{1+\sqrt{1-y^2}}{y}\right)$，$0<y\le 1$　即 $\mathrm{sec}\,h^{-1}x=\ln\left(\dfrac{1+\sqrt{1-x^2}}{x}\right)$，$0<x\le 1$

(2) $\dfrac{d}{dx}\mathrm{sech}x=\dfrac{d}{dx}\dfrac{1}{\cosh x}=\dfrac{-\sinh x}{\cosh^2 x}=-\tanh x\,\mathrm{sech}x$

(3) 令 $y=\mathrm{sech}^{-1}x$　$\therefore x=\mathrm{sech}y$，二邊同時對 x 微分，得

$1=(-\mathrm{sech}y\tanh y)y'$　　$\therefore y'=\dfrac{-1}{\mathrm{sech}y\tanh y}=-\cosh y\cdot\coth y=\dfrac{1}{x}\dfrac{-1}{\sqrt{1-x^2}}$

2. (1) 令 $y=\sinh^{-1}x$，則 $\sinh y=x$ 即 $x=\dfrac{e^y-e^{-y}}{2}$

$e^{2y}-2xe^y-1=0$

$\therefore e^y=\dfrac{2x\pm\sqrt{4x^2+4}}{2}=x+\sqrt{x^2+1}$（因 $x-\sqrt{x^2+1}<0$ 與 $e^y>0$ 不合）

兩邊取對數得：$y=\ln(x+\sqrt{x^2+1})$，$x\in(-\infty,\infty)$

(2) 方法一：$\dfrac{d}{dx}\sinh^{-1}x=\dfrac{d}{dx}\ln(x+\sqrt{x^2+1})=\dfrac{1}{\sqrt{x^2+1}}$

方法二：令 $y=\sin^{-1}hx$　$\therefore x=\sin hy$

二邊同時對 x 微分：

$1=\dfrac{d}{dx}\sinh y=\cosh y\cdot\dfrac{dy}{dx}$

$\therefore \dfrac{d}{dx}y=\dfrac{1}{\cosh y}=\dfrac{1}{\sqrt{1+\sinh^2 y}}=\dfrac{1}{\sqrt{1+x^2}}$

3. (1) $\dfrac{1}{\sqrt{x^2+1}\sinh^{-1}x}$　(2) $\dfrac{-1}{x^2}$　(3) $\dfrac{-1}{\sin x\sqrt{1+\cos^2 x}}$

練習 7.4A

1. 兩邊同時對 x 微分

$$\frac{\frac{xy'-y}{x^2}}{1+\left(\frac{y}{x}\right)^2}-\frac{2x+2yy'}{2(x^2+y^2)}=0$$

$\therefore xy'-y-(x+yy')=(x-y)y'-(x+y)=0$

得 $\frac{dy}{dx}=\frac{x+y}{x-y}$，$x\neq y$

2. 對 $y=f\left(\frac{3x-2}{3x+2}\right)$ 微分

$$\frac{3(3x+2)-3(3x-2)}{(3x+2)^2}f'\left(\frac{3x-2}{3x+2}\right)\bigg|_{x=0}=\frac{12}{(3x+2)^2}\tan^{-1}\left(\frac{3x-2}{3x+2}\right)^2\bigg|_{x=0}=3\cdot\tan^{-1}1=\frac{3\pi}{4}$$

3. $1+\frac{y'}{1+y^2}=y'$，$\therefore y'=\frac{y^2+1}{y^2}=1+\frac{1}{y^2}$

$$\Rightarrow\frac{d^2y}{dx^2}=\frac{-2y'}{y^3}=\frac{-2\left(1+\frac{1}{y^2}\right)}{y^3}=\frac{-2}{y^3}-\frac{2}{y^5}$$

4. $\frac{d}{dx}\tan^{-1}\left(\sqrt{\frac{a-b}{a+b}}\tan\frac{x}{2}\right)$

$$=\frac{\sqrt{\frac{a-b}{a+b}}\frac{1}{2}\sec^2\frac{x}{2}}{1+\left(\sqrt{\frac{a-b}{a+b}}\tan\frac{x}{2}\right)^2}=\frac{\frac{1}{2}\sqrt{a^2-b^2}}{(a+b)\cos^2\frac{x}{2}+(a-b)\sin^2\frac{x}{2}}=\frac{\sqrt{a^2-b^2}}{2}\frac{1}{a+b\cos x}$$

5. $y=\sin(a\sin^{-1}x)$，$y'=\cos(a\sin^{-1}x)\cdot\frac{a}{\sqrt{1-x^2}}$

$y''=-\sin(a\sin^{-1}x)\cdot\frac{a^2}{1-x^2}+\cos(a\sin^{-1}x)\,ax(1-x^2)^{-\frac{3}{2}}$

代上述結果入$(1-x^2)y''-xy'+a^2y=0$

6.

提示	解答
$\frac{d^2y}{dt^2}=\frac{\frac{d}{dt}\frac{dy}{dx}}{dx/dt}$	$\frac{dy}{dx}=\frac{dy/dt}{dx/dt}=\frac{\frac{1}{1+t^2}}{\frac{t}{1+t^2}}=\frac{1}{t}$ $\frac{d^2y}{dt^2}=\frac{\frac{d}{dt}\frac{1}{t}}{\frac{t}{1+t^2}}=-\frac{1+t^2}{t^3}$

練習 7.4B

1. $f'(x)=\frac{2}{1+x^2}+\frac{\frac{d}{dx}\frac{2x}{1+x^2}}{\sqrt{1-\left(\frac{2x}{1+x^2}\right)^2}}=\frac{2}{1+x^2}+\frac{\frac{2(1+x^2)-2x\cdot 2x}{(1+x^2)^2}}{\frac{\sqrt{(1+x^2)^2-4x^2}}{1+x^2}}=\frac{2}{1+x^2}-\frac{2}{1+x^2}=0$

$\therefore x \geq 1$ 時 $f(x)$ 爲一常數函數，取 $x = 1$ 得：

$$f(1) = 2\tan^{-1}1 + \sin^{-1}\left(\frac{2}{1+1}\right) = 2 \cdot \frac{\pi}{4} + \frac{\pi}{2} = \pi$$

即 $f(x) = \pi$

2. 設觀測者距牆 x 米處有最大視角，依右圖，我們不難建立：

$$\theta = \tan^{-1}\frac{a+h}{x} - \tan^{-1}\frac{h}{x}$$

$$\frac{d\theta}{dx} = \frac{-\frac{a+h}{x^2}}{1+\left(\frac{a+h}{x}\right)^2} - \frac{-\frac{h}{x^2}}{1+\left(\frac{h}{x}\right)^2} = 0 \quad 得\ x = ah\sqrt{a+h}$$

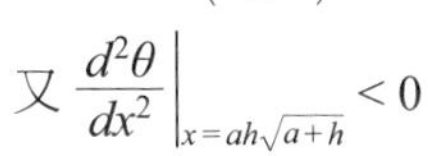

又 $\left.\frac{d^2\theta}{dx^2}\right|_{x=ah\sqrt{a+h}} < 0$

$\therefore$觀測者站離牆 $ah\sqrt{a+h}$ 處有最大視角

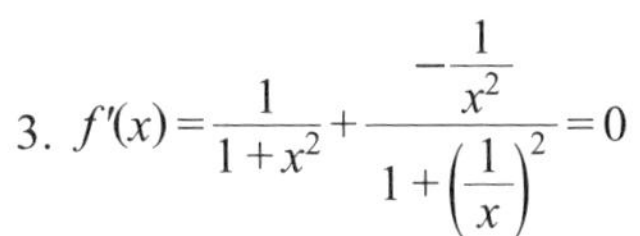

3. $f'(x) = \dfrac{1}{1+x^2} + \dfrac{-\frac{1}{x^2}}{1+\left(\frac{1}{x}\right)^2} = 0$

$\therefore f(x)$ 爲一常數函數，取 $x = 0$ 得 $f(x) = \int_0^0 \frac{dt}{1+t^2} + \int_0^\infty \frac{dt}{1+t^2} = \tan^{-1}t\Big]_0^\infty = \frac{\pi}{2}$

4.

提示	解答
設竹竿長 $\ell = x + y$； $\cos\theta = \frac{a}{x}$，$\sin\theta = \frac{b}{y}$ $\therefore x = a\sec\theta, y = b\csc\theta$ 由此，ℓ 為 θ 之函數 （注意，圖中二直角三角形為相似三角形）	設竹竿長為 $\ell = x + y$ 其中$\cos\theta = \frac{a}{x}$，$\sin\theta = \frac{b}{y}$ $x = a\sec\theta$，$y = b\csc\theta$ $\therefore \ell = x + y = a\sec\theta + b\csc\theta$ $\frac{d}{d\theta}\ell = a\sec\theta\tan\theta - b\csc\theta\cot\theta = 0$ $\therefore a\sec\theta\tan\theta = b\csc\theta\cot\theta$ $\Rightarrow \frac{a\sin\theta}{\cos^2\theta} = \frac{b\cos\theta}{\sin^2\theta}$ $\therefore \tan\theta = \left(\frac{b}{a}\right)^{\frac{1}{3}}$，即$\theta = \tan^{-1}\left(\frac{b}{a}\right)^{\frac{1}{3}}$ 又 $\left.\frac{d^2}{d\theta^2}\ell\right\|_{\theta=\tan^{-1}\left(\frac{b}{a}\right)^{\frac{1}{3}}} < 0$（自證之） $\therefore \theta = \tan^{-1}\left(\frac{b}{a}\right)^{\frac{1}{3}}$有一相對極小值。 現求 $x, y =$ ？ $\because x = a\sec\theta = a\sqrt{1+\tan^2\theta} = a\sqrt{1+\left(\frac{b}{a}\right)^{\frac{2}{3}}} = a^{\frac{2}{3}}\left(a^{\frac{2}{3}} + b^{\frac{2}{3}}\right)^{\frac{1}{2}}$ $y = b\cos\theta = b\sqrt{1+\cot^2\theta} = b\sqrt{1+\left(\frac{1}{\tan^2\theta}\right)^2}$ $= b\sqrt{1+\left(\frac{a}{b}\right)^{\frac{2}{3}}} = b^{\frac{2}{3}}\left(a^{\frac{2}{3}} + b^{\frac{2}{3}}\right)^{\frac{1}{2}}$ $\therefore \ell = x + y = \left(b^{\frac{2}{3}} + b^{\frac{2}{3}}\right)^{\frac{3}{2}}$

練習 7.4C

1. $\int \frac{f'(\sin^{-1}x)}{f^2(\sin^{-1}x)} \frac{dx}{\sqrt{1-x^2}} \overset{u=\sin^{-1}x}{=\!=\!=} \int \frac{f'(u)}{f^2(u)} du = \int \frac{df(u)}{f^2(u)} = -\frac{1}{f(u)} + c = -\frac{1}{f(\sin^{-1}x)} + c$
2. $\int (\sin^{-1}x + \cos^{-1}x)dx = \int \frac{\pi}{2} dx = \frac{\pi}{2}x + c$
3. $L = \int_0^a \sqrt{1+(y')^2}\, dx = \int_0^a \sqrt{1+\left(\frac{-x}{\sqrt{a^2-x^2}}\right)^2}\, dx = a\int_0^a \frac{dx}{\sqrt{a^2-x^2}} = a\sin^{-1}\frac{x}{a}\Big]_0^a = \frac{\pi}{2}a$

練習 8.1A

1. $\int_0^1 \sqrt{2+x^2}\, dx = \frac{x}{2}\sqrt{2+x^2} + \ln|\sqrt{2+x^2}+x|\Big|_0^1 = \frac{\sqrt{3}}{2} + \ln(1+\sqrt{3}) - \ln\sqrt{2}$

   （或 $\frac{\sqrt{3}}{2} + \ln\frac{1+\sqrt{3}}{\sqrt{2}}$）
2. $\int \sqrt{9-x^2}\, dx = \frac{x}{2}\sqrt{9-x^2} + \frac{9}{2}\sin^{-1}\frac{x}{3} + c$
3. $\int \frac{dx}{\sqrt{9-x^2}} = \sin^{-1}\frac{x}{3} + c$
4. $\int \sqrt{x^2+2x+2}\, dx = \int \sqrt{(x+1)^2+1}\, dx$

   $= \frac{x+1}{2}\sqrt{x^2+2x+2} + \frac{1}{2}\ln|(x+1)+\sqrt{x^2+2x+2}| + c$

練習 8.1B

1. (1) $\int \frac{\sqrt{x^2-1}}{x} dx \overset{x=\sec y}{=\!=\!=} \int \frac{\tan y}{\sec y} \cdot \sec y \tan y\, dy$

   $= \int \tan^2 y\, dy = \int (\sec^2 - 1)dy = \tan y - y + c$

   $= \sqrt{x^2-1} - \sec^{-1}x + c$

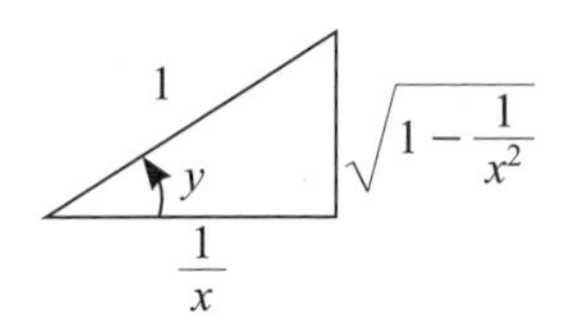

   (2) $\int \frac{\sqrt{9-x^2}}{x^2} dx \overset{x=3\sin y}{=\!=\!=} \int \frac{3\cos y}{9\sin^2 y} \cdot 3\cos y\, dy = \int \cot^2 y\, dy$

   $= \int (\csc^2 y - 1)dy = -\cot y - y + c = -\frac{\sqrt{9-x^2}}{x} - \sin^{-1}\frac{x}{3} + c$

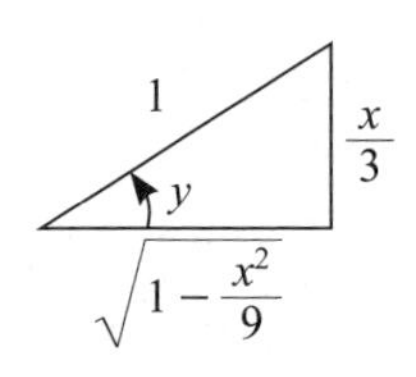

   (3) $\int \frac{dx}{x^2\sqrt{1+x^2}} \overset{x=\tan y}{=\!=\!=} \int \frac{\sec^2 y\, dy}{\tan^2 y \sec y}$

   $= \int \frac{\cos y}{\sin^2 y} dy = \int \frac{d\sin y}{\sin^2 y} = -\frac{1}{\sin y} + c = -\frac{\sqrt{1+x^2}}{x} + c$

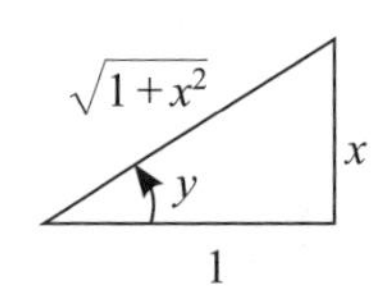

   (4) $\int \sqrt{\frac{x-1}{x+1}} dx = \int \frac{x-1}{\sqrt{x^2-1}} dx \overset{x=\sec y}{=\!=\!=} \int \frac{\sec y - 1}{\tan y} \cdot \sec y \tan y\, dy$

   $= \int (\sec^2 y - \sec y)dy = \tan y - \ln|\sec y + \tan y| + c$

   $= \sqrt{x^2-1} - \ln|x + \sqrt{x^2-1}| + c$

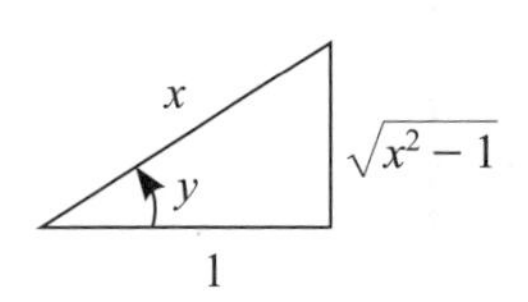

(5) $\int \frac{x^3\,dx}{\sqrt{x^2+a^2}} = \int \frac{(x^2+a^2-a^2)\,d\,\frac{1}{2}(x^2+a^2)}{\sqrt{x^2+a^2}}$

$= \frac{1}{2}\int \sqrt{x^2+a^2}\,d(x^2+a^2) - \frac{a^2}{2}\int \frac{d(x^2+a^2)}{\sqrt{x^2+a^2}} = \frac{1}{3}(x^2+a^2)^{\frac{3}{2}} - a^2(x^2+a^2)^{\frac{1}{2}} + c$

(6) $\int \tan\sqrt{1+x^2}\cdot\frac{x}{\sqrt{1+x^2}}dx = \int \tan\sqrt{1+x^2}\,d\sqrt{1+x^2} = -\ln\cos\sqrt{1+x^2}+c$

2. 在 $x^2-y^2=1$ 任取一點 $(\cosh t, \sinh t)$ 則過 $(0, 0)$ 之連線和 $x^2-y^2=1$，x 軸所夾之面積 $A(t)$，則

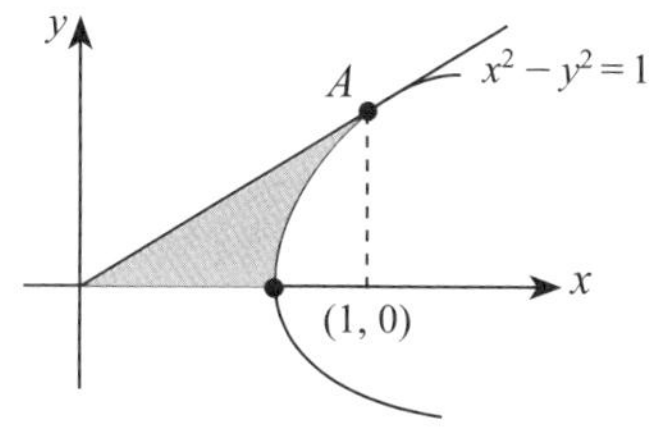

$A(t) = \frac{1}{2}\sinh t\cosh t - \int_1^{\cosh t}\sqrt{x^2-1}\,dx$，

則 $A'(t) = \frac{1}{2}(\cosh^2 t + \sinh^2 t) - \sqrt{\cosh^2 t - 1}\cdot\sinh t = \frac{1}{2}$
，

$A(t) = \frac{t}{2}+c$，又 $A(0)=0$（請自行驗證之）

$\therefore A(t) = \frac{t^2}{2}$

練習 8.2

1. 取 $z=\tan\frac{x}{2}$，則 $\sin x = \frac{2z}{1+z^2}$，$\cos x = \frac{1-z^2}{1+z^2}$，$dx = \frac{2dz}{1+z^2}$

原式 $= \int \frac{\frac{2dz}{1+z^2}}{1+\left(\frac{2z}{1+z^2}\right)+\left(\frac{1-z^2}{1+z^2}\right)} = \int \frac{dz}{1+z} = \ln|1+z|+c = \ln\left|1+\tan\frac{x}{2}\right|+c$

2. $\int \frac{1}{1-\sin x}dx \overset{z=\tan\frac{x}{2}}{=\!=\!=} \int \frac{\frac{2}{1+z^2}dz}{1-\frac{2z}{1+z^2}} = \int \frac{2dz}{(1-z)^2} = \frac{2}{1-z}+c = \frac{2}{1-\tan\frac{x}{2}}+c$

3. $\int \frac{(1+\sin x)dx}{(1+\cos x)\sin x} \overset{z=\tan\frac{x}{2}}{=\!=\!=} \int \frac{\left(1+\frac{2z}{1+z^2}\right)\left(\frac{2}{1+z^2}\right)dz}{\left(1+\frac{1-z^2}{1+z^2}\right)\left(\frac{2z}{1+z^2}\right)}$

$= \int \frac{(1+z)^2dz}{2z}$

$= \frac{1}{2}\int\left(\frac{1}{z}+2+z\right)dz = \frac{1}{2}\ln|z|+z+\frac{z^2}{4}+c$

$= \frac{1}{2}\ln\left|\tan\frac{x}{2}\right|+\tan\frac{x}{2}+\frac{1}{4}\left(\tan\frac{x}{2}\right)^2+c$

4. $\int \frac{1+\sin x}{2+\cos x}dx \overset{z=\tan\frac{x}{2}}{=\!=\!=} \int \frac{1+\frac{2z}{1+z^2}}{2+\frac{1-z}{1+z^2}}\cdot\frac{2dz}{1+z^2}$

$=2\int\frac{(1+z)^2dz}{(2z^2-z+3)(1+z^2)}$ 接下去便不易處理，因此，另一種解法：

$$\int\frac{1+\sin x}{2+\cos x}dx=\int\frac{dx}{2+\cos x}+\int\frac{-d(2+\cos x)}{2+\cos x}=\int\frac{dx}{2+\cos x}-\ln(2+\cos x)$$

$$\int\frac{dx}{2+\cos x}\overset{z=\tan\frac{x}{2}}{=\!=\!=}\int\frac{\frac{2dz}{1+z^2}}{2+\frac{1-z}{1+z^2}}=\int\frac{2dz}{3+z^2}=\frac{2}{\sqrt{3}}\tan^{-1}\frac{z}{\sqrt{3}}+c=\frac{2}{\sqrt{3}}\tan^{-1}\frac{\tan\frac{x}{2}}{\sqrt{3}}+c$$

$$\therefore\int\frac{1+\sin x}{2+\cos x}dx=-\ln(2+\cos x)+\frac{2}{\sqrt{3}}\tan^{-1}\frac{\tan\frac{x}{2}}{\sqrt{3}}+c$$

練習 8.3

1. $\frac{2x^2+3x+1}{(x-1)}=(2x+5)+\frac{6}{x-1}$

   $\frac{2x^2+3x+1}{(x-1)^2}=\frac{2x+5}{x-1}+\frac{6}{(x-1)^2}=2+\frac{7}{x-1}+\frac{6}{(x-1)^2}$

   $\frac{2x^2+3x+1}{(x-1)^3}=\frac{2}{(x-1)}+\frac{7}{(x-1)^2}+\frac{6}{(x-1)^3}$

   $\therefore\int\frac{2x^2+3x+1}{(x-1)^3}dx=2\int\frac{dx}{x-1}+7\int\frac{dx}{(x-1)^2}+6\int\frac{dx}{(x-1)^3}=2\ln|x-1|-\frac{7}{x-1}-\frac{3}{(x-1)^2}+C$

2. $\frac{(x+2)^2}{x(x-1)^2}=\frac{A}{x}+\frac{B}{x-1}+\frac{C}{(x-1)^2}$

   由視察法：$A=4$

   $\therefore\frac{B}{x-1}+\frac{C}{(x-1)^2}=\frac{(x+2)^2}{x(x-1)^2}-\frac{4}{x}=\frac{x^2+4x+4-4x^2+8x-4}{x(x-1)^2}$

   $=\frac{-3x+12}{(x-1)^2}=\frac{-3(x-1)}{(x-1)^2}+\frac{9}{(x-1)^2}=\frac{-3}{x-1}+\frac{9}{(x-1)^2}$

   $\int\frac{(x+2)^2}{x(x-1)^2}dx=\int\left(\frac{4}{x}+\frac{-3}{x-1}+\frac{9}{(x-1)^2}\right)dx$

   $=4\ln|x|-3\ln|x-1|-\frac{9}{x-1}+c$

   $=\ln\left|\frac{x^4}{(x-1)^3}\right|-\frac{9}{x-1}+c$

3. 取 $x=y^6$ 則 $dx=6y^5dy$

   $\therefore\int\frac{dx}{\sqrt{x}+\sqrt[3]{x}}=\int 6\frac{y^5dy}{y^3+y^2}=6\int\frac{y^3}{y+1}dy$

   $=6\left[\int\left(y^2-y+1-\frac{1}{1+y}\right)dy\right]$

   $=2y^3-3y^2+6y-6\ln|1+y|+c$

   $=2\sqrt{x}-3\sqrt[3]{x}+6\sqrt[6]{x}-6\ln|1+\sqrt[6]{x}|+c$

4. $\frac{x}{(x+1)^2(x^2+1)}=\frac{1}{2}\left(\frac{1}{x^2+1}-\frac{1}{(x+1)^2}\right)$

$\therefore\int\frac{x}{(x+1)^2(x^2+1)}dx=\frac{1}{2}\int\frac{dx}{x^2+1}-\frac{1}{2}\int\frac{1dx}{(1+x)^2}=\frac{1}{2}\tan^{-1}x+\frac{1}{2}\frac{1}{1+x}+c$

5. $\frac{1}{x(x^n+1)}=\frac{x^{n-1}}{x^n(x^n+1)}=x^{n-1}\left(\frac{1}{x^n}-\frac{1}{x^n+1}\right)=\frac{1}{x}-\frac{x^{n-1}}{x^n+1}$

$\therefore\int\frac{1}{x(x^n+1)}=\int\left(\frac{1}{x}-\frac{x^{n-1}}{x^n+1}\right)dx=\ln|x|-\int\frac{d(x^n+1)}{x^n+1}\cdot\frac{1}{n}=\ln|x|-\frac{1}{n}\ln|1+x^n|+c$

6. $\frac{x^3}{x-1}=\frac{x^3-1+1}{x-1}=1+x+x^2+\frac{1}{x-1}$

$\frac{x^3}{(x-1)^2}=\frac{(1+x+x^2)}{x-1}+\frac{1}{(x-1)^2}=x+2+\frac{3}{x-1}+\frac{1}{(x-1)^2}$

$\frac{x^3}{(x-1)^3}=\frac{x+2}{x-1}+\frac{3}{(x-1)^2}+\frac{1}{(x-1)^3}=1+\frac{3}{x-1}+\frac{3}{(x-1)^2}+\frac{1}{(x-1)^3}\cdots\cdots$

$\frac{x^3}{(x-1)^{100}}=\frac{1}{(x-1)^{97}}+\frac{3}{(x-1)^{98}}+\frac{3}{(x-1)^{99}}+\frac{1}{(x-1)^{100}}$

$\therefore\int\frac{x^3}{(x-1)^{100}}=\int\frac{dx}{(x-1)^{97}}+\int\frac{3dx}{(x-1)^{98}}+\int\frac{3dx}{(x-1)^{99}}+\int\frac{dx}{(x-1)^{100}}$

$=-\frac{1}{96}\frac{1}{(x-1)^{96}}-\frac{3}{97}\frac{1}{(x-1)^{97}}-\frac{3}{98}\frac{1}{(x-1)^{98}}-\frac{1}{99}\frac{1}{(x-1)^{99}}+c$

練習 8.4A

1. $\int_a^b xf''(x)dx=\int_a^b xdf'(x)=xf'(x)\Big]_a^b-\int_a^b f'(x)dx=bf'(b)-af'(a)-f(x)\Big]_a^b$
$=bf'(b)-af'(a)-f(b)+f(a)$

2. (1) $\int xe^{2x}dx=\int xd\frac{1}{2}e^{2x}=\frac{1}{2}xe^{2x}-\frac{1}{2}\int e^{2x}dx=\frac{1}{2}xe^{2x}-\frac{1}{4}e^{2x}+c$

(2) $\int x\ln 2x dx=\int x(\ln 2+\ln x)dx=\ln 2\int xdx+\int x\ln x dx$

$=(\ln 2)\frac{1}{2}x^2+\frac{x^2}{2}\ln x-\frac{1}{4}x^2+c$（利用例 3(1) 之結果）

(3) $\int x^3\cos x^2 dx\overset{u=x^2}{=\!=\!=}\int\frac{1}{2}u\cos u du=\frac{1}{2}\int ud\sin u$

$=\frac{1}{2}u\sin u-\frac{1}{2}\int\sin u du=\frac{1}{2}u\sin u+\frac{1}{2}\cos u+c=\frac{x^2}{2}\sin x^2+\frac{1}{2}\cos x^2+c$

(4) $\int_1^4\sqrt{x}e^{\sqrt{x}}dx\overset{u=\sqrt{x}}{=\!=\!=}\int_1^2 ue^u\cdot 2udu=2\int_1^2 u^2e^u du=2(u^2-2u+2)e^u]_1^2$（用速解法）
$=4e^2-2e$

(5) $\int\sin^{-1}xdx=x\sin^{-1}x-\int xd\sin^{-1}x=x\sin^{-1}x-\int\frac{xdx}{\sqrt{1-x^2}}=x\sin^{-1}x+\sqrt{1-x^2}+c$

(6) $\int x\ln(x-1)dx=\int\ln(x-1)d\frac{x^2}{2}=\frac{x^2}{2}\ln(x-1)-\int\frac{x^2}{2}d\ln(x-1)$

$$= \frac{x^2}{2}\ln(x-1) - \frac{1}{2}\int \frac{x^2}{x-1}dx = \frac{x^2}{2}\ln(x-1) - \frac{1}{2}\left((x+1) + \frac{1}{x-1}\right)dx$$

$$= \frac{x^2}{2}\ln|x-1| - \frac{1}{4}(x+1)^2 - \frac{1}{2}\ln|x-1| + c = \frac{1}{2}(x^2-1)\ln|x-1| - \frac{1}{4}(x+1)^2 + c$$

(7) $\int \sin \ln x dx = x\sin \ln x - \int x d \sin\ln x = x\sin \ln x - \int \cos x \ln x dx$

$= x\sin \ln x - x\cos x\ln x + \int x d\cos\ln x = x\sin \ln x - x\cos x\ln x - \int \sin \ln x dx$

$\therefore \int \sin\ln x dx = \frac{x}{2}(\sin\ln x - \cos\ln x) + c$

(8) $\int \ln(x+\sqrt{1+x^2})dx = x\ln(x+\sqrt{1+x^2}) - \int x d\ln(x+\sqrt{1+x^2})$

$= x\ln(x+\sqrt{1+x^2}) - \int \frac{x}{\sqrt{1+x^2}}dx = x\ln(x+\sqrt{1+x^2}) - \sqrt{1+x^2} + c$

3. (1) $\int \frac{xe^{\tan^{-1}x}dx}{(1+x^2)^{\frac{3}{2}}} \overset{x=\tan t}{=\!=} \int \frac{(\tan t)e^t}{\sec^3 t} \cdot \sec^2 t dt = \int (\sin t)e^t dt$

$\sqrt{1+x^2}$, x, t, 1

$\int (\sin t)e^t dt = \int \sin t de^t = (\sin t)e^t - \int e^t d\sin t = (\sin t)e^t - \int (\cos t)e^t dt$

$= (\sin t)e^t - \int (\cos t)de^t = (\sin t)e^t - (\cos t)e^t + \int e^t d\cos t = (\sin t - \cos t)e^t - \int (\sin t)e^t dt$

$\therefore \int \frac{xe^{\tan^{-1}x}dx}{(1+x^2)^{\frac{3}{2}}} = \frac{1}{2}(\sin t - \cos t)e^t + c = \frac{1}{2}\left(\frac{x-1}{\sqrt{1+x^2}}\right)e^{\tan^{-1}x} + c$

(2) $\int (\sin^{-1}x)^2 dx = x(\sin^{-1}x)^2 - \int x d(\sin^{-1}x)^2 = x(\sin^{-1}x)^2 - 2\int \frac{x}{\sqrt{1-x^2}}\sin^{-1}x dx$

$= x(\sin^{-1}x)^2 + 2\int \sin^{-1}x d\sqrt{1-x^2}$

$= x(\sin^{-1}x)^2 + 2\sqrt{1-x^2}\sin^{-1}x - 2\int \sqrt{1-x^2}d\sin^{-1}x$

$= x(\sin^{-1}x)^2 + 2\sqrt{1-x^2}\sin^{-1}x - 2\int dx = x(\sin^{-1}x)^2 + 2\sqrt{1-x^2}\sin^{-1}x - 2x + c$

(3) $\int \frac{\sin^2 x}{e^x}dx = -\int \sin^2 x de^{-x} = -(\sin^2 x)e^{-x} + \int e^{-x}d\sin^2 x = -(\sin^2 x)e^{-x} + \int e^{-x}\sin 2x dx$

$= -(\sin^2 x)e^{-x} - \int \sin 2x de^{-x} = -(\sin^2 x)e^{-x} - (\sin 2x)e^{-x} + \int e^{-x}d\sin 2x$

$= -(\sin^2 x)e^{-x} - (\sin 2x)e^{-x} + 2\int \cos 2x e^{-x}dx$

$= -(\sin^2 x)e^{-x} - (\sin 2x)e^{-x} + 2\int (1-2\sin^2 x)e^{-x}dx$

$= -(\sin^2 x)e^{-x} - (\sin 2x)e^{-x} - 2e^{-x} - 4\int \sin^2 x e^{-x}dx$

$\therefore \int \frac{\sin^2 x}{e^x}dx = \frac{-e^{-x}}{5}(2 + \sin 2x + \sin^2 x) + c$

(4) $\int \frac{x+\sin x}{1+\cos x}dx = \int \frac{x+2\sin\frac{x}{2}\cos\frac{x}{2}}{2\cos^2\frac{x}{2}}dx$

$= \int \frac{x}{2\cos^2\frac{x}{2}}dx + \int \frac{\sin\frac{x}{2}}{\cos\frac{x}{2}}dx = \int xd\tan\frac{x}{2} + \int \tan\frac{x}{2}dx$

$= x\tan\frac{x}{2} - \int \tan\frac{x}{2}dx + \int \tan\frac{x}{2}dx$

$= x\tan\frac{x}{2} + c$

練習 8.4B

1. (1) $\int_0^{\pi} x\sin^n xdx = \int_0^{\pi} x\sin^{n-1} xd\,(-\cos x) = -x\sin^{n-1} x\cos x\,\Big]_0^{\pi} + \int_0^{\pi} \cos xd\,(x\sin^{n-1} x)$

$= \int_0^{\pi} \cos x\,(\sin^{n-1} x + (n-1)x\sin^{n-2} x\cos x)dx$

$= \int_0^{\pi} \sin^{n-1} xd\sin x + (n-1)\int_0^{\pi} x\sin^{n-2} x\cos^2 xdx$

$= \frac{1}{n}\sin^n x\,\Big]_0^{\pi} + (n-1)\int_0^{\pi} x\sin^{n-2} x(1-\sin^2 x)dx$

$\therefore n\int_0^{\pi} x\sin^n xdx = (n-1)\int_0^{\pi} x\sin^{n-2} xdx$

$\Rightarrow I_n = \frac{n-1}{n}I_{n-2}$

(2) $I_1 = \int_0^{\pi} x\sin xdx = -x\cos x - \sin x\,\Big]_0^{\pi} = \pi$

$I_2 = \int_0^{\pi} x\sin^2 xdx = \int_0^{\pi} x\left(\frac{1-\cos 2x}{2}\right)dx = \frac{1}{2}\cdot\frac{\pi^2}{2}$

$I_3 = \frac{2}{3}I_1 = \frac{2}{3\cdot 1}\cdot\pi$

$I_4 = \frac{3}{4}I_2 = \frac{3\cdot 1}{4\cdot 2}\frac{\pi^2}{2}$

$I_5 = \frac{4}{5}I_3 = \frac{4}{5}\cdot\frac{2}{3}\pi = \frac{4\cdot 2}{5\cdot 3\cdot 1}\pi$

$I_6 = \frac{5}{6}I_4 = \frac{5}{6}\cdot\frac{3\cdot 1}{4\cdot 2}\cdot\frac{\pi^2}{2} = \frac{5\cdot 3\cdot 1}{6\cdot 4\cdot 2}\cdot\frac{\pi^2}{2}$

$\therefore I_n = \begin{cases} \frac{(n-1)(n-3)\cdots 2}{n(n-2)\cdots 5\cdot 3\cdot 1}\pi，n \text{ 為正奇數 } n>1，I_1=\pi \\ \frac{(n-1)(n-3)\cdots 3\cdot 1}{n(n-2)\cdots 6\cdot 4\cdot 2}\frac{\pi^2}{2}，n \text{ 為正偶數} \end{cases}$

即 $I_n = \begin{cases} \frac{(n-1)!!}{n!!}\pi，n \text{ 為正奇數 } n>1，I_1=\pi \\ \frac{(n-1)!!}{n!!}\frac{\pi^2}{2}，n \text{ 為正偶數} \end{cases}$

2. (1) $\int \sec^n x dx = \int \sec^{n-2} x\, d\tan x = \sec^{n-2} x \tan x - \int tax\, x\, d\sec^{n-2} dx$

$= \sec^{n-2} x \tan x - \int (n-2)\sec^{n-3} x \cdot \sec x \tan^2 x\, dx$

$= \sec^{n-2} x \tan x - \int (n-2)\sec^{n-2} x (\sec^2 x - 1) dx$

$= \sec^{n-2} x \tan x - (n-2)\int \sec^n x\, dx + (n-2)\int \sec^{n-2} x\, dx$

移項

$(n-1)\int \sec^n x\, dx = \sec^{n-2} x \tan x + (n-2)\int \sec^{n-2} x\, dx$

即 $\int \sec^n x\, dx = \dfrac{\sec^{n-2} x \tan x}{n-1} + \dfrac{n-2}{n-1}\int \sec^{n-2} x\, dx$

(2) 取 $I_n = \int \sec^n x\, dx$ 則 (1) 之結果相當爲 $I_n = \dfrac{\sec^{n-2} x \tan x}{n-1} + \dfrac{n-2}{n-1} I_{n-2}$

$\therefore I_2 = \tan x$，$I_3 = \dfrac{1}{2}(\sec x + \tan x + \ln|\sec x + \tan x|)$

$I_4 = \dfrac{1}{3}\sec^2 x \tan x + \dfrac{2}{3}\tan x$

$I_5 = \dfrac{1}{4}\sec^3 x \tan x + \dfrac{3}{8}(\sec x \tan x + \ln|\sec x + \tan x|) + c$

3. (1) $\int (\ln x)^n dx = x(\ln x)^n - \int x d(\ln x)^n = x(\ln x)^n - \int xn \cdot \dfrac{1}{x}(\ln x)^{n-1} dx$

$= x(\ln x)^n - n\int (\ln x)^{n-1} dx$，$n \neq -1$

(2) $\therefore \int (\ln x)^4 dx = x(\ln x)^4 - 4\int (\ln x)^3 dx = x(\ln x)^4 - 4((x(\ln x)^3 - 3\int (\ln x)^2 dx)$

$= x(\ln x)^4 - 4x(\ln x)^3 + 12\int (\ln x)^2 dx = x(\ln x)^4 - 4x(\ln x)^3 + 12(x(\ln x)^2$

$- 2\int \ln x\, dx) = x(\ln x)^4 - 4x(\ln x)^3 + 12x(\ln x)^2 - 24(x\ln x) + 24x + c$

或 $x((\ln x)^4 - 4(\ln x)^3 + 12(\ln x)^2 - 24\ln x + 24) + c$

4. $\int (x^2+a^2)^n dx = x(x^2+a^2)^n - \int x d(x^2+a^2)^n = x(x^2+a^2)^n - \int 2nx^2(x^2+a^2)^{n-1} dx$

$= x(x^2+a^2)^n - 2n\int (x^2+a^2-a^2)(x^2+a^2)^{n-1} dx$

$= x(x^2+a^2)^n - 2n\int (x^2+a^2)^n dx + 2na^2\int (x^2+a^2)^{n-1} dx$

$\therefore (2n+1)\int (x^2+a^2)^n dx = x(x^2+a^2)^n + 2na^2\int (x^2+a^2)^{n-1} dx$

$\Rightarrow \int (x^2+a^2)^n dx = \dfrac{x(x^2+a^2)^n}{2n+1} + \dfrac{2na^2}{2n+1}\int (x^2+a^2)^{n-1} dx$

練習 8.4C

1. $\int x\sin\cos x dx = \dfrac{1}{2}\int x\sin 2x dx$

$= \dfrac{1}{2}\left[-\dfrac{x}{2}\cos 2x + \dfrac{1}{4}\sin 2x\right] + c$

$= -\dfrac{x}{4}\cos 2x + \dfrac{1}{8}\sin 2x + c$

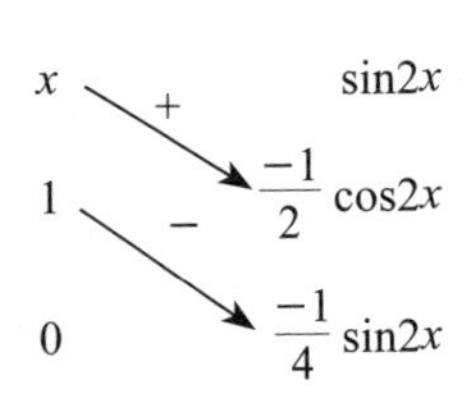

2. $u=\ln x$ 則 $x=e^u$，$dx=e^u du$

$\int x^3(\ln x)^4\,dx=\int e^{3u}u^4e^u du=\int u^4e^{4u}du$

$=\left(\frac{1}{4}u^4-\frac{1}{4}u^3+\frac{3}{16}u^2-\frac{3}{32}u+\frac{3}{128}\right)e^{4u}+c$

$=\left(\frac{1}{4}(\ln x)^4-\frac{1}{4}(\ln x)^3+\frac{3}{16}(\ln x)^2-\frac{3}{32}(\ln x)+\frac{3}{128}\right)e^{4x}+c$

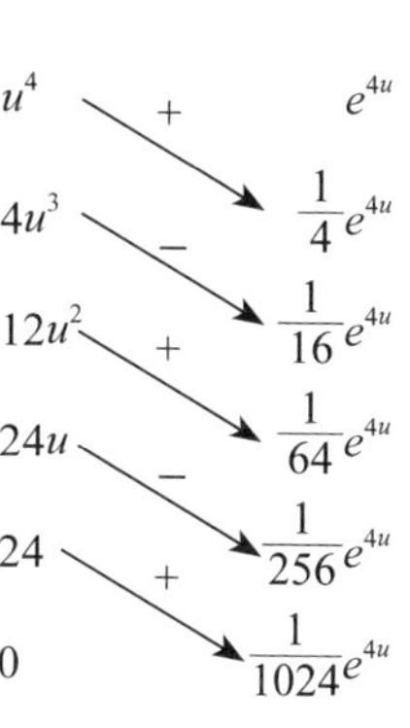

3. 取 $y=\ln x$，則 $x=e^y$，

$dx=e^y dy$，$\int_e^{e^2}\xrightarrow{y=\ln x}\int_1^2$

$\therefore \int_e^{e^2}(\ln x)^2dx=\int_1^2 y^2e^y dy=(y^2-2y+2)e^y]_1^2=2e^2-e$

y^2 + e^y
$2y$ − e^y
2 + e^y
0 e^y

練習 8.4D

1. (1) $\int_{-\frac{\pi}{2}}^{\frac{\pi}{2}}\cos^4 x dx=2\int_0^{\frac{\pi}{2}}\cos^4 x dx=2\cdot\frac{3\cdot 1}{4\cdot 2}\cdot\frac{\pi}{2}=\frac{3}{8}\pi$

(2) $\int_0^{\frac{\pi}{2}}\cos^5 x\sin^2 x dx=\int_0^{\frac{\pi}{2}}\cos^5 x\,(1-\cos^2 x)dx=\int_0^{\frac{\pi}{2}}\cos^5 x dx-\int_0^{\frac{\pi}{2}}\cos^7 x dx$

$=\frac{2\cdot 4}{1\cdot 3\cdot 5}-\frac{2\cdot 4\cdot 6}{1\cdot 3\cdot 5\cdot 7}=\frac{8}{105}$

(3) $\int_0^{2\pi}\sin^8 x dx=4\int_0^{\frac{\pi}{2}}\sin^8 x dx=4\cdot\frac{1\cdot 3\cdot 5\cdot 7}{2\cdot 4\cdot 6\cdot 8}\cdot\frac{\pi}{2}=\frac{35}{64}\pi$

2. (1) $I_n=\int_0^{\frac{\pi}{2}}\sin^n x dx=\int_0^{\frac{\pi}{2}}\sin^{n-1}x d(-\cos x)=-\sin^{n-1}x\cos x\Big]_0^{\frac{\pi}{2}}+\int_0^{\frac{\pi}{2}}\cos x d\sin^{n-1}x$

$=\int_0^{\frac{\pi}{2}}\cos x\cdot(n-1)\sin^{n-2}x\cos x dx$

$=\int_0^{\frac{\pi}{2}}(n-1)\sin^{n-2}x\cos^2 x dx=\int_0^{\frac{\pi}{2}}(n-1)\sin^{n-2}x\,(1-\sin^2 x)dx$

$=\int_0^{\frac{\pi}{2}}(n-1)\sin^{n-2}x dx-\int_0^{\frac{\pi}{2}}(n-1)\sin^n x dx=(n-1)I_{n-2}-(n-1)I_n$

移項：

$I_n=\frac{n-1}{n}I_{n-2}$

(2) $I_0=\frac{\pi}{2}$，$I_1=\int_0^{\frac{\pi}{2}}\sin x dx=1$，$I_2=\frac{1}{2}I_0=\frac{1}{2}\cdot\frac{\pi}{2}=\frac{\pi}{4}$

$\therefore I_3=\frac{2}{3}I_1=\frac{2}{3}$

$I_4=\frac{3}{4}I_2=\frac{3}{4\cdot 2}\cdot\frac{\pi}{2}$

$$I_n=\begin{cases}\dfrac{2\cdot 4\cdots(n-1)}{1\cdot 3\cdot 5\cdots n}，n\text{ 爲大於 1 奇數}，I_1=1\\[2ex]\dfrac{1\cdot 3\cdot 5\cdots(n-1)}{2\cdot 4\cdot 6\cdots n}\cdot\dfrac{\pi}{2}，n\text{ 爲偶數}\end{cases}$$

3. $f(x)=(\sin 2x+\cos 2x)\sin^2 x$ 是 $T=\pi$ 之週期函數

$$\therefore\int_{25}^{25+\pi}(\sin 2x+\cos 2x)\sin^2 x dx$$
$$=\int_0^{\pi}(\sin 2x+\cos 2x)\sin^2 x dx$$
$$=\int_{-\frac{\pi}{2}}^{\frac{\pi}{2}}\underbrace{\sin 2x\sin^2 x dx}_{\text{奇函數}}+\int_{-\frac{\pi}{2}}^{\frac{\pi}{2}}\cos 2x\sin^2 x dx$$
$$=0+\int_{-\frac{\pi}{2}}^{\frac{\pi}{2}}(1-2\sin^2 x)\sin^2 x dx$$
$$=2\int_0^{\frac{\pi}{2}}\sin^2 x dx-4\int_0^{\frac{\pi}{2}}\sin^4 x dx$$
$$=2\cdot\frac{1}{2}\cdot\frac{\pi}{2}-4\cdot\frac{3}{4}\cdot\frac{1}{2}\cdot\frac{\pi}{2}=-\frac{\pi}{4}$$

練習 9.1A

1. $\lim\limits_{x\to a}\dfrac{(f(x))^2-a^2}{x^2-a^2}\overset{L'Hospital}{=\!=\!=}\lim\limits_{x\to a}\dfrac{2f(x)f'(x)}{2x}=\lim\limits_{x\to a}\dfrac{f(x)f'(x)}{x}=\dfrac{af'(a)}{a}=b$

2. $\lim\limits_{h\to 0}\dfrac{f(x+ah)-f(x+bh)}{h}$

$=\lim\limits_{h\to 0}af'(x+ah)-bf'(x+bh)=(a-b)f'(x)$

3. $\lim\limits_{x\to 0}\dfrac{(1+mx)^n-(1+nx)^m}{x^2}=\lim\limits_{x\to 0}\dfrac{nm(1+mx)^{n-1}-mn(1+nx)^{m-1}}{2x}$

$=\lim\limits_{x\to 0}\dfrac{nm(n-1)(1+mx)^{n-2}-mn(m-1)(1+nx)^{m-2}}{2}=\dfrac{mn(n-m)}{2}$

4. $\lim\limits_{x\to 1}\dfrac{x^{a+1}-(a+1)x+a}{x^4-3x^3-3x^2+11x-6}=\lim\limits_{x\to 1}\dfrac{(a+1)x^a-(a+1)}{4x^3-9x^2-6x+11}=\lim\limits_{x\to 1}\dfrac{(a+1)ax^{a-1}}{12x^2-18x-6}=-\dfrac{a(a+1)}{12}$

練習 9.1B

1. $\lim\limits_{x\to 0}\dfrac{x-\int_0^x\cos t^2dt}{x^3}=\lim\limits_{x\to 0}\dfrac{1-\cos x^2}{3x^2}=\lim\limits_{x\to 0}\dfrac{-2x\sin x^2}{6x}=\lim\limits_{x\to 0}-\dfrac{\sin x^2}{3}=0$

2. $\lim\limits_{x\to 0}\dfrac{\int_0^x\frac{u^2}{\sqrt{b+u^3}}du}{ax-\sin x}=\lim\limits_{x\to 0}\dfrac{\frac{x^2}{\sqrt{b+x^3}}}{a-\cos x}=2$

$\because\lim\limits_{x\to 0}\dfrac{x^2}{\sqrt{b+x^3}}=0$，$\therefore\lim\limits_{x\to 0}(a-\cos x)=a-1=0$ 得 $a=1$

又 $\lim\limits_{x\to 0}\dfrac{1}{1-\cos x}\dfrac{x^2}{\sqrt{b+x^3}}=\lim\limits_{x\to 0}\dfrac{1}{\dfrac{1-\cos x}{x^2}}\cdot\dfrac{1}{\sqrt{b+x^3}}=\lim\limits_{x\to 0}\dfrac{2}{\sqrt{b+x^3}}=2$，$\therefore\ b=1$

3. $\lim\limits_{x\to 0}\dfrac{f(x)}{1-\cos x}=\lim\limits_{x\to 0}\dfrac{f'(x)}{\sin x}=\lim\limits_{x\to 0}\dfrac{f''(x)}{\cos x}=f''(0)=2>0$

$\therefore f(x)$ 在 $x=0$ 處有相對極小值

練習 9.1C

1. (1) $\lim\limits_{x\to 1}\left(\dfrac{m}{1-x^m}-\dfrac{n}{1-x^n}\right)=\lim\limits_{x\to 1}\dfrac{m-mx^n-n+nx^m}{1-x^m-x^n+x^{m+n}}\qquad\left(\dfrac{0}{0}\right)$

$$=\lim_{x\to 1}\frac{-mnx^{n-1}+nmx^{m-1}}{-mx^{m-1}-nx^{n-1}+(m+n)x^{m+n-1}}$$

$$=\lim_{x\to 1}\frac{-mn(n-1)x^{n-2}+nm(m-1)x^{m-2}}{-m(m-1)x^{m-2}-n(n-1)x^{n-2}+(m+n)(m+n-1)x^{m+m-2}}$$

$$=\frac{-mn(n-1)+nm(m-1)}{-m(m-1)-n(n-1)+(m+m)(m+n-1)}=\frac{mn(m-n)}{2mn}=\frac{m-n}{2}$$

(2) $\lim\limits_{x\to 0}\left(\dfrac{1}{x}-\dfrac{1}{\tan^{-1}x}\right)=\lim\limits_{x\to 0}\dfrac{\tan^{-1}x-x}{x\tan^{-1}x}=\lim\limits_{x\to 0}\dfrac{\dfrac{1}{1+x^2}-1}{\tan^{-1}x+\dfrac{x}{1+x^2}}$

$$=\lim_{x\to 0}\frac{-x^2}{(1+x^2)\tan^{-1}x+x}=\lim_{x\to 0}\frac{-2x}{2x\tan^{-1}x+1+1}=0$$

(3) $\lim\limits_{x\to\infty}x^2\left(1-x\sin\dfrac{1}{x}\right)\overset{y=\frac{1}{x}}{=\!=\!=}\lim\limits_{y\to 0}\dfrac{1-\dfrac{\sin y}{y}}{y^2}=\lim\limits_{y\to 0}\dfrac{y-\sin y}{y^3}$

$$=\lim_{y\to 0}\frac{1-\cos y}{3y^2}=\lim_{y\to 0}\frac{\sin y}{6y}=\frac{1}{6}$$

2. (1) $x\neq 0$ 時 $f'(x)=\dfrac{2}{x^3}e^{-\frac{1}{x^2}}$

現考察 $x=0$ 處之可微性：

$$f'(0)=\lim_{x\to 0}\frac{f(x)-f(0)}{x-0}=\lim_{x\to 0}\frac{e^{-\frac{1}{x^2}}}{x}\overset{y=\frac{1}{x}}{=\!=\!=}\lim_{y\to\infty}\frac{y}{e^{y^2}}=\lim_{y\to\infty}\frac{1}{2ye^{y}}=0$$

$$\therefore\ f'(x)=\begin{cases}\dfrac{2}{x^3}e^{-\frac{1}{x^2}}, & x\neq 0\\ 0, & x=0\end{cases}$$

因為 $f(x)$ 在 $x=0$ 處可微，因此 $f(x)$ 在 $x=0$ 處連續。

(2) $x\neq 0$ 時 $f''(x)=\dfrac{d}{dx}f'(x)=\dfrac{d}{dx}\left(\dfrac{2}{x^3}e^{\frac{1}{x^2}}\right)=\left(\dfrac{4}{x^6}-\dfrac{6}{x^4}\right)e^{-\frac{1}{x^2}}$

$x=0$ 時 $f''(0)=\lim\limits_{x\to 0}\dfrac{f'(x)-f'(0)}{x-0}=\lim\limits_{x\to 0}\dfrac{\dfrac{2}{x^3}e^{-\frac{1}{x^2}}-0}{x-0}\overset{y=\frac{1}{x}}{=\!=\!=}\lim\limits_{y\to\infty}\dfrac{2y^4}{e^{y^2}}=0$

$$\therefore f''(x)=\begin{cases}\left(\dfrac{4}{x^6}-\dfrac{6}{x^4}\right)e^{-\frac{1}{x^2}}，x\neq 0\\ 0\qquad\qquad\qquad，x=0\end{cases}$$

因為 $f''(x)$ 在 $x=0$ 處可微，因此 $f''(x)$ 在 $x=0$ 處為連續。

練習 9.1D

1. $e^{\lim\limits_{x\to 0^+} x\ln\sin x}=e^{\lim\limits_{x\to 0^+}\frac{\ln\sin x}{\frac{1}{x}}}=e^{\lim\limits_{x\to 0^+}\frac{\frac{\cos x}{\sin x}}{-\frac{1}{x^2}}}=e^{-\lim\limits_{x\to 0^+}\frac{x^2\cos x}{\sin x}}=e^{-\lim\limits_{x\to 0^+}\left(\frac{x}{\sin x}\right)\cdot(x\cos x)}=e^o=1$

2. $\lim\limits_{x\to 1} x^{\frac{1}{1-x}}\overset{y=1-x}{=\!=\!=}\lim\limits_{y\to 0}(1-y)^{\frac{1}{y}}\overset{\omega=\frac{1}{y}}{=\!=\!=}\lim\limits_{\omega\to\infty}\left(1-\dfrac{1}{\omega}\right)^{\omega}=e^{-1}$

3. $\lim\limits_{x\to 0}\dfrac{e-(1+x)^{\frac{1}{x}}}{x}=\lim\limits_{x\to 0}\dfrac{-(1+x)^{\frac{1}{x}}\left[-\frac{1}{x^2}\ln(1+x)+\frac{1}{x(1+x)}\right]}{1}$

$=\lim\limits_{x\to 0}(-(1+x)^{\frac{1}{x}})\lim\limits_{x\to 0}\left(-\dfrac{1}{x^2}\ln(1+x)+\dfrac{1}{x(1+x)}\right)$

$=-e\lim\limits_{x\to 0}\dfrac{-(1+x)\ln(1+x)+x}{x^2(1+x)}\qquad\left(\dfrac{0}{0}\right)$

$=-e\lim\limits_{x\to 0}\dfrac{-\ln(1+x)-1+1}{2x+3x^2}\qquad\left(\dfrac{0}{0}\right)$

$=-e\lim\limits_{x\to 0}\dfrac{-\frac{1}{1+x}}{2+6x}=\dfrac{e}{2}$

練習 9.1E

1. $\lim\limits_{x\to 0}\left(\dfrac{a^x+b^x}{2}\right)^{\frac{1}{x}}=e^{\lim\limits_{x\to 0}\frac{1}{x}\left(\frac{a^x+b^x}{2}-1\right)}=e^{\lim\limits_{x\to 0}\frac{1}{x}\left(\frac{a^x+b^x-2}{2}\right)}=e^{\lim\limits_{x\to 0}\frac{a^x\ln a+b^x\ln b}{2}}=e^{\frac{1}{2}\ln ab}=\sqrt{ab}$

2. $\lim\limits_{x\to 0}\left(\dfrac{\sin x}{x}\right)^{\frac{1}{x}}=e^{\lim\limits_{x\to 0}\left(\frac{\sin x}{x}-1\right)\cdot\frac{1}{x}}=e^{\lim\limits_{x\to 0}\frac{\sin x-x}{x^2}}=e^{\lim\limits_{x\to 0}\frac{\cos x-1}{2x}}=e^{\lim\limits_{x\to 0}\frac{-\sin x}{2}}=1$

3. $\lim\limits_{x\to\infty}\left(\dfrac{x}{x-1}\right)^{\sqrt{x}}=e^{\lim\limits_{x\to\infty}\left(\frac{x}{x-1}-1\right)\sqrt{x}}=e^{\lim\limits_{x\to\infty}\frac{\sqrt{x}}{x-1}}=e^o=1$

練習 9.1F

$\lim\limits_{x\to\infty}x-\sin x$ 與 $\lim\limits_{x\to\infty}x+\sin x$ 均不存在，故不能應用 L'Hospital 法則，而必須用其他方法。

$\lim\limits_{x\to\infty}\dfrac{x-\sin x}{x+\sin x}=\lim\limits_{x\to\infty}\dfrac{1-\frac{\sin x}{x}}{1+\frac{\sin x}{x}}=1$（$\because\lim\limits_{x\to\infty}\dfrac{\sin x}{x}=0$）

練習 9.1G

1. $\lim_{x\to 0}\dfrac{1-\cos x}{\dfrac{x^2}{2}}=2\lim_{x\to 0}\dfrac{1-\cos x}{x^2}=2\lim_{x\to 0}\dfrac{\sin x}{2x}=1$

   $\therefore x\to 0$ 時 $1-\cos x\sim\dfrac{x^2}{2}$

2. $\lim_{x\to 0}\dfrac{\ln(1+x)}{x}=\lim_{x\to 0}\dfrac{\dfrac{1}{1+x}}{1}=1$

   $\therefore x\to 0$ 時 $\ln(1+x)\sim x$

3. $\lim_{x\to 0}\dfrac{\tan x-\sin x}{\dfrac{x^3}{2}}=2\lim_{x\to 0}\dfrac{\sin x\left(\dfrac{1}{\cos x}-1\right)}{x^3}=2\lim_{x\to 0}\dfrac{\sin x}{x}\lim_{x\to 0}\dfrac{1}{\cos x}\lim_{x\to 0}\dfrac{1-\cos x}{x^2}$

   $=2\cdot\dfrac{1}{2}=1$

   $\therefore x\to 0$ 時 $\tan x-\sin x\sim\dfrac{x^3}{2}$

練習 9.1H

1. $\lim_{x\to 0}\dfrac{\sqrt{1+x\sin x}-1}{x^2}=\lim_{x\to 0}\dfrac{\dfrac{1}{2}(x\sin x)}{x^2}=\dfrac{1}{2}$

2. $\lim_{x\to 0}\dfrac{\sqrt{1+f(x)\tan x}-1}{\ln(1+x)}=\lim_{x\to 0}\dfrac{\dfrac{1}{2}f(x)\tan x}{x}=\lim_{x\to 0}\dfrac{\dfrac{1}{2}f(x)x}{x}=b$，$\therefore \lim_{x\to 0}f(x)=2b$

3. $\lim_{x\to 0}\dfrac{(x+1)\sin x}{\sin^{-1}x}=\lim_{x\to 0}\dfrac{(x+1)x}{x}=1$

4. $\lim_{x\to 0}\dfrac{\ln(1+x^n)}{\ln^m(1+x)}=\lim_{x\to 0}\dfrac{x^n}{x^m}=\begin{cases}1\text{，}m=n\\ \text{不存在，}m>n\\ 0\text{，}n>m\end{cases}$

練習 9.2A

1. $\int_0^1\ln x\,dx=\lim_{t\to 0^+}\int_t^1\ln x\,dx=\lim_{t\to 0^+}(x\ln x-x)\Big|_t^1$

   $=\lim_{t\to 0^+}(-1-t\ln t+t)=-1-\lim_{t\to 0^+}t\ln t+0$

   $=-1-\lim_{t\to 0^+}\dfrac{\ln t}{\dfrac{1}{t}}=-1-\lim_{t\to 0^+}\dfrac{\dfrac{1}{t}}{\dfrac{-1}{t^2}}=-1-\lim_{t\to 0^+}(-t)$

   $=-1+0=-1$

2. $\int_0^9 \frac{dx}{(x+9)\sqrt{x}} \overset{u=\sqrt{x}}{=\!=\!=} \lim_{t\to 0^+}\int_t^3 \frac{2udu}{(u^2+9)u} = 2\lim_{t\to 0^+}\int_t^3 \frac{du}{u^2+9}$

$= 2\cdot\lim_{t\to 0^+}\frac{1}{3}\tan^{-1}\frac{u}{3}\Big]_t^3 = \frac{2}{3}(\tan^{-1}1 - \tan^{-1}0) = \frac{2}{3}\cdot\frac{\pi}{4} = \frac{\pi}{6}$

3. $\therefore \int_{-1}^1 |x|^{\frac{-3}{2}}dx = 2\int_0^1 x^{\frac{-3}{2}}dx$

又 $\int_0^1 x^{\frac{-3}{2}}dx = \lim_{t\to 0^+}\int_t^1 x^{\frac{-3}{2}}dx$

$= \lim_{t\to 0^+}\left[-2x^{-\frac{1}{2}}\right]_t^1 = \lim_{t\to 0^+}\left(-2+\frac{2}{\sqrt{t}}\right) = \infty$

$\int_{-1}^1 |x|^{\frac{-3}{2}}dx$ 發散

4. $\int\sqrt{\frac{1+x}{1-x}}dx = \int\frac{(\sqrt{1+x})^2}{\sqrt{1+x}\cdot\sqrt{1-x}} = \int\frac{1+x}{\sqrt{1-x^2}}dx$

$= \int\frac{dx}{\sqrt{1-x^2}} - \frac{1}{2}\int\frac{d(1-x^2)}{(1-x^2)^{\frac{1}{2}}} = \sin^{-1}x - \sqrt{1-x^2} + C$

$\therefore \int_{-1}^1\sqrt{\frac{1+x}{1-x}}dx = \lim_{t\to 1^-}\int_{-1}^t\sqrt{\frac{1+x}{1-x}}dx$

$= \lim_{t\to 1^-}\left[\sin^{-1}x - \sqrt{1-x^2}\right]_{-1}^t = \lim_{t\to 1^-}\left[\sin^{-1}t - \sqrt{1-t^2} + \frac{\pi}{2}\right]$

$= \frac{\pi}{2} + \frac{\pi}{2} = \pi$

練習 9.2B

1. $p=1$ 時 $\int_2^\infty \frac{dx}{x(\ln x)^P} = \int_2^\infty \frac{dx}{x\ln x} = \int_2^\infty \frac{d\ln x}{\ln x} = \lim_{t\to\infty}\ln\ln x\Big]_2^t = \infty$

$p\neq 1$ 時 $\int_2^\infty \frac{dx}{x(\ln x)^P} = \int_2^\infty \frac{d(\ln x)}{(\ln x)^P} = \lim_{t\to\infty}\frac{(\ln x)^{1-P}}{1-p}\Big]_2^t$

$= \begin{cases} \frac{1}{p-1}(\ln 2)^{1-p}, & p>1 \\ \infty, & p<1 \end{cases}$

綜上 $\int_2^\infty \frac{dx}{x(\ln x)^P} = \begin{cases} \frac{1}{p-1}(\ln 2)^{1-p}, & p>1 \\ \infty\text{（散發）}, & p\leq 1 \end{cases}$

2. (1) $\int_{-\infty}^\infty \frac{x}{1+x^2}dx = \int_{-\infty}^0 \frac{x}{1+x^2}dx + \int_0^\infty \frac{x}{1+x^2}dx$

因 $\int_0^\infty \frac{x}{1+x^2}dx = \lim_{t\to\infty}\int_0^t \frac{x}{1+x^2}dx = \lim_{t\to\infty}\frac{1}{2}\ln(1+x^2)\Big]_0^t = \lim_{t\to\infty}\frac{1}{2}\ln(1+t^2) = \infty$

$\therefore \int_{-\infty}^\infty \frac{x}{1+x^2}dx$ 發散

(2) $\int_{-\infty}^\infty \frac{x^2}{4+x^6}dx = \lim_{s\to -\infty}\int_s^0 \frac{x^2}{4+x^6}dx + \lim_{t\to\infty}\int_0^t \frac{x^2dx}{4+x^6}$

$$= \lim_{s\to-\infty}\frac{1}{6}\tan^{-1}\frac{x^3}{2}\Big]_s^0 + \lim_{t\to\infty}\frac{1}{6}\tan^{-1}\frac{x^3}{2}\Big]_0^t$$

$$= \lim_{s\to-\infty} -\frac{1}{6}\tan^{-1}\frac{s^3}{2} + \lim_{t\to\infty}\frac{1}{6}\tan^{-1}\frac{t^3}{2} = \frac{\pi}{12}+\frac{\pi}{12}=\frac{\pi}{6}$$ ，$\therefore \int_{-\infty}^{\infty}\frac{x^2}{4+x^6}dx$ 收斂。

(3) $\int_{-\infty}^{\infty}\cos x dx = \int_{-\infty}^{0}\cos x dx + \int_{0}^{\infty}\cos x dx$

因 $\int_0^{\infty}\cos x dx\Big]_0^{\infty} = \lim_{t\to\infty}\int_0^t \cos x dx = \lim_{t\to\infty}\sin t$ 不存在

$\therefore \int_{-\infty}^{\infty}\cos x dx$ 發散

(4) $p\neq 1$ 時 $\int_1^{\infty}\frac{dx}{x^p} = \lim_{t\to\infty}\int_1^t\frac{dx}{x^p} = \lim_{t\to\infty}\frac{x^{1-p}}{1-p}\Big]_1^t = \begin{cases}\infty, p<1\\ \frac{-1}{1-p}, p>1\end{cases}$

$p=1$ 時 $\int_1^{\infty}\frac{dx}{x} = \lim_{t\to\infty}\int_1^t\frac{dx}{x} = \lim_{t\to\infty}(\ln|t|-0)=\infty$

$\therefore \int_0^1\frac{dx}{x^p} = \begin{cases}\infty, p\le 1\\ \frac{1}{p-1}, p>1\end{cases}$

3. $\int_0^{\infty}\frac{xe^{-x}}{(1+e^{-x})^2}dx = \int_0^{\infty}\frac{xe^x dx}{(1+e^x)^2} = \int_0^{\infty} x\, d\left(\frac{-1}{1+e^x}\right) = \frac{-x}{1+e^x}\Big]_0^{\infty} + \int_0^{\infty}\frac{dx}{1+e^x} = \int_0^{\infty}\frac{dx}{1+e^x}$

$\xlongequal[dx=\frac{1}{y}dy]{y=e^x} \int_1^{\infty}\frac{dy}{y(1+y)} = \int_1^{\infty}\left(\frac{1}{y}-\frac{1}{y+1}\right)dy = \ln\frac{y}{1+y}\Big]_1^{\infty} = \frac{1}{2}$

4. $I = \int_0^{\infty}\frac{dx}{(1+x^2)(1+x^p)} \xlongequal{x=\frac{1}{y}} \int_0^{\infty}\frac{y^p dy}{(1+y^2)(1+y^p)}$

$\therefore \int_0^{\infty}\frac{dx}{(1+x^2)(1+x^p)} + \int_0^{\infty}\frac{x^p}{(1+x^2)(1+x^p)} = \int_0^{\infty}\frac{dx}{1+x^2} = \tan^{-1}x\Big|_0^{\infty} = \frac{\pi}{2}$　　$\therefore I=\frac{\pi}{4}$

練習 9.2C

1. $\lim_{x\to\infty}x^2e^{-x^2} = \lim_{x\to\infty}\frac{x^2}{e^{x^2}} = \lim_{x\to\infty}\frac{2x}{2xe^{x^2}} = 0$，$p=2$，$\therefore$收斂

2. $\lim_{x\to\infty}x^2e^{-x}/x = \lim_{x\to\infty}\frac{x}{e^x} = 0$，$p=2$，$\therefore$收斂

3. $\lim_{x\to\infty}x\cdot\frac{\ln x}{x+1} = \infty$，$p=1$，$\therefore$發散

4. $\lim_{x\to\infty}x\cdot\frac{x}{(\ln x)^2} = \left(\lim_{x\to\infty}\frac{x}{\ln x}\right)^2 = \infty$，$p=1$，$\therefore$發散

練習 9.3

1. (1) 4!

(2) $\int_0^1 (\ln x)^4 dx \xlongequal{y=-\ln x} -\int_\infty^0 y^4 e^{-y}\, dy = \int_0^\infty y^4 e^{-y}\, dy = 4! = 24$

(3) $\int_0^1 x^3 (\ln x)^3 dx \xlongequal{y=-\ln x} -\int_\infty^0 e^{-3y} \cdot y^3 e^{-y}\, dy = \int_0^\infty y^3 e^{-4y}\, dy \xlongequal{\omega=4y} \int_0^\infty \left(\frac{\omega}{4}\right)^3 e^{-\omega} \cdot \frac{1}{4}\, d\omega$

$= \frac{3!}{256} = \frac{3}{128}$

2. $\sqrt{\pi} = \int_{-\infty}^\infty e^{-x^2} dx = 2\int_0^\infty e^{-x^2} dx \xlongequal{y=x^2} 2\int_0^\infty e^{-y} \frac{dy}{2\sqrt{y}}$

$= \int_0^\infty y^{-\frac{y}{2}} e^{-y} dy$，$\therefore \Gamma\left(\frac{1}{2}\right) = \sqrt{\pi}$

練習 10.1A

1. (1) $xyz \geqq 0$ (2) $x \geqq 0, y \geqq 0, z \geqq 0$ (3) $xyz \geqq 0$ 但 $y \neq 0$ (4) $x, z \in R$ 且 $y \geq 0$
2. 由 $y > x$，$x > 0$ 與 $x^2 + y^2 < 1$ 所圍成之區域（如下圖）

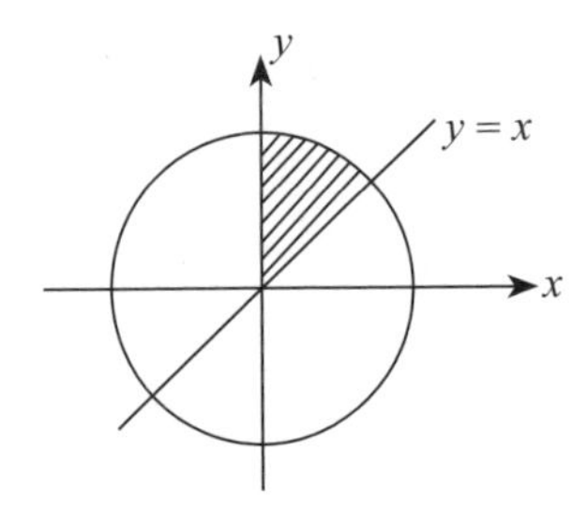

練習 10.1B

1. $f(x+y, xy) = 2(x+y)^2 - 3xy$

$\therefore f(x, y) = 2x^2 - 3y$

2. $f(x+y, x-y) = \frac{x^2 - y^2}{2xy} = \frac{(x+y)(x-y)}{\frac{1}{2}((x+y)^2 - (x-y)^2)}$

$\therefore f(x, y) = \frac{2xy}{x^2 - y^2}$

練習 10.2A

1. $|f(x, y) - 0| = \frac{|x^3 + y^3|}{x^2 + y^2} \leq \frac{|x|x^2 + |y|y^2}{x^2 + y^2}$

$\leq \frac{\sqrt{(x^2 + y^2)} \cdot x^2 + \sqrt{x^2 + y^2} \cdot y^2}{x^2 + y^2} \leq \sqrt{x^2 + y^2} \leq \varepsilon$

取 $\delta = \varepsilon$

$\therefore$對所有 $\varepsilon > 0$ 都可找到 $\delta > 0$，使得 $0 < \sqrt{x^2 + y^2} < \delta$ 時有

$\left|\frac{x^3 + y^3}{x^2 + y^2} - 0\right| \leq \sqrt{x^2 + y^2} \leq \delta = \varepsilon$

$\therefore \lim\limits_{\substack{x \to 0 \\ y \to 0}} \frac{x^3 + y^3}{x^2 + y^2} = 0$

2.

提示	解答
本題技巧所在	$x^2-xy+y^2=\left(x-\frac{y}{2}\right)^2+\frac{3}{4}y^2\geq\frac{3}{4}y^2\geq 0$ 且 $x^2-xy+y^2=\frac{3}{4}x^2+\left(y-\frac{x}{2}\right)^2\geq\frac{3}{4}x^2>0$ $\therefore\left\|\frac{x^3+xy^2}{x^2-xy+y^2}\right\|\leq\frac{\|x^3+xy^2\|}{\|x^2-xy+y^2\|}\leq\frac{\|x^3\|+\|xy^2\|}{x^2-xy+y^2}$ $\leq\frac{x^2\|x\|}{x^2-xy+y^2}+\frac{\|x\|y^2}{x^2-xy+y^2}\leq\frac{x^2\|x\|}{\frac{3}{4}x^2}+\frac{\|x\|y^2}{\frac{3}{4}y^2}$ $=\frac{8}{3}\|x\|$
應用擠壓定理	$\Rightarrow\lim\limits_{(x,y)\to(0,0)}\frac{x^3+xy^2}{-x^2-xy+y^2}\leq\frac{8}{3}\|x\|$ $\therefore\lim\limits_{(x,y)\to(0,0)}=0$

練習 10.2B

1. $x, y>0$ 時，$x^2+y^2\geq 2xy$ $\quad\therefore 0\leq\frac{xy}{x^2+y^2}\leq\frac{1}{2}\Rightarrow 0\leq\left(\frac{xy}{x^2+y^2}\right)^x\leq\left(\frac{1}{2}\right)^x$

   $\lim\limits_{x\to\infty}\left(\frac{1}{2}\right)^x=0$，由擠壓定理知 $\lim\limits_{(x,y)\to(\infty,\infty)}\left(\frac{xy}{x^2+y^2}\right)^x=0$

2. $\lim\limits_{(x,y)\to(0,0)}\frac{1}{x}\sin xy=\lim\limits_{(x,y)\to(0,0)}\underbrace{\left(\frac{1}{xy}\sin xy\right)}_{1}\cdot y=0$

3. $-1\leq\sin\frac{1}{xy}\leq 1$，$\therefore -(x+y)\leq-(x+y)\sin\frac{1}{xy}\leq(x+y)$

   $\lim\limits_{(x,y)\to(0,0)}(x+y)=-\lim\limits_{(x,y)\to(0,0)}(x+y)=0$，$\therefore\lim\limits_{(x,y)\to(0,0)}(x+y)\sin\frac{1}{xy}=0$

4. $\lim\limits_{(x,y)\to(0,0)}\frac{1-\cos(x^2+y^2)}{(x^2+y^2)^2}\cdot\frac{1}{xy}$

   $\lim\limits_{(x,y)\to(0,0)}\frac{1-\cos(x^2+y^2)}{(x^2+y^2)^2}\overset{\rho=x^2+y^2}{=\!=\!=}\lim\limits_{\rho\to 0}\frac{1-\cos\rho}{\rho^2}\overset{\text{L'Hospital}}{=\!=\!=}\lim\limits_{\rho\to 0}\cdot\frac{\sin\rho}{2\rho}=\frac{1}{2}$

   $\therefore\lim\limits_{(x,y)\to(0,0)}\frac{1-\cos(x^2+y^2)}{(x^2+y^2)xy}=\infty$（不存在）

5. $\lim\limits_{(x,y)\to(1,0)}\frac{\ln(1+xy)}{y}=\lim\limits_{(x,y)\to(1,0)}\frac{\ln(1+xy)}{xy}\cdot x$

   $=\lim\limits_{(x,y)\to(1,0)}\frac{\ln(1+xy)}{xy}\lim\limits_{(x,y)\to(1,0)}x=\lim\limits_{(x,y)\to(1,0)}\frac{\ln(1+xy)}{xy}\overset{u=xy}{=\!=}\lim\limits_{u\to 0}\frac{\ln(1+u)}{u}=\lim\limits_{u\to 0}\frac{1}{1+u}=1$

練習 10.2C

1. 0　2. 不存在

練習 10.2D

1. (1) $\lim\limits_{(x,y)\to(0,0)} f(x,y)=\lim\limits_{(x,y)\to(0,0)}\dfrac{x^2\sin(x-3y)}{x-3y}=\lim\limits_{(x,y)\to(0,0)}x^2\lim\limits_{(x,y)\to(0,0)}\underbrace{\dfrac{\sin(x-3y)}{x-3y}}_{1}=0=f(0,0)$

$\therefore f(x,y)$ 在 (0, 0) 爲連續

$\Rightarrow f(x,y)$ 在 $x=3y$（或 $y=\dfrac{x}{3}$）上除 (0, 0) 外均不連續。

(2) 在 $\{(x,y)|x=m\pi$ 或 $y=n\pi$，m, n 爲整數 $\}$

2. 循 $y=x$ 之路徑：$\lim\limits_{\substack{y=x\\x\to0}}f(x,y)=1$

循 x 軸之路徑：$\lim\limits_{\substack{y=0\\x\to0}}f(x,y)=0$

$\therefore \lim\limits_{(x,y)\to(0,0)}f(x,y)$ 不存在，即 $f(x,y)$ 在 (0, 0) 處不連續。

3.

提示	解答
1. 顯然 $f(0,0,0)=0$，現只需證 $\lim\limits_{(x,y,z)\to(0,0,0)}\dfrac{y^3z}{1+x^2+z^2}=0$，即可 2. 我們用 ε-δ 法：在證明過程中，需交復技巧地應用不等式	$\lvert f(x,y,z)-0\rvert=\left\lvert\dfrac{y^3z}{1+x^2+z^2}\right\rvert\le\lvert y^3z\rvert$ $\because\sqrt{x^2+y^2+z^2}\ge\lvert z\rvert$ $\Rightarrow(\sqrt{x^2+y^2+z^2})^4=(\sqrt{x^2+y^2+z^2})^3\sqrt{x^2+y^2+z^2}$ $\ge\lvert z^3\rvert\lvert y\rvert=\lvert y^3z\rvert$ $\therefore\left\lvert\dfrac{y^3z}{1+x^2+z^2}-0\right\rvert<(\sqrt{x^2+y^2+z^2})^4=\delta^4$ 取 $\delta=\varepsilon^{\frac{1}{4}}$，即證。 又 $f(0,0,0)=0$ $\because f(0,0,0)=\lim\limits_{(x,y,z)\to(0,0,0)}f(x,y,z)$ $\therefore f(x,y,z)=\dfrac{y^3z}{1+x^2+z^2}$ 在 (0, 0, 0) 處為連續。

練習 10.3A

1. (1) $\dfrac{1}{1+x^2}$，$\dfrac{1}{1+y^2}$

(2) $\dfrac{\partial u}{\partial x}=2x\tan^{-1}\dfrac{y}{x}+x^2\cdot\dfrac{-\dfrac{y}{x^2}}{1+\left(\dfrac{y}{x}\right)^2}-y^2\cdot\dfrac{\dfrac{1}{y}}{1+\left(\dfrac{x}{y}\right)^2}=2x\tan^{-1}\dfrac{y}{x}-y$

(3) $\frac{\partial u}{\partial x}=\frac{|y|}{x^2+y^2}$，$\frac{\partial u}{\partial y}=\frac{-xy}{|y|(x^2+y^2)}$

2. $\frac{\partial u}{\partial x}=y^z x^{y^z-1}$

$\frac{\partial u}{\partial y}$：$\ln u=y^z\ln x$，$\frac{\partial u/\partial y}{u}=zy^{z-1}\ln x$　$\therefore\frac{\partial u}{\partial y}=u\cdot zy^{z-1}\ln x=x^{y^z}zy^{z-1}\ln x$

$\frac{\partial u}{\partial z}$：$\ln u=y^z\ln x\Rightarrow\frac{\partial u/\partial z}{u}=y^z\ln y\ln x$　$\therefore\frac{\partial u}{\partial z}=uy^z\ln y\ln x=x^{y^z}y^z\ln x\ln y$

3. $u=yf\left(\frac{1}{x}+\frac{1}{y}\right)$

$\therefore\begin{cases}\frac{\partial u}{\partial x}=yf\left(\frac{1}{x}+\frac{1}{y}\right)-\frac{y}{x}f\left(\frac{1}{x}+\frac{1}{y}\right)\text{及}\\ \frac{\partial u}{\partial y}=xf\left(\frac{1}{x}+\frac{1}{y}\right)-\frac{x}{y}f\left(\frac{1}{x}+\frac{1}{y}\right)\end{cases}$

$\Rightarrow x^2\frac{\partial u}{\partial x}-y^2\frac{\partial u}{\partial y}=\left[x^2yf\left(\frac{1}{x}+\frac{1}{y}\right)-xyf\left(\frac{1}{x}+\frac{1}{y}\right)\right]-\left[xy^2f\left(\frac{1}{x}+\frac{1}{y}\right)-xyf\left(\frac{1}{x}+\frac{1}{y}\right)\right]$

$=xyf\left(\frac{x+y}{xy}\right)(x-y)=G(x,y)u$　$\therefore G(x,y)=x-y$

練習 10.3B

1. 令 $u=x^3F\left(\frac{y}{x}，\frac{z}{x}\right)=G(x,y,z)$ 則

$G(\lambda x,\lambda y,\lambda z)=(\lambda x)^3F\left(\frac{\lambda y}{\lambda x}，\frac{\lambda z}{\lambda x}\right)=\lambda^3\left[x^3F\left(\frac{y}{x}，\frac{z}{x}\right)\right]$

$\therefore G(x,y,z)$ 為 3 階齊次函數，因此 $x\frac{\partial u}{\partial x}+y\frac{\partial u}{\partial y}+z\frac{\partial u}{\partial z}=3u$

2. (1) 令 $u=xyf\left(\frac{y}{x}\right)=F(x,y)$，則 $F(\lambda x,\lambda y)=\lambda^2xyf\left(\frac{y}{x}\right)$ 為 2 階齊次函數

$\therefore x\frac{\partial u}{\partial x}+y\frac{\partial u}{\partial y}=2u$

(2) $\frac{\partial u}{\partial x}=yf\left(\frac{y}{x}\right)+xyf'\left(\frac{y}{x}\right)\left(-\frac{y}{x^2}\right)=yf\left(\frac{y}{x}\right)-\frac{y^2}{x}f'\left(\frac{y}{x}\right)$

$\frac{\partial u}{\partial y}=xf\left(\frac{y}{x}\right)+xyf'\left(\frac{y}{x}\right)\frac{1}{x}=xf\left(\frac{y}{x}\right)+yf'\left(\frac{y}{x}\right)$

$\therefore x\frac{\partial u}{\partial x}+y\frac{\partial u}{\partial y}=2xyf\left(\frac{y}{x}\right)=2u$

3. $u=\ln(\sqrt[n]{x}+\sqrt[n]{y}+\sqrt[n]{z})$ 不是齊次函數

$\frac{\partial u}{\partial x}=\frac{\frac{1}{n}x^{\frac{1}{n}-1}}{\sqrt[n]{x}+\sqrt[n]{y}+\sqrt[n]{z}}$，$\therefore x\frac{\partial u}{\partial x}=\frac{\frac{1}{n}x^{\frac{1}{n}}}{\sqrt[n]{x}+\sqrt[n]{y}+\sqrt[n]{z}}$，利用對稱輪換法，

$$y\frac{\partial u}{\partial y}=\frac{\frac{1}{n}y^{\frac{1}{n}}}{\sqrt[n]{x}+\sqrt[n]{y}+\sqrt[n]{z}} \text{ 及 } z\frac{\partial u}{\partial z}=\frac{\frac{1}{n}z^{\frac{1}{n}}}{\sqrt[n]{x}+\sqrt[n]{y}+\sqrt[n]{z}} \qquad \therefore x\frac{\partial u}{\partial x}+y\frac{\partial u}{\partial y}+z\frac{\partial u}{\partial z}=\frac{1}{n}$$

練習 10.4A

1. $u_x=\ln xy+x\cdot\frac{y}{xy}=1+\ln xy \qquad u_{xx}=\frac{y}{xy}=\frac{1}{x}$，$u_{xy}==\frac{x}{xy}=\frac{1}{y}$

   $\therefore$ (1) $u_{xxy}=0$，(2) $u_{xyy}=-\frac{1}{y^2}$

2. (1) $\frac{\partial f}{\partial y}=x^3f_1\cdot x+x^3\left(\frac{1}{x}\right)f_2=x^4f_1+x^2f_2$

   (2) $\frac{\partial^2 f}{\partial y^2}=\frac{\partial}{\partial y}\left(x^4f_1\left(xy,\frac{y}{x}\right)+x^2f_2\left(xy,\frac{y}{x}\right)\right)=x^4\cdot xf_{11}+x^4\left(\frac{1}{x}\right)f_{12}+x^2\cdot xf_{21}+x^2\left(\frac{1}{x}\right)f_{22}$

   $=x^5f_{11}+2x^3f_{12}+xf_{22}$（$\because f\in c^2\ \therefore f_{12}=f_{21}$）

   (3) $\frac{\partial^2 f}{\partial x\partial y}=\frac{\partial}{\partial x}\left(\frac{\partial f}{\partial y}\right)=\frac{\partial}{\partial x}\left(x^4f_1\left(xy,\frac{y}{x}\right)+x^2f_2\left(xy,\frac{y}{x}\right)\right)$

   $=4x^3f_1+x^4yf_{11}+x^4\left(-\frac{y}{x^2}\right)f_{12}+2xf_2+x^2yf_{21}+x^2\left(-\frac{y}{x^2}\right)f_{22}=4x^3f_1+x^4yf_{11}+2xf_2-yf_{22}$

練習 10.4B

1. $f_x(0,0)=\lim_{\Delta x\to 0}\frac{f(0+\Delta x，0)-f(0，0)}{\Delta x}=\lim_{\Delta x\to 0}\frac{f(\Delta x，0)}{\Delta x}=\lim_{\Delta x\to 0}\frac{\Delta x\cdot 0}{\Delta x}=0$

   $f_y(0,0)=\lim_{\Delta y\to 0}\frac{f(0，0+\Delta y)-f(0，0)}{\Delta y}=\lim_{\Delta y\to 0}\frac{f(0，\Delta y)}{\Delta y}=\lim_{\Delta y\to 0}\frac{0\cdot\Delta y}{\Delta y}=0$

   $f_x(0,y)=\lim_{\Delta x\to 0}\frac{f(0+\Delta x，y)-f(0，y)}{\Delta x}=\lim_{\Delta x\to 0}\frac{f(\Delta x，y)}{\Delta x}=\lim_{\Delta x\to 0}\frac{-(\Delta x)y}{\Delta x}=-y$

   $f_y(x,0)=\lim_{\Delta y\to 0}\frac{f(x，0+\Delta y)-f(x，0)}{\Delta y}=\lim_{\Delta y\to 0}\frac{f(x，\Delta y)}{\Delta y}=\lim_{\Delta y\to 0}\frac{x\cdot\Delta y}{\Delta y}=x$

   $f_{xy}(0,0)=\lim_{\Delta y\to 0}\frac{f_x(0，0+\Delta y)-f_x(0，0)}{\Delta y}=\lim_{\Delta y\to 0}\frac{f_x(0，\Delta y)}{\Delta y}=\lim_{\Delta y\to 0}\frac{-\Delta y}{\Delta y}=-1$

   $f_{yx}(0,0)=\lim_{\Delta x\to 0}\frac{f_y(0+\Delta x，0)-f_y(0，0)}{\Delta x}=\lim_{\Delta x\to 0}\frac{f_y(\Delta x，0)}{\Delta x}=\lim_{\Delta x\to 0}\frac{\Delta x}{\Delta x}=1$

2. $f_x(0,0)=\lim_{\Delta x\to 0}\frac{f(0+\Delta x，0)-f(0，0)}{\Delta x}$

   $=\lim_{\Delta x\to 0}\frac{f(\Delta x，0)-f(0，0)}{\Delta x}=\lim_{\Delta x\to 0}\frac{f(\Delta x，0)}{\Delta x}=\lim_{\Delta x\to 0}\frac{0}{\Delta x}=0$

   $f_y(0,0)=\lim_{\Delta y\to 0}\frac{f(0，0+\Delta y)-f(0，0)}{\Delta y}=\lim_{\Delta y\to 0}\frac{f(0，\Delta y)}{\Delta y}=\lim_{\Delta y\to 0}\frac{0}{\Delta y}=0$

   $f_x(0,y)=\lim_{\Delta x\to 0}\frac{f(0+\Delta x，y)-f(0，y)}{\Delta x}=\lim_{\Delta x\to 0}\frac{f(\Delta x，y)}{\Delta x}$

$$= \lim_{\Delta x\to 0} \frac{(\Delta x)^2\tan^{-1}\frac{y}{\Delta x} - y^2\tan^{-1}\frac{\Delta x}{y}}{\Delta x}$$

$$= \lim_{\Delta x\to 0}\left(\Delta x\tan^{-1}\frac{y}{\Delta x} - \frac{y^2}{\Delta x}\tan^{-1}\frac{\Delta x}{y}\right) \qquad *$$

(1) $\lim\limits_{\Delta x\to 0}\Delta x\tan^{-1}\frac{y}{\Delta x} \overset{u=\frac{1}{\Delta x}}{=\!=\!=} \lim\limits_{u\to\infty}\frac{\tan^{-1}yu}{u} = \frac{\frac{\pi}{2}}{u} = 0$

(2) $\lim\limits_{\Delta x\to 0}\frac{y^2}{\Delta x}\tan^{-1}\frac{\Delta x}{y} = \lim\limits_{\Delta x\to 0}\frac{y^2\tan^{-1}\frac{\Delta x}{y}}{\Delta x} = \lim\limits_{\Delta x\to 0}\frac{y^2\left(\frac{1}{y}\right)}{1+\left(\frac{\Delta x}{y}\right)^2} = y$

代 (1)，(2) 入＊得

$f_x(0, y) = -y$

同法，$f_y(x, 0) = x$

$\therefore f_{xy}(0,0) = \lim\limits_{\Delta y\to 0}\frac{f_x(0，0+\Delta y) - f_x(0，0)}{\Delta y} = \lim\limits_{\Delta y\to 0}\frac{f_x(0，\Delta y)}{\Delta y} = \lim\limits_{\Delta y\to 0}\frac{-\Delta y}{\Delta y} = -1$

$f_{yx}(0,0) = \lim\limits_{\Delta x\to 0}\frac{f_y(0+\Delta x，0) - f_y(0，0)}{\Delta x} = \lim\limits_{\Delta x\to 0}\frac{f_y(\Delta x，0)}{\Delta x} = \lim\limits_{\Delta x\to 0}\frac{\Delta x}{\Delta x} = 1$

練習 10.4C

$\frac{\partial z}{\partial x} = \frac{x}{\sqrt{x^2+y^2}}f'$，$\frac{\partial^2 z}{\partial x^2} = \frac{x^2f'' + \frac{y^2}{\sqrt{x^2+y^2}}f'}{x^2+y^2}$，$\frac{\partial z}{\partial y} = \frac{x}{\sqrt{x^2+y^2}}f'$，$\frac{\partial^2 z}{\partial y^2} = \frac{y^2f'' + \frac{x^2}{\sqrt{x^2+y^2}}f'}{x^2+y^2}$

$\therefore \frac{\partial^2 z}{\partial x^2} + \frac{\partial^2 z}{\partial y^2} = f'' + \frac{\sqrt{x^2+y^2}}{x^2+y^2}f' = 0$

$\Rightarrow (x^2+y^2)f'' + \sqrt{x^2+y^2}f' = 0 \Rightarrow f''(\sqrt{x^2+y^2}) + \frac{1}{\sqrt{x^2+y^2}}f'(\sqrt{x^2+y^2}) = 0$

$\therefore f''(u) + \frac{1}{u}f'(u) = 0$

練習 10.4D

1. (1) $\frac{\partial z}{\partial s} = \frac{\partial z}{\partial x}\cdot\frac{\partial x}{\partial s}$　(2) $\frac{\partial z}{\partial t} = \frac{\partial z}{\partial x}\cdot\frac{\partial x}{\partial t} + \frac{\partial z}{\partial y}\cdot\frac{\partial y}{\partial t}$　(3) $\frac{\partial z}{\partial v} = \frac{\partial z}{\partial y}\cdot\frac{\partial y}{\partial v} + \frac{\partial z}{\partial w}\cdot\frac{\partial w}{\partial v}$

2. $\frac{\partial T}{\partial \rho} = \frac{\partial T}{\partial x}\cdot\frac{\partial x}{\partial \rho} + \frac{\partial T}{\partial y}\cdot\frac{\partial y}{\partial \rho} = (2x)\cdot(\theta) + (2y)2\rho = (2\rho\theta)\cdot\theta + (2\rho^2)\cdot 2\rho = 2\rho\theta^2 + 4\rho^3$

   $\frac{\partial T}{\partial \theta} = \frac{\partial T}{\partial x}\cdot\frac{\partial x}{\partial \theta} = (2x)\cdot\rho = (2\rho\theta)\cdot\rho = 2\rho^2\theta$

   別解

   $T = x^2 + y^2 = (\rho\theta)^2 + (\rho^2)^2 = \rho^2\theta^2 + \rho^4$　$\therefore \frac{\partial T}{\partial \rho} = 2\rho\theta^2 + 4\rho^3$，$\frac{\partial T}{\partial \theta} = 2\rho^2\theta$

練習 10.4E

1. $\frac{\partial^2 z}{\partial t^2}=\frac{\partial}{\partial t}\left(\frac{\partial z}{\partial t}\right)=\frac{\partial}{\partial t}[(-af')+ag']=(-a(-a)f'')+a(a)g''=a^2(f''+g'')$

$\frac{\partial^2 z}{\partial x^2}=\frac{\partial}{\partial x}\left(\frac{\partial z}{\partial x}\right)=\frac{\partial}{\partial x}(f'+g')=f''+g''$

$\therefore \frac{\partial^2 z}{\partial t^2}=a^2\frac{\partial^2 z}{\partial x^2}$

2. $\frac{\partial u}{\partial x}=f'$

$\frac{\partial^2 u}{\partial x\partial y}=\frac{\partial}{\partial x}\left(\frac{\partial u}{\partial y}\right)=\frac{\partial}{\partial x}(f'(x+g(y)))g'(y)=f''(x+g(y))g'(y)=f''g'$

$\therefore \frac{\partial u}{\partial x}\cdot\frac{\partial^2 u}{\partial x\partial y}=f'f''g'$　　①

$\frac{\partial u}{\partial y}=f'g'$

$\frac{\partial^2 u}{\partial x^2}=\frac{\partial}{\partial x}\left(\frac{\partial u}{\partial x}\right)=\frac{\partial}{\partial x}f'(x+g(y))=f''$

$\frac{\partial u}{\partial y}\frac{\partial^2 u}{\partial x^2}=f'g'f''$　　②

比較①，②得 $\frac{\partial u}{\partial x}\frac{\partial^2 u}{\partial x\partial y}=\frac{\partial u}{\partial y}\frac{\partial^2 u}{\partial x^2}$

3. $\frac{\partial^2 u}{\partial x^2}=\frac{\partial}{\partial x}\left(\frac{\partial u}{\partial x}\right)=\frac{\partial}{\partial x}\left[yf'\left(\frac{x}{y}\right)\cdot\frac{1}{y}+g\left(\frac{y}{x}\right)+xg'\left(\frac{y}{x}\right)\left(-\frac{y}{x^2}\right)\right]=\frac{\partial}{\partial x}\left[f'\left(\frac{x}{y}\right)+g\left(\frac{y}{x}\right)-\frac{y}{x}g'\left(\frac{y}{x}\right)\right]$

$=\frac{1}{y}f''\left(\frac{x}{y}\right)+\left(-\frac{y}{x^2}\right)g'\left(\frac{y}{x}\right)+\frac{y}{x^2}g'\left(\frac{y}{x}\right)-\left(\frac{y}{x}\right)\left(-\frac{y}{x^2}\right)g''\left(\frac{y}{x}\right)=\frac{1}{y}f''\left(\frac{x}{y}\right)+\frac{y^2}{x^3}g''\left(\frac{y}{x}\right)$

$\frac{\partial^2 u}{\partial x\partial y}=\frac{\partial}{\partial x}\left(\frac{\partial u}{\partial y}\right)=\frac{\partial}{\partial x}\left[f\left(\frac{x}{y}\right)+y\left(-\frac{x}{y^2}\right)f'\left(\frac{x}{y}\right)+xg'\left(\frac{y}{x}\right)\left(\frac{1}{x}\right)\right]$

$=\frac{\partial}{\partial x}\left[f\left(\frac{x}{y}\right)-\frac{x}{y}f'\left(\frac{x}{y}\right)+g'\left(\frac{y}{x}\right)\right]$

$=\frac{1}{y}f'\left(\frac{x}{y}\right)-\frac{1}{y}f'\left(\frac{x}{y}\right)-\frac{x}{y}f''\left(\frac{x}{y}\right)\left(\frac{1}{y}\right)+g''\left(\frac{y}{x}\right)\left(\frac{-y}{x^2}\right)=-\frac{x}{y^2}f''\left(\frac{x}{y}\right)-\frac{y}{x^2}g''\left(\frac{y}{x}\right)$

$\therefore x\frac{\partial^2 u}{\partial x^2}+y\frac{\partial^2 u}{\partial x\partial y}=x\left[\frac{1}{y}f''\left(\frac{x}{y}\right)+\frac{y^2}{x^3}g''\left(\frac{y}{x}\right)\right]+y\left[-\frac{x}{y^2}f''\left(\frac{x}{y}\right)-\frac{y}{x^2}g''\left(\frac{y}{x}\right)\right]=0$

4. 先看 G_x，G_y：

$G_x=F'(f+g)f'$，$G_y=F'(f+g)g'$

$\therefore \frac{\partial}{\partial y}\left(\ln\frac{G_x}{G_y}\right)=\frac{G_{xy}}{G_x}-\frac{G_{yy}}{G_y}=\frac{F''g'f'}{F'f'}-\frac{F''(g')^2+F'g''}{F'g'}=\frac{F''g'}{F'}-\frac{F''g'}{F'}-\frac{g''}{g'}=-\frac{g''}{g'}$

$\Rightarrow \frac{\partial^2}{\partial x\partial y}\left[\ln\frac{Gx(x,y)}{G_y(x,y)}\right]=\frac{\partial}{\partial x}\left(-\frac{g''}{g'}\right)=0$

5. $\dfrac{\partial z}{\partial x}=y+F\left(\dfrac{y}{x}\right)+xF'\left(\dfrac{y}{x}\right)\left(-\dfrac{y}{x^2}\right)=y+F\left(\dfrac{y}{x}\right)-\dfrac{y}{x}F'\left(\dfrac{y}{x}\right)$

$\dfrac{\partial z}{\partial y}=x+xF'\left(\dfrac{y}{x}\right)\left(\dfrac{1}{x}\right)=x+F'\left(\dfrac{y}{x}\right)$

$\therefore x\dfrac{\partial z}{\partial x}+y\dfrac{\partial z}{\partial y}=x\left(y+F\left(\dfrac{y}{x}\right)-\dfrac{y}{x}F'\left(\dfrac{y}{x}\right)\right)+y\left(x+F'\left(\dfrac{y}{x}\right)\right)=xy+\left(xy+xF\left(\dfrac{y}{x}\right)\right)=xy+z$

練習 10.5A

1. $\overrightarrow{Aa}=\dfrac{1}{2}(\overrightarrow{AB}+\overrightarrow{AC})$，$\overrightarrow{Bb}=\dfrac{1}{2}(\overrightarrow{BA}+\overrightarrow{BC})$，$\overrightarrow{Cc}=\dfrac{1}{2}(\overrightarrow{CA}+\overrightarrow{CB})$

$\therefore \overrightarrow{Aa}+\overrightarrow{Bb}+\overrightarrow{Cc}=\mathbf{0}$

2. (1) $\|A\|=\sqrt{1^2+(-2)^2+3^2}=\sqrt{14}$

(2) $\|A-B\|=\|[1,-3,-2]\|=\sqrt{1^2+(-3)^2+(-2)^2}=\sqrt{14}$

(3) $\|2A-C\|=\|[0,-4,2]\|=\sqrt{0^2+(-4)^2+2^2}=2\sqrt{5}$

3. ΔPQR 的面積 $=\dfrac{1}{2}\|\overrightarrow{PQ}\times\overrightarrow{PR}\|=\dfrac{1}{2}\|(\boldsymbol{j}+\boldsymbol{k})\times(-2\boldsymbol{i}-\boldsymbol{j}-\boldsymbol{k})\|$

又 $(\boldsymbol{j}+\boldsymbol{k})\times(-2\boldsymbol{i}-\boldsymbol{j}-\boldsymbol{k})$

$=\begin{vmatrix}\boldsymbol{i} & \boldsymbol{i} & \boldsymbol{k}\\ 0 & 1 & 1\\ -2 & -1 & -1\end{vmatrix}=-2\boldsymbol{j}+2\boldsymbol{k}$ $\quad\therefore \Delta PQR$ 的面積 $=\dfrac{1}{2}\|-2\boldsymbol{j}+2\boldsymbol{k}\|=\sqrt{2}$

4. (1) $\begin{vmatrix}\boldsymbol{i} & \boldsymbol{j} & \boldsymbol{k}\\ 1 & -2 & 0\\ 3 & 0 & -1\end{vmatrix}=2\boldsymbol{i}+\boldsymbol{j}+6\boldsymbol{k}$

(2) $\begin{vmatrix}\boldsymbol{i} & \boldsymbol{j} & \boldsymbol{k}\\ 1 & -3 & 1\\ 2 & 1 & 3\end{vmatrix}=8\boldsymbol{i}+5\boldsymbol{j}+7\boldsymbol{k}$

5. $\|\boldsymbol{C}\|=\|-\boldsymbol{A}-\boldsymbol{B}\|=\|\boldsymbol{A}+\boldsymbol{B}\|=7\Rightarrow(\boldsymbol{A}+\boldsymbol{B})\cdot(\boldsymbol{A}+\boldsymbol{B})=\boldsymbol{A}\cdot\boldsymbol{A}+\boldsymbol{A}\cdot\boldsymbol{B}+\boldsymbol{B}\cdot\boldsymbol{A}+\boldsymbol{B}\cdot\boldsymbol{B}$

$=9+2\boldsymbol{A}\cdot\boldsymbol{B}+25=34+2\boldsymbol{A}\cdot\boldsymbol{B}=49 \quad \therefore \boldsymbol{A}\cdot\boldsymbol{B}=\dfrac{15}{2}$

$\theta=\cos^{-1}\dfrac{\boldsymbol{A}\cdot\boldsymbol{B}}{\|\boldsymbol{A}\|\|\boldsymbol{B}\|}=\cos^{-1}\dfrac{\frac{1}{2}(15)}{3\cdot 5}=\cos^{-1}\dfrac{1}{2}=60^\circ$

6. $(\boldsymbol{A}-\boldsymbol{B})\times(\boldsymbol{A}+\boldsymbol{B})=\boldsymbol{A}\times(\boldsymbol{A}+\boldsymbol{B})-\boldsymbol{B}\times(\boldsymbol{A}+\boldsymbol{B})=\boldsymbol{A}\times\boldsymbol{A}+\boldsymbol{A}\times\boldsymbol{B}-\boldsymbol{B}\times\boldsymbol{A}-\boldsymbol{B}\times\boldsymbol{B}$

$=\boldsymbol{A}\times\boldsymbol{B}+\boldsymbol{A}\times\boldsymbol{B}=2\boldsymbol{A}\times\boldsymbol{B}$

7. $\because A\times B=A\times C \quad \therefore A\times(A\times B)=A\times(A\times C) \Rightarrow -(A\times B)\times A=-(A\times C)\times A$

從而 $(A\cdot A)B-(A\cdot B)A=(A\cdot A)C-(A\cdot C)A$

又 $A\cdot B=A\cdot C$，可得 $(A\cdot A)B=(A\cdot A)C$，$\because A\neq 0 \quad \therefore B=C$

8. (1) $\|A+2B\|=\sqrt{(A+2B)\cdot(A+2B)}=\sqrt{A\cdot A+4A\cdot B+4\cdot B\cdot B}$

$=\sqrt{\|A\|^2+4\|A\|\|B\|\cos\theta+\|B\|^2}=\sqrt{9+4\cdot 3\cdot 2\cdot \frac{1}{2}+4}=5$

(2) $\begin{vmatrix} i & j & k \\ 1 & 1 & 2 \\ 0 & 1 & 1 \end{vmatrix}=-i-j+k \quad \therefore \pm\frac{1}{\sqrt{3}}(-i-j+k)$是為所求

(3) $\because A+B+C=0 \quad \therefore (A+B+C)\cdot(A+B+C)=\|A\|^2+\|B\|^2+\|C\|^2+2(A\cdot B+B\cdot C+C\cdot A)=3+2(A\cdot B+B\cdot C+C\cdot A)=0 \Rightarrow A\cdot B+B\cdot C+C\cdot A=-\frac{3}{2}$

練習 10.6A

1. (1) $\nabla F(-1,2,3)=(4xy+3z)\boldsymbol{i}+(2x^2+z^2)\boldsymbol{j}+(2yz+3x)\boldsymbol{k}\Big]_{(-1,2,3)}=\boldsymbol{i}+11\boldsymbol{j}+9\boldsymbol{k}$

(2) $\nabla F=(1+y)\boldsymbol{i}+(x-1)\boldsymbol{j}+2z\boldsymbol{k}$

2. $\nabla\left(\frac{f}{g}\right)=\frac{\partial}{\partial x}\frac{f}{g}\boldsymbol{i}+\frac{\partial}{\partial y}\frac{f}{g}\boldsymbol{j}+\frac{\partial}{\partial z}\frac{f}{g}\boldsymbol{k}$

$$=\frac{g\frac{\partial}{\partial x}f-f\frac{\partial}{\partial x}g}{g^2}\boldsymbol{i}+\frac{g\frac{\partial}{\partial y}f-f\frac{\partial}{\partial y}g}{g^2}\boldsymbol{j}+\frac{g\frac{\partial}{\partial z}f-f\frac{\partial}{\partial z}g}{g^2}\boldsymbol{k}$$

$$=\frac{g}{g^2}\left[\frac{\partial}{\partial x}f\boldsymbol{i}+\frac{\partial}{\partial y}f\boldsymbol{j}+\frac{\partial}{\partial z}f\boldsymbol{k}\right]-\frac{f}{g^2}\left[\frac{\partial}{\partial x}g\boldsymbol{i}+\frac{\partial}{\partial y}g\boldsymbol{j}+\frac{\partial}{\partial z}g\boldsymbol{k}\right]$$

練習 10.6B

1. (1) $\boldsymbol{a}=[2,1,-2] \quad \therefore u=\frac{\boldsymbol{a}}{\|\boldsymbol{a}\|}=\frac{1}{3}[2,1,-2]=\left[\frac{2}{3},\frac{1}{3},-\frac{2}{3}\right]$

$\nabla f=\left[\frac{\partial}{\partial x}f,\frac{\partial}{\partial y}f,\frac{\partial}{\partial z}f\right]=[2x,2y+z,y]$

$\therefore$ 方向導數 $D_{\boldsymbol{u}}(P)=\boldsymbol{u}\cdot\nabla f\big|_p=\left[\frac{2}{3},\frac{1}{3},-\frac{2}{3}\right]\cdot[2x,2y+z,y]_{(1,0,-1)}$

$=\frac{4}{3}-\frac{1}{3}+0=1$，它表示$f$在$(1,0,-1)$沿$\boldsymbol{a}=2\boldsymbol{i}+\boldsymbol{j}-2\boldsymbol{k}$方向之切線斜率為1。

(2) $|\nabla f(P)|_{(1,0,-1)}=\sqrt{(2x)^2+(2y+z)^2+y^2}\Big|_{(1,0,-1)}=\sqrt{5}$

$\therefore$ 最大方向導數為 $|\nabla f(P)|_{(1,0,-1)}=\sqrt{5}$

最小方向導數為 $-|\nabla f(P)|_{(1,0,-1)}=-\sqrt{5}$

2. $f(x,y)=c$ 上任一點 (x_0,y_0) 處之法線斜率

$$\frac{-1}{\frac{dy}{dx}}=\frac{-1}{\left(-\frac{F_x}{F_y}\right)}=\frac{F_y}{F_x}$$

$\therefore$ $\nabla f(x_0, y_0)=F_x(x_0, y_0)\boldsymbol{i}+F_y(x_0, y_0)\boldsymbol{j}$ 即爲 $f(x, y)=c$ 在點 (x_0, y_0) 之法向量。

3. 考慮 $f(x, y, z)=\frac{z}{c}-\frac{x^2}{a^2}-\frac{y^2}{b^2}=0$，則

$$\nabla f(x_0, y_0, z_0)=-\frac{2x}{a^2}\boldsymbol{i}-\frac{2y}{b^2}\boldsymbol{j}+\frac{1}{c}\boldsymbol{k}\Big|_{(x_0,\, y_0,\, z_0)}=-\frac{2x_0}{a^2}\boldsymbol{i}-\frac{2y_0}{b^2}\boldsymbol{j}+\frac{1}{c}\boldsymbol{k}$$

$\therefore$ 切面方程式：$-\frac{2x_0}{a^2}(x-x_0)-\frac{2y_0}{b^2}(y-y_0)+\frac{1}{c}(z-z_0)=0$ 或

$$\frac{2x_0}{a^2}(x-x_0)+\frac{2y_0}{b^2}(y-y_0)-\frac{1}{c}(z-z_0)=0$$

法線方程式爲：

$$\frac{x-x_0}{-\frac{2x_0}{a^2}}=\frac{y-y_0}{-\frac{2y_0}{b^2}}=\frac{z-z_0}{\frac{1}{c}}=0$$

4. 考慮 $f(x, y, z)=\sqrt{x}+\sqrt{y}+\sqrt{z}-\sqrt{a}$

$$\nabla f(x, y, z)=\left[\frac{1}{2\sqrt{x}}, \frac{1}{2\sqrt{y}}, \frac{1}{2\sqrt{z}}\right]$$

設 $P(x_0, y_0, z_0)$ 爲 $f(x, y, z)$ 上任一點則過 P 點之切線平面方程式

$$\frac{1}{2\sqrt{x_0}}(x-x_0)+\frac{1}{2\sqrt{y_0}}(y-y_0)+\frac{1}{2\sqrt{z_0}}(z-z_0)=0$$

$$=\frac{x}{2\sqrt{x_0}}+\frac{y}{2\sqrt{y_0}}+\frac{z}{2\sqrt{z_0}}=\frac{1}{2}(\sqrt{x_0}, \sqrt{y_0}, \sqrt{z_0})$$

當 $y=z=0$ $\quad$ x 截距 $x=\sqrt{x_0}(\sqrt{x_0}+\sqrt{y_0}+\sqrt{z_0})$

同法 $x=y=0$ $\quad$ z 截距 $z=\sqrt{z_0}(\sqrt{x_0}+\sqrt{y_0}+\sqrt{z_0})$

$x=z=0$ $\quad$ y 截距 $y=\sqrt{y_0}(\sqrt{x_0}+\sqrt{y_0}+\sqrt{z_0})$

三式加總得截距和爲 $(\sqrt{x_0}+\sqrt{y_0}+\sqrt{z_0})^2=a$

5. 令 $f(x, y, z)=x^2+y^2-4z^2-4$

則 $\nabla f|_{(2,-2,1)}=[2x, 2y, -8z]|_{(2,-2,1)}=[4, -4, -8]$

$\nabla f|_{(2,-2,1)}\cdot[x-2, y+2, z-1]=[4, -4, -8]\cdot[x-2, y+2, z-1]$

$=4(x-2)-4(y+2)-8(z-1)=0$

(1) 切面方程 -- 式爲 $4x-4y-8z=8$ 或 $x-y-2z=2$

(2) 法線方程式：$\frac{x-2}{4}=\frac{y+2}{-4}=\frac{z-1}{-8}$ 或 $x-2=-(y+z)=\frac{z-1}{-2}$

練習 10.7A

1. 一階條件

$$\begin{cases} f_x = 3x^2 - 3y = 0 \\ f_y = -3x + 3y^2 = 0 \end{cases}, \therefore \begin{cases} f_x = x^2 - y = 0 & ① \\ f_y = y^2 - x = 0 & ② \end{cases}$$

由② $x = y^2$ 代入①得：

$(y^2)^2 - y = y^4 - y = y(y-1)(y^2+y+1) = 0$

$\therefore y = 0, y = 1$ 及 $y = 0$ 時 $x = 0$；$y = 1$ 時 $x = 1$ 可得二個臨界點 $(0, 0)$ 及 $(1, 1)$

次求二階條件：

$$\begin{cases} f_{xx} = 6x & f_{xy} = -3 \\ f_{yy} = 6y & f_{yx} = -3 \end{cases}$$

$$\therefore \Delta = \begin{vmatrix} f_{xx} & f_{xy} \\ f_{yx} & f_{yy} \end{vmatrix} = \begin{vmatrix} 6x & -3 \\ -3 & 6y \end{vmatrix}$$

茲檢驗二個臨界點之Δ值：

(1) $(0, 0)$

$\Delta = \begin{vmatrix} 0 & -3 \\ -3 & 0 \end{vmatrix} < 0$，$\therefore f(x, y)$ 在 $(0, 0)$ 處有一鞍點

(2) $(1, 1)$

$\Delta = \begin{vmatrix} 6 & -3 \\ -3 & 6 \end{vmatrix} > 0$，且 $f_{xx}(1, 1) > 0$

$\therefore f(x, y)$ 在 $(1, 1)$ 處有一相對極小值 $f(1, 1) = -1$

2. 先求一階條件：

$$\begin{cases} f_x = -\dfrac{1}{x^2} + y = 0 \cdots\cdots\cdots\cdots ① \\ f_y = x + \dfrac{8}{y^2} = 0 \cdots\cdots\cdots\cdots ② \end{cases}$$

$$\therefore \begin{cases} \dfrac{x^2y - 1}{x^2} = 0 \\ \dfrac{xy^2 + 8}{y^2} = 0 \end{cases} \quad 即 \begin{cases} x^2y = 1 \cdots\cdots ③ \\ xy^2 = -8 \cdots\cdots ④ \end{cases}$$

③ • ④得 $(xy)^3 = -8$, $xy = -2 \cdots\cdots ⑤$

$\dfrac{③}{⑤}$ 得 $x = -\dfrac{1}{2}$，$y = 4$ 即 $\left(-\dfrac{1}{2}, 4\right)$ 為臨界點

次求二階條件：

$$\begin{cases} f_{xx} = \dfrac{2}{x^3}, f_{xy} = 1 \\ f_{yx} = 1, f_{yy} = \dfrac{-16}{y^3} \end{cases}$$

檢驗 $(-\frac{1}{2}, 4)$ 之△值：

$$\triangle = \begin{vmatrix} \frac{2}{x^3} & 1 \\ 1 & \frac{-16}{y^3} \end{vmatrix}_{(-\frac{1}{2}, 4)} = \begin{vmatrix} -16 & 1 \\ 1 & -\frac{1}{4} \end{vmatrix} > 0$$

又 $f_{xx}(-\frac{1}{2}, 4) < 0$

$\therefore f(x, y)$ 在 $(-\frac{1}{2}, 4)$ 有一相對極大值 $f(-\frac{1}{2}, 4) = -6$

3. 原點到曲面上任一點 $P(x, y, z)$ 之距離 d 為 $d^2 = x^2 + y^2 + z^2$，現在我們需求 P 之座標使得 d^2 為最小：

取 $f(x, y) = x^2 + y^2 + z^2 = x^2 + y^2 + x^2y + 9$ ①

則

一階條件

$f_x = 2x + 2xy = 2x(1 + y) = 0$ ②

$f_y = 2y + x^2 = 0$ ③

由② $x = 0$ 或 $y = -1$，代入③

$\therefore x = 0$ 時，$y = 0$，$y = -1$ 時 $x = \pm\sqrt{2}$

得 3 個臨界點 $(0, 0)$，$(\sqrt{2}, -1)$，$(-\sqrt{2}, -1)$

又 $\Delta = \begin{vmatrix} f_{xx} & f_{xy} \\ f_{yx} & f_{yy} \end{vmatrix} = \begin{vmatrix} 2 & 2x \\ 2x & 2 \end{vmatrix}$

二階條件

(1) $(\sqrt{2}, -1)$：$\Delta = \begin{vmatrix} 2 & 2x \\ 2x & 2 \end{vmatrix}_{(\sqrt{2}, -1)} = -4 < 0$，$(\sqrt{2}, -1)$ 為鞍點。

(2) $(-\sqrt{2}, -1)$：$\Delta = \begin{vmatrix} 2 & 2x \\ 2x & 2 \end{vmatrix}_{(-\sqrt{2}, -1)} = -4 < 0$，$(-\sqrt{2}, -1)$ 為鞍點。

(3) $(0, 0)$：$\Delta = \begin{vmatrix} 2 & 0 \\ 0 & 2 \end{vmatrix} > 0$，$f_{xx}(0, 0) > 0$

$\therefore f(x, y)$ 在 $(0, 0)$ 處有一相對極小值 $d^2 = 9$，即 $d = 3$

4. 令 $f(a, b) = \int_{-1}^{1}(x^2 + ax + b)^2 dx$

一階條件

$f_a = 2\int_{-1}^{1}(x^2 + ax + b)x dx = \frac{4}{3}a = 0$

$f_b = 2\int_{-1}^{1}(x^2 + ax + b) dx = \frac{4}{3} + 4b = 0$

$\therefore a = 0, b = -\frac{1}{3}$，即臨界點為 $\left(0, -\frac{1}{3}\right)$

二階條件

$f_{aa}=\frac{4}{3}, f_{ab}=0, f_{ba}=0, f_{bb}=4$

$\therefore \Delta=\begin{vmatrix} \frac{4}{3} & 0 \\ 0 & 4 \end{vmatrix}>0$，$f_{aa}=\frac{4}{3}>0$

知$f(a, b)$在$\left(0, \frac{-1}{3}\right)$處有相對極小值$f\left(0, -\frac{1}{3}\right)=\int_{-1}^{1}(x^2-\frac{1}{3})^2 dx=\frac{16}{15}$

練習 10.7B

1. $L=(x^2-y^2)+\lambda(x^2+y^2-1)$

則$\begin{cases} L_x= \quad 2x+\lambda 2x=0 \\ L_y=-2y+\lambda 2y=0 \end{cases}$

若(x, y)有異於 0 之解，須

$\begin{vmatrix} f_x & g_x \\ f_y & g_y \end{vmatrix}=\begin{vmatrix} 2x & 2x \\ -2y & 2y \end{vmatrix}=8xy=0$，即$x=0$或$y=0$，代此結果入$x^2+y^2=1$得：

(1) $x=0$時$y=\pm 1$，$f(x,y)=x^2-y^2\Big|_{x=0, y=\pm 1}=-1$

(2) $y=0$時$x=\pm 1$，$f(x,y)=x^2-y^2\Big|_{x=\pm 1, y=0}=1$

$\therefore$極大值爲 1，極小值 -1

2. 取$L=(x-1)^2+y^2+\lambda(y^2-4x)$

$\frac{\partial L}{\partial x}=2(x-1)-4\lambda=0$ ①

$\frac{\partial L}{\partial y}=2y+\lambda 2y=0$ ②

$\frac{\partial L}{\partial y}=y^2-4x=0$ ③

由② $y(1+\lambda)=0$，$\therefore y=0$或$\lambda=-1$

(1) $y=0$時由③可得$x=0$

$(0, 0)$至$(1, 0)$之距離爲 1 ④

(2) $\lambda=-1$時，由① $x=-1$，再由③ $y=\pm 2i$（不合）

$\therefore$最短距離爲 1

方法二：

設(x, y)爲$y^2-4x=0$上之一點，由$(1, 0)$與(x, y)之距離爲

$D=\sqrt{(x-1)^2+y^2}$

$=\sqrt{(x-1)^2+4x}$

$=\sqrt{(x+1)^2}$

$\therefore$當$x=0$時有一最小值 1

練習 10.7C

1. 令$L = x - y + z^2 + \lambda(y^2 + z^2 - 1) + \mu(x + y - 2)$

則

$$\begin{cases} L_x = 1 \qquad\qquad\quad + \mu = 0 & (1) \\ L_y = -1 + 2\lambda y + \mu = 0 & (2) \\ L_z = 2z + 2\lambda z \qquad\quad = 0 & (3) \\ L_\lambda = y^2 + z^2 \qquad\quad = 1 & (4) \\ L_u = x + y \qquad\qquad = 2 & (5) \end{cases}$$

由 (1)$\mu = -1$

由 (3) $2z(1 + \lambda) = 0$ $\therefore z = 0$ 或 $\lambda = -1$。代 $z = 0$ 入 (4) 得 $y = \pm 1$，由 (5)$y = 1$ 時 $x = 1$，$y = -1$ 時 $x = 3$：

$f(1, 1, 0) = 0$ ………極小值

$f(3, -1, 0) = 0$ ……極大值

練習 10.8

1. (1) $\dfrac{dz}{dx} = -\dfrac{\partial F/\partial x}{\partial F/\partial z} = \dfrac{y - 2yz}{2xy}$

(2) $\dfrac{dz}{dy} = -\dfrac{\partial F/\partial y}{\partial F/\partial z} = \dfrac{x - 2y - 2xz}{2xy}$

2. 令$f(x, y) = \tan^{-1}\dfrac{y}{x} - \ln\sqrt{x^2 + y^2}$，則 $\dfrac{dy}{dx} = -\dfrac{\partial F/\partial x}{\partial F/\partial y} = -\dfrac{\dfrac{-\frac{y}{x^2}}{1 + (y/x)^2} - \dfrac{2x}{2(x^2 + y^2)}}{\dfrac{\frac{1}{x}}{1 + (y/x)^2} - \dfrac{2y}{2(x^2 + y^2)}} = \dfrac{x + y}{x - y}$

練習 10.9

1. $f(x + \Delta x, y + \Delta y) = f(x, y) + f_x(x, y)\Delta x + f_y(x, y)\Delta y$

$= \sqrt{x^2 + y^2} + \dfrac{x}{\sqrt{x^2 + y^2}}\Delta x + \dfrac{y}{\sqrt{x^2 + y^2}}\Delta y$，

其中 $x = 300$，$y = 400$ 及 $\Delta x = 1$，$\Delta x = -1$

$\therefore \sqrt{301^2 + 399^2} = \sqrt{300^2 + 400^2} + \dfrac{300}{\sqrt{300^2 + 400^2}}(1) + \dfrac{400}{\sqrt{300^2 + 400^2}}(-1)$

$= 500 - 0.2 = 499.8$

2. $v = \pi r^2 h$，v, r, h 均為 t 之函數

$\dfrac{\partial v}{\partial t} = \dfrac{\partial v}{\partial r} \cdot \dfrac{dr}{dt} + \dfrac{\partial v}{\partial h} \cdot \dfrac{dh}{dt}$

$= 2\pi rh \cdot \dfrac{dr}{dt} + \pi r^2 \cdot \dfrac{dh}{dt}$ *

依題意 $h=10$，$r=5$，$\frac{dh}{dt}=-3$，$\frac{dr}{dt}=1$，代入＊得：

$\frac{\partial v}{\partial t}=2\pi(5)(10)+\pi 5^2(-3)=25\pi$（吋^3／秒）

練習 11.1A

1. (1) $\int_1^2\int_0^\pi y\sin xydydx=\int_0^\pi\int_1^2 y\sin xydxdy=\int_0^\pi(-\cos(xy)]_1^2dy=\int_0^\pi[-\cos 2y+\cos y]dy$

$=-\frac{1}{2}\sin 2y+\sin y]_0^\pi=0$

(2) $\int_{-1}^1\int_0^2 xe^{x^4+y^4}dydx=\int_0^2\int_{-1}^1 xe^{x^4}dxd=\int_0^2\Big[\underbrace{\int_{-1}^1 xe^{x^4}dx}_{\text{奇函數}}\Big]dy=\int_0^2 0dy=0$

(3) $\int_0^{\frac{1}{2}}\Big[\int_0^{\sqrt{2}}xy\sqrt{1-x^2y}dx\Big]dy=-\frac{1}{2}\int_0^{\frac{1}{2}}\Big[\int_0^{\sqrt{2}}\sqrt{1-x^2y}d(1-x^2y)\Big]dy$

$=-\frac{1}{3}\int_0^{\frac{1}{2}}[(1-2y)^{\frac{3}{2}}-1]dy=\frac{1}{6}\int_0^{\frac{1}{2}}(1-2y)^{\frac{3}{2}}d(1-2y)+\frac{1}{3}\int_0^{\frac{1}{2}}dy$

$=\frac{-1}{15}+\frac{1}{6}=\frac{1}{10}$

2. (1) 先求 $\int_0^1\frac{x^2-y^2}{(x^2+y^2)^2}dy$

$\int_0^1\frac{x^2-y^2}{(x^2+y^2)^2}dy=\int_0^1\frac{x^2+y^2-2y^2}{(x^2+y^2)^2}dy=\int_0^1\frac{1}{x^2+y^2}dy-\int_0^1\frac{2y^2}{(x^2+y^2)^2}dy$

$=\int_0^1\frac{1}{x^2+y^2}dy+\int_0^1 y\frac{d}{dy}\left(\frac{1}{x^2+y^2}\right)=\int_0^1\frac{dy}{x^2+y^2}+\frac{y}{x^2+y^2}\Big]_0^1-\int_0^1\frac{1}{x^2+y^2}dy=\frac{1}{x^2+1}$

$\therefore\int_0^1\int_0^1\frac{x^2-y^2}{(x^2+y^2)^2}dydx=\int_0^1\frac{1}{x^2+1}dx=\tan^{-1}x]_0^1=\frac{\pi}{4}$

(2) $I=\int_0^1\int_0^1\left|\frac{x^2-y^2}{(x^2+y^2)^2}\right|dxdy=\int_0^1\left[\int_0^y\frac{y^2-x^2}{(x^2+y^2)^2}dx+\int_y^1\frac{x^2-y^2}{(x^2+y^2)^2}dx\right]dy$ ＊

① $\int_0^y\frac{y^2-x^2}{(x^2+y^2)^2}dx=\int_0^y\frac{y^2+x^2-2x^2}{(x^2+y^2)^2}dx=\int_0^y\frac{dx}{x^2+y^2}+\int_0^y x\frac{d}{dx}\left(\frac{1}{x^2+y^2}\right)$

$=\int_0^y\frac{dx}{x^2+y^2}+\frac{x}{x^2+y^2}\Big]_0^y-\int_0^y\frac{dx}{x^2+y^2}=\frac{1}{2y}$

② 同法可得 $\int_1^y\frac{x^2-y^2}{(x^2+y^2)^2}dx=\frac{1}{2y}-\frac{1}{y^2+1}$

代①，②入＊得

$\int_0^1\int_0^1\left|\frac{x^2-y^2}{(x^2+y^2)^2}\right|dxdy=\int_0^1\left(\frac{1}{2y}+\frac{1}{2y}-\frac{1}{y^2+1}\right)dy=\int_0^1\frac{1}{y}dy-\int_0^1\frac{dy}{1+y^2}$，

$\because\int_0^1\frac{1}{y}dy=\infty\quad\therefore I=\infty$

3. (1) $\int_{-1}^{2}\int_{0}^{x^2} e^{\frac{y}{x}}dydx = \int_{-1}^{2} xe^{\frac{y}{x}}\Big]_0^{x^2}dx = \int_{-1}^{2}(xe^x - x)\,dx = (xe^x - e^x) - \frac{x^2}{2}\Big]_{-1}^{2}$

$= e^2 + 2e^{-1} - \frac{3}{2}$

(2) $\int_0^{\frac{\pi}{4}}\int_0^{\sec x} y^3dydx = \frac{1}{4}\int_0^{\frac{\pi}{4}}\sec^4 xdx$

$\int \sec^4 xdx = \int \sec^2 xd\tan x = \sec^2 x\tan x - \int \tan xd\sec^2 xdx = \sec^2 x\tan x - 2\int \sec^2 x\tan^2 xdx$

$= \sec^2 x\tan x - 2\int(\sec^2 x - 1)\sec^2 xdx = \sec^2 x\tan x - 2\int \sec^4 xdx + 2\tan x$

$\Rightarrow \int \sec^4 xdx = \frac{1}{3}(\sec^2 x\tan x + 2\tan x) + c$

$\therefore \int_0^{\frac{\pi}{4}}\sec^4 xdx = \frac{1}{3}(\sec^2 x\tan x + 2\tan x)\Big]_0^{\frac{\pi}{4}} = \frac{4}{3} \Rightarrow \frac{1}{4}\int_0^{\frac{\pi}{4}}\sec^4 xdx = \frac{1}{3}$

練習 11.1B

1. 方法一：先積 y 後積 x

過 (1, 0), (0, 1) 之直線方程式爲 $x + y = 1$ 或 $y = 1 - x$

過 (−1, 0), (0, 1) 之直線方程式爲 $-x + y = 1$ 或 $y = 1 + x$

∴三角形之面積爲

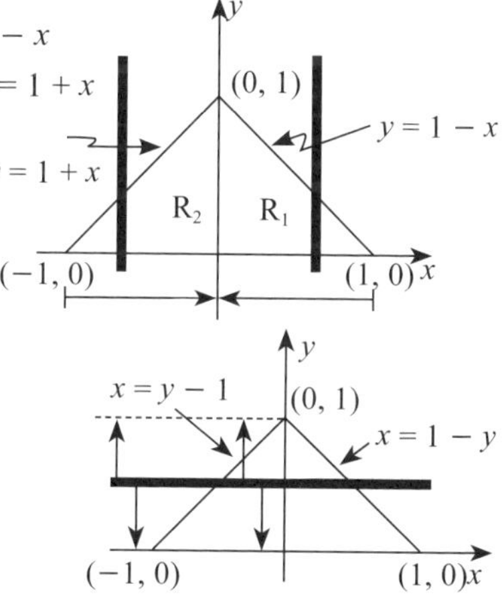

$A = \int_{R_1}\int dydx + \int_{R_2}\int dydx$

$= \int_0^1\int_0^{1-x} dydx + \int_{-1}^0\int_0^{1+x} dydx$

$= \int_0^1 (1-x)dx + \int_{-1}^0 (1+x)dx$

$= \left(x - \frac{x^2}{2}\right)\Big]_0^1 + \left(x + \frac{x^2}{2}\right)\Big]_{-1}^0$

$= 1$

方法二：先積 x 後積 y

$\int_0^1\int_{y-1}^{1-y} dxdy = \int_0^1 2(1-y)dy = 2y - y^2\Big]_0^1 = 1$

2. 方法一：先積 y 後積 x

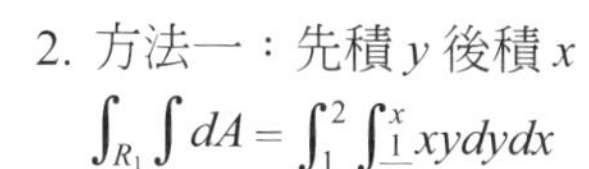

$\int_{R_1}\int dA = \int_1^2\int_{\frac{1}{x}}^{x} xydydx$

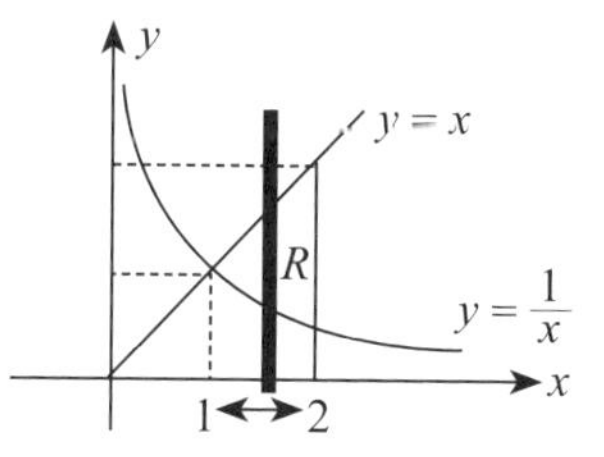

$= \int_1^2 x\frac{y^2}{2}\Big]_{\frac{1}{x}}^{x}dx = \frac{1}{2}\int_1^2 (x^3 - \frac{1}{2x})dx$

$= \frac{x^4}{8} - \frac{1}{2}\ln x\Big]_1^2 = (2 - \frac{1}{2}\ln 2) - (\frac{1}{8} - 0) = \frac{15}{8} - \frac{1}{2}\ln 2$

方法二：先積 x 後積 y

$$A=\int_{\frac{1}{2}}^{1}\int_{\frac{1}{y}}^{2}xydxdy+\int_{1}^{2}\int_{y}^{2}xydxdy$$

$$=\frac{15}{8}-\frac{1}{2}\ln 2$$

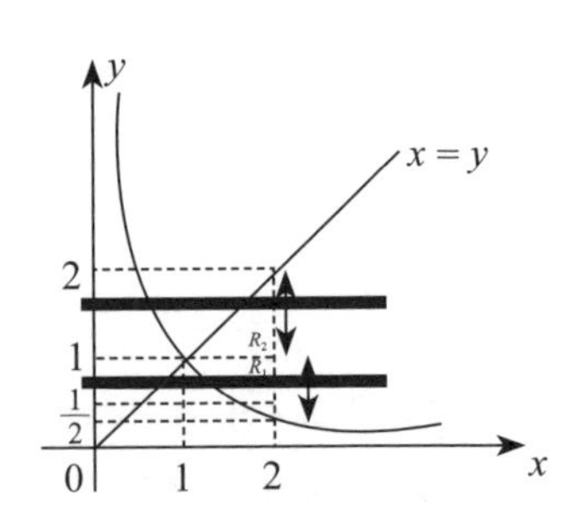

練習 11.2A

1. $\int_0^{\pi}\int_x^{\pi}\frac{\sin y}{y}dydx=\int_0^{\pi}\int_0^{y}\frac{\sin y}{y}dxdy=\int_0^{\pi}\sin ydy=2$

2. $\int_0^1\int_{x^2}^1 e^{-\frac{x}{\sqrt{y}}}dydx=\int_0^1\int_0^{\sqrt{y}}e^{-\frac{x}{\sqrt{y}}}dxdy=\int_0^1(-\sqrt{y}e^{-1}+\sqrt{y})dy$

   $=\frac{2}{3}(1-\frac{1}{e})$

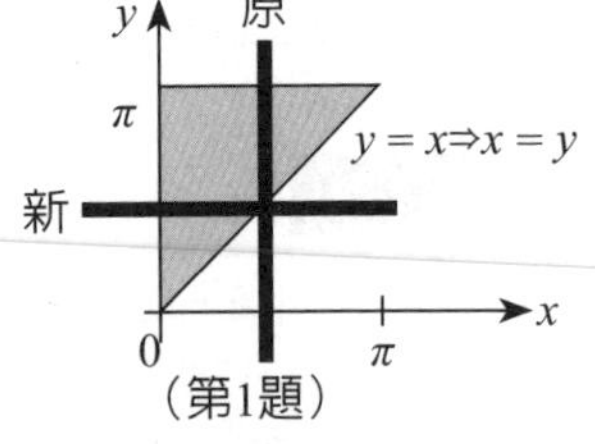

（第1題）

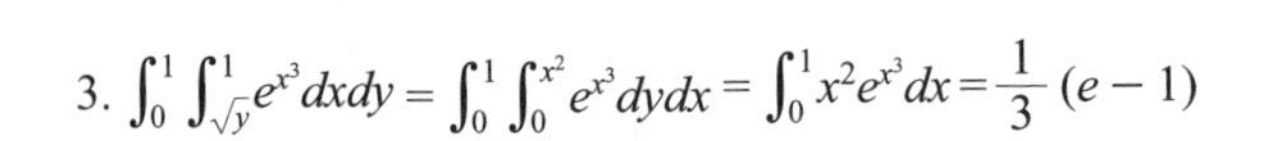

3. $\int_0^1\int_{\sqrt{y}}^1 e^{x^3}dxdy=\int_0^1\int_0^{x^2}e^{x^3}dydx=\int_0^1 x^2e^{x^3}dx=\frac{1}{3}(e-1)$

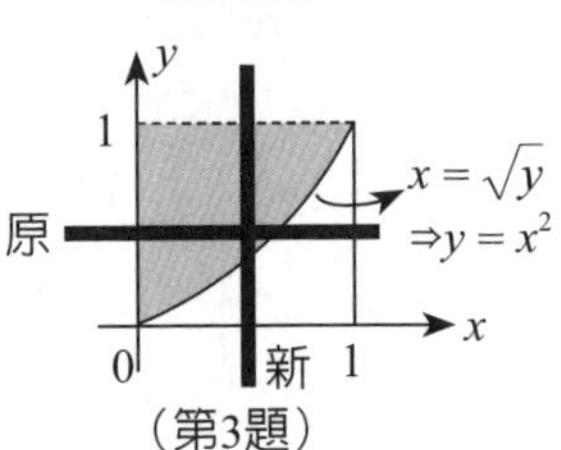

（第3題）

練習 11.2B

1. $\int_0^1\int_{y^2-1}^{1-y}f(x,y)dxdy$

   $=\int_0^1\int_0^{1-x}f(x,y)dydx$

   $+\int_{-1}^{0}\int_0^{\sqrt{1-y^2}}f(x,y)dydx$

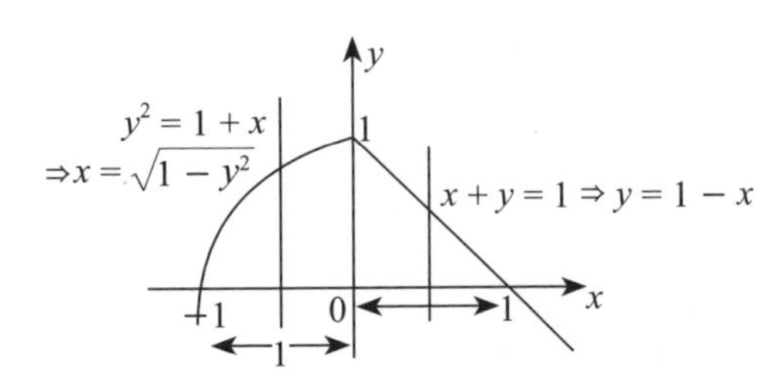

2. $\int_0^a\int_{\sqrt{a^2-x^2}}^{x+2a}f(x,y)dydx$

   $=\int_0^a\int_{\sqrt{a-y^2}}^{a}f(x,y)dxdy$

   $+\int_0^{2a}\int_0^{a}f(x,y)dxdy$

   $+\int_{2a}^{3a}\int_{y-2a}^{a}f(x,y)dxdy$

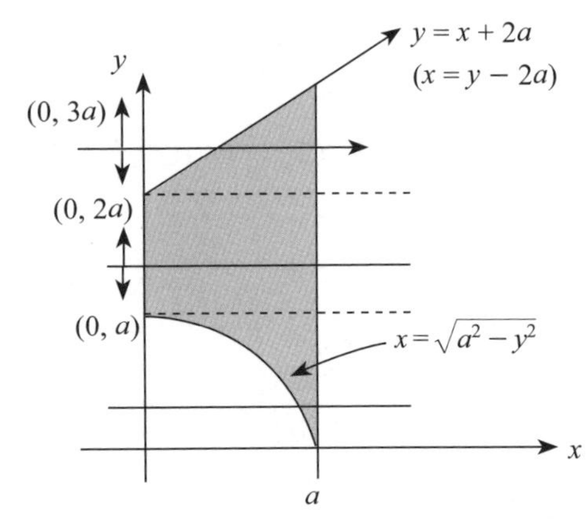

練習 11.2C

1. (1) 取 $x=r\cos\theta$，$y=r\sin\theta$，$1\geqq r\geqq 0$，$2\pi\geqq\theta\geqq 0$，$|J|=r$

$$\int_R\int\sqrt{x^2+y^2}dxdy$$

$$=4\int_0^{\frac{x}{2}}\int_0^1 r\sqrt{r^2\cos^2\theta+r^2\sin^2\theta}drd\theta=4\int_0^{\frac{\pi}{2}}\int_0^1 r^2drd\theta=4\cdot\left(\frac{\pi}{6}\right)=\frac{2\pi}{3}$$

(2) 因 R 在圓之第一象限部分，它是 $\frac{1}{4}$ 圓，即

$$\int_R\int\sqrt{x^2+y^2}dxdy=\frac{1}{4}\times\frac{2\pi}{3}=\frac{\pi}{6}$$

2. 取 $x=r\cos\theta$，$y=r\sin\theta$，$1\geqq r\geqq 0$，$\frac{\pi}{2}\geqq\theta\geqq 0$，$|J|=r$

$$\therefore\int_R\int xydxdy=\int_0^{\frac{\pi}{2}}\int_0^1 r\,(r\cos\theta\cdot r\sin\theta)drd\theta=\int_0^{\frac{\pi}{2}}\int_0^1 r^3\cos\theta\sin\theta drd\theta$$

$$=\frac{1}{4}\int_0^{\frac{\pi}{2}}\sin\theta d\sin\theta=\frac{1}{8}\sin^2\theta\Big]_0^{\frac{\pi}{2}}=\frac{1}{8}$$

3. 取 $x=r\cos\theta, y=r\sin\theta, \frac{\pi}{2}\geqq\theta\geqq 0, a\geq r\geq 0, |J|=r$

$$\therefore\int_R\int\tan^{-1}\frac{y}{x}dxdy=\int_0^a\int_0^{\frac{\pi}{2}}r\tan^{-1}\tan\theta d\theta dr=\int_0^a\int_0^{\frac{\pi}{2}}r\theta d\theta dr=\frac{a^2\pi^2}{16}$$

4. 取 $x=ar\cos\theta, y=br\sin\theta, 2\pi\geq\theta\geq 0, 1\geq r>0$

$$|J|=\begin{vmatrix}\frac{\partial x}{\partial r} & \frac{\partial x}{\partial\theta}\\ \frac{\partial y}{\partial r} & \frac{\partial y}{\partial\theta}\end{vmatrix}_+=\begin{vmatrix}a\cos\theta & -ar\sin\theta\\ b\sin\theta & br\cos\theta\end{vmatrix}_+=abr$$

$$\therefore\int_R\int(x^2+y^2)dxdy=\int_0^{2\pi}\int_0^1 r^2(a^2\cos^2\theta+b^2\sin^2\theta)abrdrd\theta=\frac{ab}{4}\int_0^{2\pi}[a^2+(b^2-a^2)\sin^2\theta]d\theta$$

$$=\frac{ab}{4}[2a^2\pi+(b^2-a^2)\int_0^{2\pi}\sin^2\theta d\theta]=\frac{ab}{4}[2a^2\pi+(b^2-a^2)\int_0^{2\pi}\frac{1+\cos2\theta}{2}d\theta]=\frac{ab}{4}(a^2+b^2)\pi$$

練習 11.2D

1. $D:|x|+|y|\leq 1$，這是一個由

$x+y=1$，$x+y=-1$

$x-y=1$，$x-y=-1$

二組平行線所圍成之區域因此我們可設

$u=x+y$，$v=x-y$，得 $1\geq u\geq -1$，$1\geq v\geq -1$

又 $\begin{cases}u=x+y\\ v=x-y\end{cases}$，$\therefore x=\frac{u+v}{2}$，$y=\frac{u-v}{2}$

$$\therefore|J|=\begin{vmatrix}\frac{\partial x}{\partial u} & \frac{\partial x}{\partial v}\\ \frac{\partial y}{\theta u} & \frac{\partial y}{\partial v}\end{vmatrix}_+=\begin{vmatrix}\frac{1}{2} & \frac{1}{2}\\ \frac{1}{2} & -\frac{1}{2}\end{vmatrix}_+=\frac{1}{2}$$

得 $g(u,v)=f(h_1(u,v),h_2(u,v))|J|$

$$\therefore\int_D\int e^{x+y}dxdy=\int_{-1}^1\int_{-1}^1\frac{1}{2}e^u dvdu=\int_{-1}^1 e^u du=e-\frac{1}{e}$$

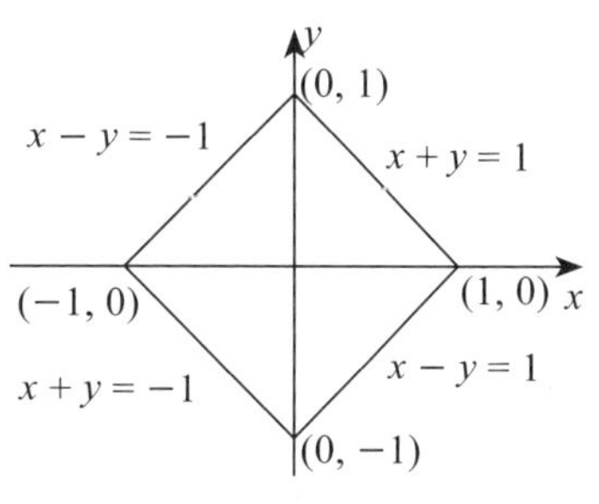

⇓ 轉換後：

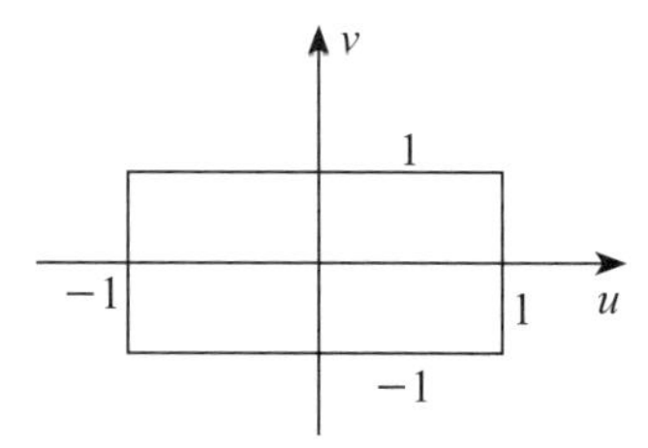

2.

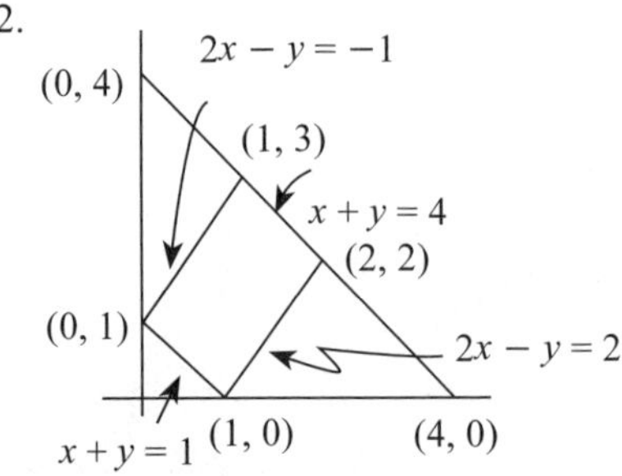

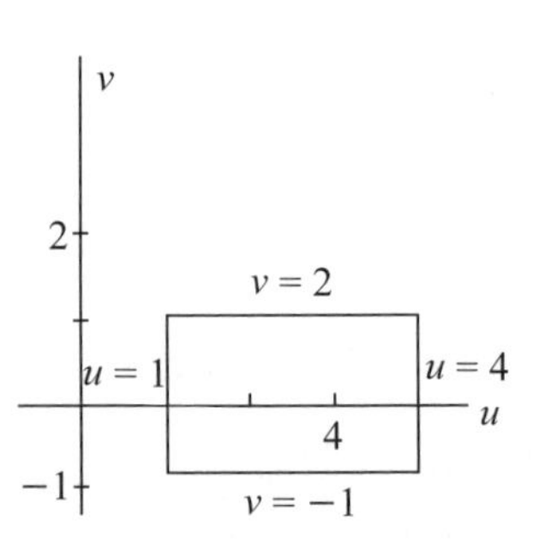

由解析幾何之知識可知此平行四邊形之四邊方程式為

$x+y=1 \quad x+y=4$

$2x-y=-1 \quad 2x-y=2$

取 $x+y=u,\ 2x-y=v$

(1) $x=\frac{1}{3}u+\frac{1}{3}v$，$y=\frac{1}{3}u-\frac{1}{3}v$

(2) u 之上界為 4，下界為 1

(3) v 之上界為 2，下界為 -1

(4) $|J|=\left|\frac{\partial(x,y)}{\partial(u,v)}\right|=\begin{vmatrix}\frac{1}{3} & \frac{1}{3}\\ \frac{2}{3} & -\frac{1}{3}\end{vmatrix}_{+}=\left|-\frac{1}{3}\right|=\frac{1}{3}$

$\therefore$原式 $\int_R\int u^n|J|dvdu=\frac{1}{3}\int_1^4\int_{-1}^2 u^n dvdu=\frac{4^{n+1}-1}{n+1}$

練習 11.3A

1. 取 $x=\cos\theta$，$y=\sin\theta$，$\theta:0\to\frac{\pi}{2}$則

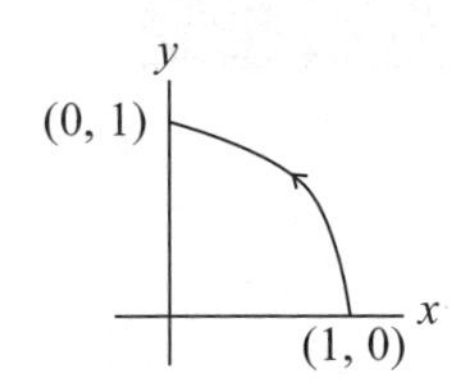

$\int_c xy\,dx+(x^2+y^2)\,dy$

$=\int_0^{\frac{\pi}{2}}\cos\theta\sin\theta(-\sin\theta)d\theta+\cos\theta\,d\theta$

$=\int_0^{\frac{\pi}{2}}\cos^3\theta\,d\theta=\frac{2}{1\cdot 3}=\frac{2}{3}$ （Wallis 公式）

2. $\int_c 2xy\,dx+(x^2+y^2)dy=\int_0^{\frac{\pi}{2}}2\cos\theta\sin\theta(-\sin\theta)+\cos\theta\,d\theta=\int_0^{\frac{\pi}{2}}\cos^3\theta\,d\theta-\int_0^{\frac{\pi}{2}}\cos\theta\sin^2\theta\,d\theta$

$$=\frac{2}{3}-\int_0^{\frac{\pi}{2}}\sin^2\theta\,d\sin\theta=\frac{2}{3}-\frac{1}{3}\sin^3\theta\Big]_0^{\frac{\pi}{2}}=\frac{1}{3}$$

3. $\int_c \boldsymbol{A}\cdot d\boldsymbol{r}=\int_0^1\left[\boldsymbol{F}(x(t),y(t),z(t))\cdot\frac{d\boldsymbol{r}}{dt}\right]dt=\int_0^1[3t^2+6t^2,-14t^2t^3,20t\cdot t^6]\cdot[1,2t,3t^2]dt$

$=\int_0^1(9t^2-28t^6+60t^9)\,dt=3t^3-4t^7+6t^{10}\Big]_0^1=5$

4. $\int_c (x^2-y)\,dx+(y^2+x)\,dy=\int_0^1 (t^2-(t^2+1))\,dt+((t^2+1)^2+t)2t\,dt$

$$=\int_0^1(-1+2t(t^2+1)^2+2t^2)dt=-t+\frac{1}{3}(t^2+1)^3+\frac{2}{3}t^3\Big]_0^1=2$$

5. $\int_{(1,1)}^{(2,2)}\left(e^x\ln y-\frac{e^y}{x}\right)dx+\left(\frac{e^x}{y}-e^y\ln x\right)dy=\int_{(1,1)}^{(2,2)}d(e^x\ln y-e^y\ln x)=e^x\ln y-e^y\ln x\Big|_{(1,1)}^{(2,2)}=0$

6. $\int_c (x^2+y^2+z^2)ds=\int_0^{2\pi}(\cos^2 t+\sin^2 t+t^2)\sqrt{(-\sin t)^2+(\cos t)^2+1}\,dt$

$$=\sqrt{2}\int_0^{2\pi}(1+t^2)\,dt=\sqrt{2}\left(t+\frac{t^3}{3}\right)\Big]_0^{2\pi}=\sqrt{2}\left(2\pi+\frac{8\pi^3}{3}\right)=2\sqrt{2}\pi\left(1+\frac{4\pi^2}{3}\right)$$

7. 取 $x=t$，$y=t^2$，$z=0$，$2\geq t\geq 0$

$\therefore\ \int_c \boldsymbol{F}\cdot d\boldsymbol{r}=\int_0^2[2t^3,0,0]\cdot[dt,2tdt,0]=\int_0^2 2t^3dt=8$

8. 取 $x=a\cos t$，$y=b\sin t$，$2\pi\geq t\geq 0$

$$A(s)=\frac{1}{2}\int_c xdy-ydx=\frac{1}{2}\int_0^{2\pi}a\cos t\cdot b\cos t-b\sin t\,(-a\sin t)dt$$

$$=\frac{1}{2}\int_0^{2\pi}ab\,dt=\pi ab$$

9. 取 $\begin{cases}x=t\\ y=\dfrac{y_2-y_1}{x_2-x_1}(t-x_1)+y_1,\ t_2\geq t\geq t_1\end{cases}$

則 $\int xdy-ydx=\int_{x_1}^{x_2}\left[t\left(\frac{y_2-y_1}{x_2-x_1}\right)-\left(\frac{y_2-y_1}{x_2-x_1}(t-x_1)+y_1\right)\right]dt=\int_{x_1}^{x_2}\left[x_1\left(\frac{y_2-y_1}{x_2-x_1}\right)-y_1\right]dt$

$$=x_1(y_2-y_1)-y_1(x_2-x_1)=x_1y_2-x_2y_1=\begin{vmatrix}x_1&x_2\\y_1&y_2\end{vmatrix}$$

10. (1) c_1：$x=t$，$y=0$，$1\geq t\geq 0$，$\therefore\int_{c_1}ydx-xdy=0$

(2) c_2：$x=1$，$y=t$，$1\geq t\geq 0$，$\therefore\int_{c_2}ydx-xdy=\int_0^1(-1)dt=-1$

同法 $\int_{c_3}ydx-xdy=-\int_1^2dt=-1$，$\int_{c_4}ydx-xdy=0$

$\therefore\oint ydx-xdy=\int_{c_1}ydx-xdy+\int_{c_2}ydx-xdy+\int_{c_3}ydx-xdy+\int_{c_4}ydx-xdy=-2$

11. (1) $\int_{\overline{AB}}ydx+zdy+xdz$

$\overline{AB}$ 之參數方程式

$\begin{cases}x=1+t\\ y=2t\\ z=3t\end{cases}$；$t$：$0\to 1$

$\therefore\int_{\overline{AB}}ydx+zdy+xdz=\int_0^1[2t+3t\cdot 2+(1+t)\cdot 3]dt=\int_0^1(11t+3)dt=\frac{17}{2}$

(2) $\int_{\overline{BC}}ydx+zdy+xdz$：

$\overline{BC}$ 之參數方程式

$$\begin{cases} x=t+1 \\ y=2 \quad ; t: 1\to 0 \\ z=3t \end{cases}$$

$$\int_{\overline{BC}} ydx+zdy+xdz=\int_0^1((2+3t\cdot 0+(t+1)_3))dt=\int_0^1(5+3t)dt=-\frac{13}{2}$$

$$\therefore \int_c ydx+zdy+xdz=\frac{17}{2}-\frac{13}{2}=2$$

練習 11.3B

1. $\begin{vmatrix} \frac{\partial}{\partial x} & \frac{\partial}{\partial y} \\ P & Q \end{vmatrix}=\begin{vmatrix} \frac{\partial}{\partial x} & \frac{\partial}{\partial y} \\ 6xy^2-y^3 & 6x^2y-3xy^2 \end{vmatrix}=(12xy-3y^2)-(12xy-3y^2)=0$

$\therefore \oint_c(6xy^2-y^3)\,dx+(6x^2y-3xy^2)\,dy=0$

2. $\begin{vmatrix} \frac{\partial}{\partial x} & \frac{\partial}{\partial y} \\ y\tan^2 x & \tan x \end{vmatrix}=\sec^2 x-\tan^2 x=1$

$\therefore \oint_c y\tan^2 x\,dx+\tan x\,dy=\iint_R dR=4\pi$，（$R$ 爲 $(x+2)^2+(y-1)^2=4$ 圍成區域）

3. $\begin{vmatrix} \frac{\partial}{\partial x} & \frac{\partial}{\partial y} \\ \frac{-y}{x^2+y^2} & \frac{x}{x^2+y^2} \end{vmatrix}=\frac{\partial}{\partial x}\left(\frac{x}{x^2+y^2}\right)-\frac{\partial}{\partial y}\left(\frac{-y}{x^2+y^2}\right)=\frac{(x^2+y^2)-2x^2}{(x^2+y^2)^2}-\frac{(x^2+y^2)(-1)-(-y)2y}{(x^2+y^2)^2}$

$=\frac{y^2-x^2-2y^2+x^2+y^2}{(x^2+y^2)^2}=0$

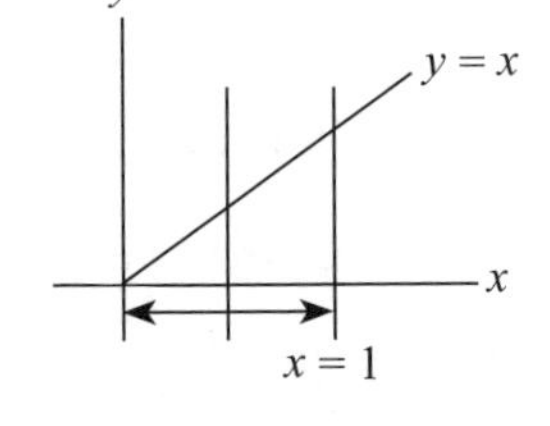

$\therefore \oint_c \frac{-y\,dx+x\,dy}{x^2+y^2}=0$

4. $\begin{vmatrix} \frac{\partial}{\partial x} & \frac{\partial}{\partial y} \\ xy-x^2 & x^2y \end{vmatrix}=2xy-x$

$\therefore \oint_c (xy-x^2)\,dx+x^2y\,dy=\int_0^1\int_0^x(2xy-x)\,dy\,dx=\int_0^1 (xy^2-xy)\Big|_0^x dx=\int_0^1(x^3-x^2)\,dx$

$=\frac{x^4}{4}-\frac{x^3}{3}\Big]_0^1=-\frac{1}{12}$

5. $\begin{vmatrix} \frac{\partial}{\partial x} & \frac{\partial}{\partial y} \\ x^3-x^2y & xy^2 \end{vmatrix}=y^2+x^2$

$$\therefore \oint_c (x^3 - x^2y)\,dx + xy^2\,dy = \iint_R (y^2 + x^2)\,dxdy \qquad *$$

取 $x = r\cos\theta$，$y = r\sin\theta$ 則 $2\pi \geq \theta \geq 0$，$3 \geq r \geq 1$，$|J| = r$

$$* = 4\int_0^{\frac{\pi}{2}}\int_1^3 r\,(r^2\sin^2\theta + r^2\cos^2\theta)dr\,d\theta = 4\int_0^{\frac{\pi}{2}} \frac{r^4}{4}\Big]_1^3 = 40\pi$$

6. $$\begin{vmatrix} \frac{\partial}{\partial x} & \frac{\partial}{\partial y} \\ x^2y\cos x + 2xy\sin x - y^2e^x & x^2\sin x - 2ye^x \end{vmatrix} = 0$$

$$\therefore \oint_c (x^2y\cos x + 2xy\sin x - y^2e^x)\,dx + (x^2\sin x - 2ye^x)dy = 0$$

7. (1) $\begin{vmatrix} \frac{\partial}{\partial x} & \frac{\partial}{\partial y} \\ xe^{x^2+y^2} & ye^{x^2+y^2} \end{vmatrix} = 2xye^{x^2+y^2} - 2xye^{x^2+y^2} = 0 \quad \therefore \oint_c xe^{x^2+y^2}dx + ye^{x^2+y^2}dy = \iint_R o\,dxdy = 0$

(2) $\begin{vmatrix} \frac{\partial}{\partial x} & \frac{\partial}{\partial y} \\ e^x\sin y & e^x\cos y \end{vmatrix} = e^x\cos y - e^x\cos y = 0 \quad \therefore \oint_c e^x\sin y dx + e^x\cos y dy = \iint_R o\,dxdy = 0$

8. $$\int_{(0,\,0)}^{(1,\,1)} \frac{dx + dy}{1 + (x + y)^2} = \int_{(0,\,0)}^{(1,\,1)} d\tan^{-1}(x + y) = \tan^{-1}(x + y)\Big]_{(0,\,0)}^{(1,\,1)} = \tan^{-1}2$$

9. (1) $C：\frac{(x-2)^2}{2} + \frac{y^2}{3} = 1$，$\because \frac{\partial P}{\partial y}$，$\frac{\partial Q}{\partial x}$ 在 C 為連續

$$\therefore \oint_c \frac{xdy - ydx}{x^2 + y^2} \overset{\text{Green 定理}}{=\!=\!=} \iint_{\frac{(x-2)^2}{2} + \frac{y^2}{3} \leq 1} \begin{vmatrix} \frac{\partial}{\partial x} & \frac{\partial}{\partial y} \\ \frac{x}{x^2 + y^2} & \frac{-y}{x^2 + y^2} \end{vmatrix} dxdy$$

$$= \iint_{\frac{(x-2)^2}{2} + \frac{y^2}{3} \leq 1} \left(\frac{-2xy}{(x^2 + y^2)^2} - \frac{-2xy}{(x^2 + y^2)^2}\right) dxdy = 0$$

(2) $C：\frac{x^2}{2} + \frac{y^2}{3} = 1$

$\because \frac{\partial P}{\partial y}$，$\frac{\partial Q}{\partial x}$ 在 $(0, 0)$ 處不連續

$\therefore C_1：x^2 + y^2 = \varepsilon^2$，$\varepsilon$ 為很小之數，並設為逆時鐘方向，則 $\frac{\partial P}{\partial y}$，$\frac{\partial Q}{\partial x}$ 在 C_1 內為連續：$\oint_c \frac{xdy - ydx}{x^2 + y^2} = \oint_{c_1} \frac{xdy - ydx}{\varepsilon^2} = \frac{1}{\varepsilon^2}\oint_c xdy - ydx = \frac{1}{\varepsilon^2}(2\pi\varepsilon^2) = 2\pi$

（$\because \oint xdy - ydx$ 為小圓之面積之 2 倍）

10. $$\int_{(1,\,0)}^{(2,\,\pi)} (y - e^x\cos y)dx + (x + e^x\sin y)dy = \int_{(1,\,0)}^{(2,\,\pi)} (ydx + xdy) + (-e^x\cos ydx + e^x\sin ydy)$$

$$= \int_{(1,\,0)}^{(2,\,\pi)} d(xy - e^x\cos y) = (xy - e^x\cos y)\Big]_{(1,\,0)}^{(2,\,\pi)} = 2\pi + e^2 + e$$

練習 12.1

1. $a_n=S_n-S_{n-1}=\frac{n+1}{n}-\frac{n}{n-1}=\frac{(n+1)(n-1)-n^2}{n(n-1)}=\frac{-1}{n(n-1)}$

2. $\sum_{n=1}^{\infty}a_n$ 收斂 $\Rightarrow \lim_{n\to\infty}a_n=0 \Rightarrow \lim_{n\to\infty}\frac{1}{a_n}\neq 0$，$\therefore \sum_{n=1}^{\infty}\frac{1}{a_n}$ 發散

3. $S_n=\sum_{k=1}^{n}\frac{k}{(k+1)!}=\sum_{k=1}^{n}\frac{(k+1)-1}{(k+1)!}=\sum_{k=1}^{n}\left(\frac{1}{k!}-\frac{1}{(k+1)!}\right)=1-\frac{1}{(n+1)!}$，$\lim_{n\to\infty}S_n=1$，$\therefore$收斂

4. $S_n=\sum_{k=1}^{n}\left(\frac{1}{\sqrt{k}+\sqrt{k+1}}\right)=\sum_{k=1}^{n}(\sqrt{k+1}-\sqrt{k})=\sqrt{n+1}-1$ $\lim_{n\to\infty}S_n=\lim_{n\to\infty}(\sqrt{n+1}-1)=\infty$，

   $\therefore$發散

練習 12.2

1. $a_n=\frac{a^n n!}{n^n}$，$\therefore \lim_{n\to\infty}\frac{a_{n+1}}{a_n}=\lim_{n\to\infty}\frac{a^{n+1}(n+1)!}{(n+1)^{n+1}}\cdot\frac{n^n}{a^n n!}=\lim_{n\to\infty}\frac{a}{\left(1+\frac{1}{n}\right)^n}=\frac{a}{e}$

   $\therefore a>e$ 時　級數發散；$a<e$ 時　級數收斂

2. （法一）$\frac{1}{n(n+1)}\leq\frac{1}{n^2}$，$\sum_{n=1}^{\infty}\frac{1}{n^2}$ 收斂，$\therefore \sum_{n=1}^{\infty}\frac{1}{n(n+1)}$ 收斂。

   （法二）$\lim_{n\to\infty}n^2\cdot\frac{1}{n(n+1)}=1$，$p=2$，$\therefore\sum_{n=1}^{\infty}\frac{1}{n(n+1)}$ 收斂。

3. $\sum_{n=1}^{\infty}e^{-n}=\frac{\frac{1}{e}}{1-\frac{1}{e}}=\frac{1}{e-1}$ 爲有限值，$\therefore\sum_{n=1}^{\infty}e^{-n}$ 收斂

4. $\ln\left(\frac{1}{1+n^2}\right)\leq\frac{1}{1+n^2}\leq\frac{1}{n^2}$，又 $\sum_{n=1}^{\infty}\frac{1}{n^2}$ 收斂，$\therefore\sum_{n=1}^{\infty}\ln\left(\frac{1}{1+n^2}\right)$ 收斂

5. $\lim_{n\to\infty}\left(\frac{6n-2}{5n+1}\right)^n=\infty$，$\therefore\sum_{n=1}^{\infty}\left(\frac{6n-2}{5n+1}\right)^n$ 發散。

   或用定理 G，$\lim_{n\to\infty}\sqrt[n]{\left(\frac{6n-2}{5n+1}\right)^n}=\lim_{n\to\infty}\frac{6n-2}{5n+1}=\frac{6}{5}>1$，$\therefore$發散。

6. $\lim_{n\to\infty}\left(1-\frac{1}{n}\right)^n=e^{-1}\neq 0$，$\therefore$發散

7. $\frac{n}{4^n(n^2+1)}=\frac{1}{4^n}\left(\frac{n}{n^2+1}\right)<\frac{1}{4^n}$　（$\frac{n}{n^2+1}<1$）

   $\because\sum_{n=1}^{\infty}\frac{1}{4^n}$ 收斂（$\sum_{n=1}^{\infty}\frac{1}{4^n}$ 爲 $r=\frac{1}{4}$ 之無窮等比級數）

   $\therefore\sum_{n=1}^{\infty}\frac{n}{4^n(n^2+1)}$ 收斂

8. $\lim_{n\to\infty}n\cdot\frac{n+1}{n^2+3n+1}=1$，$p=1$，$\therefore$發散

9. $\sin\frac{1}{n}<1$，$\therefore\frac{1}{n^2}\sin\frac{1}{n}\leq\frac{1}{n^2}$

但 $\sum_{n=1}^{\infty}\frac{1}{n^2}$ 收斂，$\therefore \sum_{n=1}^{\infty}\frac{1}{n^2}\sin\frac{1}{n}$ 收斂

練習 12.3A

1. $x>1$ 時，$f'(x)=\left(\frac{x}{x^2+1}\right)'=\frac{-x^2+1}{(x^2+1)^2}<0$，$\therefore f(x)$ 爲遞減且 $\lim_{n\to\infty}\frac{n}{n^2+1}=0$

   由定理 B 知 $\sum_{n=1}^{\infty}(-1)^n\left(\frac{n}{n^2+1}\right)$ 收斂，但 $\sum_{n=1}^{\infty}\frac{n}{n^2+1}$ 發散

   $\therefore \sum_{n=1}^{\infty}(-1)^n\frac{n}{n^2+1}$ 爲條件收斂。

2. $\because |a_n|=\frac{1}{n}\sin\left(\frac{1}{n}\right)<\frac{1}{n}\cdot\frac{1}{n}$

   $=\frac{1}{n^2}$ 又 $\sum_{n=1}^{\infty}\frac{1}{n^2}$ 收斂，$\therefore$原級數絕對收斂

練習 12.3B

1. $\left|(-1)^n\frac{a_n^2}{\sqrt{n^2+c}}\right|=\frac{|a_n^2|}{\sqrt{n^2+c}}=\sqrt{a_n^2\left(\frac{1}{n^2+c}\right)}$

   $\le\frac{1}{2}\left(a_n^2\frac{1}{n^2+c}\right)\le\frac{1}{2}\left(a_n^2+\frac{1}{n^2}\right)$，$\because \sum_{n=1}^{\infty}a_n^2$ 與 $\sum_{n=1}^{\infty}\frac{1}{n^2}$ 均爲收斂

   $\therefore \sum_{n=1}^{\infty}\frac{1}{2}\left(a_n^2+\frac{1}{n^2}\right)$ 亦爲收斂。

   得 $\sum_{n=1}^{\infty}(-1)^n\frac{a_n^2}{\sqrt{n^2+c}}$ 爲絕對收斂。

2. $0\le a_n\le\frac{1}{n}$，$\therefore 0\le a_n^2\le\frac{1}{n^2}$，$\sum_{n=1}^{\infty}\frac{1}{n^2}$ 收斂

   從而 $\sum_{n=1}^{\infty}|(-1)^n a_n^2|$ 爲收斂得 $\sum_{n=1}^{\infty}(-1)^n a_n^2$ 爲絕對收斂。

練習 12.4A

(1) $\lim_{n\to\infty}\left|\frac{\frac{1}{(n+1)2^{n+1}}x^n}{\frac{1}{n2^n}x^{n-1}}\right|=\lim_{n\to\infty}\left|\frac{n}{(n+1)^2}x\right|=\left|\frac{x}{2}\right|<1$

$\therefore -2<x<2$ 收斂

① $x=-2$ 時　$\sum_{n=1}^{\infty}\frac{1}{n2^n}(-2)^{n-1}=\sum_{n=1}^{\infty}\frac{(-1)^{n-1}}{2n}$ 收斂（自證之）

② $x=2$ 時　$\sum_{n=1}^{\infty}\frac{1}{n2^n}(2)^{n-1}=\sum_{n=1}^{\infty}\frac{1}{2n}$ 發散

$\therefore$收斂區間 $-2\le x<2$

$$(2)\lim_{n\to\infty}\left|\frac{\frac{2^{n+1}+3^{n+1}}{n+1}x^{n+1}}{\frac{2^n+3^n}{n}x^n}\right|$$

$$=\lim_{n\to\infty}\left|\frac{n}{n+1}\frac{2^{n+1}+3^{n+1}}{2^n+3^n}x\right|=\lim_{n\to\infty}\left|\frac{2^{n+1}+3^{n+1}}{2^n+3^n}x\right|$$

$$=\lim_{n\to\infty}\left|\frac{\left(\frac{2}{3}\right)^{n+1}+1}{\frac{1}{3}\left(\frac{2}{3}\right)^n+\frac{1}{3}}x\right|=|3x|<1$$

$\therefore -\frac{1}{3}<x<\frac{1}{3}$

① $x=-\frac{1}{3}$：$\sum_{n=1}^{\infty}\frac{2^n+3^n}{n}\left(-\frac{1}{3}\right)^n=\sum_{n=1}^{\infty}(-1)^n\frac{\left(\frac{2}{3}\right)^n+1}{n}$　　*

$\left|(-1)^n\frac{1}{n}\left(\frac{2}{3}\right)^n\right|=\frac{1}{n}\left(\frac{2}{3}\right)^n$ 爲遞減且 $\lim_{n\to\infty}\left|(-1)^n\frac{1}{n}\left(\frac{2}{3}\right)^n\right|=0$

$\therefore x=-\frac{1}{3}$ 爲收斂

② $x=\frac{1}{3}$：$\sum_{n=1}^{\infty}\frac{2^n+3^n}{n}\left(\frac{1}{3}\right)^n=\sum_{n=1}^{\infty}\frac{\left(\frac{2}{3}\right)^n+1}{n}$

又 $\frac{\left(\frac{2}{3}\right)^n+1}{n}>\frac{1}{n}$，$\sum_{n=1}^{\infty}\frac{1}{n}$ 發散，$\therefore \sum_{n=1}^{\infty}\frac{\left(\frac{2}{3}\right)^n+1}{n}$ 發散

$\therefore -\frac{1}{3}\le x<\frac{1}{3}$

$$(3)\lim_{n\to\infty}\left|\frac{\frac{(x-2)^{2(n+1)}}{(n+1)4^{n+1}}}{\frac{(x-2)^{2n}}{n4^n}}\right|=\lim_{n\to\infty}\left|\frac{n}{n+1}\frac{(x-2)^2}{4}\right|=\left|\frac{(x-2)^2}{4}\right|<1$$

$\frac{1}{4}(x-2)^2<1$，$\therefore 0<x<4$ 時收斂

① $x=0$：$\sum_{n=1}^{\infty}\frac{(-2)^{2n}}{n4^n}=\sum_{n=1}^{\infty}\frac{1}{n}$ 發散

② $x=4$：$\sum_{n=1}^{\infty}\frac{2^{2n}}{n4^n}=\sum_{n=1}^{\infty}\frac{1}{n}$ 發散

$\therefore 0<x<4$ 收斂

$$(4)\lim_{n\to\infty}\left|\frac{\frac{1}{\sqrt{n+2}}x^{n+1}}{\frac{1}{\sqrt{n+1}}x^n}\right|=\lim_{n\to\infty}\left|\frac{\sqrt{n+1}}{\sqrt{n+2}}x\right|=|x|<1$$

$\therefore -1<x<1$ 收斂

① $x=-1$：$\sum_{n=1}^{\infty}\frac{1}{\sqrt{n+1}}(-1)^n$ 收斂

② $x=1$：$\sum_{n=1}^{\infty}\frac{1}{\sqrt{n+1}}$ 發散

$\therefore -1\le x<1$

練習 12.4B

1. $e^{-(x-3)-3}=e^{-3-(x-3)}$

$e^y=1+y+\frac{y^2}{2!}+\frac{y^3}{3!}+\cdots\cdots$　　取 $y=-(x-3)$

$=1+[-(x-3)]+\frac{[-(x-3)]^2}{2!}+\frac{[-(x-3)]^3}{3!}+\cdots\cdots$

$=1-((x-3)+\frac{(x-3)^2}{2!}-\frac{(x-3)^3}{3!}+\cdots\cdots$

$\therefore e^{-x}=e^{-3}\left[1-(x-3)+\frac{(x-3)^2}{2!}-\frac{(x-3)^3}{3!}+\cdots\cdots\right]$

2. $\frac{1}{x}=\frac{1}{3+(x-3)}=\frac{1}{3}\left(\frac{1}{1+\frac{x-3}{3}}\right)=\frac{1}{3}\sum_{n=0}^{\infty}\left(-\frac{x-3}{3}\right)^n$

$=\frac{1}{3}\sum_{n=0}^{\infty}(-1)^n\frac{(x-3)^n}{3^n}=\sum_{n=0}^{\infty}(-1)^n\frac{(x-3)^n}{3^{n+1}}$

練習 12.4C

1. (1) $y'=\frac{d}{dx}\tan^{-1}\frac{1+x}{1-x}=\frac{\frac{d}{dx}\frac{1+x}{1-x}}{1+\left(\frac{1+x}{1-x}\right)^2}=\frac{1}{1+x^2}=\frac{1}{1-(-x^2)}=\sum_{n=0}^{\infty}(-x^2)^n$

$\therefore y=\int_0^x f'(t)dt=\int_0^\infty\sum_{n=0}^{\infty}(-1)^n(t^2)^n dt=\sum_{n=0}^{\infty}(-1)^n\int_0^x t^{2n}dt=\sum_{n=0}^{\infty}(-1)^n\frac{x^{2n+1}}{2n+1}$

(2) $y'=\frac{d}{dx}\tan^{-1}\frac{2x}{1-x^2}=\frac{\frac{d}{dx}\frac{2x}{1-x^2}}{1+\left(\frac{2x}{1-x^2}\right)^2}=\frac{2}{1+x^2}=2(1-x^2+x^4-x^6+\cdots\cdots)$

$\therefore y=\int_0^x f'(t)dt=\int_0^x 2(1-x^2+x^4-x^6+\cdots\cdots)dt=2\sum_{n=0}^{\infty}(-1)^n\frac{1}{2n+1}x^{2n+1}$

$\therefore y=2\sum_{n=0}^{\infty}(-1)^n\frac{1}{2n+1}x^{2n+1}$，$|x|<1$

2. $\frac{d}{dt}\tan^{-1}x=\frac{1}{1+x^2}=1-x^2+x^4-x^6+\cdots\cdots$　　$\therefore \tan^{-1}x=x-\frac{x^3}{3}+\frac{x^5}{5}-\frac{x^7}{7}+\cdots\cdots$

$(\tan^{-1}x)^2=\left(x-\frac{x^3}{3}+\frac{x^5}{5}-\frac{x^7}{7}+\cdots\cdots\right)^2=x^2\left(1-\frac{x^2}{3}+\frac{x^4}{5}-\frac{x^6}{7}+\cdots\cdots\right)^2$

$=x^2\left(1-\frac{2}{3}x^2+\frac{23}{45}x^4+\cdots\cdots\right)$

$\therefore \frac{(\tan^{-1}x)^2}{2}=\frac{x^2}{2}-\left(1+\frac{1}{3}\right)\frac{x^4}{4}+\left(1+\frac{1}{3}+\frac{1}{5}\right)\frac{x^6}{6}-\cdots\cdots$

3. $-\frac{\ln(1-x)}{1-x}=-\left[-\left(x+\frac{x^2}{2}+\frac{x^3}{3}+\cdots\cdots\right)\right](1+x+x^2+\cdots\cdots)$

$=x+\left(1+\frac{1}{2}\right)x^2+\left(1+\frac{1}{2}+\frac{1}{3}\right)x^3+\cdots\cdots$

4. $\int_0^x \tan^{-1}x dx=\int_0^x\left(t-\frac{t^3}{3}+\frac{t^5}{5}-\frac{t^7}{7}+\cdots\cdots\right)dt=\frac{x^2}{2}-\frac{x^4}{3\cdot 4}+\frac{x^6}{5\cdot 6}-\frac{x^8}{7\cdot 8}+\cdots\cdots$

$=\left(1-\frac{1}{2}\right)x^2-\left(\frac{1}{3}-\frac{1}{4}\right)x^4+\left(\frac{1}{5}-\frac{1}{6}\right)x^6-\left(\frac{1}{7}-\frac{1}{8}\right)x^8+\cdots\cdots$

5. $\int_0^x\frac{\ln(1+t)}{t}dt=\int_0^x\frac{t-\frac{t^2}{2}+\frac{t^3}{3}-\frac{t^4}{4}+\cdots\cdots}{x}=\int_0^x\left(1-\frac{t}{2}+\frac{t^2}{3}-\frac{t^3}{4}+\cdots\cdots\right)dt$

$=x-\frac{x^2}{2^2}+\frac{x^3}{3^2}-\frac{x^4}{4^2}+\cdots\cdots$

練習 13.1A

1. $y(0)=1\ \therefore a=1$，$y'(x)=be^{3x}+3(a+bx)e^{3x}|_{x=0,\,a=1}=2\quad\therefore b=-1$
   得 $y=(1-x)e^{3x}$
2. $y'''=0\ \therefore y''=c_1$，又 $y''(0)=a\ \therefore y''=a$，$y'=\int adx=ax+c_2$

   $y'(0)=a\ \therefore c_2=a$，即 $y'=ax+a$，$y=\int(ax+a)dx=\frac{a}{2}x^2+ax+c_3$

   $y(0)=a\ \therefore c_3=a$，即 $y=\frac{a}{2}x^2+ax+a$
3. $M(x,y)dx+N(x,y)dy=0$ 可改寫成 $M(x,y)+N(x,y)\frac{dy}{dx}=0$

   又 $u(x,y)=c$，二邊取全微分

   $u_x dx+u_y dy=0$，即$\frac{dy}{dx}=-\frac{u_x}{u_y}$代入 $M(x,y)+N(x,y)\frac{dy}{dx}=0$

   得 $M(x,y)+N(x,y)(-\frac{u_x}{u_y})=0$

   即 $M(x,y)u_y=N(x,y)u_x$
4. (1) $\frac{y'}{y}=a$，$y'=ay$，$y''=ay'=a(ay)=a^2y\quad\therefore yy''-(y')^2=y(a^2y)-(ay)^2=0$

   (2) $y'=\alpha\beta e^{\beta x}$，$y''=\alpha\beta^2e^{\beta x}\quad\therefore yy''-(y')^2=\alpha e^{\beta x}(\alpha\beta^2e^{\beta x})-(\alpha\beta e^{\beta x})^2=0$
5. 令 $Y(x)=c_1y_1(x)+c_2y_2(x)$，代入 $y'+p(x)y$ 得：

   $Y'(x)+p(x)Y(x)=(c_1y_1'(x)+c_2y_2'(x))+p(x)(c_1y_1(x)+c_2y_2(x))=c_1(y_1'(x)+p(x)y_1(x))+c_2(y_2(x)+p(x)y_2(x))=c_1q_1(x)+c_2q_2(x)$

練習 13.1B

1. (1) 令 $u=x+y$ 則 $u'=1+y'$，代入 $y'=\frac{1}{(x+y)^2}$ 得 $u'=\frac{1}{u^2}+1=\frac{1+u^2}{u^2}$

$\therefore \dfrac{u^2}{1+u^2}du=dx$，$\dfrac{u^2+1-1}{1+u^2}du=\left(1-\dfrac{1}{1+u^2}\right)du=dx$ 解之

$u-\tan^{-1}u=x+c \Rightarrow x+y-\tan^{-1}(x+y)=x+c$

$\therefore y-\tan^{-1}(x+y)=c$

(2) 取 $u=x+y$ 則 $u'=1+y'$ 代入 $xy'+x+\sin(x+y)=0$ 得

$x(u'-1)+x+\sin u=x\dfrac{du}{dx}+\sin u=0 \quad \therefore \dfrac{dx}{x}+\dfrac{du}{\sin u}=0$ 得

$\ln x+\ln|\csc u-\cot u|=c'$

$\Rightarrow \ln x+\ln\left|\dfrac{1}{\sin u}-\dfrac{\cos u}{\sin u}\right|=c' \Rightarrow \ln x+\ln\left|\dfrac{1-\cos u}{\sin u}\right|=c'$

$\Rightarrow \ln x+\ln\left|\dfrac{1-\left(1-2\sin^2\dfrac{u}{2}\right)}{2\sin\dfrac{u}{2}\cdot\cos\dfrac{u}{2}}\right|=c' \Rightarrow \ln x+\ln\tan\dfrac{u}{2}=c' \Rightarrow \ln x-\ln\cot\dfrac{x+y}{2}=c'$

$\therefore \cot\dfrac{x+y}{2}=cx$

練習 13.1C

1. (1) $\dfrac{x^2dx+y^2dy}{x^3+y^3}=dx \Rightarrow \dfrac{\frac{1}{3}d(x^3+y^3)}{x^3+y^3}=dx \quad \therefore \dfrac{1}{3}\ln(x^3+y^3)=x+c$ 或 $x^3+y^3=ke^{3x}$

(2) $(y-x^2)dy+2xydx=0 \Rightarrow \dfrac{ydy-(x^2dy-2xydx)}{y^2}=\dfrac{dy}{y}+\dfrac{2xydx-x^2dy}{y^2}$

$\Rightarrow d\ln y+d\left(\dfrac{x^2}{y}\right)=0 \quad \therefore \ln y+\dfrac{x^2}{y}=c$ 即 $y\ln y+x^2=cy$

(3) $(xdx+ydy)+(ydx-xdy)=0$

$\dfrac{(xdx+ydy)+(ydx-xdy)}{x^2+y^2}=\dfrac{1}{2}\dfrac{d(x^2+y^2)}{x^2+y^2}+\dfrac{\frac{ydx-xdy}{y^2}}{1+\left(\frac{x}{y}\right)^2}=\dfrac{1}{2}\ln(x^2+y^2)+\tan^{-1}\dfrac{x}{y}=c$

或$x^2+y^2=ke^{-2\tan^{-1}\frac{x}{y}}$

(4) 原方程式二邊乘以 x

$x[(2y-x)dx+xdy]=0 \Rightarrow d(x^2y)-d\left(\dfrac{x^3}{3}\right)=0 \quad \therefore x^2y-\dfrac{x^3}{3}=c$

2. (1) $\dfrac{xdy-ydx}{x^2}=\dfrac{\ln x}{x^2}dx \quad \therefore d\left(\dfrac{y}{x}\right)=d\left(-\dfrac{\ln x}{x}-\dfrac{1}{x}\right)$

$\therefore y=-\ln x-1+cx$，即 $y+\ln x+1=cx$

(2) 原方程式二邊同乘 x

$(2xy-5x^4)dx+x^2dy=d(x^2y)-d(x^5)=0 \quad \therefore x^2y-x^5=c$

3. (1) 二邊同除 x^2：

$$\frac{xdy-(y+x^2e^x)dx}{x^2}=\frac{(xdy-ydx)-x^2e^xdx}{x^2}=d\left(\frac{y}{x}\right)-de^x=0$$

$\therefore \frac{y}{x}-e^x=c$

(2) 原方程式可改寫成 $ye^{xy}dx+xe^{xy}dy=\sin ydy$

$\therefore e^{xy}(ydx+xdy)=-d\cos y \Rightarrow e^{xy}dxy=-d\cos y$，即 $de^{xy}=-d\cos y$

$\therefore e^{xy}=-\cos y+c$

(3) 原方程式可寫成 $x^3\frac{dy}{dx}+y^3=x^2y$，即 $x^3dy+(y^3-x^2y)dx=0$

$x^2(xdy-ydx)+y^3dx=0$，二邊同除 xy^3，得 $\frac{x}{y}d\left(\frac{-x}{y}\right)+\frac{1}{x}dx=0$

$\therefore -d\frac{1}{2}\left(\frac{x}{y}\right)^2+d\ln x=0 \Rightarrow -\frac{1}{2}\left(\frac{x}{y}\right)^2+\ln x=c$

練習 13.2A

1. (1) $x(1-y)y'+ay=0 \Rightarrow x(1-y)\frac{dy}{dx}+ay=0 \quad \therefore x(1-y)dy+aydx=0$

$\frac{1-y}{y}dy+\frac{a}{x}dx=0 \quad \therefore \ln y-y+a\ln x=c$

(2) $e^{x-y}+e^{x+y}\frac{dy}{dx}=0$，$\frac{e^x}{e^y}dx+e^x\cdot e^y dy=0 \Rightarrow dx+e^{2y}dy=0 \quad \therefore x+\frac{1}{2}e^{2y}=c$

(3) $\frac{d}{dx}y+a^2y^2=b^2 \quad \therefore dy=(b^2-a^2y^2)dx \Rightarrow \frac{dy}{b^2-a^2y^2}=dx$

$$x=\int\frac{dy}{b^2-a^2y^2}=\int\frac{dy}{(b-ay)(b+ay)}=\frac{1}{2b}\int\left(\frac{1}{b-ay}+\frac{1}{b+ay}\right)dy$$

$$=\frac{1}{2b}\left[-\frac{1}{a}\ln(b-ay)+\frac{1}{a}\ln(b+ay)\right]=\frac{1}{2ab}\ln\left|\frac{b+ay}{b-ay}\right|+c$$

2. (1) $\frac{dx}{1+x^2}+\frac{dy}{1+y^2}=d\tan^{-1}x+d\tan^{-1}y=0 \quad \therefore \tan^{-1}y+\tan^{-1}x=c$

(2) 由 (1) 之結果

$$\tan(\tan^{-1}y+\tan^{-1}x)=\tan c \Rightarrow \frac{\tan(\tan^{-1}y)+\tan(\tan^{-1}x)}{1-\tan\tan^{-1}y\cdot\tan\tan^{-1}x}=\tan c$$

即 $\frac{y+x}{1-yx}=c$ 或 $y=c(1-xy)-x$，即某甲之答案亦正確

3. (1) $(x^3+1)\cos y\frac{dy}{dx}+x^2\sin y=0$，$(x^3+1)\cos y\,dy+x^2\sin y\,dx=0$

$\frac{\cos y}{\sin y}dy+\frac{x^2}{x^3+1}dx=0$，$d\ln\sin y+\frac{1}{3}d\ln(x^3+1)=0$

$\therefore \ln\sin y+\frac{1}{3}\ln(x^3+1)=c'$，又 $y(0)=\frac{\pi}{2}$ $\therefore c'=0$

得 $\sin y\left((x^3+1)^{\frac{1}{3}}\right)=0$

(2) $\frac{1}{y}dy-\frac{\ln x}{x}dx=d\ln y-d\frac{1}{2}(\ln x)^2=0 \Rightarrow \ln y=\frac{1}{2}(\ln x)^2+c$

$y(1)=2$ 得 $c=\ln 2$ $\therefore \ln y=\frac{1}{2}(\ln x)^2+\ln 2$

4. $y=xv$ 則 $y'=v+xv'$，代入 $y^n f(x)+g\left(\frac{y}{x}\right)(y-xy')=0$

得：$(xv)^n f(v)+g(v)(xv-xv-x^2v')=0$

$\therefore x^n f(x)v^n dx-x^2g(v)dv=0$

練習 13.2B

1. (1) $y'=\frac{x+2y}{2x-y}=\frac{1+\frac{2y}{x}}{2-\frac{y}{x}}$，取 $y=ux$，$y'=u'x+u$，則原方程式變為

$u'x+u=\frac{1+2u}{2-u}$ $\therefore x\frac{du}{dx}=\frac{1+u^2}{2-u}$ $\frac{dx}{x}+\frac{u-2}{1+u^2}du=0$

解之 $\ln x+\frac{1}{2}\ln(1+u^2)-2\tan^{-1}u=c$；$\frac{1}{2}\ln(x^2+y^2)-2\tan^{-1}\left(\frac{y}{x}\right)=c$

即 $\sqrt{x^2+y^2}=k\exp\left(2\tan^{-1}\frac{y}{x}\right)$

(2) $y'=\frac{x-y}{x+y}=\frac{1-\frac{y}{x}}{1+\frac{y}{x}}$，取 $y=ux$，$y'=u'x+u$ 則原方程式變為

$u'x+u=\frac{1-u}{1+u}$；$x\frac{du}{dx}=\frac{1-u}{1+u}-u=\frac{-(u^2+2u-1)}{1+u}$

$\frac{dx}{x}+\frac{u+1}{u^2+2u-1}du=0$

解之 $\ln x+\frac{1}{2}\ln(u^2+2u-1)=c''$ 或 $2\ln x+\ln(u^2+2u-1)=c'$

$\therefore \ln x^2\left(\left(\frac{y}{x}\right)^2+2\left(\frac{y}{x}\right)-1\right)=c'$ 即 $y^2+2xy-x^2=c$

(3) $\left(x+y\cos\frac{y}{x}\right)=x\cos\frac{y}{x}\frac{dy}{dx}$，二邊同除 x 得：

$\left(1+\frac{y}{x}\cos\frac{y}{x}\right)=\cos\frac{y}{x}\frac{dy}{dx}$，令 $y=ux$，$y'=u'x+u$ 則

$(1+u\cos u)=\cos u(u'x+u)$ $\therefore(\cos u)x\frac{du}{dx}=1$ 解之 $\sin u=\ln x+c$ 或

$\sin\frac{y}{x}=\ln x+c$

(4) $y'-\frac{y}{x}=\sqrt{\frac{y}{x}}$，令 $y=ux$，$y'=u'x+u$

$\therefore (u'x+u)-u=\sqrt{u}$

$x\frac{du}{dx}=\sqrt{u}$，即 $\frac{dx}{x}-\frac{du}{\sqrt{u}}=0$，解之 $\ln x-2\sqrt{u}=c$，或 $\ln x-2\sqrt{\frac{y}{x}}=c$

(5) $y'=\frac{x^2+y^2}{xy}=\frac{1+\left(\frac{y}{x}\right)^2}{\left(\frac{y}{x}\right)}\xrightarrow{u=\frac{y}{x}}u'x+u=\frac{1+u^2}{u}=\frac{1}{u}+u$

$\therefore u'x=\frac{1}{u}$，$\frac{du}{dx}x=\frac{1}{u}$，$u\,du=\frac{dx}{x}$ 解之 $\frac{u^2}{2}=\ln x+c'$

$\left(\frac{y}{x}\right)^2=\ln x^2+c$ 或 $y^2=x^2(\ln(x^2+c))$

練習 13.3A

1. (1) $2xydx+(x^2+y^2)dy=0$ 爲正合，$(2xydx+x^2dy)+y^2dy=d(x^2y)+y^2dy=dx^2y+d\frac{y^3}{3}=0$

$\therefore x^2y+\frac{1}{3}y^3=c$

(2) $\frac{y}{x}dx+(y^3+\ln x)dy=\left(\frac{y}{x}dx+\ln x\right)dy+y^3dy=d(\ln x\cdot y)+d\frac{y^4}{4}$ $\quad\therefore y\ln x+\frac{y^4}{4}=c$

(3) $(x\sqrt{x^2+y^2}+y)dx+(y\sqrt{x^2+y^2}+x)dy=(x\sqrt{x^2+y^2}+y\sqrt{x^2+y^2})+(ydx+xdy)$

$=d\frac{1}{3}(x^2+y^2)^{\frac{3}{2}}+d(xy)=0$ $\quad\therefore(\sqrt{x^2+y^2})^3+3xy=c$

(4) $(4x^3y^3dx+3x^4y^2dy)+(2xydx+x^2dy)=d(x^4y^3)+d(x^2y)=0$ $\quad\therefore x^4y^3+x^2y=c$

練習 13.3B

1. (1) 原式可寫成 $dy+(e^x\sec y-\tan y)dx=0$

$e^{-ax}\cos y\,(dy+(e^x\sec y-\tan y)dx)=0$

即 $e^{-ax}\cos ydy+(e^{(-a+1)x}-e^{-ax}\sin y)dx=0$ 爲正合，則

$\frac{\partial}{\partial x}e^{-ax}\cos y=-ae^{-ax}\cos y$

$\frac{\partial}{\partial y}(e^{(-a+1)x}-e^{-ax}\sin y)=-e^{-ax}\cos y$

$\because \frac{\partial}{\partial x}(e^{-ax}\cos y)=\frac{\partial}{\partial y}(e^{(-a+1)x}-e^{-ax}\sin y)\Rightarrow -ae^{-ax}\cos y=-e^{-ax}\cos y$

$\therefore$ 取 $a=1$ 時方程式爲正合。

(2) $e^{-x}\cos y\,(dy+(e^x\sec y-\tan y)dx)$

$=e^{-x}\cos ydy+(1-e^{-x}\sin y)dx$

$= dx + (e^{-x}\cos y dy - e^{-x}\sin y dx) = dx + d(e^{-x}\sin y) = 0$

$\therefore x + e^{-x}\sin y = c$ 或 $y = \sin^{-1}(e^{x}(c - x))$

2. $\dfrac{1}{g_1(y)f_2(x)}$

3. $\dfrac{1}{x^2}f\left(\dfrac{y}{x}\right)(xdy - ydx) = 0$，則

$M(x, y) = -\dfrac{y}{x^2}f\left(\dfrac{y}{x}\right)$，$N(x, y) = \dfrac{1}{x^2}f\left(\dfrac{y}{x}\right)\cdot x = \dfrac{1}{x}f\left(\dfrac{y}{x}\right)$

$M_y = -\dfrac{1}{x^2}f\left(\dfrac{y}{x}\right) - \dfrac{y}{x^2}\left(\dfrac{1}{x}\right)f'\left(\dfrac{y}{x}\right) = -\dfrac{1}{x^2}f\left(\dfrac{y}{x}\right) - \dfrac{y}{x^3}f'\left(\dfrac{y}{x}\right)$

$N_x = -\dfrac{1}{x^2}f\left(\dfrac{y}{x}\right) + \dfrac{1}{x}\left(-\dfrac{y}{x^2}\right)f'\left(\dfrac{y}{x}\right) = -\dfrac{1}{x^2}f\left(\dfrac{y}{x}\right) - \dfrac{y}{x^3}f'\left(\dfrac{y}{x}\right)$

$\because M_y = M_x \quad \therefore \dfrac{1}{x^2}f\left(\dfrac{y}{x}\right)$ 是 $xdy - ydx = 0$ 之一個積分因子。

練習 13.4

1. (1) $IF = e^{\int 2xdx} = e^{x^2}$，$e^{x^2}(y' + 2xy) = e^{x^2}\cdot e^{-x^2}\cos x = \cos x \Rightarrow (ye^{x^2})' = \cos x$

$\therefore ye^{x^2} = \sin x + c$ 或 $y = e^{-x^2}(\sin x + c)$

(2) $IF = e^{\int \tan x dx} = e^{-\ln\cos x} = \sec x \Rightarrow \sec x(y' + \tan xy) = \sec x\cdot e^{x}\cos x = e^{x}$

即 $(y\sec x)' = e^{x}$ 得 $y\sec x = e^{x} + c$ 或 $y = \cos x(e^{x} + c)$

(3) $IF = e^{\int \frac{2}{x+1}dx} = e^{2\ln(x+1)} = (x+1)^2$

$(x+1)^2\left(y' + \dfrac{2}{x+1}y\right) = (x+1)^2\cdot(x+1)^{-\frac{5}{2}} \Rightarrow ((x+1)^2y)' = (x+1)^{\frac{-1}{2}}$

$\therefore (x+1)^2y = 2\sqrt{x+1} + c$

(4) $y' + \dfrac{1}{x\ln x}y = \dfrac{1+\ln x}{\ln x}$；$IF = e^{\int\frac{dx}{x\ln x}} = \ln x$

$\ln x\left(y' + \dfrac{1}{x\ln x}y\right) = \ln x\cdot\dfrac{1+\ln x}{\ln x} = 1 + \ln x \Rightarrow (y\ln x)' = 1 + \ln x$

$\therefore y\ln x = x\ln x + c$

2. (1) $y^{-2}y' - \dfrac{3x}{y} = x$，令 $u = y^{-1}$ 則 $\dfrac{du}{dx} = -y^{-2}\dfrac{dy}{dx}$

$\therefore$ 原方程式變爲 $-u' - 3ux = x$；$u' + 3ux = -x$

$IF = e^{\int 3xdx} = e^{\frac{3}{2}x^2} \quad e^{\frac{3}{2}x^2}(u' + 3ux) = -xe^{\frac{3}{2}x^2}$

$\therefore (ue^{\frac{3}{2}x^2})' = -xe^{\frac{3}{2}x^2} + c$；$ue^{\frac{3}{2}x^2} = -\dfrac{1}{3}e^{\frac{3}{2}x^2} + c$，得 $\left(1 + \dfrac{3}{y}\right)e^{\frac{3}{2}x^2} = c$

(2) $y' + \dfrac{1}{x}y = \dfrac{y^2}{x^2}$，$y^{-2}y' + \dfrac{1}{x}y^{-1} = \dfrac{1}{x^2}$，令 $u = y^{-1}$ 則

$\dfrac{du}{dx} = -y^{\ 2}y' \quad \therefore -u' + \dfrac{1}{x}u = \dfrac{1}{x^2}$，$u' - \dfrac{1}{x}u = \dfrac{-1}{x^2}$

$IF=e^{-\int \frac{1}{x}dx}=\frac{1}{x}$；$\frac{1}{x}\left(u'-\frac{1}{x}u\right)=\frac{1}{x}\cdot\frac{-1}{x^2}=\frac{-1}{x^3}$，從而

$\left(\frac{u}{x}\right)'=\frac{-1}{x^3}$，$\frac{u}{x}=\frac{1}{2}x^{-2}+c'$，$\frac{1}{xy}=\frac{1}{2x^2}+c'$，或 $y=\frac{2x}{1+cx^2}$

(3) $3xy'-y=-x^2y^4$，$y^{-4}y'-\frac{1}{3x}y^{-3}=-\frac{x}{3}$

取 $u=y^{-3}$，$u'=-3y^{-4}y'$ 代入 $y^{-4}y'-\frac{1}{3x}y^{-3}=-\frac{x}{3}$ 得

$\frac{-1}{3}u'-\frac{1}{3x}u=-\frac{x}{3}$；即 $u'+\frac{1}{x}u=x$　$IF=e^{\int\frac{dx}{x}}=x$

$x\left(u'+\frac{1}{x}u\right)=x\cdot x=x^2$，$(xu)'=x^2$

$\therefore xu=\frac{x^3}{3}+c$，又 $u=\frac{1}{y^3}$ 得 $\frac{1}{y^3}=\frac{x^2}{3}+\frac{c}{x}$

(4) $y^{-2}y'+\frac{1}{y}=\cos x-\sin x$，取 $u=y^{-1}$，$u'=-y^{-2}y'$

代入 $y^{-2}y'+\frac{1}{y}=\cos x-\sin x$ 得 $-u'+u=\cos x-\sin x$，即 $u'-u=\sin x-\cos x$

$IF=e^{-\int dx}=e^{-x}$；$e^{-x}(u'-u)=e^{-x}(\sin x-\cos x)$；$(e^{-x}u)'=e^{-x}(\sin x-\cos x)$

$\because (e^{-x}u)'=e^{-x}(\sin x-\cos x)$

$\therefore e^{-x}u=\int e^{-x}(\sin x-\cos x)dx=\int e^{-x}\sin x\,dx-\int e^{-x}\cos x\,dx$

$=\frac{1}{2}e^{-x}(-\sin x-\cos x)-\frac{e^{-x}}{2}(-\cos x+\sin x)$

$=-e^{-x}\sin x+c$

得 $\frac{1}{y}=ce^x-\sin x$

提示：

$\int e^{ax}\cos bx=\frac{e^{ax}}{a^2+b^2}(a\cos bx+b\sin bx)+c$

$\int e^{ax}\sin bx=\frac{e^{ax}}{a^2+b^2}(a\sin bx-b\cos bx)+c$

3. (1) $(1+y^2)dx=(\tan^{-1}y-x)dy$

$\frac{dx}{dy}+\frac{x}{1+y^2}=\frac{\tan^{-1}y}{1+y^2}$；$IF=e^{\int\frac{1}{1+y^2}dy}=e^{\tan^{-1}y}$

$e^{\tan^{-1}y}\left(\frac{dx}{dy}+\frac{1}{1+y^2}\right)=\frac{\tan^{-1}y}{1+y^2}e^{\tan^{-1}y}$　　$\therefore (xe^{\tan^{-1}y})'=\frac{\tan^{-1}y}{1+y^2}e^{\tan^{-1}y}$　　*

$xe^{\tan^{-1}y}=(\tan^{-1}y-1)e^{\tan^{-1}y}+c$

$\therefore x=\tan^{-1}y-1+ce^{-\tan^{-1}y}$

註：＊之積分

$$\int \frac{\tan^{-1}y}{1+y^2}e^{\tan^{-1}y}dy = \int \tan^{-1}y e^{\tan^{-1}y}d\tan^{-1}y \overset{u=\tan^{-1}y}{=\!=\!=}$$

$$\int ue^u du = ue^u - e^u + c = (u-1)e^u + c$$

$$\therefore \int \frac{\tan^{-1}y}{1+y^2}e^{\tan^{-1}y}dy = (e^{\tan^{-1}y}-1)e^{\tan^{-1}y}+c$$

(2) $2(\ln y - x) = y\dfrac{dx}{dy}$

$y\dfrac{dx}{dy}+2x = 2\ln y$ 或 $\dfrac{dx}{dy}+\dfrac{2x}{y}=\dfrac{2\ln y}{y}$；$IF = e^{\int \frac{2}{y}dy} = y^2$

$y^2\left(\dfrac{dx}{dy}+\dfrac{2x}{y}\right) = 2y^2\left(\dfrac{\ln y}{y}\right) = 2y\ln y \quad \therefore (xy^2)' = 2y\ln y$

$xy^2 = y^2\ln y - \dfrac{y^2}{2}+c$

或 $x = \ln y - \dfrac{1}{2} + cy^{-2}$

註：$\int y\ln y dy = \int \ln y d\dfrac{y^2}{2} = \dfrac{y^2}{2}\ln y - \int \dfrac{y^2}{2}d\ln y = \dfrac{y^2}{2}\ln y - \int \dfrac{y}{2}dy = \dfrac{y^2}{2}\ln y - \dfrac{y^2}{4}+c$

4. (1) 取 $u=\phi(y)$ 則 $\dfrac{du}{dx} = \phi'(y)y'$

$\therefore \phi'(y)\dfrac{dy}{dx}+p(x)\phi(y) = q(x)$，可轉換成 $\dfrac{du}{dx}+p(x)u = q(x)$

此爲一階線性微分方程式

(2) $e^y(y'+1) = x \Rightarrow e^y y' + e^y = x$，取 $u = e^y$，$\dfrac{du}{dx} = e^y y'$

$\therefore \dfrac{du}{dx}+u = x$，$p(x)=1$，$\therefore IF = e^{\int dx} = e^x$

$e^x\left(\dfrac{du}{dx}+u\right) = xe^x \Rightarrow (e^x u)' = xe^x \quad \therefore e^x u = (x-1)e^x + c$

得 $e^y = (x-1)+ce^{-x}$

5. $y'+p(x)y = q(x)y^n \Rightarrow y^{-n}y' + p(x)y^{-n+1} = q(x)$ (1)

取 $u = y^{-n+1}i$ 則 $(1-n)y^{-n}y' = u'$ 代入 (1)：$\dfrac{1}{1-n}u' + p(x)u = q(x)$

即 $u' + (n-1)p(x)u = (1-n)q(x)$

6. $n=0$ 時 Bernoulli 方程式即爲一階線性微分方程式，$n=1$ 時，可用分離變數法。

練習 13.5

1. (1) 代 $y = e^{-x}$ 入 $y''+Py'+Qy=0$ 得 $e^{-x} - Pe^{-x} + Qe^{-x} = e^{-x}(1-P+Q) = 0$

$\therefore 1 - P + Q = 0$

(2) 代 $y = e^{ax}$ 入 $y''+Py'+Qy=0$ 得 $a^2e^{ax} + Pae^{ax} + Qe^{ax} = e^{ax}(a^2+aP+Q) = 0$

$\therefore a^2 + aP + Q = 0$

2. 代 $y = \alpha y_1 + (1-\alpha)y_2$ 入 $y'' + Py' + Qy = R(x)$：$(\alpha y_1 + (1-\alpha)y_2)'' + P(\alpha y_1 + (1-\alpha)y_2)' + Q(\alpha y_1 + (1-\alpha)y_2) = \alpha(y_1'' + Py_1' + Qy_1) + (1-\alpha)(y_2'' + Py_2' + Qy_2) = \alpha R + (1-\alpha)R = R$
3. $y''' + ay'' + by' = 0 \Rightarrow (y')'' + a(y')' + by' = 0$
   即 y' 為 $y''' + ay'' + by' = 0$ 之一個解。

練習 13.6

1. (1) $m^2 + 4m + 4 = (m+2)^2 = 0 \quad \therefore m = -2$（重根）
   $y = (c_1 + c_2 x)e^{-2x}$
   (2) $m^2 + 4m + 13 = 0$ 有共軛複根 $m = -2 \pm 3i$
   $\therefore y = e^{-2x}(c_1 \cos 3x + c_2 \sin 3x)$
   (3) $m^2 + 4 = 0$ 有共軛複數根 $m = \pm 2i$
   $\therefore y = c_1\cos 2x + c_2\sin 2x$
   (4) $m^2 + 2m = 0$ 有二個根 $m = 0, -2$
   $\therefore y = c_1e^{0x} + c_2e^{-2x} = c_1 + c_2e^{-2x}$
2. (1) $m^4 - 2m^3 + 5m^2 = m^2(m^2 - 2m + 5) = 0$ 有 2 個根 0（重根）及 $1 \pm 2i$
   $\therefore y = (c_1 + c_2x)e^{0x} + e^x(c_3 \cos 2x + c_4 \sin 2x) \Rightarrow y = c_1 + c_2x + e^x(c_3 \cos 2x + c_4 \sin 2x)$
   (2) $m^3 + 3m^2 + 3m + 1 = (m+1)^3 = 0$，$m = -1$（三重根）
   $\therefore y = (c_1 + c_2x + c_3x^2)e^{-x}$
   (3) $m^6 + 9m^4 + 24m^2 + 16 = (m^2+4)^2(m^2+1) = 0$，$m = \pm 2i$（重根），$m = \pm i$
   $\therefore y = c_1 \cos x + c_2 \sin x + ((c_3 + c_4x)\cos 2x + (c_5 + c_6x)\sin 2x)$
   (4) $m^4 - 2m^3 + 5m^2 = m^2(m^2 - 2m + 5) = 0$，$m = 0$（重根），$1 \pm 2i$
   $\therefore y = (c_1 + c_2x)e^{0x} + e^x(c_3 \cos 2x + c_4 \sin 2x)$
   $= c_1 + c_2x + e^x(c_3 \cos 2x + c_4 \sin 2x)$
3. (1) $m = 2$，3（重根），4（三重根）
   $\therefore y = c_1e^{2x} + (c_2 + c_3x)e^{3x} + (c_4 + c_5x + c_6x^2)e^{4x}$
   (2) $m = 2, 3, \pm 2i$（重根）
   $\therefore y = c_1e^{2x} + c_2e^{3x} + (c_3 + c_4x + c_5x^2)\cos 2x + (c_6 + c_7x + c_8x^2)\sin 2x$
   (3) $(m^2 - 4m + 13)^2 = 0$ 之根為 $2 \pm 3i$（重根）
   $\therefore y = e^{2x}((c_1 + c_2x)\cos 3x + (c_3 + c_4x)\sin 3x)$

練習 13.7

1. y_n：$m^2 - 2m - 3 = 0$ 之二個根為 $-1, 3 \quad \therefore y_h = Ae^{-x} + Be^{3x}$
   (1) y_p：設 $y_p = c_1x + c_2$
   $y_p'' - 2y_p - 3y_p = -3c_1x - 2c_1 - 3c_2 = 3x + 1$

$\therefore c_1=-1$，$c_2=\frac{1}{3}$，$y_p=-x+\frac{1}{3}$

$y=y_h+y_p=Ae^{-x}+Be^{3x}-x+\frac{1}{3}$

(ii)y_p：設 $y_p=Ae^{-3x}$

$y_p''-2y_p'-3y_p=9Ae^{-3x}+6Ae^{-3x}-3Ae^{-3x}=12Ae^{-3x}=6e^{-3x}$ $\therefore A=\frac{1}{2}$

$y=y_h+y_p=Ae^{-x}+Be^{3x}+\frac{1}{2}e^{-3x}$

2. y_h：$m^2-2m=0$ 之二根爲 0, 2 $\therefore y_h=A+Be^{2x}$

y_p：令 $y_p=e^x(\sin x+\cos x)$，則

$y''-2y'=-2Ce^x\sin x-2De^x\cos x=e^x\sin x$

$\therefore C=\frac{-1}{2}$，$D=0$，$y_p=\frac{-1}{2}e^x\sin x$

$y=y_h+y_p=A+Be^{2x}+\frac{1}{2}e^x-\frac{1}{2}e^x\sin x$

3. y_h：$m^2+9=0$ 之二根 $\pm 3i$，$\therefore y_h=A\cos 3x+B\sin 3x$

y_p：令 $y_p=x(C\cos 3x+D\sin 3x)$，代之入 $y''+9y=6D\cos 3x-6C\sin 3x=18\cos 3x-30\sin 3x$ $\therefore D=3$，$C=5$，$y_p=x(5\cos 3x+3\sin 3x)$

$y=y_h+y_p=A\cos 3x+B\sin 3x+5x\cos 3x+3x\sin 3x$

國家圖書館出版品預行編目資料
圖解微積分／黃義雄著. -- 四版. -- 臺北市：五南圖書出版股份有限公司, 2024.08
面； 公分
ISBN 978-626-393-608-9（平裝）

1.CST: 微積分

314.1 113010906

5Q29

圖解微積分

作　　者— 黃義雄（305.2）
企劃主編— 王正華
責任編輯— 張維文
封面設計— 封怡彤
出 版 者— 五南圖書出版股份有限公司
發 行 人— 楊榮川
總 經 理— 楊士清
總 編 輯— 楊秀麗
地　　址：106臺北市大安區和平東路二段339號4樓
電　　話：(02)2705-5066　　傳　　真：(02)2706-6100
網　　址：https://www.wunan.com.tw
電子郵件：wunan@wunan.com.tw
劃撥帳號：01068953
戶　　名：五南圖書出版股份有限公司
法律顧問　林勝安律師
出版日期　2018年 3 月初版一刷
　　　　　2019年11月二版一刷
　　　　　2022年 2 月三版一刷
　　　　　2024年 8 月四版一刷
定　　價　新臺幣550元

經典永恆·名著常在

五十週年的獻禮——經典名著文庫

五南，五十年了，半個世紀，人生旅程的一大半，走過來了。
思索著，邁向百年的未來歷程，能為知識界、文化學術界作些什麼？
在速食文化的生態下，有什麼值得讓人雋永品味的？

歷代經典·當今名著，經過時間的洗禮，千錘百鍊，流傳至今，光芒耀人；
不僅使我們能領悟前人的智慧，同時也增深加廣我們思考的深度與視野。
我們決心投入巨資，有計畫的系統梳選，成立「經典名著文庫」，
希望收入古今中外思想性的、充滿睿智與獨見的經典、名著。
這是一項理想性的、永續性的巨大出版工程。
不在意讀者的眾寡，只考慮它的學術價值，力求完整展現先哲思想的軌跡；
為知識界開啟一片智慧之窗，營造一座百花綻放的世界文明公園，
任君遨遊、取菁吸蜜、嘉惠學子！